商丘至周口高速公路（周口段）工程竣工验收

第一册　参建单位工作报告

李国喜　何　玲　师恒周　主编

人民交通出版社

内 容 提 要

本书收录了商丘至周口高速公路(周口段)工程在项目执行、设计、质量监督、各监理代表处、各参建单位、工程项目执行、征地拆迁及使用情况的总结报告,全面记录了该项目各个环节的建设概况。从管理和技术角度作了详尽的分析,对提高我国高速度公路工程项目竣工验收的水平具有重要意义。

本书可供高速公路建设、设计、施工监理、质检等方面工程技术人员参考使用。

图书在版编目(CIP)数据

商丘至周口高速公路(周口段)工程竣工验收. 第1册,参建单位工作报告 / 李国喜,何玲,师恒周主编. —北京 :人民交通出版社,2012.12

ISBN 978-7-114-10109-0

Ⅰ. ①商… Ⅱ. ①李… ②何… ③师… Ⅲ. ①高速公路—道路工程—工程验收—河南省 Ⅳ. ①U415.12

中国版本图书馆 CIP 数据核字(2012)第 230579 号

书　　名:商丘至周口高速公路(周口段)工程竣工验收(第一册)
著 作 者:李国喜　何　玲　师恒周
责任编辑:韩亚楠　黎小东　夏　迎
出版发行:人民交通出版社
地　　址:(100011)北京市朝阳区安定门外外馆斜街3号
网　　址:http://www.ccpress.com.cn
销售电话:(010)59757973
总 经 销:人民交通出版社发行部
经　　销:各地新华书店
印　　刷:北京市密东印刷有限公司
开　　本:787×1092　1/16
印　　张:24.25
字　　数:620千
版　　次:2012年12月　第1版
印　　次:2012年12月　第1次印刷
书　　号:ISBN 978-7-114-10109-0
全套定价:200.00元

商丘至周口高速公路(周口段)工程
竣工验收(第一册)
编　委　会

目　　录

第一部分　建设、设计、监督、监理

第二部分　土　　建

第三部分　路　　面

第四部分 交 通 安 全

第五部分 绿 化

第六部分 机电、供配电照明

第七部分 房 建

第一部分　建设、设计、监督、监理

1. 商丘至周口高速公路周口段工程项目执行报告

目　录

商丘至周口高速公路周口段工程
项目执行报告

一、概况

（一）建设依据

（1）河南省发展计划委员会于2003年7月24日以豫计基础［2003］1231号文《关于商丘至周口高速公路周口段工程项目建议书的批复》。

（2）河南省发展计划委员会于2003年9月2日以豫计基础［2003］1537号文《关于商丘至周口高速公路周口段工程可行性研究报告的批复》。

（3）河南省发展计划委员会于2003年12月22日以豫计基础［2003］1914号文《关于商丘至周口高速公路周口段工程初步设计的批复》。

（4）商丘至周口高速公路周口段工程项目经河南省交通运输厅同意于2004年2月28日开工建设。

（二）建设规模及主要技术指标

商丘至周口高速公路周口段，是河南省重点建设项目之一，该项目起自周口市太康县张集乡东南，经符草楼乡、淮阳县四通镇、临蔡镇、白楼乡、郑集乡、曹河乡、川汇区搬口乡、北郊乡、西华县东王营乡、大王庄乡、李大庄乡，至商水县邓城镇、张庄乡杨湖村西，与已经运营的漯周界高速公路相连，沿线经4县、1区、14个乡镇，全长68.75km，概算批复总投资20.98亿元。

主要技术指标如下。

商丘至周口高速公路周口段工程为全封闭、全立交、双向四车道高速公路。根据河南省交通运输厅相关要求，按六车道布设。

设计行车速度：120km/h；

路基宽度：28m；

桥涵设计荷载标准：汽车—超20级，挂—120；

路面设计标准荷载：BZZ—100kN；

设计洪水频率：1/100；

桥梁净宽：净2×12.5m；

路面：除收费站广场采用水泥混凝土路面外，其余均采用沥青混凝土路面；

路面结构：主线为4cm细粒式改性沥青混凝土（AC—13Ⅰ），6cm中粒式改性沥青混凝土（AC—20Ⅰ），8cm粗粒式沥青混凝土（AC—25Ⅱ），改性沥青封层，16cm水泥稳定碎石上基层，16cm水泥稳定碎石下基层，16cm水泥稳定碎石底基层，路面总厚度66cm。未做上路床处理的段落，上路床石灰土处理厚度按16cm施工；

设计使用年限：沥青混凝土路面15年，水泥混凝土路面30年。

（三）工程进度

商丘至周口高速公路周口段项目批复工期为三年，开工日期为2004年2月28日。该项目由周口市公路管理局和周口市公路桥梁总公司于2003年6月共同出资承建，后因资金紧缺,根据上级指示精神,于2006年3月9日该项目正式移交给河南高速公路发展有限责任公司,并组建了河南通衢高速公路发展有限责任公司实施项目建设管理。

在项目执行过程中,国家交通运输部、河南省委、河南省政府、河南省交通运输厅、河南省高速公路发展有限责任公司(以下简称为"省高发司")始终给予高度重视,同时也得到周口市各级地方政府的大力支持和援助,以及沿线人民群众的理解和配合。经施工单位、监理单位、项目公司全体参建人员三年的共同努力,该项目于2006年12月15日建成通车并试运营。

(四)项目投资及来源

河南省发展计划委员会于2003年9月2日以豫计基础[2003]1537号文批复了该工程项目估算总投资约21.6亿元,其中项目资本金7.6亿元,由当时的业主周口恒达公司(周口市公路管理局出资98.1%,周口市公路桥梁总公司出资1.9%共同组建)负责筹措,其余65%申请国内银行贷款。

由于周口恒达公司资金筹措出现困难,建设后期资金严重不足,为顺利实现2006年底通车目标,周口市人民政府于2006年1月16日以周政文[2006]4号文,向河南省人民政府请示,要求变更该项目投资主体为省高发公司。由高发公司出资1 000万元,于2006年4月20日成立了项目法人河南通衢高速公路有限公司,实施对本工程的后续建设管理。

(五)主要工程数量

全线路基土方803.56万m^3,沥青混凝土路面203.026 7万m^2,互通式立交6处,分离式立交桥4 808.48m/52座(含天桥1 244.96m/16座),大桥2 148.56m/8座,中小桥1 520.2m/30座,通道2 459.67m/81道,涵洞1 967.132m/67道,收费站4处,服务区1处,管理中心1处。

(六)主要参建单位

主要参建单位包括设计、施工、监理、监督、检测等单位,具体内容如下。

1.设计单位

中国公路工程咨询监理总公司

2.一期土建工程施工单位(13家)

(1)SZZ1标:河南路桥发展建设总公司(K200+000~K206+700);

(2)SZZ2标:中铁十四局集团有限公司(K206+700~K213+000);

(3)SZZ3标:湖南环达公路桥梁建设总公司(K213+000~K219+200);

(4)SZZ4标:中铁二十二局集团第四工程有限公司(K219+200~K226+600);

(5)SZZ5标:温州交通建设集团有限公司(K226+600~K231+500);

(6)SZZ6标:连云港华祥国际工程有限公司(K232+500~K239+450);

(7)SZZ7标:中铁二十局集团有限公司(K239+450~K243+500);

(8)SZZ8标:郑州市公路工程公司(K243+500~K247+473);

(9)SZZ9标:中铁十一局集团有限公司(K247+473~K252+600);

(10)SZZ10标:中国有色金属工业第六冶金建设公司(K252+600~K259+500);

(11)SZZ11标:中铁一局集团第二工程有限公司(K259+500~K262+900);

(12)SZZ12标:路桥二公局第三工程有限公司(K262+900~K68+750);

(13)周口东连接线:河南周口源达公路建设有限公司(K0+000~K5+750)。

3. 二期路面工程施工单位(5 家)

(1)SZZLM1 标:驻马店市公路工程开发公司(K200 +000 ~ K214 +000 沥青混凝土面层等);

(2)SZZLM2 标:河南中州路桥建设有限公司(K214 +000 ~ K228 +800 沥青混凝土面层等);

(3)SZZLM3 标:河南中州路桥建设有限公司(K228 +800 ~ K243 +500 沥青混凝土面层等);

(4)SZZLM4 标:二公局(洛阳)第四工程处(K243 +500 ~ K254 +500 沥青混凝土面层等);

(5)SZZLM5 标:河南省中原路桥建设集团公司(K254 +500 ~ K268 +750 沥青混凝土面层等)。

4. 二期房建工程施工单位(7 家)

(1)SZZFJ-01 标:林州市建筑工程公司(四通镇收费站站房);

(2)SZZFJ-02 标:河南省广厦建设工程有限公司(淮阳服务区站房);

(3)SZZFJ-03 标:河南省对外建设有限公司(淮阳收费站站房);

(4)SZZFJ-04 标:三门峡水利水电技术开发公司(周口东收费站站房);

(5)SZZFJ-05 标:中国建筑第七工程局第四建筑公司(周口西收费站站房);

(6)SZZFJ-06 标:焦作市海宁公路工程有限公司(四通镇、淮阳收费棚);

(7)SZZFJ-07 标:河南省第七建筑工程公司(周口东收费棚、周口西收费大棚)。

5. 二期绿化工程施工单位(5 家)

(1)SZZLH-01 标:潢川县顺利达花木盆景有限责任公司(K200 +000 ~ K213 +540);

(2)SZZLH-02 标:周口市鑫怡绿化工程有限公司(K2213 +540 ~ K226 +675);

(3)SZZLH-03 标:河南省豫南园林绿化有限责任公司(K226 +675 ~ K240 +845);

(4)SZZLH-04 标:潢川县紫红花木草坪有限责任公司(K240 +845 ~ K252 +500);

(5)SZZLH-05 标:河南潢川绿宇园林绿化工程有限责任公司(K252 +500 ~ K268 +750)。

6. 交通安全设施工程施工单位(10 家)

(1)SZZJA-01 标:北京华凯交通科技有限公司(K200 +000 ~ K216 +500 护栏等);

(2)SZZJA-02 标:杭州京安交通工程设施工程有限公司(K216 +500 ~ K233 +000 护栏等);

(3)SZZJA-03 标:潍坊东方交通设施工程有限公司(K233 +000 ~ K249 +500 护栏等);

(4)SZZJA-04 标:江苏国强镀锌实业有限公司(K249 +500 ~ K268 +750 护栏等);

(5)SZZJA-05 标:武安市交通安全设备有限责任公司(K200 +000 ~ K232 +000 护栏等);

(6)SZZJA-06 标:河南富昌道路设施有限公司(K232 +000 ~ K268 +750 连接线、标线等);

(7)SZZJA-07 标:周口市公路交通设施有限公司(K200 +000 ~ K268 +750 标志等);

(8)SZZJA-08 标:河南路桥建设集团有限公司(K200 +000 ~ K222 +000 隔离栅);

(9)SZZJA-09 标:河南路桥建设集团有限公司(K222 +000 ~ K246 +000 隔离栅);

(10)SZZJA-10 标:江苏耀鑫交通设施有限公司(K246 +000 ~ K268 +750 隔离栅)。

7. 机电工程施工单位(1 家)

SZZJD-01 标:亿阳信通股份有限公司(监控、收费、通信设施)。

8. 供配电照明工程施工单位(2 家)

(1)SZZDM-1 标:淄博海德实业有限公司(四通镇、淮阳收费站、服务区、刘庄互通照明);

(2)SZZDM-2 标:淄博海德实业有限公司(周口东、周口西收费站、杨湖互通照明)。

9. 一期土建工程监理单位(2 家)

(1)土建监理 A:河南省豫通公路工程监理事务所(K200 +000 ~ K239 +450);

(2)土建监理 B:北京华路捷公路工程咨询有限公司(K239 +450 ~ K268 +750)。

10. 二期路面监理单位

河南省宏力工程监理咨询公司(全线路面、绿化、交安、防护工程监理)。

11. 机电工程监理单位

北京泰克华诚技术信息咨询有限公司(全线机电、照明工程监理)。

12. 房建监理单位

河南省新恒丰建设监理有限责任公司(全线房建监理)。

13. 连接线监理单位

周口宏达监理公司(周口东连接线监理)。

14. 沥青采购单位(3 家)

(1)青岛路法沥青有限公司;

(2)河南现代交通道路科技有限责任公司;

(3)华联公路工程材料有限公司。

15. 质量监督检测单位

河南省交通基本建设质量检测监督站。

二、建设管理情况

(一)前期设计、施工和监理单位招标情况

本项目招投标均严格按照交通运输部《中华人民共和国招投标法》、《工程建设项目施工招标、投标办法》、《河南省公路工程招投标办法》、《工程建设项目勘察设计招标投标办法》和《公路工程勘察设计招标文件范本》、《公路工程国内招标文件范本》、《公路工程施工监理合同范本》及其他法律法规的规定进行公开招标,最终确定资质满足要求、信誉高、业绩优良、施工组织能力强、报价合理的施工单位中标,并报省交通运输厅、交通运输部备案。勘察、设计单位为中国公路工程咨询监理总公司。一期土建工程,共划分为 12 个施工标段和 A、B 监理代表处。二期路面工程共划分为 5 个标段;房建工程共划分为 7 个标段;交通安全设施工程共划分为 10 个标段;绿化工程共划分为 5 个标段;供配电照明工程共划分为 2 个标段;机电工程 1 个标段;沥青供应 3 个标段。二期工程设 1 个路面监理代表处、1 个房建监理代表处、1 个机电监理代表处,连接线设有 1 个标段和 1 个监理代表处。

(二)征地拆迁情况

国土资源部于 2004 年 9 月 10 日以国土资函[2004]293 号文向省政府下达了《关于商丘至周口高速公路周口段工程建设用地的批复》,同意周口市太康县、淮阳县、川汇区、西华县、商水县农村集体用地 480.154 5hm^2 及国有农用地 2.412 8hm^2、国有建设用地 0.080 9hm^2 转为建设用地,共计批准建设用地 494.009 7hm^2。省国土资源厅于 2006 年 7 月 27 日以豫国土资函[2006]407 号文,批准本工程建设用地 494.009 7hm^2(差额部分已申报,待批)。

本项目主线共占用土地 516.772 8hm^2(合 7 751.592 0 亩),国家国土资源厅批准面积为 494.009 7hm^2(合 7 410.145 5 亩),超出 22.763 1hm^2(合 341.446 5 亩),分别为如下:

(1)太康县主线加宽用地0.765 8亩,收费站扩建用地1.435 5亩,共计2.201 3亩。

(2)淮阳县主线加宽用地22.061亩,服务区收费站扩建用地54.936亩,养护中心用地44.608亩,共计121.605亩。

(3)周口市川汇区监控中心用地201.520 5亩。

(4)西华县蒸发池用地5.426 4亩,收费站扩建用地1.503亩,共计6.929 4亩。

(5)柘城县征地9.190 5亩。

本项目沿线属省产粮大区,以农业为主,村庄密集,电力、电信设备较多,为征地拆迁带来很多困难。根据《中华人民共和国土地管理法》、《河南省土地管理实施办法》及省政府有关文件精神,市县(区)及沿线各乡镇相继成立了高速公路工程建设指挥部,积极宣传省委、省政府关于修建高速公路的"政治动员、经济补偿、行政干预、各方支援"十六字建路方针,认真贯彻"十分珍惜和合理使用每一寸土地,切实保护土地"的基本国策,本着"既不浪费一寸土地,又要保证工程用地"的原则,完成征地拆迁工作。

(三)项目管理情况

1.项目管理机构设置及职能

商丘至周口高速公路周口段原业主为周口市恒达高速公路发展有限公司,该公司由周口市公路管理局和周口市公路桥梁总公司于2003年6月共同出资组建。经省政府、省交通厅批准,河南高速公路发展有限责任公司于2006年3月9日接受了正在建设中的商周高速公路周口段建设项目,并于2006年4月22日正式注册成立了"河南通衢高速公路有限公司"。河南通衢高速公路有限公司在董事会领导下设以下处室:办公室(主要负责公文处理及后勤管理工作),工程处(负责工程技术管理、工程变更及招投标工作),合同处(负责工程计划、统计和合同管理工作),质检处(负责工程质量监督检查工作),财务处(负责财务管理工作)协调处(负责协调施工环境工作),纪检、监察室(负责纪检、监察工作)。

2.质量控制措施及效果

商周高速公路周口段工程在执行过程中始终把工程质量放在首位,认真履行合同文件,严格执行国家现行的技术标准和施工规范,施工过程以全方位、高标准的要求进行质量控制,以确保工程建设质量。

(1)建立、健全质量管理制度

项目公司借鉴其他高速公路质量管理经验,结合本项目特点,制订了《商周高速公路周口段质量奖惩办法》等文件,组织参建单位深入学习贯彻上级有关加强工程质量的指示精神,加强全员质量意识,在完善三级质量保证体系的基础上,增加了项目公司质量监督检查的环节,形成了横向到边、纵向到底、控制有效、保障可靠的管理体系。

(2)充分发挥监理监督和控制作用

监理工作的优劣直接关系到工程建设的整体质量,项目公司关注监理人员的业务能力和自身素质,坚持按合同要求配置合格监理人员,对无证人员和业务能力差、责任心不强、不能胜任其工作的监理人员要求监理代表处予以撤换;对滥用职权、故意刁难承包人的人员坚决予以驱逐。严格进行监理人员管理,定期不定期地对持证情况进行检查,严禁不具备相应资格的人员上岗,监理人员持证率100%。

根据工程进展情况,适时组织全线监理人员进行业务知识考试,在全线监理人员中掀起了学规范、学业务的高潮,有效提高了监理人员的业务能力;实行现场业绩评价,每月对监理工作进行评比,奖优罚劣,充分调动了监理人员的工作积极性。

(3)强化质量管理,提高工程施工质量

①结合省政府和交通运输厅下发的《关于进一步加强公路建设质量监督管理的通知》、《关于开展全省高速公路三个关键阶段工程质量专项检查的通知》的文件精神,组织开展以下一系列活动。

a. 针对每次全省质量大检查中反馈的问题,全线进行拉网式检查,不合格的工序坚决返工重来,不留丝毫质量隐患。

b. 开展工程回头看活动,对全线已完工程的施工质量进行全面排查,堵漏查缺。

c. 开展劳动竞赛活动,保质量、促进度、抓安全,综合评比,奖优罚劣,形成良好施工局面。

d. 实行质量督察制度,质检处人员每周不少于 5d13 人次进行工地巡视,现场对发现的问题开具质量督察通知单和罚款单,限期整改纠正,并对整改不力、纠正不彻底的单位予以严厉处罚;对厅质监站检查和监督工程师日常巡检中提出的所有问题从不遮掩,进行整改,并及时反馈整改措施和结果。开工以来共下发质量督察通知单 160 多份,对施工质量控制起到了良好的促进作用。

e. 按照不同阶段的施工特点,有针对性地对隐蔽工程、重要部位和重点工序加大抽查频率,除加强日常巡检外,还增加了夜间巡视,对发现的问题以"通报"的形式,要求施工单位限期整改,并作为季度质量排序的依据。

f. 根据工程进度的不同阶段适时开展专项检查,先后对结构物、梁板预制、路基压实度、台背填土、防护、小件预制、桥面施工、料场、基层、底基层施工、沥青质量、沥青混合料配合比、各结构层黏结和碾压温度、平整度控制和内业资料进行专项检查,限期整改,并纳入阶段评比中。

②坚持"三铁"、"四坚决",狠抓工程质量。

以"铁面孔、铁心肠、铁手腕"的精神,坚持执行"不合格的材料不准进场、不合格的队伍坚决驱逐出场、不称职的监理人员给与撤换、不合格的工程坚决推倒重来"。

③采取经济手段,建立奖罚机制,确保工程质量。

运用合同和经济杠杆作用,采取约束与奖罚机制相结合措施,加大"红黑"两种奖罚力度,"红"就是给先进的施工单位、项目经理发红旗、发奖金、发通报表彰决定,给其上级领导送喜报、送贺信,上报河南公路建设市场"红名单";"黑"就是给落后的施工单位、项目经理,给其上级领导机关反馈该情况,并利用舆论工具报道在本项目建设中的落后情况,直至上河南公路建设市场"黑名单"。

3. 安全生产情况

项目公司在全力抓好整体工程建设的同时,定期不定期地对施工单位的安全生产进行检查,对易发生安全事故的重点部位进行抽查,把安全生产的目标贯彻于工程始终。

(1)为将安全生产纳入规范化管理,明确业主和施工单位在工程建设中双方的安全生产责任和义务,从土建工程开始,凡是中标的施工单位,必须签订《安全生产合同》,利用合同的关系促使安全生产工作走向规范化、正规化。

(2)在抓安全生产中做到四个同时,即:"在布置工作的同时布置安全生产工作,在检查工作的同时检查安全生产工作,在考核工作的同时考核安全生产工作,在总结工作的同时总结安全生产工作"。

(3)对特殊时段、特殊岗位的施工,满足特殊要求,具体有:夜间施工要配备足够的照明设备,人员及时轮换,确保施工人员精力充沛;高空作业要按要求配备好安全生产防护设备;特种作业人员,要注意劳逸结合,做好防暑降温工作;大型设备、特种设备,要经常检查、保养,保证其处于良好的运行状态；分离式立交桥施工，要严防死守，确保万无一失；各种拌和设备，要做到基础牢固，有防护措施。

（4）对全线施工路段实行封闭式施工管理。从2006年7月起，对本项目起始端口、4个互通区匝道口派专人把守，24小时值班，严禁社会非施工车辆上路通行，施工管理车辆凭证通行，有效地减少了路面污染，维护了现场施工秩序，为全线安全施工打下了坚实的基础。

4. 进度管理情况

（1）控制节点计划、确保工程进度

根据2006年底建成通车这一目标，按照一期、二期工程有效日施工时间，倒排工期，具体为：实行5日一考核，10日一节点的考核制度，以天保旬，以旬保月，以月保节点计划工期，严格进行考核和奖惩；实行日报制，做到日日有进度；对关键节点和控制性工程，实行"预警制"，发现问题，及时处理，严防关键节点和控制性工程进度滞后而影响整个工期；加快计量支付，当月计量当月支付，加快承包人资金周转。

（2）统筹兼顾，齐头并进

项目公司对特别滞后的施工单位，本着一切有利于加快工程进度的原则，对落后的工程项目进行帮扶，让有实力、能干好的施工单位有用武之地，确保了工程均衡发展。

（3）实行"限时办结制"、"信息及时反馈制"，提高工作效率

各项工作责任到人，限时办结，不得拖延，当天能办的事绝不拖到第二天，加快了工作节奏；公司所制订的各项政策、规定、办法及领导交办的工作责任人落实情况要按要求及时反馈，确保各项措施落实到实处。

（4）转变作风，靠前指挥

项目公司领导及各处室对分包标段，深入工地，做到了"贴心、处理、解难"，问题在一线发现，政策在一线制订，决策在一线形成，措施在一线完善，经验在一线总结。

（5）创造优良的施工环境

周口市政府和沿途各县、乡都成立了建设指挥部，抽调专职人员支援、协调、服务建设，全力营造良好的建设施工环境；周口市委、市政府把支援本项目建设作为一项工程，列入沿线各县区年度考核目标；周口市有关领导多次下工地现场解决环境问题，指导协调工作。沿线人民群众顾大体识大局，发扬革命老区优良传统，保证了工程建设的顺利进行。

（6）分秒必争，日夜兼程

项目公司全体员工坚持早7:30上班制度不动摇，所有节假日，一律不休息；坚持夜间施工督察制度；抓雨季施工并在雨后迅速恢复施工；各种会议，包括公司例会、代表会、工地例会，一律放在晚上召开。

5. 工程式变更

2010年4月12日，河南省交通运输厅以豫交建管【2010】33号文件《关于商丘至周口高速公路周口段路面结构、桥涵台背填料、原路基布设六车道、路基土方处治等设计变更的批复》文件，批复了本项目主要设计变更。

6. 工程造价控制情况（工程决算）

2003年12月22日，河南省发展计划委员会以豫计设计［2003］1914号文批复了《商丘至周口高速公路周口段初步设计》，批复的概算总投资为209 867.5万元。截至竣工决算日，河南省高速公路发展有限责任公司出资77 229.8万元，银行贷款173 306万元，合计250 535.8万元。

本项目批准概算209 867.5万元，决算工程造价246 769.61万元（含连接线），平均每公里

造价 3 375 万元，与概算相比超支 36 902 万元，超支 17. 58%，概算执行情况及每公里指标如下。

(1)建筑安装工程费概算每公里 2 306 万元，决算每公里 2 888 万元，每公里超概 582 万元，共计超概 36 003 万元。

(2)设备及工具器具购置费概算每公里 59 万元，决算每公里 50 万元，每公里节约概算 9 万元，共计节约 647 万元。

(3)工程建设其他费用概算每公里 585 万元，决算每公里 664 万元，每公里超概 79 万元，共超概 4 528 万元。

(4)东连接线概算每公里 565 万元，决算每公里 713 万元，每公里超概 148 万元，共超概 851 万元；西连接线(6.75km)实际未建设，节约概算 3 813 万元。

7. 廉政建设

项目公司从工程建设实际出发，立足教育、着眼防范、规范运作、加强廉政建设，有效地遏制了工程建设过程中的违法行为，确保了建设工作优质高效地进行。

(1)坚持以思想道德和纪律为基础，廉政谈话教育为重点，倡导廉洁奉公意识，时刻绷紧廉洁自律这根弦。

随着高速公路建设步伐的加快，工程质量建设和廉政建设工作已摆在了十分重要的位置。高速公路建设是一个庞大的工程，投资大，战线长，涉及面广，工序复杂，稍有不慎就会出现质量问题。因此，从工程建设一开始就使质量建设和廉政建设同步进行，充分利用专题会议、工程例会等形式强调党风廉政建设的重要性，并结合本省交通系统近几年出现的腐败现象作为反面教材，举一反三，教育职工树立"团结、务实、廉洁、高效"的工作作风。在实际工作中，要求严格按照各项规章制度办事，按照规范强化运作，正确理解和认识业主与承包人之间的合作关系，正确处理质量与进度的关系，时时刻刻绷紧廉政建设这根弦，营造和形成"勤奋工作、重视质量、加快进度、拒腐倡廉"的良好氛围。

(2)采取灵活多样的形式，开展廉政建设教育，公开接受社会监督。

(3)开展定期"廉洁自律问卷调查"和"廉政勤政"评议活动。

三、交工验收及相关问题

(一)各合同段交工验收情况、主要存在问题及处理情况

经报省交通运输厅、省高发公司同意，2006 年 12 月 9 日至 10 日，由项目公司组织了交工验收工作，交工验收组由工程建设、设计、施工、监理、管理养护、省交通质量检测监督站等单位的代表组成，并邀请主管部门省交通运输厅相关处室、省高发公司有关部门代表参加。交工验收组下设 6 个工作组，分别为巡视组、路基路面组、桥涵组、房建组、交通安全设施与交通机电组、内业组。交工验收组在听取汇报、审查资料和实地察看的基础上，对该工程质量情况进行评议，结论如下。

交工验收组一致认为建设单位、设计单位、施工单位、监理单位在工程建设中能够遵守有关基本建设法规，履行合同，相互配合，圆满完成了建设任务，工程质量合格，同意交付使用，由河南高速公路发展有限公司商丘分公司接收管理、养护和运营。2011 年 8 月，按河南高速公路发展有限公司统一安排，本项目移交由周口分公司接收管理和养护、运营。

工程主要存在问题如下：

(1)个别桥梁锥坡表面杂物未清理；

(2)个别防撞护栏与梁板外侧交接处外观较差；

(3)个别桥梁梁板勾缝外观较差或未勾缝；

(4)沥青路面接缝个别处理不好，有跳车现象；

(5)沥青砂拦水带个别地方外观差；

(6)个别路段路基亏坡，存在阻水、水毁现象；

(7)防眩板安装个别板块偏差大；

(8)部分路段防撞护栏顺直度较差；

(9)个别标志牌净空间距误差大。

以上存在的质量缺陷，项目公司高度重视，已责令监理部门负责督促各施工单位于通车试运营前落实整改完毕。

(二)交工验收、工程质量鉴定提出的及缺陷责任期、试运营期间出现的质量问题及处理结果

本项目自2006年12月15日正式开通试运营以来，所出现的质量问题主要有：沿线隔离栅防护网被当地老百姓人为破坏，公里牌被盗严重，部分路基因土质问题水毁冲沟严重等。项目公司对缺陷责任期内出现的质量问题高度重视，及时分析问题原因，并针对不同问题采取不同的处理方式。试运营期间，每发现一处缺陷，都及时对施工单位下发《缺陷责任期维修通知单》，责成有关施工单位限期维修。现对已出现的质量缺陷问题都已整改维修完毕。

(三)档案、环保等单项验收及竣工决算审计

2008年7月，本项目完成了质量鉴定工作；

2009年4月，完成竣工环境保护验收工作；

2009年7月，完成竣工档案验收工作；

2010年2月，完成设计变更审查工作；

2010年5月19日，厅建管处组织召开工程决算审核复议会；

2011年8月15日－10月10日，河南省审计厅在对本项目进行了审计，并于2012年7月23日出具了审计报告和审计决定书；

2012年8月6日－8月15日，厅财务处组织有关人员结合审计部门出具的审计报告和审计决定，对商丘至周口高速公路周口段竣工财务决算进行了审核，并于2012年10月22日出具了竣工财务决算审核意见。

四、科研和新技术应用情况

为提高商丘至周口高速公路周口段工程的服务质量和水平，公司在接受项目后，以科学的态度面对原有设计，根据省交通运输厅下发的高速公路技术要求，吸取国内先进技术，主要应用新技术情况如下。

(1)路基布设六车道，原全段按四车道高速公路设计，按照《河南省高速公路设计技术要求》的有关规定，在28m路基上布设六车道，减少中央分隔带宽度，在中央分隔带设置新泽西护栏，并安装防眩板，路基两侧设置紧急停车岛。变更后不仅减少路基受到雨水和绿化带用水的侵蚀，还提高了道路的通行能力。

(2)路基土方处治和台背填料变更：为提高工程质量，加快施工进度，通衢高速公路有限公司在2006年3月9日接受该项目后，对继续施工填筑的路基土方掺加6%～8%的生石灰处理，并将桥梁、涵洞、通道的台背填土由原设计的石灰土，变为粒料填筑，减轻了桥头跳车。

(3)路面结构变更：路面结构原设计为普通沥青混凝土，变更为改性沥青混凝土来提高路面的抗裂和抗冻性能。原设计二灰稳定碎石基层、底基层早期强度低，本项目工期紧，变更为

水泥稳定碎石后,可提高底基层和基层的早期强度,加快工程进度。

(4)在环保方面采用开窗式声屏障,既保证隔声要求又不影响公路视野;在桥梁施工中采用双汽吊悬挂式吊梁技术,减少了吊装成本和加快了吊装进度。

(5)交通机电工程采用最新型的通信设备,安全高效;采用自动发卡机,节省人力,提高通行能力;采用高科技的国际知名企业的视频会议系统;推广应用计算机在施工及营运管理中的新技术,提高科技含量和管理水平。

(6)绿化工程施工中,采用新型具有营养、节水、缓释和促进植物生长的栽培技术;在种植工艺上,采用三维网固土,无纺布保护覆盖技术,提高苗木成活率和生长状况;在边坡植草中采用了最新的液力喷播植草技术,使草能均匀地覆盖在边坡上;在喷播过程中加入新型的有机高分子化合物保湿剂,大幅度提高了草种的出芽率;将无公害新农药和高锰酸钾溶液用于苗木病虫害的防治,取得了较好效果。

五、对各参建单位的总体评价

(一)对设计单位的总体评价

设计单位能够牢固树立质量意识,严格遵照公路设计规范,施工图设计能体现省交通运输厅规定的设计理念和河南省高速公路设计技术要求。在建设期间,设计单位派出设计代表常驻工地,现场服务,及时解决施工中遇到的各种难题,对设计不合理的地方,能够做到及时变更,对本项目按时建成通车起到重要作用。

(二)对施工单位的总体评价

施工单位能够严格按照施工图设计、公路施工规范和合同要求进行施工,在施工中严密组织,精心施工,紧紧围绕商丘至周口高速公路周口段工程于 2006 年 12 月建成通车的目标,抓质量、促进度,团结一致,顽强拼搏,较好地完成了各项施工任务,为本项目确保工程质量和按期通车起到了决定性的作用。

(三)对监理单位的总体评价

监理单位能够在各项施工过程中,全面履行监理合同,坚持了监理工作的"严格监理、热情服务、秉公办事、一丝不苟"的指导方针,按照《公路工程施工监理规范》要求对工程实施全方位监理,在工程质量、进度、合同管理和投资控制等方面发挥了重要作用。

六、对工程质量的总体评价

(一)总体评价

该工程设计基本合理,线形、路面结构、主要结构物及沿线工程符合设计规范要求。桥梁工程各部位混凝土强度符合要求,几何尺寸基本准确,外观质量良好,涵洞洞身顺直,水流基本畅通;大部分路基边坡平顺稳定;排水系统基本畅通;防护工程牢固;路面强度、压实度、平整度、抗滑等指标均符合设计和相关规范要求;互通式立交工程线形流畅,上下标志清晰,使用性能良好。

(二)交工验收质量评定

项目公司在承包人对工程质量自检,监理工程师对工程质量评定的基础上,结合建设中所掌握的情况,按照交通运输部颁发的《公路工程竣交工验收办法》,计算得出本项目工程质量评分值为 96.4 分,单位工程优良率达 95% 以上,整体工程质量等级被评为合格。

(三)竣工验收质量鉴定

(竣工验收质量鉴定另行出版)

七、项目管理体会

在整个项目建设管理中,我们有如下体会:

(1)各级领导的重视与关怀是完成高速公路工程建设的前提。

本项目在建设开始到试通车运营的整个过程中,自始至终都受到各级领导的重视和关怀。建设过程中,省委、省政府、省交通运输厅、省高发公司和周口市委、市政府的领导多次到施工在现场视察、办公,并给予指导,解决工程施工中遇到的各种困难和问题,在政策、人力、物力、财力等方面给予倾斜,为项目建设提供了强有力的精神和物资保证,这是确保工程顺利建成通车的前提。

(2)紧密依靠沿线各级政府和广大人民群众,为工程顺利进行创造良好外部环境。

工程建设自始至终,公司就特别注意依靠当地政府,向沿线有关单位和广大人民群众做好宣传和协调工作,得到了沿线广大人民群众的大力支持和响应。开工前顺利完成7 750余亩土地的征地和拆迁工作。施工中周口市政府和沿线各县、乡都成立了建设指挥部,抽调专职人员支援,协助、服务建设,全力营造良好的施工环境。沿线人民群众顾大体,识大局,发扬革命老区的优良传统,积极支援高速公路建设,保证了工程建设的顺利进行。

(3)选择优秀的参建单位并规范管理是做好工程建设的重要方面。

从接受项目开始,通过公司招标,选择优秀的监理单位和施工单位,实行建设监理制,发挥监理工程师在项目管理中的核心地位,按照FIDIE条款要求从严管理,使工程施工坚持按照合同条款进行,使项目规范运作,保证了工程质量和按进度出色完成。

(4)组建精干高效的管理机构,是做好项目建设的基本保证。

本项目原由周口市恒达高速公路发展有限公司承建,该公司由周口市公路管理局和周口市公路桥梁总公司于2003年6月组建,后因资金紧缺,根据上级指示精神,于2006年3月9日将该项目正式移交给河南高速公路发展有限责任公司,并组建了河南通衢高速公路有限公司实施项目建设管理。项目公司挑选配备了素质高、经验丰富、能力突出的管理人员,在公司领导的带领下形成了一个团结务实、精干高效、清正廉洁、奋力拼搏的团队。新项目公司组建时距2006年底通车,时间已经不多,任务非常艰巨,所有工作人员明确分工,各司其责,团结协作,发扬人停机不停、"出租车"和"白加黑"的精神,做到科学安排,周密部署,分秒必争,日夜兼程。坚持节假日不休息;坚持夜间施工督察等制度,转变作风,靠前指挥,深入工地,做好服务,积极帮助施工单位解决实际困难,实施奖罚措施,赢得了各参建单位的一致好评。项目公司还坚持不懈地抓好精神文明建设和廉政建设,为工程优质、按时完成提供了保障。

(5)坚持科技创新、统筹部署和科学管理是工程优质高效完成的关键。

项目公司始终坚持走科技创新的道路,采取技术措施,完善技术方案,做好新技术、新工艺、新材料的推广应用,组织召开技术研讨会、研究解决技术难题,来保证工程质量。如针对桥涵台背填方沉降量大易引起桥头跳车的现象,公司召开讨论会,要求施工单位采用灰土处理,采用轻质适水性材料处理;针对有些施工段取土场砂化严重,石灰土不成型的特点,采用水泥石灰土进行填筑,取得良好成型效果。组织专家讨论会,制订技术方案解决灌注桩出现夹泥现象;针对沥青混凝土路面施工技术,聘请专家作技术指导,采用新材料的结构组合,减少了路面的反射裂缝。总之,各项技术创新措施的应用,确保了工程质量,加快了施工进度。

由于工期所限,不管是一期工程还是二期工程,不管是主要工程还是附属工程,为了确保

2006年底通车目标的完成,公司采取了统筹部署、科学管理、齐头并进的措施,教育各参建单位加强沟通,互相支持,减少干扰,对滞后的施工单位采取帮扶措施,齐心协力、艰苦奋斗,终于完成了该项目的建设任务。

经过参建单位及各方的顽强拼搏,商丘至周口高速公路周口段终于2006年12月15日建成试运营,经过六年多的试通车,该路经受住了检验,道路状况基本完好。在建设过程中,该项目得到各级领导的关心和支持,得到沿线群众的理解和帮助。虽然已付出了巨大努力,但项目的执行过程中难免还会出现缺点和不足,与先进水平比较还有一定差距,请领导和专家审查并提出宝贵意见,以便进一步提高认识,做好今后工作。

河南通衢高速公路有限公司

2012年12月26日

2. 商丘至周口高速公路周口段工程设计工作报告

目　　录

商丘至周口高速公路周口段工程设计工作报告

一、概况

商丘—周口高速公路是河南省规划的商丘—驻马店高速公路的重要组成部分,起自商丘市境内连霍国道主干线,在周口境内自东北向西南连接了亳(州)—许(昌)、大(庆)—广(州)、洛(阳)—界(首)等高速公路,并与区域内多条国道、省道相连,商周高速公路向南延伸后,将在驻马店附近与京珠高速公路相连,对于完善区域公路网主骨架,发挥高速公路网整体效益意义重大,并将对区域经济产生积极和深远的影响。

商周高速公路周口境内段工程,起自周口市太康县张集乡东南,接商周高速公路商丘段终点,在周口市西郊河弯村南与漯界高速公路交叉,止于商水县杨湖村西。路线全长68.75km,其中本项目实际实施长度67.37km。

1.任务来源及依据

(1)周口市恒达高速公路发展有限责任公司与中国公路工程咨询监理总公司签订的《商周高速公路周口段设计合同》(下称《设计合同》);

(2)《河南省商丘至周口高速公路周口境内段工程可行性研究报告》(下称《工可报告》);

(3)河南省发展计划委员会文件(豫计基础[2003]1537号)文《关于商丘至周口高速公路周口段工程可行性研究报告的批复》(下称《工可批复》);

(4)《河南省商丘—周口高速公路周口境内段工程工可报告专家组评估意见》(下称《工可评估意见》);

(5)《河南省商丘—周口高速公路周口段两阶段初步设计》(下称《初步设计》);

(6)河南省发展计划委员会文件(豫计基础[2003]1914号)文《关于商丘至周口高速公路周口段工程初步设计的批复》(下称《初步设计批复》)及初步设计专家审查意见;

(7)周口市恒达高速公路发展有限责任公司及其他相关单位的来函。

2.沿线自然地理概况

(1)地形、地貌

本区地貌成因均属堆积地形,根据成因类型及形态特征,大致以颍河为界划分为两个区:东北部属黄河冲积平原,西南部属沙颍河泛流冲积平原。

①黄河冲积平原

本区位于北部黄河冲积扇的南部边缘地带,根据形态特征和沉积物的特点及形成的时间,分近期黄泛冲积平原和早期黄泛冲积平原。

②沙颍河泛流冲积平原

分布在沙、颍河两侧,为沙颍河决口的形成。岩性为浅黄、褐黄色亚砂土、亚黏土,高程50m左右,相对高差1~2m,坡降1/4 000~1/3 000。沿河一带地形较高,堤内高出堤外2~3m。

(2)工程地质评价

①路线经过黄淮河冲积平原区，大部分地区地形变化不大。

②路线区揭露的岩土类型较多，岩土性质差异较大，桥梁基础应因地制宜，根据桥区地基土的力学特性和上部结构，综合分析后确定基础形式，建议采用钻孔灌注桩。

③路线区的土一般不具膨胀性，对桥梁深基础无不良影响，浅基础应尽量深埋。

④路线区地表水位随地形变化较大，水质类型多为 HCO_3—NaCa、HCO_3—CaNa、HCO_3—CaMg 型，对混凝土无侵蚀性。

⑤路区的地震基本烈度均不大于 6 度。与路线有关的断裂多为隐伏断裂带，地表一般无明显断裂形迹。

(3)水文地质评价

本项目所跨越主要河流有沙河、颍河、贾鲁河、大黑河、小黑河、蔡河等，均属淮河水系。沙河、颍河、贾鲁河均发源于西部山区，其他河流均发源于黄河以南的平原地区。全区河流的动态特征是：河床坡降小(约 1/4 000)，水位、流量变化大，多为季节性河流。据多年资料统计显示，河流总的特点是：年际流量相差悬殊，年内变化很大，洪水期多出现在 7 ~9 月份，枯水期为 11 月到翌年 5 月份。由于流量变化极大，河床坡降小，洪水不易渲泄，常形成涝灾。

本项目处于广阔的黄淮冲积平原上，沉积巨厚的第四系松散土质，无基岩出露，本区地下水类型属于松散土质孔隙水和黏土裂隙水。

(4)地震

本区附近的三组主要断裂，具有一定规模，但活动性较弱。此外，区内历史上没有破坏性地震的记载，近期小震也较少，30 多年仅有 5 次 ML≥2.0 级的地震。

根据《中国地震动参数区划图》(GB 18306—2001)及《建筑抗震设计规范》(GB 50011—2001)附录 A，我国主要城镇抗震设防烈度、设计基本地震加速度和设计地震分组的决定，周口市、淮阳县抗震设防烈度为 6 度，设计基本地震加速度值为 0.05g。不具备发生 6 级以上地震的地质构造背景和环境。

综上所述，本路区属于稳定区域，建议重要的互通式立交桥、大桥、特大桥按Ⅵ度设防。

(5)气候

本区属暖温带半湿润大陆性季风气候区，气候温和，雨量充沛，四季分明。春季干旱多风，夏季炎热多雨，秋季寒暖适中，冬季寒冷少雪。

历年平均降雨量为 468.8mm，由东南向西北逐步递减，大于 800mm 的只有沈丘县，介于 750 ~800mm 的有项城县、商水县、周口市城区、淮阳县、西华县，介于 700 ~750mm 的有鹿邑县、太康县和郸城县，惟扶沟县小于 700mm。历年降雨量最多的是 1984 年，沈丘县高达 1 442.9mm，是各县年降雨量最高值。历年最多风向是北 ~东北，以东北偏北为主，其频率是 9% ~10%。4 ~7 月多为东南 ~西南偏南风，以南风为主，频率 9% ~23%，其他月多为西北 ~东北风，以东北偏北为主，频率 11% ~29%。各县市历年平均风速 2.7 ~3.4m/s，最大是淮阳，最小是周口市城区、太康和西华，其余在两者之间。

3. 主要技术指标的运用情况

工程施工图全线采用四车道高速公路设计，计算行车速度采用 120km/h，路基宽 28m。行车道宽 2 ×2 ×3.75m，中央分隔带宽 3.0m，左侧路缘带宽 2 ×0.75m，硬路肩宽 2 ×3.5m，土路肩宽 2 ×0.75m。路面面层采用沥青混凝土结构。桥涵设计车辆荷载采用汽车—超 20 级、挂车—120。

根据《工可报告》、《初步设计》,本项目主要技术指标如下:

计算行车速度	120km/h
路基宽度	28m
最小平曲线半径	3 000m
最大纵坡	2%
凸形竖曲线最小半径	20 000m
凹形竖曲线最小半径	16 000m
停车视距	210m
桥梁设计荷载	汽车—超20级,挂车—120
路面设计标准轴载	BZZ—100
路面结构	沥青混凝土路面
桥梁净宽	2×净—12.0m
涵洞通道的长度	满足路基宽度设计要求
设计洪水频率	1/100
地震基本烈度	6度

二、设计要点

1.路线设计

1)路线走向

商周高速公路周口境内段工程,起自周口市太康县张集乡东南,接商周高速公路商丘段终点,在夏楼附近与G311线交叉。平行于S206线向西南前行,在淮阳县城北约2.5km处跨越许(昌)—郸(城)地方铁路、G106。继续向西南跨新运河、清水河,在东赵庄附近与大(庆)—广(州)高速公路交叉,经周口市北郊,在周口市东环与北环交叉处以北约6km处通过,经西华县东王营乡南,在下炉村附近跨越贾鲁河,在马岔村与S102线交叉,过鱼林台东南,在齐桥与李集之间跨颍河,在袁庄南跨沙河,在周口市西郊河弯村南与漯界高速公路交叉,止于商水县杨湖村西。路线全长68.75km。

2)路线平、纵面线形指标

路线平、纵面线形按计算行车速度120km/h的双向四车道高速公路标准设计。设计原则及技术标准均符合部颁《公路工程技术标准》(JTJ 001—97)和《公路路线设计规范》(JTJ 011—94)的要求。在不过多增加工程量的条件下,尽可能采用较高的技术指标。

平面线形:本段路线交点数21个,平均每公里交点0.305个,路线增长系数1.061,平曲线最小半径R=3 000m/4处,平曲线占路线总长75.639%。

纵断面线形:本段路线设计最大纵坡2.000%,最大坡长1 800m/1处,最短坡长400m/7处,平均每公里纵坡变更次数1.513次。竖曲线最小半径:凸形R=200 000m/1个,凹形R=16 000m/1个,竖曲线占路线总长67.269%。

2.路基路面及防护工程设计

1)路基设计

(1)路基高度

路线穿越豫东平原区,道路成网,路基填土高度主要受立交、通道、桥梁净空控制。高速公路路基填土高度均应大于考虑地面水、地下水、毛细水对路基稳定性影响所要求的最小填土高度。

(2)路基宽度

本项目采用整体式全幅路基。高速公路按部颁《公路工程技术标准》(JTG B01—2003),平原微丘区双向四车道高速公路路基总宽度为28m。其中:中央分隔带宽3m,左侧路缘带宽2×0.75m,行车道宽2×2×3.75m,硬路肩宽2×3.50m(含右侧路缘带宽2×0.5m),土路肩宽2×0.75m。

(3)路基设计高程位置

中央分隔带外侧边缘处路面高程。

(4)路拱横坡

行车道及硬路肩横坡为2%,土路肩横坡为3%。

(5)路基超高和加宽

本项目以中央分隔带边缘下缘高程作为设计高程,超高过渡以中央分隔带边缘下缘为旋转轴。即需要设置超高时,将两侧行车道分别绕中央分隔带边缘下缘旋转,使之各自成为独立的单向超高断面即可,中央分隔带仍维持水平状态。

超高过渡在缓和曲线段内完成,超高缓和段长度为110m(设置在缓和曲线上靠近圆曲线的一侧),渐变率为1/251。硬路肩与行车道一起超高,横坡同行车道。外侧土路肩始终以3%的横坡向外倾;内侧土路肩:当行车道横坡≤3%时可取3%,当行车道横坡>3%时与行车道相同。

(6)公路用地界

路堤两侧排水沟外边缘以外2m为公路正常用地界。公路正常用地界外5m为绿化带用地。

(7)路基边坡

对于填方路基,当路基高度小于或等于8m时,边坡坡率为1:1.5;路基高度大于8m时,在8m处变坡,不设平台,路缘至8m处,边坡坡率为1:1.5,8m以下的部分边坡坡率为1:1.75。

2)路面设计

(1)技术标准

本合同段均采用沥青混凝土路面,设计采用以双轮组单轴轴载100kN为标准轴载。路面设计使用年限为15年。

(2)交通组成、交通量及轴载换算

根据收集到的S206线交通量、交通组成、重载、超载等实测资料,结合《工可研究报告》提出的交通量,经过统计分析,得到本段内交通组成(表1-2-1、表1-2-2)

交通量预测表(小客车:辆/日)　　表1-2-1

年　度	2007年	2014年	2021年	2026年
交通量	12 009	22 446	35 441	44 242

车型比例(2007年预测结果)　　表1-2-2

车　型	大货车	中货车	小货车	大客车	小客车
车型比例(%)	27.54	6.47	6.76	19.03	40.2

根据项目区内交通量特点,在考虑超载的情况下,主线设计年限内一个车道累计标准轴载当量轴次 $N_e = 1.5 \times 107$ 次,设计弯沉值 $l_d = 0.22$mm,竣工验收弯沉值为0.188mm。

(3)路面结构组合及厚度计算

沥青混凝土路面结构计算采用双圆垂直均布荷载作用下的多层弹性理论,层间接触条件为完全连续体系,以设计弯沉值 l_d 和沥青面层及半刚性基层、底基层的容许拉应力 σ_p 控制计算路面某一结构层次及其厚度。设计采用由交通运输部认可的路面设计程序 APDS1.1 进行结构计算。根据路基填土高度、填料情况以及自然区划,参照交通运输部颁布的《公路沥青路面设计规范》(JTJ 014—97),确定土基回弹模量取中湿状态,II_5 区 $E_0=35$MPa,结构层中其他材料的设计参数取值见表 1-2-3。

路面结构力学指标表

表 1-2-3

路面结构层	抗压回弹模量 E_p (MPa)20℃	抗压回弹模量 E_p (MPa)15℃	劈裂强度 σ_{S_p} (MPa)	容许拉应力 σ_p (MPa)
中粒式沥青混凝土(AC—16I)	1 300	1 900	1.0	0.29
粗粒式沥青混凝土(AC—25I)	1 000	1 500	0.8	0.21
粗粒式沥青混凝土(AC—30Ⅱ)	900	1 300	0.8	0.21
水泥稳定碎石(5.5:94.5)	1 600	1 600	0.5	0.24
二灰稳定碎石(6:12:82)	1 400	1 400	0.6	0.29
二灰稳定土(12:30:58)	800	800	0.25	0.09
石灰稳定土(10:90)	600	600	0.2	0.07
土基	35	—	—	—

按照《公路自然区划图》,本项目处于 II_5 区,根据交通量、道路等级对路面强度的要求,以及高速公路路面本身应具有的满足较高服务水平的特点,如平整、坚实、抗滑、耐久等因素,参考初步设计推荐的路面结构方案及"批复意见",经分析计算,路面结构组成如下。

①行车道及路缘带

本段位于黄淮冲积平原区,地下水位受季节性降雨影响较大,路基按中湿状态考虑,具体厚度如下。

行车道及硬路肩(包括路缘带):

中粒式沥青混凝土(AC—16I 型)厚 4cm;

粗粒式沥青混凝土(AC—25I 型)厚 5cm;

粗粒式沥青混凝土(AC—30Ⅱ型)厚 7cm。

封层沥青:

水泥稳定碎石(5.5:94.5)厚 16cm;

二灰稳定碎石(6:12:82)厚 16cm;

二灰稳定土(12:30:58)厚 16cm;

石灰稳定土(10:90)厚 16cm。

硬路肩及中央分隔带开口路面结构同行车道。

②路面结构层材料组成及技术要求

a. 沥青混凝土路面面层

沥青混凝土上面层采用 AC—16I 型沥青混凝土,中面层采用 AC—25I 型沥青混凝土,下面层采用 AC—30Ⅱ型沥青混凝土。

a）沥青。沥青混合料采用优质重交通道路石油沥青，沥青标号为 AH—70，针入度控制在 60～80（0.1mm），软化点 44～54℃，延度大于 100cm，含蜡量不大于 3%。上面层粗集料与沥青的黏结力达不到四级时，须掺加抗剥落剂。抗剥落剂推荐使用 TF 聚酯纤维，用量根据试验确定。

b）石料。上面层集料应具备良好的抗压、抗磨耗性能。因此，上面层宜采用玄武岩，中面层及下面层可就近选用满足规范要求的石灰岩。

路面所用碎石均应采用锤式破碎机生产的机轧碎石，以充分保证集料技术品质。集料整体应干燥、洁净、无风化、无杂质。粒径规格应符合现行《公路沥青路面施工技术规范》的相关要求。

c）矿粉（<0.074mm）。矿粉宜采用石灰岩等憎水性石料经磨细得到的矿粉。矿粉要求干燥、洁净，视密度不小于 2.50（t/m^3），含水率不大于 1%，亲水系数 <1，外观无团粒结块现象，粒度范围满足规范要求。

b. 水泥稳定碎石和二灰稳定碎石基层

基层应具有足够的强度及稳定性，同时为防止基层唧浆现象，本段基层考虑采用水泥稳定碎石和二灰稳定碎石结构。

a）基层材料配合比及压实度。

材料配合比：

水泥∶碎石 =5.5∶94.5

石灰∶粉煤灰∶碎石 =6∶12∶82

基层压实度不小于 98%。

b）水泥。应选用初凝时间 3h 以上和终凝时间较长（宜在 6h 以上）的水泥，严禁使用快硬水泥、早强水泥以及已受潮变质的水泥。

c）碎石。路面基层所用碎石，根据沿线筑路材料的分布状况，可就近选取满足要求的石料，其最大粒径不应超过 31.5mm，集料压碎值不大于 30%。对应采用的碎石都应事先筛分成 3～4 个大小不同的粒级，然后配合，更能保证合理级配。

d）粉煤灰。粉煤灰中 SiO_2、Al_2O_3 和 Fe_2O_3 的总含量应大于 70%，烧失量不宜大于 20%，比表面积宜大于 2 500cm^2/g。

e）石灰。石灰宜采用磨细生石灰粉，不得低于Ⅲ级，过期失效者严禁使用。

c. 二灰稳定土和石灰稳定土底基层

a）底基层材料配合比及压实度。

材料配比采用：石灰∶粉煤灰∶土 =12∶30∶58；

石灰∶土 =10∶90；

底基层压实度不小于 95%。

b）粉煤灰。同基层粉煤灰质量要求。

c）石灰。同基层石灰质量要求。

d）土。土宜选用 I_p =12～20 的黏性土，塑性指数偏大的黏性土，应加强粉碎，粉碎后土块的最大尺寸不应大于 15mm，有机质含量不大于 10%。

3）防护工程设计

（1）植草护坡

路堤高度小于 6.0m 时，填方边坡进行植草或植灌木防护，草种应选用适宜当地土质和气候条件、成活率高、绿色期长的优良品种。灌木品种选择以紫穗槐和白腊条等为主,既具有观赏价值、经济价值,又有坡面防护作用,起到保证坡面防护的作用和效果。

(2)拱形骨架护坡

当填方路堤高度大于等于6.0m时,设置拱形骨架护坡。拱形骨架护坡由混凝土预制块、强度等级为M7.5浆砌片石骨架、基础组成,网格内铺设三维网垫,然后进行液压喷播草坪。拱形骨架护坡可减少雨水对边坡的冲刷,达到防护的目的。液压喷播草坪可以使路基边坡一次性绿色覆盖,管理粗放,一次成坪,整齐、美观,突出公路绿化景观效果。

(3)互通式立交区路基边坡防护

互通式立交既是高速公路的重点,也是公路景观的亮点,体现公路的设计风格和理念,因此,互通式立交区边坡防护从考虑公路景观的要求和边坡防护的需求,进行精心设计和美化。

路堤填土高度小于4.0m时,路基边坡进行预制块镶嵌三维网垫防护,铺设好三维网垫后进行液压喷播草坪,草种应选用适宜当地土质和气候条件、成活率高、绿色期长的优良品种。

路堤填土高度大于4m、小于等于6m时,对路基边坡采用预制块方格网进行防护。浆砌预制混凝土网格施工完毕后,在网格内种植缀花草坪。草种应选用适宜当地土质和气候条件、成活率高、绿色期长的优良品种。当路堤高度大于6.0m时,设置拱形骨架护坡,防止雨水对边坡的冲蚀和保证路基的稳定。拱形骨架护坡由混凝土预制块、M7.5浆砌片石骨架、基础组成,网格内铺设三维网垫,然后进行液压喷播草坪。

(4)护坡道的防护

除分离式立交桥头路基(含锥坡)采用水泥混凝土预制块全防护、大中桥桥头路基(含锥坡)采用浆砌片石全防护外,护坡道根据沿线的地势、受降雨影响的程度,在边坡急流槽的消力池两侧各采用C20水泥混凝土预制块防护2m的宽度。其余护坡道均种植紫穗槐、白腊条、植草进行绿化,旨在发挥防护功能的同时也能够最大限度地保持生态。

3. 桥梁、涵洞、通道设计

本项目共有大桥8座,中桥26座,涵洞121道。

1)桥梁设计

路线所经地区属淮河流域。路线跨越的大黑河、李贯河、小黑河、新运河、清水河、贾鲁河、颍河、沙河以及地方排洪、灌溉沟渠等40余道。

(1)桥梁结构形式

为便于工厂化施工,缩短施工工期,降低工程造价,中桥以及桥长200m以下的大桥采用13m、16m和20m预应力混凝土空心板。为提高行车的舒适性和增加桥梁的使用寿命,并考虑了为减少下部结构工程量和避免桥墩柱多侵占河道,桥长在200m以上的大桥上部结构采用30m和25m跨径的先简支后连续部分预应力钢筋混凝土组合箱梁。沙河和颍河为满足Ⅵ级通航标准要求,上部结构采用了40m跨径的先简支后连续部分预应力钢筋混凝土组合箱梁。大、中桥下部结构为柱式或肋板式墩台,钻孔灌注桩基础。

(2)设计要点

①空心板桥设计要点

桥面设计为铰结杆式桥面,计算中假定铰结杆不承受弯矩,采用简支梁板程序进行计算。跨中弯矩以简支正板为设计依据,支点剪力以简支斜板为设计依据,横向结构按铰结计算。

抗震设防措施:在空心板两端铰缝处设置防侧向位移的防震锚栓,并在墩台上设置横向挡块。

预应力混凝土空心板按存梁60d计算，跨中反拱值为：跨径16m，反拱值16mm；跨径20m，反拱值25mm。

下部构造桥墩采用柱式墩，桥台根据台高的不同，设计有桩柱式和肋板式，基础设计采用钻孔灌注桩基础。

斜度小于35°时，桥墩台采用双柱（双肋）；斜度大于或等于35°时，桥墩台采用三柱（三肋）。

桥后填土高度大于6m时为肋板式桥台，填土高度在5~6m时为三柱式桥台。

为减少桥头跳车，桥台后均设钢筋混凝土搭板。当台背填土高度≥6m时，搭板长8m；填土高度<6m时，搭板长5m。

②组合梁桥设计要点

装配式部分预应力混凝土连续箱梁采用多箱单独预制、简支安装、现浇连续接头的先简支后连续的结构体系。

内力计算采用平面杆系有限元程序，荷载横向分配系数采用钢接板（梁）法计算，并用梁格法进行检算。桥面板计算按单向板和悬臂板计算。

2）涵洞设计

涵洞均设置为钢筋混凝土盖板涵。

盖板明涵设计采用2m、4m、6m三种跨径，明涵上部行车道板采用装配式钢筋混凝土铰结板，下部采用轻型桥台。盖板暗涵上部盖板采用装配式钢筋混凝土盖板，下部采用素混凝土台身，钢筋混凝土基础。

涵洞行车道板分99cm中板、74cm中板、74cm边板三种类型，中央分隔带处采用4块74cm中板，整块74cm边板上现浇帽石。

为减少桥头跳车，盖板明涵台后均设5m长钢筋混凝土搭板。

3）通道设计

通道均采用钢筋混凝土盖板通道，通道净空分别为：人行通道净高≥2.5m，净宽4.0m。机耕通道净高≥3.2m，净宽6.0m。汽车通道净高≥3.5m，净宽6.0m。

明通道上部行车道板采用装配式钢筋混凝土铰结板，下部采用轻型桥台。

盖板明通道行车道板分99cm中板、74cm中板、74cm边板三种类型，中央分隔带处采用4块74cm中板，整块74cm边板上现浇帽石。

为减少桥头跳车，盖板明通道台后均设5m长钢筋混凝土搭板。

根据路基两侧边沟的纵向排水要求，在通道洞口设计边沟涵。

4. 立体交叉工程设计

1）互通式立交

根据初步设计批复意见，主线设6处互通，在主线平纵面设计时，考虑了立交设置位置的技术要求，并根据交通量大小采用相应立交形式。立交布设时，结合相应位置地形地物情况，注意立交匝道与地形、与匝道收费站及养管设施之间的总体协调。

（1）四通镇互通式立交

四通镇互通式立交设置在周口市太康县张集乡夏楼村附近，商周高速公路周口段主线交叉桩号为K202+926.8，交叉角度90°，G311交叉桩号为NK227+081.810，商周高速公路周口段主线上跨G311。立交设置等级为二级，匝道计算行车速度40km/h，立交形式采用单喇叭形，设置匝道收费站，匝道最小平曲线半径60m，最大纵坡5.436%。主线上跨匝道，设3—20m

预应力空心板桥。

①平面设计

互通区范围内主线为圆曲线，半径为6 000m。加速车道采用平行式，减速车道采用直接式。加速车道终端渐变段长度等于80m，减速车道三角段采用1/25的渐变率。

②纵断面设计

互通区范围内主线最大纵坡为1.28%，设有半径为45 000m的凸形竖曲线和33 205.23m的凹形竖曲线，变坡点之间竖曲线直接相连，线形连续流畅。匝道最大纵坡为5.436%，最小坡长为100m。

③横断面设计

互通区范围内有四种标准横断面。主线为对向分离4车道，路基宽度为28m；单向单车道匝道路基宽度为8.5m；对向分离双车道匝道路基宽度为15.5m，出收费站的连接线宽度为22.5m。

(2)淮阳互通式立交

淮阳互通式立交设置在周口市淮阳县白楼乡李堂村附近，商周高速公路周口段主线交叉桩号为K227+593.6，交叉角度70°。商周高速公路周口段主线上跨S329。立交设置等级为二级，匝道计算行车速度40km/h，立交形式采用单喇叭形，设置匝道收费站，匝道最小平曲线半径60m，最大纵坡4.064%。匝道上跨主线，设4—25m预应力空心板桥。

①平面设计

互通区范围内主线为平曲线，半径为3 000m。加速车道采用平行式，减速车道采用直接式。加速车道终端渐变段长度等于80m，减速车道三角段采用1/25的渐变率。

②纵断面设计

互通区范围内主线最大纵坡为1.75%，设有半径为30 000m的凸形竖曲线和16 889.99m的凹形竖曲线，变坡点之间竖曲线直接相连，线形连续流畅。匝道最大纵坡为4.064%，最小坡长为100m。

③横断面设计

互通区范围内有五种标准横断面。主线为对向分离4车道，路基宽度为28m；单向单车道匝道路基宽度为8.5m；对向分离双车道匝道路基宽度为15.5m，对向分离4车道匝道路基宽度为22.5m；Y形平交口的路基宽度为15m。

(3)刘庄互通式立交

刘庄互通式立交设置在周口市淮阳县曹河乡东赵庄和刘庄村之间，距离周口市区约9km，商周高速公路周口段主线交叉桩号为K241+978.881，阿深高速公路西华至周口段主线交叉桩号为K14+012.355，交叉角度94°12′32″，阿深高速公路西华至周口段主线上跨商周高速公路周口段主线。互通形式为半定向涡轮加苜蓿叶三层枢纽型互通，叶形匝道半径100m，最大纵坡5.4%。定向匝道半径380m，最大纵坡3.86%。

①平面设计

互通区范围内主线为圆曲线，半径为6 600m。加速车道和减速车道都采用直接式。加速车道三角段采用1/40的渐变率，减速车道三角段采用1/25的渐变率。因为立交的分、合流处的匝道都是双车道，所以为了车道平衡的需要，在主线和被交道上增设有辅助车道。

②纵断面设计

互通区范围内主线最大纵坡为0.647%，设有半径为45 000m的凸形竖曲线和45 000m的凹形竖曲线，纵断面设计指标高，线形连续流畅。被交道最大纵坡为 0.9%，设有半径为 45 000m的凸形竖曲线和 38 381.11m 的凹形竖曲线，纵断面设计指标高，线形连续流畅。匝道最大纵坡为 5.4%，最小坡长为 120m。

③横断面设计

互通区范围内有五种标准横断面。主线设有辅助车道的区段为对向分离 6 车道，路基宽度为 35m；主线无辅助车道的区段为对向分离 4 车道，路基宽度为 28m；单向单车道匝道路基宽度为 8.5m；单向双车道匝道路基宽度为 10m，右侧硬路肩宽度为 2.5m 的单向双车道匝道路基宽度为 11.75m。

(4)周口东互通式立交

周口东互通式立交位于周口市淮阳县搬口乡邵火庙附近，设计为单喇叭形互通。经过计算，收费站进口车道数设计为 2 条，出口车道数设计为 4 条。出于节省工程量的考虑，周口东互通式立交采用了匝道上跨主线的方案。被交道是周口东互通连接线。

①平面设计

互通区范围为 K243 + 500 ~ K244 + 800。因为周口东互通式立交与刘庄互通式立交相隔较近，所以两者之间设有辅助车道。互通区加速车道采用平行式，减速车道采用直接式。加速车道终端渐变段长度等于 80m，减速车道三角段采用 1/25 的渐变率。

②纵断面设计

互通区范围内主线最大纵坡为 1.10%，纵断面设计指标高，线形连续流畅，路基填土较低。匝道最大纵坡为 3.50%，最小坡长为 120m。

③横断面设计

互通区范围内有六种标准横断面。主线设有辅助车道的区段为对向分离 6 车道，路基宽度为 35m；主线无辅助车道的区段为对向分离 4 车道，路基宽度为 28m；单向单车道匝道路基宽度为 8.5m；对向分离双车道匝道路基宽度为 15.5m，对向分离 4 车道匝道路基宽度为 22.5m，出收费站的连接线宽度为 17m。

(5)周口西互通式立交

周口西互通式立交设置在周口市西华县大王庄乡马岔村附近，距周口市区 6km。商周高速公路周口段主线交叉桩号为 K254 + 336，交叉角度为 75°，S102 交叉桩号为 NK5 + 801.194，商周高速公路周口段主线上跨 S102。立交设置等级为二级，匝道计算行车速度 40km/h，立交形式采用单喇叭形，设置匝道收费站，匝道最小平曲线半径 60m，最大纵坡 5.582%。主线上跨匝道，设 3—20m 预应力空心板桥。

①平面设计

互通区范围内主线为圆曲线，半径为 6 000m。加速车道采用平行式，减速车道采用直接式。加速车道终端渐变段长度等于 80m，减速车道三角段采用 1/25 的渐变率。

②纵断面设计

互通区范围内主线最大纵坡为 1.10%，设有半径为 45 000m 的凸形竖曲线和 24 000m 的凹形竖曲线，纵断面设计指标高，线形连续流畅。匝道最大纵坡为 5.582%，最小坡长为 105m。

③横断面设计

互通区范围内有六种标准横断面。主线为对向分离 4 车道，路基宽度为 28m；单向单车道匝道路基宽度为 8.5m；对向分离双车道匝道路基宽度为 15.5m，出收费站的连接线宽度为22.5m；

被交道 S102 为对向 4 车道，路基宽度为 17m；S102 上设置有左转车道的路基宽度为 20m。

（6）杨湖互通式立交

杨湖互通式立交设置在周口市商水县邓城乡的杨湖村附近，距离周口市区约 10km，商周高速公路周口段主线交叉桩号为 K267 +238.292，交叉角度为 83°28′57″，漯界高速公路主线交叉桩号为 NK37 +510.554，商周高速公路周口段主线上跨漯界高速公路主线。互通形式为半定向涡轮加苜蓿叶两层枢纽型互通，叶形匝道半径 80m，最大纵坡 4.8%。定向匝道半径 290m，最大纵坡 3.2%。

①平面设计

互通区范围内主线为圆曲线，半径为 6 000m。加速车道和减速车道都采用直接式。加速车道三角段采用 1/40 的渐变率，减速车道三角段采用 1/25 的渐变率。因为立交的分、合流处的匝道都是双车道，所以为了车道平衡的需要，在主线和被交道上增设有辅助车道。

②纵断面设计

互通区范围内主线最大纵坡为 1.42%，设有半径为 45 000m 的凸形竖曲线和 18 000m 的凹形竖曲线，纵断面设计指标高，线形连续流畅。被交道最大纵坡为 0.9%，凸形竖曲线的最小半径为 20 000m，凹形竖曲线的最小半径为 12 000m，纵断面设计指标高，线形连续流畅。匝道最大纵坡为 4.8%，最小坡长为 145.183m。

③横断面设计

互通区范围内有七种标准横断面。主线设有辅助车道的区段为对向分离 6 车道，路基宽度为 35m；主线无辅助车道的区段为对向分离 4 车道，路基宽度为 28m；被交道设有辅助车道的区段为对向分离 6 车道，路基宽度为 33.5m；被交道无辅助车道的区段为对向分离 4 车道，路基宽度为 26m；单向单车道匝道路基宽度为 8.5m；单向双车道匝道路基宽度为 10m，右侧硬路肩宽度为 2.5m 的单向双车道匝道路基宽度为 11.75m。

2）分离式立交、通道、天桥

为方便与满足沿线群众生产、生活的需要，根据被交路等级和地形条件，分别设置了分离式立交、通道和天桥等。结构形式的采用，本着因地制宜、就地取材、方便施工的原则，选用钢筋混凝土空心板、预应力混凝土空心板、钢筋混凝土连续箱梁等。

高速公路与等级公路交叉时设置分离式立交；结合沿线路网规划和布局，对一级、二级公路保证桥下净高不小于 5.0m；三级、四级公路净高不小于 4.5m。高速公路与地方道路和一些较重要的乡村便道带排水沟的也设置分离式立交，考虑后期发展和农田灌溉要求，其桥跨长度一般大于原道路宽度，净高按实际要求采用 3.5 ~4.0m。

主线上跨分离式立交桥上部构造采用建筑高度低、便于工厂化生产的跨径 13m、16m 和 20m 的装配式预应力混凝土空心板；下部构造采用柱式桥墩，柱式桥台或肋板式桥台，钻孔灌注桩基础。

主线下穿分离式立交桥的桥型方案在满足"安全、经济"的前提下，尽量考虑美观，设计中采用了 16m +2 ×20m +16m 结构轻盈的连续箱梁与建筑高度低、便于工厂化生产的装配式预应力混凝土空心板方案。下部构造采用独柱式桥墩或矩形实体桥墩，肋板式桥台或柱式桥台，钻孔灌注桩基础。

5. 房建、机电、绿化工程设计工作报告

（已经另行编写）

三、施工期间设计服务情况

为保证设计意图得到更好体现,保证施工程序的顺利进行,我公司派出有经验的专业技术人员到现场服务,对各种问题归纳分类,专项解决。每到现场我们与业主、监理、承包人协同合作,及时解决图纸上、现场中存在的各种问题,保证了工程质量、缩短了工期,保证投资规模,通过优良的技术咨询服务,我们与业主、监理、承包人各方建立了良好的合作关系。

河南省商丘—周口(周口段)高速公路已通车,从沿线服务管理和养护设施的运营情况来看,可以满足各方面的使用要求。我们期待着各方对设计产品提出意见和建议,以利于我们从工程实践中汲取经验,总结教训,为我省经济发展和国家交通事业作出更大的贡献。

四、设计变更情况

1. 路面结构变更

原设计为:4cm 中粒式沥青混凝土(AC—16I)(掺入 TF 聚酯纤维)+5cm 粗粒式沥青混凝土(AC—25I)+7cm 粗粒式沥青混凝土(AC—30II)+封层沥青+16cm 水泥稳定碎石+16cm 二灰(石灰、粉煤灰)稳定碎石+16cm 二灰(石灰、粉煤灰)稳定土。

变更为:4cm 细粒式改性沥青混凝土(AC—13C)+6cm 中粒式改性沥青混凝土(AC—20C)+8cm 粗粒式沥青混凝土(AC—25C)+改性沥青封层+16cm 水泥稳定碎石基层+16cm 水泥稳定碎石底基层+16cm 水泥稳定碎石底基层。

原因:由普通沥青混凝土(掺入 TF 聚酯纤维)变更为改性沥青混凝土来提高路面的抗裂和抗冻性能,基层、底基层变更是由于二灰稳定碎石的早期强度低,本项目的工期紧,变更为水泥稳定碎石后,可提高底基层和基层早期强度,加快工程进度。

2. 中央分隔带变更

原设计本项目采用双向四车道,高速公路路基总宽度为 28m。其中:中央分隔带宽 3m,左侧路缘带宽 2×0.75m,行车道宽 2×2×3.75m,硬路肩宽 2×3.50m(含右侧路缘带宽 2×0.5m),土路肩宽 2×0.75m。

根据河南省交通厅下发的《关于印发〈河南省高速公路设计指导性原则和技术要求〉补充条文的通知》豫交计[2004]52 号文件,在 28m 宽路基范围内进行“四改六”设计。变更后路基总宽度仍为 28m,其中中央分隔带宽 1.54m,左侧路缘带宽 2×0.75m,行车道宽 2×2×3.75m+2×3.5m,右侧路缘带宽 2×0.5m,沥青砂拦水带宽 2×0.23m,土路肩宽 2×0.75m。港湾式紧急停车带(岛)处路基由 28m 逐渐过渡到 36m。

原设计中央分隔带为波形钢护栏+绿化带变更为新泽西墙式护栏+防眩板。

3. 部分段落调整纵坡

原设计为主线下穿式分离式立交的部分段落由于群众要求,并多次阻工,要求变更为主线上跨式分离式立交,为此进行变更设计,调整纵坡。

(1)调整 K207+864.75~K209+149.38 段纵坡,增加 K208+579.9 处 1—4×4m 钢筋混凝土盖板通道,变更原设计 K208+404 处 16m+2×20m+16m 主线下穿分离式立交为3—13m 主线上跨分离式立交。

(2)调整 K217+300~K218+900 段纵坡,增加 K217+938.2 处 1—20m 主线上跨分离式立交,增加 K218+287.4 处 1—6×3.5m 钢筋混凝土盖板通道,取消 K217+900 处 1—4×2.5m钢筋混凝土盖板通道,取消 K218+290 处 16m+2×20m+16m 主线下穿分离式立交,取消 K218+320 处1—2×2m 钢筋混凝土涵洞,取消 K218+100~K218+390、K218+430~K218+500 两段 8%石灰土特殊路基处理。

(3)调整 K224 + 520 ~ K225 + 404.235 段纵坡,变更原设计 K224 + 952 处 16m + 2 × 20m + 16m 主线下穿分离式立交为 K224 + 952 处 1—4 × 2.5m 钢筋混凝土盖板通道。

(4)调整 K230 + 380 ~ K231 + 420 段纵坡,增加 K231 + 113.4 处 1—13m 主线上跨分离式立交,取消 K231 + 115 处 1—4 × 2.5m 涵洞,取消 K231 + 040 处主线下穿分离式立交,取消 K230 + 950 ~ K231 + 050 段 3% 水泥土特殊路基处理。

4. 桥梁、涵洞台背回填材料的变更

桥梁台背回填原设计为填素土,涵洞、通道台背回填原设计为回填 8% 石灰土(箱涵台背回填 10% 石灰土),施工过程中,部分桥梁、涵洞和通道台背回填变更为粒料回填。变更后可加快施工进度,满足工期要求。

五、设计体会

在本项目的施工过程中,业主将交通运输厅贯彻的设计理念和"地标"融入进来,同时自身也不断认识到并努力做到工程与自然的和谐、质量与造价的统一以及技术标准的灵活运用。对于公路工程来讲,环境和谐、服务社会、整体协调的原则将会越来越凸显,坚持以人为本,将全面、协调、可持续的科学发展观融入到设计工作中成为我们设计者的基本原则。

中国公路工程咨询集团有限公司

2009 年 8 月 15 日

3. 商丘至周口高速公路周口段工程质量监督工作报告

目　　录

商丘至周口(周口段)高速公路质量监督工作报告

一、质量监督概况

1.基本情况

商丘至周口高速公路周口段,是我省重点建设项目之一,该项目起自周口市太康县张集乡东南,经付草楼乡、淮阳县四通镇、临蔡镇、白楼乡、郑集乡、曹河乡、川汇区搬口乡、北郊乡、西华县东王营乡、大王庄乡、李大庄乡、至商水县邓城镇、张庄乡杨湖村西,与已经运营的漯周界高速公路相连,沿线经4县、1区、14个乡镇。该项目全长68.75公里,实际建设67.37公里,起止桩号为:K200+000-K267+370。2004年2月28日正式开工,历时34个月,于2006年12月15日正式建成并投入试运营。

主要技术指标:

该工程按双向四车道高速公路标准设计(后变更为"四改六车道"),路基宽度为28米,计算行车速度为120公里/小时,桥涵荷载标准为:汽车-超20、挂车-120。

主要工程量:

路基土方803.56万立方米;路面204万平方米;大桥2148.56/8座;中小桥1520.2/30座;天桥16处;互通立交4处,枢纽2.5处;分离式立交36座;通道81道;涵洞67道;收费站4处;服务区1处。沿线交通工程、绿化工程等。

该项目建设单位为周口市恒达高速公路有限责任公司,由于其资金短缺等原因,经省政府、省交通厅批准,2006年3月9日河南高速公路发展有限责任公司接收了正在建设中的商周高速公路周口段项目,并组建了河南通衢高速公路有限公司实施项目建设管理。本项目设计单位为中国公路工程咨询监理总公司。一期土建工程共划分为12个施工标段和和一个连接线标段。二期路面工程共划分为5个标段;房建工程共划分为7个标段;交通安全设施工程共划分为10个标段;绿化工程共划分为5个标段;配电照明工程2个标段;机电1个标段,沥青供应3个标段。一期土建工程分别由河南省豫通公路工程监理事务所和北京华路捷公路工程咨询有限公司承担监理工作,二期路面、交安、绿化工程由河南省宏力工程监理咨询公司承担监理工作,房建工程由河南省新恒丰建设监理有限责任公司承担监理工作,机电、供配电照明工程由北京泰克华诚技术信息咨询有限公司承担监理工作,连接线工程由周口宏达监理公司承担监理工作。

2.监督工作概况

本项目由周口市恒达高速公路有限责任公司向省质监站申请监督,省质监站于2004年3月下发了《公路工程质量监督通知书》,同时下发了监督工作计划,委派李玮、黄琪同志为该项目监督工程师,在公司的配合下开展了监督工作。主要对项目建设单位的建设程序、设计单位服务情况、工程质量检查和验收、参建各方的质量管理体系、质量管理制度和质量管理人员等进行全方位监督检查,并配合省厅组织的各项检查工作。

从项目实施到通车试运营,监督工程师按照监督计划书对项目进行了全方位、全过程监督检查，实施三个关键阶段检查，配合省厅组织的每年两次质量大检查，参加了项目交工验收质量检测和竣工质量鉴定工作。

二、建设程序的监督工作

本项目严格按照交通基本建设程序和项目招投标管理办法实施项目管理，组织了项目前期的工程可行性报告书、环保、水保、施工图设计的编制、报批工作，组织了工程项目设计、施工、监理招投标工作。招标工作采用公开招标方式进行，首先发布招标通告，并依据程序分别进行资格预审、发送投标邀请书、举行标前会、现场勘探、公开开标和评标等程序，按照交通部《公路工程国内招投标文件范本》中综合评估法选择出中标单位并上报河南省交通厅备案后，发中标通知书，谈判并签订合同，并在项目实施过程中严格按照合同进行了管理。

三、工地试验室的认证情况

项目开工前，项目公司分别按照规定组织监理和施工单位申请了工地试验室临时资格认证，质监站对其试验室条件、试验设备、试验人员的情况进行了检查，一个总监办试验室、土建1～12标段工地试验室符合临时试验室要求，均是一次通过了工地临时试验室资格认证。后续工程路面标段开工后，我站根据申请对油面五个标段试验室进行了检查验收，发放了资格证书。

在工程建设期间，各施工单位试验室均能够按照有关规定、规范和要求进行试验操作，没有出现违规情况。

四、监理人员的检查情况

本项目监理单位为：

1. 一期土建A监理代表处：河南省豫通公路工程监理事务所，承担土建工程1－6标段的监理工作；

2. 一期土建B监理代表处：北京华路捷公路工程咨询有限公司，承担土建工程6－12标段的监理工作；

3. 二期工程监理代表处：河南省宏力工程监理咨询公司，承担本项目路面、交安、绿化工程的监理工作；

4. 机电监理代表处：北京泰克华诚技术信息咨询有限公司，承担本项目机电、供配电照明工程的监理工作。

5. 房建监理代表处：河南省新恒丰建设监理有限责任公司，承担本项目房建工程的监理工作。

6. 连接线监理代表处：周口宏达监理公司，承担周口东连接线工程的监理工作。

监理单位按照有关规定严格履行合同，监理人员均有相应资质，持证率达到100%。监理人员均能够按照“严格监理、热情服务、秉公办事、一丝不苟”的监理原则开展工作，严格进行质量、进度控制、计量控制和开展合同管理工作，期间有部分监理人员更换，监理单位均进行了申请并补充了符合条件的监理人员。

五、施工过程中的质量监督情况

1. 监督工作程序

2004年2月接到周口市恒达高速公路有限责任公司《关于申请对商丘至周口(周口段)高速公路质量监督申请书》。编制完成商周高速公路周口段工程监督工作计划，并下达了监督计划通知书。

2. 监督的工作方法

现场派驻监督工作组，组织综合检查和专项检查，加强现场巡视相结合的方法。

3. 监督内容

(1)质量管理体系是否完善

建立健全"政府监督、社会监理、企业自检"的三级质量管理体系。监督工作的重点是对监理工作的监督管理和施工单位的项目经理是否履行合同、质量管理状况、质保体系的建立与实施、加强质量管理工作的领导与措施，专职质监人员的组成和工地试验室设备和质检人员到岗及履行职责情况。

(2)质量管理制度是否建立健全

监理和施工单位的质量管理制度的建立健全，包括制定的质量管理目标、质量问题的预控措施、质量保证措施、质量奖惩办法、详细的执行方案、精心策划的施工组织设计及落实情况。复杂工程、大桥、路面试验段、地质不良地段的详细施工方案等。对路基压实度不够造成的路基不均匀沉陷、桥梁伸缩缝颠车、桥(涵)头跳车、路面平整度差、外观质量差等质量通病的预控措施和实施方案。

(3)质量管理人员的工作情况

监理人员认真填写监理日志，整理和存放工程质量检查资料，尤其是隐蔽工程的质量检查资料。监理和施工单位的质检资料是否齐备和完整，监理和施工单位的质检人员的素质和数量能否满足工程质量的需要。对重要的现场试验、材料进场、使用、材料配比等重要过程，监理工程师要有独立的抽检资料。结合工作进展和工程实际需要，组织现场质量教育，学习规范、规程、合同和质量标准，组织现场观察，自觉提高工程质量管理的责任和水平，加强按合同、按规范施工，按监理程序、按监理规范和监理工作的十六字方针办事的自觉性。

(4)工程质量监督

监督施工条件是否齐备，尤其是工程施工的重点设备、试验设备等。

工程质量抽检按照交通部有关规定和《公路工程竣工验收办法》的规定频率，对工程质量进行抽检，对施工单位、监理单位的质量检验、实验方法和实验结果进行检查，对不合格或违犯程序、规范和规程的行为进行返工或提出批评，要求提出整改措施。

4. 工程施工实施阶段提出的监督要求

(1)监理人员按合同要求到岗、到位，满足工程质量控制的要求。监理工程师应按照交通部有关规定、监理程序和监理工程师工作的十六字方针，严格监理，确保工程质量。工程施工实施阶段，监理工程师持证(培训证)上岗率达到100%。

(2)各施工合同段必须按照标书的承诺调入或配齐工程施工所需要的机械设备、测量仪器、试验仪器，满足工程质量控制的项目管理和质量管理的人员。

(3)施工质保体系的质检人员与监理人员(专职和兼职)要有一一对应关系，自检人员与监理人员的配备比例不少于2∶1。

(4)机械设备、试验设备的完整与标定，工地试验室须经过总监办的验收，报请省交通厅检查验收，并获得工地试验室临时资质证书后方可开展工作。工程施工实施阶段，试验人员持证(培训证)上岗率100%。试验路段的实施方案、开工报告、配合比使用情况须经驻地监理工程师和总监办的认可。

(5)制定和完善质量保证体系的措施和实施方案，制定质量奖惩措施、质量管理目标和计划，雨季施工、夜间施工的质量保证措施，材料进场、存放、使用应满足施工、设计、规范和规程的要求。

(6)要求监理单位、施工单位人员持证上岗,佩带明显标志。作到施工现场井然有序,规范施工。

(7)对已开工的桥涵工程作到测量放线准确,工艺工序衔接合理,操作规范,纠正不正确和违犯操作规程的行为,配合比使用正确,计量准确。

(8)使用统一制定印发的检查表格,认真作好检验资料的收集、整理和保存工作,不经监理工程师检验认可的工程不准进行下道工序施工。

(9)按照交通厅的有关规定,开展三个关键阶段检查,检查合格方可开展下阶段施工。

5. 工程质量监督情况综述

工程质量监督工作按照交通部《公路工程质量监督暂行规定》和《河南省交通基本建设工程质量监督管理实施细则》的要求和监督计划的内容进行监督,并在项目公司、总监办及各施工合同单位积极配合下顺利完成了监督任务。

(1)根据监督计划的内容,结合工程进展情况组织了各合同单位施工准备情况、资质、合同,施工组织及质保体系建立健全情况检查,工地试验室、路基施工、桥涵施工、台背回填、路面基层、防护工程、路面工程、外观质量等专项检查和质监站组织的综合检查,参加每月的工地例会,签发工程质量检查通知书及通报。

(2)依据施工设计技术规范、施工规范及有关合同要求,纠正了工程施工的违规行为,督促监理工程师全线实施规范化、标准化施工,对不合格的以返工令或监理工程师指令的形式要求并督促施工单位进行返工处理,桥涵基础及台背回填土施工初期部分进行了返工,路基、路面基层及面层等不合格项目或段落也进行了返工处理。

(3)检查整顿了施工各合同段的试验室,督促施工项目负责人对试验设备的完善补充,强调了试验方法的统一、规范化操作,验证了试验结果的准确性,对不合格的试验设备或人员监理工程师,要求施工单位调进或购置、调换或进行培训。

(4)督促监理工程师和施工单位加强自身素质的建设,分期分批地参加监理培训,提高按照标准和规范施工的自觉性,加强工程质量管理,提高工程质量管理的水平,杜绝质量隐患。

(5)检查了施工单位及监理工程师的内业资料的收集、整理和保存工作,强调使用统一表格样式,对内业资料混乱、不齐全和不真实的现象提出了批评,进一步规范了内业资料的整齐、齐全、真实、可靠。

(6)实施对监理工作的监督管理。严格按照"严格监理,一丝不苟,秉公执法,热情服务"的十六字方针和监理工作程序进行监理,督促监理工程师自觉学习合同和规范,对监理工程师提出按照监理规范,必须保证规范制定的独立抽检的频率和数量。表扬工作认真负责的监理工程师,批评了不负责任的监理人员,对不能胜任监理业务的工程师进行了调换。

(7)参加工地例会,听取监理、施工单位的质量管理情况,公布工程质量监督检查结果,根据监督工程师的现场巡视和检查情况,提出建议和要求。

6. 检查项目及结果

在工程建设过程中,监督工程师重点对路基和桥梁下部工程、路面基层和桥梁上部工程、路面面层和交通安全设施等三个关键阶段进行了检查,对检查出现的质量缺陷督促建设和施工单位及时整改,并对各参建单位的质保体系、质检人员和相关制度落实情况进行了检查,并配合省厅对项目进行每年两次质量大检查。项目公司均能够对检查存在的问题进行整改并上报,项目公司还组织开展了质量进度奖检查评比活动。在监督过程中,监督工程师和项目公司能够对重大问题及时进行讨论论证,防止质量隐患和质量通病的发生。以单项抽查、专项抽查及三个关键阶段检查结果表明,商周高速公路周口段工程质量优良率达到90%以上。

7. 存在问题的处理结果

项目公司、总监办和各施工单位对监督检查中提出的问题均进行了整改,对在交工检测中存在的问题,在缺陷责任期内全部进行了整改。

8. 对各合同段工程质量的意见(见质量检测报告和质量鉴定报告)。

六、交工验收前的工程质量检测意见

通过对交工验收前工程质量检测结果的汇总、分析,认为,该项目工程平、纵线形流畅;路基压实度、弯沉值满足设计要求,几何尺寸基本控制符合要求;桥梁经荷载试验和桩基检测,表明其承载力满足设计要求,混凝土强度符合规范要求,外观质量合格,伸缩缝伸缩有效,符合开通试运营条件,对存在的问题要求项目公司组织施工单位进行整改。详见《商周高速公路周口段交工检测报告》。

七、竣工验收前的工程质量鉴定意见

根据河南通衢高速公路有限公司的申请,河南省交通基本建设质量检测监督站组织有关人员,于2008年12月对商周高速公路周口段工程进行了质量鉴定。经全线检测,12个土建合同段,5个路面合同段,及交通安全设施等单位工程质量等级均能达到优良或合格以上。详见《商周高速公路周口段竣工验收质量鉴定报告》。鉴定认为:商周高速公路周口段项目经过5年多的试运营,工程平、纵线形流畅;桥梁外观质量合格,伸缩缝伸缩有效;小桥、通道、涵洞、排水工程的外观质量合格;路面平整度、车辙等指标经复测满足规范和标准要求;标志、标线、防撞护栏外观及使用效果满足要求 。根据《公路工程质量鉴定办法》和《公路工程质量检验评定标准》的有关要求,工程质量鉴定得分为91.70分,商周高速公路周口段建设项目竣工验收工程质量鉴定等级评为优良。

八、对设计、施工、监理单位的评价

设计单位:设计资质符合有关规定要求,设计文件编制符合有关公路工程建设的法律、法规、规章、标准、规程和合同的要求,设计资料基本齐全,结构设计符合安全要求,设计文件的深度符合阶段性设计的要求和相关规范的要求,线型顺畅、经济、美观、实用。设计代表应常驻工地以解决施工中有关技术问题,及时解决有关的变更设计问题。

监理单位:监理单位资质符合要求,具有承担高速公路监理业务的能力,自觉接受政府质量监督部门的监督检查,能够按照《公路工程施工监理规范》的要求对工程实施全方位的监理,充分行使业主赋予的权利,在对工程质量、工期、投资的控制和对合同的管理方面发挥了重要作用,对保证工程质量起到了关键作用。监理日志记录认真,抽检资料、试验数据基本齐全和真实,基本体现了监理工作的"严格监理,热情服务,秉公办事,一丝不苟"的十六字方针。

施工单位:施工资质符合要求,建立了施工自检质量保证体系,建立工地试验室,并通过交通厅临时资质要求。据有关公路工程建设的法律、法规、规章、技术标准和规范的要求,按照设计文件、施工合同和施工工艺的要求组织施工,根据质量年活动的要求成立了活动组织,与业主签定了质量终身责任制,各施工单位均按照合同规定的期限完成了施工任务。工程施工过程中严格控制,按照业主、监理和监督部门的要求及合同要求配备设备和人员,自觉接受质量监督部门的监督检查,发现质量问题及时解决,不符合设计和规范要求的坚决进行了返工处理。施工资料收集、整理基本齐备。

九、对建设单位管理情况的评价

河南通衢高速公路有限公司对项目的管理集中体现了省厅"改革、发展、质量、安全、廉政”的方针，突出了规范、创新、务实的作风，在项目建设和施工管理中，严格按照基本建设程序和招投标办法等规定，严格管理，规范运作，始终把工程质量放在第一位，以科技保质量，以质量促进度，严格合同管理，加强文明安全生产，做好地方协调，挖掘内部潜力，快速高效地推动项目建设。

项目公司建立了严格的技术管理和质量管理体系，编制了全面质量管理办法，严格按照规范和有关规定实施技术管理和质量管理，设立了质量基金，通过工地巡查、检查评比等方法和手段对工程质量、进度、合同履行情况等进行全面监控，对质量问题实行一票否决，有效保证了工程质量，

项目建设期间，没有出现重大质量和安全事故。

十、监督工作体会

项目公司能够依靠总监办在质量控制、进度控制和费用控制方面开展工作，在监督工作中对监理人员资格多次进行检查并组织上岗考试，对个别素质较低监理人员坚决驱除，能够及时为项目进行服务，在试验室认证工作中，认证人员加班工作，保证了项目的正常施工。交工验收质量检测、竣工验收前工程质量鉴定检测等工作也均能按照项目的进展有计划的进行，工程质量监督检查工作能够按照监督计划进行，并按照交通厅要求积极开展三个关键阶段验收工作。项目公司采取多种措施保证工程质量，由于建设各方的共同努力，为监督工作的顺利开展奠定了良好的基础，对工程质量的提高起到了积极的促进作用。

河南省交通基本建设质量检测监督站

2012 年 11 月 1 日

4. 商丘至周口高速公路周口段 A 监理代表处监理工作报告

目　　录

商丘至周口高速公路周口段A监理代表处监理工作报告

一、监理工作概况

1.工程概况

商丘至周口高速公路周口段工程，起自周口市太康县张集东南，接商丘至周口高速公路（商丘境内）终点，在白楼乡附近与G311线相交，向西南在S206西段约3km处平行于S206布线，在淮阳县城西北与国道G106相交，于搬口乡与阿（荣旗）—深（圳）高速公路相交，沿周口市区北侧、西侧前行，在周口市区西南与洛（阳）—界（首）高速公路相接，路线全长68.75km。

本监理合同段起讫桩号为K200+000～K239+450，全长39.45km。主要工程包括路基、路面基层、底基层、结构物、防护工程等（不含路面面层、交通安全设施等）。

（1）主要技术标准

公路等级双向四车道高速公路

设计行车速度120km/h

路基宽度28m

桥涵设计荷载汽车—超20级，挂—120

设计洪水频率1/100

（2）监理合同段完成主要工程数量（表1-4-1）

监理合同段完成主要工程数量 表1-4-1

工程名称	单 位	合 同 段						合计
		SZZ1	SZZ2	SZZ3	SZZ4	SZZ5	SZZ6	
路基土方	m^3	659 314	641 366	535 809	792 741	590 832	704 087	3 924 149
大桥	m/座	165.12/1	205.12/1	145.12/1	—	—	165.12/1	680.48/4
中桥	m/座	132.12/3	109.08/2	—	226.16/4	150.12/3	272.2/5	889.68/17
小桥	m/座	—	—	—	—	—	18.04/1	18.04/1
分离式立交桥	m/座	207.16/3	319.28/5	231.2/4	336.24/6	457.74/6	129.08/2	1 680.7/27
涵洞	m/座	313.5/12	174.5/5	226.15/6	95.6/3	102.412/4	281.99/8	119 415/38
通道	m/座	145.0/5	273.19/9	256.23/9	268.36/9	116.34/4	407.57/14	1 466.69/49

（3）监理合同段所管辖的土建工程施工主要参建单位

建设单位：河南通衢高速公路有限公司；

设计单位：中国公路工程咨询总公司；

监理单位：河南省豫通公路工程监理事务所

各合同段施工单位名称及造价一览表见表1-4-2。

各合同段施工单位名称及造价一览表　　表1-4-2

合同段	承包单位	合同价(元)	竣工价(元)
SZZ1	河南路桥发展建设总公司	69 656 986	97 909 894
SZZ2	中铁十四局集团有限公司	62 522 691	90 198 906
SZZ3	湖南环达公路桥梁建设总公司	54 501 140	72 362 548
SZZ4	中铁二十二局集团第四工程有限公司	90 956 597	117 423 905
SZZ5	温州交通建设集团有限公司	61 313 458	81 135 728
SZZ6	连云港华祥国际工程有限公司	84 926 164	100 672 144
合计		423 877 036	559 703 126

一期工程各合同段于2003年11月签订施工承包合同,合同期18个月,于2004年2月28日开工,至2006年12月15日建成通车,建设工期33个月,缺陷责任期两年。

2. 监理组织机构

本项目的监理工作实行总监理工程师负责制,设监理代表处和驻地监理组织,监理组织模式采用直线职能制。设总监、副总监、工程部长、合同部长、试验室主任等,由专业工程师担任。下设工程部、合同部、中心试验室和综合部四个职能部门,下设六个高级驻地监理工程师办公室。

3. 监理人员组成

在场监理人员共83人,其中具有中、高职称的有35人,占监理人数的42%,持有省部证的监理计26人,占监理人数的31%,其余监理人员都持有监理培训证或试验检测合格证,持证率达100%。

二、工程质量管理

监理代表处在施工阶段,主要抓住事先指导、事中检查、事后验收三个环节。对工程施工做到全过程、全方位的质量监理,从而有效地实现工程项目施工的全面质量控制。

1. 工程质量控制措施

(1)建立、建全质量保证体系,加强合同管理。

按照规范化、科学化、程序化的要求,监理代表处首先审查施工单位的施工现场质量管理是否规范,是否有键全的质量管理体系,质量保证体系机构是否具体到人,职责是否清楚,质量保证措施是否切实可行,施工质量检验制度是否完善,并督促施工单位落实到位。施工准备阶段仔细审查施工组织设计和总体开工报告,检查用于工程材料、设备的质量是否符合合同要求,杜绝质量事故隐患。针对工程特点和合同中签订的质量目标,确定监理的目标和标准,制订监理工作管理制度、工作程序,做到施工质量监理工作正规化。

(2)加强原材料的质量控制,严把源头关、进场关、使用关,为确保工程质量奠定良好的物质基础。

选择生产规模大、产品质量好、社会信誉高的生产厂家作为路用材料的供应厂家,把住源头关。由各合同段与推荐的供应厂家自行签订供货合同,明确质量责任,不通过中间环节。主要原材料进场时,合同段和监理,按批量、批次、频率作质量检测试验,合格后才准进场,杜绝不合格材料进场;在使用过程中,合同段、驻地监理除按规定的检测频率检测外,总监办中心试验室和业主质检处还加大了随机抽检力度,从而确保了原材料的质量。

(3)加强试验室建设,完善质量检测手段。

试验是质量控制和检测的重要手段。总监办会同业主质检处,在进场时就全力抓试验室建设,对试验室建设、仪器配置、人员资质及数量提出了具体明确的要求。进场后一个月,全线试验室就一次性地通过了河南省质监站的验收,并颁发了临时资质证书。

加强施工过程中试验人员的培训、试验工作的检查和指导。总监办先后举办了两期试验人员培训班和一次技术讨论会,以提高试验人员的素质。在平时的施工过程中,总监办中心试验室会同业主质监处,加强了各合同段试验室工作及检测情况的检查、指导,对工程质量的控制起到了积极作用。

(4)抓好施工前的技术交底工作。

每个分项工程开工前,坚持进行技术交底,了解设计意图,制订质量目标,明确施工要点和要注意的问题,使具体施工人员做到心中有数,是确保质量的一个重要环节。我们做到了:①施工图须经合同段总工和监理审核无误后,签字下发到施工队组织施工;②重要的分项工程,总监办在开工前都根据设计和规范要求,结合本项目的实际情况,编制了施工监理工作要点下发执行,并在执行中不断地补充完善。

(5)认真审核施工方案。

在审批总体开工报告和分项工程开工报告时,除审查人员、设备、材料、试验等资料外,重点是审核施工方案的科学性、可行性、有效性和合理性,对于未达到要求的,提出修改意见,退回合同段修改补充后重新上报。总监批准后,按批准的施工方案认真执行。对于标准试验,除了驻地办做平行试验外,总监办中心试验室坚持做复核试验,力求数据准确可靠。

(6)实行首件工程认可制。

为了加强工程质量管理,清除质量事故隐患,杜绝质量通病,并立足于"先导试点,事前预控、防患未然"的原则,我们在全线推行了首件工程认可制,制订了首件工程认可制实施办法,下发执行。通过对首件工程的各项质量指标、施工工艺、施工管理、内业资料进行综合评价,达到合格工程标准,才准进行后续工程的批量施工。

(7)推行了质量责任管理卡制度。

为了增强全员的质量意识,落实全员的岗位质量责任制和质量责任追究制,使工程质量具有可追溯性,我们在全线推行了质量责任管理卡制度,即将各分项工程的施工负责人、监理、主要工序的操作人员在质量管理卡上进行登记,并有住址、联系电话、身份证号码、质量检测结果等项内容记录。质量责任管理卡制度的推行,对于增强全员的质量意识,精心操作,精细施工,起到了积极的促进作用。

(8)严格工序报验和质量认可制度。

合同段在每道工序完成后,按部颁质量检验评定标准规定的检测项目、方法、频率及质量标准,进行自检,自检合格后向驻地办申请报验;驻地办组织相关人员到现场抽检,抽检合格后及时签发质量认可书,合同段方可进行下道工序施工。

(9)抓关键,严把关键质量指标关。

在交通运输部颁发的现行《公路工程质量检验评定标准》中,权值为 2 尤其是 3 的实测项目,称之为关键质量指标。在施工过程中强调无论是监理还是合同段,对关键指标的控制要高度重视,严格把关,不能打折扣,确保了关键质量指标的可靠。

2. 施工中质量自检情况及工程质量问题的处理情况

(1)由 SZZ4 合同段负责施工的 G106 立交桥,3 号台处左幅边板,由于边板与相邻空心板底部门式连接筋的搭接做得不到位，在进行绞缝混凝土施工时，出现了向外滑移 2cm 的情况。为此在桥面铺装前，对第 4 跨左幅空心板顶面的门式连接筋全部进行了焊接处理，以增强整体性，从而消除了质量隐患，保证了施工质量。

(2)对完工工程质量进行评价。

监理代表处组织验收小组按照评定要求，对工程实体质量及内业资料进行验收。经评定，建设项目工程质量总评分为 96.8 分，单位工程合格率为 100%，建设项目工程质量等级合格。

三、计量支付、工程进度和合同管理情况

1. 计量支付情况

进场之初，监理代表处即对工程量清单组织了图纸工程量的复核，在此基础上建立了计量台账，组织人员熟悉计量支付办法。此外还举办了监理计量支付培训班，为计量支付工作的顺利进行打下了良好的基础。施工过程中，代表处及各驻地办对计量支付文件进行仔细认真审核，做到不重复计量，不超额计量，数量真实，计算准确，资料齐全，上报及时。计量时除严格按照工程量清单、图纸及有关会议纪要等计量依据资料进行严格的审查外，驻地办还要在现场进行现场计量，认真核对工程数量，在规定的时间内进行签认，代表处合同部收到计量申请后认真核实计量数据，并有针对性地到现场进行抽查，符合计量条件的及时进行计量，确保计量及时，数据真实、准确。同时，代表处还先后下发了"工程计量台账"、"实际支付工程款台账"等表样，对已完成计量支付的工程量及金额，及时登记记录在案，使计量支付工作进一步规范化、明确化。

2. 工程进度控制情况

按照业主的要求，为了加快施工进度，在进度控制上采取了以下措施。

(1)抓好计划的编制与调整，坚持用计划指导生产。

在进场初期，各合同段按照施工合同和代表处的要求，及时编制了总体网络计划和各年度实施计划，用以指导施工。按照年度计划的要求，结合每月的施工实际，代表处及时与各合同段进行衔接，并共同研究，逐月编制了具体的实施计划，并加强了月作业计划执行情况的考核与检查，根据计划的执行情况，结合施工实际，又及时进行了计划的调整，始终坚持用计划指导施工，克服了盲目性。

(2)突出关键线路。

代表处经过分析后认为，要想有效加快工程施工进度，必须主抓控制工程的施工。开工前期，全线路基被结构物分成了若干零星段落，且构造物多，工作量大，若不把结构物抢出来，路基施工将难以展开，特别是高填路段的结构物要摆在优先地位。为了确保工作按计划完成，在 2004 年的计划安排中，主要突出了结构物；2005 年主要突出了路基填筑，尤其是高填方的施工，2006 年则突出了结构层的施工。这些措施，为项目的顺利实施确立了方向。

(3)加强计划执行的督促和检查。

从代表处到各驻地办，都加强了合同段计划执行情况的检查，实行了周计划考核制度，建立了工程台账，实行动态管理。定期和不定期地召开合同段项目部主要人员会议，分析形势，明确任务，落实措施，加快施工进度。对进度滞后的合同段，代表处在分析进度滞后的原因后，提出了加强领导，强化管理，增派技术力量，落实责任制等方面的具体要求，分别召开会议，帮助找差距，分析原因，落实具体保证措施，要求加大投入，强化管理，科学安排，加快施工进度。

3. 合同管理情况

合同管理是项目监理工作的重要组成部分。监理代表处组织了全体监理人员认真学习、熟悉合同条款(包括监理服务合同和施工承包合同),树立按合同办事的意识,明确了自身的权利和义务。按照投标文件、合同承诺和业主的批复,对承包人的人员到位情况、机械设备的到位及使用情况进行检查监督。对合同段项目部的主要人员,坚持日考勤制度;机械设备以满足施工需要为原则,当不能满足施工需要时,则要求合同段加大机械设备和人力投入。但有的合同段在场人员名实不符,给考核工作带来了一定难度,有的虽然向合同段提出,但效果不佳。

四、设计变更情况

本项目设计变更较多,主要表现在:a. 由于部分涵洞原设计与实际地形不符,起不到应有的排水作用,故做了移位处理。b. 部分涵洞基础开挖后地基承载力不能满足设计要求,故做了粉喷桩复合地基处理。c. 为提高路基填筑质量,对路基填筑进行了冲击碾压,对高填方地段除进行了粉喷桩+碎石垫层+土工布复合地基处理外,每填筑2m又进行一次冲击碾压,进一步提高了路基的填筑质量。d. 中央分隔带变更为新泽西护栏后有效地起到了保护路基、增加路面宽度等作用。

在工程变更控制方面,代表处也采取了积极有效的措施,主要内容如下。

(1)为了减少工程变更,代表处组织各驻地办集中时间、集中力量对各合同段的工程量清单,按照施工图设计进行了一次全面认真的复核,既可发现设计上不完善的地方,加以补充修改,以利施工,又可起到减少工程变更的作用。

(2)召开现场办公会议。根据各合同段在施工中提出的有关变更问题,及时召开由业主、设计代表、监理、合同段共同参加的现场办公会议,共同对变更的必要性、可行性及具体方案,进行讨论研究,在统一认识的基础上,形成现场办公会议纪要,由驻地办和合同段具体执行,并按程序编制变更文件上报。这样既能选择最佳方案,节省投资,又加快了施工进度。

(3)现场核实工程量。在变更文件编制时,必须要有合同段的测量资料和建立的复测资料及详细的计算资料,还要到现场进行核对,交工验收后,再按实计量。

五、交工验收中存在问题及处理情况

(1)部分桥涵结构物的沉降缝处理欠规范,要求对沉降缝处理不规范的涵洞按照验收要求进一步处理。

(2)部分水系未完善,造成排水欠畅,要求对涵洞、雨篷内积淤、积水的,须进一步解决进出口的排水问题。

(3)部分防护工程有待进一步按照设计和规范的要求进行整改。

(4)竣工资料有待进一步完善。

六、对设计单位、施工单位和建设单位的评价

1. 对设计单位的评价

在设计后服务过程中,设计单位能坚持以优质、及时的服务态度,急施工之所急,结合施工设计,及时完善和更改设计,确保了项目顺利实施。本项目平面、纵面线形设计基本合理,桥梁、路基设计方案基本符合实际。

2. 对施工单位的评价

各参建合同段能够按照合同的要求进行施工,人员、机械设备的配置基本符合合同要求。质量控制措施严格,对施工过程中存在的问题做到了及时发现、认真检查、仔细分析、切实落实,对质量达不到要求的工程坚决进行了返工,从而保质、保量按时完成合同内的工程。

3. 对建设单位的评价

河南通衢高速公路有限责任公司具有开拓创新精神,能够与时俱进,不断更新管理理念,在本项目出现了不少创新成果；在工程建设的全过程中，能够加强与监理、合同段的沟通，确保了政令的统一畅通，工作效率高；班子成员经常深入工地一线，靠前指挥，协调解决施工中出现的各种问题，从而确保工程质量，加快工程进度，按期通车。

七、监理工作体会

商周高速公路周口段的施工监理工作，有以下几点体会。

(1)建章立制，坚持用制度管人。

鉴于本项目的监理人员都是采用聘用制，人员来自四面八方，素质高低不一，水平参差不齐。为了加强人员管理，充分发挥监理人员的主观能动性，使监理工作健康、有序、高效地开展，在进场时总监办就制订了23项管理制度，坚持用制度管人。同时明确了总监办各部室、各驻地办、总监、各部室负责人、高级驻地、各专业工程师和监理人员的职责，总监办与驻地办，驻地办与监理人员层层签订了岗位质量目标责任书。

(2)制订监理工作计划，指导监理工作。

从2004年3月初起，我们就着手监理工作计划的拟订工作，到4月10日总监办、各驻地办的监理工作计划全部编制完成。在监理工作计划中，明确了“精品、安全、高效、规范、廉洁”的监理工作目标，并制订了确保工作目标实现的一系列措施和办法，有力指导监理工作的开展。

(3)加强监理人员的考核。

制订了监理人员考核细则及计分办法：每月坚持一次定期考核，考核结果与工资奖金挂钩；连续两次考核不合格的予以清场处理。每半年对总监办、驻地办组织一次全面检查和考核，也促进了总监办和驻地办监理工作的开展。

(4)参建各方齐心协力，密切配合，是高效优质完成工程建设任务的有力保障。

高速公路建设是一项复杂的系统工程，涉及方方面面，需要参建各方团结协作，密切配合。所以，应加强监理与业主间的沟通，业主的意向和要求通过监理去执行，做到政令统一；加强监理与合同段间的沟通，增进相互间的理解和支持，才能提高整体作战能力；加强合同段之间的沟通，从大局出发，前面的施工为后续施工创造条件，互相理解与支持，才能加快总体施工进度，确保整体质量。

商丘至周口高速公路周口段的建成通车，是各参建单位和全体建设者务实创新、团结奋进、顽强拼搏的结晶，它以靓丽的风采展现在世人面前，它的建成对于全国高速公路网的完善和国民经济的发展、人民生活质量的提高必将发挥更大的作用，作出不可磨灭的贡献。

河南省豫通公路工程监理事务所

2009年7月20日

5. 商丘至周口高速公路周口段 B 监理代表处监理工作报告

目　录

商丘至周口高速公路周口段 B 监理代表处监理工作报告

一、监理工作概况

1. 工程概况

河南省商丘至周口高速公路周口段，过张集镇、跨 G311 线，继续向西南前行，在淮阳县城西北跨国道 G106 线，于搬口乡与拟建的阿（荣旗）—深（圳）高速公路交叉，沿周口市区北侧、西侧前行，在周口市区西南与洛（阳）—界（首）高速公路相接，周口境内长约 68.75km。

本项目按高速公路技术标准设计，计算行车速度 120km/h，路基宽度 28m，桥涵设计荷载：汽车—超 20 级，挂车—120。

监理工作内容为：路基、路面底基层、基层、结构物、防护工程等（不含路面面层、交通安全设施等）。标段划分如下：施工监理合同 NO. B 标，起止桩号为 K239 + 450 ~ K268 + 750，总长 29.3km。于 2004 年 2 月 28 日开工，2006 年 12 月 15 日建成试通车。业主原为周口市恒达高速公路发展有限公司，2006 年 3 月 9 日河南高速公路发展有限公司介入并组建河南通衢高速公路有限公司进行项目管理，北京华路捷公路工程技术咨询有限公司单独组建商周高速公路周口段 B 监理代表处进行本项目监理工作。

B 监理代表处下辖六个土建施工合同段，其单位名称及造价一览表见表 1-5-1，SZZ7 ~ SZZ12 合同段完成主要工程数量表见表 1-5-2。

各合同段施工单位名称及造价一览表　　表 1-5-1

合 同 段	承 包 单 位	合同价（元）	竣工价（元）
SZZ7	中铁二十局集团	98 686 688	94 327 944
SZZ8	郑州市公路工程公司	43 978 659	57 080 106
SZZ9	中铁十一局集团	65 439 085	82 746 692
SZZ10	中国有色金属工业第六冶金建设公司	71 856 000	112 119 427
SZZ11	中铁一局二公司	101 691 659	128 510 585
SZZ12	路桥集团二局三公司	148 893 611	144 180 733
合计		530 545 702	618 965 487

2. 监理组织机构

根据 2003 年 11 月 25 日周口市恒达高速公路发展有限责任公司（甲方）与北京华路捷工程技术咨询有限公司（乙方）签署的河南省商丘至周口高速公路（周口境内）段土建施工监理合同协议书要求，北京华路捷公路工程技术咨询有限公司单独组建商周高速公路周口段 B 监理代表处。根据工程特点，本项目的监理工作实行总监理工程师负责制，设监理代表处和驻地监理办二级监理组织，监理组织模式采用直线职能制。

SZZ7 ~ SZZ12 合同段完成主要工程数量表 表 1-5-2

工程名称	单 位	合 同 段						合 计
		SZZ7	SZZ8	SZZ9	SZZ10	SZZ11	SZZ12	
路基土方	m^3	422 989	437 417	541 492	1 010 868	618 057	1 057 748	4 088 571
大桥	m/座	145.12/1		425.2/1		897.76/2		1 468.08/4
中桥	m/座	53.04/1	162.12/3	159.12/3	141.12/3	53.04/1	44.04/1	612.48/26
分离式立交桥	m/座	1134.96/3	207.08/3	239.16/3	405.36/6	141.12/3	1 ×025.4/19	3 153.08/27
涵洞	m/座	141.5/4	97.5/5	190.28/7	257.9/9		85.8/4	772.98/25
通道	m/座	71.84/2	162.59/6	232.39/8	254.04/8	89.00/2	183.12/7	992.98/32

监理代表处和驻地监理办公室的办公和居住条件均按照规范和合同条件要求进行配置。监理代表处配有车辆、电脑、复印机、电视机等工作和生活必须设施。各驻地办配有车辆、电脑、电视机、洗浴间等,均能满足监理工作需要。

3. 监理人员构成

现场监理组织机构共由 56 名监理人员组成,其中高、中级职称人员占 45%,具有监理工程师证书的人员共 25 人,占监理总人数的 45%,其余 31 名监理人员具有监理培训证或试验检测证书。

二、工程质量管理

1. 工程质量管理措施

工程施工中的质量控制是合同履行中的重要环节。施工合同的质量控制涉及许多方面的因素,任何一个方面的缺陷和疏漏都会使工程质量无法达到规范和设计标准。

监理人员在施工过程中通过旁站、巡视和平行抽检试验,制止影响工程质量的各种不利因素的发生,使承包人提交的工程项目符合设计图纸、技术规范、使用要求和验收标准。

(1)根据工程特点完善监理表格,制订监理程序。

根据商周高速公路周口段工程特点,代表处组织下发了河南省质检站统一的施工、监理用表。

为了确保承包人在施工过程中,严格按照规范和设计要求进行施工,保证工程质量,代表处制订了各项施工中监理工作流程图。

(2)建立工程质量保证体系,明确运行规则,制订抽查计划。

建立以总监责任制,代表处工程部、中心试验室和各驻地监理办公室具体执行的工程质量保证体系。代表处下发了《关于检测频率要求及现场监理与中心试验室工作分工的通知》,制定了驻地监理办公室和中心试验室抽检的频率。

(3)进行复测工作、材料调查、取样试验、熟悉现场等。

代表处工程部测量工程师按照规范要求,对各合同段的原始横断面及导线控制点、水准点进行了全面复核,同时要求各标段将填前碾压后各断面的高程上报代表处,经代表处测量工程师复核后上报业主作为计量的依据。

代表处中心试验室组织各施工单位材料负责人和驻地试验监理工程师对各施工单位申报的材料源地进行考察,并现场取样进行各种性能试验,以确定该材料是否符合规范和设计要求,能否在本工程使用。

(4)材料设备供应的质量控制。

工程建设的材料设备供应的质量控制,是整个工程质量控制的基础。建筑材料、构配件生产及设备供应单位应对其生产或供应的产品质量负责,而材料设备的需方和监理单位则应根据购销合同和规范规定进行质量验收。

为了保证产品质量,工程所用的主要建筑材料和配件,均由业主和监理单位共同考察后确定定点厂家供应。

对于进场的主要建筑材料和配件,驻地试验项目监理工程师和监理代表处中心试验室除了检查其出厂批号、合格证、检验报告等证明外,驻地试验项目监理工程师和监理代表处中心试验室还按照规范要求的频率进行抽检试验,对抽检不合格的原材料和配件,要求承包人限期清退出场或处理。对代表处中心试验室不能进行检验的建筑材料和配件,驻地试验监理工程师将现场取样送到具有检验资质的检测单位进行检测,并出具其检测报告。

(5)施工企业的质量保证体系。

监理工程师按照合同,要求承包人建立一个完整的以自检为主的质量保证体系。各级自检人员应由富有施工经验、具有相应专业技术职称、熟悉规范和图纸,并且作风优良的技术人员担任。

审查项目部管理人员和技术人员是否与投标书相对应,其学历、职称和上岗证是否真实,如果与投标书不对应(特别是项目经理、项目总工和项目质检负责人三位项目主要负责人),要求更换与投标书要求相等的人员,并经代表处和业主审查认可,方能进入施工现场进行工作。

督促承包人按照投标书及河南省交通基本建设质量检测监督站的要求组建工地试验室,其建筑面积、试验设备及人员配备必须满足合同要求和工程各项试验的要求,并请省质检站进行验收,颁发试验室资质证书后才能正式使用。

(6)工程施工及验收的质量控制。

工程施工现场监理的工作是对承包人的各项施工程序、施工方法和施工工艺以及材料、机械、配比等进行全方位的巡视、全过程的旁站、全环节的检查,以达到对施工质量有效的监督和管理。而工程验收是一项以确认工程量是否符合施工合同和规范规定为目的的行为,是质量控制的重要环节,也是监理工程师的一项重要职责。

监理代表处在巡视过程中,主要是检查承包人在施工中是否按照设计和规范要求进行施工,是否按照监理程序进行施工,隐蔽工程及需要旁站的工程是否有施工技术人员和监理人员在现场进行指导和旁站,对未能按照设计和规范要求进行施工的,要进行纠正或要求承包人进行返工。

在前期路基施工中,由于周口地区地貌成因属堆积地形,以颍河为界,东北部属黄河冲击平原,西南部属淮河冲击平原,地下水位较高,土质变化较大,在进行路基碾压过程中,由于施工工艺和施工方法不得当,很难达到设计规范要求的压实标准,经常出现返工现象。为此,2006 年 5 月 27 日代表处组织相关监理人员召开了一次关于路基施工的研讨会,并组织相关技术人员和监理人员到现场进行试验,总结出一套切实可行的路基施工方法和施工工艺,并下发到各施工单位和驻地办。根据周口地区的土质情况,特别是低液限黏(粉)土,施工单位必须配拌和机械、铁三轮压路机和胶轮压路机。施工单位按照代表处下发的施工要求进行施工,加快了路基施工进度,减少了承包人的投资和不必要的返工浪费。

对填土高度较高的路段,根据项目公司的要求,为了确保路基的稳定和工程质量,填土高度小于4m时,在95区灰土补强前要冲击碾压一次;在填土高度大于4m时,每2m冲击碾压一次,同样在95区灰土补强前冲击碾压一次。

为了确保工程质量,监理代表处每月组织有关监理人员对施工单位所完成的工程进行实测、实量、内业资料等检查,并按照规定进行评比、打分并上报业主。同时监理代表处还多次组织相关技术人员对承包人施工的专项工程进行检查。如结构物几何尺寸、强度、外观质量普查,各合同段工地试验室的检查,所有预制梁板的几何尺寸、顶(底)板厚度普查等。

代表处中心试验室对各个工程项目的材料、配合比和强度等进行有效的控制,以确保各工程的物理、化学性能达到规定要求。因此,中心试验室经常对各施工单位的原材料和配件、标准试验、工艺试验等按照规范规定的频率独立进行抽检试验。同时,对各项目工程施工中的实际内在质量进行抽检试验,对各项已完工程的内在质量进行验收试验。在2006年3月19日以前,按原业主周口恒达高速发展有限责任公司的要求,中心试验室对每层土方必须进行抽检。在2006年3月19日以后,新业主河南通衢高速公路有限公司接管后,要求中心试验室按照一定的频率对路基土方进行抽检,不必每层抽检,但中心试验室的抽检仍有一票否决权利。中心试验室对承包人的工地试验室的设备功能、人员资质、操作方法、资料管理等几点工作进行了有效的监督、检查和管理。

监理代表处按照《河南省人民政府关于进一步加强公路建设质量监督管理的通知》(豫政[2003]50号)要求对施工单位完成路基和桥梁下部工程,路基基层和桥梁上部工程按照现行《公路工程质量检验评定标准》的检查频率和检测项目进行专项检查和验收,并将检查和验收结果上报业主和河南省交通基本建设质量检测监督站进行专项检查和验收。

2. 施工过程中质量检查情况汇总

监理代表处在施工监理过程中,以主动控制为原则,通过工地会议、现场会议、下发各种控制性及技术性文件等形式,督促施工单位按照合同要求精心组织工程施工。截至2006年11月25日,代表处及驻地办共下发监理工程师通知、现场指示1 146份,暂时停工令5份,对于下发的这些文件,承包人都能够认真执行,并对工程管理起到了一定的促进作用。

代表处按照合同要求独立组建中心试验室(经省质检站验收合格),驻地办配备了必须的试验检测设备,对工程质量管理一切靠数据说话。

3. 质量问题和事故处理情况总结

在各项工程的施工过程中或完工以后,旁站监理和代表处人员在巡视中,如发现工程项目存在着技术规范所不容许的质量缺陷时,如果是处在萌芽状态时,一般要求承包人及时纠正,如立即更换不合格的材料、设备或不称职的施工人员或改变不正确的施工方法和操作工艺等,杜绝质量缺陷发生。如果发现质量缺陷,要求承包人提出修补或加固方案及方法,经监理工程师批准后方可进行。

当某项工程在施工期出现了技术规范所不容许的断层、裂缝、倾斜、倒塌、沉降、强度不足等情况时,视为质量事故。当出现质量事故时,代表处立即指令承包人暂停该项工程的施工,并采取有效的安全措施,并要求承包人尽快提出质量事故报告并报告业主。质量事故报告应详细反映该项工程名称、部位、事故原因、应急措施、处理方案以及损失的费用等。同时,代表处在组织有关人员对质量事故现场进行审查、分析、诊断、测试或验算的基础上,对承包人提出的处理方案予以审查、修正、批准,并指令恢复该项工程的施工。

另外,在代表处工程部和中心试验室组织的检查中,如发现有质量缺陷和事故,直接下发监理工程师通知,要求施工单位进行返工处理。

4. 工程质量评定情况

根据监理合同及施工合同要求,代表处以分项工程评定为基础,以工序质量控制为单元,当分项工程完工后驻地监理按照规范及时对工程质量进行检验、评定,各项工作结束后,按照评定标准对单位工程和分部工程进行评定,评定结果如下。

分项工程合格率:100%

质量等级:合格

三、计量支付、工程进度和合同管理情况

1. 工程计量支付情况

工程费用监理是工程监理的重要调控手段和关键工作环节,为了做好费用监理工作,必须在工程监理工作中遵守以下原则:政策性原则;合同原则;公正原则;责、权、利相结合的原则。为了做好投资控制,代表处采取了以下措施。

(1)严格审批承包人的计量申请

①驻地监理工程师对承包人的付款申请主要审查内容为:

a. 审查付款申请中各项款额的依据;

b. 校对付款申请单位中的单价是否与工程量清单和工程变更单价相符;

c. 核实到达现场的材料规格和质量是否符合规范的要求,数量是否与现场数量相符以及检查材料的存放条件;

d. 审查工程质量。

②代表处合同部主任和计量支付监理工程师对驻地监理工程师上报的付款证书中付款项目的质量进行审查,要求支付项目必须配有各种试验检测的原始资料及认可书、中间交工证书,并有权组织有关技术人员对付款的质量进行复查,对质量不合格的项目拒绝支付,对付款证书中的细目进行审查,对支付项目中有误的数量、金额进行修正。

③总监理工程师对支付项目的工程质量有权进行抽检,对工程质量不合格的支付项目或不符合支付条件的项目,一律予以拒付。

通过对支付工作进行定期检查、考核和对工程费用进行动态、全面分析,可及时发现存在的各种问题,对违反支付管理制度的工作人员作出严肃处理。

(2)投资控制的体会

计量是监理工程师控制质量和进度的重要手段,首先对于质量不合格的工程项目和工作内容,监理工程师可以拒绝计量。这既为质量监理提供了有力的保障,也使承包人必须严格按照合同及设计要求进行施工,否则,其所完成的工作将得不到监理工程师的认可;其次,监理工程师通过按时计量,可以及时掌握承包人工作的进展情况和工程的进度,当发现所完成的工程量严重少于计划应该完成的工程量时,有权要求承包人采取措施加快施工进度,在极端严重的情况下,可以向业主提交驱逐承包人的报告。

2. 进度计划管理情况

按合同要求,一期土建工程应于 2005 年 6 月 30 日完工,但由于以下几个方面的原因,未能按计划完成。

(1)土质原因

由于周口地区土质多为低液限黏土(粉土),土质变化较为复杂,且地下水位高。一方面从土场取的土一般需晾晒7d左右才能进行碾压，另一方面大部分施工单位均遇到过这种土质，由于施工工艺和施工方法不得当，碾压很难达到规范要求的压实度，造成大量返工，严重影响施工进度。

(2)天气原因

在2004年和2005年度，降雨量和降水日数均超过正常年份，严重影响了施工进度。

(3)资金方面的原因

2005年，由于各种原因，业主的资金不能及时到位，计量不能正常进行，在一定程度上影响工程施工进度。

(4)承包人方面的原因

个别承包人内部管理混乱，组织不力，因部分原因造成工期延误。

①施工进度计划调整。

由于前期路基土方工程进度缓慢，根据业主要求，各合同段必须在2004年6月底之前完成不少于40%的路基土方工程量，代表处于2004年5月7日下发了(代表处-041号)监理工程师通知《关于路基施工进度计划调整要求的通知》。

2004年11月2日代表处根据业主要求，下发了(代表处-060号)监理工程师通知《关于调整阶段性施工进度计划总体要求的通知》要求：

a. 路基工程要求到2005年1月底必须全部完成软基处理，路基填方完成不少于总填方的40%，个别进度较快的合同段不少于总填方量的50%；

b. 涵洞工程，凡现在已完成墙身的涵洞、通道，在2005年1月底必须完成盖板预制及安装、洞口、涵底铺砌、桥面铺装工程，台背回填与路基施工高程等；

c. 桥梁工程，中小桥必须完成下部结构施工，部分现在已完成盖梁、桥台施工的小桥必须完成上部结构的预制及安装；大桥及互通区桥梁必须完成立柱以下工程(包括立柱)，已完成互通区桥梁立柱工程的争取完成部分箱梁施工；

d. 其他工程各合同段可根据自己的进度情况适当调整计划。

河南通衢高速发展有限公司于2006年3月9日接管了商周高速公路周口段，接管后，河南通衢高速公路有限公司均与各施工单位签订了河南省商周高速公路(周口段)项目2006年进度目标责任书，要求一期土建工程必须于2006年7月30日之前完工，并制订了相应的奖罚方式和金额。

②为了督促承包人按计划完成任务，代表处采取了如下措施：

a. 下达监理工程师通知；

b. 代表处派人专门主抓个别合同段。

③阶段计划和整体计划执行情况。

虽然业主和代表处采取了各种措施，由于种种原因，阶段计划完成情况仍不如意，但新业主河南通衢高速公路有限公司接管后，采取了许多加快施工进度的措施和方法，资金上大力支持施工单位，施工单位也加大了各方面的投入，监理代表处配合业主加大管理力度，要求各施工单位发扬“白加黑”精神，做到人停机不停，代表处人员轮流值夜班，督促承包人加快施工进度。因此在各方面共同努力下，完成了整体计划，于2006年11月25日正式建成通车，完成了省政府和省交通运输厅制订的2006年年底通车的目标。

3. 合同管理情况

合同管理是项目监理工作的重要组成部分，监理代表处组织了全体监理人员认真学习、熟悉合同条款,树立按合同办事的意识,明确了自身的权利和义务。按照合同文件对承包人的合同履行情况进行检查和监督,对于不认真履行合同的承包人及时下发监理通知,及时纠正其不适当的行为。

四、设计变更情况

1. 严格审查承包人的工程变更申请

(1)要求驻地监理工程师对承包人的工程变更申请把好第一道关,对承包人工程变更申请的事由、内容及施工方案等进行审查。

(2)监理代表处工程部主任和总监理工程师根据承包人申报的工程变更申请,邀请业主工程处的领导和设计代表到现场,对承包人的工程变更情况进行考察,如果认为承包人申请的工程变更事由、变更内容及施工方案可行,现场就确定下来。如果认为承包人的工程变更申请不合理或施工方案不可行,或者拒绝承包人进行工程变更,或者当场指出更加合理的工程变更方案,则让承包人组织施工人员进行施工。

(3)为了不对工程以后的工程费用调整造成不必要的麻烦,我们力争严格审查承包人的申报单价,变更规范控制在有效合同价格的15%以内。

(4)对承包人申报的单价,尽量采用工程量清单内的单价,采用的方式有三种:

①直接套用,即直接采用工程量清单上的价格;

②间接引用,即依据工程量清单,经换算后采用;

③部分套用,即根据工程量清单,取用其价格中的某一部分。

对不能采用工程量清单内的单价时,由业主和承包人都参与价格及费率的协调,同时监理工程师收集和掌握工地情况和基础技术资料,并通过综合分析,合格判断,确定双方能够接受的单价。

2. 重大工程变更情况说明

根据设计单位中国公路工程咨询监理总公司2006年4月21日《关于商丘至周口高速公路周口段近阶段施工图变更图纸的说明》中,原2m的中央绿化带变为新泽西护栏。路基标准横断面变更:施工图设计批复,全段按四车道高速公路设计,设计速度120km/h,28m路基上布设六车道,其中:行车道2×3×3.75m,中间带宽3.5m(其中中央分隔带2.0m、两侧路缘带2×0.75m),硬路肩2×0.5m,土路肩2×05m。路基两侧设置港湾式紧急停车带(岛),间距1 000m。根据施工实际情况变更为:主线路基宽28m,布设六车道,其中:行车道宽为2×2×3.75m+2×3.5m,中间带宽3.04m(其中新泽西墙式护栏中央分隔带0.566m,左侧路缘带2×1.237m),取消硬路肩,设右侧路缘带宽2×0.5m,沥青砂拦水带2×0.23m,土路肩2×0.75m,全线暂设九处港湾式紧急停车带(岛),该处路基宽由28m逐渐加度至36m。

五、交工验收中存在的问题及处理情况

由于工期比较紧,部分合同段的排水工程施工外观质量较差,在缺陷责任期,我们将督促施工单位对部分质量缺陷进行修复。另外,由于本项目设计为低路基高速公路,部分路段的路基在汛期处于雨水浸泡的状况,特别是SZZ7~SZZ9合同段情况更为突出,如雨水浸泡时间过长,可能会影响路基的整体稳定性,因此建议管养单位密切注意上述路段的整体情况,并建议对这些路段进行护砌。

另外,部分桥涵结构物的沉降缝处理欠规范,要求对沉降缝处理不规范的按照规范要求进一步处理。

六、对设计单位、施工单位和建设单位的评价

1. 对设计单位的评价

在设计后期服务过程中，设计单位能够坚持以优质、及时的服务态度，结合工程施工实际情况及时配合施工、监理单位完善设计，确保了项目的顺利实施。本项目平、纵面线形设计合理，桥梁、路基设计方案符合实际情况。但由于本项目设计周期较短，设计中也不可避免地存在差错和疏漏的地方，建议设计单位在以后的设计中尽量做到周全、合理。

2. 对施工单位的评价

总体上讲，大部分施工单位都能够按照合同要求精心组织工程施工，质量保证体系完善、有效，质量控制较好，对施工过程中存在的问题能做到及时发现和处理，对监理工程师的工作配合较好。但也有个别承包人不能很好地执行合同，施工组织力量薄弱，施工进度计划组织不力，浪费了不少有效的施工资源。建议施工单位在以后的工程施工中加强高素质施工技术人员的投入，切实做好施工组织管理，为企业的发展做好工作。

3. 对建设单位的评价

建设单位组织机构健全，项目管理人员业务素质较高，对工程管理起到了宏观控制的作用，大部分管理人员都能够兢兢业业地工作，不怕苦，不怕累，工作塌实务实。管理过程中能够抓住工作重点，充分调动施工、监理人员的工作积极性，科学安排，合理调度，促进了工程项目的顺利实施。

七、监理工作体会

通过本工程的施工监理，要想做好监理工作，我们认为应做到以下几点。

(1)加强监理人员队伍建设，提升监理人员整体素质，提高工作质量。

监理工作是技术服务型工作，从业人员业务素质及思想素质的高低直接决定其工作效果的好坏与否。在监理人员配备上，选择了公司业务能力高、有多年施工监理经验的专业监理人员到商周高速公路来，并在工作中，代表处多次举办各种专业业务学习和交流，特别是工程施工的重点和难点部位的监理，各级监理在工作中做到了工作目标明确，抓住了工作重点，提高了工作质量，并要求各级监理人员在工作中不断学习、提高，为业主提供良好的服务。

(2)贯彻省厅工程质量要求精神，认真进行工程质量控制。

质量是工程建设的中心，也是监理工作的重心。近年来省厅出台了不少关于工程质量要求的文件，监理工作责任越来越大，为此，在施工阶段，监理质量控制和管理推行以动态控制为主，事前预防为辅的控制办法，主要抓住事先指导、事中检查、事后验收三个环节。一切以数据说话，一切以书面为根据，做好提前预控，从预控角度主动发现问题，对重点部位、关键工序进行动态控制。在施工管理过程中，抓"重点部位"的质量控制，对工程施工做到全过程、全方位的质量监控，从而有效地实现工程项目施工的全面质量控制。对于每一位现场监理工程师，要求做到"五勤"：即眼勤、手勤、腿勤、口勤、脑勤。在工作方式、深度上要求做到"严"、"准"、"细""实"。对于重要部位或有特殊工艺要求的部位，在施工过程中，监理工程师必须全天候24h跟班旁监，发现问题及时处理，消灭质量隐患。对于一切工程质量问题决不放过，严格落实省厅对工程质量管理的"三铁"精神。

(3)加大合同管理力度，合理控制工程施工进度。

由于各种原因，虽然各参建单位多方努力，但商周高速公路工程前期施工进度仍比较滞后，虽然有多种原因，但省厅要求的总工期目标不变，所以，施工进度监理的压力很大。为此，在工作中，监理代表处严格按照合同要求，督促施工单位严格履行合同，按照合同要求的施工

机械、进场时间进场，对于不认真履行合同要求的合同段，特别是因为种种原因擅自将施工机械私自撤离施工工地的单位，监理工程师按照合同规定对违约的单位进行了严肃处理。

在工程施工过程中，监理工程师按照批复的进度计划进行认真监理，严格督促施工单位加大施工资源投入力度，调整工作思路，组织流水施工，督促进度计划的落实情况。对于进度比较落后的单位，代表处派专人对这些合同段进行督导，分析进度落后的主要原因，然后采取相应的监理手段进行督促；对于进度严重滞后的单位，采取与相邻进度较快的单位进行协调，对其落后的重点部位进行进度突击的方式，确保六个标段进度的相互平衡。

(4)严格控制工程变更，认真计量支付，合理控制工程造价。

本项目是初步设计招标，单价合同，施工图纸工程量与招标清单工程量差别较大，工程变更多，这样加大了监理投资控制的难度。为了合理控制工程造价，监理代表处下达了工程变更管理、计量支付管理等一系列监理文件，如编制工程计量台账、工程变更台账。且各种台账与实际工程计量挂钩，保证工程累计计量工程量不超过施工图纸工程量和变更工程工程量。在计量过程中严格计量程序，工作中坚持不合格的工程不计量，超出图纸范围的工程量不计量，不遵守监理程序的工程不计量，不符合合同约定变更程序的变更不计量。认真进行工程造价控制，并通过工程计量协助现场监理工程师进行工程质量控制。

总之，在过去监理工作中，我们也有不足之处，但将在今后的监理工作中加强自身建设，并以更饱满的热情、更大的决心完成监理工作，使业主满意，人民放心，为国家的经济建设作出力所能及的贡献！

北京华路捷公路工程技术咨询有限公司

2009 年 7 月 26 日

6. 商丘至周口高速公路周口段二期工程监理代表处监理工作报告

目　　录

商丘至周口高速公路周口段二期工程监理代表处监理工作报告

一、监理工作概况

1. 工程概况

商丘—周口高速公路是河南省规划的商丘—驻马店高速公路的重要组成部分，起自商丘市境内的连霍国道主干线，在周口境内自东北向西南连接了亳（洲）—许（昌）、阿（荣旗）—深（圳）、洛（阳）—界（首）等高速公路，并与区内多条国道、省道相连，商周高速公路向南延伸后，将在驻马店附近与京珠高速相连，对于完善区域公路网主骨架，发挥高速路网整体效益意义重大，并对区域经济产生积极和深远的影响。

商周高速公路周口境内段工程，起自周口市太康县张集乡东南，接商周高速公路商丘段终点，在夏楼附近与G311线交叉。平行于S206线向西南前行，在淮阳县城北约2.5km处跨越许昌—郸城地方铁路、G106。继续向西南跨越新运河、清水河，在东赵庄附近与阿（荣旗）—深（圳）高速公路交叉，经周口北郊，在周口市东环与北环交叉处以北约6km处通过，经西华县东王营乡南，在下炉村附近跨越贾鲁河，在马岔村与S102线交叉，过鱼林台东南，在齐桥与李集之间跨越沙河。在周口市西郊河弯村南与漯界高速成公路交叉，止于商水县杨湖村西。路线全长68.75km，其中本项目实际实施长度67.37km。

2. 主要工程技术标准

全段按高速公路标准设计，设计车速120km/h，28m宽路基上布设六车道，设部分紧急停车岛，其中：行车道宽2×2×3.75m，中间宽度3.04m（其中中央分隔带1.54m），右侧路缘带2×0.5m，沥青砂拦水带2×0.23m，土路肩2×0.75m。

路面结构自上而下依次为：4cm细粒式改性沥青混凝土（AC—13C）+6cm中粒式改性沥青混凝土（AC—20C）+8cm粗粒式沥青混凝土（AC—25C）+改性沥青封层+16cm水泥稳定碎石+16cm水泥稳定碎石+16cm水泥稳定碎石。全线桥涵设计荷载采用公路—I级，桥面净宽：2×12.5m，设计洪水频率：大中桥、小桥1/100。

本项目采用沥青混凝土路面，设计采用以双轮组单轴轴载100kN为标准轴载，路面设计使用年限为15年。根据项目区内交通量特点，考虑超载的情况下，主线设计年限内一个车道累计标准轴载当量轴次 $N_e = 1.5 \times 107$ 次，设计弯沉值 $l_d = 22(0.01mm)$，竣工验收弯沉值为18.7（0.01mm）。

景观设计：根据本项目六个互通立交的不同功能，互通区的绿化设计以植物造景为主，通过植物的色彩、花期、季相景观来表现四季的各异风采。收费站的景观绿化配置以自然植物组团为主，形成高低错落有致的植物景观。边坡景观绿化采用纯植物护坡。主线上跨桥墙式护栏内侧采用红白相间的普通热熔反光涂料进行标记，起诱导、警示作用。主线下穿桥中央分隔带内的桥墩用普通热熔反光涂料进行标记，标记高度3m，起警示作用；中央分隔带内桥墩其他裸露部分以及其他桥墩、梁底及梁侧面均采用丙烯酸外墙漆涂刷，相邻天桥的涂装颜色应有所变化，相邻的天桥采用白色和淡黄色进行区分。

交通安全设施：道路两侧设置波形梁护栏，立柱直径 140mm；边沟外侧设置混凝土立柱刺丝网隔离栅和部分焊接网隔离栅；沿线设置有导向标志、警示标志、提示标志等标志牌；路面内侧标有黄色振荡标线，中间设置 4cm×6cm 白实线，中间新泽西护栏和波形护栏上安装有桥式和三角形轮廓标。

3. 监理机构及监理业务范围

(1)监理机构组成

本工程监理组织机构设置如下：监理代表处设立四部一室，即工程部、质安部、合同部、中心试验室、综合部；下设七个驻地办，即第一驻地办(路面)、第二驻地办(路面)、第三驻地办(路面)、第四驻地办(路面)、第五驻地办(路面)、第六驻地办(绿化)、第七驻地办(绿化)；项目监理工程师均为从事多年设计施工监理工作的专业技术人员和具有多年项目管理经验管理者，从事监理工作多年，均具有省级、部级监理证书和培训证书。

(2)监理业务范围

工作服务范围：对于所辖合同段的全部工程，自施工准备期至结束期(包括缺陷期在内的全部工作)，负责招标文件规定范围内的工程项目工作的监理；通过目标规划、动态控制、组织协调、信息管理、合同管理等方面的监理工作，确保实现商周高速公路(周口段)二期工程的投资、进度、质量及安全方面的预期目标。

(3)监理工作依据

监理合同文件；业主与第三方签订的施工合同协议书及附件；合同图纸及说明；合同工程量清单及说明；合同指定的标准图纸、技术规范、工程质量检验评定标准、试验规程等；国家、交通部、河南省颁布的法律、法规、规章等；其他业主或授权总监办(经总监理工程师亲自签发)下达的指示、指令。

4. 本项目参建单位

建设单位：河南通衢高速公路有限公司。

设计单位：中国公路工程咨询监理总公司。

监理单位：河南省宏力工程咨询有限公司。

路面施工单位：

路面第一合同段，驻马店市公路工程开发公司；

路面第二合同段，河南中州路桥建设有限公司；

路面第三合同段，河南中州路桥建设有限公司；

路面第四合同段，交通部第二工程局四处；

路面第五合同段，河南中原路桥集团公司。

绿化施工单位：

绿化第一合同段，潢川县顺达花木盆景有限责任公司；

绿化第二合同段，周口市鑫怡绿化工程有限公司；

绿化第三合同段，河南豫南园林绿化有限责任公司；

绿化第四合同段，潢川紫红花木草坪有限责任公司；

绿化第五合同段，潢川绿宇园林绿化工程有限责任公司。

交安施工单位：

交安一标，北京华凯交通科技有限公司；

交安二标，杭州京安交通工程设施有限公司；

交安三标,山东潍坊东方交通设施工程有限公司;

交安四标,江苏国强渡锌实业有限公司;

交安五标,武汉市交通安全设备有限公司;

交安六标,河南富昌道路设施有限公司;

交安七标,周口市公路交通设施有限公司;

交安八标,河南路桥建设集团有限公司;

交安九标,河南路桥建设集团有限公司;

交安十标,江苏耀鑫交通设施有限公司。

本项目合同工期为:8 个月。本工程计划工期为 2006 年 4 月 1 日至 2006 年 11 月 30 日,实际工期为 2006 年 5 月 28 日至 2006 年 11 月 15 日(因一期工程交工延迟等原因致使开工日期滞后)。

二、工程质量管理

在业主及河南省交通基本建设质量检测监督站的大力支持和配合下,该项目监理工作圆满完成合同及相关要求,真正做到了为业主负责、为承包人负责、为国家和人民负责的目的,树立了河南省宏力工程咨询有限公司的企业形象。

在整个监理过程中,加强和规范驻地办监理的自身管理和建设工作、严格执行监理工作的十六字方针、确保工程进度和质量、确保监理合同的认真执行等始终是监理工作持之以恒并坚持不懈的工作目标。在严格监理的同时,针对承包人技术力量相对较弱的情况,加大了"热情服务"的力度,多提合理建议、加强"事前监理",让承包人少走弯路,消灭质量问题于萌芽状态,这些对保证该项目的顺利完成起到了巨大作用。

监理代表处和监理驻地办在硬件方面,配备了电脑、打印机、传真机、照相机、高档计算器、监理用车、住地电话、移动电话等办公用具;软件方面,监理代表处和驻地办不断完善监理各项规章制度和监理工作手段,职责、图表等也较规范地上墙,驻地建设达到有关要求。

积极配合河南省交通基本建设质量检测监督站完成了所要求的各项工作,开工之初,督促承包人完善和健全了承包人自检体系建设工作,为确保工程质量奠定了基础。监理过程中,做到了隐蔽工程、首件、重点部位 100% 旁站,平常反复巡视,抽检达到或超过 30%,能够及时发现和纠正承包人施工中存在的一些质量问题。

以下是有关监理工作质量管理措施的主要情况介绍。

1. 控制点、水准点复测及加密

控制点、水准点复测及加密是开工之初监理的工作重点之一,监理测量工程师与承包人联合复测,监理全程参与整个过程,监理认真审核承包人复测及加密成果,确保了复测及加密成果的真实性、准确性。

2. 总开工报告及单项、分项开工报告的审批

监理代表处和驻地办严格按照确保工期和质量、满足承包合同的条件要求审核承包人工、料、机投入,审核施工方案的合理性、可行性,审核确保质量的具体措施、承包人质检体系建设情况。

3. 转序控制

监理转序是监理日常工作及控制工程施工质量的一个重点,上道工序经全面检查,确实满足有关要求或经过处理后满足要求,下道工序的工、料、机及现场其他相关各方面施工准备确实具备下道工序施工条件,转序正常通过。

4. 材料质量控制

材料质量控制也是监理质量控制的重点，材料的出厂质量证明书及与现场所进材料型号、规格、出厂日期等的核对，承包人的复检及监理抽检的控制，对可疑材料的调查和复试等，都是日常材料质量控制的工作重点内容。对不合格材料，监理工程师下发通知对其清退出现场。

5. 首件控制

首件施工前的施工准备、施工过程中承包人相关人员及监理的全过程参与或旁站、施工后的自检和抽检、首件施工总结（书面和现场二次交底）都是监理保证施工质量的重要控制措施。

6. 监理抽检

为了尽量避免因为抽检影响承包人的下道工序施工，节约时间、提高工作效率，一般情况下驻地办都是采用承包人自检与监理抽检同时进行，但不会因为承包人的同时自检而减少监理抽检具体项目的频率或项次。一般情况下，"首件"是监理抽检的首选。

7. 旁站和巡视

隐蔽工程、首件、重点部位100%旁站，其他方面反复巡视。旁站或巡视发现的问题，现场及时口头通知要求整改，问题较严重的或承包人不能按要求整改的，下发书面工作指令或驻地办红头文件，并及时上报监理上级部门及业主，问题特别严重的上报政府监督部门。检查和旁站的关键是要发现问题，并督促和落实问题的整改结果。本项目认真按此执行，避免了重大质量问题的出现，消除了质量隐患。

三、计量支付、工程进度和合同管理情况

1. 计量支付

该项目的工程计量和支付管理执行了"招标文件"或其他相关合同的要求。

2. 工程进度

（1）本工程属按设计图纸施工项目，因此保证施工人员的齐全和施工工序的顺序是保证施工工期的关键。对此监理公司采取了相应措施，与施工方及时沟通：首先，要求施工方在保证足够的人员下编制切实可行的项目施工进度计划，根据工程建设要求，合理安排施工顺序，使其具有可操作性。其次，监理公司设专人监督检查施工单位执行施工计划的情况，如有偏差，协助施工单位及时分析原因，调整人员状况及人员人数，并采取有效的补救措施，施工单位必须尽全力保证进度，保证施工需要；最后在严格保证施工进度的前提下，要求施工单位的施工员全方位进行现场协调。施工过程中出现的施工问题必须在24h内解决，从而为保证工期创造了先决条件。

（2）根据项目"总体部署"要求，同施工单位反复多次修改、优化"总体网络计划"，落实人力、机械、工期，这给按期完成本工程奠定了基础。并及时批复进度资金，保证资金到位能够满足工程建设的需要。

（3）要求施工单位按总体网络计划编制月施工进度计划（上报公司工程处月控制点），并分解为周施工进度计划，上报监理审批，各专业监理工程师按此进行检查，一旦发现施工单位未按期完成计划，及时分析原因并要求采取相应措施进行调整，从而保证总体进度不受影响。

（4）通过审批施工技术方案和施工进度计划，对施工单位提出建议，要求施工单位的各专业队伍采取相应的交叉及穿插平行作业的合理措施，以解决工期短的难题。

（5）在项目实施过程中，根据现场实际具备的作业条件和设备、材料的到货情况，做好计划的动态控制，在保证项目总体工期目标不受影响的条件下，不调整局部施工作业计划，从而保证使整个工程施工期间的作业，始终具有指导性和可操作性。

该工程在监理公司和业主的精心组织下，通过施工单位的艰苦努力、各有关部门的积极配合协助，圆满完成了商周高速公路二期工程的工期要求。

3. 合同管理情况

开工前认真研究并熟知《施工承包合同》（包括“图纸”、“投标书”文件等）、《施工监理合同》的条款，施工中严格按合同要求执行合同。施工监理过程中对承包人是否按投标文件要求投入相关人员、相关设备，是否挪用工程款等进行了多次合同履约性检查，确保了工程的顺利完成；在变更设计控制上，做到了实事求是，承包人及业主利益都得到了保障。

（1）工程施工准备阶段

参加项目前期项目公司组织的有关会议，协助项目公司编制完成项目总体部署。

（2）工程施工阶段

①督促、检查施工单位严格执行工程承包合同和工程技术标准。审批了165份施工方案，并监督、检查其方案的实施情况。

②经项目公司同意后，向施工单位签发了单位（项）工程开工报告165份。

③对施工现场进行安全、文明施工等全方位管理。

④审批施工单位的材料计划74份。

⑤确认预算外新增工程量（拆除、恢复、新增）。

⑥监督、检查施工单位严格按照施工图纸及指定的施工规范、技术标准进行施工，巡检、平行检查、旁站相结合。

（3）工程竣工验收阶段

①参加公司组织的最终验收。

②督促、检查施工单位整理交工资料，及时上报建设单位。

③向项目公司提供监理档案一套。

4. 工程投资控制

本工程的发包人和承包人按双方签订的合同内容，履行自己的权利和义务——发包人能够按时支付各项工程费用和进度款，承包人保证了工程的工期和质量，合同双方在履行合同过程中没有出现违约现象，除设计变更外没有其他索赔事件发生。

项目的投资控制是一项主要任务，它贯穿于工程建设的各个阶段，贯穿于工程建设的各个环节。费用是评价工程建设的一项重要指标。为了能够更好地控制投资，监理部主要从以下方面进行控制：

（1）各专业监理工程师对施工图纸与预算进行详细审查。

（2）在审查施工组织设计及施工方案时，对施工技术、施工工艺和施工方法进行重点审查，寻找最合理的施工方法，力求将施工费用降到最低；同时对不合理的设计变更及材料代用予以取缔。

（3）本项目承包方式为预算加签证，在工程质量合格的前提下，施工单位按施工合同约定填报完成工程量清单和工程款支付申请表。然后，专业监理工程师进行现场计量，按施工合同约定审核工程量清单和工程款支付申请，并报总监理工程师审查；总监理工程师签署工程款支付证书后，报建设单位。

四、设计变更情况

设计变更包括如下内容：

(1)沥青混凝土路面的结构层厚度、结构层材料、封层和黏层的变更。

(2)C20 混凝土路缘石变更为沥青砂拦水带(业主要求)。

(3)中央分隔带(新西兰护栏)两侧混凝土填筑变更为沥青混凝土铺筑。

五、交工验收中存在的问题及处理情况

(1)和许亳高速公路交叉部位通行能力、通行速度、污染问题。

(2)绿化工程,由于是当年施工,花草、树木成活率当年不能保证,明年需要更换或重栽,需加强养护和管理。

(3)交通安全工程,局部已封闭地段可能受到地方破坏,要加强管理。

六、对设计单位、施工单位和建设单位的评价

1. 设计方面

该项目是由中国公路工程咨询监理总公司承担的设计任务,设计资质符合本工程的设计要求。从设计图纸的质量上看,没有发现较大问题,基本上保证了工程的质量和进度。

2. 施工方面

二期工程由 5 个路面标、5 个绿化标、10 个交通安全标共 20 支具有丰富高速公路建设经验的施工队伍承建,技术力量强、施工装备齐全。在施工过程中克服了施工任务量大、施工时间短等各种困难,按期保质完成了各项任务。

承包人自检评定情况:20 个标段承包人自检汇总后单位工程均达到 96 分以上,监理进行了复核性抽检,抽检结果也在 95 分以上,对分部及单位工程按权值的汇总评定,监理也对其进行了正确性的复核,符合有关要求。该建设项目达到了业主合同要求的“优良”质量目标。

3. 业主方面

业主组织机构健全,各部门认真负责,有分工、有合作,积极开展各项工作。

(1)能积极协调解决施工单位与地方单位的矛盾和问题,保证了按时完成施工任务。

(2)能积极协调解决施工单位与主要供货单位的矛盾和问题,保证了原材料质量和数量,保证了工程的正常进行。

(3)能积极协调解决施工单位在施工中出现的其他问题。

(4)对工程项目的建设能整体把握。

从整体上讲,工程项目的建设满足工程的质量要求和工期要求。

七、监理工作体会

监理代表处监理人员都是具有多年监理工作经验的专业工程师,工作认真,原则性较强。在项目施工过程中,从质量、进度、投资及安全四大方面进行控制,发挥监理人员的优势,起到组织、协调的作用。对于重点部位进行全程跟踪,及时发现存在问题,并主动进行协调,为本项目圆满完成奠定了基础。其次,在施工过程中出现的问题,立即着手解决,不拖不靠,并且事后认真分析出现问题的原因。再次,对工程质量进行严格监督、控制,确保工程不出现任何质量缺陷。最后,要把“安全”意识放在施工首位,在保证质量和进度的同时,必须保证安全。安全措施没有落实的,停止施工。所以本工程从施工开始到竣工,没有出现大的质量事故,也没有出现安全事故,工期、投资也按计划完成。

在监理工作过程中,我们深刻地体会到,监理工作就是服务工作,给业主提供全方位的优质服务是监理义不容辞的责任,监理工作要根据中国的国情、实情在不规范的外界条件下开展工作,协调错综复杂的关系,同时完成业主委托的合同内外的工作。监理工作需要规范的市场环境,需要规范的建筑市场,监理工作更需要业主的鼎立支持。我们的监理工作在业主的支持下会从小到大，逐步走向成熟。

监理代表处每位监理人员做到尽心、尽力、尽责，得到建设、施工方的好评。以现场监理的严谨作风展现我公司的社会形象。

在今后监理工作岗位上尚需不断努力，充分认识到监理工作的高度责任性，对工程质量决不能有半点马虎之意，抓紧业务学习，提高业务水平，加强监理力度，把监理工作、业务水平进一步提高。

河南省宏利工程咨询有限公司

2009 年 10 月 20 日

7. 商丘至周口高速公路周口段绿化工程监理代表处监理工作报告

目　　录

商丘至周口高速公路周口段绿化工程监理代表处监理工作报告

一、监理工作概况

商丘至周口高速公路(周口段)是河南省规划的商丘—驻马店高速公路的重要组成部分,起自周口市太康县张集乡东南,接商周高速公路商丘段终点,止于商水县杨湖村西,路线设计全长68.75km,实际完成全长67.37km。主要完成了公路主线边坡绿化、四个收费站区的景观绿化、淮阳服务区的环境绿化、六个互通立交的景观绿化及沿线过道天桥的边坡绿化等工作。商周高速公路景观绿化致力于打造成一条集交通、景观、人文、生态于一体的精品道路。河南省宏力工程咨询有限公司这次承担了商周高速公路(周口段)路面、绿化和交安工程的施工监理工作。在监理代表处统一管理下,设置了两个绿化驻地办公室,每驻地办配有高级驻地监理工程师一名,项目专业工程师两名,工程师助理两名,合同工程师一名。

二、工程质量管理

监理人员于2006年4月进场,到2006年11月底工程结束,监理服务时间8个月。绿化工程于2006年6月正式开始施工,到目前为止监理服务时间为20余月,满足绿化工程一个生长周期后验收的规定。进场初期,根据业主要求,于2006年3月底相继组建了监理代表处和代表处中心试验室,成立了两个绿化驻地办,组建起健全的监理组织机构,合理配置了监理人员,针对该工程的实际特点,进场开始,就制订了详尽的监理工作计划,编制监理工作实施细则。为了让监理人员更快适应该项工作,代表处集中学习了监理实施细则、各级岗位职责、施工技术规范,并进行了岗前技术培训;为保证工程质量,又集中培训了绿化试验检测人员,统一了检验程序和报验程序,要求他们严格执行新的试验规程和新的技术标准;制订了严格的考核制度和竞争机制。

根据本工程工期紧、任务重,一期工程进度参差不齐的实际情况,代表处提出了成熟一段、施工一段的施工方案,实施重点突破。由段连成线、线连成片、片连成面的施工方法,倒排工期,施工计划以5d为一节点。绿化工程是一个系统工程,环环相扣,缺一不可,任何一个环节出错都可能影响成活率,绿化工程又是一个形象工程,由于个人的审美观点不同,会出现不同的方案和要求,为此代表处建立了日报制度、日提醒制度和日检查制度,配合业主做了两次总体方案的调整和修改。使总体方案和施工方案更接近于业主意图。

工程质量是工程的生命线,是监理工作的主旋律。离开工程质量,进度和利润都是空中楼阁,是镜中花。为了把好施工质量这一关,代表处根据以往施工监理经验,重点抓好事前监理和24h值班制度。正式施工前首先进行技术交底,不但向监理工程师助理交底,而且要向承包人施工管理人员、施工队长交底,针对每一个品种、每一道工序都写好施工要点和注意事项,人手一份,随时对照检查。第二,进行模拟练兵,分清责任、找出症结、总结经验、以老代新。例如:为了把好树种进场这一关,代表处和业主一起,首先进行了品种考察,按照图纸规格,树冠直径、检疫情况优中选优,从而达到事半功倍的效果。24h值班制度是这个工程所独有的,为了加快工程进度,严格监理程序,监理人员一天24h随叫随到,跟班作业,每个作业点、每个时间段都要全天候、全方位旁站，这样做无疑增加了监理的工作量和劳动强度，但为了保证工程质量，保证对各施工环节进行全方位的控制，真正做到了车车有检查、区区有抽检、时时有记录。这里举一个例子，商周高速所在地区在2007年上半年旱情较重，路侧绿化旱死较多，不但补栽苗木旱死，就连已开花树种也相继旱死；下半年雨水又大，各服务区、收费站地势较低的地方受到水淹，监理工程师组织各承包人浇水抗旱、抽水排涝、补栽树种，有的树种已补栽数次。监理工程师根据承包人自检和监理工程师抽检结果，依据检验评定标准，分项、分部工程检验合格，对本工程检验结果评定为为合格，以上各项资料齐全，已请验收组给予评审。

三、计量支付、工程进度和合同管理情况

计量支付是在交工验收合格后进行的，严格按照合同执行；在整个绿化工程施工期间，所有合同段均无安全事故发生，无等级质量事故；按照业主要求按期完成施工任务；工程费用控制在概算范围内。

四、设计变更情况

本工程无设计变更。

五、交工验收中存在的问题及处理情况

由于各级的共同努力和上级领导的亲切关怀，商周高速公路（周口段）绿化各合同段已基本具备交工验收条件，承包人先后向监理工程师递交了交工申请报告，监理工程师已对申请交工的全部工程进行全面检查，确认其主体工程已全部完成，剩余工程很少，在缺陷责任期内完成这些工程不影响正常使用和行车及施工安全。监理工程师在各种场合以不同形式向承包人指出的各类质量问题已得到妥善解决。对其申请交工的工程已进行了全面的现场清理，包括临时用地等。监理工程师要求各承包人要继续加强交工验收和竣工验收的资料整理工作，按照省厅下发的交、竣工办法继续加以完善。

六、对设计单位、施工单位和建设单位的评价

该工程能够顺利完成，能取得如此良好的成绩，是和上级领导、上级机关的大力支持分不开的；是和设计单位精心设计、亲自指导分不开的；是和施工单位履行合同、辛勤劳动、精益求精分不开的；是和项目公司领导掌握全局、运筹帷幄、日夜操劳、关怀和鼓励分不开的。正是他们挥毫绘下了这副壮丽的图画，挥笔写下了这不朽诗篇。同时也和奋斗在施工第一线广大监理工程师的辛勤工作、精心策划、严格管理分不开的。正是他们用汗水浇灌了这美丽的花朵，用智慧续写着这动人的篇章，再次向他们表示感谢。

七、监理工作体会

绿化监理工作是一个受气候、环境多方面影响和政策性很强的工作，需要学习的地方很多，需要学习的经验也很多。

河南省宏力工程咨询有限公司

2008年7月10日

8. 商丘至周口高速公路周口段机电工程监理代表处监理工作报告

目　录

商丘至周口高速公路周口段机电工程监理代表处监理工作报告

一、监理工作概况

1. 工程概况

商丘至周口高速公路(周口段)是河南省高速公路系统的重要组成部分,起点位于太康县张集乡东南,与商周高速公路商丘段顺接,路线终点位于周口市西郊与漯界高速公路的交叉处。商丘至周口高速公路(周口段)路线全长68.75km,为全封闭,设计行车速度120km/h。沿途有6个互通立交(四通镇、淮阳、刘庄、周口东、周口西、杨湖)分别与国道311、淮阳县外环、阿深高速、周口市外环、省道S102、洛界高速公路相接,于2006年12月建成通车。路线开通后,纳入全省统一联网收费的范围。

2. 监理机构组建及分工

北京泰克华诚技术信息公司承担商丘至周口高速公路(周口段)机电监理任务后,在最短的时间内建立起机电监理组织机构,完善了工作、生活设施及交通条件,并根据工程的实际情况在淮阳县城龙都旅社建立了机电监理代表处,于2006年7月15日正式进场开始工作。

监理人员及其分工如下。

总监理工程师:田庆安

总监理工程师代表:郭少伟

收费系统监理工程师:任胜杰　周燕;监理员:崔庆祥

通信系统监理工程师:成发科　谢战旗;监理员:王晨光

监控系统监理工程师:杨磊　张艳丽;监理员:马云飞

供配电及照明监理工程师:周培志;监理员:智勇

土建监理工程师:孙淑勤

合同财务负责人:张佩旭

各监理人员专业知识对口,符合监理服务合同要求。

二、工程质量监理

质量是工程建设的核心,也是监理工程师工作的主要内容。监理办公室自成立以来,始终把质量控制放在了重要位置,监理代表处着重抓了以下几方面工作。

1. 学习有关监理文件

进入现场以后,马上组织监理人员学习商周高速公路机电工程招标文件、投标文件、施工监理规范,并多次上路熟悉情况,当施工合同签订后,又组织大家学习施工合同文件。通过学习,使监理人员明确了各自的监理任务、监理职责与权限、监理工作执行程序。各监理组在学习的基础上制订了各自的监理规划,为监理工作的开展打下了良好基础。

2. 编制监理规划及监理表格

监理人员在熟悉监理工作内容后,编制了监理实施建议书。又在郑开、商开、郑洛等监理工作执行表格的基础上,修改编制了A类表,即承包人用表32份;B类表,即监理用表15份;C

类表,即其他用表6份。后来在实践中,又修改完善了A类表、“工程报验单和进场设备、材料报验单”。新编制了A类表“工程日志”、“变更工程建议书”;B类表“变更工程审查意见”和C类表“工程监理月报”,共四种用表。规范了监理程序,统一了文件来往格式,为监理工作紧张有序地进行提供了保证。

3. 开好第一次工地会议

良好的开始,是成功的一半。开好第一次工地会议,对后续的监理工作影响很大。商周高速公路机电工程第一次工地会议于2006年8月17日在河南通衢高速公路有限公司五楼会议室召开。会上,业主、监理、承包人分别介绍了各自的组织机构及人员分工,审查了承包人主要人员的授权书和资质;审查了承包人提交的施工进度计划;检查了开工前的准备工作;强调了监理程序的执行和向承包人发放了监理程序用表等。第一次工地会议的成功召开为后来的监理工作奠定了基础。

4. 审查联合设计文件

本工程的联合设计文件由亿阳信通股份有限公司联合设计。监理依据合同文件和有关标准,对联合设计文件先后进行了多次审查,并提出审查意见。为工程顺利进行打下了良好基础。

5. 严把设备质量关

为了把好进场设备质量关,在设备定购阶段严格按照技术完善方案中提出的设备型号、规格、数量进行购置,并监督安装。对所用设备和材料,监理进行了工厂监造。

对上海三思的大型、小型可变信息标志进行了工厂监造。对立柱的用材、热浸镀锌、外形尺寸等项,进行了全面检查和测量,均符合出厂要求。

6. 对进厂设备、材料严格检验

商周高速公路机电工程所用设备、材料均进行了严格检验,对不符合要求的设备、材料坚决杜绝进场。监理的做法是:设备、材料到货后,由承包人按要求填写进场设备、材料报验单,监理收到报验单后,去现场验货。核对厂家、设备型号,检查有无合格证、说明书、保修单,符合要求后,由监理工程师在报验单上签字认可。对于经查验有疑问的设备、材料或资料不全的设备、材料,要查明原因,必要时要求承包人提供相关说明资料,直到疑点消除或资料齐全才签字认可,批准进场使用。对于进口或重要设备,为防止意外,在审查核对入关手续等资料后,验收时,必须在业主、监理、供货人、承包人四方均到场后才开箱检查,按照清单一一核对型号,清点数量,查看合格证、说明书等资料,认为符合要求后,才同意使用。

对于因为产品的更新换代,承包人采用的设备在品牌不变的情况下,可以直接采用,不办理变更程序,但必须将更新前后的技术材料报监理审查。监理审查后,确认为更换后的设备比原设备技术性能指标高,才允许使用。总之,在承包人的配合下,商周机电工程所用设备、材料全部进行了严格检查,全部符合进场要求。

7. 严格按监理程序施工

严格按现行《公路工程施工监理规范》施工,是监理工作的依据,是工程质量的保证。监理代表处自成立以来,就狠抓了此项工作,在第一次工地会议上规范了监理施工程序,强调一定要按监理规范施工,单项工程开工要有开工申请,开工令,坚决杜绝无开工令就施工的现象发生。

8. 严格审查单项工程开工报告

承包人对认为已具备开工条件的单项工程,填写单项工程开工申请,报送监理代表处。监理工程师对承包人的进场材料、进场机具进行检查，并对施工工艺、施工组织、质保体系、安全保证体系、计划进度等进行全面审查，确认为已具备了开工条件，才签发开工令。对于不具备开工条件的，提请承包人继续完善，直到符合开工条件后，才签发开工令。

9. 坚持现场旁站监理，严格质量标准

工程一开始，监理办公室就强调要加强现场抽检，现场旁站监理。对于隐蔽工程，前一道工序未经监理检查认可不得进行下一道工序；对于重要环节或关键工序，必须全过程旁站监理。监理代表处是这样要求的，监理和承包人也是这样做的。

监理工程师经常到施工现场督促检查设备安装调试质量、线缆铺放质量，去各施工现场了解设备运行情况，发现问题，及时督促承包人解决，并协助承包人制订解决方案。

在通信系统光缆敷设单项工程中，重点控制了光缆的A、B端及硅芯管占用的一致性和光缆标签的标识。在光缆接续中除控制接续损耗外，同时注重了光纤在收容盘中的盘放，预留光缆的盘放及光缆盒的固定。在光缆端接时，注意了软管的使用，使之符合维护和扩容的要求。

在监控外场设备基础的浇筑施工中，坚持全过程旁站监理，确保浇筑质量。同时经常向承包人强调，务必要注意环境保护，注意保持现场的清洁，文明施工。

收费系统在安装广场摄像机立柱施工中，由于前期土建工程制作的立柱基础与机电承包人提供的立柱图纸中的连接螺栓间距、大小不一，监理工程师及时提醒承包人，防止了立柱的加工错误，避免了立柱更换，为工程的如期完工赢得了时间。

10. 对已完单项工程进行全面检查或抽检

当单项工程结束后，承包人对工程的施工质量作全面的自检，重要的环节监理旁站检查，例如接地电阻等。自检合格后，填写工程报验单，报监理工程师审批，监理工程师根据现场旁站掌握的工程施工情况，到现场进行全面检查或抽检，发现问题，提请承包人完善，直到合格，签发检验认可证书。

11. 工程质量评定情况

监控、通信、收费三大系统完工检验情况如下。

(1)监控系统

监控外场和室内设备及重要设施的数量、型号、生产厂家、技术性能参数、所配备件、检验合格证以及使用手册和保修卡等均齐全，外场和室内设备的安装和固定位置均符合合同文件和其他相关文件的要求和规定。

基础和接地(联合接地电阻$\leqslant 1\Omega$，其他接地电阻$\leqslant 4\Omega$)制作，防雷、防雨和防锈处理均符合合同文件和其他相关文件的要求。外场设备的立柱和控制箱(其中包括配电箱)的安装位置到位、固定安全可靠。人井、局前井以及室内线槽中的线缆除盘余、绑扎、上架外，还分别挂防水标识牌。外场电力、电缆敷设路由均按照要求栽埋了标石，标石的数量、栽埋的深度与标石间的距离均符合外场电力电缆敷设规范。

监控系统中的外场和分中心设备通电试运行后，各项测量指标、控制、显示功能等均符合技术完善方案和招标文件的要求和规定。

(2)通信系统

通信分中心和各通信站设备数量齐全。

通信分中心设备、各通信站设备安装牢固，位置正确，外观整洁，漆面完好，地线连接正确，线缆绑扎整齐，标识清晰，符合设备安装工艺要求。

通信系统各部分(光纤传输系统网管功能、接入网网管功能、告警功能)功能完整，符合合同要求。

各部分设备的性能指标(接地电阻、光缆中继段衰耗、光缆接续点衰耗、光接口收发光功率、抖动容限、误码率)符合合同要求。

通信系统机械完工检验合格。

(3)收费系统

各收费站车道、收费亭内、收费机房和结算室内设备及设施的数量、型号、生产厂家、技术性能参数、所配备件、检验合格证以及使用手册和保修卡等均齐全并符合合同和相关文件中的要求和规定。

扶项分中心和分中心结算室内设备及重要设施的数量、型号、生产厂家、技术性能参数、所配备件、检验合格证以及使用手册和保修卡等均齐全并符合合同和相关文件中的要求和规定。

收费系统中的各收费站车道、收费亭内、收费机房、分中心和结算室内硬件设备(其中包括空调、音响等)通电试运行后,各项测量、控制、显示、打印等功能均符合合同和相关文件的要求和规定。

收费系统软件(其中包括入口车道软件、出口车道软件以及结算室管理软件等)数量和功能均符合合同和相关文件的要求和规定。

收费员培训计划、教材和培训过程不但符合合同和招投标文件的要求和规定,而且满足收费员在实际应用中的需要。

三、计量支付、工程进度和合同管理情况

1. 计量支付

在计量支付方面,监理按照监理程序认真执行技术规范和合同规定,严格控制费用支出。对于承包人报送来的支付证书,都要经过各专业监理工程师认真核对,正确无误后签名认可,最后交总监理工程师再次审核,签字认可。监理支付程序是,对于进场材料设备支付,按照合同规定,认真核对进场材料、设备报验单,凡经过监理验收的材料、设备,按合同要求计量支付。对于单项工程支付,必须有开工申请、开工令、工程质量报验单、检验认可书、工程量计量报验单,缺一不可。未经监理工程师检验或检验未通过的工程坚决不予支付。对于变更工程的计量支付,必须有变更令、工程质量报验单、工程检验认可书、工程量计量报验单,否则不予支付。

2. 工程进度

按照商丘至周口高速公路(周口段)交通工程机电项目《合同协议书》中规定,在工程进度控制过程中,监理首先要求承包人系统制订出总体计划和计划网络图。在施工过程中,监督分项工程的实施落实,检查计划落实情况并根据进度情况提出调整计划意见。承包人在第一次工地会议前按监理要求编写了总体进度计划和计划网络图,并在第一次工地会议上提交业主、监理审查。业主、监理提出了审查意见,承包人又进行了修改完善。施工开始后,由于一些原因,有些工程提前,有些工程滞后,监理又提请承包人修改进度计划。例如2006年11月20日前,承包人根据监理意见,调整了总体计划和计划网络图。在工程施工中,监理还要求承包人每天填报工程日志,每月报送工程情况月度报告,以便监理控制进度。在工程施工中,监理还遇到一些来自外部的影响工期的因素,例如:因与机电工程相关的其他界面的影响,影响了整体设备的安装和调试。监理根据实际情况,要求承包人把该调试的工作先做完,集中力量在短时间内把剩余的设备安装、调试完毕,使得调整过的进度计划顺利完成。

3. 合同管理

合同管理涉及内容很多,它包括工程变更、工程延期、工程索赔、争端与仲裁、违约等,但在本工程中,没有发生工程延期、工程索赔、争端与仲裁以及违约等情况,合同管理主要反映在合同清单支付及设计变更项目上。

四、设计变更情况

本工程在联合设计阶段,承包人、设计单位及监理对机电工程原设计文件进行了深入研究并结合工程的实际进行了优化设计,优化设计的方案通过了高发公司组织的专家评审。因此,在本工程实际施工过程中涉及经费的变更项目不多,但这些变更都是依据合同条款和监理规范程序进行办理的。对于因技术更新的原因,承包人采用的设备在品牌不变的情况下,若配置各项指标均高于原合同规定的指标,可直接采用,不需办理变更,只做相应记录。对于合同中规定的在数量上有增减的项目,结算时按实际发生量计付,单价同合同价格,不办理变更手续。除此之外,凡是和合同清单中内容不符的均办理了变更手续。变更程序是先由承包人提出变更建议,监理写出审查意见,设计部门及业主同意后发变更令,然后承包人在监理工程师的监督下完成变更工程。

五、交工验收中存在的问题及处理情况

交工验收及联网测试中发现的主要问题如下。

1. 四通站

(1)站内对讲系统的 2 号车道语音不清楚。

(2)CCTV 电视监视系统中的车道 101、002 的字符叠加抖动。

(3)亭下人井没有标示标牌。

(4)防雷器没有安装。

2. 淮阳站

(1)车道 101 字符叠加抖动。

(2)车道 102 的监视器频闪。

(3)亭下人井没有标示标牌,内部垃圾没有清理。

(4)防雷器没有安装。

3. 周口北站

(1)车道 104 监视器没有图像。

(2)自动发卡车道的监视器频闪。

(3)脚踏报警系统中 102 车道没有报警。

(4)防雷器没有安装。

(5)亭下人井没有标示标牌,内部垃圾没有清理。

4. 周口西站

(1)防雷器没有安装。

(2)亭下人井没有标示标牌,内部垃圾没有清理。

(3)车道 102 监视器频闪。

(4)自动发卡车道的字符叠加抖动。

根据以上情况,监理办要求承包人对检查出来的问题进行整改,在 2006 年 12 月 15 日前完成了整改工作,保证了通车后联网收费的顺利进行。

六、对设计单位、施工单位和建设单位的评价

本工程的顺利实施与设计单位、施工单位以及建设单位的努力工作密不可分,各单位都对工程建设作出了很大的贡献。现在根据监理在实际工作中的体会,对设计单位、施工单位以及建设单位的工作作以下评价。

本机电工程项目设计单位是中国公路工程咨询总公司，其设计文件符合工程实际需要及国家和行业相关标准的要求，能够指导工程施工工作。由于客观原因，本项目的设计文件设计深度不够，造成施工中协调难度和工作量很大，也增加了变更数量。

本机电工程项目施工单位是亿阳信通股份有限公司，为本工程派遣的工程管理及技术人员基本符合合同及机电工程施工的要求，保证了本工程的顺利完成。

本机电工程项目建设单位为河南通衢高速公路有限公司，具体由该公司的合同处负责工程的施工管理工作。由于机电工程与公路主体、房建、绿化、供配电等工程同步进行，存在着大量的工程交叉施工界面和与外界社会的协调工作，协调工作十分繁重和复杂，业主公司派出了非常有工作经验的业主代表来指导和协调工程施工，在施工过程中，工程处、合同处、协调处、财务处等积极配合，做了大量的协调工作，提供了良好的施工环境，为工程顺利实施奠定了基础。

七、监理工作体会

(1)业主的大力支持是监理工作得以顺利开展的保证。在工程进行中，业主给予了监理工作大力支持和信任，充分考虑监理提出的意见，积极答复施工单位和监理的问题和意见，按照监理合同和监理规范，对监理充分授权和信任，保证了监理工作得以顺利进行。

(2)监理人员素质高是做好监理工作的保证。选择监理人员，既要业务好，也要思想好，能吃苦，责任心强，服务热情，办事公道。另外在人员结构上，也注意了不同年龄层次的人相结合。

(3)选择好的施工队伍是工程得以顺利实施的保证，因此在选择施工单位时，一定要挑选有丰富施工经验和良好信誉的施工队伍。

北京泰克华诚技术信息咨询有限公司

2009 年 8 月 22 日

9. 商丘至周口高速公路周口段供配电照明工程监理代表处监理工作报告

目　　录

商丘至周口高速公路周口段供配电照明工程监理代表处监理工作报告

一、监理工作概况

1. 工程概况

商丘至周口高速公路(周口段)起点位于太康县张集乡东南,与商周高速公路(商丘段)顺接,路线终点位于周口市西郊与漯界高速公路的交叉处。路线全长68.75km。沿途有6个互通(四通镇、淮阳、刘庄、周口北、周口西、杨湖)分别与国道311、淮阳县外环、阿深高速、周口市外环、省道S102、洛界高速相接,计划于2006年12月15日建成通车。全路主线按全幅双向四车道。路线开通后,将纳入全省统一联网收费的范围。

2. 供配电照明工程概述

商周高速公路(周口段)供配电系统包括四通互通变电站、淮阳服务区变电站、淮阳互通变电站、刘庄互通变电站、周口北互通变电站、周口西互通变电站、杨湖互通变电站。

供配电系统的电压等级为10kV/0.4kV,运行方式为无人值守。变电所10kV电源经复合开关与变压器相接,低压侧采用单母线不分段运行方式,对于一级负荷和重要负荷配备柴油发电机组作为低压备用电源,当10kV市电电源停电时,自动启动柴油发电机组,为一级负荷和部分重要负荷供电,市电和柴油发电机电源两个进线断路器间有电气和机械联锁,以确保供电的可靠性。

商周高速公路(周口段)照明系统是交通机电工程的重要组成部分,是确保行车安全的重要交通工程设施,其土建部分的预留、预埋与路桥等土建项目同期实施。照明系统的工程范围包括高杆灯杆(30m)、中杆灯(25m)、广场照明低杆灯(12m)、灯具、电缆及相关设备的采购、安装及调试。

3. 供配电照明监理组织形式、管理结构、人员投入情况

(1)由"北京泰克华诚技术信息咨询有限公司"组成的商周高速公路(周口段)项目工程机电监理办公室(以下简称监理办公室),按照监理服务合同要求,在淮阳成立,办公地点设在龙都旅社二楼。

(2)供配电照明主要监理人员和分工情况介绍如下。

田庆安:总监理工程师,负责交通机电工程、供配电照明系统的全面工作。

郭少伟:总监理工程师代表,负责交通机电工程、供配电照明系统的全面工作。

周培志:监理工程师,负责供配电照明的施工监理、资料整理工作。

智勇:监理员,负责供配电照明施工的现场旁站监理、以及资料整理工作。

以上监理人员均持有省、部级颁发的监理工程师证书,专业知识对口,符合监理服务合同的要求。

二、工程质量管理

质量是工程建设的核心,也是监理工程师工作的主要内容。监理办公室成立以来,始终把质量控制放在了重要位置,供配电照明组着重抓了以下几方面工作。

1. 组织监理人员学习有关监理文件

组织监理人员学习商周高速公路机电工程供配电照明系统招标文件、投标文件、施工监理规范,并多次上路熟悉情况,参加业主与承包人谈判。当施工合同签定后,又组织大家学习施工合同文件。通过学习,使监理人员明确了各自监理的任务,监理职责与权限,监理工作执行程序。各监理组在学习的基础上制订了各自监理的规划,为监理工作的开展打下了良好基础。

2. 编制监理建议书及监理表格

监理人员在熟悉监理工作内容后,编制了监理规划。又在郑开、商开、郑洛、洛三灵、濮鹤等监理工作执行表格的基础上,修改编制了A类表,即承包人用表26份;B类表,即监理用表15份;C类表,即其他用表6份。规范了监理程序,统一了文件来往格式,为监理工作紧张有序地进行提供了保证。

3. 开好第一次工地会议

良好的开始,是成功的一半。开好第一次工地会议,对后续的监理工作影响很大。商周高速公路机电工程供配电照明系统第一次工地会议是在2006年8月17日在业主处五楼会议室召开。会上,业主、监理、承包人分别介绍了各自的组织机构及人员分工,审查了承包人主要人员的授权书和资质;审查了承包人提交的施工进度计划;检查了开工前的准备工作;强调了监理程序的执行和向承包人发放了监理程序用表等。第一次工地会议的成功召开为后来的监理工作铺平了道路。

4. 审查联合设计文件

本工程的联合设计文件由中国公路工程咨询总公司设计,监理依据合同文件和有关标准,对联合设计文件先后进行了两次审查,并提出审查意见。为工程顺利进行打下了良好基础。

5. 严把设备质量关

为了把好进场设备质量关,在设备定购阶段严格按照技术完善方案中提出的设备型号、规格、数量进行购置,并监督安装。

6. 对进厂设备、材料严格检验

商周高速公路(周口段)项目机电工程供配电照明系统所用设备、材料均进行了严格检验,对不符合要求的设备、材料坚决杜绝进场。我们的做法是:设备、材料到货后,由承包人按要求填写进场设备、材料报验单,监理收到报验单后,去现场验货。核对厂家、设备型号,检查有无合格证、说明书、保修单,符合要求后,由监理工程师在报验单上签字认可。对于经查验有疑问的设备、材料或资料不全的设备、材料,要查明原因,必要时要求承包人提供相关说明资料,直到疑点消除或资料齐全才签字认可,批准进场使用。

对于因为产品的更新换代,承包人采用的设备在品牌不变的情况下,可以直接采用,不办理变更程序。但必须将更新前后的技术材料报监理审查,监理审查后,确认为更换后的设备比原设备技术性能指标高,才允许使用。总之,在承包人的配合下,商周高速公路(周口段)项目机电工程供配电照明系统所用设备、材料全部进行了严格检查,全部符合进场要求。

7. 严格按监理程序施工

严格按现行《公路工程施工监理规范》施工,是监理工作的依据,是工程质量的保证。监理办一成立,就狠抓了此项工作,在第一次工地会议上规范了监理施工程序,强调一定要按监理规范施工,单项工程开工要有开工申请、开工令,坚决杜绝无开工令就施工的现象发生,承包人项目经理、总工也很重视这方面的工作,但个别承包人为了赶进度,也有不按程序施工的事情发生,被监理工程师发现后,及时阻止,承包人项目经理,总工也给予了配合,施工负责人也认识到了自己的错误,按监理的要求,对已施工的部分作了检查,经监理认可同意后复工。通过这件事,对承包人和监理教育很大,大家以此为鉴,以后再也没有类似事情发生。

8. 严格审查单项工程开工报告

承包人对认为已具备开工条件的单项工程,填写单项工程开工申请。报送监理办。监理工程师对承包人的进场材料、进场机具进行检查,并对施工工艺、施工组织、质保体系、安全保证体系、计划进度等进行全面审查,确认为已具备了开工条件,才签发开工令。对于不具备开工条件的,提请承包人继续完善,直到符合开工条件后,才签发开工令。

9. 坚持现场旁站监理,严格质量标准

工程一开始,监理办就强调要加强现场抽检,现场旁站监理。对于隐蔽工程,前一道工序未经监理检查认可不得进行下一道工序,对于重要环节或关键工序,必须全过程旁站监理。监理办是这样要求的,监理和承包人也是这样做的。

10. 供配电照明监理组现场监理情况

供配电照明监理组工程师经常到施工现场督促检查设备调装质量,线缆铺放质量,去各收费站了解设备运行情况,发现问题,及时督促承包人解决,并协助承包人制订解决方案。

11. 对已完单项工程进行全面检查或抽检

当单项工程结束后,承包人对工程的施工质量做全面的自检,对重要的环节监理旁站检查,例如接地电阻等。自检合格后,填写工程报验单,报监理工程师审批,监理工程师根据旁站掌握的工程施工情况,到现场进行全面检查或抽检,发现问题,提请承包人完善,直到合格,签发检验认可证书。

三、计量支付、工程进度和合同管理情况

1. 计量支付

在计量支付方面,监理按照监理程序认真执行技术规范和合同规定,严格控制费用支出。对于承包人报送来的支付,都要认真核对,正确无误后签字认可,最后交总监理工程师再次审核、签字认可。计量支付程序是,对于进场材料设备支付,按照合同规定,认真核对进场材料、设备报验单,凡经过监理验收的材料、设备,按合同要求计量支付。对于单项工程支付,必须有开工申请、开工令、工程质量报验单、检验认可书、工程量计量报验单,缺一不可。未经监理工程师检验或检验未通过的工程坚决不予支付。对于变更工程的计量支付,必须有变更令、工程质量报验单、工程检验认可书、工程量计量报验单,否则不予支付。

2. 工程进度

按照商周高速公路(周口段)项目机电工程供配电照明系统《合同协议书》的规定,在工程进度控制过程中,首先要求承包人按系统制订总体计划和计划网络图,在施工过程中,监督分项工程的实施落实,检查计划落实情况并根据进度情况提出调整计划意见。承包人在第一次工地会议前按监理要求编写了总体进度计划和计划网络图,并在第一次工地会议上提交业主、监理审查。业主、监理提出了审查意见,承包人又进行了修改完善。施工开始后,由于一些原因,有些工程提前,有些工程滞后,监理又提请承包人修改进度计划。例如2006年8月20日,照明承包人根据监理意见,调整了总体计划和计划网络图。在工程施工中,还要求承包人每天填报工程日志,每周报送周计划,每月报送工程情况月度报告,以便监理控制进度。在工程施工中,还遇到一些来自外部的影响工期的因素,例如:在同时施工过程中,绿化和房建的施工滞后,影响到供配电照明的施工,通过积极协调,集中力量短时间内安装、调试,使得调整过的进度计划顺利完成。

3. 合同管理

合同管理涉及内容很多,它包括工程变更、工程延期、工程索赔、争端与仲裁、违约等,但在工程中,一般是反映在变更、延期和索赔上,本工程没有发生索赔。

四、设计变更情况

工程开始之初,发现设计图纸有些设备引用型号不对,在进行的联合设计中与设计院沟通,将提出的图纸疑点一一作了更正,并由业主领队进行了设备的联合采购。本工程涉及经费的所有变更都是依据合同条款和监理规范程序办理,对于因技术更新的原因,承包人采用的设备在品牌不变的情况下,若配置各项指标均高于原合同规定的指标,可直接采用,不需办理变更,只做相应记录。对于合同中规定的在数量上有增减的项目,结算时按实际发生量计付,单价同合同价格,不办理变更手续。除此之外,凡是和合同清单中内容不符的均办理了变更手续。变更程序是由承包人提出变更建议,监理写出审查意见,设计部门、业主同意后发变更令,然后承包人在监理工程师的监督下完成变更工程。

五、交工验收中存在的问题及处理情况

在工程的交工验收过程中,存在如下问题:

(1)四通镇配电房内低压柜个别抽屉上倒闸开关动作不灵活,电缆沟盖板不完全,窗户上没安装防雀网,发电机房出线钢管处没加防鼠泥。

(2)广场到互通高杆灯的电缆沟没埋标示桩。

(3)淮阳收费站配电房窗户上没安装防雀网。

(4)周口北高压终端杆上的高压电缆出线太长,且没有固定,没埋电缆标识桩。

(5)周口西配电房柜子里出线孔没加防鼠泥,直埋电缆没埋电缆标识桩。

(6)杨湖箱变到高杆灯电缆没埋电缆标识桩。

根据以上情况,要求承包人对检查出来的问题进行整改,务必在 2006 年 12 月 10 日前完成整改工作,再次接受复查。

六、对设计单位、施工单位和建设单位的评价

本工程的顺利实施与设计单位、施工单位以及建设单位的努力工作密不可分,各单位都对工程建设作出了很大的贡献。现在根据监理在实际工作中的体会对设计单位、施工单位以及建设单位的工作作如下评价:

本供配电照明工程项目设计单位是中国公路工程咨询总公司,其设计文件符合工程实际需要及国家和行业相关标准的要求,能够指导工程施工工作。

本供配电照明工程项目施工单位是淄博海德实业有限公司,为本工程派遣的工程管理及技术人员基本符合合同及供配电照明工程施工的要求,保证了本工程的顺利完成。

本供配电照明工程项目建设单位为河南通衢高速公路有限公司,具体由该公司的合同处负责工程的施工管理工作。由于供配电照明工程与公路主体、房建、绿化等工程同步进行,存在着大量的工程交叉施工界面和与外界社会的协调工作,协调工作十分繁重和复杂,业主公司派出了非常有工作经验的业主代表来指导和协调工程施工,在施工过程中,工程处、合同处、协调处、财务处等积极配合,做了大量的协调工作,提供了良好的施工环境,为工程顺利实施奠定了基础。

七、监理工作体会

(1)业主的大力支持是监理工作得以顺利开展的保证。在工程进行中,业主给予了监理工作大力支持和信任,充分考虑监理提出的意见,积极答复施工单位和监理的问题和意见,按照监理合同和监理规范,对监理充分授权和信任,保证监理工作得以顺利进行。

(2)监理人员素质高是做好监理工作的保证。选择监理人员,即要业务好,也要思想好,能吃苦,责任心强,服务热情,办事公道。另外在人员结构上,也注意了老、中、青相结合。

(3)选择好的施工队伍是工程得以顺利实施的保证,因此在选择施工单位时,一定要挑选有丰富施工经验和良好信誉的施工队伍。

北京泰克华诚技术信息咨询有限公司

2009年10月25日

10. 商丘至周口高速公路周口段房建工程监理代表处监理工作报告

目　　录

商丘至周口高速公路周口段房建工程监理代表处监理工作报告

一、监理工作概况

商丘至周口高速公路周口段,房建工程共分七个合同段。建设单位:河南通衢高速公路有限公司;勘察、设计单位:中国公路工程咨询总公司;监理单位:河南新恒丰建设监理有限公司;承建单位:SZZFJ-01 林州市建筑工程九公司,SZZFJ-02 河南省广厦建设工程有限公司,SZZFJ-03 河南省对外建设有限公司,SZZFJ-04 三门峡水利水电技术开发公司,SZZFJ-05 中国建筑工程第七工程局第四建筑公司,SZZFJ-06 焦作海宇公路工程有限公司,SZZFJ-07 中国建筑工程第七工程局第四建筑公司。各合段工程概况见表 1-10-1 ~ 表 1-10-5 及其他文字说明。

SZZFJ-01 合同段工程概况 表 1-10-1

<table>
<tr><td></td><td>建筑物名称</td><td>建筑面积(m²)</td><td>层数</td><td>总用地面积(m²)</td><td>总建筑面积(m²)</td><td>道路广场面积(m²)</td><td>绿化面积(m²)</td></tr>
<tr><td rowspan="5">四通镇收费站</td><td>综合楼、食堂</td><td>1 107.6</td><td>2</td><td rowspan="5">3 806</td><td rowspan="5">1 346.7</td><td rowspan="5">844</td><td rowspan="5">870</td></tr>
<tr><td>泵房</td><td>40.27</td><td>1</td></tr>
<tr><td>配电房</td><td>102.38</td><td>1</td></tr>
<tr><td>门卫</td><td>27.56</td><td>1</td></tr>
<tr><td>车库</td><td>68.89</td><td>1</td></tr>
</table>

SZZFJ-02 合同段工程概况 表 1-10-2

<table>
<tr><td></td><td>建筑物名称</td><td>建筑面积(m²)</td><td>层数</td><td>总用地面积(m²)</td><td>总建筑面积(m²)</td><td>道路广场面积(m²)</td><td>绿化面积(m²)</td></tr>
<tr><td rowspan="8">淮阳服务区</td><td>西南区综合楼</td><td>3 297.69</td><td>3</td><td rowspan="8">80 040</td><td rowspan="8">7 843.79</td><td rowspan="8">58 290</td><td rowspan="8">16 760</td></tr>
<tr><td>东北区综合楼</td><td>3 297.69</td><td>3</td></tr>
<tr><td>配电房</td><td>102.39</td><td>1</td></tr>
<tr><td>维修车间</td><td>409.14</td><td>1</td></tr>
<tr><td>泵房</td><td>68.89</td><td>1</td></tr>
<tr><td>宿舍</td><td>667.99</td><td>2</td></tr>
<tr><td>加油站 2 处</td><td>1 394.72</td><td>1</td></tr>
<tr><td>加油站大棚 2 处</td><td>投影 2 485.52</td><td>1</td></tr>
</table>

SZZFJ-03 合同段工程概况 表 1-10-3

<table>
<tr><td></td><td>建筑物名称</td><td>建筑面积(m²)</td><td>层数</td><td>总用地面积(m²)</td><td>总建筑面积(m²)</td><td>道路广场面积(m²)</td><td>绿化面积(m²)</td></tr>
<tr><td rowspan="4">淮阳收费站及养护管理所</td><td>综合楼</td><td>1 577.06</td><td>3</td><td rowspan="4">6 670</td><td rowspan="4">1 743.72</td><td rowspan="4">4 492</td><td rowspan="4">1 494</td></tr>
<tr><td>配电房</td><td>102.39</td><td>1</td></tr>
<tr><td>泵房</td><td>40.27</td><td>1</td></tr>
<tr><td>门卫</td><td>24</td><td>1</td></tr>
</table>

SZZFJ-04 合同段工程概况 表 1-10-4

	建筑物名称	建筑面积(m^2)	层数	总用地面积(m^2)	总建筑面积(m^2)	道路广场面积(m^2)	绿化面积(m^2)
周口北收费站及管理监控分中心	办公监控楼	4 452.25	5	20 163	4 972.19	12 079	6 496
	食堂	220.14	1				
	泵房	57.85	1				
	配电房	102.39	1				
	门卫两处	48	1				
	车库	91.56	1				

SZZFJ-05 合同段工程概况 表 1-10-5

	建筑物名称	建筑面积(m^2)	层数	总用地面积(m^2)	总建筑面积(m^2)	道路广场面积(m^2)	绿化面积(m^2)
周口西收费站	综合楼	1 241.94	2	4 002	1 477.5	1 814	1 184
	泵房	40.27	1				
	配电房	102.39	1				
	门卫	24	1				
	车库	68.9	1				

SZZFJ-06 合同段：

(1)四通镇收费大棚水平投影面积 387.75m^2，网架结构。

(2)淮阳收费大棚水平投影面积 749.7m^2，高低错层弧形网架结构，外加斜拉锁造型。

四通镇、淮阳收费站收费天棚，基础为钢筋混凝土独立基础。基础垫层为 C10，基础混凝土为 C30，包括电气安装及装饰部分。

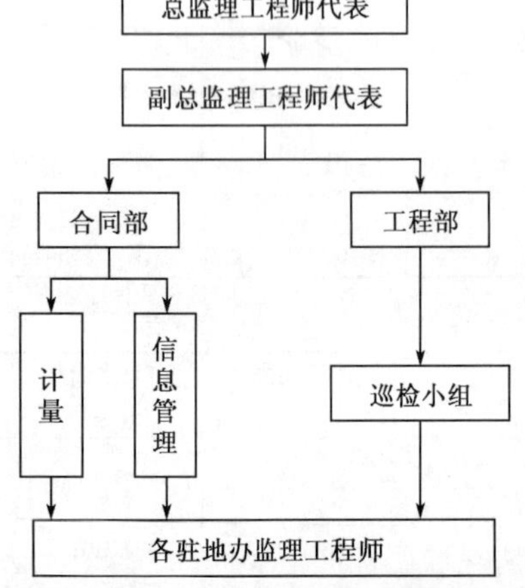

图 1-10-1 项目监理组织机构图

SZZFJ-07 合同段：

(1)周口西收费大棚

周口西收费大棚位于周口西收费站，水平投影面积 445.79m^2，为双向 5 车道，主体为四柱网架结构，外包银灰铝塑板，整体造型简洁明快。

(2)周口北收费大棚

周口北收费大棚位于周口北收费站，水平投影面积 863m^2，双向 6 车道，10 根柱子，钢结构幕墙，外观造型新颖美观。

监理组织形式、管理结构如图 1-10-1 所示。监理人员投入情况如表 1-10-6 所示。

人员分工机构图 表1-10-6

部门		序号	姓名	性别	工作岗位及职务	备注
代表处		1	李应献	男	项目总监	
		2	王健	男	总监代表	
		3	王占和	男	工程部主任	
		4	邱颖	男	合同部主任	
		5	褚喜欢	女	合同监理工程师	
		6	梁军	男	合同监理工程师助理	
		7	李瑞莉	女	测量监理工程师	
		8	谭江龙	男	钢结构监理工程师	
		9	梅红涛	男	房建监理工程师	
		10	刘大伟	男	照明监理工程师	
		11	刘东海	男	供配电监理工程师	
		12	贺来	男	给排水监理工程师	
		13	关凤伟	女	装饰监理工程师	
		14	白本忠	男	试验检测监理工程师	
		15	张松岭	男	试验工程师助理	
驻地办	SZZFJ-01	16	侯俊山	男	监理工程师	
		17	孙冰杰	男	监理工程师助理	
	SZZFJ-02	18	张相永	男	监理工程师	
		19	姚中华	男	监理工程师助理	
	SZZFJ-03	20	冯振清	男	监理工程师	
		21	曹成林	男	监理工程师助理	
	SZZFJ-04	22	宋俊峰	男	监理工程师	
		23	翟卫礼	男	监理工程师助理	
	SZZFJ-05	24	尚书众	男	监理工程师	
		25	顾开国	男	监理工程师助理	
辅助、服务人员		26	张学义	男	驾驶员	
		27	张春莲	女	厨师	

二、工程质量管理

1. 质量目标及实施情况

对施工全过程进行检查、监督、管理，制止影响工程质量的各种不利因素，使承包人提交的工程项目符合合同图纸、技术规范、使用要求和验收标准。

2. 质量控制程序

质量控制程序如图1-10-2所示。

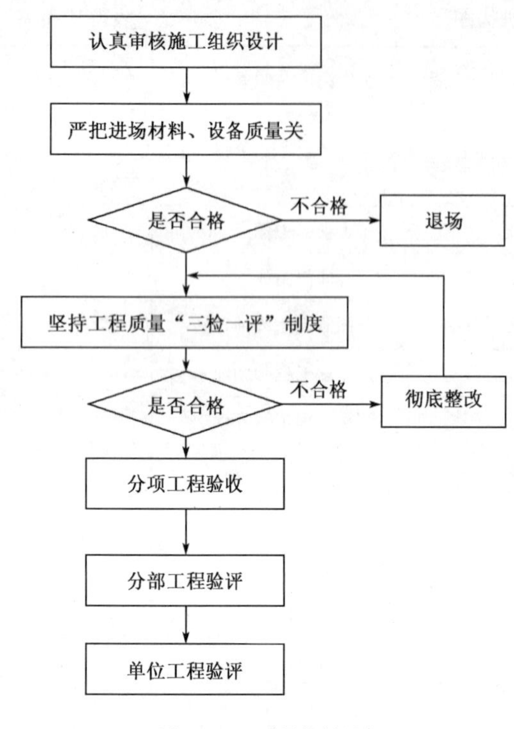

图 1-10-2　质量控制程序

3. 质量控制措施和方法

质量事前控制:对施工测量放线成果复核和验收,督促施工单位建立、健全质量保证体系,对工程所用原材料、半成品及施工机械设备进行复试、检查和审核,审核施工单位提交的施工组织设计(施工方案)的可行性和合理性。

质量事中控制:根据不同的施工项目,明确质量控制重点和相应的控制手段,监理人员亲临现场,进行巡回检查和旁站,检验测量,及时纠正违规操作,消除质量隐患,避免大规模返工。对工序交接、隐蔽工程及时检查验收。严格监控,合理使用质量否决权。

质量事后控制:严把工序及单位工程竣工验收关,凡各工序及单位、单项工程完工后,经施工单位初验合格后方能提交验收申报。

4. 质量控制效果分析

通过各种途径进行质量评比、检查,施工人员质量意识不断强化,整体技术业务素质不断提高,工程质量逐步提高。工程经使用后,业主对使用的工程比较满意,同意交工验收。

三、计量支付、工程进度和合同管理情况

1. 工程投资控制措施和效果

(1)投资控制目标及实施效果

力争把工程投资额控制在总投资范围内,对超出合同约定的工程额和索赔进行严格控制。

(2)工程投资控制程序

投资的事前控制:进行工程风险预测,采取相应防范措施。

投资的事中控制:严格控制工程款支付及索赔,严格控制费用签证。

投资的事后控制:严格审核施工单位提交的工程结算书,公正处理索赔。

(3)投资控制措施和方法

投资设计变更和技术核定,凡需增加投资的变更,事前均征得业主同意。严格控制工程款的支付,使其与工程进度相符。

(4)投资控制效果分析

对符合要求的已完成的工程量,严格控制签证及工程款支付。对报验资料不全、与合同文件的约定不符、未经质量签认合格或有违约时不予审核或计量。

2. 工程进度控制措施和效果

(1)工期目标及实施情况

力争在合同约定的竣工日期前完工。督促承包单位在保证质量的前提下保持实际进度与计划进度一致。

(2)工程进度控制程序

严格进度控制流程,对各项报审及时审核。对严重偏离计划目标的,及时下发监理通知,指示承包单位采取调整措施。

(3)进度控制措施和方法

合理安排施工程序和顺序,采用流水作业,组织连续、均衡、有节奏的施工。项目监理部采用网络控制技术,随时调整实际进度与计划进度之差,以确保施工工期要求。

(4)进度控制效果分析

监理部根据施工现场情况及时要求施工单位调整计划,避免与配套单位交叉施工造成窝工,确保工程建设总体进度。

3. 合同的履行及协调工作

(1)合同的管理方法

监理部进场后,对业主方已签订的承包合同进行认真审核,对不符合有关要求的条款,协助建设单位对不合理的条款补签协议。对于新签的承包合同,监理部协助业主代表认真做好合同条款的制订,使各项合同条款符合上级文件及合同法要求。

监理合同档案、台账,明确专人负责。在合同履行过程中,严格按合同约定的条款执行,发现违约的及时采取措施进行制止。

(2)合同履行情况

对业主方已签订的承包合同,各方均按合同约定的各项要求开展工作。

(3)索赔事件的处理情况

监理部以独立的身份公正处理索赔,索赔按严密的程序办理。为处理索赔,监理部注重信息管理,积累资料,包括历史记录、工程量和财务记录、质量记录和竣工记录。

(4)协调工作情况

协调会和监理例会同时召开,由总监理工程师主持,建设单位、施工单位负责人参加。协调会围绕三大控制进行,施工单位提出需要解决的问题,主持人和业主进行协调,然后作出决策。

四、设计变更情况

(1)由于我单位各个站区所处的地势较低,又逢雨季施工,土方工程量变更较大。

(2)原装修是普通标准,现改为精装修。

(3)外墙铝塑板改为外墙涂料。

(4)周口西、周口北、淮阳收费大棚造型及结构变更较大。

五、交工验收中存在的问题及处理情况

(1)外墙面涂料个别部位颜色不一致。

(2)外墙粉刷有龟裂现象。

(3)个别电线接头没用压线帽。

以上问题都及时安排了施工单位整改。

六、对设计单位、施工单位和建设单位的评价

在施工过程当中,设计单位派设计代表进驻施工现场,能结合实际在第一时间给出合理的设计变更,能让施工单位施工不盲目,避免了工程施工没有依据及以后计量无依据的情况发生,解决了技术上的后顾之忧。

施工单位能够及时组织人员、材料、设备进场,在天气比较恶劣、工期又比较紧的情况下,克服各种困难,一步一个脚印,在步步为营的管理措施下确保了工程按时通车。

建设单位领导亲自奔赴施工第一线,对工程进行责任到人的部署,每天坚持开碰头会及时解决工程中出现的问题，协调工程顺利施工。

七、监理工作体会

对工程施工进行监理，首先必须对工程项目概况、监理工作范围、监理工作内容、监理工作目标、监理工作依据、项目监理机构的人员岗位职责、监理工作程序、监理工作方法和措施以及监理工作制度进行了解，并达到熟练掌握，以便顺利开展监理工作。

监理工作主要围绕“三控、三管、一协调”进行，对质量、进度、投资、安全进行严格控制，对合同及信息做好与业主、承包人的协商洽谈工作。

河南新恒丰建设监理有限公司

2009年8月15日

11. 商丘至周口高速公路周口段征地拆迁执行报告

目　录

商丘至周口高速公路周口段
征地拆迁执行报告

一、项目概况

商丘至周口高速公路周口段是河南省“十五”期间重点建设项目，将和省内多条已建、拟建的高速公路以及多条国道、省道相连，对于完善区域公路网主骨架，发挥高速公路整体效益具有重要意义。工程起自太康县张集乡附近，途径太康县、淮阳县、周口市川汇区、西华县及商水县，止于周口市西南与南洛高速公路交叉处，路线全长68.75km。

该项目于2003年9月2日经河南省发展计划委员会批复工程可行性研究报告，于2003年12月22日由河南省发展计划委员会批复了该项目的初步设计，批准设计总概算为209 867.5万元。商周高速公路周口段工程先期由周口市恒达高速公路发展有限责任公司负责管理建设，于2004年2月28日正式开工，2006年3月由河南高速公路发展有限责任公司接收续建。2006年12月15日建成通车试运营。

主要工程技术标准：全段按四车道高速公路标准设计；设计速度120km/h；28m路基上布设6车道（其中行车道宽为2×2×3.75m+2×3.5m，中央分隔带宽1.54m，左侧路缘带2×0.75m，右侧路缘带2×0.5m，沥青砂拦水带2×0.23m，土路肩2×0.75m）；适当路段的路基两侧设置港湾式紧急停车带（岛）。桥涵设计荷载采用汽车—超20级，挂车—120，桥面净宽2×12.5m，设计洪水频率：大中小桥、路基1/100。路面结构除收费站广场采用水泥混凝土路面外，其余均为沥青混凝土路面。

主要工程数量：全线路基土方803.56万m^3，沥青混凝土路面203.0267万m^2，互通式立交6处，分离式立交桥4 808.48m/52座（含天桥1 244.96m/16座），大桥2 148.56m/8座，中小桥1 520.2m/30座，通道2 457.67m/81道，涵洞1 967.132m/67道，收费站4处，服务区1处，管理中心1处。全线共征用土地7 751.592 0亩，拆迁房屋14 347.615m^2。

二、沿线自然环境与社会环境

1. 自然环境

（1）地形地貌

商周高速公路周口段位于河南省东南部，黄河以南，工程所处区域地形平坦、开阔，一般自然坡降为1/7 000~1/5 000，地貌类型属于黄淮冲积平原。

（2）地质水文

路线经过黄淮河冲积平原区，大部分地形变化不大，岩土类型简单稳定，工程地质条件属简单类型。

项目沿线地下水，主要为第四系松散土质孔隙水。地下水含水层由细砂、中细砂、粉细砂、粉砂组成，含水厚度10~15m。

（3）气候

商周高速公路周口段属温带半干旱、半湿润大陆性气候，其特点是四季分明，年平均气温14.5℃，极端最低气温-21℃，冻深10~20cm。年平均降水量689~816mm，最多集中在7~8

月,霜最早始于10月底,止于次年3月。全年平均风速2.7~3.4m/s。

(4)地震及地震烈度

根据《中国地震动参数区划图》(GB 18306—2001)及“河南省地区地震烈度区划图”,本项目区地震烈度为6度。

2. 社会环境

(1)行政区划及人口

工程沿线途径太康县、淮阳县、川汇区、西华县及商水县,涉及4县1区14个乡镇,总人口484.9万人。

(2)工农业生产状况及经济发展规划

商周高速公路周口段经过地区是河南省经济欠发达的地区,沿线社会经济主要状况指标见表1-11-1和表1-11-2。

社会经济主要指标(2002年)　　表1-11-1

分区 指标	太康县	淮阳县	川汇区	西华县	商水县	备注
国内生产总值(万元)	420 518	380 445	366 607	366 823	286 710	
人均国内生产总值(元)	2 850	2 803	9 031	3 945	2 245	
农民人均纯收入(元)	1 944	1 776	2 586	2 257	1 986	

社会经济发展规划　　表1-11-2

地区	2001~2010年	
	人口增长(%)	经济增长(%)
周口市	1.0	12

三、工程占地及恢复情况

1. 土地征用

商周高速公路周口段因工程建设需要共占用土地7 751.592 0亩(批准用地7 410.145 5亩,差额正申报待批征地手续),支付征地拆迁补偿费16 395.452 2万元,详见表1-11-3。

2. 合理利用、综合利用

商周高速公路周口段从设计到施工结束,始终贯彻了十分珍惜、合理利用每寸土地和切实保护耕地的基本国策。设计单位经过实地勘测,曾提出了淮阳县近城与远城方案;周口市区北郊与西郊方案;周口市近城、中线、远城方案等多个比较方案,经过认真权衡,最后确定了该项目路线走向。该方案的最大特点是最大限度地减少了耕地占用。根据沿线具体实际情况,本着宜渔则渔、宜农则农、宜林则林的原则,采取有效措施,节约和改造了大量耕地,取得了良好的经济效益和环保效益。

四、征地拆迁政策、补偿标准和征地拆迁经费

1. 政策宣传

商周高速公路周口段沿线是河南省产粮大区,以农业为主,村庄密集,电力、电信较多,为征地拆迁带来很多困难。根据《中华人民共和国土地管理法》、《河南省土地管理实施办法》及省政府有关文件精神,市县(区)及沿线各乡镇相继成立了高速公路工程建设指挥部,积极宣传省委、省政府关于修建高速公路的“政治动员、经济补偿、行政干预、各方支援”十六字建路方针,认真贯彻“十分珍惜和合理使用每一寸土地,切实保护土地”的基本国策,本着“既不浪费一寸土地，又要保证工程用地”的原则，部署征地拆迁工作。

商周高速公路周口段征地拆迁补偿费用统计表 表 1-11-3

序号	县区名称	征地数量（亩）	征地补偿费用（万元）	附着物补偿费（万元）	合计（万元）
1	太康县	767.768 3	844.545 1	153.553 7	998.098 8
2	淮阳县	3 743.397 0	4 117.736 7	748.679 4	4 866.416 1
3	淮阳县	54.935 9	76.910 3	10.987 2	87.897 5
4	川汇区	1 352.391 0	1 487.630 1	270.478 2	1 758.108 3
5	西华县	1 041.336 9	1 145.470 6	208.267 4	1 353.738 0
6	商水县	782.572 5	860.829 8	156.514 5	1 017.344 3
7	柘城县花庄	9.190 5	10.109 6	1.838 1	11.947 7
8	小计	7 751.592 0	8 543.232 2	1 550.318 5	10 093.550 7
9	建筑物拆迁补偿	拆房屋 14 347.61m²，拆其他建筑物 10 453.125m²			396.887 1
10	电力电信拆迁费	电力拆迁 57 处，电信拆迁 62 处			817.544 0
11	天桥用地	272.479 5	299.727 5	54.495 9	354.223 4
12	改路改渠、锥坡用地	864.73	951.203	172.946	1 124.149 0
13	耕地开垦费				2 418.142 1
14	耕地占用税				614.334 0
15	协调费	（10 093.550 7 + 396.887 1）× 5% + 50 + 2.1			576.621 9
合计					16 395.452 2

2. 征地拆迁补偿

商周高速公路周口段征地拆迁补偿标准是根据《中华人民共和国土地管理法》、《河南省土地管理实施办法》（豫政[2001]16 号）的要求，按照依法办事，兼顾国家、集体和个人利益的原则，周口市人民政府周政[2003]89 号文件确定商周高速公路周口段征用土地补偿标准为 11 000 元/亩，地面附着物补偿费用 2 000 元/亩，拆迁补偿标准根据各类建筑物的不同规定不同标准确定。征地拆迁协调经费按征地拆迁总费用的 5% 计取。文件下发后，原业主周口市恒达高速公路发展有限责任公司与各县区签订了征地拆迁协议。

商周高速公路周口段用于支付征地拆迁补偿费用 16 395.452 2 元。

五、征地拆迁方案

1. 方案

征地拆迁是高速公路建设的基础工作，同时牵涉沿线千家万户村民的切身利益，关系到建设和谐社会的重大问题。因此，各级高速公路工程建设指挥部非常重视宣传发动工作，多次召开乡村群众大会，学习有关文件规定和上级的要求，提高群众对修建高速公路重要意义的认识。对征地拆迁的调查，先由土地管理部门勘测划界，然后在市高速公路工程建设指挥部的领导下，市县土地管理部门、县区指挥部、当地乡政府、沿线村民委员会组成调查组，现场勘测丈量，共同签字认可。根据共同勘测清点的数量，依据市政府文件补偿标准，计算补偿金额，造册报批，张榜公布，予以发放。在整个征地拆迁过程中，市、县（区）、乡镇三级政府高度重视，做了大量的具体工作,在市规定的统一时间内交付使用,使项目得以顺利施工。

2. 征地报批手续

该项目征用土地的报批程序如下:

(1)当地土地管理部门会同建设单位和被征地村核定征地位置和面积,经村、乡镇签署意见后盖章。

(2)县、市、省土地管理部门核定,审批后盖章。

(3)按《中华人民共和国土地管理法》的规定,由省土地资源厅上报省政府和国家土地资源部批准。

商周高速公路周口段用地已办理用地报批手续(差额部分已在申报待批),并经国家、省、县国土资源部门批准,核发了土地使用证。

六、临时用地情况

高速公路修建之初,沿线各级政府及指挥部都十分注重节约使用土地,制订相关的临时用地文件规定,核定了统一的补偿标准。由于受到地方政府及指挥部的高度重视,商周高速公路周口段在节地、改地、造地、复垦土地方面交出了较好的成绩,使当地政府、沿线群众、建设单位三满意。

1. 临时用地原则

尽量少用耕地,有荒地不用耕地,有滩涂地不用平地,能浅取不改变用地性质尽量浅取,取土与造地、改地相结合,用完一块,平整一块,复耕一块,不留空白地,不留后遗症,全面考虑,整体规划,缩短距离,尽量满足机械化作业的需要。

2. 临时用地审批程序

由临时用地单位,向当地指挥部呈交用地申请,经指挥部及乡镇土地管理部门审核后,确定用地时间、地点、面积,由用地单位与乡镇、行政村签订临时用地协议,按照协议规定用地。

3. 补偿标准

临时用地补偿标准,根据用地时间长短,市人民政府制订了统一的补偿标准,便于用地单位和当地政府操作。

七、附着物拆迁

1. 地面附着物分布、结构特点

周口市地处中原黄泛区,经济发展相对落后,商周高速公路周口段经过地区都是平原,村庄数量多,支柱产业是农业。因此,途径路段房屋、机井、沟渠、果树、乔木较多。由于本地实行火葬较晚,使得沿线地段的坟墓也较多。

2. 附着物的清点原则和方法

地面附着物的清点与高速公路勘测定界同步进行,原则是实事求是。方法是:属于建筑物的由土地部门、县、乡政府、村民委员会负责人、被拆迁户当事人、建设单位现场共同勘测丈量,根据市人民政府文件补偿标准,区别不同类型建筑物进行补偿。其他附着物除文件规定的电力、电信设施外,一律利用2 000元/亩的补偿费由当地指挥部据实补偿,包干使用。

3. 附着物拆迁

根据勘测调查的报表,依据市人民政府制订的补偿标准,计算并支付了附着物补偿费用。2004年3月,商周高速公路周口段已把补偿费拔付沿线县区指挥部,2004年6月,附着物全部拆迁完毕。

4. 电力、电信设施拆迁

按照设计图纸要求，建设单位同电力、电信部门对所需拆迁的电力、电信设施的类别、数量逐一进行现场核查。按照两部门迁改定额核算拆迁费用，双方进行协商达成协议，根据协议要求，由建设单位逐期拨付迁改费用，包干使用。按协议规定时间完成迁改任务，经验收合格，一次性结清。全线共拆迁电力 57 条处，电信 62 条处，支付费用 817.544 万元。详细数据见表1-11-4。

电力、电信设施拆迁支付费用表

表 1-11-4

序　　号	拆 迁 项 目	拆 迁 数 量	金额(万元)	备　　注
1	电力拆迁	57	710.99	
①	220W	2	133	
②	110kV	4	220	
③	35kV	5	80	
④	10kV	46	277.99	
2	电信拆迁	62	106.554	
①	长途线路	1	38	
②	地区线路	60	66.054	
③	地铁通信	1	2.5	
	合计	119	817.544	

5. 沿线文物处理情况

商周高速公路周口段地下文物较为丰富，特别是路线所经的淮阳县线段，是三皇五帝之首伏羲葬地。为了保护和减少对文物的损害，早在 2003 年下半年，征地拆迁和附属物调查之初，市指挥部特邀省文物局对全线进行了大规模的文物探查工作，同时由省、市文物局组织赶在开工之前，双方本着相互支持，平等协商、密切配合的原则，达成了沿线文物处理包干协议，工作项目包括沿线文物勘探及保护，包干费用 55 万元，其中文物勘探经费 35 万元，考古发掘经费 20 万元。

八、房屋拆迁及安置

1. 房屋拆迁的重要性

房屋拆迁是本项目实施过程中一项重要的工作，这项工作做得及时与否，不仅关系着高速公路的建设速度，而且关系着社会的稳定，因此各级政府和指挥部对此项工作极为重视。

2. 房屋拆迁原则

统一不同类型建筑物的标准，依法求实，原房屋旧料归被拆迁户，支付补偿费，房屋拆迁前补偿费用一次性足额付清。

3. 房屋拆迁补偿标准

根据周口市人民政府[2003]89 号文件执行。

4. 房屋拆迁情况

商周高速公路周口段共需拆迁 175 户，其中有 3 所学校。建筑物拆迁补偿 24 800.74m^2，补偿费用 396.887 万元，截至 2004 年底已妥善处理完毕。详见表 1-11-5。

建筑物拆迁数量及补偿表 表1-11-5

建 筑 物	数量(m^2)	补偿金额(元)	备 注
平方楼房(m^2)	13 103.35	3 600 790.88	
简易房(m^2)	1 244.265	104 096.82	
其他建筑物(m^2)	10 453.125	263 982.91	
合计	24 800.74	3 968 870.61	

九、征用土地后的劳动力安置

商周高速公路周口段线状工程,战线长,占地面积大,涉及的行政村较多,但大部分地段占地并不集中,劳动力的安置主要以农业自身安置为主。

征地工作结束后,各行政村适时地进行了土地调整。通过调整,绝大部分行政村仍具备以农业为主的生产、生活条件。大部分行政村利用土地补偿款发展养殖业、家庭副业、改善水利基础设施,利用科学技术种植高效农业,提高单位面积产值,既安排了剩余劳动力,又保证了农业经济收入的稳定。

十、征地拆迁工作的几点体会

商周高速公路周口段征地拆迁工作从2003年9月签订征地拆迁包干协议,到2004年6月征地拆迁工作基本完成,历时近一年的时间实践,使我们深深体会到:

(1)省政府提出的"政治动员、经济补偿、各方支援、行政干预"十六字建设方针,在项目中的充分贯彻执行是项目顺利实施的关键。

各级政府及土地部门高度重视与指挥部密切配合,积极宣传有关法律、法规、政策,对征地拆迁事宜作了明确规定,有力地支持了高速公路的建设工作。

(2)紧紧依靠当地政府,紧紧依靠人民群众是做好征地拆迁的基础。在项目实施过程中,市人民政府及时制订了合理的补偿政策和安置方案,并且在取土过程中始终注意保护耕地,取土与节约用地、改造耕地相结合,本着"关心、细心、耐心"的原则,将农民的利益与高速公路的建设情况相结合,取得了沿线群众的理解和支持,为维护商周高速公路周口段建设时期,沿线乡村的安定团结和按期竣工奠定了坚实的基础。

(3)及时、足额兑付应补偿的补偿费用是做好征地拆迁的重要环节。在实施征地拆迁过程中,凡属土地管理部门和县(区)指挥部认可的征地、拆迁数量,经建设单位现场核实,都立即兑付应补偿的补偿费用,这样沿线村民吃了定心丸,利益得到保障,都及时地按征地拆迁时间规定的节点按期完成征地拆迁任务。

(4)建立完善的档案管理,是避免和处理以后发生纠纷的依据。本项目从勘测定界起,对行政文件、设计图纸、合同和协议,设计沿线被征地拆迁的原始统计表册、报告等各种资料都分别类别,完善归档,为项目运营的管理打下了良好的基础。

总之,高速公路建设的征地拆迁工作是一项非常严肃而复杂的系统工作,尤其是在建立和谐社会中,需要我们进一步的探索,不断完善,不断提高,以利于今后高速公路的发展需要。

河南通衢高速公路有限公司

2009年10月20日

12. 商丘至周口高速公路周口段房建工程项目执行报告

目　　录

商丘至周口高速公路周口段
房建工程项目执行报告

一、概况

1. 建设依据

商丘至周口高速公路于2003年9月21日河南省发展计划委员会以豫计基础[2003]1537号文批准该项目的工程可行性研究报告;2003年12月22日河南省发展计划委员会以豫计设计[2003]1914号文件批复了《商丘至周口高速公路周口段初步设计》;2004年2月28日,该项目正式开工建设。房建工程概念设计于2005年6月16日河南省交通厅以豫交计[2005]138号文件批复,施工图设计及预算于2006年5月10日以豫交计[2006]86号文件批复。

2. 建设规模及主要技术指标

房建工程施工图设计及预算于2006年5月10日由省交通厅批复,建设规模为:商周高速(周口段)全线设置四处匝道收费站、一处监控通信管理分中心、一处养护管理所、一处服务区。总建筑面积核定为17 039m^2,其中:四通镇收费站1 360m^2,周口西收费站1 456m^2,淮阳收费站及养护管理所1 683m^2,周口北收费站及管理监控分中心4 954m^2,淮阳服务区7 586m^2。

3. 工程进度

商丘至周口高速公路周口段,自2006年3月9日河南通衢高速公路有限公司接管以来,公司的全体建设者发扬敢打硬仗、知难而进的工作作风,以时不待我的紧迫感,贯彻人停机不停的"白加黑"、"出租车"精神,抓过程管理,抓目标落实,抓经典带动,抓奖罚兑现,半年内先后开展了"大干100天"及"定期质量评比"等活动,在全线开展了"比速度、比质量、比安全、比效益"的劳动竞赛,确保了工程质量、工程进度、安全生产目标的实现,房建工程自2006年4月先后开工,2006年12月上旬全部完成,确保了2006年12月15日顺利通车。

4. 项目投资及来源

河南省交通厅以豫交计[2006]86号文件,核定房建工程预算为5 571万元。其中:建筑安装工程费4 801万元(含收费大棚251万元),设备购置费608万元,不可预见费162万元。投资中,资本金由省高发公司投入,银行贷款由省公司统贷统还。

5. 主要工程数量

商丘至周口高速公路周口段沿线管理、收费站及服务区项目设以下几处。

四通镇收费站,总建筑面积1 347m^2,其中主楼1 107.6m^2;

淮阳服务区,总建筑面积7 843.8m^2,其中主楼3297.69×2m^2;

淮阳收费站及养护管理所,总建筑面积1 743.7m^2,其中主楼1 577.06m^2;

周口北收费站及监控分中心,总建筑面积4 972.9m^2,其中主楼4 452.25m^2;

周口西收费站,总建筑面积1 477.5m^2,其中主楼1 241.9m^2;

合计总建筑面积17 383.9m^2,其中主楼114 528m^2。

6. 主要参建单位

本工程项目建设单位:河南通衢高速公路有限公司;

监督检测单位:河南省交通基本建设质量检测监督站;

设计、施工、监理单位:参见下节中标单位名称。

二、建设管理情况

(一)前期工作

由于本项目为接收项目,在工程接收时房建工程已经选定如下中标人。

中标设计单位:中国公路工程咨询监理总公司。

SZZFJ-01 四通镇收费站,施工单位:林州市建筑工程九公司,中标合同价:3 753 702 元;

SZZFJ-02 淮阳服务区,施工单位:河南省广厦建设工程有限公司,中标合同价:30 610 869 元;

SZZFJ-03 淮阳收费站及养护管理所,施工单位:河南省对外建设有限公司,中标合同价:4 016 525 元;

SZZFJ-04 周口北收费站及管理监控中心,施工单位:三门峡水利水电技术开发公司,中标合同价:11 667 899 元;

SZZFJ-05 周口西收费站,施工单位:中国建筑第七工程局第四建筑公司,中标合同价:3 694 263元;

SZZFJ-06 四通镇、淮阳收费站收费大棚,施工单位:焦作市海宇公路工程有限公司,中标合同价:952 181 元;

SZZFJ-07 周口北、周口西收费站收费大棚,施工单位:河南省建筑工程公司,中标合同价:1 035 597 元。

中标监理单位:河南新恒丰建设监理有限公司。

(二)征地拆迁情况

房建工程所需土地及拆迁工作,随同前期土建工程一并办理,该处不再重述。

(三)项目管理情况

1. 项目管理机构设置及职能

河南通衢高速公路有限公司在董事会领导下设如下处室。

(1)办公室:负责公文处理及后勤管理工作;

(2)工程处:负责工程技术管理、工程变更及招投标工作;

(3)合同处:负责工程计划、统计和合同管理工作;

(4)质监处:负责工程质量监督检查工作;

(5)财务处:负责财务管理工作;

(6)协调处:负责协调施工环境工作。

2. 质量控制措施与效果

(1)建立、健全各项规章制度,提高质量意识,明确质量控制程序。在项目开工前,根据交通部公路建设质量管理办法和省交通厅有关工程质量管理规定,制订了《商丘至周口高速公路工程质量管理办法》和质量控制例会等制度。把质量控制作为工程管理永恒的主题,把质量管理贯穿于施工的全过程。建立了严格的“政府监督、社会监理、企业自检”三级质量管理体系。为了提高全体参建人员质量意识,多次组织施工单位、监理人员认真学习招标文件、技术规范及相应法规,使每一位工程建设者牢固树立“质量第一”的观念,为提高工程整体质量水平奠定了坚实的基础。

(2)加强质量工序抽检,增加试验检测频率,消灭工程质量隐患。不定期召开工地现场专题会议，及时处理工程中存在的技术难题，解决环境问题，通报施工质量及工程进度，严格按合同要求的工期进行奖罚，确定阶段性目标任务，逐一分解落实。

(3)开工伊始，首先，加大对到场人员、设备的检查力度，要求施工单位加大资源投入，设备投入到位，只有保证一定数量设备才能确保工程任务的落实，尤其是技术管理人员，要求素质高、技术能力强；其次，公司工程处、质监处等管理人员与驻地办一起联合办公，及时解决工地存在的问题，加快了工程施工进度，保证了工程质量。

(4)加强工程项目的程序管理，确保工程质量。要求各施工单位、驻地办严格履行合同承诺，认真执行合同文件，严格控制设计变更，对于施工中涉及设计不完善和错漏现象，为了便于工作，我们根据省公司工程变更程序要求，制订了商丘至周口高速公路工程变更管理办法，业主、监理及施工单位都能认真执行。

(5)为了进一步提高工程质量，我们还特别注重房建工程的外观质量，树立典型工程，选择外观比较差的和外观比较好的典型工程，组织各施工单位项目经理、技术负责人、监理召开质量现场专题会议，由外观好的施工单位介绍经验。同时，责令差的施工单位拆除重做。在施工工艺上下功夫，做到措施到位，保证外观质量。为提高管理水平，在全线开展了以比质量为前提，比进度、比管理、比安全、比文明施工的劳动竞赛，由业主和驻地办联合成立考评工作组，具体负责对各合同段施工单位的考评工作，质量实行一票否决，对质量达不到规定分值的，当月不考评、不受奖，有力地促进了质量管理水平的提高。同时，业主配合省质量监督站对各合同段逐一进行质量抽检(从施工质量、内业资料、监理抽检资料、监理记录等进行检查)，坚决杜绝质量事故的发生，将质量问题消灭于萌芽状态，确保工程顺利开展。

通过严格的质量控制，商丘至周口高速公路周口段的房建工程，总体工程质量符合设计及施工规范要求。

3. 进度管理情况

为使开工初期施工单位能在短期内走向正轨，根据合同文件要求，同监理工程师一起，逐个合同段组织检查主要人员、机械设备进场情况及施工组织设计的落实情况。针对查出的问题，限期改正，使机械设备和工作人员基本达到投标书要求，工程很快进入正轨。

根据工程总体计划，下达年度计划，合同段作出月施工计划，报监理工程师审批后执行。确保进度计划和质量目标的实现。同时，省厅、省公司领导多次到现场检查指导工作，给全体建设者以极大的鼓舞，最终保证了房建工程按期竣工。

4. 工程造价控制情况

为了严格控制投资，公司制订了严格的工程计量支付和变更费用控制程序，建立了施工单位工程计量支付和变更费用台账。工程伊始，就要求承包人和监理对合同段的工程设计数量进行认真统计复核，并报批；在计量支付时，要求各承包人应附经监理工程师签认的计量凭证和试验质检资料。试验质检资料不合格者，不予计量支付。坚持尊重设计，变更设计严格按照审批程序，逐级把关，严加控制。工程管理过程中，为了减少工程投资，节省每一笔费用，对工程资金进行了严格的控制。一是认真细致地对待每次支付，严格审核，做到了每支付一项费用，原始资料齐全真实，有根有据。二是严格管理变更设计，防止产生漏洞，实行了施工单位、监理、业主联合现场办公的措施，制订变更方案，核定工程数量，审批上再严格把关，变更工程完成后，三方再到现场具体量验。三是精打细算，坚持建设标准不降低。四是为了保证到位资金全部用于此项目，防止施工单位资金调用于其他工程，规定各施工单位为本工程项目建立一专用的银行账户，大额资金及材料款的拨付受业主的直接监督，以保证业主提供的资金能专款专用。

三、交工验收及相关问题

1. 各合同段交工验收情况及主要存在问题

2007年1月至3月期间，由项目公司主管领导负责组织，设计单位、房建监理单位、各施工单位项目负责人和有关技术人员参加，组成了质量验收小组，对商周高速公路周口段房建工程进行了多次现场回访及检查验收。

2. 缺陷责任期出现的质量问题及处理结果

根据商周高速公路周口段房建工程的检查结果及反馈意见，公司领导高度重视，下发相关文件到监理代表处和各施工单位。要求各单位认真按照文件中指出的问题，明确专人负责缺陷整修并提交整改报告。公司安排相关人员检查落实情况，对没有修复或者返修不到位的单位，停止计量支付，并对施工单位进行一定额度的罚款。

3. 出现重大安全事故情况

本工程未出现重大安全事故。

4. 试运营期间的管养情况

为确保工程的运营，安排各个单位定期回访工程使用情况，发现问题及时维修。在缺陷责任期间，所有参建单位建立通信联系制度，做到有问题有专人管理，及时解决在使用中的困难。

四、科研和新技术应用情况

在工程建设中，我们采用了以下几种新技术、新工艺。

1. 新型建筑防水材料的应用

本工程应用新型的防水材料SBS沥青复合胎柔性防水卷材，提高了建筑物的防水性能，确保了防水工程质量。

2. 计算机应用和管理技术

本工程施工资料及工程计量（预、决算）是采用PKPM系套软件收集和编排的。

3. 财务管理

财务管理采用速达2000财务管理系统，加强资金流动控制，做好成本核算和日常开支管理，提高工作效率和应变速度，减轻财会人员的劳动强度。

五、对各参与单位的总体评价

1. 对设计单位的总体评价

在施工过程中，设计单位派设计代表进驻施工现场，能结合实际在第一时间给出合理设计变更，能让施工单位施工不盲目，避免了工程施工没有依据及以后计量无依据，解决了技术上的后顾之忧。

2. 对施工单位的总体评价

施工单位能够及时组织人员、材料、设备进场，在天气比较恶劣、工期又比较紧的情况下，和天气抢工期，向时间要进度，一步一个脚印，在步步为营的管理措施下确保了工程按时通车。

3. 对监理单位的总体评价

监理单位为河南新恒丰建设监理有限公司，在各个施工现场配备两名驻地监理工程师，一位驻地计量工程师。在整个施工过程中，监理单位能够很好地履行合同，进行“三控制”、“三管理”、“一协调”，工作认真负责，对施工关键部位能够坚守现场旁站，正因为他们严谨细致的工作，使我们有信心奉献了又一个优良工程。

六、对工程质量的总体评价

按照国家有关现行工程质量检验评定标准，质量鉴定小组根据外业检查和对承包人、监理单位内业资料的审查，认为该工程设计合理，满足需要。对各合同的分项工程逐项进行了评定，各检验批的主控项目符合相应质量检验评定标准的规定，质量保证资料基本齐全，质量满足要求，总体初步评定为符合图纸设计及相关验收规范并满足使用功能的要求。

七、项目管理体会

(1)领导重视与关怀是完成工程建设的关键。建设过程中，省委、省政府、周口市委、市政府、省交通厅、省高发公司等有关领导经常深入工地现场办公，解决征地拆迁、当地关系协调及工程中遇到的一些难题，从各方面给予有力的支持，为工程建设创造良好的施工环境，也是给建设者的极大鼓舞和鞭策，激励大家把工程建设好、管理好。

(2)强化工程协调指挥，合理组织施工，参建单位密切配合，调动各参建单位的积极性，是确保按质、按量完成施工任务的保证。

(3)实行建设监理制，充分发挥监理工程师在建设管理中的核心地位，使工程施工坚持按合同条款进行，做到对工程进度、质量和投资的有效控制。

(4)选择有资质、有丰富施工经验和良好信誉的施工队伍是工程顺利实施的保证。

(5)切实重视和抓好安全生产和文明施工，使工程建设走向规范化、正规化。

(6)抓好精神文明建设和廉政建设，确保施工任务圆满完成。

在工程建设管理中，取得了一些成绩，积累了一些经验，但与上级要求还有较大差距，项目执行过程中难免出现缺点和不足，请各位领导和专家审查并提出良好建议，使今后在建设管理中再上新台阶。

河南通衢高速公路有限公司

2008 年 10 月 20 日

13. 商丘至周口高速公路周口段交通机电、供配电及照明工程项目执行报告

目　录

商丘至周口高速公路周口段交通机电、供配电及照明工程项目执行报告

一、概况

1.建设依据

商丘至周口高速公路，于2003年9月21日河南省发展计划委员会以豫计基础〔2003〕1537号文批准该项目的工程可行性研究报告；2003年12月22日河南省发展计划委员会以豫计设计〔2003〕1914号文件批复的《商丘至周口高速公路周口段初步设计》；交通机电、供配电及照明工程还根据河南省交通厅文件豫交计〔2006〕165号文“关于商丘至周口高速公路周口段交通机电工程详细设计通信管道施工图设计的批复”及豫交计〔2006〕193号文“关于商周高速公路周口段10kV供电线路工程配电照明工程施工图设计的批复”组织施工。

2.建设规模及主要技术指标

商丘至周口高速公路周口段东起太康县张集乡东南与商丘段连接，西至商水县杨湖村与漯界高速公路交汇。路线全长68.75km，途径太康县、淮阳县、周口市川汇区、西华县、商水县。机电工程建设规模如下。

四通收费站：10kV架空线路5.5km，起点黄路口变电站，专板专线，变压器250kV·A，高杆灯3基，广场灯8基。

淮阳服务区：10kV架空线路4.3km，起点北关变电站，专板专线，变压器500kV·A，高杆灯4基。

淮阳收费站：10kV架空线路9.5km，起点龙路口变电站，专板专线，变压器250kV·A，高杆灯3基，广场灯8基。

周口北收费站：10kV架空线路9.1km，起点西郊变电站，专板专线，变压器500kV·A，高杆灯2基，广场灯8基。

周口西收费站：10kV架空线路5.2km，起点王金庄变电站，专板专线，变压器250kV·A，高杆灯3基，广场灯8基。

刘庄互通：10kV架空线路1km，T接，源自龙路口变电站，变压器80kV·A（箱式变电站），高杆灯4基。

杨湖互通：10kV架空线路1km，T接，源自张庄变电站，变压器80kV·A（箱式变电站），高杆灯4基。

全路段共7条10kV架空线路，供电单位分属太康县电业局、淮阳县电业局、西华县电业局、商水县电业局等四个地方电业局。设置5个配电房和2个箱式变电站。配电房内安装设备有高压配电柜、有载调压干式变压器柜、低压配电柜、柴油发电机组等，箱式变电站内安装设备有高压配电柜、干式变压器、低压配电柜等。

互通区照明采用高杆灯照明，收费广场照明采用广场灯与收费大棚结合，站区照明采用庭院灯与围墙灯结合。

交通机电工程分为三大系统：监控系统、收费系统、通信系统。

a. 监控系统由三个子系统构成:交通控制子系统,包括9套微波车辆检测器、3套大型可变信息标志、7套小型可变信息标志、12套F型信息发布屏、1套气象检测器;闭路电视监视子系统,包括8套遥控摄像机;程控电话子系统。

监控分中心并入大广线扶项监控分中心,分中心设备以扶项路设备为主体,我路段仅在其基础上提供扩容配件。监控软件由扶项路机电承包人负责实施。

监控数据(包括车辆检测器、大型可变信息标志、小型可变信息标志、信息发布屏、气象检测器等)传输通过光端机、光缆传输到附近通信站,再通过通信系统提供相应的传输通道传至监控分中心。监控图像采用视频级联传输方式。分别通过2芯光纤和级联视频光端机上传至监控分中心。即外场遥控摄像机处接入外场级联节点光端机,以刘庄枢纽互通为界,两边的级联节点光端机分别通过1芯光缆连在监控分中心由级联总光端机将图像解出输入视频切换控制矩阵机。

b. 收费系统。收费方式为"人工判型,人工收费,计算机管理,收费视音频监视,检测器校核"的半自动方式。管理体制分为三级:即河南省收费结算中心—扶项收费分中心—收费站。收费分中心设在扶项路分中心。

本路段设4座收费站共20个收费车道,其中入口道8个、出口12个。每站设一个自动发卡车道,自动发卡车道具备手工发卡功能。

收费系统由车道收费子系统、计算机子系统、视音频监视子系统、内部对讲子系统、安全报警子系统、收费附属设施(收费亭、传输介质、电源、设备保护系统、配电箱、控制台)等构成。

收费系统通过站级矩阵控制器上传收费系统图像至监控分中心。

c. 通信系统。从地理位置上自东向西依次为四通收费站、淮阳服务区、淮阳收费站、刘庄互通、周口北收费站、周口西收费站、杨湖互通。通信光缆向东四通方向与商周高速商丘段相连,向西杨湖方向截止。通信通道经由刘庄接入扶项路分中心。

通信系统共有五个通信站:分别在各收费站及服务区通信机房。在淮阳通信站设有通信中继设备。各通信站的用户接入部分采用中兴的ZXA10接入设备。由SDH光传输系统、数字程控交换机、接入设备组成的通信系统提供公务电话业务、传真业务FAX,为收费系统、监控系统、会议电视系统等提供通信通道。光传输网采用同步数字制式(SDH),传输网信号由基本模块STM-4信号组成。干线光传输系统采用深圳中兴公司的ZXMPS380设备组成二纤自愈保护环。

由于监控、收费分中心并入大广线扶项分中心,分中心通信设备以扶项路设备为主体,我路段仅在其基础上提供扩容配件。

3. 工程进度

项目公司与配电及照明、交通机电工程各合同段承包人签订的施工合同中,要求承包人必须配合监理代表处对施工合同进行管理。明确规定,承包人必须按照施工图、施工规范、施工及监理程序进行施工,合同中规定的承包人项目部主要人员、设备、检测仪器必须按时到位,项目经理、总工程师离开现场要向监理代表处及项目公司请假,工作中严格执行条款中规定的合同各方的责任、权利和义务。定期不定期对监理、施工单位履约情况进行考核并依据奖罚制度奖优罚劣。

4. 项目投资及来源

机电、照明工程投资,从批准概算中调剂解决,投资由高发公司投入资本金,银行贷款由省公司统筹统还。

5. 主要工程数量

全线设置:四个收费站,即四通收费站、淮阳收费站、周口北收费站、周口西收费站;一个服务区,即淮阳服务区;两个大型互通立交区,即刘庄互通(与大广线交互)、杨湖互通(与漯周界线交互)。

6. 主要参建单位

主要参建单位,包括设计、施工、监理、监督、检测等单位,其一览表见表1-13-1。

主要参建单位一览表　　表1-13-1

序　号	名　称	单　位	备　注
1	设计单位	中国公路工程咨询总公司	
2	监理单位	北京泰克华诚技术信息咨询有限公司	
3	配电及照明1标	淄博海德实业有限公司	
4	配电及照明2标	淄博海德实业有限公司	
5	机电1标	亿阳通信股份有限公司	
6	监督单位	河南省交通基本建设质量检测监督站	
7	检测单位	交通部通信交通管理工程质量监督站	

二、建设管理情况

(一)前期工作

1. 设计单位招标情况

采用国内公开招标方式确定设计单位为"中国公路工程咨询总公司"。

针对10kV电力线路工程专业性较强,行业性、区域性影响因素较浓,为了便于和当地政府、电业部门以及老百姓协调关系,该工程直接交由当地供电部门进行设计施工。即周口电业局电力设计院设计、周口电业局所属周口龙润电力集团安装施工。

2. 施工单位招标情况

配电及照明工程、交通机电工程施工共分三个合同段(配电及照明工程分为两个合同段)。采用国内公开招标的方式,本着公开、公正、公平的原则,遵照国家法律法规及省厅高发司的有关规定,经招评标委员会评审通过,各中标单位承担的工程项目如下:

配电及照明1标SZZDM-01,承担工程为四通收费站、淮阳收费站、刘庄互通;中标单位为淄博海德实业有限公司。

配电及照明2标SZZDM-02,承担工程为周口北收费站、周口西收费站、杨湖互通;中标单位为淄博海德实业有限公司。

淮阳服务区配电及照明工程含在该房建的合同段中,由该房建合同段中标单位河南广夏建筑工程有限公司负责实施。

交通机电工程三大系统SZZJD-01,由亿阳通信股份有限公司承建。

3. 监理单位招标情况

招标确定机电监理为北京泰克华诚技术信息咨询有限公司。

(二)征地拆迁情况

机电工程所需土地及拆迁工作随同前期土建工程一并办理,不再重述。

（三）项目管理情况

1. 项目管理机构设置及职能

项目公司设办公室、工程处、合同处、质监处、财务处、协调处，同时配备专业机电工程师一名，对全路段配电及照明工程、交通机电工程进行统一的协调管理。

2. 质量控制措施与效果

质量是工程建设的生命和灵魂。百年大计，质量第一，所以，应完善"政府监督、社会监理、企业自检"三级质量监管体系。在实际工作中，项目公司领导经常带领技术人员深入工地，严把工程质量关，坚持铁手腕、铁面孔、铁心肠。商周高速公路周口段配电及照明、交通机电工程施工过程中，严格执行施工企业自检、驻地监理全过程监理、监理代表处进行抽检、项目公司巡检、政府质量监督部门监督的质检程序。

严把原材料质量关，工程质量从源头抓起。在安装施工中，认真检查安装材料的出厂证明及产品合格证，禁止伪劣产品进入施工现场。部分关键设备由承包人按照供货商的资质、产品质量、规模产量选定数个供货商，由项目公司、监理、承包人以及省公司纪检特派员和属地检查机关派驻人员共同组成考察组，对这些供货商和生产厂家进行实地考察，最终选定入围厂家。

严格过程质检程序。要求各施工单位按照技术规范施工，对各道工序自检合格后，方可报监理抽验，抽验合格方可签字。关键工序监理实行旁站，严格进行试验，用数据说话，保证安装质量。承包人均设有完善的质量自检体系和专职质检员，对各分项工程自检验收合格后，方可报驻地监理工程师进行抽检，监理工程师进行抽检合格，然后由代表处不定期对各分项工程进行抽检。在施工过程中，严格做到了上道工序未经检验合格，决不允许下道工序施工，未按照监理程序的要求进行施工的一律给予返工处理且不予计量。

抓好监理队伍的管理，充分发挥监理的积极性。不定期对监理代表处进行检查，包括人员资质、工作内容、文档资料方面。督促监理人员负起责、负好责。

3. 进度管理情况

本工程为我公司接收工程，按照省政府、省厅的要求，2006 年底必须通车。工期紧，任务重。

周口地区雨多、地下水位高，施工难度大；工期压缩使得多单位交叉施工，施工界面难以保证；2006 年全省通车项目多，部分设备订货周期延长；施工单位中标项目多，资金不足；施工高峰恰逢秋收，施工人员不足；加上地方村民阻工时有发生等，出现诸多不利因素。

在公司领导的正确决策下，积极想办法。一面做好对当地村民的协调工作；协调不同专业的施工顺序，围绕年底通车总目标加强相互理解；加大资金给付力度，为施工单位提供良好的施工环境。同时要求施工单位加大设备、人员投入力度；条件具备情况下加班连夜施工；建立奖惩制度，对按时完工的单位进行奖励，对进度较慢的单位，采取口头警告、监理通知直至约见其公司法人等措施，极大地调动了监理、施工单位的工作积极性。

紧紧围绕年底通车总目标，将进度分解至日，定期召开协调会，业主、监理和施工单位一道，检查进度计划执行情况，及时调整下一步实施计划。配电及照明、交通机电工程于 2006 年 7 月 15 日开工，2006 年 12 月 15 日完工，为高速公路按时正常运营提供了有力的保证。

4. 工程造价控制情况

项目公司采取对承包人资金账户直接监管的方法，对承包人的给付资金进行有效管理。即要求承包人在工程所在地的指定银行开户，承包人汇出较大款项时需由业主确认。同时，业主也方便承包人对设备供应商的支付控制。

5. 其他情况

在施工过程中，对于承包人及有关人员提出的增加施工项目的要求，只要不涉及关键问题，一律不予支持，从而严格控制变更数量。

三、交工验收及相关问题

1. 各合同段交工验收情况及主要存在问题

商周高速公路于2006年12月15日开通运营，经三个月试运行，配电及照明、交通机电工程整体运行良好。监理代表处签署了试运行完工证书，已具备交工验收条件。在工程的交工验收过程中，存在的问题如下：

(1)四通镇配电房内低压柜个别抽屉上倒闸开关动作不灵活，电缆沟盖板不完全，窗户上没安装防雀网，发电机房出线钢管处没加防鼠泥。

(2)广场到互通高杆灯的电缆沟没埋标示桩。

(3)淮阳收费站配电房窗户上没安装防雀网。

(4)周口北高压终端杆上的高压电缆出线太长，且没有固定，没埋电缆标识桩。

(5)周口西配电房柜子里出线孔没加防鼠泥，直埋电缆没埋电缆标识桩。

(6)杨湖箱变到高杆灯电缆没埋电缆标识桩。

根据以上情况，要求承包人对检查出来的问题进行整改，务必在2006年12月10日前完成整改工作，再次接受复查。

2. 缺陷责任期出现的质量问题及处理结果

缺陷责任期期间没有出现设备质量问题。

3. 出现重大安全事故情况

没有出现重大安全事故问题。

4. 试运营期间的管养情况

在试运营期间，承包人都能做到快速响应业主提出的设备维修问题，使设备一直运行在良好的工作状态下。

四、科研与新技术应用情况

本项目努力采用最新科技成果，应用于高速公路中。采用目前最新型的中兴通信设备，安全高效。采用自动发卡机，节省人力、提高通行能力。采用高科技的国际知名企业的视频会议系统，提高科技含量，提高管理水平。

五、对各参与单位的总体评价

1. 对设计单位的总体评价

设计文件符合工程实际需要及国家和行业相关标准的要求，能够指导工程施工工作。由于客观原因，本项目的设计文件设计深度不够，造成施工中协调难度和工作量很大，也增加了变更数量。

2. 对施工单位的评价

承包单位积极努力，积极配合项目公司、监理的工作，服从大局。配电及照明一标承包人拥有整齐的施工队伍和高速公路施工经验，进度质量在所有配电及照明、交通机电工程合同段中均为领先，为此，项目公司对配电及照明一标承包人给于10万元奖励。

3. 对监理单位的评价

监理单位认真负责，具有较高的业务素质。

六、对工程质量的总体评价

经三个月试运行,整体运行良好。监理代表处签署了试运行完工证书。

七、项目管理体会

通过本项目的施工管理,在新技术不断更新、新材料不断涌现等新的时代背景下,也出现了一些新问题,在不断发现问题、协调解决问题的过程中,有关各方都学到了不少经验,得到一些教训。

河南通衢高速公路建设有限公司

2007 年 5 月 20 日

14. 商丘至周口高速公路周口段项目使用报告

目　　录

商丘至周口高速公路周口段
项目使用报告

一、项目概况

商丘至周口高速公路周口段，是河南省重点建设项目之一，和省内南洛高速、大广高速、许亳高速、连霍高速等多条已建高速公路以及多条国道、省道相连，对于完善区域公路网主骨架，发挥高速公路整体效益具有重要意义。工程起自太康县张集乡附近，途径太康县、淮阳县、周口市川汇区、西华县及商水县，止于周口市西南与南洛高速公路交叉处，路线实际全长67.37km。共设互通式立交6处，分离式立交桥4808.48米/52座（含天桥1244.96米/16座），大桥2148.56米/8座，中小桥1520.2米/30座，通道2459.67米/81道，涵洞1967.132米/67道，收费站4处，服务区1处。

二、试运营期间养护管理基本情况

2006年12月15日商丘至周口高速公路周口段建成通车，进入试运营期。为确保在试运营期间，因施工因素造成的缺陷能够在第一时间修复完成，项目公司依据合同条款，帮助各土建、路面施工单位与拥有养护资质的养护公司联系，完成了缺陷责任期修复委托协议，明确了缺陷责任期的各项责任和义务。同时要求各施工单位、监理单位上报缺陷责任期留守人员，保证了所有修复工作严格按照合同程序在省厅要求的时间内修复完毕。

另外，为减少新到监理需要熟悉项目情况、了解各施工单位、业主单位的适应过程和时间，保证在最短时间内就能够进入工作角色，委托了原建设期间对建设情况熟悉监理单位进行养护监理，在施工委托协议和监管协议签署的同时我们又提出了进一步的要求，力争更加规范、严格、快速、高效的完成养护工作。

养护监理单位分别为：河南省宏力工程监理咨询公司

养护施工单位分别为：河南通瑞高速公路养护工程有限责任公司

三、运营交通量、收费、运营安全状况

运营管理是建设的目的，更是建设的延续。商丘至周口高速公路周口段建成交工前，由河南高速公路发展有限责任公司商丘分公司接收管理、养护和运营。2011年8月，按河南高速公路发展有限责任公司统一安排，本项目移交河南高速公路发展有限责任公司周口分公司正式接收管理、养护和运营。

商周高速公路周口段下设周口西、周口北、淮阳、四通4个收费站，以及淮阳服务区。周口分公司在管养过程中，着眼长远、立足当前，瞄准高速公路发展大局，自我加压、迎难而上，在探索中求发展，在发展中求创新，不断推进运营管理工作向程序化、制度化、规范化、精细化的更高层次迈进。

（一）强化征收管理，确保通行费征收颗粒归仓

高速公路运营管理工作中，征收管理工作是基础。周口分公司征收管理工作遵循“细化目标、层层分解、加大考核、严格奖惩”的工作思路，实现了“六个突破”。即：值班站长队伍新突破、收费人员形象新突破、抓规范统一上新突破、堵漏增收行动上新突破、业务培训上新突

破、教育整顿上新突破。一是文明服务,抓住征收工作关键。文明服务事关高速公路行业形象,是对征收工作的具体要求。通过职工思想教育、开展专题培训、举办岗位练兵、军事素质训练、业务学习、内务整理、理论考核等活动,切实做到了服务工作制度化,服务用语规范化,服务方式程序化,服务项目系统化,服务标准条理化。二是规范管理,夯实征收工作基础。管理规范是目标任务完成的保障。从工作标准、流程、考核办法、处罚奖惩四个方面完善了站长、班长、收费员、票款等13个岗位日常工作机制;推出了“2+1”阳光管理机制,将收费站日常管理纳入P-D-C-A管理体系;开展星级收费站长、星级收费员、优秀员工评比活动,充分调动了员工的工作积极性和工作热情,保证了征收工作顺利进行。三是堵漏增收,夯实征收工作重点。堵漏征收是管理的一个重点,只有严厉打击偷逃漏通行费行为,才能确保通行费收入颗粒归仓。建立了区域联合治理机制,推行网上追逃;积极研究探索打逃堵漏的新办法、新技术,实行内外部治理两手抓、现场审事后审、研究治逃新办法的“两抓两审一研究”;完善硬件设施,对计重磅重新进行了标定,提高精确度,部分车道安装了减速带、警示报闪灯等提示标志;加强了与高速交警、路政的综合协调,发挥阶段性打击的威慑作用,通过一系列专项堵漏增收活动,净化了收费环境,有效遏制了偷逃漏行为,确保了通行费征收颗粒归仓。

截止2011年12月27日,商周高速公路周口段共收取通行费1.0182 47亿元。2011年日均收费额为28.21万元。交通量由2007年开通时(年平均)日交通量2800辆增长到2011年(年平均)日交通量4259辆,产生了良好的经济效益和社会效益。

(二)坚持依法治路,维护高速公路路产路权

路政管理是运营管理工作中一项十分重要且政策性很强的执法工作,路政部门的工作职责就是“保护路产、维护路权、确保畅通”。在日常工作中,周口分公司路政部门做好了以下几个方面的工作:一是加强业务学习。积极开展各项教育活动,坚持每月定期学习制度,进一步提高路政人员政治理论素质;联合高速交警开展业务培训、业务考核、事故模拟演练、现场案件处理等,不断加强路政人员的业务技能;二是做好道路保通工作。周口分公司精心组织、周密部署,提前制定保通方案,完善应急预案,做好与养护、交警、气象等部门沟通,及时了解路面情况,采取全员驻站、昼夜值班、增加巡逻次数、巡逻车牵引、严格养护施工督导除雪物资储备等,确保了恶劣天气、节假日期间及省公司交办的其它保通任务;三是加强路警联合。周口分公司在原有“四联和”基础上又实现了联合堵漏和联合考核,不断深化“六联合”工作机制;四是搞好宣传教育。开展了普法宣传教育、“安全宣传进校园、进村庄”、活动,悬挂标语条幅,喷绘警示标语,签订联防联动协议,构筑了路、地、警一体化的护路联防机制;五是开展专项整治。开展打击偷盗高速公路附属设施、超限超载、清理违章、客车上下人等专项治理活动,严厉打击公路“三乱”,专项治理工作取得了阶段性成果,有效地震慑了犯罪分子,遏制了蔓延趋势,保障了高速公路的安全畅通,路网的安全性能、通行环境和服务功能得到了较大提升。

(三)创新养护机制,推进养护管理规范化进程

周口分公司养护部门坚持以做好日常养护工作为重点,在提高养护施工队伍能力上狠下功夫,在变被动养护为预防性、及时性、经常性、周期性、快速高效性养护上用实功,日常养护逐步规范。一是加强日常性养护。积极开展了“路面养护为中心,桥梁安全为重点”的经常性、及时性、预防性养护,加强日常、徒步、专项和特殊巡查,及时对软基、高填及不良地质地段增设观测点,随时处置可能引发、诱发的各类病害;二是建立数据档案。定期开展路况普查和巡查,对路基、路面、桥涵、高填深挖地段、附属设施等情况进行详细地调查勘验并认真做好记录,建立相应的技术状况数据库,健全各种养护技术档案,为高速公路的运营管理提供完整、科学的

技术数据；三是提高科技含量。养护人员认真查阅大量技术资料，大胆运用新技术、新工艺，努力解决养护生产中的难题。目前为有效防止废油的损坏和渗透，采用新型材料“TL2000”试验都取得良好的效果；四是实施精细管理。严格按照各种养护技术规范和养护施工操作规程开展养护工作，不断加大现场管理力度，不断强化“以质量为中心”的管理意识，从而使整个养护管理工作走上规范化、制度化、科学化的轨道。

（四）提高维护质量，确保交通机电设施正常运转

为确保交通机电设施正常运转，采取了：一是加强业务培训。积极开展全员岗位练兵、业务考核等活动，有针对性地进行培训教育；采取“走出去、请进来”的方式，多次组织队员到兄弟单位参观学习，邀请设备厂家、电力管理部门等单位工程师开展培训讲座，全力倡导全体员工熟知设备性能、掌握设备运行规律，进一步提升员工素质、技术水平以及一级维护管理水平；二是完善规章制度。积极推行预见性维护、预防性维护和预警性维护新机制，提高快速应对设备突发故障的能力；修订完善了周巡检制度、故障申报制度等，落实严格的责任制；三是履行监控服务职能。监控人员严格监督指导，及时提醒收费人员可能出现的差错，有效避免了违纪现象的发生；对收费广场、车道、收费情况进行行为监督和过程跟踪，使整个运营过程中出现的问题得到及时处理；同时监控室进一步发挥气象监测设备的作用，加强与当地气象部门的合作，适时在各收费站和主线位置的立柱或可变情报板及时给广大司乘人员提供气象、路况信息，更好地服务人民群众。

（五）扮靓服务窗口，打造高速服务区优良品牌

服务区是高速公路的服务窗口，更是高速公路人性化的具体表现。淮阳服务区管理紧紧围绕“用心服务”的主题，以“创建星级服务区”为目标，逐步完善设施，提高人员服务质量，争创星级服务标准，提供优质文明、高效的服务，凸显服务的特点，让司乘人员走进商周高速周口段如至家之感觉。一是强素质。加强员工的服务意识教育，开展服务礼仪培训、技能比武等活动，评选了一批优秀员工、销售状元，进一步完善奖惩机制，调动职工工作的积极性；二是亮形象。深入开展服务窗口亮化工程，进一步创新管理方式，不断加大对便民利民设施设备的投入，设置危险品车辆暂停处、鲜活农产品停放处、垃圾掩埋处理；定期开展环境整治活动，在部门储物间放置货架，制作安装保洁柜等，确保硬件设施及环境卫生明亮、整洁。三是严管理。逐步完善了《服务区精细化管理工作流程》、《员工工作守则》等相关规定和制度；统一规范内业资料格式，定期召开月度工作列会，完善百分量化考核制度，实行末位待岗培训、双向选择重新上岗办法，有效增强了员工责任感和竞争意识，进一步提升了专业化、标准化、规范化水平；四是推特色。为满足不同消费阶层的需求，开展特色服务经营模式，拓展经营渠道，挖掘利润增长点。不断丰富超市的商品种类，增设地方特产专柜、民族专柜、图书专柜；分时段、分季节调整客房价格，开设钟点房，并为住宿人员提供叫醒、送餐、洗衣等一系列人性化服务。

（六）社会效益

商周高速公路的建成通车，不仅成为商丘至周口两大城市的连接线，同时为完善河南省和豫东地区的交通运输体系，提高综合运输能力，改善投资环境，促进沿线经济发展和扩大对外开放等方面做出了积极贡献，同时也在发展内地经济和加强与沿海地区的贸易往来中发挥河南省的交通枢纽优势起着十分重要的作用。

商周高速公路加强了河南省豫东地区与长三角、珠三角和京津塘三大经济发达地区的联系，大大缩短了豫东地区与我国三大经济发达地区之间的时空距离，提高了时间效率，使豫东地区工业商品流通、旅游业发展、工业、农业产业结构合理调整等方面都得到了改善和快速发

展,为促进区域经济发展打下了良好基础;有效促进了沿线农业现代化的建设,提高了沿线农村生活水平。

高速公路的开通,使沿线农业现代化建设迅速发展,农产品储运时间大大缩短,加快了农产品合理调整,路两侧的农业现代化示范区取得了突破性进展;改善了投资环境,推动了扩大对外开放进程。商周高速公路的开通,从根本上改善了南省豫东地区的交通运输条件,形成了新的交通格局,带动了大规模基础设施建设发展,进一步优化了投资环境,提高了豫东地区乃至河南省吸引外资和实际利用外资的能力,为全面促进区域经济发展创造了良好条件。改善了沿线城市工业结构,推动了社会事业发展。高速公路的开通,有效促进了沿线工业企业发展,人流、物流、信息流空前增涨,为企业发展和结构调整创造了良好条件。同时,商周高速公路将河南豫东地区与经济发达地区连接为一个整体,加强了相互间的经济来往,各自的优势得到了更好的发挥,有力促进了工业生产布局的改变。通过沿线的经济结构调整,增加了就业机会,强化了中心城市的功能地位,推动了沿线城市建设,为加快城乡一体化进程奠定了良好的基础。

四、项目总体使用情况

商周高速公路的线形设计比较流畅,路基路面设计合理,防护工程齐全,沿线收费站、服务区布局合理,与周围环境协调,能较好地适合现代化运输的安全、高速、大流量、重型化的要求。通过开通至今近六年的试运营情况看,项目总体使用情况良好,未出现影响通行安全的质量事故。

五、修复完善和养护状况

1. 路面巡查工作:养护管理人员在日常路况巡查中坚持“勤上路、细查看”的原则,每天全线至少巡查一遍,并定期对全线进行徒步巡查,发现问题及时妥善处置。

2. 日常维护工作:坚持“预防为主,防治结合”的养护工作核心,积极开展以路面为中心的科学性、预防性的日常养护作业,达到好路率大于96.5%,高速公路养护质量指数(MQI)经常保持在90以上,其他各分项指标(路面、路基、桥涵构造物、道路眼线设施)均应保持在85以上,各种养护指标必须满足国家标准和上级要求。

3. 路面破损率:商周高速公路路面整体较好,路面病害几乎没有,仅仅在个别单孔桥桥头处出现局部裂缝。对于出现的裂缝都及时在温度适宜的情况下进行了沥青胶灌缝处理。

4、. 路基病害:商周高速公路地处黄河冲积平原,沿线粉砂性土较多,到了雨季就会出现不同程度的路基边坡水毁。在养护工作实践中,针对不同情况,工程技术人员采取不同的养护方案,主要采用素土加水泥结合料、现浇混凝土等措施,保持了路基边坡的稳定,取得了良好的效果。

5. 桥梁、涵洞、通道病害处治:桥头跳车是高速公路普遍存在的问题之一,商周高速公路在建设时期建设单位就把处理桥头跳车问题作为一项科研项目,采用“三背”回填8%石灰土,并严格控制摊铺厚度、压实度等措施,甚至还在高填方路段基采用喷粉水泥桩复合地基,经过几年的运营,没有发现明显的桥头跳车现象,对极个别桥头跳车已进行了处理。

6. 绿化抗旱工作:积极开展绿化抗旱工作,对沿线绿化进行浇水,对沿线枯死苗木进行拨除、补栽。

7. 养护管理系统。养护人员在日常养护管理工作中,通过日常巡查,收集路况信息,并及时录入路面管理系统和桥梁管理系统,完成了全线所有桥梁、涵洞基础数据的录入工作。目前路面管理系统已经成为养护管理的一个重要工具,日常巡查记录、养护任务单、施工任务明细表等都是通过路面管理系统录入、生成的，路面管理系统便于查找已经发生的路面病害的部位及类型，这给日常养护管理工作带来了很大的便利。

六、存在的问题及建议

随着社会主义经济的发展，高速公路建设投资越来越大，高速公路的系统工程性也使人们越来越充分认识到管建结合的重要性。因此建议：工程设计不仅要考虑工程质量，还要充分考虑建成后管养便利、管养成本等，不但要重视高速公路的建设，还要注重高速公路的管理。要牢固树立：建设是发展，管理也是发展，而且是持续发展的理念。在配套设施方面要考虑留有充分的余地，收费、监控、通信、信息网络等高速公路管理的核心管养手段必须及时配套跟上。

河南高速公路发展有限责任公司周口分公司

二〇一二年十二月二十八日

第二部分　土　　建

1. 商丘至周口高速公路周口段土建工程 SZZ-01 合同段施工总结报告

目　　录

商丘至周口高速公路周口段土建工程 SZZ-01 合同段施工总结报告

一、工程概况

商丘至周口高速公路周口段 SZZ-01 合同段,起点桩号为 K200 + 000,终点桩号为 K206 + 700,全长 6.7km,完成主要工程数量:路基土方 65.931 4 万 m^3;防护工程 1 463m^3;软基处理长度 1 946m。大桥 165.12m/1 座、中桥 132.12m/3 座;四通镇互通式立交 1 处;分离式立交桥 130.08m/2座;天桥 77.08m/1 座;涵洞、通道 17 道;路面基层、底基层等。于 2004 年 2 月 28 日开工,2006 年 12 月 15 日建成通车。

本合同段总标价 6 965.7 万元,竣工决算价 97 909 894 万元。

二、机构组成

河南路桥发展建设总公司根据工程情况和合同要求组建了商周高速公路(周口境)土建工程 SZZ-01 合同段项目部,设项目经理 1 人,项目总工 1 人,质检负责人 1 人,组成领导班子,下设工程部、合同部、质检部、机材部、财务部、办公室。

项目部下设路基施工工区 2 个,桥梁施工工区 2 个,路面施工工区 1 个。

三、质量管理情况

1. 质量控制措施

(1)建立和完善质量保证体系和质量检验体系

项目经理部质量保证体系是以项目经理领导,项目部总工负责,下属各职能部门和施工工区的保证体系。各部室的质量职责明确,如质检部,在工区内部建立了自检、互检、交接检的三检制度,上道工序不合格不得进行下部工序的施工。经理部对工区实行内部监理检查,经检验不合格的工序和工程必须推倒重来。材料部的工作是负责调查供货厂家的资质及材料的抽样工作,负责按工程部提供的规格、质量要求与试验室配合做好材料的质量检测验收工作,负责原材料的采购及妥善保管工作。

(2)制订完善的质量管理制度和奖罚制度

项目经理部根据总公司的质量管理制度和技术规范要求,结合项目实际情况制订了质量目标管理、施工技术管理、施工测量管理、现场施工管理等一系列管理制度,将质量责任分解到人,同时经理部与各工区签订质量目标和奖罚合同,工区的工资由工程量和工程质量共同确定,每一阶段目标完成后兑现,这样使每位职工的收入与工程质量紧密挂钩,同时对施工中不执行规范、盲目施工造成的不合格品或返工的,根据规定处罚并进行通报。

(3)制订可行的质量控制点

为了达到上述的质量控制目标,项目经理部采取了对分项工程进行划分质量控制点和工序控制点的办法来保证分项工程的质量。如:预应力空心板梁的预制划分了三个质量控制点:一为预应力钢绞线的张拉,二为混凝土的强度,三为混凝土的外观。在施工中紧紧围绕这三个质量控制点来进行。经过实践证明,这些措施是可行的,预应力空心板梁的质量得到了保证,达到了质量控制的目标。在桥梁下部施工中,混凝土施工划分了三个工序控制点:一为原材料进场,二为混凝土拌和,三为混凝土浇注。通过工序控制,保证了混凝土的强度。

(4)加强试验检测工作

为了控制原材料质量,工地试验室配齐了检验试验仪器和有试验检测资质、有丰富经验的检测试验人员。专人负责,严格按规范要求,及时对各种原材料按规定频率取样检验,合格后,签发合格通知单,准予使用。杜绝不合格的、检验状态不明的材料在工地上使用。对工地上不能检验的进场材料及时做外委检验。所有检验试验频率均达到或超过规范所规定检验试验频率。为了保证测量仪器测量数据的准确性,工程部经常对全站仪、水准仪进行检校,并且按检定周期到郑州测绘学院进行检验标定。计量器具,如电子天平、沥青拌和站自动称量的电子秤、材料力学试验机,均在周口计量局进行定期检校。对于专用试验设备,如灌砂筒、张拉所用千斤顶等,按专用检验规程进行了检校。外购的钢尺、测绳必须与标准尺寸对照后才能使用。主要工程材料采用招标的方式进行采购,选择质量稳定、业绩良好的供货商。

2. 质量自检情况

在工程施工中,认真执行工程自检程序,做到各个部位检测到位,自检数据客观可信。按照公路工程施工规范与质量检验标准,对自检不合格的部位及时进行处理,单项工程合格后方进行下道工序,确保工程质量。

3. 对完工质量的评价

分项工程、分部工程、单位工程合格率100%,各单位工程质量评定得分如下:阎庄中桥98.3分;大黑河大桥97.7分;张菜园分离式立交97.4分;路基工程97.8分;路面工程97.8分;四通镇互通立交工程97.7分。质量总体评价为合格工程。

四、施工进度控制

(1)本工程于2004年2月正式开工,并于当年4月初形成生产规模。在三年来的施工过程中,严格执行业主的计划要求,圆满完成了业主的各项要求,为工程的竣工通车提供了有力保证。

(2)根据工程总工期及业主总体计划安排,编制了详尽的施工计划,将整个合同段分为两个路基施工工区,两个桥梁涵洞施工工区,由项目经理部统一调度。

①路基土石方工程:原则上先施工主线后施工互通区,安排施工力量时重点考虑大桥桥头的高填方路段以及低路基等需特殊处理地段,保证关键点的施工时间。

②桥梁、涵洞、通道工程:本合同段结构物工程数量较多,经过精心组织,各结构物间采用平行作业,齐头并进,单个结构物运用流水作业,最大化地缩短施工时间。

五、施工安全与文明施工情况

(1)健全了工作组织,完善了管理制度。项目部成立后,第一位的工作是迅速地建立了以项目经理为首的安全文明组织管理体系。在健全组织的前提下,结合项目实际制订了工作制度和管理办法,理顺了工作关系,使本合同段的安全工作在管理公司项目部的全面主持下,进入了正轨,形成了良性循环。

(2)进行精心策划,建设文明施工现场。我们在学习借鉴其他现场安全文明施工管理先进经验的基础上,对本合同段现场的安全文明施工总体布局进行了精心的策划,使之更加科学、合理、规范。例如,划分了文明施工责任区,设置了施工现场流动洒水车,健全了规范的安全警示牌,制作了醒目的大型宣传板。

(3)加强教育培训,提高安全素质。一是采取办培训班的方式,对专、兼职安监人员进行了培训,使他们对公路施工的安全理念、管理方式、工作思路、工作重点都有了较清楚的理解;

二是在组织全体员工进行培训的基础上,由项目部进行了安全知识考试,收到很好的效果;三是加强安全舆论宣传氛围,营造安全文明施工的气氛,达到增强安全意识和提高安全素质的目的。

经过我单位全体人员的共同努力,在该工程的建设过程中,无安全事故发生。

六、环境保护措施与节约用地措施

(1)工程竣工后料场已清理完毕,原施工便道临时占地都清理完毕。

(2)浅取土场已交还农民使用,各种农作物长势良好;深取土坑已经变为村民养殖场,养殖业已经步入轨道。

七、施工中新技术、新材料、新工艺的应用情况

主要是路基工程施工采用了新工艺。

路基填筑采用分层平行摊铺施工,保证路基的整体压实度。但在具体施工过程中,因当地土质过于复杂且地下水位高,土源含水率大,重黏土与砂质土交互层叠,分离不开,造成路基土在同样条件下含水率调控不均。后经项目部研究,并咨询专家,采取了使用稳定土拌和机将路基土充分拌和粉碎的办法,使土颗粒重新排列,并经碾压密实。经实践检验,该方法相对于采用无机结合料处理方法,节约了大量资金,并使路基整体稳定性大大加强,雨季暴雨过后,路基基本不被冲刷。

八、对建设单位、设计单位、监理单位的评价

1. 对建设单位的评价

建设单位为河南通衢高速公路有限公司,隶属于河南省高速公路发展有限公司,拥有丰富的高速公路建设项目管理经验,实力雄厚,特别是商周高速公路项目,在该单位接收后,加大投资力度,改变资金注入模式,在不到一年的时间内,就彻底改变了商周高速公路周口境工程项目的落后施工现状,该项目能够于2006年竣工通车,建设单位功不可没。

2. 对设计单位的评价

设计单位为中国公路工程咨询监理总公司,具有一流的设计团队和设计开发能力,丰富的公路工程设计经验,并在施工中跟踪服务直到工程顺利竣工通车,以一流的设计和优质的服务赢得业主单位和广大参建单位的一致好评。

3. 对监理单位的评价

本合同段监理单位为河南省豫通公路工程监理事务所。在施工过程中,监理单位严格执行监理程序,热情周到服务,对该路的总体质量、进度、合同管理做到了最佳的控制,对承包人和业主之间的平衡点做到了客观、公平、公正。

九、施工体会

在公路施工中,机械化程度越来越高,对施工组织的要求、施工所需的资源配置要求也越来越高,所以,在施工准备阶段,不仅施工技术方案必须可行,施工组织方案也要可行,加大备料力度,机械设备做到经常检修、保养,尽可能克服因缺料和设备故障造成的停工现象的发生。

三年来,我项目部全体干部、职工在不同的工作岗位上,忠于职守,认真落实国务院、交通部、省交通厅及项目公司的要求,发扬成绩、把握机遇、勤奋务实、同心同德,圆满完成了商周高速公路(周口境)土建SZZ-01合同段工程。

河南路桥发展建设总公司

2009年7月16日

2. 商丘至周口高速公路周口段土建工程 SZZ-02 合同段施工总结报告

目　录

商丘至周口高速公路周口段土建工程 SZZ-02 合同段施工总结报告

一、工程概况

商丘至周口高速公路周口段土建第二合同段由中铁十四局集团承建，起终点桩号为 K206+700~K213+000，全长 6.3km，完成主要工程量有：路基土方 589 472m^3，防护工程 2 045m^3；16cm 厚 12% 石灰稳定土垫层 174.575km^2，16cm 厚 4% 水泥稳定碎石底基层 154.157km^2，32cm 厚 6% 水泥稳定碎石 299.996km^2；大桥 205.12m/1 座，中桥 109.08m/2 座；涵洞 174.5m/5 道；通道 273.19m/9 道。本合同段工程合同价 6 252 万元，竣工决算价为 9 085.7 万元。2004 年 2 月 28 日开工，2006 年 12 月 15 日建成试通车。

二、机构组成

为了全面兑现合同，我部组建了"中铁十四局集团商周高速公路(周口段)SZZ-02 合同段项目经理部"，经理部管理层设项目经理一名、项目副经理三名、总工程师一名，组成项目经理部领导班子，下设工程部、质检部、财务部、合同部、综合办公室、测量队、试验室。经理部下设六个施工队，两个路基队、两个桥梁队、一个梁板预制队、一个附属队，对本合同段进行分段流水施工，加强现场材料、设备、人员的管理，确保工程质量和安全，并高速地完成工程施工任务。

三、质量管理情况

本工程质量管理的目标是：工程一次验收合格率达到 100%，优良率达到 92% 以上，并满足创优规划要求，工程竣工验收质量评定等级为优良。

本工程实施项目法管理，组织一个懂技术、懂管理、团结协作的项目经理部，组建一支技术水平高、质量意识强、整体素质好、遵章守纪的施工队伍，项目经理部建立"横向到边、纵向到底、控制有效"的质量自检体系，实施全面质量管理。

1. 建立工程质量管理制度

(1)项目质量管理实行项目经理负责制。项目经理部成立以项目经理为组长、总工程师及质检工程师为副组长的质量管理领导小组，下设安全质量监督部，由专人负责工程质量检验工作，推进创全优工程活动。

(2)单位工程实行主管工程师负责制，由主管工程师全面负责该工程的质量、安全和进度。

(3)各项目队和各作业班组分别由队长、工班长兼职担任质量检查员，负责各个施工工序的质量检查和控制。

(4)认真执行设计图纸会审复核和"三交底"(施组、合同与技术交底)制度，吃透设计文件，掌握施工技术标准，分项、分部工程符合施工规范和验收标准的要求。

(5)经理部设质检工程师一名，认真执行自检制度，建立质量监督检查系统，全面负责创优规划的具体实施。

(6)认真编制实施性施工组织设计，作好日、旬、月进度计划并进行认真总结，找出存在问题，及时解决。

(7)加强材料管理，进行台车核算，实行定额发料，开展修旧利废和双增双节活动。

(8)大力推广应用“三新”技术，努力采用新工艺、新材料。

(9)物资、财务、机械、定额等部门作好台账管理和核算，做好各种技术资料和原始记录的收集与整理工作，及时做好“施工日志”签认，认真填写工程日志。

(10)尊重和支持监理工程师的工作，定期或不定期举行邀请业主、监理工程师、设计人员等参加的质量征询会议，认真听取他们对施工技术管理、工程质量和工艺操作等方面的意见，使工序质量始终处于全过程控制状态，确保工程全面创优。

2. 工艺技术、工序自检控制

(1)实行全过程质量监控，实行质量否决权。每道工序及每个分项工程都实行自检、互检、交接检验，符合质量标准，报请监理工程师批准后，再进行下一道工序施工。

(2)严格执行技术规范和标准，各分项工程开工前均制订合理化、先进的施工方案和施工工艺，并做好上岗前技术培训和交底工作，使参加施工人员做到五明确，即岗位明确、职责明确、质量标准明确、施工程序明确、操作规程明确。

(3)高度重视结构混凝土配合比设计和试验段铺筑工作，认真作好技术总结，取得适合本工程的技术数据，准确指导施工。

(4)认真做好施工中原始记录，做到资料完整，数据准确，内容齐全。

3. 试验设备及试验检测控制

(1)为保证工程施工质量，配备了性能优良、精度符合要求的检测、试验设备。

(2)进场原材料和外购件，均按招标文件、规范、程序文件的规定，按规定频率和方法进行检验、试验。

4. 质量通病防治措施

组织技术人员认真总结道路、桥涵工程施工中易发生的质量通病，结合本工程的施工特点和现场实际施工情况，制订出相应措施加以预防和解决，不定期召开专题技术研讨会，组织技术人员进行学习，总结施工经验。

项目部在施工质量管理中严格遵循国家技术标准的同时，始终重视省交通厅、省高发公司、通衢公司有关技术要求文件的学习、领会和落实。建立、健全质量保证体系，并保证其有效运行，实现了质量管理目标；验收一次合格率达到100%，单位工程优良率达到96.4%～99.3%。

5. 对完工质量的评价

本合同完工后进行了质量检测，单位工程质量评定得分如下：路基工程96.4分、路面工程98.8分、李贯河大桥98.8分、张会庙立交桥98.9分、漂河中桥98.4分、荒庄立交桥98.6分、八里庙Ⅰ号立交桥99.0分、八里庙Ⅱ号立交桥99.3分、民兵河中桥98.6分、黑营立交桥98.8分，质量总评价为合格工程。

四、施工进度控制

项目部根据总工期、阶段性目标制订详细月计划、周计划和日计划，分解到每一分项工程，以及每一个现场技术管理人员和每一个人作业班组，实行绩效考核，加强过程控制，及时纠偏，均按时或提前完成通衢公司制订的各项节点目标。

五、施工安全与文明施工情况

项目部在施工中始终注重做好安全、文明施工。

经理部设有安全副经理主管安全,各作业队有一名副队长抓安全,并设专职安全员,施工班组设兼职安全员,建立、健全安全规章制度,做好岗前安全教育。

1. 安全生产

(1)项目经理代表我集团公司对本工程安全工作负责。项目部在项目经理领导下,施工队长、班组长、操作工人,逐级建立安全管理责任制。

(2)项目经理部设安全质量检查室,并由安全质量检查室向各施工队派遣专职安全质量检查工程师(安质员),班组设兼职安全员,做到分工明确,责任到人。

(3)管理者坚持安全生产"五到位",即"健全机构到位,批阅安全文件到位,深入现场到位,检查到位,处理问题到位"。并实行"四全",即"全员、全过程、全方位、全天候"安全管理。

(4)实施安全风险抵押承包合同,与施工安全有关的全体干部、职工,均须签订安全生产责任书,做到齐抓共管,抓住关键,超前预防。

(5)工程开工前,对参加本工程的全员进行安全生产教育,组织学习国家、交通部及地方政府有关技术规范和安全操作规程、规则、规定。

(6)制订分项工程施工安全技术措施,由主管工程技术人员和专职安全工程师(安质员)进行技术交底和讲课,并结合本工程各工点施工中存在的安全问题重点进行教育和宣传。

(7)施工队每周组织一次安全讲课活动,作业班组每天班前进行安全操作讲话。

(8)对特殊工种,如防护员、起重工、电工、电焊工、各种机械操作驾驶员进行培训,持证上岗。

(9)项目经理部、施工队在编制施工组织设计方案和下达施工计划提出质量创优要求时,必须同时制订和下达施工安全技术措施。

(10)进入施工现场必须戴安全帽,每天有佩戴袖章的安全员值班。现场有"五牌一图",即施工单位及工地名称牌、安全生产六大纪律宣传牌、防火须知牌、安全无重大事故计数牌、工地主要管理人员名单牌、施工平面图。在主要施工部位、作业点、危险区、主要通道口都必须挂有安全宣传标语或安全警告牌。

(11)中小型施工机具,如电焊机、乙炔发生器等,都必须专人使用,专人保养,并挂安全操作牌。

2. 文明施工

(1)成立以项目经理为组长的施工现场文明施工领导小组,健全分级负责的管理网络,各工点区域范围的环保、卫生由现场施工工点负责,项目部定期按文明工地标准进行检查评比,奖优罚劣;服从有关环保部门的监督和检查,创建文明工地,树立施工企业的良好形象。

(2)组织所有施工人员认真学习有关文件,提高职工文明施工的意识和自觉性。要求所有人员维护驻地人民的正常生产、生活秩序,搞好工农关系,以保障公众的安全与方便。

(3)做好施工现场总平面设计,各种临时设施、材料堆放,必须按照经批准的平面图布置,因地制宜,布局合理,整齐有序,安全卫生,禁止擅自随意搭设。

(4)生活区内设置垃圾容器,不得将垃圾及杂物乱丢乱弃。生活区内水沟,应派专人清扫,确保畅通无异味。

(5)施工现场道路平整,整洁畅通,排水设施齐全有效,场内无积水,保持干燥,道路经常洒水,防止飞尘。

(6)宿舍日常生活用品,力求统一并放置整齐,现场办公室、更衣室、厕所等,应经常打扫,保持整齐清洁。

(7)坚持所有施工人员佩戴胸牌,施工现场设置各种明确的施工标志牌、交通限速牌等。

六、环境保护措施与节约用地措施

项目部在施工中始终注重做好环境保护与节约用地工作。

(1)遵照国家环境保护政策和本工程环境保护的要求,严格进行施工管理,开展文明施工活动,创标准化施工现场。

(2)施工现场安排做到布局合理,材料定位堆放,机具车辆进出场有序,定位停放,临时排水系统齐全畅通,路平灯明,管线齐全整齐,标志醒目,生活设施清洁文明。

(3)遵照国家环保的法律条例和规定,施工时采取必要措施,确保附近的居民、河流以及耕地等不受油烟、灰尘、化学制品、机械噪声等污染和损害,并按设计要求认真做好环保绿化工作。接受地方政府及有关部门的监督检查。

(4)制订防止和减轻水流、大气污染的措施

①水泥等采用袋装运输或散装运输时,采用遮盖防护措施,防止粉尘对空气的污染。各类机动车辆完善消排系统,减少大气污染。施工场地砂石化,经常洒水,减少扬尘。

②施工作业有时会产生灰尘,为作业人员配备必要的劳保用品,并对施工区定期洒水,减少灰尘污染。

③所有临时占地,在工程结束后,迅速拆除临时建筑,清理现场杂物后,填筑腐殖土,达到复耕条件。

④拌和站等污染较重的生产设施,远离居民区设置,并设置在下风口处。

(5)施工前与地方文物保护部门联系,并向当地居民了解、调查当地的文物分布情况,及早采取保护措施。施工过程中一旦发现地下文物时,立即停止施工,采取保护措施,避免人为破坏,并及时通知业主及地方有关部门

七、施工中新技术、新材料、新工艺的应用情况

本项目采用的“新工艺、新材料、新结构、新设备”的情况如下。

(1)混凝土浇注采用混凝土集中拌和,根据配合比适当掺加部分石粉,保证了混凝土内在及外观质量。

(2)在防止预制空心板梁放张掉角措施和轻型盖梁模板安装方案方面体现了活动成果。

(3)采用钢绞线单根张拉、千斤顶整体放张,节省了工程成本费用。

(4)路基填料掺加生石灰,减少了填料在路基上的晾晒时间,大大缩短了工期。

(5)采用的新技术产生了经济、社会效益。

通过采用上述新技术,我部的质量、进度、安全、文明施工在公司的多次检查中都名列前茅,并率先完成路基主体工程的施工,受到省、市领导和项目公司、省质检站的首肯和省大型办全省的通报表扬。

八、对建设单位、设计单位、监理单位的评价

建设单位:在资金协调技术方面给予大力支持,保证了按时通车计划目标的实现。

设计单位:设计构思新颖,结构多样化,能够较为合理地批复工程变更项目。

监理单位:能够严把质量关,积极主动地配合施工单位控制施工质量,真正达到了服务施工单位的目标。

九、施工体会

通过本工程施工得出,根据当地自然环境,合理地编制施工进度计划及施工组织设计显得特别重要。土方掺加低剂量石灰控制最佳含水率是全线施工重点,我合同段通过多次试验,我们已掌握了既节省资金又能加快施工进度的最佳掺灰比例,并掌握了石灰土施工方法及高含水率土方填筑施工控制的要领,这对今后土方施工控制起到重要作用。

中铁十四局集团公司

2009 年 7 月 25 日

3. 商丘至周口高速公路周口段土建工程 SZZ-03 合同段施工总结报告

目　录

商丘至周口高速公路周口段土建工程 SZZ-03 合同段施工总结报告

一、工程概况

商周高速公路 SZZ-03 合同段起点桩号为 K213 + 000，终点桩号为 K219 + 200，路线全长 6.2km，位于周口市淮阳县境内。

本合同段完成主要工程数量有：小黑河大桥 145.12m/1 座，分离式立交 231.2m/4 座，涵洞 226.15m/6 道，通道 256.23m/8 道，路基土方 535 809m^3，水泥稳定碎石上基层 145.931km^2，水泥稳定下基层 151.636km^2，水泥稳定底基层 153.439km^2，二灰稳定土加铺层 173.585m^3。

于 2004 年 2 月 28 日开工，2006 年 12 月 15 日建成试运行通车。

本合同段总标价 5 450.114 万元，竣工决算审定价 7 236.254 8 万元。

二、机构组成

根据业主对周口至商丘高速公路土建工程第三合同段的施工要求，以及工程规模、工期、质量等方面的要求，我们组织了一套高效、精干、强有力的领导机构和装备先进、施工技术过硬的队伍；按照投标要求，项目部内部按分工不同设项目经理 1 人，总工程师 1 人，质检负责人 1 人，财务经理 1 人；经理部内设工程部、协调部、质检部、机料部、综合部等部门。

项目部下设路基施工工区 3 个，桥梁施工工区 1 个，路面施工工区 1 个。

工程机械设备严格按照投标合同数量和质量进场。

三、质量管理措施

1. 质量控制措施

（1）建立和完善质量保证体系和质量检验体系

项目经理部质量保证体系是以项目经理领导、项目部总工负责、下属各职能部门和施工工区的保证体系。各部室的质量职责明确，如质检部，在工区内部建立了自检、互检、交接检的三检制度，严格按照上道工序不合格不得进行下道工序施工的要求进行。经理部对工区实行内部监理检查制度，经检验不合格的工序和工程必须推倒重来。材料部的工作是负责调查供货厂家的资质及材料的抽样工作，负责按工程部提供的规格、质量要求与试验室配合做好材料的质量检测验收工作，负责原材料的采购及妥善保管工作。

（2）制订完善的质量管理制度和奖罚制度

项目经理部根据总公司的质量管理制度和技术规范要求，结合项目实际制订了质量目标管理、施工技术管理、施工测量管理、现场施工管理等一系列管理制度，将质量责任分解到人，同时经理部与各工区签订质量目标和奖罚合同，工区的工资由工程量和工程质量共同确定，每一阶段目标完成后兑现，这样使每位职工的收入与工程质量紧密挂钩，同时对施工中不执行规范、盲目施工造成的不合格品或返工的，根据规定处罚并进行通报。

2. 工程自检情况

为了控制原材料质量，工地试验室配齐了检验试验仪器和有试验检测资质、有丰富经验的检测试验人员。专人负责，严格按规范要求及时对各种原材料按规定频率取样检验，合格后，签发合格通知单，准予使用。杜绝不合格的、检验状态不明的材料在工地上使用。对工地上不能检验的进场材料及时做外委检验。所有检验试验频率均达到或超过规范所规定检验试验频率。在工程施工中，认真执行工程自检程序，做到各个部位检测到位，自检数据客观可信。按照公路工程施工规范与质量检验标准，对自检不合格的部位及时进行处理，单项工程合格后方进行下道工序，确保工程质量。

3. 对完工质量的评价

路基工程98.1分；路面工程98.3分；桥涵工程97.8分；质量总体评价为合格工程。

四、施工进度控制

(1)本工程于2004年2月正式开工，在三年多的施工过程中，严格执行业主的计划要求，圆满完成了业主的各项要求。

(2)根据工程总工期及业主总体计划安排，编制了详尽的施工计划，将整个合同段分为3个路基施工工区，1个桥梁涵洞施工工区，1个路面施工工区，由项目经理部统一调度。

(3)路基土石方工程，先施工主线后施工平交道，同时重点考虑特殊处理地段及桥涵台背回填等控制性部位，保证关键点的施工时间，各结构物间采用平行作业，齐头并进，单个结构物运用流水作业，尽可能地在保证工程质量的前提下缩短施工作业时间。

五、施工安全与文明施工情况

(1)健全了工作组织，完善了管理制度。项目部成立后，首先建立了以项目经理为首的安全文明组织管理体系。在健全组织的前提下，结合项目实际制订了工作制度和管理办法，理顺了工作关系。

(2)进行精心策划，建设文明施工现场。在学习借鉴其他现场安全文明施工管理先进经验的基础上，对本合同段现场的安全文明施工总体布局进行了精心的策划，使之更加科学、合理、规范。

(3)加强教育培训，提高安全素质。一是采取办培训班的方式，对专、兼职安监人员进行了培训，使他们对公路施工的安全理念、管理方式、工作思路、工作重点都有了较清楚的理解；二是在组织全体员工进行培训的基础上，由项目部进行了安全知识考试，收到很好的效果；三是加强安全舆论宣传氛围，营造安全文明施工的气氛，起到增强安全意识和提高安全素质的作用。

在近三年多的工程建设过程中，无安全事故发生。

六、环境保护措施与节约用地措施

按照与业主的施工合同，本着环境保护和节约土地的原则，我项目部在工程竣工后，各料场及临时便道、便桥已清理完毕；同时，施工期间的临时取土坑已先后交付当地村民进行复耕使用，各种农作物长势良好，部分鱼塘已成为当地村民的新的经济增长点。

七、施工中新技术、新材料、新工艺的应用情况

针对周口地区地下水位高、降雨量大等特点，前期，我合同段突击完成了桥涵结构物的施工，为路基土方施工创造了良好条件。抓住春节的黄金时段，采用土场降低地下水位，在公路沿线征用晒土场，路基上翻拌晾晒，以降低含水率，加快工程进度。在秋冬季，响应业主号召，路基全线掺灰以保证工程质量，降低含水率，加快工程进度。

经实践检验，不但可节约一定的资金，更重要的是节约了大量时间，并使路基整体稳定性大大加强，雨季暴雨过后，路基基本不被冲刷。

八、对建设单位、设计单位、监理单位的评价

1. 对建设单位的评价

建设单位为河南通衢高速公路有限公司，拥有丰富的高速公路建设项目管理经验，实力雄厚，特别是商周高速公路项目在该单位接收后，加大投资力度，改变资金注入模式，在不到一年的时间内，就彻底改变了商周高速公路周口境工程项目的落后施工现状，该项目能够于2006年竣工通车，各施工单位一致认为，建设单位不愧是在河南高速公路管理和建设方面的优秀队伍。

2. 对设计单位的评价

设计单位为中国公路工程咨询监理总公司，是一流的设计团队并具有一流的设计开发能力和丰富的公路工程设计经验，并在施工中跟踪服务直到工程顺利竣工通车，以一流的设计和优质的服务赢得业主单位和广大参建单位的一致好评。

3. 对监理单位的评价

监理单位为河南豫通公路工程监理事务所，在施工过程中，严格程序监理，热情周到服务，真正做到了工程监理与管理控制的有效结合。

九、施工体会

自2006年3月9日河南通衢高速公路有限公司接手商周高速公路项目以后，在新业主的大力支持下，影响工程进度的资金问题迎刃而解。在前期工作的基础上，本合同段于2006年5月31日完成了主线基层及桥面系的施工任务，为实现年底通车的目标，尽了我们的微薄之力，为豫东地区的经济发展注入了新的活力。

湖南环达公路桥梁建设总公司

2009年7月25日

4. 商丘至周口高速公路周口段土建工程 SZZ-04 合同段施工总结报告

目　　录

商丘至周口高速公路周口段土建工程 SZZ-04合同段施工总结报告

一、工程概况

1. 合同段位置

商丘至周口高速公路周口段工程，路线起自周口市太康县张集乡东南，止于商水县杨湖村西，路线全长68.75km。第SZZ-04合同段位于西华县境内，起点桩号K219+200，终点桩号K226+600，全长7.4km。

2. 主要工程内容

本合同段完成主要工程内容包括：路基土方792 741m^3，防护工程1 589m^3，软基处理1 675m；中桥226.16m/4座，分离式立交桥336.24m/6座，涵洞95.6m/3道，通道268.36m/9道，路面基层、底基层、加铺层等工程。

完成投资：合同价90 956 597元，竣工决算价117 423 905元。

3. 开、竣工时间

本项目工程自2004年2月28日开工，2006年12月15日建成试通车。

二、机构组成

1. 主要人员（表2-4-1）

主要人员一览表　　表2-4-1

序　号	姓　名	性　别	年　龄	职　务	职　称	备　注
1	姜胜	男	36	项目经理	高级工程师	
2	张广良	男	45	项目书记	高级工程师	
3	汤兆国	男	33	总工程师	工程师	
4	万鹏	男	32	现场经理	工程师	
5	付华生	男	50	副总工	高级工程师	
6	郑雪峰	男	26	计划部长	工程师	
7	许伟	男	26	工程部长	工程师	
8	刘勇	男	30	试验室主任	工程师	
9	李彦超	男	35	财务部长	会计师	
10	刘洪涛	男	33	结构工程师	工程师	
11	徐黎明	男	25	路基工程师	工程师	
12	张成锋	男	25	路面工程师	工程师	

2. 主要设备投入情况(表 2-4-2)

主要设备投入情况　　表 2-4-2

序号	设备名称	规格型号	数量	进场日期(年/月/日)	技术状况	拟用何处	备注
1	桑塔纳	2000	1	2003/11/25	良好	指挥车	
2	杨子皮卡	YZK1026	1	2004/01/10	良好	测量车	
3	挖掘机	CAT320	4	2004/02/20	良好	挖沟装料	
		小松 322	2	2004/02/20	良好	挖沟装料	
4	推土机	T140	3	2004/02/20	良好	清表整平	
		TY220	4	2004/02/20	良好	清表整平	
5	装载机	ZL50	4	2004/02/20	良好	装料	
6	平地机	PY180B	2	2004/02/20	良好	精平	
		325B	1	2004/02/20	良好	精平	
7	振动压路机	CA30	2	2004/02/20	良好	碾压路基	
		CA25D	4	2004/02/20	良好	碾压路基	
8	拖式振动碾	TA25D	2	2004/02/20	良好	碾压路基	
9	光轮压路机	YL18	2	2004/02/10	良好	碾压路基	
		YL21	2	2004/02/20	良好	碾压路基	
10	稳定土拌和机	WB220	2	2004/02/20	良好	混合料拌和	
11	基层粒料厂拌设备	WDB300A	1	2004/02/20	良好	混合料拌和	
12	粒料摊铺机	DF140	1	2004/02/20	良好	摊铺	
13	桥梁钻机	KP2000	4-6	2004/02/20	良好	钻孔	
14	混凝土拌和站		2	2004/02/20	良好	混凝土拌和	
15	搅拌输送车	五十铃	4	2004/02/20	良好	混凝土运输	
16	吊车	QY50	2	2004/02/20	良好	吊装	
17	张拉设备	YCQ—400	2	2004/02/20	良好	钢绞线张拉	
18	自卸汽车	东风 30T	10	2004/02/20	良好	运料	
		东风 30T	20	2004/02/28	良好	运料	

3. 管理机构设置

组建中铁二十二局四公司商周高速公路周口段 SZZ-04 项目经理部,设项目经理 1 人,书记 1 人,总工程师 1 人,副经理 2 人。下设综合办公室、协调部、施工技术部、安全质量部、计划部、设备物资部、财务部和中心试验室。根据施工需要成立桥涵、路基、路面等 8 个施工队。

三、质量管理情况

1. 质量控制措施

(1)进行岗前培训,加强员工的质量意识教育,增强全员质量意识。在施工的全过程中,树立"质量第一"的思想。在确保施工质量的前提下求进度、讲效益。

(2)按科学化、标准化,程序化作业。实行定人、定岗位。健全各工序的检查验收制度,确保每道工序、每项工程一次合格,全面创优。

(3)施工前做好现场调查,按照施工图纸要求,组织有关人员学习设计文件,明确设计意图和技术要求。熟悉合同规范、质量标准。

(4)精心编制施工组织设计,报监理工程师审核,一经批准则严格遵照执行。

(5)严格履行施工前技术交底手续,做好施工前准备。

(6)严格控制原材料、半成品、成品的质量。

(7)认真执行技术监督制度,贯彻"谁施工,谁负责质量,谁操作谁保证质量"的原则。

(8)质量管理工作贯彻预防为主的方针,实行自检、互检与专检三级检查制度。

(9)严格执行工程验收制度。对新、特施工工艺,重要或复杂工序,实行样板引路,进行典型施工。

2. 施工中工程质量自检及工程质量问题的处理情况

(1)严格遵守上述质量控制措施,做到每道工序、每个分项、每个分部、每个单位工程都有专人进行自检、互检。不合格者必须进行整改,保证达到规范及图纸要求,在报监理抽检合格的情况下,方能进行下道工序的施工。所以施工中自检结果基本符合施工规范及设计图纸的要求。

(2)如发生质量问题,在按程序通知上级部门的情况下,及时拿出整改方案;在报上级部门同意的情况下积极进行质量挽救;如无法挽救,则进行第二次施工,重头再来,一切以质量为重,保证达到施工规范及设计图纸要求。

3. 完工质量评价

本合同段完工后进行了质量检测,单位工程质量评定得分如下:路基工程 97.8 分,路面工程 98.2 分,四座中桥平均得分 98.1 分,六座分离式立交桥平均得分 97.7 分。检测结果质量合格。

四、施工进度控制

1. 组织管理保证

建立高效、精干的施工指挥机构,项目部及各分公司选拔业务精、能力强的技术和管理人员,做到机构齐全、分工明确,认真履行合同义务。

项目经理和总工程师保证及时到位并常驻现场对本合同进行管理。施工期间项目主要人员因故离岗,需得到总监代表及业主批准后方可离开工地。

按合同工期要求制订项目、年、季、月度施工计划,及时报监理工程师核准。必须对整个工程项目及重点工程、各分项工程工期进行合理规划,统筹安排,保证重点工程和关键工序按计划要求完成。

强化施工调度指挥与协调工作,超前计划布局,密切监控落实,及时解决影响工期的一切问题。重点项目或工序采取垂直管理,横向强制协调的强硬手段,减少中间环节,提高决策速度和工作效率。实行工期目标管理责任制,严格计划、检查、考核与奖惩制度。

2. 技术、劳务、材料和设备保证

选用成熟的施工技术方案,采用分段平行流水作业,分项工程的上道工序施工为下道工序施工创造开工条件,同时做好季节性施工安排,确保目标工期的实现。快速组织施工人员、机械设备和物资材料进场,做好开工前的各项准备工作,按工作内容和进度配齐、优化各项生产要素,保证"三快",既进场快、安家快、开工快。精心编制实施性施工组织设计,运用网络计划技术,实行动态管理,及时调整各分项工程的进度计划和机械、劳动力配置,抓住物资供应关,提前进行施工材料的储备,提高设备的完好率、利用率和施工机械化作业程度。加强机械维修保养,有计划地储备易损配件,确保施工机械按计划正常操作。克服季节、气候因素对工期影响的措施,做好施工现场防、排洪设施,加快主河道中的桥墩基础及系梁工程,抓住有利施工季节,尽量加快混凝土圬工及土方工程施工,冬季条件下经济合理地安排施工。

五、施工安全与文明施工情况

1. 施工安全保证体系

针对本合同项目的安全生产评估状况，本着“抓生产必须抓安全，以安全促生产”的指导思想，按照“五项”（综合治理、管生产必须管安全、一票否决权、从严治理、标准化管理）原则，建立安全保证体系。

2. 安全保证措施

(1) 树立“安全第一”的思想。项目经理部成立以项目经理为首的安全领导小组，配备专职安全工程师，负责全面的安全管理工作；队建立、健全安全领导小组，配备专职安全员，负责各项安全工作的落实。驻地管理人员一律配证上岗，配证内容有姓名、职务和本人相片，安全员的配证为红色，以示醒目。

(2) 建立、健全安全生产责任制，从项目经理到生产工人，明确各自的岗位责任，各专职机构和业务部门在各自的业务范围内对安全生产负责。

(3) 加强全员的安全教育，使广大职工牢固树立“安全第一，预防为主”的意识，克服麻痹思想，组织职工有针对性地学习有关安全方面的规章制度和安全生产知识，做到思想上重视、生产上严格执行操作规程。各类机械设备的操作工、电工等工种，必须经专门安全操作技术训练，考试合格后方可持证上岗。严禁酒后操作。

(4) 操作人员必须佩戴安全帽。

(5) 坚持经常和定期安全检查，及时发现事故隐患，堵塞事故漏洞，奖罚当场兑现；坚持以自查为主，互查为辅，边查边改的原则；主要查思想、查制度、查纪律、查领导、查隐患，结合季节特点，重点查防触电、防机械车辆事故、防冻、防火等措施的落实。

(6) 技术部门要严格按照安全生产的要求编制工程项目的施工组织设计，同时编制安全技术措施；对采用的新技术、新材料、新结构、新工艺、新设备，要认真编制安全技术操作规程。

(7) 通过改进施工方法、施工工艺，采用先进设备等措施，不断改善劳动条件，做好劳动保护，定期对职工进行体检，预防疾病发生。

(8) 生产、生活设施的现场布置要结合防洪防冬考虑，并在雨季和冬季到来前做好各项防范措施。

(9) 加强电线路管理。施工现场内电线与其所经过的建筑物或工作地点保持安全距离，同时加大电线的安全系数。各种电动机械设备，必须有可靠有效的安全接地和防雷装置，严禁非专业人员操作机电设备。

(10) 加强对设备的检查、保养、维修，保证安全装置完备、灵敏、可靠，确保设备的正常安全运转。

(11) 加强与铁路部门的联系，在平交道口设立警卫人员和必要的安全设施，加强沿线的安全警戒，保证施工和铁路行车的安全。

3. 文明施工措施

在编制施工组织设计时，把文明施工列为主要内容之一，制订出以“安全、卫生、环境、爱民”为主要内容的文明施工措施。

(1) 工程建设全面开展创建文明工地活动，切实做到施工现场人行道畅通、施工工地沿线单位和居民出入通道畅通，施工中无重大伤亡事故和留有质量隐患，施工现场周围道路平整无积水，施工区域和非施工区域必须严格分隔，施工现场必须挂牌施工，管理人员必须佩卡上岗，工地现场施工材料必须堆放整齐合理，必须开展以创建文明工地为主要内容的思想政治工作。

（2）施工中严格按照业主和我单位总部审定的施工组织设计实施各道工序，工人操作要求达到标准化、规范化、制度化，做到工完料清，场地无淤泥积水，施工道路平整畅通，实现文明施工。

（3）项目经理部、施工队设文明施工负责人，定期与不定期地检查文明施工措施落实情况，组织班组开展“创文明班组竞赛”活动，经常征求建设单位和施工监理对文明施工的意见，及时采取整改措施，切实做好文明施工。

六、环境保护措施与节约用地措施

1. 环境保护措施

（1）成立环保小组，制订环保措施，项目经理、队分级管理，负责检查、监督各项环保工作的落实。

（2）对职工进行环保知识教育，使人人心中都明确环保工作的重大意义，积极主动地参与环保工作，自觉遵守环保的各项规章制度，树立人与自然和谐共处的思想。

（3）在施工中，不得乱占田地，乱伐树木，破坏自然生态；要严格按照设计要求范围取、弃土石方，不得擅自施行，以保护植被。在施工完成后，要尽快恢复临时用地，还田于民，恢复原貌。

（4）控制扬尘，对施工便道进行定期洒水，以减少起尘。易于引起粉尘的细料或散料应予遮盖或适当洒水，运输时应用帆布、盖套及类似物品遮盖。

（5）噪声：在居民区附近，除非经监理工程师批准，夜间不安排噪声很大的机械施工，若施工，则对施工机械和施工作业予以控制。施工运输及交通车辆要保持正常，并安装有效的消音器。

（6）废弃物：对施工及生活中垃圾要统一及时处理，堆放在指定地点，严禁乱扔乱弃，避免阻塞河流和污染水源。

（7）排水：施工及生活中的污水或废水，要集中沉淀处理，经检验符合标准后，才能排放到河流或沟溪中。不准将含有污染物或可见悬浮物的水，直接排入河流、水道或现有的灌溉系统中。

（8）在施工中如发现文物，要及时报告业主，不能随便挖掘。

（9）进行文明施工，现场车辆停放整齐，材料堆放有序。

（10）科学安排施工计划，使动力机械设备的使用均匀地分布在限定的工期和施工场地上，尽量避免在同一地点、同一时间集中使用大量动力机械设备。

（11）禁止在规定的工作时间之外进行施工活动，如确需破例，在限制动力机械设备使用的基础上，对噪声影响作出详细评估，并得到监理工程师许可后，才能实施。

2. 节约用地措施

严格按照施工及临时房建规划进行布局，合理安排施工及生活场地，尽量做到节约用地。

（1）人员居住地尽量租用已有的民房。

（2）搅拌站及料场在安全卫生的原则下尽量做到布局紧凑。

（3）在征用取土场前，做到精密计算，征用过程中要做到丈量精确，在保证质量的前提下尽量深取。

（4）施工便道尽量修筑在永久征地界以内，尽量减少占耕地，或不占耕地。修建完成的便道两边插上彩旗，严禁车辆及行人下便道乱压耕地。

（5）竣工后清理完施工现场剩余的材料、废弃物及生活垃圾，并运到指定地点处理。对生活区、临时工程进行场地平整清理，使临时用地达到耕种条件。

七、施工中新技术、新材料、新工艺的应用情况

(1)混凝土浇注采用混凝土集中拌和，根据配合比适当掺加部分石粉，保证了混凝土内在及外观质量。

(2)采用钢绞线单根张拉、千斤顶整体放张，节省了工程成本费用。

(3)路基填料掺加生石灰，减少了填料在路基上的晾晒时间，大大缩短了工期。

八、对建设单位、设计单位、监理单位的评价

对建设单位的评价：管理机构健全，分工明确，责任到人，保证了工作效率。赏罚分明，有理有据，大大提高了承包人的积极性。制度合理，使承包人心服口服。资金到位，有力地保证了工程质量及完工日期。

对设计单位的评价：图纸设计较为合理，能合理地理解工程变更。

对监理单位的评价：机构设置齐全，各级人员分工明确，设备齐全，人员责任心强，工作积极，工作能力也较高。

九、施工体会

在商周高速公路施工的二年中，我们深深体会到：

(1)各级政府的协调力度，尤其是地方政府协调力度尤为重要。没有一个好的外围环境，工程的进展根本无法保证。

(2)理解图纸设计意图，严格按照规范进行施工，质量保证了，才能保证工程顺利进行。

(3)在工程施工中服从监理。监理对工程的严格监督与我们的目的是一致的。严格按照监理程序办事，虚心接受监理工程师在工程质量、进度、费用方面的建议。实践证明，正确处理施工与监理的关系对工程的发展是有利的。

(4)项目自身的管理，项目领导做到科学安排施工，合理调配资金。员工做到充分发扬不怕吃苦的精神，一心一意把心思放到工作上，才能干好工程。

总之，每项工作的完成都得到业主、监理单位的大力支持和设计单位的密切配合，使我们施工单位受到了很大的鼓舞。我们只有把工程干好，才能回报各级领导的关怀，向人民交一份满意的答卷。

中铁二十二局集团四公司

2009年8月19日

5. 商丘至周口高速公路周口段土建工程 SZZ-05 合同段施工总结报告

目　　录

商丘至周口高速公路周口段土建工程 SZZ-05 合同段施工总结报告

一、工程概况

商丘至周口高速公路周口段工程,起自周口市太康县张集乡东南,接商周高速公路商丘段终点,止于商水县杨湖村西。路线全长 68.75km,其中本合同段实施的路段工程起讫桩号为 K226 +600 ~ K231 +500,施工长度为 4.9km,位于周口市淮阳县境内。

工程开工时间为 2004 年 2 月 28 日,于 2006 年 12 月 15 建成试运行通车。

主要完成数量:路基土方 590 832m^3,防护工程 1 964m^3,软基处理长度 1 159m;中桥 150.12m/3座,分离式立交桥 380.36m/5 座,天桥 77.04m/1 座,涵洞 102.412m/4 道,通道 116.34m/4 道,以及路面基层、底基层及加铺层等。完成投资:合同价 6 131.345 8 万元,竣工决算价 8 113.572 8 万元。

二、机构组成

1. 管理机构设置

为了全面履行合同,我部组建了“温州交通建设集团商周高速公路(周口段)SZZ-05 项目经理部”。项目部由项目经理、项目总工程师和生产副经理组成项目部领导核心,下设 5 个科、1 个室、1 个部和 4 个施工工区,即技术科、生产安全科、机械材料科、合同计划科、财务科、综合办公室、协调部、路基一工区、路基二工区、桥梁工区和路面基层工区。

2. 设备投入情况

主要机械设备投入数量有:平地机 2 台、压路机 10 台、挖掘机 6 台、装载机 6 台、推土机 4 台、洒水车 3 辆、自卸车 35 辆、路拌机 2 台、稳定土拌和设备 1 套、摊铺设备 2 套、拌和站 2 套、混凝土运输车 2 辆、龙门吊 2 台、张拉设备 4 套等。

三、质量管理情况

1. 质量控制措施

(1)建立和完善质量保证体系和质量检验体系

项目经理部质量保证体系是以项目经理领导、项目总工负责并下属各职能部门和施工工区的保证体系。坚决贯彻“百年大计,质量第一”的方针,树立没有质量就没有进度的管理意识,建立、健全质量管理体系,严格按照工程施工监理程序进行施工,加强质量自检和监理检验工作,坚持上道工序不合格就不能进行下道工序的施工原则,确保每道工序的施工质量和工程总体施工质量。杜绝重大工程质量事故,保证实现工程验收合格率达到 100%,分项工程优良率达到 93% 以上。

(2)制订完善的质量管理制度和奖惩制度

项目部根据总公司的要求并结合本项目的实际情况制订了质量目标管理、施工技术管理、现场施工管理等一系列管理制度,将质量责任分解到人,同时项目部和各工区签订质量目标和奖罚合同,这样使施工现场严格按项目部的统一要求和施工规范施工,对施工中不严格执行规范,盲目施工造成不合格和返工的,根据规定从严处罚并通报批评。

2. 工程自检情况

为了控制原材料质量,工地试验室配齐了检测试验设备和有资质的试验人员。专人负责,严格按照规范要求及时对各种原材料按规定频率取样试验,合格后,签发合格通知书,准予使用。坚决杜绝不合格的材料用于施工实体,在施工过程中认真执行工程自检程序,做到各个部位检测到位,自检数据真实可靠,严格按照公路工程施工规范与质量检验标准进行施工与检验,对自检不合格的部位及时进行处理,单项工程合格后方可进行下道工序,确保工程质量。

3. 对完工质量的评价

路基工程 98 分,路面工程 98.8 分,桥涵工程 97.6 分,互通立交工程 98 分,质量总体评价为合格工程。

四、施工进度控制

为使本工程优质、高效地按期完成,我项目部主要采取下列确保施工进度的措施。

(1)指挥机构迅速成立,及时到位。为加快工程的建设,我单位在接到中标通知书后,及时组织项目部人员迅速到位,进行开工准备工作。

(2)早抓、紧抓施工准备,尽快做好施工准备工作,积极配合业主及有关单位办理相关手续,及早完成"三通一平"工作,并主动疏通地方关系,取得地方政府及有关部门的支持。

(3)施工组织不断优化,在施工过程中,及时完善实施性施工组织设计,落实施工方案和施工工艺,并报监理工程师审批,根据施工情况变化,不断调整和优化施工组织方案,使工序衔接更加紧密,劳动力安排和设备调整更加合理。

(4)引入施工激励机制,实行个人责任和项目部利益挂钩,个人利益和完成工作量挂钩,做到多劳多得,按劳分配,调动施工队和个人的积极性和创造性。

五、施工安全与文明施工情况

坚决贯彻"安全第一,预防为主"的安全生产方针,对全体施工人员进行安全生产管理教育,加强全体人员的安全生产意识,建立、健全安全生产管理体系和安全生产规章制度,坚决按照安全生产规章制度进行安全生产管理,对违反安全生产制度的人员进行从重处罚,以确保工程施工安全,杜绝重大安全事故发生,因此做到了本合同段工程施工无大的安全事故。

六、环境保护措施与节约用地措施

本着环境保护和节约用地的原则,采取有效措施,尽量减少占地面积,在施工中严格按图施工,不随意干扰或改变现有河流、水道、排溉系统的自然布局,对租用的场地使用完工后按要求进行恢复处理,在施工中进行防冲刷、保水土等工作,以防止边坡冲刷和水土流失。

七、施工中新技术、新材料、新工艺的应用情况

本工程路基施工采取了土工格室、湿土掺灰等新技术,加快了工程施工进度并保证了施工质量;在安全防护方面采用新泽西护栏分隔带,以节约养护费用和增加公路使用面积;在环保方面采用开窗式声屏障,既保证隔声要求又不影响公路视野。

八、对建设单位、设计单位、监理单位的评价

1. 对建设单位的评价

河南通衢高速公路有限公司,是一家有着丰富高速公路建设管理经验的建设单位,凭借先进的管理理念和雄厚的整体实力,保证了本项目于 2006 年竣工通车。

2. 对设计单位的评价

对本合同段来说,设计单位能够及时解决和处理施工中存在的问题,设计代表经常下工地解决问题。

3. 对监理单位的评价

监理单位对本合同段采取了、严、帮、指的监理方法，既严格各项监理程序，确保施工质量，又帮助本合同段解决一些施工中出现的问题和指导工区施工工作。

九、施工体会

建设资金的投入情况至关重要，建设资金是工程项目的源泉，建设资金投入的好坏对工程施工进度起到极大的影响。项目部要科学安排施工，合理调配资金，协调好各方面的关系，科学组织、精心施工、狠抓施工质量和施工进度、确保施工安全。

温州交通建设集团有限公司

2009 年 12 月 20 日

6. 商丘至周口高速公路周口段土建工程 SZZ-06 合同段施工总结报告

目　　录

商丘至周口高速公路周口段土建工程 SZZ-06 合同段施工总结报告

一、工程概况

1. 合同段工程起止时间

本合同段工程里程桩号起自 K231 + 500，止于 K239 + 450，全长 7.95km。沿途经过淮阳县西侧郑集和曹河两个乡镇，主要施工项目有：路基工程、路面底基层与基层、桥梁和涵洞工程、防护和排水工程、被交道、附属设施等。

工程合同价 8 492.616 2 万元。

本工程开工时间为 2004 年 1 月 10 日，计划竣工时间为 2006 年 11 月 10 日，工期为 34 个月。

2. 主要工程内容

(1)路基填土：70.408 7 万 m^3；

(2)桥梁工程 9 座：其中，大桥 1 座，中桥 5 座，小桥 1 座，天桥 1 座，分离式立交桥 1 座；

(3)涵洞通道 21 道；

(4)路面工程：水泥稳定碎石底基层(一层)、基层(两层)，共计 56.1 万 m^2；

(5)排水工程：现浇急流槽、浆砌预制块，共计 4 500m^3；

(6)环保工程：绿化植草 85 000m^2；

(7)机电工程：通信管道工程 7.95km。

二、机构组成

进场伊始，我公司根据本工程的规模及工程特点，组织具有多年施工管理经验及技术水平的精兵强将深入工地一线，对全部工程全权负责指挥管理，建立了健全的施工组织机构，下设工程部、经营部、材料部、人财部、安全保卫部、协调部、办公室，以及路基工区 2 个，桥梁工区 4 个，预制厂和混凝土集中搅拌站各 1 个，路面及防护工区各 1 个。具体参见项目经理部组织机构图 2-6-1。

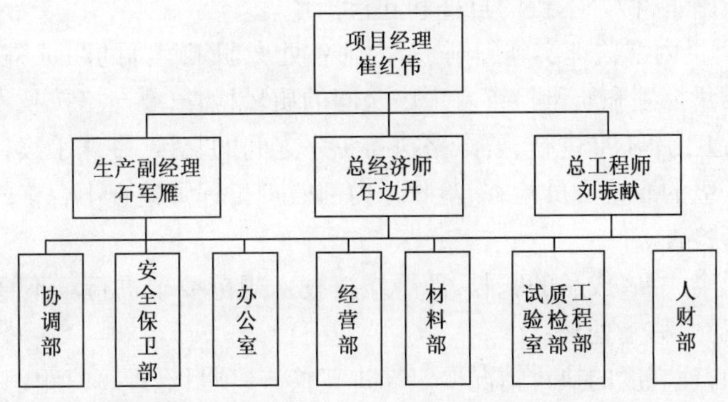

图 2-6-1 项目经理部组织机构图

主要设备投入情况见表2-6-1。

主要设备投入情况 表2-6-1

机械名称	规格型号	额定功率及吨位	厂 牌	数 量	进场时间
混凝土拌和站	750	100kW	徐州	2套	2004年1月
吊车	20t	20t	蚌埠	1辆	2004年4月
稳定土拌和站	500t/h	110kW	山东维坊	2台	2005年8月
摊铺机	摊铺机11.5m宽	WTU95D	徐州	2台	2005年8月
振动压路机	YZ—18J	18	徐州	8台	2004年1月
轮胎压路机	YL—20	25t	徐州	3台	2004年1月
挖掘机	320	320kW	美国	5台	2004年1月
装载机	ZL50		徐州	8台	2004年1月
洒水车	东风	8t	一汽	6台	2004年1月
自卸车	解放	18t	一汽	60辆	2004年1月
平地机	180	180马力	天津	3台	2004年1月

三、质量管理情况

1. 工程质量方针

本工程的质量方针是：务实创新，优质高效，顾客至上，遵信守约。

2. 工程质量目标

本工程的质量目标是：分项工程合格率100%，单位工程竣工优良品率95%以上，合同履约率100%，重大质量事故为0。确保优质工程，进而保证施工质量达到省（部）优标准，并争创国优。实现业主提出的“确保质量、确保进度、确保安全，将商周高速公路建成省优部优的一流品牌工程”的总体目标。

3. 建立、健全质量保证体系

为确保项目质量目标，设立以项目总工程师负责，工程部门以技术为职能的部门，包括质检工程师、质检员、工段长、作业组长和测量、试验等人员在内的全方位的质量检查组织机构，积极配合监理工程师的工作，并通过自检与监理工程师抽检相结合，确保工程质量达到优质标准。

（1）项目经理部设专职内部监理工程师，负责全线的质量管理工作，各工区或施工队设置专职质量检查员，负责本辖区的工程质量检查和质量管理工作，工班长负责本班的工程质量，按合同技术规范要求施工，做好本班的自查和互检工作。

（2）公司“工程质量内部监理实施细则”对内部各处专职工程师的职责、权限有明确规定，强调了施工过程的质量控制和质量检查。工序之间的质量检查，要严格按技术规范进行，上道工序不检查签认，下道工序不准进行，要严格执行工序之间的交接、签认手续，本级不合格的工程项目不准呈报上一级的质检人员检查、验收。内部监理工程师检查不合格的工程项目，不准通知驻地监理工程师检查。

对进场的原材料半成品、成品的验收，需严格按技术规范要求进行。不合格的材料、半成品不准进场，已进场的要移走处理。

质量计划、质量管理制度的执行情况要定期进行检查，项目经理每月组织一次由各工段参加的质量检查，检查情况要通报各队以及本合同驻地监理工程师。

4. 质量管理特色

制订商周项目首件工程质量控制办法。

(1) 总则

项目施工中首次施工单项、分项工程,按照严格程序进行策划、修正、实施、验证、总结,成熟后推广实施。通过全面推行首件工程施工管理办法,以首件工程示范引领,全面提高项目总体施工水平,培养熟练的施工队伍,提高工效,降低成本,确保质量,创造精品工程。

(2) 首件工程管理机构和职责

管理机构:新开工项目应成立以项目总工为组长,内部质检工程师为副组长,由工程部和施工现场技术人员及有关职能部门人员组成的首件工程管理小组。

管理职责:制订首件工程实施方案,组织首件工程现场施工;进行方案验证、总结,形成首件工程施工工艺和施工方法要点,并全面推广;掌握首件工程质量控制措施和成本情况,重点研究首件工程成本构成,降低施工成本因素。

(3) 进行首件工程技术交底。召集首件工程所有人员进行技术交底会,由管理人员、技术人员、施工队伍、操作人员、安全员参加。

(4) 验证和总结

收集首件工程施工记录和验收记录,根据施工方案,对施工工艺、设备要求、技术标准、材料及使用、劳务队伍、物资使用与施工方案进行比较验证,明确施工方法是否满足和有效指导施工过程。召开首件工程总结会议,由参加施工各部门人员对验证情况进行讨论,总结首件工程工艺和方法要点,形成最终施工方案。

(5) 首件工程的确认和推广

整理形成最终施工工艺和方案,由项目总工签认首件工程认可书,对签认首件工程认可书的方案,重新进行技术交底,全面推广和实施。

(6) 质量控制运行情况

通过本合同段健全的质量保证体系和首件工程管理特色,使本合同的施工质量大大提高,质量评定均为优良工程,例如桩基超声波检测 98% 为Ⅰ类桩,只有 2% 为Ⅱ类桩,全部合格;混凝土试件抗压强度 100% 合格,压实度一次合格率 97%,水泥稳定基层施工压实度和强度 100% 合格。

5. 质量控制措施

施工单位的工程质量是企业生存的基础,公司建立了完善的质量保证体系,确定项目经理是第一责任人,各施工班组配专职质检员,对原材料严格控制,杜绝不合格材料进入现场,在施工过程中,质检员、施工员跟班作业,发现质量问题及时处理,把质量事故消灭于萌芽状态。为了保质按期完工,我项目部制订了切实可行的施工方案,对工程实行目标管理。在每个项目施工前,组织有关施工人员进行技术交底,做到人人心中有数,把质量责任落实到人,做好层层把关,从而使工程质量有了可靠的保证。

6. 施工中工程质量自检情况及工程质量问题的处理情况

对施工中每道工序实行严格的质量控制,对不符合质量标准的坚决制止,质量与进度发生矛盾时,以质量为主,在各工序施工过程中,从控制原材料质量开始,在自检的基础上经常性地抽检,发现问题立刻整改。同时,对各工序的施工进行技术交底,使每一个现场施工人员和管理人员明确设计意图的技术标准,加强参建人员的质量意识,使"质量"二字不是停在口头上,而是根植于每个人的心中。业主单位严格管理,经常到现场指导和督促施工,每周组织一次工程质量进度会议,针对施工中存在的问题进行分析解决,并经常强调对于工程质量必须有百分之百的把握,决不能心存侥幸。

7. 工程质量问题的处理情况

为了确保既定的质量目标,狠抓工程质量,对于不合格工程坚决返工处理,主要有以下几处:

(1)K237+800 涵洞左幅八字墙施工后检查发现外观质量较差,立即推倒返工;

(2)K235+700~K235+800 段右幅底基层取芯质量差,立即铲掉,重新铺筑;

(3)K234+122 淮郑河桥左幅防撞护栏线形不顺,立即进行返工处理。

8. 对完工质量的评价

本工程严格按照设计图纸施工,严把质量关,所施工的工程全部达到设计及规范要求,各项自检、抽检都能满足设计要求。自检质量评定,路基单位工程得分 98.1,路面单位工程得分 98.4,桥梁单位工程得分 98.6,综合得分 98.4,达到合格标准,自检评为合格工程。

四、施工进度控制

1. 施工准备阶段

我公司在 2003 年 11 月和原业主签订合同的半月时间内,施工管理及技术人员就到达工地,开始了紧张的征地、拆迁及临建工作。周口地区 11 月底已进入冬季,本们抓住冬休这一反施工季节,在年内完成了经理部驻地建设、试验设备安装调试、混凝土拌和站安装调试等工作,为年后开工提供前提条件。

到 2004 年 3 月份,由于当地土地资源匮乏,永久性征地还没有全部解决,工地施工还不能全部展开,本合同段就集中对已征地段落迅速展开施工场面,在很短的时间内完成了路基试验段的施工工作,为以后路基的大面积施工奠定了基础,同时试验室积极准备和落实相关的击实标准试验和混凝土配比报批工作。

到 2004 年 4 月份,路基三个工区及桥涵四个工区已全部进场,施工场面基本全部形成。

2. 施工阶段

(1)土方

由于周口地区尤其是本合同段土质比较复杂,有黏土、亚黏土、粉性土、砂性土,75% 以上为粉砂性土,按照常规的施工方法很难达到规定的压实度,路基施工工艺经常需要变换,因此,整个 4 月份土方施工进度较为缓慢,通过摸索施工经验,5 月份三个路基工区全面进入施工高峰期。据统计,此月完成土方工程量 11 万 m^3,2004 年 7、8、9 三个月进入周口地区罕见的大雨季节,路基施工基本处于停滞状态,10 月份的路基施工可谓大海捞泥,雨后地下水位高涨,1.5m左右基本出水,土到工地之后即成泥状,动用大量的铧犁翻拌,一层土的施工周期为 7d 左右,到年底霜冻时期完成土方量共计 28 万 m^3;2005 年通过调整施工工艺及采取业主提出的加灰改善含水率等多项措施,基本完成主线剩余土方 40 万 m^3。

(2)桥涵

对于桥梁施工,针对砂性土易塌孔的地质特点,选择有丰富施工管理经验及技术的人员,同时做好充分的施工准备工作,使本合同段在雨季来临之前把河道内的钻孔灌注桩全部完成,为雨季施工上部工程提供工作场面。到 2004 年底,灌注桩全部完成,墩柱、盖梁基本完成总量的 2/3,在年底业主组织的检查中构造物进度全线第一,到 2005 年底梁板吊装全部完成,2006 年 5 月份桥梁上部施工全部完毕。

(3)基层、底基层

由于基层施工时间紧、任务重,采用一台大型的 500t 水稳拌和站,两台摊铺机、两个施工作业点，自2006年4月初至7月三个半月时间完成7.5km的水稳工程。

3. 施工组织管理

(1)地方问题处理情况

一个好的施工局面和一个好的施工环境是息息相关的，我项目派出了具有丰富协调经验的项目书记作为专职协调员，负责和地方各高速公路指挥部门紧密联系，及时解决并协调问题。首先遵循和平解决的原则，以说服为主，对于个别不明事理又无理取闹者，利用乡政府及派出所协调解决，对于具有团体性质的、恶意阻工、敲诈等性质严重的，及时和县级公安机关取得联系，合理利用国家法律武器以法解决。

(2)加快施工进度的措施情况

对于路基施工，主要有以下五大举措，一是积极按照业主的补偿精神及工地的实际情况，果断加灰处理，加灰总量多达5 000多吨，采取在土场和路基上多处掺拌的措施，以快速降低含水率；二是增加施工队伍及机械设备，尤其增加挖机、装载机铧犁等翻晒设备；三是分解施工计划，根据业主下达的土方月施工任务，分解到每旬，根据旬计划细化到每天，成立以试验室主任为质检组长的土方报检小组，及时检查及解决土方施工中存在的问题，加快施工进度；四是成立项目领导夜间值班制度，巡视检查，及时解决工地存在的问题；五是制订奖罚措施，严格进度考核，奖罚分明，落实到位。

(3)对于桥涵施工，按旬排出施工计划，严格按照施工计划落实每一个工序到每一天的施工时间，只准提前，不能落后，落后的必须加班加点赶出来。同时奖罚措施严格执行，一旬一考核，必须兑现；严抓施工质量，确保一次报验合格。

(4)各项工作均采用流水操作，基本达到了无工作空闲，无施工机具闲置，无作业人员待工的要求。

(5)资金运作情况

一个运转体系好的项目必须有一个资金运转体系作保障，这就要求我们平常必须及时整理施工计量资料，及时拿回计量款，但这还是不能保证资金的良好运作，在施工高峰期，我们从公司后方支援资金800多万元，确保桥涵四大材料、白灰、燃油、征地费用的专项资金的供应。

4. 落实、解决存在的问题

认真落实业主、代表处下发工地通知及指示精神，严格遵守监理施工程序，及时落实存在的问题。

五、施工安全与文明施工情况

1. 安全施工方案

安全工作是抓好生产的重要因素，关系到国家、企业和职工的切身利益。因此，在施工过程中，本合同段认真贯彻“安全第一，预防为主”的方针政策，严格控制和防止各类伤亡事故的发生，在近三年的施工中没有一起安全事故的发生。具体控制措施如下：

(1)加强领导，健全组织。项目经理部、施工队成立安全领导小组，设专职安全员，制订严格的安全措施，定期分析解决工作中存在的问题，及时发现和排除不安全隐患。

(2)安全教育要经常化、制度化。在每项工程开工前进行系统安全教育，开工后抓好“三工”教育和定期培训。通过安全竞赛，现场张贴安全标语、图片等宣传形式，增强安全员安全生产的自觉性，时时处处注意安全，把安全生产工作真正落到实处。

(3)开工前认真进行安全技术交底。

(4)各级安全生产领导小组要定期组织检查,各级安全监督人员要经常检查,发现问题及时纠正,真正把事故消灭在萌芽状态。

(5)按施工组织设计和工艺流程科学组织施工。严格进行各工序的衔接,严格执行操作规程,严禁各种违章指挥和违章作业行为的发生。

(6)施工设备和机具在使用前,均必须由专职人员负责进行检查、维修、保养,确保状态良好。拌和站操作手、电工、电焊工等主要工种,必须经过培训并经考核取得合格证,方可持证上岗操作,杜绝违章作业。

(7)危险地段设危险标志和缓行标志,配备足够的交通值勤人员,组织好过往行人及车辆,确保人员车辆的安全。

(8)加强安全防护,设置安全防护标志。

(9)抓好现场管理,坚持文明施工,保障人身、机械和器材的安全。尤其是上公路的机动车辆限速行驶,不侵道、不抢行,做到文明礼让,弯道鸣笛,严防交通事故的发生。

(10)拌和站做好机电设备接零,场地内和施工现场用电由电工进行连接,并配制标准电箱,确保安全用电,防止人、机伤害事故发生。

2. 文明施工情况

加强班组的文明施工意识,制订工地各班组的文明施工制度,落实检查考核制度。施工作业人员应做到工完场清、工完料尽,施工区清理时应防止粉尘飞扬。

六、环境保护措施与节约用地措施

1. 环境保护措施

环境保护贯穿于整个项目的自始至终,主要为控制现场的各种粉尘、废水、废气、固体废弃物、噪声、振动等对环境的污染和危害,主要控制措施如下:

(1)对于有粉尘的污染物如白灰土的施工,尽量在无风天气施工,不可避免时对白灰的消解要彻底,保持一定的湿度,然后再拌和;施工便道也是造成粉尘的重要污染源,为此专门用两辆洒水车洒水,确保不扬尘。

(2)废水的产生主要为工地施工用水和生活用水,排除时修筑专门的出水管道或排水管,流入指定的处理坑池,避免了污染环境。

(3)固体废弃物主要为混凝土块,硬化场地时的砖渣等,施工完毕时我们充分利用这些建筑垃圾对当地乡村道路进行修整,及时解决了建筑垃圾的污染,又造福了当地村民。

(4)对于噪声、振动等的污染,我们从一开始就高度重视,选择的拌和站等远离附近村庄,并且施行经理部的办公区和生产区两区分离的办法来解决。

2. 节约用地措施

(1)经理部的临时用地主要为场区及生活区的建设用地,根据施工规模,计算用地面积,合理布局,够用就行。

(2)路基填筑土场用地采用填挖结合及征用耕地的办法解决,对于挖方土进行合理调配;对于征用的土场,必须按照既定的用土方量确定开挖深度和开挖顺序,确保土源不浪费,同时对土场的边坡和坑底进行修整和整平,以便为当地村民留做养殖之用。

七、施工中新技术、新材料、新工艺的应用情况

我公司在周口地区施工还是第一次,而粉砂土施工是本合同段所特有的施工工序,也是第一次遇到,按照常规的施工很难达到规定的压实度,曾一度影响施工进度和施工质量,为此,项目专门成立 QC 小组进行技术攻关,解决实质性的问题,具体如下:

1. 粉砂土路基概况

商周高速公路第六合同段全长7.95km，地处淮河冲积平原，路基填方主要为借土填方，其中75%以上的取土场为砂土和粉砂土。为保证路基工程按期优质地完成，首先要从技术方案上做好指导工作。小组从多个施工段落进行现场检查总结并进行室内试验、分析和比较，力求在最短的时间内形成一套成熟的施工工艺。

2. QC课题的现状原因分析

课题现状：砂土路基在进行填筑时，按照常规的施工方法经多次反复碾压，但都很难达到规范要求的压实度。在碾压时，发生推挤现象，表面出现松散，轮迹不易消除，压实度达不到规范要求。碾压时还采用了激振力达40t的拖式振动碾，但仍没有什么效果，而且压实度的增长很小。鉴于此，找出施工控制的关键技术显得至关重要。

表2-6-2为压实效果统计表。

压实效果统计表 表2-6-2

段落	实测压实度(%)					要求
K232+580~K232+660	87.5	86.4	88.2	85.9	87.4	90%
K233+607~K233+700	83.6	85.2	82.8	84.1	84.7	
K235+656~K233+780	88.6	89.3	90.7	89.5	90.6	

(1)机械配备

机械配备(每一班组)见表2-6-3。

机械配备情况 表2-6-3

序号	机械名称	型号	数量	状态
1	推土机	165	1	优
2	平地机	180	1	优
3	振动压路机	18t	2	优
4	轮胎压路机	18t	1	优
5	拖式振动碾	40t	1	优
6	洒水车	8t	1	优

从机械配备上来讲，完全能够满足施工的需要。

(2)碾压顺序、填土层厚、作业段长度

作业段长度定在80m左右，主要考虑砂土的水分散失得快，如果压实不及时，那么在后来碾压时，前段的含水率已经偏低，造成了含水率的不均匀，会给压实造成一定的困难。压实层厚控制在20cm之内。碾压时先静压一遍，弱振1遍，强振4遍，最后再弱振1遍将表层压光。但事实证明，这些不是主要原因。

(3)击实标准

击实标准的准确性对路基施工来说就是一杆秤，击实试验不准确，检查压实度就失去了意义。击实试验的土样要能够充分代表本段路基施工的情况，用来试验的仪器应当经过标定和检定，所得出的击实数据应当是绝对可靠的。击实试验结果见表2-6-4。

击实试验结果

表 2-6-4

取土地点	自检(g/cm³)	试验次数	抽检(g/cm³)	试验次数	中心试验室(g/cm³)
K233+450 取土场	1.78	3	1.79	2	1.83/1.76
K237+500 贺庄取土场	黏土 1.78	1	1.79	1	1.84
	砂土 1.67	2	1.67	1	1.65
	混合 1.74	1	1.74	1	1.78
K238+760 曹河取土场	黏土 1.79	1	1.8	1	1.84
	砂土 1.70	1	1.71	1	1.71
	混合 1.76	1	1.76	1	1.88

在本条路的施工中，击实标准全部是由监理代表处中心试验室复核批复的。经过比较，承包人的击实标准与其有一定的差异。在施工中按照中心试验室批复的执行。这一原因在一定程度上对压实评价具有一定的影响，但也不是直接原因。

(4)含水率

含水率是路基压实的关键因素，含水率合适时一次成型，含水率过大或过小，都达不到理想的效果，会造成返工浪费。但是砂土的碾压含水率并不是在最佳含水率 ±2% 范围内就能压实。

例 1：$\rho=1.79\text{g/cm}^3$，$w=15.1\%$，则含水率和压实度结果见表 2-6-5。

含水率和压实度(一)

表 2-6-5

项目	K232+590 左	K232+610 右	K232+630 左	K232+650 右	K232+670 左
含水率(%)	18.0	15.8	16.3	15.6	17.6
压实度(%)	86.4	88.5	87.7	88.6	87.1

例 2：$\rho=1.74\text{g/cm}^3$，$w=14.7\%$，则含水率和压实度结果见表 2-6-6。

含水率和压实度(二)

表 2-6-6

项目	K235+670 左	K232+690 右	K232+710 左	K232+730 右	K232+750 左
含水率(%)	15.3	16.2	17.9	18.3	15.8
压实度(%)	88.5	87.9	89.1	89.4	88.7

在施工过程当中，以不同的碾压方法和含水率进行试验，取得了明显不同的压实效果。含水率是影响压实度最关键和直接的因素。

(5)压实度检验

压实度检验的频率要符合要求，点位分布要均匀，点数太少则缺乏科学依据，对统计和分析没有实在的作用。

3. 要因确认

为了有效控制压实质量，保证一次性自检合格、抽检合格，将影响压实质量的因素进行分析，并纳入排列图，结果见表 2-6-7。

4. 制订对策措施

QC 小组针对影响压实效果的各种不利因素，通过现场试验及总结经验，制订了相关对策措施。

影响压实质量的因素 表 2-6-7

序号	原　因	验 证 分 析	理　论
1	机械配备	机械配备满足施工的需要	次因
2	碾压顺序，填土层厚，作业段长度	安排不合理，压实度也达不到要求	次要因
3	击实标准	有一定的影响	次因
4	含水率	是最关键和直接的因素	要因
5	压实度检验	检测数据真实准确符合统计规律	次因

(1)以小于最佳含水率4%、在最佳含水率±2%范围内、大于最佳含水率4%，三种不同含水率，分别做试验段，来掌握施工，控制含水率。

(2)碾压时，先静压一遍，再错1/2轮弱振1遍，然后错1/3轮开强振碾压直到压实度合格为止，再错1/2轮弱振1遍。

(3)为保证表面的平整度和密实度，在碾压完成后，用20t轮胎压路机将表面压光。

(4)对于纯砂土路基，采用在路基旁边打井的方法解决水源问题，这样既加快了施工速度，还节省了施工费用，比洒水车洒水节省2/3。

5. 实施

QC小组将已制订的对策和措施逐步落实责任到人。

(1)项目总工负责技术指导，制订措施。

(2)路基主管技术员负责现场安排、碾压机械组合、施工顺序、碾压方法、含水率控制、施工总结。

(3)试验室派试验员负责各项土工试验，击实标准，检测含水率、压实度，并及时反馈信息到现场。

6. 检查

在对策与措施实施的同时，注意对各项工作的检查落实，小组成员能够认真完成自己的工作，效果令人满意。

(1)我们通过书面与现场的技术交底，使得工长、测量员、技术员、机械手等能够按照交底内容组织施工。

(2)试验室能够及时准确地提供各项检测数据，积极地配合现场施工。

(3)现场技术员随时检查摊铺厚度，以及压路机碾压程序、碾压遍数是否符合技术交底要求。

7. 效果验证

压实验证结果见表2-6-8。

压实效果统计表($\rho = 1.74g/cm^3$，$w = 14.7\%$) 表 2-6-8

段落 / 序号	K235+670	K235+690	K235+710	K235+730	K235+750
含水率(%)	19.4	18.6	19.8	19.5	20.3
压实度(%)	92.1	91.8	93.4	92.8	93.7

从表2-6-8可以看出，所测的各点都可满足规范要求。

由上总结出：砂土路基的施工控制含水率要大于最佳含水率4%左右，这样在施工中才能保证压实度。在碾压过程当中如出现含水率不足的现象,就应当立即停止碾压,开始洒水,待含水率合适时继续碾压。如不洒水,很难达到规范要求的压实度。而如果因为含水率过大出现湿软弹簧时,可进行适当的晾晒,因为砂土蒸发和渗水速度都比较快。这一点尤其体现在雨后,砂土路基表面稍经风干,马上碾压,可取得突出的压实效果。碾压时要注意错轮方法,消除轮迹,并在含水率合适时尽快完成。

八、对建设单位、设计单位、监理单位的评价

1. 对建设单位的评价

商周高速公路的建设由于受原业主的主、客观因素影响,受到了种种挫折,原业主由于整体管理水平有限,再加上资金严重短缺的情况,使前期的施工质量和施工进度均受到影响;新业主的到来为商周高速注入了新鲜的血液,同时也把高发公司先进的管理经验在项目上运作起来,各部门分工明确、管理有力、狠抓质量、奖罚分明,对满足工程质量要求起到重要作用。一项项有力的积极措施在短时间内就把施工质量和进度推向了前所未有的高度,为商周高速年底通车起了决定性的因素。

2. 对设计单位的评价

设计单位对于关键技术指标的把握比较合理,设计方案基本满足了工程需要,设计图纸完整、规范。但是某些地段地质勘察不够详细,该设软基处理的没有设,全线多数涵洞设计过低,这点值得深思。

3. 监理单位

监理单位能够按照严格监理、热情服务的工作态度进行工程质量、进度的管理工作。

九、施工体会

商周高速公路的建设历经三年,建成通车实属不易。期间经历了资金短缺、材料涨价、罕见的漫长雨季、新老业主的交替,以及后期施工任务重等因素的影响,所有参战人员都经历了种种磨难,主要体会如下:

(1)施工组织至关重要,合理的计划安排能使工程进度朝良性方向发展。

(2)资金是制约工程进度和质量控制的最关键的因素,新业主接管后完成的工程量比以前两年完成的工程量还要多,是一个很好的例子。

(3)加强自身队伍建设是确保工程质量和进度的前提条件。

(4)高发公司在任务重、工期紧的情况下,采取了多方有利举措而完成了商周高速公路,是建设史上的一个创举,从中我们学到许多宝贵的经验。

路桥华祥国际工程有限公司
2009 年 9 月 15 日

7. 商丘至周口高速公路周口段土建工程 SZZ-07 合同段施工总结报告

目　　录

商丘至周口高速公路周口段土建工程 SZZ-07 合同段施工总结报告

一、工程概况

商丘至周口高速公路周口段 SZZ-07 合同段，起点桩号为 K239 +450，终点桩号为 K243 + 500，全长 4.05km。完成主要工程数量：路基土方 42.30 万 m^3；防护工程 1 102m^3；软基处理长度 1 393m；大桥 145.12m/1 座、中桥 53.04m/1 座；刘庄互通式立交 1 处；分离式立交桥 1 134.96m/3座；涵洞、通道 6 道；路面基层、底基层等。于 2004 年 2 月 28 日开工，2006 年 12 月 15 日建成通车。

本合同段总标价 9 868.67 万元，竣工决算价 9 432.8 万元。

二、机构组成

中铁二十局集团有限公司根据工程情况和合同要求组建了商周高速（周口境）土建工程 SZZ-07 合同段项目部，设项目经理 1 人、项目总工 1 人、项目书记 1 人组成领导班子，下设工程部、合同部、质检部、保障部、财务部、办公室、试验室。

项目部下设路基施工工区 2 个，桥梁施工工区 2 个，拌合站 1 个，预制场 1 个。

三、质量管理情况

1. 质量控制措施

（1）路基工程

①路基填筑按照“三阶段、四区段、八流程”工艺施工。

②土质路堤填筑要当天填筑当天压实，填土表面做成路拱横坡，以利排水。

③填石路堤采用级配较好的硬质块石填筑，每层石料松铺厚度为 0.5 ~0.8m，石块应大、小级配填筑，边坡部分先用大石块码砌。

④石质路堑开挖，严格按照规范规定，自上而下阶梯施工。顺层路堑和深路堑要先加固、后开挖，梯段间隔施工，防护紧跟。

⑤深挖路堑（含高边坡）施工前，根据路堑深度、长度、边坡高度、地形、地质、开挖断面、土方调配等情况，制订详细的施工作业计划，报监理批准，否则不得开挖。

⑥石质路堑爆破施工中，根据挖方量、施工进度、岩层地质情况、安全生产距离等要求，采用浅孔或深孔松动爆破，边坡采用光面爆破，分级开挖方法施工，确保路堑开挖质量和边坡稳定。

⑦不良地质地段的的路基施工要避开雨季，分段快速作业，缩短工作面暴露时间。

⑧路堤施工时，不同种类的填料不得混杂填筑。

⑨各种防护设施在稳定的地基上和坡体上施工。在设有挡土墙或地下排水设施地段，先做挡土墙、排水设施，再做防护。

（2）桥梁钻孔桩施工

①钻孔时根据不同的地质，调整好钻机的钻头冲程、冲击频率和泥浆相对密度，控制好进尺速度。

②钻进过程中，必须保证钻机架底座水平，护筒中心、钻头中心和起重滑轮缘必须在同一竖直线上，并经常检查校正。

③加强对桩形、成孔情况的检查，经常检查钻头尺寸和连接装置，及时更换钻头或补焊磨损部分，确保成孔质量。停钻时，必须将钻头提出孔外，避免出现塌孔埋钻现象。

④清孔时严格按换浆法操作工艺进行，清孔后从孔口、孔中部和孔底三部位提取泥浆，测定要求的各项指标，其平均值及孔底沉渣厚度满足设计和规范要求后方可灌注水下混凝土。

⑤钢筋笼制作时的分节长度以方便施工、根据吊放机具性能确定，不得出现弯曲或扭曲现象，吊放钢筋笼时对准钻孔中心，竖直插入，严防触及孔壁。

⑥水下混凝土灌注连续作业，一气呵成，全部灌注工作要在首批灌注的混凝土初凝之前完成，混凝土拌和必须均匀，有良好的和易性，可加适量缓凝型减水剂，防止离析或堵管现象发生。

(3)普通墩台施工

①加强测量工作，建立严格的精测、勤测、复测和换手测制度，确保墩、台位置准确。

②做好混凝土原材料的质量检验工作，通过试验确定最佳施工配合比，加强施工过程控制，确保墩身混凝土的质量。

③钢筋绑扎、焊接必须由持上岗证的工人施作。在钢筋的安装过程中要注意保护预埋件，派专人监督检查预埋管件，发现问题及时处理。

④采用的大块定型钢模要具有足够强度、刚度和稳定性，模板之间的接缝恰当处理，要严密不漏浆，模板的支撑及加固要稳定可靠，保证墩台几何尺寸和表面平整度达到设计和规范要求。

⑤混凝土浇注完毕，及时按规范要求进行养护，确保后期强度发展。

2. 质量自检情况

在工程施工中，认真执行工程自检程序，做到各个部位检测到位，自检数据客观可信。按照公路工程施工规范与质量检验标准，对自检不合格的部位及时进行处理，单项工程合格后方可进行下道工序，确保工程质量。

3. 对完工质量的评价

分项工程、分部工程、单位工程合格率100%，各单位工程质量评定得分如下：清水河大桥98.4分；路基工程98.3分；路面工程99分；刘庄互通立交工程98.5分。质量总体评价为合格工程。

四、施工进度控制

本工程于2004年2月正式开工，并于2004年4月初形成生产规模。在三年来的施工过程中，严格执行业主的计划要求，圆满完成了业主的各项要求，为工程的竣工通车提供了有力保证。为确保按期完工，我合同段主要采取了如下措施：

(1)强化施工管理，实施统一调度指挥，优化施工队伍，将精兵强将充实到第一线；全面推行承包责任制，对各级均实行合同管理，职工工资确保兑现，充分调动广大参建职工的工作热情和积极性。

(2)实行工期责任考核制。将目标总工期详细分解，实行阶段性工期控制并把计划落实到具体人员。对各专业施工队加强管理，工程进度与经济效益挂钩，实行重奖重罚。

(3)精心编制实施性施工组织设计。科学组织施工，明确阶段工期，利用网络计划技术实施动态管理，及时调整各分项工程进度计划和生产要素，实现均衡生产，确保工期目标的实现。

(4)做好物资供应和后勤保障工作。各主要材料、当地料、大宗料等提前落实料源和运输方式并签订订购合同,杜绝停工待料。

(5)优选各种精良设备和机具,加强机械设备的使用、维修和保养管理,确保设备完好率。并考虑一定的备用数量,为工程施工赢得时间。

(6)定期召开工程例会,合理安排施工任务,解决施工中遇到的各种问题,提高决策速度和工作效率。

(7)积极采用新技术、新工艺、新材料、新设备提高劳动生产率,从而确保总工期。

(8)做好冬、雨季施工的管理和安排。在工期安排上,充分考虑冬、雨季施工影响,提前制订详细的冬、雨季施工措施,组织足够的施工人员,充分利用施工有利季节突击施工,最大限度地减少天气变化对工期的影响。

(9)严格执行发包人下达的各项计划、指令。主动加强与发包人、监理工程师的联系,及时汇报工程进展情况,征求意见并取得签证,以免因质量问题或缺陷修复耽误工期。

(10)本工程将严格按照施工计划安排,均衡组织施工生产,但若因重大设计变更、自然灾害或其他不可抗拒因素影响了计划施工工期,将结合施工实际情况,优化施工方案,调整施工工序,增加人力、物力、机械和资金的投入,确保施工生产按既定施工日期顺利竣工完成。

(11)搞好地方关系,加强与地方政府及有关部门的联系与协调,为施工创造良好的外部环境。

五、施工安全与文明施工情况

1.综合措施

(1)深化安全教育,强化安全意识。施工人员上岗前,必须进行安全教育和技术培训,牢记"安全第一"的宗旨。安全员坚持持证上岗。

(2)推行安全标准化工地建设,抓好现场管理,做好文明施工。易燃易爆品要妥善保管,工程材料须合理堆放,各种交通、施工信号标识完备,供电线路安装、架设正确。施工现场紧张有序,施工工序有条不紊。文明施工,安全生产。

(3)加强班组建设。选好班组长、安全员,执行"三工、三检"和"周一" 安全活动,集思广益,发现问题,找出隐患,杜绝"三违",把事故消灭在萌芽状态。

(4)认真实施标准化作业,严格按安全操作规程进行施工,严肃劳动纪律。杜绝违章指挥与违章操作,保证防护设施的投入,使安全生产建立在管理科学、技术先进、防护可靠的基础上。

(5)本合同段所处地区植被丰富,对全体施工人员要进行防火教育,培训一批义务消防人员,严禁野外用火,用火地区要采取一定隔离防护措施,生活区及施工现场配备足够的消防设备。

(6)严格爆破物品的管理,库房的设置要尊重当地公安部门的意见,符合安全要求。采购、运输要符合有关规定,设置专人进行库房管理,建立爆破器材出入库领发制度,不得多领乱发,爆破工要持证上岗,严禁无证操作。

2.分项作业安全技术措施

(1)路基安全技术措施

土方施工前编制路基施工安全技术措施,制订操作细则,并向施工人员进行技术交底,并做好安全教育工作,提高施工人员的安全意识。

施工现场设安全标志作业,危险地区悬挂"危险"、"禁止通行"、"严禁烟火"等标志,夜间设红灯示警。

凡在汛期确需进行影响路堤、路堑稳定的施工，要采取保证措施并上报防洪指挥部，经批准后方可施工。

路堑施工前，先修筑新的天沟截水沟后，方可拆除原排水系统，新路基成型后，尽快修通侧沟。路基施工过程中对原有的防水及排水设施造成破坏的，组织人员随路基填筑及时采取有效措施，保证排水畅通，确保既有线路稳定。

所有进入施工现场的人员，必须按规定佩戴安全帽和其他防护用品，服从安全防护员指挥。

做好各种工程机械车辆的检修与维护，消除事故隐患，不使用带病的设备。

(2)桥涵施工安全技术措施

桥涵施工中特殊工种的工作人员，必须通过安全技术培训，经考试合格取得合格证后，方可上岗作业，其他人员也应进行安全技术培训和考核。所有进入施工现场的人员，必须按规定配戴安全帽和其他防护用品，遵章守纪，听从指挥。

明挖基础开挖时严格按规定的边坡进行，在基坑(工作坑)坡顶一定距离内，不准堆放机具、材料，弃土远离坡顶，以免压塌边坡，各种机械在边坡顶运行或操作时，均留有一定的安全距离。基坑顶面边坡以外的四周，应开挖排水沟，并保持通畅。

墩身钢筋模板安装前，必须搭建脚手架平台、栏杆及上下扶梯，在脚手架与墩身空隙间，挂安全网。人工搬运和绑扎钢筋时，应相互配合，同步操作，钢筋不应直接往下甩，钢筋起吊时应捆绑牢固。在已安装的钢筋上不得行走，模板吊装到位后，应立即用撑木等固定其位置，以防倾倒伤人；竖立模板时，上模板工作人员的安全带，必须拴于牢固地点，穿拉杆时，内外呼应。

各种脚手架在大风、大雨过后，必须进行安全检查，发现倾斜、下沉、松扣现象，及时修复。

起吊设备起吊时，严禁起吊超过规定质量的构件，起吊过程中设专人负责指挥。

遇有暴雨或六级(含六级)以上大风，停止一切高空和起重等作业。

混凝土灌注时，减速漏斗的吊具、漏斗及串角挂钩和吊环均要确保稳固可靠。

拆除模板严格按规定程序进行，场内设立禁区标志。拆除模板先拴牢吊具挂钩，再拆除模板。拆下的模板、材料、工具严禁往下扔。

(3)夏季施工安全技术措施

对职工进行防暑降温知识宣传教育，学会对中暑等病人须采取的应急措施。

合理调整作息时间，严格控制工人加班加点，高处作业工人的工作时间要适当缩短，保证工人有充足的休息和睡眠时间。

对高温、高处作业的工人，经常进行健康检查，发现有作业禁忌症者，及时调离岗位。

及时供应合乎卫生要求的茶水、清凉含盐饮料等，及时给职工发放防暑降温的急救药品和规定的劳动保护用品。

(4)雨季施工安全技术措施

防触电。电源线不得使用裸导线和塑料线，不得沿地面敷设。配电箱必须防雨、防水，电器布置符合规定，电器元件不应破损，严禁带电明露。机电设备的金属外壳，必须采取可靠的接地或接零保护。在施工中更应特别注意加强用电控制。

防雷击。对高出建筑物的龙门架、脚手架等，应安装避雷装置。在桥梁施工中更应特别注意防雷击的控制。

防坍塌。雨季中，地基容易松软，强度下降，应采取措施防止钻机机架、平台、脚手架等发生沉陷倾斜，加强有效的排水工作，坑、槽、沟两边要放足边坡，危险部位要采取支撑措施。

3. 文明施工

成立以项目经理为组长的现场文明施工领导小组，结合实际情况制订文明施工管理细则，报驻地监理工程师批准后实施。

(1)开工前做好施工组织设计，绘制好总体平面布置图，文明责任区划分明确，设置明显的标牌。

(2)项目部实行目标管理，并按季、月进行目标细化，推行计算机动态跟踪管理。

(3)建立完善的文明施工保证体系，加强队伍建设，提高文明程度。

(4)施工现场设标识牌，做到有序标识；各种材料分仓堆放有序、标示清晰，生活区与施工区有明确的分界和明显的标志。

(5)施工管理人员佩戴胸卡；施工现场作业道路保持平整，雨天不泥泞，晴天不扬尘，设有路标；机械设备保持状态良好整洁、停置整齐。

(6)工地现场外观做到“三洁”：施工现场整洁、生活环境清洁、施工产品美观洁净。

(7)施工结束后做好临时占地的恢复工作，对施工占用的地方道路等做好修复工作。

六、环境保护措施与节约用地措施

1. 植被、土地及地下水资源保护措施

(1)保护原有植被。对合同规定的施工界限内、外的植物、树木等尽力维持原状，严禁超范围砍伐。

(2)临时用地范围内的耕地采取措施进行复耕，其他裸露地表植草或种树进行绿化。

(3)营造良好环境。在施工现场和生活区设置足够的临时卫生设施，经常进行卫生清理，同时在生活区周围种植花草、树木，美化生活环境。

(4)及早施作防护工程、排水工程和裸露地表的植被覆盖，防止水土流失。

(5)工程完工后，及时进行现场彻底清理，并按设计要求采用植被覆盖或其他处理措施。

(6)对有害物质(如燃料、废料、垃圾等)要按当地环保部门同意的措施处理后运至指定的地点进行掩埋，防止对动、植物造成伤害。

(7)弃土应根据现场实际情况选择适宜的场地，避免弃于较敏感地带，弃渣场选择应符合环保及水土保持、水保要求，不得任意侵占耕田。对弃渣坡脚进行码砌及留出排水通道，对于弃渣渣体采取植被恢复等措施。

2. 水环境保护措施

(1)靠近生活水源的施工用沟壕同生活水源隔开，避免污染生活水源。

(2)施工废水、生活污水按要求进行处理，不直接排入河流和渠道。

(3)施工机械的废油废水，采用隔油池等有效措施加以处理后排放。

(4)生活污水进行净化处理，经检查符合标准后排放。

3. 大气环境保护措施

(1)在设备选型时选择低污染设备，并安装空气污染控制系统。

(2)配备足量的专用洒水车，对施工现场和运输道路经常进行洒水湿润，减少扬尘。

(3)对汽油等易挥发品的存放要密闭，并尽量缩短开启时间。

4. 降低噪声措施

(1)机械车辆途经居住场所时应减速慢行，不鸣喇叭。

(2)在比较固定的机械设备附近，修建临时隔声屏障，减少噪声传播。

(3)合理安排施工作业时间，尽量降低夜间车辆出入频率。

(4)适当控制机械布置密度，条件允许时拉开一定距离，避免机械过于集中形成噪声叠加。

5. 水土保持措施

开工前，组织全体职工认真学习《中华人民共和国土地法》和《中华人民共和国水资源保护法》等相关的法规、政策，增强法制观念，树立水土保持意识。

根据本合同段的地形条件和水文特征，坚决按《中华人民共和国水土保持法》的规定，合理设置施工营地、材料场、机械保养场、临时工棚、施工便道等，一定做好水土保持防护工作，不强行改变地表经流方向或改沟、改河，不随意切割植被、人为扩大活动范围造成水土流失。

不得将取、弃土场、弃渣场设置在植被发育良好的地段，不得随意大面积开挖、破坏地表草皮及地层结构。除对取、弃土场采取平整、防护措施外，有条件还应对其撒种草籽，防止水土流失。

桥基施工时的弃渣，不得随意丢弃和挤压河道堆放，尽量用作填方或选择合适场地进行坡脚砌筑后堆放。施工结束后临时用地加以平整并恢复植被。对施工垃圾及原有河道及沟渠进行清理与处置，保证水流畅通。

不得在河流漫地及两岸百年洪水位线以下乱挖砂砾，严禁侵占河道；对开挖的弃、取土场及河岸边坡，应采取及时的、有效的岸坡防护措施，以防水土流失。

6. 施工后期的场地恢复措施

(1)路基本体完成后及时安排路基护坡等附属工程施工，施工完毕后的取、弃土场及时平整，采取土地整治和恢复植被或草地还原等必要措施，避免水土流失。施工营地、场地、便道在使用完毕后立即恢复。如使用草地，要进行还原。

(2)施工完毕后，根据设计文件和环境保护要求，对施工环境采取恢复性措施。

(3)工程完工后，对临时用地内所有建筑、生活垃圾，应进行清理，垃圾运至指定位置处理，场地清理平整合格后，使用耕植土将其恢复原状。

(4)取弃土(石)场、石料场、材料场等施工完毕后，及时进行清理、平整，恢复植被。

(5)施工完工后请当地政府有关部门进行环保验收，取得地方政府的认可，并从当地政府取得环保措施实施的证明材料，确保不留环保后患。

七、施工中新技术、新材料、新工艺的应用情况

1. 桥梁施工

刘庄互通立交的B\F匝道桥是本合同段的重点和难点工程，进场后我们就制订了科学、合理、可行的实施性施工组织设计，并严格按此执行：地基的硬化采用石灰土与混凝土结合，最大限度满足地基承载力要求，满堂支架全部采用碗扣支架，快捷、安全、方便。箱梁外模为竹胶板，内模为木板，按联浇筑，遵循先底、腹板，后顶板的施工顺序，采用吊车施工，连续浇筑。两座匝道桥共计50跨的现浇施工，我们精心组织、科学施工，顺利完成。质量上内实外美，成为互通的一大亮点。

2. 路基施工

路基填筑采用分层平行摊铺施工，保证路基的整体压实度。但在具体施工过程中，因当地土质过于复杂且地下水位高，土源含水率大，重黏土与砂质土交互层叠，分离不开，造成路基土在同样条件下含水率调控不均。后经项目部研究，并咨询专家，采取了使用稳定土拌和机将路基土充分拌和粉碎的办法，使土颗粒重新排列，并经碾压密实。经实践检验，该方法相对于采用无机结合料处理方法节约大量资金，并使路基整体稳定性大大加强，雨季暴雨过后，路基基本不被冲刷。

八、对建设单位、设计单位、监理单位的评价

1. 对建设单位的评价

河南通衢高速公路有限公司，隶属于河南省高速公路发展有限公司，拥有丰富的高速公路建设项目管理经验，特别是商周高速公路项目在该单位接收后，能够及时梳理问题，抓住制约施工进度的主要矛盾，在短期内理清思路，制订了一整套切实可行的管理办法，加大投资力度，改变资金注入模式，在不到一年的时间内，就彻底改变了商周高速公路周口境工程项目的落后施工现状，按最终预期，在2006年竣工通车，建设单位功不可没。

2. 对设计单位的评价

中国公路工程咨询监理总公司，具有一流的设计团队和设计开发能力，丰富的公路工程设计经验，并在施工中跟踪服务直到工程顺利竣工通车，以一流的设计和优质的服务赢得业主单位和广大参建单位的一致好评。特别是针对平原地带的软土地基处理，具有成熟的设计经验，因地制宜，分别采取了石灰桩、粉喷桩和石灰土处理等不同工艺，在节约投资的状况下最大限度地确保了公路的技术等级标准。

3. 对监理单位的评价

本合同段监理单位为北京华捷公路工程技术咨询有限公司，在施工过程中，严格执行监理程序，热情周到服务，尤其是路基施工中，针对本地土质成分复杂难以碾压成型的特点，和施工单位在现场蹲点，积极出注意、想办法，摸索出切实可行的施工方案。对该路的总体质量、进度、合同管理做到了最佳的控制，对承包人和业主之间的平衡点做到了客观、公平、公正。

九、施工体会

通过商周高速公路的建设，使我单位掌握了丰富的路基土方施工经验，尤其是在平原地区，针对不同土质成分复杂难以碾压成型的状况，我们通过不断的摸索和试验，针对不同土质和不同含水率，采取了翻晒、掺灰、拌和机拌和等不同的施工工艺，满足了质量标准和工艺要求。

在施工中，业主对项目的总体把握能力和运作水平决定了项目的总体走势和最终工期，因此，施工单位、监理、业主应加强沟通，增强理解，求同存异，为实现最终目标而共同努力。

中铁二十局集团有限公司

2010年1月20日

8. 商丘至周口高速公路周口段土建工程 SZZ-08 合同段施工总结报告

目　　录

商丘至周口高速公路周口段土建工程 SZZ-08合同段施工总结报告

一、工程概况

商丘至周口高速公路周口段土建工程第SZZ-08合同段由郑州市公路工程公司负责承建，起讫桩号为K243+500~K247+473，全长3.973km，位于周口市川汇区搬口乡境内。完成主要工程内容及工程数量：路基土方43.7417万m^3；防护工程1 010m^3；软基处理长度450m；中桥3座162.12m；周口东互通立交1处；分离立交桥1座77.04m；涵洞5道97.5延米、通道6道162.59m；水泥稳定碎石路面底基层、基层等。于2003年12月进场准备，2004年2月28日开工，2006年12月15日建成通车。

本合同段合同价为43 978 659元，竣工决算价为57 080 106元。

二、机构组成

为确保工期，保质保量完成本项目工程，郑州市公路工程公司根据工程情况和合同要求组建了郑州市公路工程公司商丘至周口高速公路第SZZ-08项目经理部，实行项目经理负责制，按项目法组织施工，在公司范围内抽调具有丰富管理经验和高素质的专业技术人员组成本合同工程项目经理部。项目部设项目经理1人，总工程师1人，质检负责人1人，下设“五部一室”，即工程部、合同部、质检部、材料设备部、综合部和中心试验室，项目经理部下设路基施工队2个，桥梁施工队1个，涵洞施工队1个，路面施工队1个。投入本合同的主要施工机械及试验、测量、质检仪器设备均满足合同和施工要求。

三、质量管理情况

1.质量控制措施

(1)技术交底

由项目总工程师组织技术人员熟悉施工图纸，并对其认真复核，针对其工程特点制订详细的施工技术方案，召开了有关技术人员和施工管理人员参加的技术交底会议。

(2)测量工作

测量人员在进一步熟悉图纸的过程中，按照施工规范和图纸的要求，对合格的控制点进行复核，并对道路及涵洞的中线桩位进行恢复，设置固定桩位，对桩位进行水准校核。确保测量工作满足规范的要求。

(3)内业资料整理工作

施工过程中的资料管理，严格按照监理工作程序进行整理，做到真实、及时、准确。

(4)质量体系的建立

建立以项目经理为第一管理者的组织保证机构，项目经理负责本项目执行质量方针、质量目标及相关质量体系文件，使之在施工过程中有效进行，组织编制项目质量管理文件，建立组织保证机构，包括所有与质量有关的部门和人员，配齐桥梁工程师、路基工程师、试验工程师、质检工程师，施工队配备专职质检员，施工班配备兼职质检员，形成自上而下的质量检查监督工作网络，各级质量管理人员由会管理、懂技术、熟知施工规范和质量检验评定标准、有丰富施工经验的人员担任，并赋予质量管理人员一票否决权、经济奖罚权，使工程质量在施工全过程中始终处于受控状态。

(5)建立设备精良齐全的工地试验室

为了确保工程质量，在开工之前，首先根据工程需要，建立经河南省交通基本建设质量监督站认证的工地试验室，配备足够的人员和设备。选派技术熟练的人员，组成强干的试验队伍，装备精良齐全的试验仪器，做好各项试验工作。试验人员做到持证上岗，试验仪器设备必须经由国家有关部门标定认可。

(6)建立可靠的检测手段，建立严密的监测制度

为把对质量具有重要影响的工作程序用制度的形式固定下来，建立一套工作程序管理制度和专项质量检验、验收制度。按照"跟踪监测"、"复检"、"抽检"三个等级进行。

(7)工程工艺控制措施

单位工程开工前，认真编制施工组织设计，经业主、监理工程师审批后，严格按照施工组织设计施工。对主要分部、分项工程编制施工方案，科学地组织施工。在施工过程中，经常检查施工组织设计及施工方案落实情况，以确保施工生产正常进行。

(8)加强原材料试验检测

对采购的原材料、购(配)件、半成品等材料，建立、健全进场前检查验收和取样送检制度，杜绝不合格的材料进入现场。水泥、钢材等其他外购材料必须三证(出厂证、合格证、检验证)齐全，进场后按规定抽检，合格后方可使用。地方材料先检查料源，取样试验，试验合格经监理认可后方可进料。到达现场后按规定抽检，合格后方可使用。现场设专人收料，不合格的材料以及在施工过程中若发现不合格的材料，及时坚决清理出现场。

(9)树立全面质量观念

在实施该项工程施工过程中，由施工技术负责人组织所有参建职工进行定期或不定期职业岗位培训和业务学习，学习有关规范、标准和操作规程，做好质量管理小组的活动组织、资料管理、成果推广总结工作。结合施工特点，从实际出发，做好提高工序质量、成果推广总结工作。认真学习与本工程相关的专业技术规范，使人人都认识到"质量就是生命，质量就是效益"，做到从我做起，从严把好质量关。

(10)建立质量情报信息网络

为做好工程项目质量目标管理，有效控制和保证工程质量，工程施工管理人员、技术人员、质量检查人员经常深入施工现场，认真掌握大量准确的第一手质量情报信息资料。做到及时收集、及时反馈、及时分析、及时应用，以便更好地保证工程质量。

(11)隐蔽工程质量保证措施

把好隐蔽工程检查验收关，把好隐蔽工程检查签证关，把好隐蔽工程检验关，关键工程、工序利用录像机、照相机等留存图像资料，关键工程、工序建立联合检查制度。

"质量第一，信誉至上，科学管理，力创精品"是我方的质量方针。我项目部建立了一套完整的质量保证体系，制订了《质量手册》和质量体系程序文件，以及详细的作业文件，做到事事有标准、项项有程序，从质量策划、质量控制、质量保证、质量改进各个环节着手抓好管理，从而确保工程质量。

2. 施工中工程质量自检情况及工程质量问题的处理情况

坚持"三检"制度，即自检、互检、交接检，在施工过程中质检人员严格按照质量评定标准中制订的自检频率和中心试验室提供的各种标准试验数据进行自检，经自检合格后，报驻地监

理工程师进行抽检，抽检合格后，方可进行下道工序施工，以确保工程质量。

在工程实施过程中，没有出现工程质量问题。

3. 对完工质量的评价

工程质量达到国家、交通部现行的工程质量验收标准，分项工程、分部工程、单位工程合格率100%，各单位工程的评定得分具体如下：路基工程98.9分，路面工程93.5分，桥梁工程98.3分，互通立交工程97.3分。质量总体评定为合格工程。

四、施工进度控制

（1）根据本合同段工程量和总体施工工期安排，结合我项目部的技术力量、设备能力等情况，在施工现场，道路施工队，桥梁、涵洞施工队同时施工，采用平行作业法和流水作业法相结合进行，并做好保通和安全工作。

（2）本合同段自接到中标通知书后即开始进场做好施工前的准备工作，2004年2月底开始施工，在业主、监理、当地政府协助下，我部积极克服各种困难，于2006年10月28日完成全部工程，确保全线通车这一既定目标的实现。

（3）本合同段施工进度计划的实施过程是按照“计划—实施—检查—调整”的程序进行动态控制的，在建设单位和有关领导的统一指挥和协助下，根据本工程的施工特点，尤其是当地路基填筑土含水率过大，需大范围晾晒，以及当地材料紧缺、进场道困难、原材料价格上涨等诸多因素，为在保证工程质量的前提下快赶工期，先后采取了增加设备（压路机、装载机、施工车辆等）、增加技术人员、增加劳务人员等措施，保证了工程按照业主要求的工期完成。

（4）我项目部为使该项目能够早日完工，同时也按业主施工任务和通车要求，主要采取下列措施：

①项目经理部组织精兵强将，统一对内指挥施工生产，对外负责合同履行及协调联络。科学合理地安排施工工序和施工进度，并在实施过程中及时调整进度计划，加强组织管理及协调，保证技术、人、财、物、机供给；积极推广“四新”技术和建立竞争机制，提高工作质量和工作效率。

②建立从经理部到各施工处的调度指挥系统，全面、及时地掌握并迅速、准确地处理影响施工进度的各种问题。

③强化施工管理，严明劳动纪律，对劳动力实行动态管理，优化组合，使作业专业化、正规化。

④安排好冬季、雨季的施工，制订完善的专项施工技术方案。

⑤选配合理配套的施工机械，建立合理的机械保养、维修体系，保证施工机械的完好率；同时建立强有力的后勤保障体系，保证各种物资、设备按时到位，加强机械设备管理。

⑥确保劳力充足、高效。

⑦提供充足的资金保障。

⑧成立专门协调小组，下大力气加强和有关部门的联系协作，排除干扰，克服种种困难，搞好当地关系，保障工期。

五、施工安全与文明施工情况

（1）本合同段在施工过程中始终按照高效、优质、安全的施工方针进行施工，在工程实施过程中，做到了无安全生产事故发生。项目部成立了以项目经理为组长、以主管项目副经理和专职安全员为副组长的安全领导小组。我项目部一贯坚持“科学施工，安全生产”的施工原则，施工时注意“安全第一，预防为主”。为保证本合同现场施工安全，按照“五项”（综合治理、管生产必须管安全、安全一票否决权、从严治理、标准化管理）原则，建立安全保证体系；制订各项安全制度和防护措施，抓好现场管理和文明施工；加强学习和教育，提高安全意识，防止任何安全事故的发生；抓好现场安全防护检查。

（2）我项目部严格按照《工程文明施工管理办法》组织工程的施工，创建文明安全工地。统一规划，统一设计，统一制作，在项目经理部及施工现场设置工程标志、标示牌，修建临时道路尽量避开村庄，并进行定期洒水除尘；合理安排施工时间，并尽可能选用噪声小的设备进行施工；积极和当地居民开展文明共建活动，积极给予村民力所能及的帮助。

六、环境保护措施与节约用地措施

1. 环境保护措施

认真贯彻执行“预防为主，防治结合，综合防治”的原则和国家环境保护法规；在工程中，确定水土流失、施工环卫、水源污染、噪声污染作为环境保护的重点，加强过程控制；建立环保组织，成立环保工作领导小组，制订环境保护规章制度，加强学习教育。

2. 节约用地措施

根据实际情况编制临时占地计划表，确定临时用地的面积、租用时间、用地位置，待工程结束后进行复耕，保证耕作；对于土场征地，尽量深挖深取，提高土场利用率，为建设生态平衡新农村，把土场挖成鱼塘，为农民发展多元化生产提供便利条件；对局部路基填筑采用换填粒料（如废砖渣）和工业废渣（如粉煤灰）的方法，可减少对土的需求量，节约用地。

七、施工中新技术、新材料、新工艺的应用情况

（1）根据实际处理情况，水泥搅拌桩在处理黏土质软弱地基路段效果非常好，值得推广。

（2）路基填土用冲击式压路机进行冲击碾压。

路基除下部进行灰土或水泥土处理的路段外都可进行冲击碾压，每次冲击完成后，从高程和压实度等实际数据分析，高程在冲击后会降低 1 ~ 2cm，压实度会提高 1 ~ 2 个百分点，砂性土质提高得更多。从实际效果看，冲击碾压对于提高路基压实度是很好的方法，值得推广。

八、对建设单位、设计单位、监理单位的评价

1. 对建设单位的评价

原单位为周口市恒达高速公路发展公司；现单位为河南通衢高速公路有限公司，下属于河南省高速公路发展有限公司。该公司拥有丰富的高速公路建设、投资、管理、施工等经验，配备精良，实力雄厚，在接手商周高速项目后，加大投入，改变模式，经过几个月的努力奋斗，一举扭转了施工落后的不利局面，在全省高速公路建设中取得了优异的成绩，取得的成就是有目共睹的，按时、保质、保量完成了商周高速公路项目在 2006 年底顺利建成通车这一既定目标，建设单位居功至伟。

2. 对设计单位的评价

中国公路工程咨询监理总公司，拥有丰富的公路工程设计经验，在施工过程中一直全方位地跟踪服务，得到了建设单位和广大参建单位的认可。

3. 对监理单位的评价

我合同段监理单位为北京华路捷公路工程咨询有限公司，拥有一流的监理队伍，在工程施工方面，严格按照“十六字”监理方针对工程进行全方位、全方面、全天候的过程监督和服务，很好地帮助业主进行现场管理，对工程质量、进度、合同管理、安全文明施工做到了最佳控制。

九、施工体会

高速公路建设工程质量的优劣，不仅直接影响工程建成后的运营使用，也关系着设计、施工、监理等单位的信誉和效益，控制工程建设质量是参建各方的首要工作和共同职责。要想做好高速公路建设工程质量管理与控制，必须以质量控制为中心，把工程质量作为工程项目建设管理的重点，分别从施工准备、施工过程、交工验收和缺陷责任期等各个阶段，有针对性地采取各项措施，加大合同管理和过程监督检查力度，加强质量管理，达到控制工程质量的目的。

在广大参建人员的努力拼搏下及各方的支持和帮助下，我项目部克服了重重困难，解决好了进度与质量的关系、交叉施工与流水施工的影响，及时调整施工计划，安排合理的工作面，顺利完成了商周高速公路周口境土建第 SZZ-08 合同段的施工任务，圆满实现了商周高速公路 2006 年底通车的目标，为周口人民交了一份满意的答卷。

郑州市公路工程公司

2009 年 7 月 18 日

9. 商丘至周口高速公路周口段土建工程 SZZ-09合同段施工总结报告

目　　录

商丘至周口高速公路周口段土建工程 SZZ-09 合同段施工总结报告

一、工程概况

1. 工程位置及桩号

商丘至周口高速公路周口段 SZZ-09 合同段位于河南省周口市川汇区和西华县境内，途经大朱楼、冯店、徐营、李营、朱营、下炉、李方口，起止桩号 K247 + 473 ~ K252 + 600，全长为 5.127km。本工程于 2004 年 2 月 28 日开工，2006 年 12 月 15 日建成试行通车。

2. 完成主要工程量

路基土方 541 492m^3，防护工程 1 278m^3，软基处理长度 1 431m；大桥 425.2m/座，中桥 159.12m/3 座，天桥 239.16m/3 座，涵洞 190.28m/7 道，通道 232.39m/8 道，以及路面基层、底基层、加铺层等。完成投资额：合同价为 6 543.908 5 万元，竣工决算价 82 746 692 万元。

二、机构组成

1. 组织机构

自中标之日起，我中铁十一局集团有限公司成立了"中铁十一局集团商周高速第九合同段项目经理部"，设项目经理、副经理、总工程师各 1 人。下设工程技术部、安全质量环保部、计划财务部、物资设备部、施工协调部、办公室共五部一室组织管理本项目。项目部下辖 6 个施工队，根据工程实际情况投入充足的劳动力及机具，确保施工需要。

2. 设备投入情况

本合同段投入本工程的主要设备有：挖掘机 4 台、推土机 4 台、装载机 4 台、平地机 2 台、拖式振动碾 1 台、压路机 10 台、洒水车 2 台、油罐车 1 台、砂浆拌和机 6 台、基层材料拌和设备 2 台、稳定土路拌机 3 台、粒料摊铺机 2 台、桥梁钻机 6 台、水泥混凝土输送车 3 台、混凝土搅拌机 2 台等。

3. 组织管理机构设置

我公司签订合同后，即成立精干高效的"中铁十一局集团有限公司商周高速公路第九合同段项目部"。项目经理部设在周口市开发区，靠前指挥。

组织机构见"组织管理机构图"(图 2-9-1)

下设路基施工队、桥涵施工队、制梁施工队以及路面施工队。

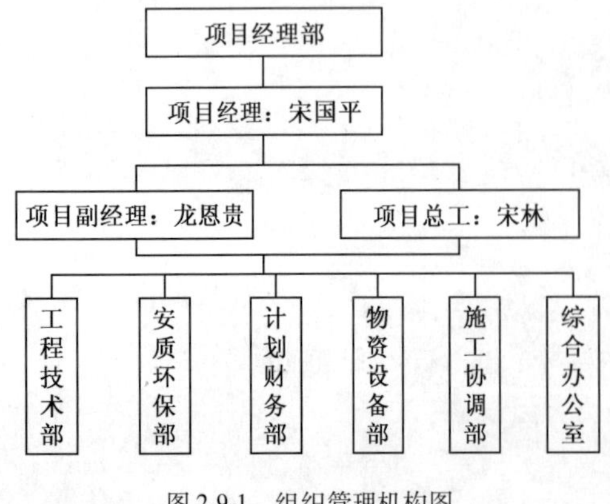

图 2-9-1　组织管理机构图

三、质量管理情况

1. 质量保证体系及质量保证措施

(1) 建立、健全质量保证体系和质量创优体系，项目部成立质量管理领导小组，由项目经理任组长，总工程师任副组长，负责全项目质量创优领导工作，项目经理部设质检测试部，配备质检工程师，各队设专职质检工程师和专职质检员。配备足够的符合精度要求的质检仪器和设备。质检人员对质量工作有一票否决权和检验签证权，进行定期质量总结会和不定期的专题质量会议，发现问题及时纠正，并制订整改措施，推动和改进质量管理，保证创优目标的实现。

(2)细化质量目标和创优规划，开展目标管理。根据制订的质量目标和创优规划提出的各项指标，从项目经理到队班组逐级细化、分解管理指标、工作目标、各项保证指标和操作指标，坚持各级岗位责任制，层层抓落实，保证各项指标的实现，确保质量总目标的实现。

(3)进行生产全过程的质量监控，在施工各环节的每道工序上严把质量关，把质量管理由事后检查变为事先预控和过程控制。

(4)建立、健全各项质量管理制度。实行“三工三查”制，任何单项工程都要进行工前交底，工中检查指导和工后总结评比，并坚持自查、互查、交接检查等制度。在施工过程中，做到“五不施工”、“三不交接”。“五不施工”即：未进行技术交底不施工；材料无合格证、试验不合格不施工；建筑物未经复测不施工；隐蔽工程未经监理工程师检查签证不施工；图纸和技术要求不清不施工。“三不交接”即：无自检记录不交接；未经质检人员验收不交接；施工记录不全不交接。

2. 工程质量自检的情况及工程质量问题的处理

每一作业面完成后，立即对各项指标进行检测，对自检不符合规范要求的，立即处理，直到符合规范要求。自检合格后，整理好内业资料，向监理人员报验，监理人员抽检合格后，才进行下一道工序。发现工程质量问题，立即上报业主及监理单位，共同对出现的问题拿出一个最佳处理方案，处理完毕后，报验业主及监理工程师抽检，直到合格为止。

3. 对完工后质量的评价

完工后经验收评定，路基工程 98.83 分，路面工程 99.75 分，桥梁工程 99.16 分，总体评价为合格工程。

四、施工进度控制

本项目由于受各种原因影响，实际工期比合同工期加长，我部充分发挥各专业工种齐全配套，机械化设备精良，员工技术素质高和现代化科学管理水平的优势，进行合理布局，统筹安排，重点突出，在全面展开的原则下，抓住有利季节连续掀起施工高潮，在资金紧张、材料供应困难、外部环境差等情况下高质量、高标准地完成了本合同段的施工任务，具体措施如下：

(1)按本合同段各施工项目顺序布置工作，分轻重缓急，采用网络技术，在工、料、机安排上做到保证重点，兼顾一般，协调好各项目顺序衔接。

(2)充分发挥施工机械化程度高的优势，在施工中，科学地组织机械化一条龙作业和流水作业，强化队伍和施工机械设备管理，组织好设备配件和各种材料的采购、供应，提高设备的完好率和利用率，保证机械化生产顺利进行，使工程质量和进度得到保证。

(3)开展目标管理，实行各项目标承包责任制，进行“六包”制度，即包任务、包产值、包工期、包安全、包工程质量、包环境保护，实行奖优罚劣，做到人人有任务，大家有压力，不断提高全体施工人员的积极性、主动性、创造性。在标价低、资金困难的情况下，保证各项任务按期完成。

(4)主动取得建设单位的指导和帮助，做好与地方政府的协调工作，与沿线群众建立融洽关系，创造良好的施工环境，保证施工的高效率进行。

五、施工安全与文明施工情况

1. 安全保证措施

(1)对职工进行岗前安全知识培训。

(2)开展安全标准工地建设,施工现场做到布局合理、施工规范、防范严密。工地做到管线齐全、灯明路平;标志醒目,防护设施齐全;在施工现场悬挂有关施工安全标语,设立醒目警示牌,设立明显安全标志,设专人现场调度。

(3)开工前制订科学周密的施工方案,减少因场地小对机械车辆运转和施工的影响,确保施工方案安全可靠。

(4)施工现场与既有公路有干扰时,与当地交通部门联系,设置行车标志,设专人现场指挥,为公路运输、现场施工人员及周围群众提供安全和方便。加强车辆设备的管理,加强对驾驶员的安全教育,严禁违章操作;加强车辆设备的保养维修,做到文明驾驶、安全行车。

(5)关键部位施工,要安排具备资格的操作人员上岗。

(6)根据季节变化,做好防暑降温和防寒工作。

(7)做好防汛工作。

(8)制订管线防护安全措施。

地下管线迁移与保护,在基础施工前,请设计及各管线管理单位对施工方案进行交底,明确管线的位置,对需迁移和保护的各种管线予以明确,在开挖前,进行样洞开挖,并插上红旗示警;施工中,保护的管线派专人予以监控,发现问题,随时进行处理。

(9)抓好高空作业和架梁的安全管理。

桥梁墩身支架要作稳定性验算。高空作业时设安全网,作业人员穿戴好防滑鞋、安全帽及系好安全带。桥梁施工用的龙门吊为国家大型机械厂生产的产品,架桥机施工严格按照操作规程操作。

2. 文明施工情况

施工中,我们在创建精品工程的同时,深入开展精神文明建设,通过一系列富有成效的措施,有效地促进了施工生产。一是加强与当地群众的沟通和理解,有效地融洽了路地关系,为施工生产的顺利开展创造了良好条件;二是充分发挥党群组织的作用,广泛开展"创建党员优质工程","创岗建区"、"创建青年文明号"和适时开展多种形式的劳动竞赛等活动,通过树立典型,较好地激发了职工的劳动热情;三是加大对内外宣传力度,对内,我们通过会议、板报,工地广播、标语等多种形式,对职工进行"四五"普法、公民道德建设、工程质量、安全生产的宣传教育,提高职工自身素质,对外,利用电视、广播、报纸等新闻媒介,报道我们在安全、质量管理等方面的先进经验,以及在施工中涌现的先进人物,极大提升了我单位的形象。

六、环境保护措施与节约用地措施

1. 保护水质

(1)施工产生的污水要经沉淀池沉淀后再排入污水管线。机械废油回收利用或妥善处理,严禁随意泼倒。

(2)桥梁钻孔的废渣及废弃泥浆均运至弃土场,禁止随意排放。

(3)存放化学品的库房,不得设于水渠及引用水井附近,要备有足够遮盖的帆布,进行防渗处理,储存和使用时采取措施防止跑、冒、滴、漏,污染水源。

(4)施工现场临时食堂,设置简易有效的隔油池。

2. 控制扬尘

(1)施工便道随时进行洒水降尘。

(2)易引起粉尘的细料或松散料予以遮盖或适当洒水润湿。

(3)运转时有粉尘发生的施工场地,如水泥混凝土拌和站等投料器均应有防尘设备。

3. 减少噪声、废气污染

(1)各种临时设施和场地距居民区必须大于300m,设于居民区主要风向的下风处。

(2)施工现场使用的炉灶具其烟尘排放黑度达到林格曼Ⅰ级以下。

(3)机械车辆鸣笛,采用低音喇叭。

(4)在居民区附近施工时,作业时间限定在7:00~22:00。

4. 保护绿色植被

(1)施工时尽量保护公路用地范围之外的现有绿色植被。若因修建临时工程破坏了绿色植被,在拆除临时工程时予以恢复。

(2)注意保护公路两旁的古树和法定保护的树种,即使处在公路用地范围内,有可能时也要尽量设法保护。

(3)施工期间工程破坏植被的面积予以严格控制,除了不可避免的工程占地、砍伐以外,不得再发生其他形式的人为破坏。

5. 水土保持

(1)按照设计要求做好环保绿化工作,临时用地结束后要进行复耕,裸露部分要种草或植树,防止水土流失。对取土场、弃土场在征求当地主管部门的意见后,可采取复耕还田或植草绿化等措施进行处理。

(2)遵照《中华人民共和国水土保护法》和本合同段水土保持的要求,制订本项目水土保护计划并实施。

(3)施工要节约用地,混凝土在拌和站集中拌制,预制构件集中在预制场预制。

(4)切实做好水土保持工作,弃土、弃渣运到弃土场堆放,弃土堆放整齐,分层压实,压实度大于85%。边坡稳定平整,并做好排水设施。

(5)合理布置施工场地,生产、生活设施尽量少占农田,施工尽量不破坏原有植被,不损坏用地范围外的耕地、树木、果林、堰塘、水渠,保护自然环境。

七、施工中新技术、新材料、新工艺的应用情况

我合同段在高填方路基段采用了粉煤灰填筑,极好地加快了施工进度,同时对减少占用周边耕地起到了一定作用。

八、对建设单位、设计单位、监理单位的评价

商周高速公路由于种种原因,工期滞后比较严重,2006年3月份,河南省通衢高速公路有限公司接手后,给本合同段带来希望,工地上又掀起了施工高潮。资金问题一直是制约本合同段进度的老问题,新业主接手后,在资金问题上给本合同段提供很大的帮助,使本合同段在施工高峰期没有拖全线进度的后腿。新业主严格控制工程质量,昼夜巡查,不惧劳苦,排除隐患,使本合同段没有出现质量问题。

本合同段各种变更比较多,设计单位不厌其烦提供变更设计图。在有些图纸不清楚的地方,设计单位热情地为本合同段讲解。

监理单位在督促本合同段施工进度的同时,也严格控制施工质量,并热情为本合同段提供新的施工工艺。

在这里,我项目对建设单位、设计单位和监理单位表示衷心的感谢。

九、施工体会

本合同段于2003年11月进场,2006年11月竣工,在这三年里,本合同段在施工过程中遇到种种困难。虽然是在平原一带施工,但施工的难度比较大,其表现在土方方面,土质相当差,“软硬不吃”,再加上2004年、2005年雨水较多,给工程进度带来了很大的影响。另外,资金短缺,资金不能及时到位,可项目部人员没有一个因为困难而退缩。2006年3月河南通衢高速公路发展有限公司接手后,天气一直晴好,资金问题也得到了解决,施工进度加快了许多。虽然在这三年里遇到的困难重重,但是也收获了不少东西。在许多施工工艺上,我项目部为局公司提供了许多新的施工工艺。我项目部作为集团公司第一个进行路面底基层、基层施工的项目部,一切施工工艺都要从零开始。通过试验路段的施工,我们依据现场掌握的的填料特性和施工特点,确定了碾压设备的压实方式与遍数及填层松铺厚度,明确了检测方法与检验程序,优化了施工工艺流程,用来指导全线底基层及基层的施工。并为公司以后的基层、底基层的施工提供了一套完整的技术参数。

中铁十一局集团公司

2009年8月25日

10. 商丘至周口高速公路周口段土建工程 SZZ-10 合同段施工总结报告

目　　录

商丘至周口高速公路周口段土建工程 SZZ-10 合同段施工总结报告

一、工程概况

商周高速公路周口段工程,起自周口市太康县张集乡东南,接商周高速公路商丘段终点。在周口市西郊河湾村南与漯界高速公路交叉,止于商水县杨湖村西。路线全长 68.75km。

SZZ-10 合同段的起点桩号为 K252 +600,终点为 K259 +500。主线全长 6.900km,包括周口西互通式立交一处。

完成主要工程数量:路基土方 1 018 680m^3,防护工程 2 107m^3,软基处理长度 640m;中桥 141.12m/3 座,分离式立交桥 174.12m/3 座,天桥 231.24m/3 座;涵洞 257.90m/9 道,通道 254.04m/8 道;路面基层、底基层、加铺层等工程。

完成投资:合同金额为 71 856 000 元,竣工决算金额为 112 119 427 元。

工程于 2004 年 2 月 28 日开工,2006 年 12 月 15 日建成试通车。

二、机构组成

为确保工期,保质保量完成本项目工程,我们组建项目经理部,实行项目经理负责制。按项目法组织施工,在公司范围内抽调具有丰富管理经验和高素质的专业技术人员组成本合同工程项目经理部。项目部设项目经理 1 人、副经理 1 人、总工程师 1 人,下设"五部一室",即工程部、合同部、材料设备部、综合部、财务部和试验室。项目经理全权代表本单位负责本合同段的全部工作,项目副经理主管生产和项目部的全部机械设备及物资管理,总工程师负责本工程的全面技术工作,质检工程师全面负责本合同段的工程质量检验工作。下设路基施工队 4 个,桥涵施工队 2 个,路面施工队 2 个。

自开工以来,施工现场都保持了充足的劳动力和机具。主要机械设备有:挖掘机 12 台,压路机 20 台,混凝土拌和机 2 台,水泥碎石拌和机 2 台,混凝土运输车辆 8 台,其他运输车辆 160 台等,满足了施工要求。

三、质量管理情况

1. 质量控制措施

(1)技术交底,由项目总工程师组织技术人员熟悉施工图纸,并对其认真复核,针对其工程特点制订详细的施工技术方案,召开了有关技术人员和施工管理人员参加的技术交底会议。

(2)测量工作。测量人员在进一步熟悉图纸的过程中,按照施工规范和图纸的要求,对合格的控制点进行复核,并对道路及涵洞的中线桩位进行恢复,设置固定桩位,对桩位进行水准校核,确保测量工作满足规范的要求。

(3)内业资料整理工作。施工过程中的资料管理,严格按照监理工作程序进行整理,做到真实、及时、准确。

(4)质量体系的建立。建立以项目经理为第一管理者的组织保证机构,项目经理负责本项目执行质量方针、质量目标及相关质量体系文件,使之在施工过程中有效进行,组织编制项目质量管理文件,建立组织保证机构,包括所有与质量有关的部门和人员,配齐桥梁工程师、路基工程师、试验工程师、质检工程师，施工队配备专职质检员，施工班配备兼职质检员，形成自上而下的质量检查监督工作网络，各级质量管理人员由会管理、懂技术、熟知施工规范和质量检验评定标准、有丰富施工经验的人员担任，并赋予质量管理人员一票否决权，经济奖罚权，使工程质量在施工全过程中始终处于受控状态。

2. 施工过程中的质量控制

(1)施工准备措施

①建立设备精良齐全的工地试验室

在开工之前，根据工程需要，建立工地试验室，配备足够的人员和设备。选派技术熟练的人员，组成强干的试验队伍，装备精良齐全的试验仪器，在有关专家的指导下，做好各项试验工作。试验人员做到持证上岗，试验仪器设备必须经由国家有关部门标定认可。

②建立可靠的检测手段，建立严密的监测制度

为把对质量具有重要影响的工作程序用制度的形式固定下来，建立一套工作程序管理制度和专项质量检验、验收制度。按照“跟踪监测”、“复检”、“抽检”三个等级进行。

③重视测量工作

组建强干的测量队伍，测量工作人员应受过专门训练，具有足够的资格和知识，能够确保正确地完成工作。保证测量工作在有专业知识和经验丰富的技术人员直接指导下进行。配备先进的测量仪器，装配全站仪、精密水准仪等先进的测量仪器，从设备上保证测量精度。测量时认真做好记录，所有施工测量记录和计算成果均严格复核，并按工程项目分类装订成册，并附必要的文字说明，从测量过程中保证测量的准确性。

(2)工程工艺控制措施

单位工程开工前，认真编制施工组织设计，经业主、监理工程师审批后，严格按照施工组织设计施工。对主要分部、分项工程应编制施工方案，科学地组织施工。在施工过程中，经常检查施工组织设计及施工方案落实情况，以确保施工生产正常进行。

(3)原材料控制措施

在工程施工前，试验人员根据设计图中涉及的原材料和工程的质检标准，进行取样，在原材料取样和做标准试验时，按照总监办指定的检测中心试验室，协同驻地监理工程师进行抽样、送样工作。对已进场的原材料，要随用随检，对不合格的原材料立即清除，堆放于场地之外。

(4)施工过程中的试验检测

在施工过程中，质检人员严格按照质量评定标准中制订的自检频率和中心试验室提供的各种标准试验数据进行自检，经自检合格后，报驻地监理工程师进行抽检，抽检合格后，方可进行下道工序施工。在施工中，严格按照部颁现行《公路工程质量检验评定标准》规定的频率进行检验。

(5)树立全面质量观念

施工过程中，由施工技术负责人组织所有参建职工进行定期或不定期职业岗位培训和业务学习，学习有关规范、标准和操作规程，进行“四新”(新技术、新材料、新工艺、新设备)成果的技术培训和推广。采取自愿结合或行政组织等多种方式，做好质量管理小组的活动组织、资料管理、成果推广总结工作。认真学习与本工程相关的专业技术规范，使人人都要认识到“质量就是生命，质量就是效益”，做到从我做起，从严把好质量关。杜绝质量隐患的存在，为争创优良工程打下坚实基础。不断加强对职工进行有关质量法规的教育，增强全员的质量责任意

识,使创建优质工程真正成为每个建设者的自觉行动。深入开展“一学、五严、一追查”(学法规;严守设计标准、严守操作规程、严用合格产品、严格按程序办事、严格履行合同;追查责任者)和“质量月”活动,充分发挥职工的积极性,切实履行法定的质量义务,做到依法施工。

(6)建立质量情报信息网络

为抓好工程项目质量目标管理、有效控制和保证工程质量,工程施工管理人员、技术人员、质量检查人员经常深入施工现场,认真掌握大量、准确的第一手质量情报信息资料。做到及时收集、及时反馈、及时分析、及时应用,以便更好地保证工程质量。质量情报信息的内容主要包括:进入工地的各种原材料、成品、半成品的产品合格证及质量检查验收情况。施工组织设计或施工方案、技术交底、图纸会审、变更、隐蔽工程和有关质量的记录情况。历次质量检查、各种验收检查的记录情况,质量事故调查记录和处理等。

(7)施工操作控制措施

施工操作者是工程质量的直接责任者,但就工序质量来说,工程质量的好坏,施工操作者是关键,是决定因素。施工操作者必须具有相应的操作技能,特别是重点部位工程以及专业性很强的工种工程,操作者必须具有相应工种岗位的实践技能,必须做到考核合格持证上岗。施工操作中,坚持“三检”制度,即自检、互检、交接检;所有工序坚持样板制;牢固树立“上道工序为下道工序服务”和“下道工序就是用户”的思想,坚持做到不合格的工序不交工。按已明确的质量责任制度检查落实操作者的落实情况,各工序实行操作者挂牌制,促使操作者提高自我控制施工质量的意识。整个施工过程中,做到施工操作程序化、标准化、规范化,贯穿工前有交底、工中有检查、工后有验收的“一条成”操作管理办法,确保施工质量。

(8)隐蔽工程质量保证措施

坚持隐蔽工程检查签证制度,实行工班自检、工序互检、质检人员抽检的三级检查制度,施工质量经质检员检验合格后,报请驻地监理进行复核签证,不经监理签证的工程不得进行下道工序作业。

隐蔽工程、关键工程、工序利用录像机、照相机等留存图像资料。同时请业主、设计单位、监理单位和施工单位联合进行检查,以确保工程质量。

3. 对完工质量的评价

工程完工后,经质量评定,达到交通部工程质量验收标准,合格率达到100%,质量检验评定单位工程得分为:路基工程98.3分、路面工程98.8分、周口西互通立交工程98.8分、桥梁工程平均得分98.7分,质量总体评定为合格工程。

四、施工进度控制

(1)项目经理部组织精兵强将,统一对内指挥施工生产,对外负责合同履行及协调联络。科学合理地安排施工工序和施工进度,并在实施过程中及时调整进度计划,加强组织管理及协调,保证技术、人、财、物、机供给;积极推广“四新”技术和建立竞争机制,提高工作质量和工作效率。

(2)建立从经理部到各施工队的调度指挥系统,全面、及时掌握并迅速、准确地处理影响施工进度的各种问题。对工程的进度,应用网络计划技术进行管理,抓住关键线路,对施工重点优先安排,增加技术、设备、人力、物力、财力的投入,确保分项分部工程按期完工。

(3)强化施工管理,严明劳动纪律,对劳动力实行动态管理,优化组合,使作业专业化、正规化。

(4)实行内部经济承包责任制。使责任和效益挂钩,个人利益和完成工作量挂钩,做到多劳多得，调动施工队和个人的积极性和创造性。

(5)安排好冬季、雨季的施工，根据气象、水文资料，有预见性地调整各项工作的施工顺序，并做好预防工作，使工程能有序和不间断地进行。建立以项目经理为组长的冬、雨季施工领导小组，工程部、质监部及各施工队技术人员共同参加，研究、制订、选用科学合理的各项施工工艺和保证措施，全面负责冬、雨季的施工工艺和安全、质量工作。

(6)选配合理配套的施工机械，建立合理的机械保养、维修体系，保证施工机械的完好率；同时建立强有力的后勤保障体系，保证各种物资、设备按时到位。

(7)确保劳力充足、高效，根据工程需要，配备充足的技术人员和技术工人，并采取各项措施，提高劳动者技术素质和工作效率。

(8)充足的资金保障是工程按时完工的重要因素。管理利用好工程资金，确保建设资金专款专用。

(9)成立专门协调小组，加强和有关部门的联系协作，主动配合，力争在每个工序开始前排除干扰，使工程得以顺利进行。通过项目部协调人员的有力协调，克服种种困难，搞好当地关系，保障工期。

五、施工安全与文明施工情况

1. 安全组织机构

项目部成立了以项目经理为组长、以项目主管副经理为副组长的安全领导小组。由专职工程师组成安全质量监察部，具体负责本合同工程的全部安全监察和管理工作。各施工队设专职安全员，各工班设兼职安全员。安全质监部每半月组织一次安全学习，每月组织一次安全大检查，召开一次安全生产分析会议。施工队每天进行施工安全检查并做好详细记录，提出保持或改进措施，并落实实行。发现违反安全操作规程时，各级安检人员有权制止，必要时向主管领导提出暂停施工进行整顿的建议。

2. 安全保证体系

项目部一贯坚持“科学施工，安全生产”的施工原则，施工时注意“安全第一，预防为主”。为保证本合同现场施工安全，按照“五项”(综合治理、管生产必须管安全、安全一票否决权、从严治理、标准化管理)原则，建立安全保证体系。对于本工程，我们做到了整个施工期间无因工死亡伤亡事故，机械完好率为100%，无重大机械事故，没有出现重大火灾、水灾、交通等事故。施工过程中，施工人员互相提醒监督，保证按正确的操作规程施工。

3. 安全保证措施

(1)制订各项安全制度和防护措施。制订各类机械的操作规则和注意事项；施工现场保安制度及火工产品保管制度；工地防洪、防火、防毒措施；工地内各类信号的规则及维护措施；用电安全须知及电路架设养护作业制度；有关劳动保护的法令和法规的执行措施。

(2)加强班组建设，选出班组长、安全员，执行“三检”。

(3)从操作规范的施工人员中选出责任心强、有表达能力的人员作为安全员，组织安全员监督、指导安全操作。

(4)抓好现场管理，做好文明施工。对易燃易爆物品进行妥善保管，料场合理堆放，施工工序有条不紊，从文明施工的环节来保证安全生产。

(5)保证施工现场安全防护设施的投入，确保其性能完好，使安全生产建立在科学管理、先进的技术、可靠的防护设施上。

(6)在施工期间，加强全体工作人员和劳务人员的政治学习和法制教育，提高法制观念，杜绝任何违法乱纪的行为发生。同时,加强施工人员的劳动安全保护措施,提高安全意识,防止任何安全事故的发生。

(7)抓好现场安全防护检查,消除一切可能造成火灾的事故源,控制火源、易燃物和助燃物,装设灭火器材,培训专业灭火人员。对防触电及电器设备安全设施,进行安全用电知识教育,定期检查检修电器设备。

4. 文明施工措施

(1)施工场地、营地建设统一规划,尽量少占或不占耕地、绿地,严禁乱搭乱盖。施工营地主要出入口设4.0m宽的简朴、规整的简易大门,非车辆进出时间关闭,实行封闭施工,现场材料严格按照施工平面图制订的区域分类有序堆放,工具存库整齐,垃圾定点存放,定时外运,不得侵占道路及安全防护等措施。

(2)在项目经理部驻地设置"五牌一图"工程标志牌,即施工总平面布置图、工程概况牌、文明施工管理牌、组织网络牌、安全纪律牌、防火须知牌,做到标准一致。

(3)修建临时道路,尽量避开村庄,并进行定期洒水除尘。

(4)合理安排扰民工程项目施工时间,并尽可能选用噪声小的设备进行施工。

(5)积极和当地居民开展文明共建活动,积极给予村民力所能及的帮助。

(6)文明指挥交通、维护交通通行,防止本管段有关便道路口的车辆堵塞、滞留。

(7)施工机械、车辆严格按照总平面布置图规定的位置停放和线路行驶,不得侵占非施工道路。各种机械车辆进场必须经过严格的安全检查,经检查合格后投入使用。对施工机械操作人员建立严格的机组责任制,并依照有关规定持证上岗,严禁无证人员操作。

六、环境保护措施与节约用地措施

1. 环境保护措施

(1)建立环保组织,成立环保工作领导小组,制订环境保护规章制度,学习环境保护法规及有关知识。

(2)开挖沟槽及基坑必须做好防排水设施,临时工程做好有组织排除废水,尽量避开工程范围。场地清除的垃圾按业主指定地点弃卸,做好防流失的设施,禁止任意乱弃及向河、沟内排弃超标废水。生活排出垃圾及污水集中在池内进行沉淀或进行生化处理排出。

(3)建筑辅料拉运中采用篷布遮盖,所经过的施工场地道路坚持经常洒水,以防止尘土飞扬。施工现场严禁焚烧各种有毒、有害和恶臭味的物品。装卸粉尘材料时,应在仓库内进行,严格控制扬尘。严禁向施工场地外抛弃垃圾。

(4)噪声控制。根据要求,在工地边界上进行噪声测量不超过环境噪声15dB以上,在距民舍200m区域内不安排夜间作业。同时,在选用施工设备和施工方法中加以考虑。对夜间需要施工而又要影响居民环境的工地,尽量使用低噪声机械和在居民集中地周围设立噪声屏障装置。出入现场的机械、车辆必须做到不鸣笛、不急制动,汽车在等候装卸时开小油门或停机,加强设备维修,定时保养润滑,并对与施工无关的人员和车辆加以控制,以避免或减少噪声。

2. 节约土地措施

根据实际情况和工程特点,在周口西互通区内设置拌和场、生活区,既减少了工程临时占地,又方便了原材料的进场和成品料的运输问题,同时还减少土地资源浪费,节约了资金。本项目处在黄淮冲击平原上,地下水位埋深一般在地下2~3m,为减少占用土地,争取在现有的取土场地上取出更多的土,本合同段采取了排水与取土相结合的方法,节约了土地资源。

七、施工中新技术、新材料、新工艺的应用情况

在本合同段施工过程中，部分软弱地基处理路段采用新技术、新工艺方法进行施工，在特殊地基的处理方案中，分别根据实地地质情况采用地表下80cm用7%石灰土或桩径为50cm、桩长7m粉喷桩工艺施工，取得较好的经济效益。

八、对建设单位、设计单位、监理单位的评价

河南通衢高速公路有限公司能够严格执行基本建设程序、规章制度，设计、监理、施工单位、管理机构建全，责任明确，体现出较强的质量控制能力，能够重视安全生产、环境保护、廉政建设等方面的工作，及时支付工程款，保证了工程的顺利进行。

设计单位在设计工作中能够采用合理的设计方案，满足施工要求的设计精度和深度，提供的设计文件无严重的错漏现象。在项目实施过程中，信守合同，服务及时，办事严谨，为项目顺利实施提供了技术保障。

监理单位有建全的管理制度，能够按照合同约定认真履行；坚持旁站，严把质量关，热情服务。采取了积极有效的措施，对工程质量、进度进行了有效的控制。

九、施工体会

(1)在前期的准备工作中，要细致地调查工程实际情况，制订科学管理的措施，以确保工程的顺利实施。

(2)科学管理，以确保整体的凝聚力，多、快、好、省地完成工程项目。

(3)合理投入人力、资金、设备，只有这样才能取得质量、进度、效益的多赢局面。

总之，在项目部的宏观管理—监理人员重点质量监理—三项施工负责人对施工现场管理的三级联动管理制度下，在广大干部、职工的努力拼搏下，我项目部克服了种种困难，解决好了进度与质量的关系、交叉施工的影响、施工的季节性影响，及时调整施工计划，安排合理的工作面。在各方的支持和监督下，本合同段已顺利完成了施工任务，达到了国家、交通运输部现行的工程质量验收标准。向周口人民递交了一份满意的答卷，为商周高速公路的顺利通车贡献了一份厚礼。

中国有色金属工业第六冶金建设公司

2009年8月20日

11. 商丘至周口高速公路周口段土建工程 SZZ-11 合同段施工总结报告

目　　录

商丘至周口高速公路周口段土建工程
SZZ-11 合同段施工总结报告

一、工程概况

1. 合同段位置

商丘至周口高速公路周口段工程，路线起自周口市太康县张集乡东南，止于商水县杨湖村西，路线全长 68.75km。第 SZZ-11 合同段位于西华县境内，起点 K259 + 500，终点 K262 + 900，全长 3.4km。

2. 主要工程内容

本合同段完成主要工程内容包括：路基土方 618 057m^3，防护工程 2 034m^3，软基处理727m；大桥 897.76m/2 座，中桥 53.04m/1 座，分离式立交桥 141.12m/3 座，通道89.00m/2 道。路面基层、底基层和加铺层等。

完成投资：合同价 101 691 659 元，竣工决算价 128 510 585 元。

3. 开、竣工时间

本项目工程自 2003 年 10 月下旬进场，2004 年 2 月 28 日开工，2006 年 12 月 15 日建成试通车。

二、机构组成

根据本工程特点和合同要求，组建项目经理部，设项目经理 1 人，副经理 2 人，总工程师 1 人；下设综合办公室、施工技术部、中心试验室、安全质量检查部、物资设备部、计划财务部等职能部门。管理人员共有 37 人。

组建路基、路面各 1 个施工队，桥涵 3 个施工队。

主要管理人员及机械进场情况见表 2-11-1。

三、质量管理情况

体制保证：建立、健全质量管理组织机构及质量责任制，经理部设专职质量员，班组设兼职质量员，在施工全过程中，实行全面质量管理，严格按工程质量标准要求和工程监理程序组织施工。

过程控制：认真执行三检制度，即自检、互检、工序交接检验制度，按合同规定切实做好隐蔽工程的检查工作，做好施工原始记录和质量评定资料的签认整理，归档工作，完善质量责任追踪档案。

对现场施工人员加强质量教育，强化质量意识，搞好图纸会审和技术培训工作，进行应知应会教育，对于总的施工控制，各分项、分部工程都要做好技术交底工作，使各级管理人员和施工人员做到心中有数。分项工程开工前，必须按合同要求执行先试验再铺开的程序。严格按优化的施工组织设计进行施工。

主要管理人员及机械进场情况 表2-11-1

序号	名称		单位	实际数量
1	人员	项目经理	人	3
		总工程师	人	1
		财务部	人	3
		技术员	人	11
		试验室人员	人	8
		预算部/办公室	人	4
		协调部	人	4
		物资管理人员	人	3
2	机械设备	推土机	台	3
		挖掘机	台	5
		装载机	台	5
		平地机	台	2
		压路机	台	8
		洒水车	辆	3
		自卸车	辆	26
		稳定土路拌机	台	2
		基层材料拌和设备	台套	1
		粒料摊铺机	台	2
		旋转钻机	台	18
		混凝土拌和站	台	4
		混凝土运输车	台	6
		起重机	台	4
		架桥机	台	2
		张拉设备	台	6
		发电机组	台	2
		砂浆搅拌机	台	2
		钢筋加工设备	台	6
		卷扬机	台	4
		龙门吊	台	4
		汽车吊	台	2

加强施工过程质量控制，使工程质量始终处于受控状态。确保规范规定的检验、抽检频率，保证每道工序的报检合格率达到100%，现场质检的原始资料必须真实、准确可靠、不得追记，经理部、各分公司技术部门必须设专职资料员，按技术文件管理制度统一管理，接受质量检

查时必须出示原始资料。

检测控制:完善检验手段,要根据技术规范的规定配齐检测和试验仪器、仪表,并应及时校正确保其精度,要根据合同要求加强工地试验室的管理,要加强标准计量基础工作和材料检验工作,不得违规计量。

原材料控制:材料采购力求货比三家择优选用,并建立合格供方档案备查,加强进场材料的试验检测,对不合格产品杜绝使用。进场材料不仅要有出厂合格证明文件,并要有专人、专账、专库管理,建立完善施工材料管理制度。合理选择施工机械,做好维护检修工作,保持机械设备的良好状态。

制度保证:建立质量奖罚制度,对质量事故严肃处理,坚持三不放过:事故原因不明不放过,不分清责任不放过,没有改进措施不放过。

四、施工进度控制

组织管理保证 :建立高效、精干的施工指挥机构,项目部及各分公司选拔业务精、能力强的技术和管理人员,要求机构齐全,分工明确,认真履行合同义务。

项目经理和项目技术负责人,保证及时到位并常驻现场进行对本合同的管理,并保持其岗位的相对稳定,施工期间项目主要人员因故离岗,须得到总监代表及业主批准后方可离开工地。

按合同工期要求制订项目、年、季、月度施工计划,及时报监理工程师核准。必须对整个工程项目及重点工程、各分项工程工期进行合理规划,统筹安排,保证重点工程和关键工序按计划要求完成。

强化施工调度指挥与协调工作,超前计划布局,密切监控落实,及时解决影响工期的一切问题。重点项目或工序采取垂直管理、横向强制协调的强硬手段,减少中间环节,提高决策速度和工作效率。实行工期目标管理责任制,严格实行计划、检查、考核与奖惩制度。

技术、劳务、材料和设备保证:选用成熟的施工技术方案,采用分段平行流水作业,分项目工程的上道工序施工为下道工序施工创造开工条件。同时做好季节性施工安排,确保目标工期的实现。快速组织施工人员、机械设备和物资材料进场,做好开工前的各项准备工作,按工作内容和进度优化各项生产要素,保证"三快",既进场快、安家快、开工快。精心编制实施性施工组织设计,运用网络计划技术,实行动态管理,及时调整各分项工程的进度计划和机械、劳动力配置,抓住物资供应关,提前进行施工材料的储备,提高设备的完好率、利用率和施工机械化作业程度。加强机械维修保养,有计划地储备易损配件,确保施工机械按计划正常操作。制订克服季节、气候因素对工期影响的措施,做好施工现场防、排洪设施,加快主河道中的桥墩基础及系梁工程,抓住有利施工季节,尽量加快混凝土圬工及土方工程施工,冬季条件下经济合理地安排施工。

五、施工安全与文明施工情况

1. 施工安全措施

牢固树立"安全第一、预防为主"的观点,严格遵守现行《公路施工安全技术规程》的有关规定,明确安全岗位责任制,建立、健全并贯彻各种安全生产规章制度,提高全员安全生产意识。建立安全保证体系,建立、健全各级各部门安全生产责任制,并落实到人。各项施工任务都有明确的安全指标和包括奖惩办法在内的保证措施。

(1)施工现场安全保证措施

做好临时工程规划与设计,生产生活场地布置按规定考虑防火、防洪等要求。大型临时工程应有具体设计。

(2)施工便道安全保证措施

工地引入便道应符合四级公路的标准。大型施工机械及特种车辆通过时设专人负责指挥。施工便道无坑洼;路面高出自然地面20cm。

(3)进行项目安全组织设计

根据工程建设安全管理有关规定,本项目在开工前,首先应到当地建设安全监督机构申办《工程项目施工安全许可证》、《消防施工许可证》和《河道管理部门所发的批件》,对项目进行《安全组织设计》。并征得当地有关部门批准,作为施工全过程的安全生产指导性文件,进行安全技术交底工作,进行安全防护设施所用物料的准备及安全设施的建造工作。

(4)特种作业,单独交底

高空作业人员必须系安全带,严禁高空抛物,高空操作人员必须经过体格检查合格才能进行操作。按照架桥机操作规程及安全要求拼装架桥机,并经过验收合格后方可架设桥梁使用,且有验收、交付记录。特殊工种人员要经专业培训,考试合格后发给操作证,并要求持证上岗,定期复检。进入施工现场的所有人员必须戴安全帽,所有施工现场都要有防护设施安全标志及警告牌。

(5)临时施工用电安全管理

现场施工用高低压设备及线路,要编制“临时用电施工组织设计”,并按照此设计进行安装和架设。各种用电机械、机具上所装灵敏有效的漏电保护装置、加工机械、手持电动工具等安全装置应齐全有效。操作人员要持证上岗,防止机械伤害事故的发生。

(6)现场专职人员管理

现场设专职安全检查员,负责生产中的安全监督检查工作,发现工地有不安全因素要及时处理解决。严格管理出入工地的施工运输车辆,注意安全,避免在工地出现交通运输意外伤害事故。

(7)消防安全措施

本合同段临近村庄处,人员进场即进行防火教育,制订保证措施,做好防火的防范工作。对一些工棚及机械设备间的取暖设备,要进行检查验收,达到防火的标准。木工加工间、油库、仓库、宿舍、伙房以及木料堆放场等场所,必须配全、备足各类相应有效的灭火器材。

2. 文明施工措施

(1)机构管理措施

结合合同段工程实际情况,成立以项目经理为组长、副经理和总工程师为副组长的文明施工领导小组,对项目经理部及各施工公司负责人进行明确分工,落实文明施工现场责任区,根据国家、河南省有关文明施工的规定制订相关文明施工措施,使文明施工现场管理有章可循,确保合同段创标准化文明工地的目标。

(2)现场施工管理

施工现场标识、标牌齐全,施工区域安全标志醒目,危险区域禁令标志明显,施工材料分类堆放整齐,整洁有序,保证现场清洁。施工管理人员及作业人员统一挂牌上岗,机械设备设一机一牌,上标机械操作规程,责任人等内容。消防器材按规定配置,齐全有效。

施工现场的水准点、轴线控制点、埋地电缆、架空电线、安全通道、施工作业区等,均设置显著的标志牌。按“六牌一图”布置,即施工现场标识牌、岗位责任牌、十项安全技术牌、施工现场纪律牌、施工现场管理要求牌、施工现场防火规定牌、施工现场平面布置图。按指定地点堆放建筑垃圾，施工做到工完、料净、场地清。遵守国家和河南省颁布的法律、法令、条例及周口市政府的有关规定；加强职工的法治教育，采取综合治理措施，制订预防措施，防止发生任何违法、违禁、暴力或妨碍治安的行为。保证施工现场治安秩序良好，职工遵纪守法。

六、环境保护措施与节约用地措施

(1)建立、健全环境保护体系

项目经理部专门成立环境保护组织机构，建立完善的环境保护体系，做好环保工作。

(2)贯彻环境保护法规

认真贯彻各级政府有关水土保护、环境保护的方针、政策和法令，结合设计文件和工程特点，及时提报有关环境保护设计，切实按批准的文件组织实施。

(3)强化环保管理、美化施工场地

定期进行环保检查，及时处理违章事宜，主动联系环保机构，请示汇报工作。施工营地的生活垃圾，应集中堆放。场地废料、弃方的处理，应按设计要求及监理工程师指定的地点进行，防止水土流失。保持排水通道畅通，工地干净卫生。施工中还应尽量减少对周围绿化环境的影响和破坏。

(4)防水排水治理

在施工期间应始终保持工地的良好排水状态，修建一些临时排水渠道，并与永久性排水设施相连接，且不得引起淤积和冲刷。

(5)冲刷与淤积治理

施工中的临时排水系统，应能最大限度地减少水土流失及对水文状态的改变。防止雨季到来时水流对坡面的冲刷而影响排水系统，减少对附近水域的污染。

(6)保护水质

生活污水不得直接排入农田、耕地、灌溉渠，不得排入饮用水源。施工区域、砂石料场，在施工期间和完工以后应妥善处理，以减少对河道、溪流的侵蚀，防止沉渣进入河道或溪流。

(7)控制扬尘

减少施工作业产生的灰尘，应随时进行洒水或其他防止扬尘措施，使不出现明显的降尘。水泥混凝土拌和站、沥青混凝土拌和站、稳定土拌和站应有防尘措施。在这些场所作业的工作人员，应配备必要的劳保防护用品。

(8)保护绿色植被

要保护公路两旁的树木，即使处在公路用地范围内，有可能时也要尽量设法保护。施工期间工程破坏植被的面积应严格控制，除了不可避免的工程占地、砍伐以外，不再发生其他形式的人为破坏。

(9)节约用地措施

根据工程情况编制临时用地计划，确定临时用地的面积、租用时间、用地位置，工程结束后进行复耕，保证耕作；取土坑尽量深挖深取，提高土场利用率；对部分路基、台背采用换填粒料、粉煤灰等方法，减少用土量，节约用地。

七、施工中新技术、新材料、新工艺的应用情况(略)

八、对建设单位、设计单位、监理单位的评价

建设单位河南通衢高速公路有限公司在施工中信守合同承诺，积极协调解决施工中遇到的各种问题，及时支付计量款项，采取措施，使承包人能按时、保质、保量地完成工程建设任务。

设计单位在施工过程中能根据施工现场情况及时进行设计变更,并现场解决施工中的问题,我们表示满意。

监理单位在施工过程中对工程质量进行严格监理,进行全面的监督和服务,对工程质量、进度、合同管理、安全文明施工做到了有效控制。

九、施工体会

SZZ-11 合同在施工过程当中,历经种种施工困难,尤其是施工当中经历资金缺乏,暴雨、洪水等自然气候因素影响,征地问题的拖延,取土土源得不到解决等外界因素的影响,我单位始终保持与业主、监理代表处步调一致,在业主、监理单位的大力支持以及施工方的共同努力下,完成了本合同段工程施工任务,确保了 2006 年年底通车的总体目标。

通过在商周高速公路的建设实践,建设单位和监理单位给予施工方大力支持,对此,我中铁一局二公司表示由衷的感谢。

中铁一局集团第二工程有限公司

2009 年 8 月 20 日

12. 商丘至周口高速公路周口段土建工程 SZZ-12 合同段施工总结报告

目　　录

商丘至周口高速公路周口段土建工程 SZZ-12 合同段施工总结报告

一、工程概况

商周高速公路周口段工程,起自周口市太康县张集乡东南,接商周高速公路商丘段终点,在夏楼附近与 G311 线交叉。平行于 S206 线向西南前行,在淮阳县城北约 2.5km 处跨越许郸地方铁路、G106。在周口市西郊河湾村南与漯界高速公路交叉,止于商水县杨湖村西。商周高速 SZZ-12 标位于商水县境内。

本合同段起点桩号 K262 +900,终点桩号 K268 +750,设计长度 5.85km,合同价 14 889 万元;竣工长度 4.466km,竣工决算价 14 418 万元,途经小张庄、牛堂、河湾村、杨湖村。

1. 工程技术指标

本工程全段按四车道高速公路标准设计,设计行车速度 120km/h,28m 路基上布设 6 车道,其中:行车道宽 2 ×2 ×3.75m +2 ×3.5m,取消硬路肩,中间带宽 3.04m(包括中央分隔带宽 1.54m),左侧路缘带宽 2 ×0.75m,右侧路缘带宽 2 ×0.50m,沥青砂拦水带宽 2 ×0.23m,土路肩宽 2 ×0.75m。桥涵设计荷载采用汽车—超 20 级,挂车—120。桥面净宽 2 ×12.50m,设计洪水频率:大中小桥、路基 1/100。

主线路面结构自上而下依次为:4cm 细粒式改性沥青混凝土(AC—13C)+6cm 中粒式改性沥青混凝土(AC—20C)+8cm 粗粒式沥青混凝土(AC—25C)+改性沥青封层 +16cm 水泥稳定碎石上基层 +16cm 水泥稳定碎石下基层 +16cm 水泥稳定碎石底基层。

2. 主要工程内容

本合同段完成主要工程量见表 2-12-1。

完成主要工程量 表 2-12-1

序号	单位、分部工程	分项工程名称	单　位	总 工 程 量
1	路基工程	路基土方	m^3	1 057 748
2		软基处理	m	566
3		排水工程	m	11 126
4		拱型骨架护坡	m^3	4 198
5		通道、涵洞	m	268.92/10
6	路面工程	底基层	km^2	142.736
		下基层	km^2	141.180
7		上基层	km^2	135.008
8	桥梁工程	中桥	m/座	44.04/1
9		分离式立交桥	m/座	1 025.44/9
10		互通式立交	处	1

二、机构组成

本项目开工日期为 2004 年 2 月 28 日,根据公司的实际情况及本工程的特点,我公司把本项目列入公司重点工程项目抓紧抓好。在项目部组建时,调集优良机械设备和人员组建了路桥二公局第三工程有限公司商周高速 SZZ-12 合同段项目经理部,全面负责该项目的施工。

1. 人员、机具及设备情况

开工以来,我部就投入了大量人力、物力,并对工程质量和工期进行了分级管理,自开工以来施工现场都保持了充足的劳动力及机具,如 300 多个常驻劳动力(最高峰达到 1 000 多人),挖掘机 8 台,压路机 15 台,运输车辆 50 多台,混凝土拌和机 2 台,混凝土运输车辆 10 多台,水泥碎石拌和机 1 台,运输车辆 20 台,满足了施工要求。

在施工期间,我部项目领导精心组织,精心施工,合理安排,全力投入,抓住关键工作(桥梁工程)和重点工程(路基土石方)的施工,并在业主规定的时间内全面完成本合同段内的所有工程量。

2. 机构设置

项目经理部设项目经理 1 人,总工程师 1 人,副经理 2 人,本着精干高效的原则设置办公室、工程部、机料部、合同部、人财部和质检部等职能部门,并在质检部下设测量队和试验室等质检控制机构。其中各职能部门建立、健全了各项规章制度和岗位责任制。

三、质量管理情况

针对工程量大、工期要求紧、质量要求高等特点,在工程之初,便确立明确的质量目标,以质量为中心,按照项目部有关质量体系要求,建立了质量保证机构,由项目经理及总工程师直接领导,严格执行质量体系的有关规定,突出质检部门的权限,坚持"质量第一"的宗旨,切实将质量意识贯彻到整个施工过程中。

1. 质量控制措施

(1)施工前的质量控制

①方案编制

在施工时,选择优化的施工方案。我项目部在进驻工地后,立即由公司总工牵头,组织得力技术人员,对照图纸学习有关规范,多次到现场实地踏勘,收集各类数据,编制相应的方案,最后总工对所有方案进行审核,确定最终方案。其中优化方案的措施,在施工过程中起到了至关重要的作用。

②施工队伍组建

为确保工程质量及进度,精心选择了施工经验丰富的施工队伍,并与其签订合同,明确项目部的要求及具体奖罚措施。

③人员、机具及材料进场

项目部施工队的人员及机具的到场数量,按工程的要求备足,并在整个施工过程中,始终保持着充足的劳动力,机具根据工程方面的进展情况及时调整机具进场,确保工程进度。对工程中所用的主要材料,项目部对水泥、砂、碎石、钢筋等材料做各项检测试验,杜绝不合格材料的使用。

对各种混凝土、砂浆配合比进行取样试验,在施工中严格根据试验的配合比进行施工。在每次砂浆、混凝土搅拌时,根据现场实测砂石的含水率,明确当日砂浆、混凝土施工配合比,做到过磅称量,保证施工质量。

(2)施工过程中的质量控制

我项目部根据该工程的实际情况制订了工程质量控制技术措施,强化管理,把不合格的工程质量消灭在萌芽之中。

①质量控制

施工过程中，各级人员自始至终均应树立"质量第一"的思想，当进度和质量发生矛盾时，坚决贯彻在保证质量前提下的合理工期。在冬、雨季施工时，严格遵守冬、雨季的施工规范，并按照冬、雨季的施工时间安排进行施工。

测量队、试验室加强仪器的管理，并对仪器、设备按照规定周期进行检定，确保测量及试验结果的准确性，测量队导线水准联测应半年进行一次，对于丢失的导线点、水准点及时补设。

②质量检查

分项工程施工时，每一道工序施工完毕后，由作业队进行自检，如自检不合格及时处理，不留隐患。如自检合格，同现场技术人员对所完成工序进行专职检查验收，同时应通知质检部参加，当需要测量队及试验室配合检查工作时就及时联系，测量队及试验室应积极配合，检查合格后，上报监理工程师抽查，监理工程师抽检合格后，方可转入下一道工序的施工。每一道工序的检查都必须依据该程序，直到该分项工程施工完毕，每一个环节的检查人员都必须认真对待并对其检查结果负责，直至本项目工程结束并通过检验验收。分项工程完毕后，整理完善施工技术资料。

2. 质量自检情况

各项质量自检数据汇总如下：

(1)路基压实度试验共做23 697次，合格率100%。

(2)无侧限抗压强度共做203次，合格率100%。

(3)混凝土抗压强度共做3 897次，合格率100%。

(4)砂浆抗压强度共做317次，合格率100%。

(5)击实共做295次，合格率100%。

3. 质量评价

项目质检部对工程资料、工程外观及施工过程中的质量检查情况进行综合评定，其结果见表2-12-2。

质量评价表 表2-12-2

项目	单位工程			分部工程			分项工程		
	实际(个)	合格(个)	合格率(%)	实际(个)	合格(个)	合格率(%)	实际(个)	合格(个)	合格率(%)
路基工程	1	1	100	26	26	100	269	269	100
路面工程	1	1	100	3	3	100	6	6	100
K265+107商邓路分离式立交桥	1	1	100	4	4	100	40	40	100
互通立交工程	1	1	100	3	4	100	68	68	100
合计	4	4	100	36	36	100	383	383	100

四、施工进度控制

在沿线12个施工单位中，本合同段施工任务最为艰巨，土方填筑量大，有效作业面小，桥涵发生大量变更，施工图纸迟迟不到位，在施工期间，所有涵洞通道均发生不同程度的变更，土场征用困难，业主资金不到位等诸多不利因素严重制约着我项目的施工进度，造成前期施工进度缓慢。2006年3月份更换业主后，我项目部按工程进度计划，切实做到总目标控制计划与月计划及周计划相结合,长计划、短安排,充分挖掘内部潜力,加强生产协调配合,按期、按阶段完成施工目标。并在保证质量和安全的前提下,优化资源配置,深挖人员设备的潜力,充分发挥企业综合优势,同时,在具体施工时,针对本项目的主要特点,合理安排施工顺序,采用平行、流水、交叉作业方法,趋前运作,在后期排水防护施工中,多次受到业主的嘉奖。

五、施工安全与文明施工情况

施工过程中无火灾事故,无死亡事故,无重伤事故,实现了文明施工的目标。对安全文明施工严格按项目部制订的管理体系执行,责任落实到人,定期召开安全生产会议,平时由项目部安全负责人随时检查,发现问题及时纠正,整改记录在案,把任何可能的安全事故消灭在萌芽状态。我部在安全与文明施工中多次得到了业主的嘉奖。在施工安全与文明施工中我部从以下方面抓起。

1.施工安全

(1)项目经理部以项目经理为第一责任人,主抓安全并设专职安全员,各施工班组设专职安全员,齐抓共管,确保每个工人的安全;建立、健全各工种、各施工环境下的施工安全规章制度。

(2)严格按施工工艺、施工操作规程、施工方案有关安全条款的要求进行施工。

(3)夜间施工,配置性能良好的照明设备,在危险处设隔离栅、防护网等,确保施工人员和机械设备的安全。

(4)在立交处设明显标志,保障通行车辆安全,而且便于施工过程中车辆畅通,特别是混凝土运输车因受时间限制,更应保证按时运入施工现场。

(5)与当地公安部门密切联系,特别是对危险易燃易爆物品的采购、储存、运输、使用采取严格的措施,产品分别堆放,采取严格的领发登记记录,当天未使用完的产品当天交还库房。

(6)通过各种形式,时时刻刻提醒全体施工人员做到安全生产,要求全体项目施工人员牢固树立"质量至上,安全第一"的思想,同时结合项目特点,对全体员工进行安全施工教育。

(7)民工的安全管理是项目安全管理的薄弱环节,施工前加强了安全教育和安全常识、操作规程培训,并在工作过程中加强管理力度。

(8)用电设备安全有效,线路符合标准,防火、灭火器材足量有效。

(9)对大型货车驾驶员及各机械操作手严格进行培训、考核,要求不得带病、带伤、疲劳作业。

2.文明施工

(1)施工前修建临时便道,确保已有道路的正常运营。

(2)成立专门的便道维修小组,及时对坑洼部分进行修补,确保车辆行驶顺畅。经常性地洒水养生,保证晴天不扬尘。

(3)积极地和路政、交警取得联系,听从他们的指导和安排,取得他们的协调和帮助。施工现场各种不同材料要分开堆放整齐,并采取措施避免水泥、石灰等发生扬尘,污染环境。

(4)各类场地场内平整、宽畅,布局合理整齐;在醒目处设立工程概况牌,注明工程名称、范围、业主名称、施工单位、监理单位等。起点、终点设立"施工标志牌"。

(5)宿舍、库房、工作间排列有序,挂牌标示,室内外干净整洁,各类物品摆放整齐。生活区内排水畅通,污水采用暗沟排放;垃圾集中堆放,定期清理,经常保持清洁卫生。

(6)施工现场设置各种标牌、标线,按规范施工。现场整洁干净,不留杂物,桥面混凝土以上不允许用土垫便道,需要时可用级配料。路基边缘顺直,边坡平滑、整齐,路肩平整。

(7)项目员工佩戴胸卡上岗,并坚守岗位。施工人员无违章指挥、违章作业,施工工艺符合要求,现场文明、整齐、有序。

(8)各种材料、物品、设备分类存放,界限清楚,放置规矩,砂石料等地方材料码放整齐,主要材料设标志牌。对特殊设备、物品、材料采取防潮、防雨、防晒、防火、防盗等措施,不准因管理和存放不善而降低材料的使用性能。对工程的成品、半成品和在建工程,有积极的保护措施,使其免受损伤和污染。

(9)施工作业面、作业点树立标志牌,现场插上彩旗及宣传标语等。

六、环境保护措施与节约用地措施

1.环境保护

生态环境是人类赖以生存的基础,重视环境、保护环境已越来越得到全社会的认同,环境保护已成为我国的一项基本国策。因此,本项目在施工时大力强调环境保护。环保工作是百年大计,施工中严格遵守国家及当地有关环保部门的规定,并采取如下措施。

(1)项目经理部建立环境保护机构和相应的规章制度,专人专项随时检查和定期组织大检查。

(2)施工组织设计、施工工艺必须涉及环保工作,获得监理工程师和当地环保部门批准认可后,方可进行施工。

(3)对石灰、水泥等易造成粉尘污染的细料采用覆盖、密封储存等有效措施,减少粉尘污染。

(4)施工车辆在途经村庄、校舍时,严禁鸣笛,以免影响周围群众的生活。

(5)不在施工沿线随意丢弃水泥混和废料、燃油等对环境外貌及土壤会产生污染的物质。禁止职工在工作中间和工作之余砍、折植被等。

(6)保护沿线水源,不干扰或改变原有水体的排水系统,严禁将施工中的废水直接排入河流或其他水源。

2.节约用地措施

本合同段路基填方量大,本着节约用地的原则,采用集中取土方案,避免了乱掘乱挖,在农田内设置取土坑取土时,特别注意到了取土坑的形状,并有计划地规划取土,取土后全部按时交于农民复耕。

七、施工中新技术、新材料、新工艺的应用情况(略)

八、对建设单位、设计单位、监理单位的评价

该工程包含项目多,工期紧、任务大,各种设计图无法避免地发生了矛盾和冲突的问题,这些无疑都给施工造成了一定的影响。又因该段软土地基比较多,变更量比较大,在施工时,业主、设计、监理经常而又及时地将建议与问题与我部沟通,使问题得到了有效的解决,使工程顺利完工。

九、施工体会

通过该工程的施工,锻炼了我公司一大批施工队伍和管理人员,同时对施工管理中所暴露出来的种种问题也有了清醒的认识,为我们以后从事工程建设提供了宝贵的经验。

路桥二公局第三工程有限公司

2009年7月23日

13. 商丘至周口高速公路周口段土建工程周口东连接线 SZZYX 合同段施工总结报告

目　录

商丘至周口高速公路周口段土建工程周口东连接线 SZZYX 合同段施工总结报告

一、工程概况

商丘至周口高速公路周口段周口东连接线起自周口市东环道北端，尔后沿东环道直线向北延伸与周口东互通立交相连，与商周高速公路连接，路线全长 5.75km。它是周口市车辆通往商周高速公路的主要道路，也是连接周口市和周围县市的一条重要纽带。

周口东连接线采用二级公路标准，计算行车速度 80km/h，路基宽度 17m；桥涵设计荷载：汽车—20 级，挂车—100，桥面净宽 16m。本合同施工范围为 K0 + 000 ~ K5 + 750，全长 5.75km。自 2005 年 11 月 22 日开工，于 2006 年 12 月 15 日建成试通车。

商丘至周口高速公路周口段周口东连接线合同段建设单位为河南通衢高速公路有限公司，设计单位为中国公路工程咨询监理总公司，监理单位为周口市宏达工程监理有限公司，施工单位为河南省周口公路建设有限公司。

完成主要工程数量：路基土方 120 450m^3，防护工程 1 343m^3，软基处理长度 1 400m；17cm 水泥稳定碎石基层 98 243m^2，16cm 二灰稳定土下基层 101 183m^2，16cm10% 石灰稳定土底基层 102 948m^2，15cm 6% 石灰稳定土加铺层 109 482m^2；中桥 118.08m/2 座，线外中桥 44.04m/1 座，涵洞 163.5m/9 道。

完成投资：总合同价为 1 920.013 4 万元，竣工决算价为 3 388.684 4 万元。

二、机构组成

1. 机构

项目经理部设项目经理 1 人，总工程师 1 人，质检工程师 1 人，下设办公室、工程技术部、计划合同部、机料部、财务部、质检部、试验室等职能部门。下辖路基、路面、桥涵三个施工队。

2. 主要人员

本合同段组成以项目经理、总工程师、质检工程师为核心的商周高速公路 SZZYX 合同段项目经理部，主要人员见表 2-13-1。

主要人员一览表 表 2-13-1

编　号	姓　名	职　务	职　称	备　注
1	张焕功	项目经理	工程师	
2	张勇	项目总工	工程师	
3	岑红伟	质检负责人	工程师	
4	张思凯	质量员	工程师	
5	周崇斌	资料员	技术员	
6	王继才	施工员	技术员	
7	方县委	安全员	技术员	

3. 机械设备投入情况

本合同段根据合同和工程进度合理安排人员和机械设备,主要工程机械设备有:挖掘机4台,推土机6台,平地机2台,三轮压路机5台,振动压路机3台,洒水车3台,摊铺机1台以及运输车辆等。

三、质量管理情况

在本工程施工中,严格按照ISO 9001质量保证体系及本合同段工程的具体特点制订一套施工质量控制程序体系。我公司的质量方针是"科学管理,技术创新,信守合同,建造精品";"以质量求生存,以质量求发展"是我公司历年来严格遵循的施工宗旨,项目部将采取如下措施,保证工程的施工质量。

1. 建立完善的质量管理体系

对本工程施工中实行全员、全过程、全方位的质量监督。工程施工过程中,项目经理部成立以总工为首的全面质量领导小组,对本工程的施工质量进行全面管理。施工中实行三级质量管理体制,即以施工队为主的一级自检体系,以质检部为抽检体系,以全面质量管理领导小组为主的定期质检体系。并制订质量奖惩标准,明确各职能部门的责任,根据工程质量情况进行奖惩。

2. 加强工地试验室建设

工地试验室是工地工程质量试验检测的重要场所,试验检测仪器是试验检测的工具,配置面积够大的空间,购买必要仪器,满足工程需要。在工程开工初期,积极和中心试验室取得联系,取得工地试验室临时资质,并得到验收认可。

3. 重视试验段工作

根据批定的工艺、人员、机械组合,在试验段中实施,检查方案是否可行,人机组合是否合理,找出各种控制数据,检验配合比、强度等,落实工作段长短,确定日工作量,这样为以后下基层的施工和参数控制做好准备。

4. 强化质量意识,健全规章制度

在施工中树立"质量系千万家,搞好质量人人抓"的观念,使职工认识到做的好坏与企业、个人利益的关系,质量工作贯穿到施工全过程中,深入到施工全过程中,深入到企业的每个人,形成道道工序齐抓共管,上下自律,使工程质量始终落到实处。对重大技术问题组织QC小组攻关,科学指导施工。积极推广新技术、新工艺、新材料。

5. 加强自检

对施工中的质量控制,加大自检频率,严格按照精品工程标准进行测试和要求,达不到标准者,坚决采取措施。针对不同的施工工序和关键处,分别采取不同的手段和措施。我们从原材料控制入手,机料部根据工程需要制订采购计划,材料进场后机料部负责核对产品名称、规格、型号、数量、厂家及日期等,并建立材料进库台账。材料进场时,需由试验室取样检测,经检测不合格的材料清理出场。

6. 质量评价

工程完工后,经质量检验评定,路基工程得分95.2分,路面工程96.7分,中桥98.9分,总体质量评价为合格工程。

四、施工进度控制

1. 施工计划

(1)实行施工计划交底制度,做到各级施工人员对各项目的施工安排心中有数,以利于各项工程的施工。

(2)在施工组织上,各工程项目尽可能采取平行分段流水作业,以增加各工程项目的施工力量。

(3)现场负责人及时反馈各工序实际进展情况,施工计划管理人员根据情况经业主或监理工程师同意后适时调整、修正和完善施工计划,并据此按调整、修正和完善后的施工计划组织施工,以确保该工程按计划完工。

(4)施工过程中,一旦发现个别工序实际进展情况落后于计划进度,将采取各种措施,对于该工序实施重点突击,以追回迟滞的工期,保证其后续工序施工不受影响。

(5)为确保施工连续性,在现场配备备用发电机,以备停电时正常施工。

2.施工进度动态信息处理和工期控制

(1)施工现场设专职计划检查人员,每日检查施工计划的进展情况,并根据工程实际进度情况及时对原施工计划予以调整、修正和充实,以确保分项工程的工期。

(2)严密注视关键线路和各工程项目的进展情况,对各工序施工过程中出现的各类问题及时处理,尽量避免窝工现象的出现,以保证关键线路上各分项工程按计划完工。

(3)坚持实行施工进度快报制度,坚持每天报一次各分项工程的工程进度,每5d报一次各分项工程的实际进度与计划进度的对比情况,并提出两者相差的原因分析,以便项目部和业主、监理工程师能及时了解各分项工程的进展情况,采取相应的对策。

(4)运用计算机进度网络计划优化技术对整个工程实施动态管理。现场计划检查员密切监视、跟踪现场的动态变化,及时把情况归纳为计算机参数,经计算机运算、比较、分析,得出处理数据指导施工。

(5)积极主动地同当地气象部门保持密切联系,随时掌握水文气象等自然因素的动态信息,对收集的信息处理后,有效利用,发挥对施工现场的超前能动指导作用,以增加各工程项目的施工力量。

本工程于2005年11月22日进入施工场地,2005年12月1日至2006年8月15日完成路基填筑工作。2006年6月10日至2006年12月10日完成路面基层施工。各项工作均采用流水操作,基本达到了无工作空闲、无施工机具闲置、无作业人员待工的要求。

五、施工安全与文明施工情况

安全生产是国家的一项重要政策。企业的性质和生产目的,决定了我们必须科学施工,安全生产。实现全员安全生产管理,是企业生存发展的基础。我单位在施工中首先考虑所有作业人员及工地人员的施工安全和健康,把施工安全和人员健康作为工程施工的首要目标,并制订一系列安全保证措施。

1.施工安全的方针和原则、安全生产目标

在施工过程中,严格贯彻执行规范的各项规定,遵循“安全第一,预防为主”的安全方针,坚持“谁主管,谁负责”和“管生产必须管安全”的安全工作原则,把安全工作认真落实到实处。施工期间杜绝因工死亡事故,无重大机械事故,杜绝重大工程质量事故及重大交通事故。

2.建立安全生产管理体系

在本项目施工中,成立以总经理为组长,总工程师、安全部部长为副组长的安全生产领导小组。以施工安全、人身安全、财产安全为首要职责,层层签订安全责任状,严格遵守有关安全生产和劳动保护方面的法律法规和技术标准,建立、健全安全管理制度,定期检查,并召开安全会议，发现问题及时解决，制订安全规划，抓好安全教育，消除事故隐患，把不安全因素消灭在萌芽状态。

3. 进行员工安全培训

员工安全培训的目标是让所有参与本工程施工的施工人员能提高自身的安全意识，增进对安全的认识，从而产生有助于安全施工的行为转变。

(1)一般安全培训

一般安全培训，即普通安全训练，所有参与本工程施工的人员在入场前，均须通过该项培训，以提高自身的安全意识，清楚自身安全施工的权利和责任，知道施工中可能遇到的危险，也了解须遵守的安全规则。

(2)特殊安全培训

该项培训的内容主要为从事特殊工程的员工而设，如电工、钢筋工、混凝土工、木工、机械驾驶员、起重工等，经过专业培训，并持有专业主管部门签发的合格证上岗。通过此项培训，使他们能获得从事该工种工作所需的知识，使他们可以随时发现自身所从事工作中的危险，并能采取必要的防范措施，以保障其自身和他人的安全。

4. 安全防护措施

(1)一般规定

①进入施工现场必须配戴专门的劳动保护用品。

②服从安全员的统一指挥。

③所有施工人员，必须遵守安全操作规程，严禁违章作业。

④施工现场非经允许，禁止闲杂人员进入。

(2)员工安全守则

①树立安全第一的思想，贯彻预防为主的方针。

②坚守工作岗位，履行安全职责，遵守安全制度。

③不违章作业，不违章指挥。

④正确使用劳动防护用品和安全设施。

⑤严禁酒后施工。

⑥遵守消防条例，注意防火防灾。

⑦熟练掌握安全生产技术，积极提出安全合理化建议。

⑧安全生产、文明施工、工完场清。

(3)桥梁施工安全防护措施

①施工前，应对施工现场、机具设备及安全防护设施等进行全面检查，确认符合安全要求后方可施工。

②混凝土预制构件的吊装等工作，应认真做好安全技术交底工作，做到参战人员人人心中有数，各负其责。

(4)机械设备安全防护措施

①机械设备布局合理，且应及时检查安全装置是否完好。

②机械操作前要对设备进行安全检查，机械设备严禁带故障运行。

③推土机、装载机及吊机等在作业时，设专人负责指挥，以防碰伤人员和机械。

④大型机械作业时，不准任何人在机械的回旋范围内进行任何工作。

⑤确保工地内进行施工的地方有足够的灯光，以保证工地内或邻近工地及分项工程安全。

(5)安全用电防火措施

①工地范围内禁止明火,消除一切可能造成火灾事故的根源,控制火源、易燃物和助燃物。

②装备灭火器材,尽量把火灾消灭在萌芽状态。

③一旦发生火情超越自身消防能力,马上报警,以免耽误最佳灭火时机。

④电气设备的外壳进行防护性接地,使绝缘性能处于良好状态。

⑤电气设备安装或维修,应由持证的合格电工进行,严禁无证人员操作。

⑥在进行用电作业时应严格遵守安全操作规程。

(6)事故发生时的救援工作

①任何人发现任何事故,必须向安全科报告,并有义务进行现场抢救。

②根据事故的大小逐级上报。

③安全部在接到报告本工地有事故发生时,应迅速判明情况,是否需报警,并立即组织指挥进行抢救,同时向代表处、业主汇报。

④安全部门接到报告后报告副经理并组织指挥自救工作,和协助警方、消防队、医院等进行抢救工作。

5. 文明施工

(1)桥梁上部施工时,设置防护网和安全带。

(2)在所有交叉路口,设置警示、转弯等标志标牌。

(3)分离式立交桥吊装梁板时,专职安全员负责路口安全。

六、环境保护措施与节约用地措施

为保护生态环境和防止水土流失,在整个施工过程中,应全面规划,合理布局,化害为利,具体工作如下:

(1)施工过程中,对废弃土方、废弃拌和料、废油进行妥善处理,不侵害农田、水利。施工废水或机械排出的油污及生活废水不排入农田、引入水源。

(2)在居民区附近施工时,尽量做到晚上不加班,不制造噪声,拌和站选址在远离居民区。

(3)施工便道及时洒水,水泥采用袋装或罐装,避免粉尘对环境的污染。

(4)防止水土流失。

①采取有效预防措施,防止施工现场所占用的土地或临时使用的土地受到冲刷。

②采取有效预防措施,防止从本工程施工中开挖的土石材料,对河流、水道、灌溉渠或排水系统产生淤泥或堵塞。

③施工中的临时排水系统,应最大限度地减少水土流失及对水文状态的改变。

④开挖或填筑的土质路基边坡应及时采取防护措施,防止雨季到来时水对坡面的冲刷而影响排水系统,减少对附近水域的污染。

⑤未经监理工程师的事先书面同意不得干扰河道、水道或现有灌溉或排水系统的自然流动。

⑥对取土场进行深挖处理,减少占地面积。

总之,在施工过程中,采用一切有效措施,将施工对环境的影响降到最低程度,保护生态环境,防止水土流失。

七、施工中新技术、新材料、新工艺的应用情况

根据本工程情况,没有采用新技术、新材料。

八、对建设单位、设计单位、监理单位的评价

该项目工期不长，变更不多，由于工期短、时间紧、工程量大，为确保2006年底通车，业主多次到现场解决问题，设计单位也多次到工地变更点察看地形，确定变更方案，及时下发变更；监理单位更是给予我们很大的支持，24h随叫随到，施工时给了我们很多宝贵意见，确保了工程质量。本合同段之所以能合格完成，与业主、设计单位、监理单位的大力支持是分不开的。

九、施工体会

本工程在河南省通衢高速公路有限公司的领导及周口宏达监理公司的大力支持、监督下，通过项目部全体职工的共同努力，工程如期完工。通过对商周高速公路周口东连接线工程施工建设，我们认识到，要建一流工程，就必须先端正态度，牢记质量这根弦，要提高机械化施工程度，只有这样，才能创造更大的效益，才能创造精品工程。当然，我们也还有许多不足之处，譬如，在有些时候、有些部门、有些环节的协调还不够科学，施工还不够严密等。在今后的建设中，我们会加大力度改善不足之处，树立"争创精品工程"的良好意识，为河南省公路建设事业再立新功。

河南省周口源达公路建设有限公司

2009年8月28日

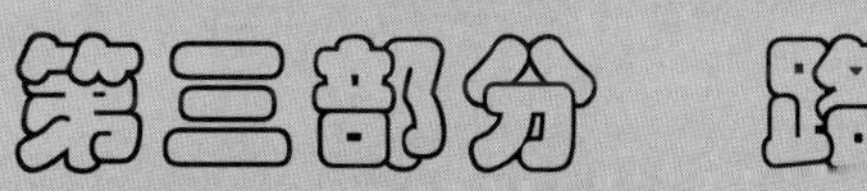

第三部分　路　　面

1. 商丘至周口高速公路周口段路面工程 SZZLM-01 合同段施工总结报告

目　　录

商丘至周口高速公路周口段路面工程 SZZLM-01 合同段施工总结报告

一、工程概况

河南省商丘至周口高速公路周口段路面面层工程 SZZLM-01 合同段,起自周口市太康县张集乡东南,接商周高速公路商丘段终点,在下楼附近与 G311 交叉,平行于 S206 线向西南前行,至淮阳新蔡镇结束。起讫桩号为 K200 +600 ~ K214 +000,长 14km。

全段主线按双向 6 车道高速公路标准设计,路基宽度 28m,按 6 车道布设,并设紧急停车岛,其中:行车道宽 2 ×(2 ×3.75m +3.5m),中间带宽 3.04m(其中中央分隔带 1.54m,左侧路缘带 2 ×0.75m,右侧路缘带硬路肩 2 ×0.5m),沥青砂拦水带 2 ×0.23m,土路肩 2 ×0.75m。桥面净宽 2 ×12.5m。

沥青混凝土路面面层结构从上到下依次为:4cm 细粒式改性沥青混凝土(AC—13C)+黏层 +6cm 中粒式改性沥青混凝土(SUP—20)+黏层 +8cm 粗粒式沥青混凝土(AC—25C)+改性沥青封层 +改性乳化沥青透层油。

本合同段主要工程数量:改性乳化沥青透层油 350.641km^2、改性沥青黏层 748.398km^2、改性沥青封层 350.641km^2、上面层 353.279km^2、中面层 353.237km^2、下面层 361.950km^2、防水层 24.677km^2。沥青混凝土桥面铺装 33.503km^2、防撞护栏 13 186m、拦水带 25 007m 等。完成投资:原合同造价 81 008 209 元,竣工决算造价 92 628 479 元。

建设单位:河南通衢高速公路有限公司

施工单位:驻马店市公路工程开发公司

设计单位:中国公路工程咨询监理公司

监理单位:河南省宏力工程咨询有限公司

二、机构组成

1. 组织机构及人员

依据本工程规模及施工特点,我单位把该项目列入重点工程进行管理。本着“精干、高效”的原则,抽调具有丰富施工经验的管理人员和技术人员组建商丘至周口高速公路SZZLM-01合同段项目经理部,统一指挥本工程的各项施工。项目部设项目经理 1 名,总工程师 1 名,质量检验工程师 2 名,路面工程师 3 名(以上 7 人均为高级工程师),财务负责人、测量工程师、合同工程师各 1 人,试验工程师、机械工程师、专业安全员各 2 人,共计 16 人。下设六部二室:质检部、工程技术部、合同部、协调部、材料设备部、财务部、综合办公室、试验室。施工现场设一个沥青混凝土拌和站、一个新泽西护栏施工作业队、两个路面施工作业队。

2. 设备投入情况

主要配备的施工机械设备有:

德国边宁霍夫 4000 型沥青混合料拌和设备 1 套,ABG—423 型沥青混合料摊铺设备 2 套,英格索兰 DD110\DD120 型双钢轮振动压路机 4 台,20 ~25t 轮胎式压路机 4 台,15t 钢轮静压路机 2 台,15t 以上后翻式自卸汽车 30 台,沥青脱桶设备 2 台,沥青洒布机 2 台,地磅秤 1 台,沥青储存设备1套，洗石机1套，全自动沥青洒布车(包括碎石洒布车)2套等。为确保沥青混合料试验的精度，按规定配备了质量检测仪器。

三、质量管理情况

1. 质量管理措施

认真贯彻ISO 9002质量管理标准，建立、健全质量保证体系。项目经理部成立以项目经理为组长，项目副经理、总工程师为副组长，有关职能部门参加的质量管理小组，组织领导工程创优工作。

(1)质量管理程序

质量管理程序见图3-1-1。

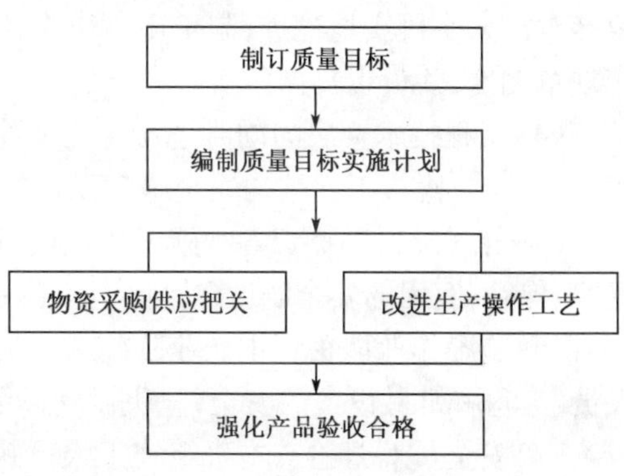

图3-1-1　质量管理程序图

(2)技术交底

根据设计文件和施工组织设计，逐级进行施工图纸交底、施工技术措施交底以及安全技术交底等。先由总工程师负责向有关领导、技术干部及职能部门有关人员交底，最后由单位工程负责人向参加施工的班组长和作业人员交底，并认真讨论、贯彻落实。

(3)测量控制系统

测量室做好工程交接桩与测量定线工作，建立测量控制网，校核永久水准点，建立临时水准点，复测全线基层纵、横断面高程、横坡度和桥涵结构物顶面高程。认真熟悉图纸，定出测量放线方案和测量计划，每道工序施工完毕做好测量复测与记录工作，并做好存档工作。

(4)检测、试验系统

安排有丰富经验的试验员、质检员负责工程的质量检验和材料取样，按照工程进度计划做好各项原材料的检验和试验及沥青配合比设计，提前完成沥青混凝土面层目标配合比设计，施工前做好生产配合比复核。

2. 对已完工程质量的评价

完工后经质量评定，路面工程98.9分、互通立交路面工程99.1分、交通安全设施98.7分。三个单位工程加权平均分98.9分，所属的分项工程、分部工程均为合格，单位工程评定为合格，该建设项目路面一合同段施工质量评定为合格工程。

四、施工进度控制

(1)施工实际进度，2006年4月为施工准备阶段；2006年4月上旬收到开工指令；2006年10月上旬路面面层工程完工；2006年12月15日全线建成试通车。

(2)施工中实施短期计划控制，根据项目全过程的计划，编制分阶段和月度计划，及时进行关键工序的转化，确定阶段工作重点，及时掌握进度，分析调整，使项目实施处于受控状态。

(3)在项目部各施工作业队所签订的施工劳务协议上，将进度计划管理作为协议的重要组成部分，落实到位，责任到人。

(4)对于细化后的工期计划以书面形式下发至施工作业队，逐期对照检查落实情况。对于满足不了施工计划任务的队伍强制整改，增加技术力量、劳力、机械设备的投入，确保工期。

五、施工安全与文明施工情况

1. 施工安全情况

(1)建立安全员在内的安全组织保证体系；制订同业务范围工作标准挂钩的安全生产责

任制以及检查监督制度，健全本标准上下配套的安全管理网络。

（2）项目经理是安全生产第一责任人，为安全领导小组组长，对本段安全生产、劳动保护负总责。应严格遵守国家的安全生产法规，自觉保障工程的安全和保护劳动者生命安全，贯彻安全第一、预防为主的方针，在抓好生产的同时，必须管好安全生产。在计划、布置、检查、总结、评比生产的同时，要相应纳入安全生产工作，对所有施工人员进行安全教育，督促、检查其履行安全生产责任制，展现出企业施工的良好形象。

（3）项目经理办公室设专职安全员主管安全，施工班组设兼职安全员，齐抓共管。安全员要经常深入乡村实地检查，制止违章作业，纠正违章指挥，根据工程项目具体情况制订安全施工规章制度，并负责贯彻落实。

（4）工程技术交底的同时进行施工安全技术交底，并负责施工技术和施工工艺的安全技术措施落实，检查工程结构安全施工设计的落实情况。

（5）材料设备部负责各种施工机械设备安全操作规程的制订，检查落实物资材料的采购、运输、保管、使用的安全制度，特别应重视易燃、易爆物资的安全管理和行驶机械的安全使用。

（6）施工作业队负责本作业队施工人员的安全教育和安全措施落实。队长负责本队施工人员、工程和机械设备的安全，坚决做到以预防为主，消灭一切不安全隐患。

（7）安全员监督检查本班组施工人员执行安全操作规程，使用安全帽、安全带、安全网等劳动保护用品的情况，有权制止施工活动中一切不安全的行为，有权拒绝上一级的违章指挥，对生产中的不安全因素及隐患要及时解决。

2. 文明施工情况

成立工地文明建设组织机构，制订完整的文明工地管理办法和管理措施，使本项目成为企业文明施工的窗口。实行文明施工，努力做好环境保护工作，是项目经理部的职责。由项目经理总负责、经理办公室专人负责，各作业队、拌和场站行政管理员负责。在编制实施性施工组织设计时要专列文明施工内容，施工中坚决做到文明施工。

（1）设置正规醒目的 150cm × 75cm 标语牌，书写本合同段工程有关内容，如合同段名称、我单位项目经理部名称、经理及总工姓名等，并简介工程范围、工程量等内容。

（2）制订严格的文明施工管理制度、条例、办法等，主要条款书写在标语牌上，挂在工区内，时刻提醒职工认真遵守。

（3）驻地和施工现场管理人员一律佩证上岗，为维持工区内施工秩序，无关人员不得进入工区。办公室、仓库、工作室悬挂统一标准的牌子，以示标识。

（4）做好办公、生产、生活区内的“三防”、绿化、医疗、卫生、保险工作和租用房屋的管理工作。

（5）做好施工现场各类机械设备和车辆的分类、安置工作。

（6）坚持持久地开展争做“四有新人”活动和建设优秀职工之家活动，开展丰富多彩的文体、知识竞赛活动，活跃工区职工精神生活。

六、环境保护措施与节约用地措施

工程开工前，首先进行详细的工地探查，并结合工地的实际情况制订切合实际的环境保护方案；在施工过程中，注意了保护自然环境、防止水土流失，做好垃圾、废油、废水的收集处理，不随意排放；施工现场及时洒水以控制扬尘；采取措施做好拌和站粉尘的回收及处理；尽量减少噪声和废气排放，达到了环境保护要求。工程及临建用地均在业主规划及征地范围内，符合节约用地要求。

七、施工中新技术、新材料、新工艺的应用情况

追求技术创新,积极应用新技术、新材料、新设备、新工艺和计算机等技术,力求达到施工的标准化、规范化,是实现工程质量提高的重要保障,也是我们不懈努力的方向。在沥青面层的施工中,我们主要进行了下列工作:

路面中、上面层采用改性沥青 Superpave 新型路面,Superpave 新型路面具有功能良好、离析少、表面均匀、石料嵌挤效果较好、抗车辙能力高等优点。改性剂为 SBS,为了保证上面层的耐磨耗性和使用寿命,上面层碎石采用平顶山生产的玄武岩,玄武岩具有足够的强度、耐磨耗性、抗冻性、抗冲击性、抗破碎性,为了增加 SBS 改性沥青与矿料表面的黏附性,在改性沥青中添加了抗剥落剂。

八、对建设单位、设计单位、监理单位的评价

在商丘至周口高速公路(周口段)路面工程 SZZLM-01 合同段施工中,我公司从技术指导、周边环境的协调、资金支付、节点计划的部署等方面,得到了建设单位的大力支持和援助,为我公司顺利完成施工任务,奠定了有力的基础。

设计单位在施工中派出设计代表,及时解决和处理施工中存在的设计方面的问题,为我公司完成施工任务提供了技术指导。

二期监理代表处和驻地办所有监理人员,本着监理服务的十六字方针,严格进行监理,热情服务,争做事前监理,不做事后监理;施工中严格把好每一道工序关、原材料进场使用关,每项分项工程在监理的指导、监督、旁站、检查中有条不紊地进行,为本项目的工程质量提供了可靠的保证。

九、施工体会

我公司本着“让业主放心,让监理满意”的指导思想,以“多投入、多产出、多收益”的原则严格按照施工规范操作,把各工序分解为若干个关键工序,严格控制各个环节,以提高全员责任心为保证工程质量的前提和基础,充分发挥施工人员的主观能动性,克服种种困难,排除种种不利因素,把握有限的施工时间,发扬和鼓励“白加黑”和“出租车”精神,加班加点,保质保量地完成施工任务,已于 2006 年 11 月前全部完成施工任务。

通过对商丘至周口高速公路(周口段)路面工程 SZZLM-01 合同段的施工建设,我们认识到,要建一流工程,就必须先端正态度,牢记质量这根弦。要树立“争创精品工程”的意识,追求上进,才能达到目标。不能降低对自己的要求,要增强机械化施工程度,只有这样,才能创造更大的效益,也能创造精品工程。当然,我们也还有许多不足之处。譬如,在有些时候、有些部位、有些环节的协调还不够科学,施工还不够严密等。

我省交通运输厅对档案要求分类明确、科学。我们要认真学习文件,严格按上级的要求办事,力争质量、进度、资料三优良,提高我公司的管理水平,为河南公路建设事业再立新功。

驻马店市公路工程开发公司

2009 年 9 月 20 日

2. 商丘至周口高速公路周口段路面工程 SZZLM-02 合同段施工总结报告

目　　录

商丘至周口高速公路周口段路面工程 SZZLM-02 合同段施工总结报告

一、工程概况

河南省商丘至周口高速公路周口段路面面层工程 SZZLM-02 合同段，起讫桩号为 K214 + 000 ~ K228 + 800，长约 14.8km。全段主线按双向 4 车道高速公路标准设计，路基宽度 28m，按 6 车道布设，并设紧急停车岛，其中：行车道宽 2 × (2 × 3.75m + 3.50m)，中间带宽 3.04m（其中中央分隔带 1.54m，左侧路缘带 2 × 0.75m，右侧路缘带硬路肩 2 × 0.5m），沥青砂拦水带 2 × 0.23m，土路肩 2 × 0.75m。桥面净宽 2 × 12.5m。

沥青混凝土路面面层结构从上到下依次为 4cm 细粒式玄武岩改性沥青混凝土（AC—13C）+ 黏层 + 6cm 中粒式改性沥青混凝土（AC—20C）+ 黏层 + 8cm 粗粒式沥青混凝土（AC 25C）+ 改性沥青碎石封层 + 改性乳化沥青透层油。

本合同段主要工程数量：改性乳化沥青透层油 382.374 1km^2、改性乳化沥青黏层 813.277km^2、改性沥青封层 382.374km^2、上面层 382.275km^2、中面层 386.222km^2、下面层 377.756km^2、防水层 30.327km^2、桥面铺装 40 549km^2、中央分隔带新泽西护栏 14 113m、沥青砂拦水带 24 318m。完成投资：原合同总造价 65 284 412 元，竣工决算造价 96 896 259 元。

本合同段由河南中州路桥建设有限公司承建，项目经理部设在淮阳北环与淮西路交叉口东 500m 处。

二、机构组成

1. 组织机构及人员

依据本工程规模及施工特点，本着“精干、高效”的原则，抽调具有丰富施工经验的管理人员和技术人员组建商周高速公路路面面层工程 SZZLM-02 合同段项目经理部，统一指挥本工程的各项施工。

(1) 项目经理部设管理人员 16 人：项目经理 1 人、总工程师 1 人、质检工程师 2 人、路面工程师 3 人（以上 7 人均为高级工程师），试验工程师、机械工程师、专职安全员各 2 人，财物负责人、测量工程师、合同工程师各 1 人。

(2) 经理部下设六部二室：质检部、工程技术部、合同部、协调部、材料设备部、财务部、综合办公室、试验室。施工现场设一个沥青混凝土拌和站、一个新泽西护栏施工作业队、两个路面施工作业队。

2. 设备投入情况

主要配备的施工机械设备有：

日本 TAP3000 型沥青混合料拌和设备 1 套、日工 3000 型沥青混合料拌和设备 1 套、ABG—423 型沥青混合料摊铺设备 2 套、英格索兰 DD110、DD120、DD135 型双钢轮振动式压路机 3 台、20 ~ 25t 轮胎式压路机 3 台、15t 以上后翻式自卸汽车 30 台、沥青脱桶设备 2 台、沥青洒布机 2 台、全自动沥青洒布车（包括碎石洒布车）2 套等。

为确保沥青混合料试验的精度，按规定配备了质量检测仪器。

三、质量管理情况

1. 质量管理措施

认真贯彻 ISO 9002 质量管理标准,建立、健全质量保证体系。项目经理部成立以项目经理为组长,项目副经理、总工程师为副组长,有关职能部门参加的质量管理小组,组织领导工程创优工作。

(1)质量管理程序

质量管理程序见图 3-2-1。

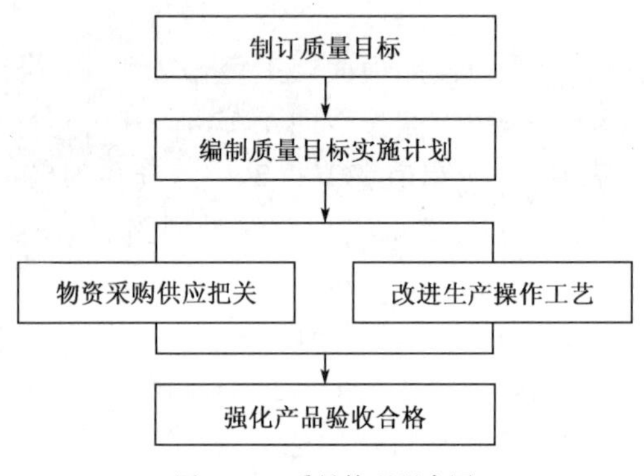

图 3-2-1　质量管理程序图

(2)技术交底

根据设计文件和施工组织设计,逐级进行施工图纸交底、施工技术措施交底以及安全技术交底等。先由总工程师负责向有关领导、技术干部及职能部门有关人员交底,最后由单位工程负责人向参加施工的班组长和作业人员交底,并认真讨论贯彻落实。

(3)测量控制系统

测量室做好工程交接桩与测量定线工作,建立测量控制网,校核永久水准点,建立临时水准点,复测全线基层纵横断面高程、横坡度和桥涵结构物顶面高程。认真熟悉图纸,定出测量放线方案和测量计划,每道工序施工完毕做好测量复测与记录工作,并做好存档工作。

(4)检测、试验系统

安排有丰富经验的试验员、质检员负责工程的质量检验和材料取样,按照工程进度计划做好各项原材料的检验和试验及沥青配合比设计,提前完成沥青混凝土面层目标配合比设计,施工前做好生产配合比复核。

2. 对完工工程质量的评价

完工后经质量评定,路面工程 99.5 分、淮阳互通立交路面工程 99.3 分、交通安全设施 98.5 分。三个单位工程加权平均分 99.1 分,所属的分项工程、分部工程均为合格,单位工程评定为合格,该建设项目评定为合格工程。

四、施工进度控制

(1)施工实际进度,2006 年 4 月为施工准备阶段;2006 年 4 月上旬收到开工指令;2006 年 10 月上旬路面面层工程完工;2006 年 12 月 15 日全线建成试通车。

(2)施工中实施短期计划控制,根据项目全过程的计划,编制分阶段和月度计划,及时进行关键工序的转化,确定阶段工作重点,及时掌握进度,分析调整,使项目实施处于受控状态。

(3)在项目部各施工作业队所签订的施工劳务协议上,将进度计划管理作为协议的重要组成部分,落实到位,责任到人。

(4)对于细化后的工期计划以书面形式下发至施工作业队,逐期对照、检查落实情况。对于满足不了施工计划任务的队伍强制整改，增加技术力量、劳力、机械设备的投入，确保工期。

五、施工安全与文明施工情况

1. 施工安全情况

(1)建立安全员在内的安全组织保证体系；制订同业务范围工作标准挂钩的安全生产责任制以及检查监督制度，健全本标准上下配套的安全管理网络。

(2)项目经理是安全生产第一责任人，为安全领导小组组长，对本段安全生产、劳动保护负总责。应严格遵守国家的安全生产法规，自觉保障工程的安全和保护劳动者生命安全，贯彻安全第一、预防为主的方针，在抓好生产的同时，必须管好安全生产。在计划、布置、检查、总结、评比生产的同时，要相应纳入安全生产工作，对所有施工人员进行安全教育，督促、检查其履行安全生产责任制，展现出企业施工的良好形象。

(3)项目经理办公室设专职安全员主管安全，施工班组设兼职安全员，齐抓共管。安全员要经常深入乡村实地检查，制止违章作业，纠正违章指挥，根据工程项目具体情况制订安全施工规章制度，并负责贯彻落实。

(4)工程技术交底的同时进行施工安全技术交底，并负责施工技术和施工工艺的安全技术措施落实，及检查工程结构安全施工的设计落实情况。

(5)材料设备部负责各种施工机械设备安全操作规程的制订，检查落实物资材料的采购、运输、保管、使用的安全制度，特别应重视易燃、易爆物资的安全管理和行驶机械的安全使用。

(6)施工作业队负责本作业队施工人员的安全教育和安全措施落实。队长负责本队施工人员、工程和机械设备的安全，坚决做到以预防为主，消灭一切不安全隐患。

(7)安全员监督检查本班组施工人员执行安全操作规程，使用安全帽、安全带、安全网等劳动保护用品的情况，有权制止施工活动中一切不安全的行为，有权拒绝上一级的违章指挥，对生产中的不安全因素及隐患要及时解决。

2. 文明施工情况

成立工地文明建设组织机构，制订完整的文明工地管理办法和管理措施，使本项目成为企业文明施工的窗口。实行文明施工，努力做好环境保护工作，是项目经理部的职责。由项目经理总负责、经理办公室专人负责，各作业队、拌和场站行政管理员负责。在编制实施性施工组织设计时要专列文明施工内容，施工中坚决做到文明施工。

(1)设置正规醒目的150cm×75cm标语牌，书写本合同段工程有关内容，如合同段名称、我单位项目经理部名称、经理及总工姓名等，并简介工程范围、工程量等内容。

(2)制订严格的文明施工管理制度、条例、办法等，主要条款书写在标语牌上，挂在工区内，时刻提醒职工认真遵守。

(3)驻地和施工现场管理人员一律佩证上岗，为维持工区内施工秩序，无关人员不得进入工区。办公室、仓库、工作室悬挂统一标准的牌子，以示标识。

(4)做好办公、生产、生活区内的"三防"、绿化、医疗、卫生、保险工作和租用房屋的管理工作。

(5)做好施工现场各类机械设备和车辆的分类、安置工作。

(6)坚持持久地开展争做"四有新人"活动和建设优秀职工之家活动，开展丰富多彩的文体、知识竞赛活动，活跃工区职工精神生活。

六、环境保护措施与节约用地措施

工程开工前，首先进行详细的工地探查，并结合工地的实际情况制订切合实际的环境保护方案；在施工过程中，我们注意了保护自然环境、防止水土流失，做好垃圾、废油、废水的收集处理，不随意排放；施工现场及时洒水以控制扬尘；采取措施做好拌和站粉尘的回收及处理；尽量减少噪声和废气排放，达到了环境保护要求。工程及临建用地均在业主规划及征地范围内，符合节约用地要求。

七、施工中新技术、新材料、新工艺的应用情况

追求技术创新，积极应用新技术、新材料、新设备、新工艺和计算机等技术，力求达到施工的标准化、规范化，是提高工程质量的重要保障，也是我们不懈努力的方向。在沥青面层的施工中，我们主要进行了下列工作。

(1)在江苏省交通科学院专家组的指导下，采用Superpave技术进行沥青混凝土配合比设计，并使用旋转压实机模拟现场的压实过程，力学指标和路用性能的相关性较好，确保了高性能沥青路面的施工质量。

(2)为更好地解决高速公路基层防水层的材料性能指标，采用道路下封抗裂防水材料——抗裂防水黏结膜(GeoTac)久泰克新型防水材料。首先，由于(GeoTac)久泰克防护膜的熔点低于沥青混合料摊铺温度，这样可以保证在摊铺沥青混合料时，PE防护膜熔化后高强胎基上层的高聚物起到了很好的承上启下的黏结作用。其次(GeoTac)久泰克置于面层与水稳基层之间，能减小面层与基层间的结合力。当路面发生温缩时，沥青面层不仅要承受本身收缩变形的拉应力，而且水稳基层的收缩变形会在面层底部引起较大的拉应力，层间铺置(GeoTac)久泰克后，大大降低了水稳基层与面层间的结合力，水稳基层对面层的附加应力相对减少，面层底部所受拉应力下降而不致造成拉裂。然后有较大延伸性的(GeoTac)久泰克作为间层，水稳基层张裂通过间层可使应力扩展，从而缓解裂缝处的应力集中，即弹性间层起到了吸收部分拉伸能量的作用，并承担部分水平应力，增加了地基的承载力。

(3)为延缓基层裂缝向沥青面层反射而导致沥青面层裂缝渗水破坏基层，延长道路的使用寿命，根据专家意见，对基层裂缝进行灌缝、抗裂处理，灌缝材料和抗裂材料采用高分子聚合物密封胶、高分子抗裂贴SA，从而更好地保证了路面工程的质量。

八、对建设单位、设计单位、监理单位的评价

商周高速公路在整个建设过程中，得到了省委、省政府、省交通运输厅、周口市委、市政府、市交通运输局及市高指办领导的高度重视和亲切关怀，同时还得到了通衢项目公司的大力支持、协调和监理人员积极主动、热情周到的监理服务，以及当地政府和人民群众的大力支持。使路面工程的具体施工得以顺利实施，整个工程施工有条不紊地进行，保证按期优质地完成了全部施工任务。

1. 对建设单位的评价

河南通衢高速公路有限公司在工程建设过程中始终把狠抓工程质量作为第一要务，经常深入施工现场，进行现场办公，对于工程施工中遇到的困难和问题能够迅速及时地予以妥善解决，事事督察督办，亲历亲为，真正把商周高速公路的施工当成了自己的事情来办。比如对公路用地、料场用地、临时驻地等征地拆迁和及时拨付征地款工作，都在建设单位积极主动的干预下得到了及时解决，避免了以往施工中屡见不鲜的当地村民阻拦施工现象的发生，从而使工程施工能够顺利进行，确保了合同工期的如期实现。

2. 对设计单位的评价

设计单位派驻了认真负责的设计代表常驻工地现场。对施工单位提出的设计疑问及建议修改方案，设计单位本着经济、合理、科学和切合实际的原则，及时邀请驿阳公司和监理单位的领导专家到实地考察，与监理、业主研究，确定变更设计方案。帮助施工单位及时解决了施工中出现的各种疑难问题和重大技术决策问题。

3. 对监理单位的评价

监理单位对工程质量、进度、费用、安全、文明施工等方面起到了重要的监督管理作用。商周高速公路实行的是工程监理制，工程监理实行招标制。监理代表处设总监代表、工程部、合同部、试验室、综合部等部门，负责监理和工程质量的全面工作；下设驻地办，监理工作人员有高级驻地、道路监理、结构监理、测量监理、试验监理和监理助理人员若干。监理代表处和驻地办在工程施工中按照"严格监理、热情服务、秉公办事、一丝不苟"的原则，在施工中严格控制每道工序和每个分项工程的质量。对路面工程的施工方案、实施细节、计量支付等环节都给予了大量的指导和帮助。监理人员对各个施工环节进行现场旁站监理，严格按照合同文件和有关规范规程的要求进行施工，严格执行全面监理程序，以技术规范评定标准为准绳进行日常监理工作，完全尽到了监理的职责和义务，从而有效地保证了工程质量，促进了工程进度，加强了施工过程的全面监理，使本工程质量一直处于受控状态。

九、施工体会

我单位所承建的商周高速公路周口段路面工程第二合同段，在河南通衢高速公路有限公司和二期监理代表处领导的大力协调和支持下，于 2006 年 10 月 15 日顺利完工。从开工准备到工程完工，经全体参建员工精心组织、精诚团结、夜以继日的共同努力，倒排工期，加大投入，充分调动广大员工的积极性，高度树立起"抓质量、促进度、保工期"的大局意识，并与业主、设计、监理单位密切配合，使工程质量得到较好的控制，确保了整体通车目标的顺利实现。

施工中，我们始终以工程质量为重点，做到质量和进度的协调施工，各部门分工明确，责任到人，科学指导施工生产，严格工序施工和管理，加强和深化管理，推行项目目标责任制，全员组织和部署，在提高工程质量，着力打造精品工程上狠下功夫，认真落实有关政策和精神，加大投入，狠抓落实，顽强拼搏，自我加压，不仅按期优质高效地完成了施工任务，而且在施工中磨砺了筑路人的意志，提高了施工技术和管理水平，丰富了施工经验。主要内容如下。

(1)加强领导，创新管理。通过创新项目管理思想，强化管理意识，以提高工程质量为核心，自觉遵循工程建设的内在规律，借鉴一切先进的管理成果，实现项目管理的科学化和项目管理的法制化和信息化。

(2)规范操作，精心施工。严格按照设计要求和《公路沥青路面施工技术规范》(JTG F40—2004)、《公路工程质量检验评定标准(土建工程)》(JTG F80/1—2004)等所规定的施工工艺和要求进行施工。重点加强施工现场的现场检测和质量控制。

(3)落实责任，严格进行奖惩。实行分级管理，分工负责，将工程建设的责任机制、监督机制、激励机制真正落实到施工中的各个环节和每个工作岗位，把工程质量、进度与经济效益挂钩。

(4)加强对有关规范和规程的学习，熟练掌握和应用，对施工中发生的各种事宜必须做好施工原始记录。

(5)加强沟通，做好协调工作。在施工中加强与建设单位、设计单位、监理单位、当地政府部门和人民群众的沟通和联系，有问题及时反映和协调，针对具体问题，具体分析、具体解决。

(6)精心施工，科学组织。在施工过程中根据实际情况及时调整进度指标，避免盲目赶工而埋下质量隐患。

(7)技术创新，优化施工。积极地进行了新技术、新材料、新工艺的推广和应用，提高了施工水平和管理水平。

商周高速公路的圆满建成通车,凝结着业主、承包人、建设单位及有关协作单位和部门全体人员的心血,代表着我省公路建设又迈上了一个新台阶,对河南省的政治、经济和社会发展,有着十分重要的意义。我们有信心也有能力为河南乃至全国的交通建设事业作出更大的贡献!

河南中州路桥建设有限公司

2009 年 9 月 10 日

3. 商丘至周口高速公路周口段路面工程 SZZLM-03 合同段施工总结报告

目　录

商丘至周口高速公路周口段路面工程 SZZLM-03 合同段施工总结报告

一、工程概况

河南省商丘至周口高速公路周口段路面面层工程 SZZLM-03 合同段,起讫桩号为 K228 + 800 ~ K243 + 500,长约 14.7km。全段主线按双向 4 车道高速公路标准设计,路基宽度 28m,按 6 车道布设,并设紧急停车岛,其中:行车道宽 2 ×(2 ×3.75m +3.50m),中间带宽 3.04m(其中中央分隔带 1.54m,左侧路缘带 2 ×0.75m,右侧路缘带硬路肩 2 ×0.5m),沥青砂拦水带 2 × 0.23m,土路肩 2 ×0.75m,桥面净宽 2 ×12.5m。

沥青混凝土路面面层结构从上到下依次为 4cm 细粒式玄武岩改性沥青混凝土(AC—13C)+黏层 +6cm 中粒式改性沥青混凝土(AC—20C)+黏层 +8cm 粗粒式沥青混凝土(AC—25C)+改性沥青碎石封层 +改性乳化沥青透层油。

本合同段主要工程数量:改性乳化沥青透层油 434.173km^2、改性乳化沥青黏层油 822.564km^2、改性沥青封层 388.805 1km^2、上面层 374.208km^2、中面层 374.208km^2、下面层 374.208km^2、防水层 34.986km^2、桥面铺装 45.495km^2、中分带新泽西护栏 13 343m、沥青砂拦水带 24 789m。完成投资:原合同总造价 64 276 846 元,竣工决算造价 98 487 440 元。

本合同段由河南中州路桥建设有限公司承建,项目经理部设在淮阳北环与淮西路交叉口东 500m 处。

二、机构组成

1. 组织机构及人员

依据本工程规模及施工特点,本着“精干、高效”的原则,抽调具有丰富施工经验的管理人员和技术人员组建商周高速公路路面面层工程 SZZLM-02 合同段项目经理部,统一指挥本工程的各项施工。

(1)项目经理部设管理人员 16 人:项目经理 1 人、总工程师 1 人、质检工程师 2 人、路面工程师 3 人(以上 7 人均为高级工程师),试验工程师、机械工程师、专职安全员各 2 人,财物负责人、测量工程师、合同工程师各 1 人。

(2)经理部下设六部二室:质检部、工程技术部、合同部、协调部、材料设备部、财务部、综合办公室、试验室。施工现场设一个沥青混凝土拌和站、一个新泽西护栏施工作业队、两个路面施工作业队。

2. 设备投入情况

主要配备的施工机械设备有:

日本 TAP3000 型沥青混合料拌和设备 1 套、日工 3000 型沥青混合料拌和设备 1 套、ABG— 423 型沥青混合料摊铺设备 2 套、双钢轮振动式压路机 3 台、20 ~25t 轮胎式压路机 3 台、15t 以上后翻式自卸汽车 30 台、沥青脱桶设备 2 台、沥青洒布机 2 台、全自动沥青洒布车 2 套等。

为确保沥青混合料试验的精度,按规定配备了质量检测仪器。

三、质量管理情况

1. 质量管理措施

认真贯彻 ISO 9002 质量管理标准，建立、健全质量保证体系。项目经理部成立以项目经理为组长、项目副经理、总工程师为副组长，有关职能部门参加的质量管理小组，组织领导工程创优工作。

(1)质量管理程序(图 3-3-1)

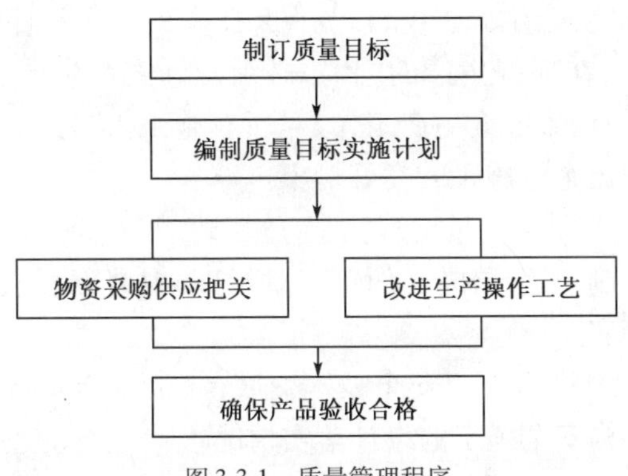

图 3-3-1　质量管理程序

(2)技术交底

根据设计文件和施工组织设计，逐级进行施工图纸交底、施工技术措施交底以及安全技术交底等。先由总工程师负责向有关领导、技术干部及职能部门有关人员交底，最后由单位工程负责人向参加施工的班组长和作业人员交底，并认真讨论贯彻落实。

(3)测量控制系统

测量室做好工程交接桩与测量定线工作，建立测量控制网，校核永久水准点，建立临时水准点，复测全线基层纵横断面高程、横坡度和桥涵结构物顶面高程。认真熟悉图纸，定出测量放线方案和测量计划，每道工序施工完毕做好测量复测与记录工作，并做好存档工作。

(4)检测、试验系统

安排有丰富经验的试验员、质检员负责工程的质量检验和材料取样，按照工程进度计划做好各项原材料的检验和试验及沥青配合比设计，提前完成沥青混凝土面层目标配合比设计，施工前做好生产配合比复核。

2. 对完工工程质量的评价

完工后经质量评定，路面工程 99.3 分、刘庄互通立交路面工程 99.2 分、交通安全设施 98 分。三个单位工程加权平均分 98.8 分，所属的分项工程、分部工程均为合格，单位工程评定为合格，该建设项目评定为合格工程。

四、施工进度控制

(1)施工实际进度，2006 年 4 月为施工准备阶段；2006 年 4 月上旬收到开工指令；2006 年 10 月上旬路面面层工程完工；2006 年 12 月 15 日全线建成试通车。

(2)施工中实施短期计划控制，根据项目全过程的计划，编制分阶段和月度计划，及时进行关键工序的转化，确定阶段工作重点，及时掌握进度，分析调整，使项目实施处于受控状态。

(3)在项目部各施工作业队所签订的施工劳务协议上，将进度计划管理作为协议的重要组成部分，落实到位，责任到人。

(4)对于细化后的工期计划以书面形式下发至施工作业队，逐期对照、检查落实情况。对于满足不了施工计划任务的队伍强制整改,增加技术力量、劳力、机械设备的投入,确保工期。

五、施工安全与文明施工情况

1. 施工安全情况

(1)建立安全员在内的安全组织保证体系;制订同业务范围工作标准挂钩的安全生产责任制以及检查监督制度,健全本标准上下配套的安全管理网络。

(2)项目经理是安全生产第一责任人,为安全领导小组组长,对本段安全生产、劳动保护负总责。应严格遵守国家的安全生产法规,自觉保障工程的安全和保护劳动者生命安全,贯彻安全第一、预防为主的方针,在抓好生产的同时,必须管好安全生产。在计划、布置、检查、总结、评比生产的同时,要相应纳入安全生产工作,对所有施工人员进行安全教育,督促、检查其履行安全生产责任制,展现出企业施工的良好形象。

(3)项目经理办公室设专职安全员主管安全,施工班组设兼职安全员,齐抓共管。安全员要经常深入乡村实地检查,制止违章作业,纠正违章指挥,根据工程项目具体情况制订安全施工规章制度,并负责贯彻落实。

(4)工程技术交底的同时进行施工安全技术交底,并负责施工技术和施工工艺的安全技术措施落实,及检查工程结构安全施工的设计落实情况。

(5)材料设备部负责各种施工机械设备安全操作规程的制订,检查落实物资材料的采购、运输、保管、使用的安全制度,特别应重视易燃、易爆物资的安全管理和行驶机械的安全使用。

(6)施工作业队负责本作业队施工人员的安全教育和安全措施落实。队长负责本队施工人员、工程和机械设备的安全,坚决做到以预防为主,消灭一切不安全隐患。

(7)安全员监督检查本班组施工人员执行安全操作规程,使用安全帽、安全带、安全网等劳动保护用品的情况,有权制止施工活动中一切不安全的行为,有权拒绝上一级的违章指挥,对生产中的不安全因素及隐患要及时解决。

2. 文明施工情况

成立工地文明建设组织机构,制订完整的文明工地管理办法和管理措施,使本项目成为企业文明施工的窗口。实行文明施工,努力做好环境保护工作,是项目经理部的职责。由项目经理总负责、经理办公室专人负责,各作业队、拌和场站行政管理员负责。在编制实施性施工组织设计时要专列文明施工内容,施工中坚决做到文明施工。

(1)设置正规醒目的150cm×75cm标语牌,书写本合同段工程有关内容,如合同段名称、我单位项目经理部名称、经理及总工姓名等,并简介工程范围、工程量等内容。

(2)制订严格的文明施工管理制度、条例、办法等,主要条款书写在标语牌上,挂在工区内,时刻提醒职工认真遵守。

(3)驻地和施工现场管理人员一律佩证上岗,为维持工区内施工秩序,无关人员不得进入工区。办公室、仓库、工作室悬挂统一标准的牌子,以示标识。

(4)做好办公、生产、生活区内的“三防”、绿化、医疗、卫生、保险工作和租用房屋的管理工作。

(5)做好施工现场各类机械设备和车辆的分类、安置工作。

(6)坚持持久地开展争做“四有新人”活动和建设优秀职工之家活动,开展丰富多彩的文体、知识竞赛活动,活跃工区职工精神生活。

六、环境保护措施与节约用地措施

工程开工前,首先进行详细的工地探查,并结合工地的实际情况制订切合实际的环境保护方案；在施工过程中，注意了保护自然环境、防止水土流失，做好垃圾、废油、废水的收集处理，不随意排放；施工现场及时洒水以控制扬尘；采取措施做好拌和站粉尘的回收及处理；尽量减少噪声和废气排放，达到了环境保护要求。工程及临建用地均在业主规划及征地范围内，符合节约用地要求。

七、施工中新技术、新材料、新工艺的应用情况

追求技术创新，积极应用新技术、新材料、新设备、新工艺和计算机等技术，力求达到施工的标准化、规范化，是实现工程质量提高的重要保障，也是我们不懈努力的方向。在沥青面层的施工中，我们主要进行了下列工作。

(1)在江苏省交通科学院专家组的指导下，采用 Superpave 技术进行沥青混凝土配合比设计，并使用旋转压实机模拟现场的压实过程，力学指标和路用性能的相关性较好，确保了高性能沥青路面的施工质量。

(2)为更好地解决高速公路基层防水层的材料性能指标，我们采用道路下封抗裂防水材料——抗裂防水黏结膜(GeoTac)久泰克新型防水材料。首先，由于(GeoTac)久泰克防护膜的熔点低于沥青混合料摊铺温度，这样可以保证在摊铺沥青混合料时，PE 防护膜熔化后高强胎基上层的高聚物起到了很好的承上启下的黏结作用。其次(GeoTac)久泰克置于面层与水稳基层之间，能减小面层与基层间的结合力。当路面发生温缩时，沥青面层不仅要承受本身收缩变形的拉应力，而且水稳基层的收缩变形会在面层底部引起较大的拉应力，层间铺置(GeoTac)久泰克后，大大降低了水稳基层与面层间的结合力，水稳基层对面层的附加应力相对减少，面层底部所受拉应力下降而不致造成拉裂。然后有较大延伸性的(GeoTac)久泰克作为间层，水稳基层张裂通过间层可使应力扩展，从而缓解裂缝处的应力集中，既弹性间层起到了吸收部分拉伸能量的作用，并承担部分水平应力，增加了地基的承载力。

(3)为延缓基层裂缝向沥青面层反射，导致沥青面层裂缝渗水破坏基层，延长道路的使用寿命，根据专家意见，我们对基层裂缝进行灌缝、抗裂处理，灌缝材料和抗裂材料采用高分子聚合物密封胶、高分子抗裂贴 SA，从而更好地保证了路面工程的质量。

八、对建设单位、设计单位、监理单位的评价

商周高速公路在整个建设过程中，得到了省委、省政府、省交通运输厅、周口市委、市政府、市交通运输局及市高指办领导的高度重视和亲切关怀，同时还得到了通衢项目公司的大力支持、协调和监理人员积极主动、热情周到的监理服务，以及当地政府和人民群众的大力支持，使路面工程的具体施工得以顺利实施，整个工程施工有条不紊地进行，保证按期优质地完成了全部施工任务。

1. 对建设单位的评价

河南通衢高速公路有限公司在工程建设过程中始终把狠抓工程质量作为第一要务，经常深入施工现场，进行现场办公，对于工程施工中遇到的困难和问题能够迅速及时地予以妥善解决，事事督察督办，亲历亲为，真正把商周高速公路的施工当成了自己的事情来办。比如对公路用地、料场用地、临时驻地等征地拆迁和及时拨付征地款工作，都在建设单位积极主动的干预下得到了及时解决，避免了以往施工中屡见不鲜的当地村民阻拦施工现象的发生，从而使工程施工能够顺利进行，确保了合同工期的如期实现。

2. 对设计单位的评价

设计单位派驻了认真负责的设计代表常驻工地现场。对施工单位提出的设计疑问及建议修改方案，设计单位本着经济、合理、科学和切合实际的原则，及时邀请驿阳公司和监理单位的领导专家到实地考察，与监理、业主研究，确定变更设计方案。帮助施工单位及时解决了施工中出现的各种疑难问题和重大技术决策问题。

3. 对监理单位的评价

监理单位对工程质量、进度、费用、安全、文明施工等方面起到了重要的监督管理作用。商周高速公路实行的是工程监理制，工程监理实行招标制。监理代表处设总监代表、工程部、合同部、试验室、综合部等部门负责监理和工程质量的全面工作；下设驻地办，监理工作人员有高级驻地、道路监理、结构监理、测量监理、试验监理和监理助理人员若干。监理代表处和驻地办在工程施工中按照"严格监理、热情服务、秉公办事、一丝不苟"的原则，在施工中严格控制每道工序和每个分项工程的质量。对路面工程的施工方案、实施细节、计量支付等环节都给予了大量的指导和帮助。监理人员对各个施工环节进行现场旁站监理，严格按照合同文件和有关规范规程的要求进行施工，严格执行全面监理程序，以技术规范评定标准为准绳进行日常监理工作，完全尽到了监理的职责和义务，从而有效地保证了工程质量，促进了工程进度，加强了施工过程的全面监理，使本工程质量一直处于受控状态。

九、施工体会

我单位所承建的商周高速公路周口段路面工程第二合同段，在河南通衢高速公路有限公司和二期监理代表处领导的大力协调和支持下，于2006年10月15日顺利完工。从开工准备到工程完工，经全体参建员工精心组织、精诚团结、夜以继日的共同努力，倒排工期，加大投入，充分调动广大员工的积极性，高度树立起"抓质量、促进度、保工期"的大局意识，并与业主、设计、监理单位密切配合，使工程质量得到较好的控制，确保了整体通车目标的顺利实现。

施工中，我们始终以工程质量为重点，做到质量和进度的协调施工，各部门分工明确，责任到人，科学指导施工生产，严格工序施工和管理，加强和深化管理，推行项目目标责任制，全员组织和部署，在提高工程质量，着力打造精品工程上狠下功夫，认真落实有关政策和精神，加大投入，狠抓落实，顽强拼搏，自我加压，不仅按期优质高效地完成了施工任务，而且在施工中磨砺了筑路人的意志，提高了施工技术和管理水平，丰富了施工经验。主要内容如下。

(1)加强领导，创新管理。通过创新项目管理思想，强化管理意识，以提高工程质量为核心，自觉遵循工程建设的内在规律，借鉴一切先进的管理成果，实现项目管理的科学化和项目管理的法制化和信息化。

(2)规范操作，精心施工。严格按照设计要求和《公路沥青路面施工技术规范》(JTG F40—2004)、《公路工程质量检验评定标准(土建工程)》(JTG F80/1—2004)等所规定的施工工艺和要求进行施工。重点加强施工现场的现场检测和质量控制。

(3)落实责任，严格进行奖惩。实行分级管理，分工负责，将工程建设的责任机制、监督机制、激励机制真正落实到施工中的各个环节和每个工作岗位，把工程质量、进度与经济效益挂钩。

(4)加强对有关规范和规程的学习，熟练掌握和应用，对施工中发生的各种事宜必须做好施工原始记录。

(5)加强沟通，做好协调工作。在施工中加强与建设单位、设计单位、监理单位、当地政府部门和人民群众的沟通和联系，有问题及时反映和协调，针对具体问题，具体分析、具体解决。

(6)精心施工，科学组织。在施工过程中根据实际情况及时调整进度指标，避免盲目赶工而埋下质量隐患。

(7)技术创新，优化施工。积极地进行了新技术、新材料、新工艺的推广和应用，提高了施工水平和管理水平。

商周高速公路的圆满建成通车,凝结着业主、承包人、建设单位及有关协作单位和部门全体人员的心血,代表着我省公路建设又迈上了一个新台阶,对河南省的政治、经济和社会发展,有着十分重要的意义。我们有信心也有能力为河南乃至全国的交通建设事业作出更大的贡献!

河南中州路桥建设有限公司

2009 年 9 月 10 日

4. 商丘至周口高速公路周口段路面工程SZZLM-04合同段施工总结报告

目　　录

商丘至周口高速公路周口段路面工程 SZZLM-04 合同段施工总结报告

一、工程概况

商丘至周口高速公路周口段沥青路面面层工程 SZZLM-04 合同段，起讫桩号为 K243 + 500 ~ K254 + 500，路线全长 11km，再加周口东、西互通区匝道及周口东连接线。全段主线按双向 4 车道高速公路标准设计，路基宽度 28m，布设 6 车道，其中：行车道宽 2 ×（2 × 3.75m + 3.50m），中间带宽 3.04m（其中中央分隔带 1.54m，左侧路缘带 2 ×0.75m，右侧路缘带 2 × 0.5m），沥青砂拦水带 2 ×0.23m，土路肩 2 ×0.75m。桥面净宽 2 ×12.5m。

沥青混凝土路面面层结构从上到下依次为 4cm 细粒式玄武岩改性沥青混凝土（AC—13C）+ 黏层 + 6cm 中粒式改性沥青混凝土（AC—20C）+ 黏层 + 8cm 粗粒式沥青混凝土（AC—25C）+ 改性沥青碎石封层 + 改性乳化沥青透层油。

本合同段完成主要工程数量：主线和互通区沥青混凝土路面 319 683m^2，周口东连接线沥青混凝土路面 98 253m^2，沥青混凝土桥面铺装 34 634m^2，周口东连接线桥面铺装 3 498m^2，中央分隔带新泽西护栏预制安装 10 674m，盲沟长 23.11km，沥青砂拦水带 23 755m。原合同总造价 6 140.58 万元，竣工决算价 8 575.86 万元。

该段由二公局（洛阳）第四工程处承建。

二、机构组成

1. 项目部组织情况

根据本工程特点，为确保在合同工期内按期优质完成施工任务，创样板工程，实现安全生产、文明施工目标，制订“以技术为先导，以质量为主线”的工作方针，以创优质工程为管理理念，根据已经审查通过的施工资格预审申请文件和我公司历年来高速公路施工组织管理的经验，组建了项目经理部。设项目经理兼书记 1 人，副经理兼总工程师 1 人，财务总监 1 人。经理部下设 9 个职能部门，即人财部、工程部、质检部、合同部、机械设备部、材料部、试验室、测量队和经理办公室。并设路面施工一队、路面施工二队、路面施工三队、新泽西护栏施工一队、新泽西护栏施工二队、新泽西护栏施工三队、黏结层作业一队、黏结层作业二队，共计 7 个作业队。

2. 主要人员及机械投入

本合同段共配备：技术人员 23 人，试验工、测量工、现场技术工人等 15 人，摊铺机机长、拌和楼机长、压路机司机、汽车驾驶员、平地机司机、装载机司机等 54 人，普通工人 126 人。

沥青混凝土拌和楼 NP3000 型 1 套、沥青洒布车 SXGLY5250 型 1 台、沥青洒布车 SXGLY160 型 1 台、碎石洒布机 XLY—8—315 型 1 台、装载机 ZL—505 型 5 台、ABG—423 摊铺机 3 台、DD—110 压路机 2 台、DD—130 压路机 1 台、XP—261 胶轮压路机 2 台、XP—260 胶轮压路机 1 台、1 000t 沥青储藏设备 1 台、洒水车 2 辆。

三、质量管理情况

1. 质量管理措施

(1)建立、健全质量管理体系。

建立以项目经理负责的质量、安全、环保管理体系和以总工程师负责的质检、试验、测量三个质量保证体系,并按策划→实施→检查→改进提高的模式进行管理。质量责任横向到边、纵向到人、分头把关、层层落实,强化岗位责任制,赋予质检工程师一票否决权,使体系、制度都能行之有效地运转。对工程质量实行终身负责制。成立项目质量进度竞赛组织机构,由项目经理主抓,总工、副经理分头负责,制订竞赛活动实施细则和措施,狠抓计划和质量保障措施的落实。

①质量保证体系:从施工质量、质量检查、质量信息管理、目标管理以及政治、组织、经济等方面予以全面保证。

②质检体系:建立、健全机构,严格按照程序检查、控制过程程序。经理部设立质检组和质检工程师,作业队及班组设质检员,配备职业道德良好、工作态度认真、责任心强和技术水平高的工程技术人员,从人员素质上确保工程质量监控的实现。对每道施工工序都必须经过自检、互检、交接检,由质检工程师检查合格、报监理工程师确认后,方可进行下一道工序的施工。

③试验检测体系:经理部设立中心试验室,确保每项工程开工前有标准试验,施工中有检测控制试验,完工后有准确完善的试验数据。

④测量体系:经理部设立测量队,各作业队设立测量组,做好施工测量控制管理。测量数据按制度严格把关,认真整理复核,确保资料准确齐全。

(2)建立开工前的技术交底及"五不施工"、"三不交接"制度。

一项工程开工前,须有主管工程师向全体技术人员进行技术交底,包括工程的设计要求,技术标准、施工方法、注意事项等。未进行技术交底不施工,图纸和技术要求不清楚不施工、测量桩和资料未经换手复核不施工、材料无合格证或试验检测不合格不施工、上道工序不经检查签认不施工。施工中,无自检记录不交接、未经专业人员验收合格不交接、施工记录不全不交接。

(3)实行全过程质量控制,建立严格的质量责任奖惩制度,推行工程质量责任终生制。施工中严把三关:图纸关、测量关、试验关。

(4)确定施工质量管理重点。

选择工程的重要部位、影响质量的特殊工艺、使用的原材料等方面作为主要控制对象加强控制。

(5)为控制检测、试验设备及原材料、成品、半成品的现场验收、管理及采购制度配备齐全先进的检测、试验设备,对整个工程全过程施工质量进行全面检测控制。所有测试仪器、衡器在使用前到政府设立的检测鉴定部门进行检验和标定,合格后方可使用;并对所有检测、试验设备做好标识。

(6)建立严格的施工资料管理制度。

施工原始资料的积累和保存由质检部专人分工分类负责。制订技术资料管理办法,严格按照《技术资料管理办法》要求进行技术资料的收集、整理、存档,做到及时、准确、完整。

2. 施工中工程质量自检及工程质量问题的处理情况

(1)认真执行质量过程三检制度。

分项施工的现场应实行标示牌管理,写明作业内容和质量要求,认真执行三检制度,即:自检、互检、工序交接检制度,并切实做好隐蔽工程的检查工作。

(2)坚持三不放过的原则,并按不合格控制流程图程序严格执行。

(3)实行质量一票否决制度,不合格的工程坚决“推到重来”,确保施工中不留任何隐患。

通过本合同段全体职工的共同努力,本合同段没有出现质量问题。

3. 对已完工程质量的评价

在工程施工过程中,按照施工规范的有关要求,坚决贯彻执行相关的技术规范,深入贯彻全面质量管理的有关规定,使已完工程的施工质量达到了优良的标准,较好地满足了业主和规范的要求。

通过本合同段全体人员的共同努力,我项目单位工程优良率达100%,合同段质量评分为96.5分,评为合格工程。

四、施工进度控制

保证工程进度的措施将完全服从整体工程进度安排,并承诺将按合同工期交付给业主一项优良工程,为此将采取以下措施加以保证:

(1)建立以项目经理为核心的施工进度领导小组,落实各层次的进度控制人员,确定各自的责任,明确其任务。项目经理部要做到提前指挥、高速运转,同时配备业务精、技术好、事业心强、有类似工程施工经验的工程技术人员;各专业施工队伍及其作业层由施工骨干力量组成,为工期目标的实现提供组织保证。

(2)运用先进的计划管理技术,拟订科学合理且留有余地的施工进度计划目标,建立严密的工期目标体系,根据工程特点,充分考虑各种因素对计划实施的影响,对进度计划的实施进行动态管理。在施工中不断优化季、月、旬施工计划,及时调整施工力量配制,确保工程项目按预定进度要求有秩序、按计划、均衡、连续地进行施工生产。

(3)编制有针对性措施的施工方案,采用先进的施工工艺和施工设备,确定科学的施工方法,以优化的施工组织指导施工。加大内部管理协调力度,落实冬、雨季及农忙季节的施工措施,全面平衡人工、材料、设备的需用量,力求实现均衡生产。

(4)调用优良的机械设备,加强设备维修、保养工作,保证机械完好率,提高机械化程度和设备使用效率,材料做到早计划、早落实、及时进场。

(5)抓好关键工序、关键线路施工计划的实施,确定重点,兼顾一般。对整个工程进度有决定性影响的关键工程,要采取有针对性的保证措施,派专人负责其实施,全面考虑可能出现的各种情况,制订对策,制订多套预备方案,确保万无一失。

(6)合理统筹安排施工力量,以总工期为目标,掌握轻重缓急,保持合理的节奏。针对工程实际进展情况,施工中充分利用有利施工季节轮班作业,实行专业分工协作,不断地优化劳动力配置及施工机械设备的配备,提高劳动生产率。

(7)积极推广作业班组承包责任制,开展劳动竞赛,掀起劳动热潮,并及时组织立功奖励活动,营造“奖勤罚懒”的气氛,充分调动广大职工的内部潜力和生产劳动的积极性、创造性。

(8)做好施工过程的现场调整工作,即人、财、物在时间、空间的调试分布,掌握计划的实施情况,协调理顺各方面的关系,增进同监理、业主、设计等方面的联系和合作,采取措施,排除各种阻力,加强薄弱环节,实现动态平衡,创建良好的外部施工环境。

(9)实施科学的进度计划检查制度,抓好统筹、控制与协调。每周对计划执行情况进行一次例行检查,责成责任人实际报告与计划进度相比较,找出超前或滞后的原因,总结经验予以推广,制订合理的措施,将已拖的工期抢回来。项目经理部加强对各单位之间的协调,解决各分项、分部工程之间因进度不相适应产生的各种矛盾和问题,使整个项目施工有机地统一起来。

(10)做好充分的施工准备工作,组织好劳动力、材料、设备及水电的供应。现场配置发电机组,设置水池,配备水车,解决临时停水、停电对工程的影响,保证施工连续进行。

(11)加强同气象部门的联系,提前做好防暴雨、防高温及防冻的施工准备工作,做好现场积水的疏导,及时排干场内积水。

(12)积极主动与监理部门合作,对施工中出现的技术、质量等难题,组织攻关,迅速解决问题,加快施工进展。

(13)保证工程施工所需资金的正确使用。充分利用工程预付款,做到专款专用;加强合同管理,及时进行计量结算,确保工程款及时足额到位;在上级的支持下,及时调动单位的流动资金、银行信贷以满足本工程施工的需要,为工期目标的实现提供经济保证。

(14)冬季、雨季施工措施和农忙季节的安排。

本工程在工期安排上,综合考虑多种因素,统筹安排,通过合理的平行、交叉作业,有条不紊地组织各分项工程的施工,尽可能减少冬雨季、农忙对施工造成的影响。

①本项目属沥青路面工程,施工期短,气候、温度要求高,气温低于10℃和雨季不能安排施工。

②加强与气象部门的联系,及早做好对暴雨、大风、寒流等灾害性气候变化的应变措施。

③农忙季节施工。由于本工程施工与当地村民间的相互影响并不突出,在农忙季节应尽量保证地方车辆、人、畜的顺利通行,并确保交通安全。

五、施工安全与文明施工情况

1. 安全保证体系

(1)建立安全员在内的安全组织保证体系;制订同业务范围工作标准挂钩的安全生产责任制以及检查监督制度,健全本标准上下配套的安全管理网络。

(2)项目经理是安全生产第一责任人,为安全领导小组组长,对本合同段安全生产、劳动保护负总责。应严格遵守国家的安全生产法规,自觉保障工程的安全和保护劳动者生命安全,贯彻安全第一、预防为主的方针,在抓好生产的同时,必须管好安全生产。在计划、布置、检查、总结、评比生产的同时,要相应纳入安全生产工作,对所有施工人员进行安全教育,督促、检查其履行安全生产责任制,展现出企业施工的良好形象。

(3)项目经理办公室设专职安全员主管安全,施工班组设兼职安全员,齐抓共管。安全员要经常深入现场实地检查,制止违章作业,纠正违章指挥,根据工程项目具体情况制订安全施工规章制度,并负责贯彻落实。

(4)工程技术交底的同时进行安全施工交底,并负责施工现场和施工工艺的安全技术措施、工程结构安全施工的设计及检查落实情况。

(5)机料部负责各种施工机械设备安全操作规程的制订,检查落实物资材料的采购、运输、保管、使用的安全制度,特别应重视易燃、易爆物资的安全管理和行驶机械的安全使用。

(6)施工作业队负责本作业队施工人员的安全教育和安全措施落实。队长负责本队施工人员、工程和机械设备的安全;坚决做到以预防为主,消灭一切不安全隐患。

(7)安全员监督检查本班组施工人员执行安全操作规程,使用安全帽、安全带、安全网等劳动保护用品的情况,有权制止施工活动中一切不安全的行为,有权拒绝上一级的违章指挥,对生产中的不安全因素及隐患要及时解决。

2. 保证安全的措施

(1)全项目执行施工安全检查工作程序,以预防为主,实行安全生产一票否决制。健全各工种、各工艺、各施工环境下的安全规章制度，严格按要求施工。做好上岗前职工安全施工培训工作，并通过广播、黑板报、标语牌、安全知识竞赛等，时刻提醒警示全体职工。特殊工种必须持安全考核合格证上岗，严禁无证操作、违章作业。确保人员及工种安全双达标。

（2）经理部每月进行一次安全措施落实情况检查、评比，奖优罚劣；作业队每星期进行一次安全活动评比，大力宣传安全施工，作业队长和班组安全员要天天讲安全，让职工时时处处注意安全。在全项目形成一种爱护自己更要爱护他人、爱护自己财物更要爱护他人和国家财物的良好风尚，使人人懂得安全为了生产、生产确保安全的重要性和必要性，全员做到安全施工。

（3）在施工车辆与地方交通干扰大的交叉地点以及基坑、沟槽边缘等危险处，设立明显标志和防护栏杆、隔离栅、防护网等，桥涵安装遇与地方道路、国道线交叉处，采取改移通行便道、设立警示绕行标志、充分准备、紧凑施工的方式，设专人指挥交通。夜间施工时，配置好照明设备，确保施工人员和机械设备的安全。

（4）油库、料库、房、高压电线、变压器等易燃、易爆区，应按当地公安、消防等有关部门的要求部署，做好安全保卫及防火、防爆、防盗工作，配备足够数量的消防器具、规范安全用电。

（5）加强与当地气象部门之间的联系，在大风、暴雨前，做好临建工棚等设备、设施的安全防范工作。

3. 文明施工

成立工地文明建设组织机构，制订完整文明工地管理办法和管理措施，使本项目成为企业文明施工窗口。实行文明施工，努力做好环境保护工作，是项目经理部的职责。由项目经理总负责、经理办公室专人负责，各作业队、拌和场站行政管理员负责。在编制实施性施工组织设计时要专列文明施工内容，施工中坚决做到文明施工。

（1）设置正规醒目的150cm×75cm标语牌，书写本合同段工程有关内容，如合同段名称、我单位项目经理部名称、经理及总工姓名等，并简介工程范围、工程量等内容。

（2）制订严格的文明施工管理制度、条例、办法等，主要条款书写在标语牌上挂在工区内，时刻提醒职工认真遵守。

（3）驻地和施工现场管理人员一律佩证上岗，维持工区内施工秩序，无关人员不得进入工区。办公室、仓库、工作室悬挂统一标准的牌子，以示标识。

（4）做好办公、生产、生活区内“三防”、绿化、医疗、卫生、保险工作和租用房屋的管理工作。

（5）做好施工现场各类机械设备和车辆分类区安置工作。

（6）坚持持久地开展争做“四有新人”活动和建设优秀职工之家活动，开展丰富多彩的文体、知识竞赛活动，活跃工区职工精神生活。

六、环境保护措施与节约用地措施

工程开工前，首先进行详细的工地探查，并结合工地的实际情况制订切合实际的环境保护方案；在施工过程中，注意了保护自然环境、防止水土流失，做好垃圾、废油、废水的收集处理，不随意排放；施工现场及时洒水以控制扬尘；采取措施做好拌和站粉尘的回收及处理；尽量减少噪声和废气排放，达到了环境保护要求。

工程及临建用地均在业主规划及征地范围内，符合节约用地要求。

七、施工中新技术、新材料、新工艺的应用情况

路面中、上面层采用改性沥青 Superpave 新型路面，Superpave 新型路面具有功能良好、离析少、表面均匀、石料嵌挤效果较好、抗车辙能力高等优点。改性剂为SBS,为了保证上面层的耐磨耗性和使用寿命,上面层碎石采用平顶山生产的玄武岩,玄武岩具有足够的强度、耐磨耗性、抗冻性、抗冲击性、抗破碎性,为了增加SBS改性沥青与矿料表面的黏附性,在改性沥青中添加了抗剥落剂。

八、对建设单位、设计单位、监理单位的评价

河南通衢高速公路有限公司在本合同段施工过程中,信守合同承诺,积极协调解决施工中遇到的各种问题,及时支付计量款项,及时批复变更,我单位对建设单位工作满意。

设计单位河南省中国公路工程咨询监理总公司在本合同段施工过程中,能根据施工现场实际情况及时进行设计变更,对施工图中存在的问题能给予及时答复,我单位对设计单位的工作满意。

河南宏力监理工程咨询有限公司代表处及第四驻地办全体监理人员在本合同段施工过程中,对工程质量进行了严格监理,对质量隐患及质量问题及时下达了整改指令,我单位对监理单位的工作满意。

九、施工体会

我单位参建商周高速公路建设以来,凭实力在施工过程中赢得了较好声誉。在业主和监理代表处的大力支持和领导下,严格按照规范和设计及相关要求组织施工,保证了质量和工程进度。取得的成绩与业主、监理代表处的支持是分不开的,与项目部技术骨干和全体员工的顽强拼搏、努力工作是分不开的。虽然商周高速公路建设任务重、工期紧,各单位交叉施工相互干扰大,在施工中我们深深体会到:无论施工中遇到任何困难,只要业主、监理、承包人共同努力,科学安排,就能顺利地保质、保量、如期完成工程任务。

二公局(洛阳)第四工程处

2009年9月27日

5. 商丘至周口高速公路周口段路面工程 SZZLM-05 合同段施工总结报告

目　录

商丘至周口高速公路周口段路面工程 SZZLM-05合同段施工总结报告

一、工程概况

由我单位承建的河南省商丘至周口高速公路周口段SZZLM-05合同段,项目自2006年3月18日进场,2006年4月20日开工,2006年10月31日完工。本合同段里程桩号为K254+500~K267+370,长12.87km,主要工程量有:透层31.05万m^2,下封层31.60万m^2,黏层71.38万m^2,厚4cm AC—13细粒式沥青混凝土(改性沥青)32.66万m^2,厚6cm AC—20中粒式沥青混凝土(改性沥青)31.84万m^2,厚8cm AC—25粗粒式沥青混凝土32.59万m^2,桥面铺装5.43万m^2,新泽西护栏11 180m,沥青砂拦水带23 717m等。

完成工程投资:合同价为73 631 219元,竣工决算价为83 380 121元。

二、机构组成

1. 主要人员

我单位在接到中标通知后,集团公司立即抽调精良设备、精干人员成立了项目经理部,建立、健全项目经理部组织机构,并制订了完善的管理制度和各级各类人员职责,保证项目管理工作规范化、科学化、合理化和制度化。经理部设项目经理1人、项目总工1人、项目副经理1人、质检工程师1人、工程部6人、合同部2人、质检部3人、试验室8人、材设部5人、财务部2人、综合部3人,各部门职责明确,分工合作,充分调动员工的积极性和主动性,积极为一线生产服务好、协调好,起到了组织、协调、指挥和监督的职能作用。

2. 设备投入情况

设备投入情况见表3-5-1、表3-5-2。

拌和站主要设备配备表 表3-5-1

序号	机械设备名称	规格	单位	数量	备注
1	沥青拌和楼	林泰阁3000型	台套	1	间歇式
2	沥青罐	容量50t	个	7	
3	改性沥青罐	容量50t	个	5	
4	外电变压器	630kW、160kW	台	2	
5	备用发电机组	500kW	台	1	
6	地磅	100t	台	1	
7	装载机	ZL50C	台	4	
8	自卸运输车	红岩、斯太尔20t	辆	20	
9	水泥混凝土拌和机	JS1000	台套	1	

路面摊铺压实机具表 表3-5-2

序号	机械名称	规格型号	额定功率或吨位	产地	单位	配备数量
1	摊铺机	ABG—423	铺宽12m	德国	台	3
2	双钢轮压路机	YZC12	6t	洛阳	台	1
3	双钢轮压路机	DD110	8t	柳州	台	2
4	轮胎压路机	YL25	25t	洛阳	台	2
5	轮胎压路机	ZXP261	26t	徐州	台	1
6	乳化沥青洒布车	XY1031CIQ	60t	湖北	台	1
7	碎石撒布车	斯太尔	17t	捷克	台	1
8	振动夯板	HZR22B	2m	威海	台	1
9	洒水车	解放	8t		台	3
10	洗石机	150t/h	150		台	1
11	切割机				台	1

3. 管理机构设置

为保证本工程项目的顺利实施，根据本工程的特点，我集团公司按照职能明确、精干高效、运转灵活、指挥有力的原则组建项目管理组织机构，成立“河南省中原路桥建设（集团）公司商丘至周口高速公路周口段路面工程项目经理部”。

项目经理部下设项目经理、项目副经理、总工程师、总质检工程师和工程部、合同部、质检部、试验室、材设部、财务部、协调部、综合办公室等六部二室，形成项目经理决策智囊团，分别对工程施工、计划、质量、技术、试验、资金运作、后勤保障及协调等方面进行具体管理，并对项目经理负责。

施工队伍组成为沥青混合料拌和站、沥青混合料运输队、沥青混合料路面摊铺施工队、封层黏层透层施工队、沥青混合料路面碾压施工队、新泽西护栏施工队等。

三、质量管理情况

1. 质量控制措施

沥青混凝土面层施工质量控制包括施工准备阶段的质量控制、施工过程中的质量控制及工序间的质量检查和验收、完工后的质量检验与评定。

本合同段在施工中严格按照ISO 9001—2000标准的质量管理体系控制工程施工质量，认真按照《公路沥青路面施工技术规范》（JTG F40—2004）的有关标准和要求进行组织和施工，从而保证了本合同段工程高速、优质、低耗地完成。由项目经理部负责施工期间的“三控三管一协调”工作（三控：施工进度控制、施工质量控制和施工成本控制；三管：施工安全管理、工程合同管理、工程信息管理；一协调：工程组织与协调）。施工中坚持做到的“四有”、“五化”，即：有方案、有标准、有制度、有目标；施工规范化、操作规程化、技术标准化、管理制度化、数据科学化。同时制订分项工程一次验收标准，各分项工程均按合同条款和施工规范进行控制施工，在施工中认真执行“三检”（施工前、施工中、施工后的检查），严格把好“五关”（施工技术图纸复核关、测量定位复核关、技术交底关、过程控制关、工程检验签认关），从而确保了工程建设总目标的合理、顺利实现。具体从以下几个方面着手：

（1）建立了完善和完整的质量控制体系。认真履行施工单位应尽的职责，配备先进科学的检测设备和技术过硬的质量检测人员。对各分项工程的开工条件进行自检和自查;对施工中的每道工序和工艺进行现场质量控制;按照合同文件和施工规范规定的频率、时间和方法进行质量自检控制。

(2)组织施工技术人员进行全面的施工技术交底。对具体工程实际情况、设计意图、主要技术标准、质量要求、技术安全措施以及重点工程施工的注意事项等进行逐一交待清楚,使全体参建员工做到胸中有数,确保施工操作的准确性和规范性。

(3)对全体人员进行岗位技能和专业技术培训,持证上岗。机械操作人员能够熟练使用和操作机械设备,使各种机械设备始终处于良好的工作状态;技术管理人员认真熟悉和掌握施工中的每一细节,发现问题及时纠正和解决,确保工程质量目标的实现。

(4)严格按照设计文件和图纸、施工技术规范进行施工。编制详细合理的施工组织设计、施工技术方案和操作规程,并以此为依据,合理组织和调配材料、机械设备和人员,使工程优质、高效、低耗进行。

(5)奖惩严明,责任分明。建立、健全质量管理机构,制订工程质量岗位责任制和分项工程质量保证措施、规章和制度,具体落实到每一个人、每一个施工环节和每一道工序,并严格把关。

(6)严把物资设备关。做好各项物资设备的采购、供应和管理,防止材料混用和使用不合格材料以及不合格产品进入下道工序,进行全过程控制和管理,满足施工生产的需要,保证施工过程的连续,保证工程施工质量。

(7)加强过程控制。对已经认可的施工方案、方法、工艺技术参数和指标进行严密的监视和控制,保证在具体施工操作过程中,能够实现业主和监理工程师的要求,尤其是对工程的特殊重点部位和工序,则要专门制订施工方案,并加强监督的力度和控制的手段,使工程的每个部位、工序均达到优良标准。

(8)严格控制试验和检测数据的真实性,“一切用数据说话”。通过严把过程检验和试验关,保证工程施工的每一段、每个部位的质量在施工的过程中受到控制。严格按照过程检验和试验控制程序的内容和要求保证验收制度的效能,及时组织质检员、施工人员和有关技术人员对各工序进行自检,并按检验点依有关规程规范进行检验、试验、标识和记录,对出现的问题,及时组织有关人员进行研究分析,制订出纠正和预防措施,以确保达到其实施效果。并及时通知业主监理单位,经现场认可后,才能进行下一工序的施工。

(9)制订详细的试验段施工方案。在认真做好试验路段施工的同时,收集各种数据、参数和满足要求的各项技术指标,总结分析施工步骤、施工工艺、机械组合等施工参数,为工程的全面施工提供最佳施工指导方案,保证了沥青面层的施工质量。

(10)对进入施工现场的原材料进行严格检测和检查,严格按照《公路沥青路面施工技术规范》(JTG F40—2004)的有关规定和要求重点把好原材料质量关。各种材料都必须在施工前以“批”为单位进行检查,不符合规范和招标文件技术要求的材料不得进场。材料试样的取样与频度严格按现行试验规程的规定进行。

(11)严格按照招标文件、合同文件、技术规范等所规定的施工工艺及质量检查验收标准进行施工。在施工中尽量采用通过监理工程师同意的新技术、新工艺,为工程质量的提高创造有利条件。

(12)推行全面质量管理,对工程质量进行全过程的动态管理。开展难点工序技术攻关活动,及时解决施工中的重、难点和质量问题。开展创优质工程活动,把工程质量管理引向深入。

(13)“严”字当头。无论管理制度、工艺措施、规范、规程、规定要求,还是从平时检查到具体指导，从关键部位到每道工序，都必须强调一个“严”字；对出现的质量问题，更要严肃认真，一丝不苟地进行妥善管理，该返工的一定要返工，该停工的也一定要停工进行处理。

2. 施工中质量自检情况及工程质量问题的处理情况

（1）施工中质量自检情况

加强施工中各种质量指标的自查和抽查，在沥青面层的施工中严格控制“五度”，即宽度、厚度、温度、平整度、压实度。从原材料进场到沥青混合料的拌和、运输、摊铺、碾压等各个工序，都由质检人员和试验人员严格按照规范和规程的有关要求和频率，进行全过程的质量监测和检查，发现问题及时纠正和处理。同时为了更好地保证沥青面层的平整度，本合同段对桥台接缝、施工接缝进行重点控制，加大检测力度，加强此部位的施工力量，从而更好地提高了沥青面层的平整度，保证了行车的安全性和舒适性。

工程质量从自检和监理抽检的情况及质量评定情况看：各分部、分项工程质量均达到合格工程标准，得到了业主和监理人员的一致好评。

（2）工程质量问题的处理情况

本合同段自施工开始至完工，坚持高标准、严要求，严格按设计要求和相关施工规范进行施工。整个施工过程完全处于受控状态，未出现任何质量事故。

3. 对完工质量的评价

经质量评定，各项工程质量指标均达到《公路沥青路面施工技术规范》（JTG F40—2004）的有关要求，合同段评定得分为95.6分，评为合格工程。

4. 交工验收和缺陷责任期所提质量问题及处理情况

交工验收时的各项质量检测指标均满足设计和相关施工规范要求，无质量问题。缺陷责任期运营情况良好，路面无松散、无拥包、无泛油等现象发生，路面平整、密实，未发现有明显质量问题。

四、施工进度控制

我项目经理部根据工程实际情况，在做好工程进度编制的基础上，跟踪检查工程进度和计划的执行情况，通过对施工进度的执行情况进行动态检查并分析进度偏差产生的原因，为进度计划的调整及实现工程总进度目标提供必要的信息。主要做法如下：

（1）抓好重点环节施工，合理安排施工进度。根据现场实际情况，适时调整施工部署，优化施工方案，优化资源配置，制定周密详细的施工进度计划，抓住关键工序，对影响总工期的关键线路和节点给予人力和物力的充分保证，确保总进度计划的顺利实施。

（2）建立以项目为核心的责、权、利体系，定岗、定人、授权，各司其职，各负其责，层层落实、责任到人。加强施工的计划管理，重视施工计划的编制，坚持计划的贯彻执行，确保计划的严肃性。项目部各职能部门必须“干一观二计划三”，提前为下道工序的施工，做好人力、物力和机械设备的准备，确保工程连续进行。

（3）建立奖罚严明的经济责任制。每季每月进行一次总结，把按期、保质完成任务与经济和物质利益挂钩，最大限度地调动员工的积极性。对提前完成任务的相关责任人进行奖励，同时广泛开展“劳动竞赛”、“流动红旗评比”等活动，激发广大职工的工作热情和创造性，提高劳动效率，确保工期的实现。

（4）制订严格的材料供应计划。根据现场的施工进度情况保证各种材料的及时供应，杜绝停工待料的情况出现。

（5）采取平行作业、流水作业和顺序作业相结合的形式组织施工，保证工程施工的连续性和均衡性。

(6)严把质量关,切实保证各项质量管理制度的有效执行。加强工序控制,施工技术人员全天候深入施工现场对各个施工过程做好跟踪技术监控,发现问题及时现场就地解决,防止了工序检验不合格而进行返工、延误工期现象的发生。

(7)经常检查计划的执行、落实情况。以建设单位或监理工程师批准的施工组织设计为依据,以月、季统计报表为参照,结合施工现场进行实测实量。发现问题及时分析原因,找准问题、提出解决办法,并尽快落实,使工程自始至终按计划进行。

(8)合理安排各阶段、各工种、各工序的施工,使每项工作保持施工过程的连续性、协调性和均衡性。

(9)对生产要素进行认真优化组合、动态管理。组织好机械设备和材料,抓关键工程和施工中的关键环节,尽可能采用新工艺、新技术和新材料,大量使用现代化的施工机械,同时保证施工机械的完好率和利用率。

五、施工安全与文明施工情况

1. 安全保证措施和安全操作规程

(1)项目部建立以项目经理为组长的安全领导小组,设专职安全工程师和专职安全员,负责全面的安全管理工作,做到有计划、有组织地进行预测、控制,预防事故的发生。

(2)按照《中华人民共和国安全生产法》的要求,落实各级管理人员和操作人员的安全生产责任制,做到纵向到底,横向到边,各自做好本岗位的安全生产工作。建立安全生产责任制,明确各级人员的责任和权限,做到奖罚分明。

(3)实行逐级安全技术交底制,由经理部组织有关人员对工程项目进行书面详细安全技术交底,凡参加安全技术交底的人员要履行签字手续,并保存资料。重要项目反复进行技术、安全操作交底,明确每个岗位的安全责任。项目经理部专职安全员加强了对安全技术措施的执行情况进行监督检查,并做好记录。

(4)在参建员工中,牢固树立"安全为了生产,生产必须安全"的思想,贯彻执行"安全预防为主"的方针。

(5)进行岗前培训、定期教育,操作工人持证上岗,并严格遵守各岗位安全技术操作规程。

(6)在沥青拌和站、变压器、发电机房、油库和生活生产用房附近配备消防用砂池6个、大小灭火器10余个等消防器械。油库远离主要生产设施、生活区50m以外,并设置了围墙。

(7)加强对施工现场用电设施等容易引起安全事故的工作部位或工序的安全指导、检查和管理。夜间进行沥青混合料的拌和、摊铺等作业时,备有足够的照明设备,电力线由专业电工人员架设及管理,开关做到防雨且安设牢固,并设有漏电保护器,现场安全标志标牌齐全、醒目。

2. 文明施工措施

文明施工是衡量企业素质和管理水平的综合反映,直接关系企业的形象。为保证工程施工文明有序,我们将文明施工作为一项重要工作内容来抓。严格按照豫高司工[2004]657号《河南高速公路发展有限责任公司建设项目文明施工实施细则》的要求,提升文明施工管理水平,树立精品意识,打造精品工程。

施工中我们一直坚持文明施工,抓好现场管理,经常保持现场整齐有序。原材料和机具设备堆放错落有致,施工现场井井有条;施工设施布局合理,临时构筑物规矩成线;施工现场"一图四牌"齐全,施工标语、安全警示标牌醒目,消防安全设施齐备;施工管理人员挂牌上岗,操

作人员持证上岗;施工噪声不得扰民。主要采取了如下措施:

(1)成立了以项目经理为组长的文明施工领导小组,组织所有施工人员认真学习有关文件,极大地提高了职工文明施工的意识和自觉性。

(2)做好施工现场总平面设计,各种临时设施完全按照经批准的平面图布置,因地制宜,布局合理,整齐有序,安全卫生,杜绝了擅自随意搭设的现象。

(3)场地布置合理,机械设备停放整齐,工程材料分类、分规格存放有序。各类器材、机具按规定地点堆放整齐。

(4)施工现场道路平整,整洁畅通,排水设施齐全有效,场内无积水,保持干燥,加强了路容、路貌管理,防止了扬尘,保持了施工现场井然有序。

六、环境保护措施与节约用地措施

本合同段施工临时设施本着施工便利、安全可靠、物流顺畅、减少干扰、经济实用、永临结合、节约用地、保护环境的原则进行布设。施工中坚持"以防为主,防治结合,统筹规划,合理布局,综合治理,化害为利"的原则,尽可能防止灰尘污染和破坏自然环境,从而使受损的生态环境减少至最低程度。主要采取了如下措施:

(1)遵照国家环保的法律条例和规定,施工时采取有效措施,确保了附近的居民、河流以及村民的耕地等不受油烟、粉尘、机械噪声等的污染和损害,并按设计要求认真做好环保绿化工作。自觉接受地方政府及有关部门的监督检查。

(2)施工过程中产生的废弃物、废料完全按照设计要求和监理工程师的指示精神集中堆放或及时清运,防止水土流失,努力减少对周围环境的影响和破坏。生活垃圾定期运至远离居民区的垃圾池堆放。

(3)对于生活垃圾、废料、废水等做好了善后处理工作,避免了污染江河、堵塞交通以及对农田水利设施和排灌系统的影响,较好地保护了当地群众的庄稼、树木、花草。

(4)拌和站采用排烟少、污染小的设备,施工现场远离居民区,以减少噪声污染。对躁声大的机械设备采取安装消音装置措施,车辆经过居民区、学校时减速慢行,禁止鸣笛。

(5)工程竣工后,及时安排人员进行场地清理,对复耕的农田,严格按照有关要求进行复耕,对被破坏的地表植被要尽量恢复原貌,做到完工一处恢复一处。

七、施工中新技术、新材料、新工艺的应用情况

追求技术创新,积极应用新技术、新材料、新设备、新工艺和计算机等技术,力求达到施工的标准化、规范化,是实现工程质量提高的重要保障,也是我们不懈努力的方向。

路面上面层采用改性沥青 Superpave 新型路面,Superpave 新型路面具有良好的功能,离析少,表面均匀,石料嵌挤效果较好,抗车辙能力高。改性剂为 SBS,为了保证上面层的耐磨耗性和使用寿命,上面层碎石采用平顶山生产的玄武岩,玄武岩具有足够的强度、耐磨耗性、抗冻性、抗冲击性、抗破碎性,为了增加 SBS 改性沥青与矿料表面的黏附性,在改性沥青中填加了抗剥落剂,填加计量为改性沥青质量的 0.3%。

八、对建设单位、设计单位、监理单位的评价

1. 对建设单位的评价

河南通衢高速公路有限公司在工程建设过程中始终把狠抓工程质量作为第一要务,经常深入施工工地现场,进行现场办公,对于工程施工中遇到的困难和问题能够迅速及时地予以妥善解决,对公路用地、料场用地、临时驻地等征地拆迁和及时拨付征地款工作,都在建设单位积极主动的干预下得到了及时解决,避免了以往施工中屡见不鲜的当地村民阻拦施工的现象的

发生。及时支付计量款项,从而使工程施工能够顺利进行,确保了合同工期的如期实现。

2. 对设计单位的评价

设计单位派驻了认真负责的设计代表常驻工地现场。对施工单位提出的设计疑问及建议修改方案,设计单位本着经济、合理、科学和切合实际的原则,及时与监理、业主研究,确定变更设计方案,帮助施工单位及时解决了施工中出现的各种疑难问题和重大技术决策问题。

3. 对监理单位的评价

监理单位对工程质量、进度、费用、安全、文明施工等方面起到了重要的监督管理作用。监理代表处和驻地办在工程施工中按照“严格监理、热情服务、秉公办事、一丝不苟”的原则,在施工中严格控制每道工序和每个分项工程的质量。对路面工程的施工方案、实施细节、计量支付等环节都给予了大量的指导和帮助。监理人员对各个施工环节进行现场旁站监理,严格按照合同文件和有关规范规程的要求进行施工,严格执行全面监理程序,以技术规范评定标准为准绳进行日常监理工作,尽到了监理的职责和义务,从而有效地保证了工程质量,促进了工程进度,加强了施工过程的全面监理,使本工程质量一直处于受控状态。

九、施工体会

我单位在河南通衢高速公路有限公司和二期工程监理代表处领导的大力协调和支持下,经全体参建员工精心组织、精诚团结、夜以继日的共同努力,倒排工期,加大投入,充分调动广大员工的积极性,高度树立起“抓质量、促进度、保工期”的大局意识,并与业主、设计、监理单位密切配合,使工程质量得到较好的控制,确保了整体通车目标的顺利实现。

施工中,我们始终以工程质量为重点,做到质量和进度的协调施工,各部门分工明确,责任到人,科学指导施工生产,严格工序施工和管理,加强和深化管理,推行项目目标责任制,全员组织和部署,在提高工程质量、着力打造精品工程上狠下功夫,认真落实有关政策和精神,加大投入,狠抓落实,顽强拼搏,自我加压,不仅按期优质高效地完成了施工任务,而且在施工中磨砺了筑路人的意志,提高了施工技术和管理水平,丰富了施工经验。

商丘至周口高速公路周口段的圆满建成通车,凝结着业主、承包人、监理单位及有关协作单位和部门全体人员的心血,代表着我省公路建设又迈上了一个新台阶,对河南省的政治、经济和社会发展,有着十分重要的意义。我们有信心也有能力为河南乃至全国的交通建设事业作出更大的贡献!

河南省中原路桥建设(集团)公司

2009 年 7 月 31 日

第四部分　交 通 安 全

1. 商丘至周口高速公路周口段交安工程 SZZJA-01 合同段施工总结报告

目　录

商丘至周口高速公路周口段交安工程 SZZJA-01 合同段施工总结报告

一、工程概况

商丘至周口高速公路 SZZJA-01 合同段起讫桩号为:K96 + 493 ~ K112 + 993(施工里程桩号为 K200 + 000 ~ K216 + 500),全长约 16.5km。本合同段设置有四通镇互通式立交 1 处,主要施工内容为:波形梁钢护栏、轮廓标及防眩设施的安装。从 2006 年 7 月 10 日进场,至 2006 年 12 月 10 日顺利完工,历时 150d。

二、机构组成

1. 组织机构情况

组织机构情况见图 4-1-1。

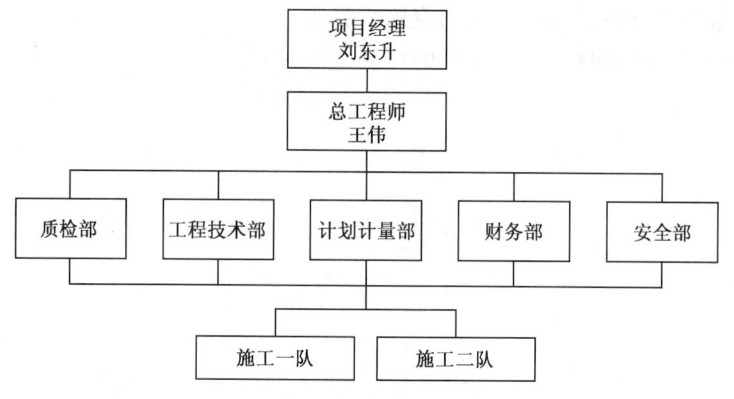

图 4-1-1　组织机构图

我公司中标后,即成立了“北京华凯交通科技有限公司商周高速公路周口段 SZZJA-01 合同段项目经理部”,以项目经理、总工程师为核心,形成指挥中心,累计投入施工人员 100 余人(次),为顺利完工提供了有力的保证。

2. 主要设备投入情况

按照物尽其用、保证施工的原则,本项目累计投入的设备见表 4-1-1。

三、质量管理情况

1. 质量保证体系

质量是企业生存、发展之本,更是我公司全体员工始终坚守的信念,并在施工全过程中认真落实,确保了本合同工程的顺利完成。本合同段质量一次性验收优良,没有出现不合格工程。

2. 质量控制措施

(1)建立了严谨的自检体系,实行质量一票否决制。广泛开展“QC”小组活动,层层把关,使责、权、利相结合,确保施工的科学性、严肃性。

主要设备投入情况表　　表 4-1-1

设备名称	规　　格	单　　位	数　　量	备　　注
液压打桩机	YD—350	台	2	
液压打桩机	YZ—01(380kg)	台	2	
液压打桩机	YD—380	台	1	
液压打桩机	BZJ—A	台	1	
钻孔取芯机	ZK—150	台	2	
发电机	30kW	台	2	
电子涂层测厚仪	HCC—24	台	2	
水准仪	DS3	台	4	
经纬仪	J6	台	2	
载货汽车	8T	辆	2	
桑塔纳轿车		辆	2	施工管理

(2)严格执行监理工程师的指令,各个班组之间实行“三检”(自检、互检、交接检)制度,自觉、从严坚持“三个一样”:即有人检查和无人检查一个样;正常施工和突击施工一个样;白天和晚上一个样。

(3)严格按照规程和规范施工,对不符合标准、规范要求而进行施工的,坚决返工,发现实际情况与图纸不符时,及时写出变更报告,交业主或监理工程师批准。

(4)做好原始材料的试验鉴定、混凝土配合比的设计试配和施工现场混凝土控制,同时对各个分部现场办公,对试验、检测情况进行跟踪检验。

(5)当工期和质量发生矛盾时,坚持以工期服从质量的原则,采取加大人员、设备投入的办法,在确保工程质量的前提下,抢时间,保工期。

四、施工进度控制

(1)做好施工动员和人员选派工作。项目部组成了一支整体素质高、技术力量强、机械设备配套、人员稳定的施工队伍。

(2)做好施工计划管理,编制出了严密的、切实可行的施工组织设计,各施工队和作业班组也制订了与总体计划相适应的分项计划。

(3)选配了良好的施工机械,发挥机械优势;加强材料的管理,保证了合格材料的供应,满足了施工需要。

(4)严格按照施工规范和监理工程师的批示施工,有效避免了因为质量问题造成的返工、窝工,没有出现延误工期的现象。

(5)做好了资金调度。由专门财务人员负责资金调度,有效避免了因资金流动不畅造成误工的现象。

(6)协调好与业主、监理、设计单位、其他在建单位、地方政府、当地群众之间的关系,减少了外界的干扰,使工程得以顺利进行。

五、施工安全与文明施工情况

1. 安全保证体系

项目部成立了安全领导小组,由专职安全员和若干安全工作人员组成,各施工队也建立了相应的安全生产小组,落实安全生产。

2. 安全、文明施工措施

(1)逐级签订安全保证责任书,自上而下形成了完整的安全生产体系。对特种工作,严格持证上岗,对事故苗头加强防范,杜绝了事故的发生。

(2)做好现场安全标准化作业,做到了挂牌施工。实施生产全过程的安全文明管理。

(3)服从业主和监理工程师的指导和管理,并与当地政府、交通部门密切联系,做到了文明施工,实现了精神文明、物质文明双丰收。

六、环境保护措施与节约用地措施

(1)本工程主要污染源有立柱前期处理除锈液体污染,生产安装现场及职工生产生活垃圾以及施工机械设备噪声、发电机废气污染等。

①对车间除锈液体的处理,采取挖专坑排放、深埋,并远离居民饮水区的措施。

②对从事电焊作业的职工配发了专用劳动保护用品。

③车辆运输、发电机、搅拌机运行等容易产生噪声污染的作业在条件允许的情况下多放在夜间施工。

④在施工现场堆放的各种物资按标识堆放,对施工现场产生的生产、生活垃圾由专人负责,做好清洁清运。严格保持现场清洁,严禁污染路面;工程结束后,及时组织人员清场转移、拆除临时设施,及时复耕还田。

(2)节约用地。不论是施工现场,还是在驻地、料场,都严格按照俭省节约的原则,没有损坏耕地,杜绝了浪费现象。

七、施工中新技术、新材料、新工艺的应用情况

本工程护栏板、立柱、轮廓标、防眩板均为传统产品,其制造和施工工艺亦为传统工艺。各项工程施工顺序按合同和技术规范的要求执行,即先做试验段,后铺开进行,按规定向监理工程师送交试验报告、施工方案、质量保证措施等,经监理工程师批准后,全面铺开施工。

八、对建设单位、设计单位、监理单位的评价

河南通衢高速公路有限公司能够严格执行基本建设程序、规章制度,按规定进行招标选择设计、监理、施工单位,机构健全,责任明确,重视安全生产、环境保护、廉正建设等方面的工作,保证了工程的顺利进行。

工程设计单位的设计方案合理,基本满足了施工要求的设计精度和深度,提供的设计文件没有严重的错漏现象。在项目实施过程中,信守合同,服务及时,办事严谨,为项目顺利实施提供了技术保障。

监理单位(河南省宏力工程咨询有限公司)能够很好地履行合同约定,有健全的管理制度,认真监理,坚持旁站,严把质量关,采取了有效的措施,对工程质量、投资、进度进行了很好的控制和监督。

九、施工体会

(1)管理机构的配置应科学合理,以确保整体的凝聚力,多、快、好、省地完成工程项目。

(2)在前期的准备过程中,要细致地调查工地实际情况,根据工期安排,及时制订和调整措施,保证工程顺利实施。

(3)合理投入资金、设备,做好资金计划,只有这样才能取得质量、进度、效益多赢的局面。

北京华凯交通科技有限公司

2009 年 8 月 16 日

2. 商丘至周口高速公路周口段交安工程 SZZJA-02 合同段施工总结报告

目　　录

商丘至周口高速公路周口段交安工程SZZJA-02合同段施工总结报告

一、工程概况

1. 合同段工程起止时间

商丘至周口高速公路周口段交安工程SZZJA-02合同段起讫点为K216+500~K233+000，全长16.5km，全合同段主线按双向4车道高速公路标准设计，按6车道布设。本工程于2006年8月8日进入施工场地，至2006年10月31日全部完成。

2. 主要工程内容

本合同段主要工程内容包括波形梁护栏、防眩板、轮廓标工程。

二、机构组成

主要管理人员及工程投入设备分别见表4-2-1、表4-2-2。

主要管理人员一览表 表4-2-1

编　　号	姓　　名	职　　务	职　　称	备　　注
1	钟文华	项目经理	工程师	
2	王兆全	项目总工	工程师	
3	俞先明	技术负责人	工程师	
4	孙行江	质量员	工程师	
5	邱九平	资料员	技术员	
6	王毅	施工员	技术员	
7	平庆宏	安全员	技术员	

投入工程主要设备一览表 表4-2-2

序号	设备名称	规格型号	数量	进场日期	技术状况	备　　注
1	搅拌机	J2—350	1	2006.8.8	良好	自有
2	插入式振动机	HZ—75	1	2006.8.8	良好	自有
3	电焊机	BX3—250—3	2	2006.8.8	良好	自有
4	空压机	W—0.9/7	2	2006.8.25	良好	自有
5	风镐	SG60	4	2006.8.8	良好	自有
6	液压打桩机	YDBZ—110	2	2006.8.8	良好	自有
7	发电机	STC—12	2	2006.8.10	良好	自有

为了加强项目管理，我公司成立了以项目经理、总工程师为核心，项目经理部下设工程技术部、财务部、工程计量部、施工安全部几个部门，形成指挥中心。全面组织、协调各施工队的施工。

三、质量管理情况

(1)为保证施工质量，在施工现场实行以总工程师王兆全为核心的质量管理网络。以确保优良工程为目标，实行工程质量目标管理，明确各部门的工作岗位职责，落实质量责任制。由质检科具体负责，各工区及分项工程配备专职质检员，强化质量监控和检测手段。各级施工质量管理人员做到认真学习合同文件、技术规范和监理规程，按设计图纸、质量标准及监理工程师指令进行施工，落实各项管理制度，严格按规程施工。各施工班组以自检为主，落实自检、交接检的三检制。开展三工序（复查上工序、保证本工序、服务下工序）活动，强化质量意识，教育全体施工人员，人人关心质量，人人搞好质量，使分项工程质量不达到优良不交工验收。

（2）建立了一个完善的试验室，对工程所用的原材料或配件等进行全面检验和质量控制。试验室配备相应资质的试验人员和相应的设备仪器，对检验测试的项目按有关规程认真操作，如实地提供数据资料，确保检验的真实性和及时性。为此，试验室必须建立和完善各项管理制度和岗位职责，并切实贯彻。

（3）坚持谁施工谁负责的原则，制订各部门岗位质量责任制，使责任到人。企业一把手是工程质量的的第一责任者，生产、技术、管理人员，从各自的范围和要求承担质量责任，并把质量作为评比业绩时一项重要考核指标。

（4）加强对各级施工管理人员和质检人员的培训工作，并认真学习贯彻招标文件、技术规范、质量标准和监理规程，除平时自学外，项目经理部要针对施工实际，定期进行分层次的集中培训学习，进一步提高业务素质，使之在施工过程中更好地落实规范标准，履行职责，提高质量管理水平，把好质量关，以一流质量创一流牌子。

（5）建立以总工程师为主的技术系统质量保证体系。从总工程师、技术科、试验室直至施工班组的各级技术负责人，从施工方案、施工工艺、技术措施上确保达到质量标准，从技术上对质量负责。并积极采用和推广先进的施工工艺和科技成果，提高产品质量和产品优良率。

（6）开展技术攻关。对工程质量薄弱的环节，开展群众性攻关。

（7）分部、分项工程开工前由技术人员负责，进行分层次的书面技术交底，交施工方案、交施工工艺、交设计意图、交质量标准、交安全措施，形成施工程序化、技术标准化、质量规范化，使每个施工人员做到目标明确，心中有数。

（8）为了确保优良工程的目标，原材料采购及产品应符合如下标准和规定，质量保证监督员依据各项检测标准，逐项严格把关，杜绝不合格产品的利用。同时建立完善的材料发放制度，随时向项目经理汇报材料到场及质量抽检结果，以保证优质材料运用到本项目中来。

经过全体技术人员和施工人员及质量管理人员的努力，本项目总体质量为合格工程。

四、施工进度控制

为确保本工程于2006年10月31日建成通车的目标和确保本合同工程施工于2006年10月20日全部完成的目标，具体做法如下：

（1）公司为本项目配备了先进、齐全的施工机械设备，配备有多年高等级公路施工经验、吃苦耐劳的施工队伍和一批参加过高等级公路施工、管理经验丰富的项目经理和技术管理人员，为确保本合同工程工期和质量目标的实现提供了保障。

（2）我公司生产、制作的机械设备及检测设备先进齐全，制作工艺先进，生产制作人员专业程度高，作业熟练，这样又为确保工程质量和工期按时完成打下了坚实的基础。

（3）我公司资金实力雄厚，用于本合同工程的劳动资金宽裕，不会因资金短缺而影响工期。

（4）根据业主和监理工程师的要求，按期及时上报施工进度计划，并付诸实施，在实施过程中,发现问题及时调整。

(5)在施工过程中,出现与路面工程或其他未完工而影响本合同工程施工的情况,现场负责人会及时把信息反馈给项目经理,然后,公司根据反馈的实际情况,随时增派相应施工人员、施工机械及设备,或采取其他有效措施,以确保本工程的施工进度。

(6)在施工过程中,合理调整配备施工队之间的人力及各种机械设备,做到精心组织,科学管理,合理配置,发挥施工人员的积极性、创造性,提高生产、施工效率及经济效益。

(7)在施工过程中,出现各种影响工期的情况,项目经理及时向业主及监理工程师反映情况,以求得协调统一,并根据具体情况,作出具体的施工安排及相关措施,以确保本工程的施工工期。

通过全体施工人员和管理人员的共同努力,本项目全部分项工程在2006年10月20日全部完成。

五、施工安全与文明施工情况

1. 安全施工措施

安全生产是保证施工质量、进度的前提。针对本工程特点,制订了一系列安全施工的制度。

(1)在施工过程中,加强对施工人员的思想教育,提高施工人员的素质,签订安全生产责任书,实行项目经理负责制,严格执行施工安全制度。

(2)施工现场的安全,由施工队安全员具体负责,做到安全施工思想落实、制度落实、措施落实,确保施工安全。

(3)针对施工车辆,严格要求驾驶员遵守交通规则,在施工现场不违章,不超载超速。

(4)在施工工域按GB 5768—99标准放置施工警告标志、指示标志。施工人员进场施工一律穿反光背心施工服,确保施工人员和他人的安全。

经过全体项目施工和管理人员的努力,我项目部在本项目施工过程中无一例安全事故和人员伤亡。

在做好自身安全施工的同时,积极配合有关交通职能部门共同把施工安全工作扎实地做好。树立文明施工、安全施工的良好风尚。

2. 文明施工措施

争创文明施工企业,执行文明施工条例,是我们的责任和义务,为此制订以下文明施工措施。

(1)施工场地

①建立文明施工管理制度,全面负责施工现场的文明施工,实行责、权、利相结合,责任落实到人,使整个施工现场有一个干净、整齐的工作环境,争创文明工地。

②施工过程中,我们严格遵守施工技术规范,不乱倒乱放。材料堆放做到整齐有序,尽量减少钢材的锈蚀,绝对避免水泥受潮及水淋,对废料及时回收。

③在施工现场周围设置醒目的文明施工标语,取得行人和附近居民的谅解和支持。施工路口设置警示灯,以告诫车辆和行人注意。

(2)认真处理与指挥部、监理部、兄弟单位的关系,多开对外联系渠道。

认真履行指挥部的战略部署,积极协助指挥部的组织工作,服从指挥部安排,虚心接受监理部的质量监督,认真执行监理工程师的指令,加强与监理联系,积极配合监理人员的工作。在指挥部的领导下、监理部的监督下,力争计划合理,质量优良,进度第一。积极与兄弟单位沟通交通施工经验,融洽协商相处,组织施工经验交流会和文化娱乐活动。

(3)认真处理与当地群众的关系

我们充分认识到,要做好一个工程离不开当地群众的支持,积极加强与当地群众的沟通,并做好宣传工作,相互理解、相互尊重、和睦相处。加强对废弃物的集中统一管理工作,以免污染环境,给当地群众带来不便。

(4)加强职工素质教育

职工的素质高低关系到文明施工能否顺利实施,加强职工素质教育是文明施工主要措施之一。在加强对职工技术教育的同时,加强职工的精神文明教育,认真学习国家的法律法规。组织丰富多彩的文化娱乐活动,陶冶职工的情操,掀起每个职工争高技、创一流,培养高尚品德的热潮,每月进行一次文明施工评选活动。

总之,文明施工不仅关系到我项目部及公司形象,更关系到工程质量和工程进度,我们做到群策群力,抓好文明施工。本工程从开始到结束没有发生一起安全事故和野蛮施工情况,切实做到安全和文明并重。

六、环境保护措施与节约用地措施

对于施工周边环境尽量做到不破坏环境、不污染,施工过程中余泥、渣土等固体废弃物应集中处理,不随意弃置。力争当天清理当天运输,保持场内清洁,余泥、渣土严格按有关规定运至有关部门指定的地点。对于施工期遇高温久旱天气,施工现场经常喷水和抑尘。加强扬尘的防治措施,每天至少洒水四次。在运输和储存施工材料时,必须采取可靠的遮盖措施,以防止漏失。

七、施工中新技术、新材料、新工艺的应用情况

我公司由项目经理全权负责,组织各项实施计划和施工方案,对本工程进行生产要素化配置,科学管理,积极推广新技术、新工艺、新材料的施工和应用。

八、对建设单位、设计单位、监理单位的评价

本工程在建设单位和监理代表处的监督领导下顺利完成,建设单位各部门分工明确、管理有力、狠抓质量、奖罚分明,对实现工程质量目标起到重要作用;设计单位设计方案满足工程需要,设计合理,图纸完整规范;监理单位管理制度健全,责任心强,各个环节落实到位,及时发现问题及时处理。

九、施工体会

我们杭州京安交通工程设施有限公司通过对商周高速公路交安第二合同段的施工,使我们体会到什么叫工期短、任务重,也使我公司做到综合平衡、配套施工,做到安全文明施工,丰富了我公司在施工过程中的经验。

最后向关心和支持本工程建设的各位领导、各位专家以及和我们一起日夜操劳在工程第一线的业主、监理、质监、设计人员表示衷心的感谢!

杭州京安交通工程设施有限公司

2009 年 8 月 18 日

3. 商丘至周口高速公路周口段交安工程 SZZJA-03 合同段施工总结报告

目　　录

商丘至周口高速公路周口段交安工程 SZZJA-03合同段施工总结报告

一、工程概况

商丘至周口高速公路是河南省规划的商丘—驻马店高速公路的重要组成部分，由商丘市境内和周口境内两部分组成。本段为周口段，起点位于太康县张集乡东南，与商周高速公路商丘段顺接，终点位于周口市西郊与漯周界高速公路相交处，路线全长68.75km。本路段按高速公路标准建设，采用全封闭、全立交形式；设计行车速度120km/h，路基宽度为28m。

SZZJA-03合同段起讫桩号为：K129+493~K145+993（施工里程桩号为K233+000~K249+500），全长约16.5km。本合同段设置有周口北互通式立交1处，主要施工内容为：波形梁钢护栏、轮廓标及防眩设施的安装。从2006年7月10日进场，至2006年12月15日顺利完工，主要完成工程量为波形梁钢护栏38 073m及相应端头和过渡段、轮廓标3 894个、防眩设施16 743m。

二、机构组成

1. 主要人员

项目经理：张贵祥；项目总工：刘金平；专业工程师：王发展；安全负责人：袁新波；质检负责人：曾昭科；计划工程师：杨旗；财务负责人：温秀华。

2. 设备

设备投入见表4-3-1。

机械设备一览表 表4-3-1

设备名称	规格	单位	数量	备注
液压打桩机	YDD—350	台	4	
钻孔取芯机	ZK—150	台	1	
发电机	S195	台	1	
电子涂层测厚仪	LATB	台	1	
水准仪	DS3	台	2	
经纬仪	J6	台	2	
载货汽车	8T	辆	2	
桑塔纳轿车		辆	1	施工管理

3. 管理机构设置

为了加强对本项目的管理，我公司按投标文件的承诺和业主、监理单位的要求，派遣最优秀的专业技术人员和管理人员组建精干高效、运转自如的项目经理部。项目经理部下设五个业务部门，全面组织、协调各施工队的施工。

三、质量管理情况

本工程以项目经理部的形式建立组织严密、完善的职能管理机构，按照ISO 9001质量体系正常运转的要求，分工负责，互相协调，层层落实职能、职责、风险和利益，做到各司其职，各负其责，保证在整个养护施工生产过程中，质量保证体系正常运作和发挥保障作用。

1. 质量控制措施

(1)严格按照施工设计进行施工。

(2)严把工程材料、设备进场关。施工材料进场前，技术部门均将施工材料规格、数量、要求、到场时间整理成册，交付材料供应部门。材料供应根据技术部门的清单购置供应，并提供相应的材质证书。材料进场后，技术部门对材质进行严格的自检，并向监理机构申请检验。凡不合格的施工材料，一律未使用。

(3)严格实行开工前的技术交底制度。首先，技术人员熟练掌握现行《高速公路交通安全设施设计及施工技术规范》、《公路工程质量检验评定标准》，熟悉设计图纸，每队技术人员对主管项目配备了规范手册并向主要施工人员解释交底，直到其完全理解后才允许施工。施工时，技术人员始终在现场指挥和监督。

(4)健全质量保证体系。每道工序的施工，均建立在自检体系的基础上，即经过生产人员自检、班组人员互检、专职质量检验工程师检验合格并签字后，报监理工程师审批。凡未经监理工程师批准同意，所有施工人员不得进行下道工序的施工。

(5)组织开展质量月、质量周活动，提高施工人员质量意识。公司每月一周、每季一月组织全体施工人员开展质量月、质量周活动，从各施工队伍中抽调专业技术人员、施工人员代表进行交叉检查打分。对于施工质量不合格或施工质量较低的施工队伍，除按制度例行处罚外，还现场予以重罚，并按要求令其返工。对于施工质量较高或打分高的施工队伍，现场予以重奖。

2. 工程质量自检情况及质量问题的处理情况

施工中严格按照施工质量检验程序对施工质量进行了全过程自检监督，均在自检合格后报监理工程师抽检，抽检合格后方进入下道工序施工。对自检不合格或监理工程师抽检不合格的部位，立即进行了修补或返工，合格后重新进行报检，检验合格后进入下步施工。

通过严格的施工质量监督和检验，完工质量均达到了合格标准。

四、施工进度控制

成立了由项目经理任组长，总工任副组长，有关人员参加的工期领导小组。为确保本项目优质、按期完成，我们主要采取了如下保证措施。

(1)思想上高度重视

在接到业主的中标通知后，立即在本公司范围内进行了思想动员，以崭新的精神面貌投入到本工程项目建设中去，并将建设高速公路的重要意义、建设规模、总工期、质量要求等贯彻到每一个职工中，使其形成上下一条心的局面，在确保工程质量的前提下，为本项目工程贡献力量。

(2)充分发挥本单位的优势

①依靠技术进步、先进设备，施工中运用国内外先进技术改造施工技术，结合本工程实际，积极开展技术革新及技术创新活动，为优质工程项目而努力。

②充分发挥本单位的设备优势推广机械化施工作业，提高机械设备的完好率，加强机械设备操作人员的管理，做好维修保养工作，提高工作效率，促进工程进度。

③充分发挥本单位的人才和技术优势，投入精干的项目经理部管理人员和熟练的技术工人。

(3)认真做好前期准备工作

①科学、合理地布置项目经理部、施工场地,加强场地的建设。

②缩短施工前期准备工作的时间,在当地政府和各部门协助下,完成临时用地征用和项目部的建设;及时进行材料准备。

③积极做好机械设备调运和人员调配。

④主动做好与业主、监理之间的协调工作,及时解决施工过程中有关问题,保证施工顺利进行。

(4)技术保证和劳动管理措施

①实行项目总工技术岗位负责制,总工对技术负总责,并行使技术否决权。技术人员深入一线跟班作业了解情况,发挥技术管理和保障作用,及时进行技术交底,细审核、严交底、勤检查、抓落实,做到发现问题及时解决。

②尊重科学、尊重试验,质量第一,严字当头,强化施工人员的质量意识,在技术上一切按"规范"办事,并积极开展群众性 TQC 活动,建立和完善质量管理体系和质量保证体系,以质量求速度。

③加强工程计划管理,详细编制季、月度各分项工程施工进度计划,并用文字和图表表示编制依据、工程特点、施工方法、工艺流程、材料设备和劳动安排、施工质量和安全保证措施等内容,并使工程师满意,各项工作按计划要求进行,做到有条不紊。根据总的施工做到旬保月、月保季、班组保队、队保项目部的"双保"制度,确保施工进度计划的实现。

④运用网络计划技术实施动态管理,保证施工按期完成。

运用网络计划技术进行工期时间参数计算,找出关键工作和关键线路。

施工过程中通过不断改善网络计划的初始方案,在满足给定网络计划的约束条件下,利用最优化原理,按照工期、成本、资源等来寻求一个最优的计划方案。

施工项目进度采用 PDCA 动态循环的控制方法,掌握施工进度的变化并分析其原因,采取有效的措施及时调整和修正,保证按期完成施工任务。

⑤为保证工作连续性和抢工期,可组织昼夜"三班倒"工作制度的正常落实,做到各工序连续施工。同时发扬艰苦奋斗的作风,节假日照常施工,利用晴好天气,抓住有利时机,突击施工。

⑥尊重科学,依靠技术进步,在施工过程中结合本工程实际情况,积极开展群众性的技术革新活动,人人动脑筋,在利用和研制新技术、新工艺、新材料、新设备等方面要有重大突破,优质、高效地做好工程。

(5)确保原材料按需进场

①争取备料时间,如本投标人中标,我们将在最短时间内与经过事先检验符合要求的材料生产厂家签订供货协议,争取在第一时间利用厂家的场地进行先行备料,在完成材料堆放场地建设后,组织运输车辆进行备料。

②指定专门的部门负责原材料的购买、运输、使用环节的工作,确保工序的顺利衔接。

③确保材料购买的资金,按时支付材料款以提高材料供应商的积极性。

五、施工安全与文明施工情况

1. 施工安全体系

(1)安全生产目标

杜绝重伤以上人身伤亡事故,杜绝一切机械设备重大损失事故和交通安全责任重大事故,消灭等级火灾事故，创"安全生产、文明施工的标准化工地"。

(2)安全保证措施

①建立强有力的安全生产保证体系，项目部建立安全领导小组，以项目经理为安全责任人，配专职安全负责人 1 名，每个施工队配 1 名专职安全员，每班组设 1 名安全员。实行岗位责任制：

a. 项目部专职安全检查工程师职责；

b. 工区专职安全员职责；

c. 把安全生产纳入竞争机制，纳入承包内容，逐级签订承包责任状。明确分工，责任到人，做到齐抓共管，抓管理、抓制度、抓队伍素质，盯住现场，跟班作业，抓住关键，超前预防。

②认真贯彻执行 ISO 9001:2000 标准系列质量认证的安全控制程序，使安全管理程序化、规范化、制度化。加强安全生产的再教育，进一步提高全员的安全生产意识。增强全员主人翁责任感，牢固树立安全第一的思想。

③针对本工程的特点，进行岗前培训，对职工进行安全基本知识和技能教育、遵章守纪和标准化作业的教育，并认真学习"公路施工技术安全规则"，以及公司编写的"施工安全标准"，经考试合格持证上岗。

④制订工序安全操作规程，写明各工序施工安全要点，确保不出安全事故。

⑤树立安全保护意识，严格遵循有关的安全规定和各种机械操作规程，安全设施齐全，安全措施到位，确保道路交通安全和养护作业安全。

⑥根据季节变化，夏季做好防暑降温工作，配齐防暑劳保用品；冬季做好防寒工作，配齐保暖设施，配足取暖材料，并注意防止煤气中毒。

⑦在施工过程中发生突发性事故，无论出于何方原因，都必须及时抢救伤员，报警及保护现场。

⑧做好季节性的防范工作，落实各项防洪、防雷、防火等技术和组织措施。

2. 文明施工措施

在施工期间，首先对施工全员进行思想教育，加强质量、安全知识的岗位培训，听从指挥，严禁违章作业，文明上岗，做到科学管理，文明施工。施工时随时保持现场整洁，施工装备和材料、设备整齐、妥善地存放和储存，废料、垃圾与不再需要的临时设施及时从现场清除，拆除并运走。施工机械的使用与操作，不使路基、路面、结构物、邻近的公用设施，财产或其他公路受到损伤、损坏或造成污染。听从监理和业主的指挥与要求，在穿插作业时和其他施工队和睦、协调施工，共同完成施工任务。严格遵守纪律，不与其他施工队和当地居民发生冲突与矛盾。

六、环境保护措施与节约用地措施

为减少大气环境污染和路面的污染，防止水土流失，采取的环境保护措施如下：

项目部各部门在项目经理领导下，共同学习环保知识，提高全体施工人员的环保意识。环境保护应做到全面规划、综合管理、化害为利。各种原材料运输要防止随地抛撒。在施工中，抓好文明施工。各施工队做到施工过程整洁有序，井井有条，现场清洁，不乱扔废弃物品。工程竣工后，场内剩余工程材料、施工废料，均按监理或业主的批示和规范要求清理干净。施工产生的垃圾按指定地点堆放。施工废水、生活污水不得直接排入农田、耕地。施工中的化学物料，严格管理，防止在雨季将物料随雨水排入地表及附近水域造成污染。使用机械设备要尽量减少噪声、废气等的污染。严格执行国家、省市地方的有关控制环境污染的法律条例和规定。

七、施工中新技术、新材料、新工艺的应用情况

本工程护栏板、立柱、轮廓标、防眩板,均为传统产品,其制造和施工工艺亦为传统工艺。

八、对建设单位、设计单位、监理单位的评价

建设单位能够严格执行基本建设程序、规章制度,按规定进行招标,来选择设计、监理、施工单位。管理机构健全,责任明确,体现出了较强的质量控制能力,能够重视安全生产、环境保护、廉正建设等方面工作,及时支付工程款,保证了工程的顺利进行。

工程设计单位采用了合理的设计方案,满足了施工要求的设计精度和深度,提供的设计文件没有严重的错漏现象,在项目实施过程中,信守合同,服务及时,办事严谨,为项目顺利实施提供了技术保障。

监理单位(河南省宏力工程咨询有限公司)能够很好地履行合同约定,有健全的管理制度,认真监理,坚持旁站,严把质量关,通过采取有效措施,对工程质量、投资、进度进行了很好的控制和监督。

九、施工体会

在业主和监理单位的大力支持和帮助下,经过本合同段全体员工的辛勤努力,终于完成了本项工程。在施工中,我们既出现过问题,也取得了宝贵的经验,既蒙受过损失,也学到了许多新的知识。

(1)经过本项工程五个月的施工实践,有了新的体会和启迪。那就是严格细致地进行技术工作和高度重视原材料的质量,是全面把握工程质量、保证建设全优工程的前提。交通工程是沿线设施工程,常常受到路面工程进度及设计变更的制约,遇到此类问题,我们积极与业主和监理工程师联系,提出我们的建议和办法,供业主和监理工程师参考。

(2)由于有业主、监理、施工单位三方积极配合,确保了工程在进度、质量等方面齐头并进。在施工过程中,我们全力配合监理工程师监管工程质量,对工程施工队伍的违轨操作不偏私护短,而是借机双管齐下,提要求、扭偏向、教施工要领,稳定工程质量和进度,使施工走上规范作业之路。

潍坊东方交通设施工程有限公司

2009 年 8 月 19 日

4. 商丘至周口高速公路周口段交安工程 SZZJA-04 合同段施工总结报告

目　　录

商丘至周口高速公路周口段交安工程 SZZJA-04 合同段施工总结报告

一、工程概况

商丘至周口高速公路 SZZJA-04 合同段起讫桩号为 K145 + 993 ~ K165 + 243（施工里程桩号为 K249 + 500 ~ K268 + 750），全长 19.25km。本合同段主要施工内容为：波形梁钢护栏、防眩板、轮廓标施工。从 2006 年 7 月 10 日进场，至 2006 年 12 月 10 日顺利完工。

二、机构组成

1. 组织机构情况

我公司中标后，即成立了“江苏国强镀锌实业有限公司商周高速周口段 SZZJA-04 合同段项目经理部”，以项目经理尤国成、总工程师冯新行为核心，设置、完善现场施工管理机构和人员，形成现场施工指挥核心，为顺利完工提供了有力的保证。

项目组织机构图见图 4-4-1。

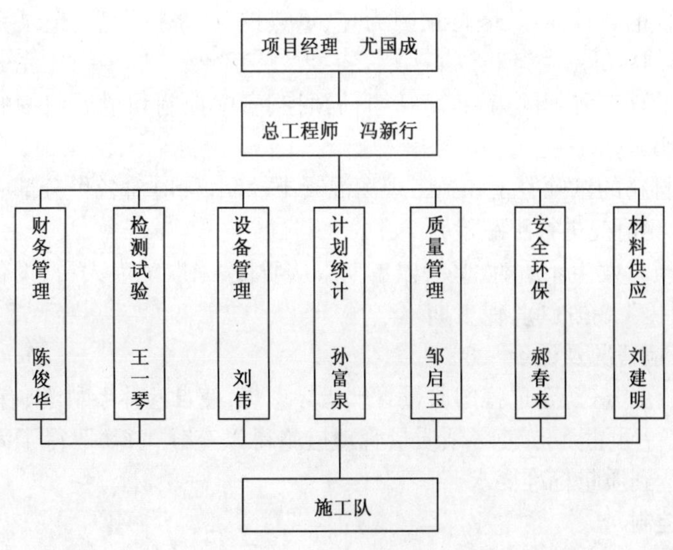

图 4-4-1　项目组织机构图

2. 主要设备投入情况

根据工程整体计划安排及现场施工的需要，按照保证施工的原则为本工程累计配备了必需的设备，其设备配备情况见表 4-4-1。

三、质量管理情况

1. 质量控制措施

（1）明确质量控制是所有工作中最重要的目标任务，通过全方位、全过程、全员参与的管理，使总工领导下的技术部、质检部、各施工队等机构部门相结合，保证整个质量体系的有效运行，确保质量目标的实现。

主要设备投入情况　　表4-4-1

设备名称	规格	单位	数量	备注
液压打桩机	YD—350	台	4	
钻孔取芯机	ZK—150	台	2	
发电机	30kW	台	2	
电子涂层测厚仪	HCC—24	台	2	
水准仪	DS3	台	4	
经纬仪	J6	台	2	
载货汽车	8t	台	2	
桑塔纳轿车		台	2	施工管理

(2)技术部依据先行的公路交通工程技术标准和施工规范,对各施工队进行施工前培训,保证工程质量符合规范和设计要求,达到优良。

(3)质检部一方面对原材料取证检验,另一方面定期、不定期地组织质量检查,进行质量检查评比,召开质量工作例会,达到优质标准控制,实行标准化作业,对工程质量做好自检、互检、交接班检"三检"工作。

(4)建立了严谨的自检体系,坚持预防为主、重点控制,坚持标准、记录完整的程序,达到施工作业质量自控的目标。

(5)严格执行监理工程师的指令,坚持事前预控、事中控制和事后纠偏的质量控制途径,对施工作业的各个工序依次把关验收。

(6)做好原始材料的试验鉴定和施工现场混凝土控制,同时对各个分部、分项质量工作现场办公,对试验、检测情况进行跟踪检验。

(7)当工期和质量发生矛盾时,坚持以工期服从质量,采取加大人员、设备投入的办法,在确保工程质量的前提下,抢时间,保工期。

2. 工程质量自检情况及评价

坚持全员参加、全方位、全过程的质量管理指导思想,使自检体系科学、有效、合理地运作,自始至终地严格执行质量标准,使各项质量管理措施得以充分执行,取得了满意的施工效果。各分部、分项工程达到质量标准要求。

四、施工进度控制

为确保工期,在保证工程质量的前提下,按期完成施工任务,我们采取了以下强有力的保证措施:

(1)项目部迅速成立并及时到位,根据投标文件中的人员设置及实际工作需要,所有人员能够迅速到位,并且开展工作。

(2)施工队伍提前组建,实施本合同的施工队伍组建迅速,很快熟悉图纸技术规范与有关合同要求,在已具备施工条件后迅速进入施工现场进行施工。

(3)施工机械性能良好,所有为工程配备的施工机械,均处于良好状态。

(4)施工准备抓早抓紧,做好施工准备工作,认真复核图纸,进一步完善施工组织设计,落实施工方案,施工中遇到影响进度的因素时,将统筹安排,见缝插针,及时调整,确保总体工期。

(5)施工组织不断优化,以投标的施工组织进度和工期要求为据,及时完善施工组织计划,落实施工方案,报监理工程师审批。根据施工情况变化,不断进行设计优化,使工序衔接,劳动力组织、机具设备、工期安排等有利于施工生产。

(6)施工调度高效运转,建立从经理部到各施工队调度的指挥系统,全面、及时掌握并迅速、准确地处理影响施工进度的各种问题。对工程交叉和施工干扰因素,加强指挥和协调,对重大关键问题要提前研究,制订措施,及时调整工序和调动人、财、物、机,保证工程的连续性和均衡性。

(7)实行了内部经济承包责任制,既重包又重管,使责任和效益挂钩,个人利益和完成工作量挂钩,做到多劳多得,调动施工队、个人的积极性和创造性。

(8)根据当地气象和水文资料,有预见性地调整各项工作的施工顺序,并做好预防工作,使工程能有序和不间断地进行。

五、施工安全与文明施工情况

1. 安全保证体系

项目部成立了以项目经理为组长,由专职安全员和施工队各班组员工组成的安全生产领导小组,制订了完善的施工安全保证体系。

2. 安全、文明施工措施

(1)建立安全施工紧急预案,做到防患于未然。

(2)建立、健全各项安全管理措施,为安全文明施工做好管理及组织措施基础。

(3)定期对参与施工的人员进行思想及安全生产知识和技能的培训。

(4)为施工现场及工作人员配备专业施工安全设施,确保施工人员的人身安全、施工设备财产安全、在建工程的安全。

六、环境保护措施与节约用地措施

建立环保自我监控体系,保护和改善施工环境。

(1)施工及生活中产生的废弃物,运至监理工程师及当地环保部门同意的指定地点弃置,避免阻塞河流和污染水源,无法及时处理时,则设法防止散失;施工及生活中产生的废水、污水集中处理,经检验符合国家标准,排入城市污水管道或河流中。对于施工期间使用的油料妥善保管和使用,如果发生油料污染,及时处理干净;机动车安装 PCV 阀,尾气超标车辆安装净化消声器,确保不冒黑烟,工地灶、炉等采用消烟除尘型,烟尘降至允许值。

(2)控制人为噪声,在施工现场不得高声喊叫、吹哨、放高音喇叭,严格控制作业时间。完工时,对施工现场进行彻底清理;清除剩余材料、废料和各种临时设施,并将施工现场尽量恢复原貌。

(3)减少对其他已建工程的损坏,处理好与施工单位的关系,做到文明施工,优质竣工。

七、施工中新技术、新材料、新工艺的应用情况

本工程波形梁钢护栏、防眩板、轮廓标等均为传统产品,其制造和施工工艺亦为传统工艺。各项工程材料严格执行国家及行业标准,施工顺序按合同和技术规范的要求执行,即先做试验段,后铺开进行的程序,按规定向监理工程师送交试验报告、施工方案、质量保证措施等,经监理工程师批准后,全面铺开施工。

八、对建设单位、设计单位、监理单位的评价

河南通衢高速公路有限公司能够严格执行基本建设程序、规章制度,按规定进行招标,来选择设计、监理、施工单位,机构健全,责任明确,重视安全生产、环境保护、廉正建设等方面工作，保证了工程的顺利进行。

工程设计单位的设计方案合理，满足了施工要求的设计精度和深度，提供的设计文件完善，没有严重的错漏现象，在项目实施过程中，信守合同，服务及时，办事严谨，为项目顺利实施提供了技术保障。

监理单位（河南省宏力工程咨询有限公司）能够很好地履行合同约定，有健全的管理制度，认真监理，坚持旁站，严把质量关，采取了有效的措施，对工程质量、投资、进度进行了很好的控制和监督。

九、施工体会

（1）现场管理机构应配置科学、合理，以确保工程优质高效地运作。

（2）要细致地调查工程实际情况，做好充分的准备工作，合理有序地安排施工，及时制订和调整施工措施，保证工程质量、工期等各项目标圆满完成。

江苏国强镀锌实业有限公司

2006 年 12 月 26 日

5. 商丘至周口高速公路周口段交安工程 SZZJA-05 合同段施工总结报告

目　　录

商丘至周口高速公路周口段交安工程 SZZJA-05 合同段施工总结报告

一、工程概况

商丘至周口高速公路 SZZJA－05 合同段起讫桩号为 K96＋493～K128＋493(施工里程桩号为 K200＋000～K232＋000),全长 32km。本合同段主要施工内容为:标线、反光路钮、防撞桶施工。从 2006 年 7 月 12 日进场,至 2006 年 12 月 10 日顺利完工。

二、机构组成

1. 组织机构情况

本项目组织机构见图 4-5-1。

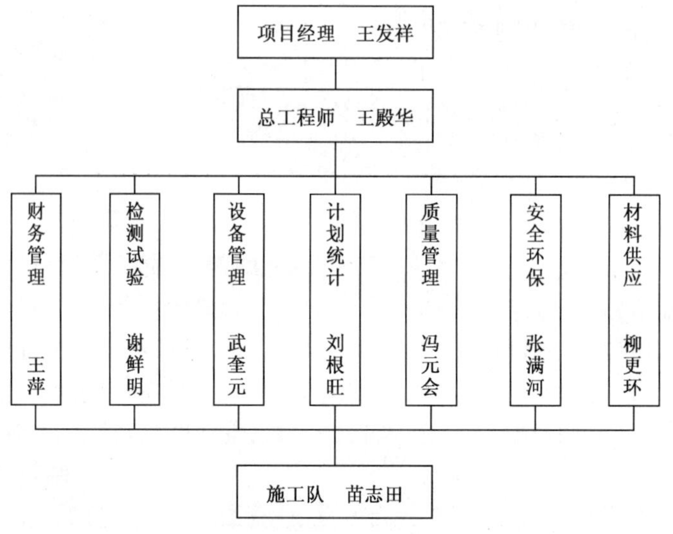

图 4-5-1　项目组织机构图

我公司中标后,即成立了“武安市交通安全设备有限公司商周高速周口段 SZZJA-05 合同段项目经理部”,以项目经理、总工程师为核心,形成指挥中心,为顺利完工提供了有力的保证。

2. 主要设备投入情况

本项目投入主要设备见表 4-5-1。

三、质量管理情况

1. 质量保证体系

(1)采取总工领导下的技术部、质检部、施工控制部相结合,确保质量目标的实现,保证整个质量体系的有效运行。

(2)技术部依据现行的公路交通工程技术标准和施工规范对各施工队进行施工前培训,保证工程质量符合规范和设计要求,并达到优良。

主要设备投入情况　　表 4-5-1

序号	设备名称	规格说明	型号	单位	数量
1	热熔釜			只	2
2	热熔画线车		CL—1	台	2
3	喷涂机		PM—12	台	1
4	标线放样设备			台	1
5	发电机	25kW		台	1
6	管理车辆			台	1

(3)质检部一方面对原材料取证检验,另一方面定期、不定期组织质量检查,进行质量检查评比,召开质量工作例会,达到优质标准控制。

(4)控制部实行标准化作业,对工程质量做好自检、互检、交接班检“三检”工作。

2. 质量控制措施

(1)建立以项目经理为组长的质量领导小组,建立、健全各部门的质量管理制度。

(2)制订施工质量责任制,层层分解,责任到人,使参加施工的每个人都明确自己的责任,做到人人心中有数,个个都是质量监督员和执行者。

(3)熟悉图纸和进行技术交底,工程技术负责人及所有施工人员在施工前要认真、仔细地审阅、复核图纸并深刻领会,认真学习技术规范、操作规程及国家有关法律、法规,做好技术交底工作。

(4)制订合理可行的施工组织设计,并在施工中及时进行调整,做到用计划指导生产。

(5)做好“三通一平”,建设临时设施,施工现场要及时通水、通电、通路,并按要求进行场地平整,搭建临时生产、生活设施。

(6)做好施工机械的维修、保养工作,使其处于最佳使用状态。一旦具备施工条件,立即组织进入施工现场。

(7)所需测量、试验、质检仪器在进入现场前均要进行检修、保养,并要进行标定,保证以良好的性能为工程建设服务。

(8)加强对所需材料、货物质量的控制,对所购货物必须有出厂合格证和检测报告,经工地试验室检测合格后方可进场,并报请监理工程师批准。

四、施工进度控制

为确保施工工期,按期完成施工任务,我们采取了强有力的保证措施,在保证工程质量的前提下提前完工。

(1)项目部迅速成立并及时到位,根据投标文件中的人员设置,我公司通知项目部所有人员迅速到位,并且开展工作。

(2)施工队伍提前组建,实施本合同的施工队伍组建迅速,很快熟悉图纸技术规范与有关合同要求,在已具备施工条件后迅速进入施工现场进行施工。

(3)施工机械性能良好,所有为工程配备的施工机械,均处于良好的状态中。

(4)施工准备抓早抓紧,做好施工准备工作,认真复核图纸,进一步完善施工组织设计,落实施工方案,施工中遇到影响进度的因素时,将统筹安排,见缝插针,及时调整,确保总体工期。

(5)施工组织不断优化,以投标的施工组织进度和工期要求为据,及时完善施工组织计划,落实施工方案,报监理工程师审批。根据施工情况变化,不断进行设计优化,使工序衔接,劳动力组织、机具设备、工期安排等有利于施工生产。

(6)施工调度高效运转,建立从经理部到各施工队调度的指挥系统,全面、及时掌握并迅速、准确地处理影响施工进度的各种问题。对工程交叉和施工干扰因素,加强指挥和协调,对重大关键问题要提前研究,制订措施,及时调整工序和调动人、财、物、机,保证工程的连续性和均衡性。

(7)实行了内部经济承包责任制,既重包又重管,使责任和效益挂钩,个人利益和完成工作量挂钩,做到多劳多得,调动施工队、个人的积极性和创造性。

(8)根据当地气象和水文资料,有预见性地调整各项工作的施工顺序,并做好预防工作,使工程能有序和不间断地进行。

五、施工安全与文明施工情况

1.安全保证体系

项目部成立了安全领导小组,由专职安全员和若干安全工作人员组成,各施工队也建立了相应的安全生产小组,落实安全生产任务。

2.安全、文明施工措施

(1)施工前与一期工程的管理部门联系,取得了上路施工的许可证。

(2)由于是在通车路段施工,所以为做好施工安全的预防工作,采取的具体措施如下:

①为工作人员配备专业施工工作服,确保施工人员的人身安全。

②在施工地点前500m处设立“正在施工减速慢行”的警告标志,并在施工车辆上设置“临时施工随时停车”的警示语,让行驶车辆提高警惕。

③施工时间在白天,避免了夜间施工。

六、环境保护措施与节约用地措施

建立环保自我监控体系,保护和改善施工环境。

(1)施工及生活中产生的废弃物,运至监理工程师及当地环保部门同意的指定地点弃置,避免阻塞河流和污染水源,无法及时处理时,则设法防止散失;施工及生活中产生的废水、污水集中处理,经检验符合国家标准,排入城市污水管道或河流中。对于施工期间使用的油料妥善保管和使用,如果发生,及时处理干净;机动车安装PCV阀,尾气超标车辆安装净化消声器,确保不冒黑烟,工地灶、炉等采用消烟除尘型,烟尘降至允许值。

(2)对于袋装水泥等细颗粒散体材料,在库内存放;室外临时露天存放时,下垫上盖,减少洒土、扬尘等,以免对环境造成污染;工地搅拌站则采取封闭式,并用喷雾法降低扬尘,施工场地砂石化或保持经常洒水,保证场地无大扬尘污染。

(3)控制人为噪声,在施工现场不得高声喊叫、吹哨、放高音喇叭,严格控制作业时间。完工时,对施工现场进行彻底清理;清除剩余材料、废料和各种临时设施,并将施工现场尽量恢复原貌。

(4)减少对其他已建工程造成损坏,处理好与施工单位的关系,做到文明施工,优质竣工。

七、施工中新技术、新材料、新工艺的应用情况

本工程标线、突起路标、防撞桶等均为传统产品,其制造和施工工艺亦为传统工艺。各项工程施工顺序按合同和技术规范的要求进行,即先做试验段,后铺开进行的程序,按规定向监理工程师送交试验报告、施工方案、质量保证措施等,经监理工程师批准后,全面铺开施工。

八、对建设单位、设计单位、监理单位的评价

河南通衢高速公路有限公司能够严格执行基本建设程序、规章制度，按规定进行招标并选择设计、监理、施工单位，机构健全，责任明确，重视安全生产、环境保护、廉正建设等方面工作，保证了工程的顺利进行。

工程设计单位的设计方案合理，基本满足了施工要求的设计精度和深度，提供的设计文件没有严重的错漏现象，在项目实施过程中，信守合同，服务及时，办事严谨，为项目顺利实施提供了技术保障。

监理单位（河南省宏力工程咨询有限公司）能够很好地履行合同约定，有健全的管理制度，认真监理，坚持旁站，严把质量关，采取了有效的措施，对工程质量、投资、进度进行了很好的控制和监督。

九、施工体会

（1）管理机构应配置科学、合理，以确保整体的凝聚力。

（2）在前期的准备过程中，要细致地调查工地实际情况，根据工期安排，及时制订和调整施工措施，保证工程顺利完成。

（3）合理投入资金、设备，保证资金的流通，这样才能取得质量、进度、效益的多赢局面。

武安市交通安全设备有限公司

2006 年 12 月 26 日

6. 商丘至周口高速公路周口段交安工程 SZZJA-06 合同段施工总结报告

目　　录

商丘至周口高速公路周口段交安工程 SZZJA-06 合同段施工总结报告

一、工程概况

商丘至周口高速公路是河南省规划的商丘—驻马店高速公路的重要组成部分，由商丘市境内和周口市境内两部分组成。本路段为周口段，周口段起点位于太康县张集乡东南，与商周高速公路商丘段顺接，路线终点位于周口市西郊与漯界高速公路相交处。路线全长68.75km，本路按高速公路标准建设，采用全封闭、全立交形式。计算行车速度120km/h，路基宽度为28m。

本路共设置了四通镇、淮阳、刘庄、周口东、周口西、杨湖互通立交共6处，淮阳服务区1处。本合同段起讫桩号为K128+493~K165+243（施工里程桩号为K232+000~K268+750），全长36.75km。该合同段为标线工程，其主要工程为：热熔反光型标线、热熔突起型标线、突起路标等。

SZZJA-06合同段于2006年10月开工，2006年12月15日完成本合同段工程。

二、机构组成

1. 施工组织机构的设置（图4-6-1）

施工组织机构的设置见图4-6-1。

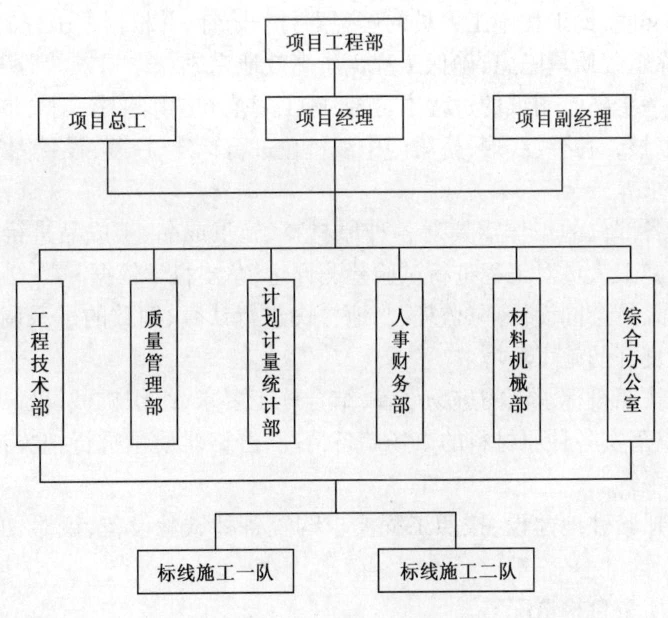

图4-6-1 施工组织机构图

2. 主要人员、设备投入情况、管理机构的设置

本项目实行项目经理负责制，设项目经理1名，项目总工1名，会计师1名，质量检验工程师1名，测量工程师1名，机械工程师1名，合同工程师1名，安全员2名，施工技术人员22人，财会人员1名。

我项目经理部根据本合同段的实际情况，在工期紧张的情况下及时增加设备数量，保质、保量地圆满完成了本合同段的所有工作任务。

公司对本工程实行项目法管理，成立项目经理部，全权负责处理与本工程相关的问题，包括对外关系及整个合同段生产施工调度、材料供应、进度、施工质量的检查与监督、工程计量及结算、安全等问题。项目经理部设五部一室（工程技术部、质量管理部、计划计量统计部、人事财务部、材料机械部、综合办公室）。

工程技术部负责施工放样、施工方案、施工设计、施工组织等技术工作；

质量管理部负责通过试验、测量等手段配合监理工程师做好质量监控工作；

计划计量统计部负责计划、工程计量、统计、工程变更等工作；

人事财务部负责劳力组织、成本控制、资金统筹等工作；

材料设备部负责材料购买与发放、设备调配、设备维护管理等工作。

三、质量管理情况

"百年大计，质量第一"，在施工中不断强化质量意识，实行全员质量管理，严格执行各项规章制度，把质量作为头等大事抓紧抓好。我单位在工程项目质量方面，我们的质量方针是：严格按照监理和设计要求进行施工。我们的质量目标是：确保安全事故为零，分项工程合格率为100%，单位工程一次交验合格率为100%。

1. 质量控制措施

项目经理部组织技术人员熟悉施工图纸并对其进行复核，然后针对本工程所在位置、现场的实际情况及各关键部位，制订较详细的施工技术方案，召开有关技术人员和施工管理人员参加的技术交底会议，对施工中应注意的问题、关键工序的控制及易发生的质量问题的部位和注意事项等方面进行交底，给工程施工人员的思想上打预防针，并根据本工程的特点形成切实可行的施工方案，消除工程质量隐患，确保工程优质高效地完成。

测量人员在进一步熟悉图纸的过程中，按照施工规范和图纸要求，对合同段内所有导线控制点、水准点进行复核，对路线线形，桥梁的中线桩位进行标定、恢复，设置固定桩位，确保测量工作满足规范的要求。

试验人员根据各部位的工作需要对各种原材料、施工成品、半成品进行试验。靠数据说话，科学管理，配合施工人员对工程进行试验检测评定，拿出科学依据。

现场施工协调人员会同设计部、监理、当地村民进行认真、细致的水系调查，征求意见，为工程施工营造一个良好的施工环境。

机料部门严格按照投标承诺的进场设备，结合施工要求，组织机械设备进场调试，使其保持良好的状态，调查落实各种原材料的市场储备情况，严格对质量进行把关，完善原材料的有关加工运输和进场手续。

后勤行政部门抓紧驻地建设，按照工程要求购置各种试验设备、仪器、工具，建立工地试验室。

2. 施工中工程质量自检情况

各分项工程完工后，随后进行工程质量评定。并经监理检查验收，对有些不合格项目进行整改。

(1)保证整个施工过程中严把技术关，以确保工程质量。

(2)保证科学施工、规范操作。

(3)保证工程项目实施过程中机械设备的良好运行。

3. 工程质量问题的处理情况

项目部对每个项目进行不定期抽样检查，一旦发现有质量事故隐患存在，就发出限期整改指令，施工队负责在指定期限内，将整改情况反馈到项目部，坚决杜绝质量事故的发生。对有些不合格的地方，该返工的坚决返工。

4. 对完工质量的评价

通过对我合同段各分项、分部及单位工程的评定汇总，单位工程优良率达100%，合同段工程质量自检评定得分97.1分，质量等级为合格。本合同段的质量评定结果见表4-6-1。

质量评定结果 表4-6-1

施工单位	分部工程					备注
	工程名称	质量评定				
		实得分	权值	加权得分	等级	
河南富昌道路设施有限公司	K232+000~K241+000 标线、突起路标	96.7	1	96.7	合格	
	K241+000~K250+000 标线、突起路标	97.7	1	97.7	合格	
	K250+000~K259+000 标线、突起路标	96.8	1	96.8	合格	
	K259+000~K268+750 标线、突起路标	97.3	1	97.3	合格	
	合计		4	388.5		
质量等级	合格			加权平均分：97.1		
评定意见	同意评定为合格					

四、施工进度控制

根据计划要求，交安施工单位必须在2006年10月15日前完工。经过我单位全体职工的共同努力，通过合理安排工期，我单位圆满完成了本合同段的所有工程。具体进度控制措施如下：

(1)重视施工前各项准备工作。开工前及时完成所有准备工作。

(2)开展劳动竞赛活动。我单位为确保完成施工任务，加大人力、机械设备的投入，严密组织管理，调动各方积极性，加快施工进度。

(3)在工程开工后项目部组织专人认真统计工程，细致划分，制订计划，落实施工队伍，并与施工队伍签订施工合同，明确质量要求和进度。根据总工期要求，项目部倒排工期，认真划分每一道工序，使工作能落到实处。

五、施工安全与文明施工情况

1. 施工安全防护措施

(1)为了确保施工时行车安全，施工队伍到场后，首先进行安全警示牌设置。

(2)建立、健全安全生产规章制度，成立以项目经理为安全第一责任人，设置专职安全员，随时查、定期查、反复查，严格执行“三事不放过”的事故处理原则。

(3)严格执行三级安全教育和安全技术交底制度，未进行教育和交底的人员不准上岗作业。

(4)机械设备的使用做到专机专人，特殊工程必须持证上岗。

(5)现场设专职安全员两名,并主动配合路政部门,严格服从有关安全规定,共同做好安全防范工作。

(6)对参加本项目施工的人员要进行安全生产、安全技术知识培训。

2. 文明施工情况

对施工中的废料,能利用的再利用,不能利用的清出现场,做到不影响耕作或人身健康;竣工后剩余材料做到及时、妥善处理。

定期对全体施工人员实施文明施工教育,以提高施工人员的文明施工意识,针对实际情况制订措施,协调解决文明施工问题。

设立以项目经理为组长,施工队长、生产、技术、质量、安全、消防、保卫、材料、环保、行政卫生等人员为成员的文明施工管理组织。

在施工中,项目部与业主保持高度一致,认真服从监理工程师的管理,弘扬文明向上的道德风尚,力争做到精神、物质文明双丰收。

六、环境保护措施与节约用地措施

(1)定期组织检查文明施工状况,形成人人讲文明、个个保荣誉的良好风尚。

(2)定期对全体施工人员实施文明施工教育,以提高施工人员的文明施工意识,针对实际情况制订措施,协调解决文明施工问题。

(3)设立以项目经理为组长,施工队长、生产、技术、质量、安全、消防、保卫、材料、环保、行政卫生等人员为成员的文明施工管理组织。

(4)把文明施工列入单位经济承包责任制中,文明施工采取奖惩制度,制订奖罚细则,坚持奖罚兑现。

(5)保证上级关于文明施工标准、规定、法律法规等资料的齐全,并及时传达给施工人员。

(6)实行环保目标责任制,制订环保责任书并层层分解到相关单位和个人,列入岗位责任制。

(7)加强检查和监控工作,加强对施工现场粉尘、噪声、废气的检测和监控工作。与文明施工现场管理一起检查、考核、奖罚,及时采取措施消除粉尘、废气和污水的污染。

(8)与当地环保部门取得联系,协调解决各种问题。

(9)现场存放油料,必须对库房做好防渗处理,防止油料跑、冒、滴、漏、渗污染水体。

(10)废水、废料必须经过处理后排放至安全的场地,防止污染当地水源。

七、施工中新技术、新材料、新工艺的应用情况

在施工过程中,我们严格执行设计文件要求及施工技术规范要求,根据施工现场的实际情况,在画水线过程中,采用了与以前施工常用方法不同的方案,即画水线时在原来只可画一条水线的基础上认真研究,增加到了三条,使标线线形更加流畅。

八、对建设单位、设计单位、监理单位的评价

河南通衢高速公路有限公司能够严格执行基本建设程序和规章制度,按规定进行招标并选择设计、监理、施工单位,管理机构健全、制度完善、责任明确,体现出较强的质量控制能力,能够重视安全生产、环境保护、廉政建设等方面工作,及时支付工程款,保证工程顺利进行。

中国公路工程咨询监理总公司在设计工作中能够采用合理的设计方案,满足施工要求的设计精度和深度,提供的设计文件无严重的错漏现象,在项目实施过程中,信守合同,服务及时,办事严律,为项目顺利实施提供了技术保障。

河南省宏力工程咨询有限公司能够履行合同约定,有健全的管理制度,认真监理,坚持旁站，严把质量关，采取了有效的措施对工程质量、投资、进度进行控制。

九、施工体会

(1)管理机构应配置科学、合理，以确保整体的凝聚力，多、快、好、省地完成工程项目。

(2)在前期准备过程中，要细致调查工地实际情况，及时制订或调整措施，保证工程顺利实施。

(3)合理投入资金、设备，只有这样才能取得质量、进度、效益的多赢局面。

河南富昌道路设施有限公司

2009 年 7 月 20 日

7. 商丘至周口高速公路周口段交安工程SZZJA-07合同段施工总结报告

目　　录

商丘至周口高速公路周口段交安工程 SZZJA-07合同段施工总结报告

一、工程概况

商周高速公路SZZJA-07合同段工程起讫里程为K96+493~K165+243，全长为68.75km。本合同段共有单柱式交通标志344个、双柱式交通标志97个、门架式交通标志15个、单悬臂式交通标志114个、双悬臂式交通标志8个、附着式交通标志9个、里程标136个、百米标1 240个、悬挂式标志牌202个、公路界碑770个。

SZZJA-07合同段于2006年7月20日开工，2006年11月10日完成本合同段工程。

二、机构组成

通过熟悉本合同段的招标文件和图纸，并进行了工地实地考察后，结合工程数量和工期要求，在充分考虑了施工质量、安全、环境保护等诸多因素的基础上，结合我公司实际情况和多年承揽公路交通安全设施的丰富经验及设备优势，在质量、进度、安全等方面满足业主和监理工程师要求的前提下，成立了周口市公路交通设施有限公司商周高速公路项目经理部，项目经理由企业法人授权，全权负责与本工程有关的一切事务，实行项目经理负责制，具体施工根据工程内容组成两个标志施工队同时进行标志的安装任务。专业施工队由工地项目经理部统一指挥、统一协调、统一调配，对工程实行全方位动态管理，确保整个工程顺利完工。

三、质量管理情况

1.质量保证体系及质量保证措施

建立完善的质量保证体系，在贯彻质量标准时，我公司的质量体系方针为“干一流工程、交八方朋友、树行业丰碑、展公路风采”，质量目标为“优良工程100%”。在本工程施工中，我们将始终贯彻我公司的质量方针和质量目标，以项目总工程师为核心，建立、健全质量保证体系。

开展全面质量管理，建立严谨的自检体系，实行质量一票否决制。项目经理部建立全面质量管理领导小组，设专职质量检测工程师和内部质量管理专业测试队，形成项目部、分部、施工队、工班、操作人员五级质量控制体系。广泛开展“QC”小组活动，层层把关，使责、权、利相结合，做到从原始材料检验，各工序生产，到竣工交验，一切以原始记录为依据，一切以数据来说话，确保工作的科学性、严肃性。

抓好全员质量教育，强化全面质量意识和目标管理意识，健全目标管理制度，使全体员工牢固树立质量第一的思想，自觉参与施工工艺、技术标准、质量标准的全过程管理。

严格执行监理工程师的指令，各个班组之间实行“三检”(自检、互检、交接检)制度，开展四个“结合”，即重点检查与全面检查相结合、定期检查与经常检查相结合、专业检查与群众检查相结合、内部检查与外部检查相结合。开展标准化作业，自觉从严“三个一样”，即有人检查和无人检查一个样；正常施工和突击施工一个样；领导在场与不在场一个样。严格执行“三不放过”政策，即原因查不清不放过，未授权者不放过，没有防范措施不放过。

严格按照招标文件中的各项规程和规范施工，对不符合标准、规范和要求而进行施工的坚决返工，同时，制订严格、具体的管理办法，实行“五不施工”：即未进行技术交底不施工，图纸的技术标准不清楚不施工；测量桩和资料未经复核不施工；隐蔽工程未经检查签证不施工；原材料不合格或试验不合格不施工。如发现实际情况与图纸不符时，及时写出变更报告，交业主或监理工程师批准，不得随意施工。

2. 质量意识

建立、健全试验设施，项目部中心试验室负责全项目的检查工作，做好原始材料的试验鉴定、混凝土配合比的设计试配和施工现场混凝土的控制，同时对各个分部现场办公试验进行跟踪检验。

工程质量管理目标：分项工作检查率100%，合格率100%，优良率100%。

实行工程质量一票否决制，由项目经理部每半月按工程进度进行一次检查评比，并将质量执行情况同职工效益工资挂钩。

当工期和质量发生矛盾时，原则上工期服从质量，先保质量，后保工期。

四、施工进度控制

为保证在业主规定的工期内全部竣工，我单位在工期总体安排上，计划4个月完工，并制订如下工期保证措施。

1. 施工控制

(1)做好施工动员和人员选派工作。

本项目采用项目法管理，实行项目经理负责制。项目部将选派具有丰富施工经验、管理能力强和技术水平高的人员，组成一支整体素质高、技术力量强、机械设备配套、人员稳定的施工队伍参加该项目施工。

(2)抓好施工计划管理，精心组织，保证工期。

施工计划是“龙头”，是综合平衡其他计划的核心，中标签约后以提前竣工、创建优良工程为目标，编制出严密的、切实可行的施工组织设计，做好企业形象、工程进度及重点工程的进度安排工作；做好材料、机械、运输、生活供应及施工力量部署等方面的平衡工作，以最大的功效顺利施工。各施工队和作业班组也必须制订与总计划相适应的分项计划，以保证总体目标的实现。

(3)选配良好的施工机械，发挥机械优势，采用先进的施工方法，按劳取酬，加强材料的管理，保证合格材料的供应，满足施工需要。

(4)积极开展各种劳动竞赛活动，激励、动员施工人员以最高的效率进行工作。

集中优势力量，突破重点、难点工程，采用新工艺、新技术对重点工程进行严格的质量控制。

2. 技术要求

严格按规范和监理工程师的批示施工，严把质量关，避免因为质量问题造成返工而引起工期的延误。

严把工程进度关，做到奖罚严明。在保证质量、安全的前提下，围绕整个合同段进度计划，制订各项工作的短期、长期进度计划。计划到季、到月、到旬、到日，每项工作均要围绕工期安排来实施。形象进度和经济效益挂钩，实行重奖重罚，确保计划工期的实现。

做好资金调度。根据工程进度情况，编制资金使用计划和现金流量表，指定专门财务人员，负责资金调度，沟通银行关系，避免因资金短缺造成误工现象。

协调好几种关系。包括与监理、设计单位、地方政府、当地群众之间的关系，友好协商解决问题，减少外界的干扰，努力创造宽松的施工环境，使工程顺利进行。

五、施工安全与文明施工情况

1. 安全建设

为保证工程顺利进行，必须抓好安全生产，文明施工；抓好全员安全教育，强化安全意识，使全体员工人人懂安全，人人讲安全，事事时时保安全。

建立、健全组织机构，强化安全检测手段，并分别设一名专职安全员。逐级签订安全保证责任书，自上而下地形成安全生产体系。

制订安全生产责任制，建立各项安全保证制度。制订用电、车辆、机械使用等安全技术操作规程，对特种工作必须严格持证上岗，严格执行安全监督、安全奖罚、安全教育等各项制度，实行逐级承包，签订安全承包合同，做到一级抓一级，一级保一级，对事故苗头加强防范，对事故支持“三不放过”原则，即事故责任分不清不放过；事故原因查不明不放过；事故责任人及群众没受到教育不放过。杜绝事故发生。

开展安全竞赛活动，运用安全系统工程技术，开展安全预防、预测活动，实施生产全过程的安全管理。

做好现场安全标准化作业，挂牌施工。

各道口设安全警示牌。各驻地、料场、施工现场制订防火及安全用电措施并严格执行；灭火工具齐全，用电符合安全规定。

2. 精神文明建设

加强施工车辆管理。机械施工和汽车运输中，限速行驶，合理组织调配，统一指挥，杜绝各类事故发生。

在组建项目部的同时，将成立临时党支部，配合项目部做好党建工作，充分发挥党、团、工的先锋作用，经常开展劳动竞赛等活动，弘扬文明向上的道德风尚，保质保量完成施工任务。

在整个工程施工过程中，合理布置每个施工现场，严禁乱堆乱放，并插牌、挂牌。

始终本着勤俭节约的方针进行工作，反对浪费，提倡节约，提高经济效益，抓好廉政建设，抓好纪检、监察工作。

在施工过程中，项目部与业主保持高度一致，认真服从监理工程师的管理。与当地政府、交通部门密切联系，搞好与地方群众的关系。做到现场文明施工，力争竣工时精神文明、物质文明双丰收。

六、环境保护措施与节约用地措施

本工程施工项目的主要污染源有立柱前期处理时除锈液体的污染，生产安装现场职工生产生活垃圾以及施工机械设备噪声、发电机废气污染等。

针对上述污染源，采取如下防护措施：

(1)对车间除锈液体进行挖专坑排放、深埋并远离居民饮水区。

(2)对从事电焊作业的职工配发专用劳动保护用品。

(3)在条件允许的情况下，车辆运输、发电机、搅拌机运行等容易产生噪声污染的作业，多放在夜间施工。

(4)抓好施工前现场管理，在施工临时场区堆放的各种物资要按标准堆放，对施工现场产生的生产、生活垃圾要专人负责，协调当地环保部门做好清洁清运工作。施工中应保持现场清洁，严禁污染路面，工程结束后，及时组织人员清场转移、拆除临时设施，尽快复耕还田，及时结清临时费用，搞好与驻地监理的关系，提高文明施工水平。

七、施工中新技术、新材料、新工艺的应用情况

本工程无新技术、新材料、新工艺的使用。

八、对建设单位、设计单位、监理单位的评价

河南通衢高速公路有限公司能够严格执行基本建设程序、规章制度，按规定进行招标并选择设计、监理、施工单位，管理机构健全，责任明确，体现出较强的质量控制能力，能够重视安全生产、环境保护、廉正建设等方面工作，及时支付工程款，保证了工程的顺利进行。

河南省交通规划勘察设计院在设计工作中能够采用合理的设计方案，满足施工要求的设计精度和深度，提供的设计文件无严重的错漏现象，在项目实施过程中，信守合同，服务及时，办事严律，为项目顺利实施提供了技术保障。

河南省宏力工程咨询有限公司能够进行合同约定，有健全的管理制度，认真监理，坚持旁站，严把质量关，采取了有效的措施对工程质量关、投资、进度进行控制。

九、施工体会

管理机构配置应科学、合理，以确保整体的凝聚力，多、快、好、省地完成工程项目。在前期的准备过程中，要细致地调查工地实际情况，及时制订或调整措施，保证工程顺利实施。合理投入资金、设备，只有这样才能取得质量、进度、效益的多赢局面。

周口市公路交通设施有限公司

2009 年 8 月 15 日

8. 商丘至周口高速公路周口段交安工程 SZZJA-08 合同段施工总结报告

目　　录

商丘至周口高速公路周口段交安工程 SZZJA-08 合同段施工总结报告

一、工程概况

商丘至周口高速公路是河南省规划的商丘—驻马店高速公路的重要组成部分，由商丘市境内和周口境内两部分组成。本路段为周口段，周口段起点位于太康县张集东南，与商周高速公路商丘段顺接，路线终点位于周口市西郊与漯界高速公路相交处。路线全长 68.75km，本路按高速公路标准建设，采用全封闭、全立交形式。计算行车速度 120km/h，路基宽度为 28km。互通立交采用焊接网隔离栅，在其他普通路段采用刺铁丝隔离栅。本合同段起为讫桩号：K200 + 000 ~ K222 + 000，全长 22km。于 2006 年 8 月正式进场施工，于 2006 年 11 月交工验收。

主要合同工程量：刺铁丝隔离栅（F-Bw-B）44 324m；焊接网隔离栅（F-Ww-B）3 854m；桥上防抛网 1 024m。

二、机构组成

在商周高速公路 SZZJA-08 合同段施工中，我公司设立的组织机构及负责人见表 4-8-1，投入的主要设备见表 4-8-2。

主 要 管 理 人 员　　表 4-8-1

序　号	姓　名	担任职务	职　称
1	李献治	项目经理	高级工程师
2	陈宥之	技术负责人	工程师
3	李松	质检负责人	工程师
4	魏彩萍	财务负责人	会计师
5	雍海涛	合同计划负责人	工程师

主 要 设 备 情 况　　表 4-8-2

设备名称	规格型号	数　量	进场日期	技术状况
电焊机	BX1—315	2 台	2006.7.31	完好
空压机	$12m^3/min$	2 台	2006.7.31	完好
搅拌机	JD400	2	2006.7.31	完好
载货汽车	8t	2 台	2006.8.20	完好
管理车辆	杨子皮卡	1 辆	2006.7.31	完好
管理车辆	柳州五菱	1 辆	2006.7.31	完好

三、质量管理情况

质量管理是一个系统工程，在施工中，我们从人员、设备、材料、管理各方面入手，建立质量体系，层层把关，全方位管理。首先，在施工中牢固树立“质量第一”的思想，以规范、规程、设计文件为准绳，科学施工，争创“精品工程”。第二，严把材料进厂关，任何原材料以出厂化验单和出厂合格证为准购进,在使用前,按照设计文件要求对其进行抽检,并经监理工程师认可后进行使用。第三,加强施工中的三检工作,即:自检、抽检、专检,将质量事故消除在萌芽之中。第四,严格执行监理制度,尊重和维护监理工程师的权威,项目部工程技术人员严格按监理工程师的指令行事。第五,建立、健全质量管理各项规章制度和奖惩制度,最大限度地实现质量控制。

对隔离栅的质量检验见表4-8-3,分部工程质量检验评定结果见表4-8-4。

隔离栅质量检验表 表4-8-3

序号	检查项目	规定值或允许偏差	检查方法
1	高度(mm)	±15	直尺、垂线,每100根测2根
2	镀(涂)层厚度(um)	符合设计	测厚仪:抽检5%
3	网面平整度(mm/m)	±2	直尺、塞尺:抽检5%
4	立柱埋深	符合设计	直尺:过程检查、抽检10%
5	立柱中距(mm)	±30	钢卷尺:每100根测2根
6	混凝土强度(MPa)	在合格标准内	检查试件强度:抽检10%
7	立柱竖直度(mm/m)	±8	直尺、垂线:每100根测2根

分部工程质量检验评定结果表 表4-8-4

分部工程	评定得分
K200+000~K208+000隔离栅、防落网	96.1
K208+000~K215+000隔离栅、防落网	96.3
K215+000~K222+000隔离栅、防落网	96
单位工程评定得分:96.1	

经过检验,符合《公路工程质量检验评定标准(土建工程)》(JTG F80/1—2004)的要求,评定得分96.1分,质量等级为合格。

四、施工进度控制

(1)根据合同工期要求、整体工程实际进度情况、业主和监理的指示,按照本合同段内工程量,首先压缩工期,然后在保证质量的前提下赶进度时倒排工期。

(2)根据施工组织设计做好材料计划,重要材料应提前到位,并运至仓库,确保材料供应,不因为材料供应而影响正常施工生产。

(3)随时校对施工组织实施情况,发现问题及时处理,确保周、月计划的实现,根据实际调查,编制更详细的施工组织,编制施工网络设计,落实每一工序的施工时间。

(4)加强与当地政府的联系,积极配合监理工程师处理好施工中的各种矛盾,抓好治安综合治理和精神文明建设,尊重当地的风俗习惯。

(5)配备足够的机械设备,利用机械化施工技术,保证工期。

(6)运用科学的方法,实行平行流水作业,确定最佳的施工方案并予以实施,及时调整各分项工程的计划进度及劳动力、机械、材料,确保工程按时完工。

(7)施工中坚持突出重点、主攻难点、抓住质量、确保安全、促进进度的原则,坚持领导到施工现场跟班作业制度,发现问题及时处理,协调各工序间的矛盾。

五、施工安全与文明施工情况

1. 施工安全

(1)根据国家、部对安全生产的有关规定,利用多种形式教育职工树立安全第一的观念,强化全员安全意识,落实安全生产责任制,项目经理对安全生产负总责。保证职权明确,责任到人。

(2)落实承包责任制,安全生产是一项重要指标,把安全生产与每个职工的切身利益挂起钩来。及时配备必要的防护用品,加强劳动保护,积极开展"百日无事故"、"安全月"等活动。

(3)坚持周一安全会、周末安全检查制度,发现问题及时处理,所有施工项目必须进行安全技术交底,使操作人员明白操作要领,熟悉各个环节。大型设备进场前,对机械安全性情况进行必要的了解,操作手严格按安全技术操作规程操作。

(4)按照"三不放过"原则处理事故,对新职工进行岗前培训,合格后发证,严禁无证上岗。

(5)做好工地用电管理,电器开关必须设防雨棚,配触电保护器,工地设置安全警戒牌、标语、横幅等。

2. 文明施工

(1)项目经理部分别在场容场貌、料具管理、环境控制、综合治理等方面确定责任人。采取"目标明确,责任到人"的管理目标责任制,将文明施工落到实处。

(2)按规划布置临时施工设施,建立平面信息、信号管理系统,对各项生产、生活设施,管线、电力线路,各类物资放置场地及临时仓库,实行平面动态管理,定期检查考评。

(3)物资按类别及特点存放,料架整齐划一,分区管理。产品标签正确,检验状态无遗漏,定点加工机具设防雨棚,机具维护到位,性能可靠,表面清洁。

(4)抓好施工现场及生活区域的封闭式管理,教育职工遵守作业秩序和现场管理纪律,建立现场巡查及交接班制度,防止外来及闲杂人员进入。

(5)施工过程中多与监理工程师及其他在建工程施工单位协调,优化施工过程,及时调整各项工程的进度及劳动力、设备、原材料的配置。必要时采取交叉作业,在营造良好施工环境的同时,保证周、月计划的实现。

六、环境保护措施与节约用地措施

1. 环境保护

(1)认真贯彻各级政府环境保护的方针、政策,结合设计文件和工程特点,及时申报有关环保设计,切实按批准的文件组织实施。

(2)生活及工程污水不得污染水源和耕地,污水进行处理后要达到排放标准,生产和生活垃圾要及时运往指定地点。

(3)施工中应控制噪声,在距施工现场200m内有居民区的地方施工,尽量合理安排施工时间,避免在夜间施工,必须在夜间施工时,应征得当地政府及环保部门的同意。

2. 节约用地

根据当地的实际情况和工程用地需要,租用附近现有预制厂来预制构件和堆放材料。

七、施工中新技术、新材料、新工艺的应用情况

在本合同工程施工过程中,因工程要求,刺铁丝隔离栅的型钢立柱变更为混凝土立柱,根据设计变更和预制混凝土件的实际情况,我项目部相关人员根据需要,在满足设计和规范要求的同时,自行设计混凝土模具和振动台。在试验过程中不断摸索改进,在满足质量的前提下大大提高了预制进度。具体工艺流程如图4-8-1所示。

预制件的具体施工过程如下：

(1)根据试验 C20 配合比进行配料搅拌，充分搅拌使其均匀。

(2)在向模具装料前，先铺好塑料膜便于脱模和保证外观质量，然后将膜铺平整后将边固定，防止塑料膜在振动时起皱或移动而影响预制件的外观平整度。再将钢筋笼子放入模具，调整好位置后装料，到四分之三高度时将钢筋笼子均匀上提，保证钢筋在横断面中央。继续填料至满，开始振动，补装料至振动完毕。

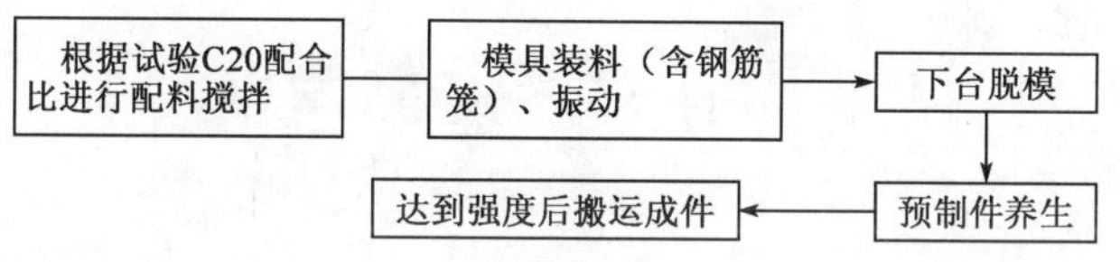

图 4-8-1　预制件施工工艺流程图

(3)振动结束后，将表面抹平整，盖上塑料膜以保表面平整，下台脱模时注意保护各个面和伸出钢筋顺利脱落。进行端部检查并对相应不足进行处理。

(4)待预制件表层不黏膜后去膜，利用塑料膜包裹时自然养生，揭开后补充水分养生。

八、对建设单位、设计单位、监理单位的评价

河南通衢高速公路有限公司能够严格执行基本建设程序、规章制度，按照规定进行招标并选择设计、监理、施工单位，管理机构健全，责任明确，体现出较强的质量控制能力。能够重视安全生产、环境保护、廉政建设等方面工作，及时支付工程款，保证了工程的顺利进行。

中国公路工程咨询监理总公司在设计工作中能够采用合理的设计方案，满足施工要求的设计精度和深度，提供的设计文件无严重的错漏现象。在项目实施过程中，信守合同，服务及时，办事严律，为项目顺利实施提供了技术保障。

河南省宏力工程咨询有限公司能够履行合同约定，有健全的管理制度，认真监理，坚持旁站，严把质量关，采取了有效的措施对工程质量、投资、进度进行控制。

九、施工体会

河南路桥建设集团有限公司承担了商周高速公路周口段交通安全设施 SZZJA-08 合同段的施工，在前期的准备过程中，要细致地调查工地实际情况，及时制订和调整措施，保证工程顺利实施；在施工中，应配置科学合理的管理机构，以确保整体凝聚力，多、快、好、省地完成工程项目；合理投入资金、设备，只有这样才能取得质量、进度、效益的多赢局面。

另外，我们服从商周高速公路项目部的管理，听从监理工程师的指导，精心组织，科学管理，合理安排，保护环境，文明施工，克服了各施工项目交叉作业和当地村民干扰等许多困难，使工程质量达到优良工程标准。工期控制在商周高速公路项目部要求的工期内，配合商周高速公路项目部和监理工程师的管理，控制工程投资，确保施工安全，圆满完成了工程合同中的各项目标。

在工程的缺陷责任期内，我们将与业主和监理工程师密切联系，同时将定期派人前往本合同段工地实地察看，对发现的缺陷工程进行修复，让业主和监理工程师满意。

河南路桥建设集团有限公司

2009 年 11 月 15 日

9. 商丘至周口高速公路周口段交安工程 SZZJA-09 合同段施工总结报告

目　录

商丘至周口高速公路周口段交安工程SZZJA-09合同段施工总结报告

一、工程概况

商丘至周口高速公路是河南省规划的商丘—驻马店高速公路的重要组成部分，由商丘市境内和周口境内两部分组成。本路段为周口段，周口段起点位于太康县张集东南，与商周高速公路商丘段顺接，路线终点位于周口市西郊与漯界高速公路相交处。路线全长68.75km，本路按高速公路标准建设，采用全封闭、全立交形式。计算行车速度为120km/h，路基宽度为28km。互通立交采用焊接网隔离栅，在其他普通路段采用刺铁丝隔离栅。本合同段起讫桩号为K200+000～K222+000，全长22km。于2006年8月正式进场施工，于2006年11月交工验收。

主要合同工程量：刺铁丝隔离栅（F-Bw-B）37734m；焊接网隔离栅（F-Ww-B）13448m；桥上防抛网448m。

二、机构组成

在商周高速公路SZZJA-09合同段施工中，我公司设立的组织机构及负责人如图4-9-1所示。

本合同主要管理人员见表4-9-1，主要设备见表4-9-2。

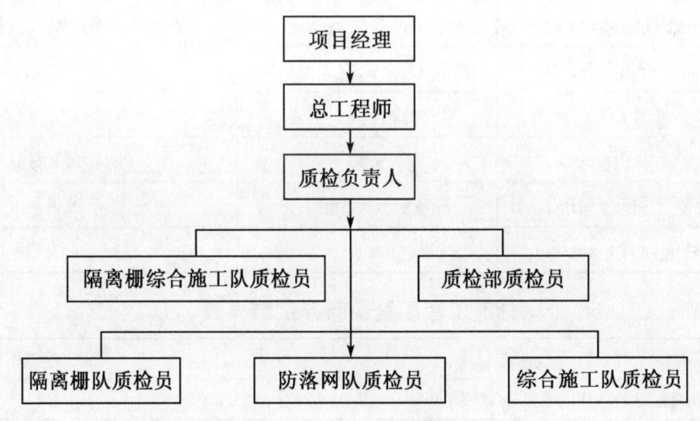

图4-9-1　组织机构图

主要管理人员　　表4-9-1

序号	姓名	担任职务	职称
1	李巍	项目经理	高级工程师
2	张远民	技术负责人	工程师
3	李清海	质检负责人	工程师
4	张辉	财务负责人	会计师
5	李侠	合同计划负责人	工程师

主 要 设 备　　表 4-9-2

设备名称	规格型号	数　量	进场日期	技术状况
电焊机	BX1—315	2 台	2006.07.31	完好
空压机	$12m^3$/min	2 台	2006.07.31	完好
搅拌机	JD400	2	2006.07.31	完好
载货汽车	8t	2 台	2006.08.20	完好
管理车辆	杨子皮卡	1 辆	2006.07.31	完好
管理车辆	柳州五菱	1 辆	2006.07.31	完好

三、质量管理情况

质量管理是一个系统工程,在施工中,我们从人员、设备、材料、管理各方面入手,建立质量体系,层层把关,全方位管理。首先,在施工中牢固树立“质量第一”的思想,以规范、规程、设计文件为准绳,科学施工,争创“精品工程”。第二,严把材料进厂关,任何原材料以出厂化验单和出厂合格证为准购进,在使用前,按照设计文件要求对其进行抽检,并经监理工程师认可后进行使用。第三,加强施工中的三检工作,即:自检、抽检、专检,将质量事故消除在萌芽状态之中。第四,严格执行监理制度,尊重和维护监理工程师的权威,项目部工程技术人员严格按监理工程师的指令行事。第五,建立、健全质量管理各项规章制度和奖惩制度,最大限度地实现质量控制。

隔离栅质量检验结果见表 4-9-3,分部工程质量检验评定结果见表 4-9-4。

隔离栅质量检验表　　表 4-9-3

序　号	检查项目	规定值或允许偏差	检查方法
1	高度(mm)	±15	直尺、垂线:每 100 根测 2 根
2	镀(涂)层厚度(um)	符合设计	测厚仪:抽检 5%
3	网面平整度(mm/m)	±2	直尺、塞尺:抽检 5%
4	立柱埋深	符合设计	直尺:过程检查、抽检 10%
5	立柱中距(mm)	±30	钢卷尺:每 100 根测 2 根
6	混凝土强度(MPa)	在合格标准内	检查试件强度:抽检 10%
7	立柱竖直度(mm/m)	±8	直尺、垂线:每 100 根测 2 根

分部工程质量检验评定结果表　　表 4-9-4

分部工程	评定得分
K222 +000 ~ K230 +000 隔离栅、防落网	94.5
K230 +000 ~ K238 +000 隔离栅、防落网	95.7
K238 +000 ~ K246 +000 隔离栅、防落网	95.7
单位工程评定得分:95.3	

经过检验,符合部颁《公路工程质量检验评定标准(土建工程)》(JTG F80/1—2004)的要求,评定得分 95.3 分,质量等级为合格。

四、施工进度控制

(1)根据合同工期要求、整体工程实际进度情况以及业主和监理的指示,按照本合同段内工程量首先压缩工期,然后在保证质量的前提下,赶进度时倒排工期。

(2)根据施工组织设计做好材料计划,重要材料应提前到位,并运至仓库,确保材料供应,不因为材料供应而影响正常施工生产。

(3)随时校对施工组织实施情况,发现问题及时处理,确保周、月计划的实现,根据实际调查,编制更详细的施工组织,编制施工网络计划,落实每一工序的施工时间。

(4)加强与当地政府的联系,积极配合监理工程师处理好施工中的各种矛盾,抓好治安综合治理和精神文明建设,尊重当地的风俗习惯。

(5)配备足够的机械设备,利用机械化施工技术,保证工期。

(6)运用科学的方法,实行平行流水作业,确定最佳的施工方案并予以实施,及时调整各分项工程的计划进度及劳动力、机械、材料,确保工程按时完工。

(7)施工中坚持突出重点、主攻难点、抓住质量、确保安全、促进进度的原则,坚持领导到施工现场跟班作业制度,发现问题及时处理,协调各工序间的矛盾。

五、施工安全与文明施工情况

1. 施工安全

(1)根据国家、部对安全生产的有关规定,利用多种形式教育职工树立安全第一的观念,强化全员安全意识,落实安全生产责任制,项目经理对安全生产负总责。保证职权明确,责任到人。

(2)落实承包责任制。安全生产是一项重要指标,把安全生产与每个职工的切身利益挂起钩来;及时配备必要的防护用品,加强劳动保护,积极开展“百日无事故”、“安全月”等活动。

(3)坚持周一安全会、周末安全检查制度,发现问题及时处理,所有施工项目必须进行安全技术交底,使操作人员明白操作要领,熟悉各个环节。大型设备进场前对机械安全性情况进行必要的了解,操作手严格按安全技术操作规程操作。

(4)按照“三不放过”原则处理事故,对新职工进行岗前培训,合格后发证,严禁无证上岗。

(5)做好工地用电管理,电器开关必须设防雨棚,配触电保护器,工地设置安全警戒牌、标语、横幅等。

2. 文明施工

(1)项目经理部分别在场容场貌、料具管理、环境控制、综合治理等方面确定责任人。采取“目标明确,责任到人”的管理目标责任制,将文明施工落到实处。

(2)按规划布置临时施工设施,建立平面信息信号管理系统,对各项生产、生活设施,管线、电力线路、各类物资放置场地及临时仓库实行平面动态管理,定期检查考评。

(3)物资按类别及特点存放,料架整齐划一,分区管理。产品标签正确,检验状态无遗漏,定点加工机具设防雨棚,机具维护到位,性能可靠,表面清洁。

(4)抓好施工现场及生活区域的封闭式管理,教育职工遵守作业秩序和现场管理纪律,建立现场巡查及交接班制度,防止外来及闲杂人员进入。

(5)施工过程中多与监理工程师及其他在建工程施工单位协调,优化施工过程,及时调整各项工程的进度及劳动力、设备、原材料的配置。必要时采取交叉作业,在营造良好施工环境的同时,保证周、月计划的实现。

六、环境保护措施与节约用地措施

1. 环境保护

(1)认真贯彻各级政府环境保护的方针、政策,结合设计文件和工程特点,及时申报有关环保设计,切实按批准的文件组织实施。

(2)生活及工程污水不得污染水源和耕地,污水需进行处理达到排放标准,生产和生活垃圾要及时运往指定地点。

(3)施工中应控制噪声,在距施工现场200m内有居民区的地方施工,尽量合理安排施工时间,避免在夜间施工,必须在夜间施工时,应征得当地政府及环保部门的同意。

2. 节约用地

根据当地的实际情况和工程用地需要,租用附近现有预制厂预制构件和堆放材料。

七、施工中新技术、新材料、新工艺的应用情况

在本合同工程施工过程中,因工程要求,刺铁丝隔离栅的型钢立柱变更为混凝土立柱,根据设计变更和预制混凝土件的实际情况,我项目部相关人员根据需要,在满足设计和规范要求的同时,自行设计混凝土模具和振动台。在试验过程中不断摸索改进,在满足质量的前提下大大提高了预制进度。具体工艺流程如图4-9-2所示。

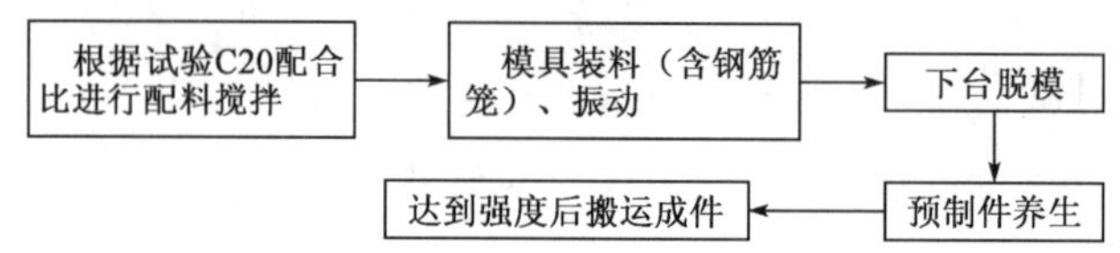

图4-9-2　预制件施工工艺流程图

预制件的具体施工过程如下:

(1)根据试验C20配合比进行配料搅拌,充分搅拌使其均匀。

(2)在向模具装料前,先铺好塑料膜便于脱模和保证外观质量,然后将膜铺平整后将边固定,防止塑料膜在振动时起皱或移动而影响预制件的外观平整度。再将钢筋笼子放入模具,调整好位置后装料,到四分之三高度时将钢筋笼子均匀上提,保证钢筋在横断面中央。继续填料至满开始振动,补装料至振动完毕。

(3)振动结束后,将表面抹平整,盖上塑料膜以保表面平整,下台脱模时注意保护各个面和伸出钢筋顺利脱落。进行端部检查并对相应不足进行处理。

(4)待预制件表层不黏膜后去膜,利用塑料膜包裹时自然养生,揭开后补充水分养生。

八、对建设单位、设计单位、监理单位的评价

河南通衢高速公路有限公司能够严格执行基本建设程序、规章制度,按照规定进行招标并选择设计、监理、施工单位,管理机构健全,责任明确,体现出较强的质量控制能力。能够重视安全生产、环境保护、廉政建设等方面工作,及时支付工程款,保证了工程的顺利进行。

中国公路工程咨询监理总公司在设计工作中能够采用合理的设计方案,满足施工要求的设计精度和深度,提供的设计文件无严重的错漏现象。在项目实施过程中,信守合同,服务及时,办事严律,为项目顺利实施提供了技术保障。

河南省宏力工程咨询有限公司能够履行合同约定,有健全的管理制度,认真监理,坚持旁站,严把质量关,采取了有效的措施对工程质量、投资、进度进行控制。

九、施工体会

河南路桥建设集团有限公司承担了商周高速公路周口段交通安全设施SZZJA-09合同段的施工,在前期的准备过程中,要细致地调查工地实际情况,及时制订和调整措施,保证工程顺利实施;在施工中,应配置科学合理的管理机构,以确保整体凝聚力,多、快、好、省地完成工程项目;合理投入资金、设备,只有这样才能取得质量、进度、效益的多赢局面。

另外,我们服从商周高速公路项目部的管理,听从监理工程师的指导,精心组织,科学管理，合理安排，保护环境，文明施工，克服了各施工项目交叉作业和当地村民干扰等许多困难，使工程质量达到优良工程标准。工期控制在商周高速公路项目部要求的工期内，配合商周高速公路项目部和监理工程师的管理，控制工程投资，确保施工安全，圆满完成了工程合同中的各项目标。

在工程的缺陷责任期内，我们将与业主和监理工程师密切联系，同时将定期派人前往本合同段工地实地察看，对发现的缺陷工程进行修复，让业主和监理工程师满意。

河南路桥建设集团有限公司

2009 年 7 月 25 日

10. 商丘至周口高速公路周口段交安工程 SZZJA-10 合同段施工总结报告

目　　录

商丘至周口高速公路周口段交安工程 SZZJA-10 合同段施工总结报告

一、工程概况

商丘至周口高速公路 SZZJA-10 合同段起讫桩号为 K114 + 492. 744 ~ K134 + 192. 744(施工里程桩号为 K246 + 000 ~ K268 + 750),全长约 22. 750km。本合同段设置四通镇互通式立交 1 处,主要施工内容为:波形梁钢护栏、轮廓标及防眩设施的安装。从 2006 年 7 月 25 日进场,至 2006 年 10 月 31 日顺利完工,历时 68d。

二、机构组成

1. 组织机构情况

组织机构情况见图 4-10-1。

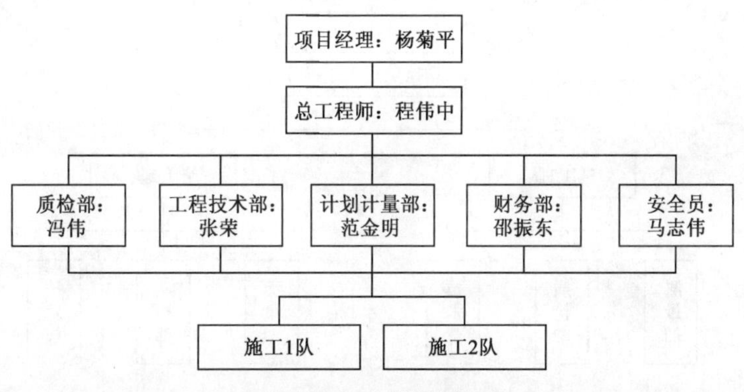

图 4-10-1　组织机构图

我公司中标后,即成立了"江苏耀鑫交通设施有限公司商周高速公路周口段 SZZJA-10 合同段项目经理部",以项目经理、总工程师为核心,形成指挥中心,累计投入施工人员 100 余人(次),为顺利完工提供了有力的保证。

2. 主要设备投入情况

按照物尽其用、保证施工的原则,我们为本项目累计投入的设备如表 4-10-1 所示。

主 要 设 备　　表 4-10-1

设备名称	规格	单位	数量	备注
液压打桩机	YD—350	台	2	
液压打桩机	YZ—01(380kg)	台	2	
液压打桩机	YD—380	台	1	
液压打桩机	BZJ—A	台	1	
钻孔取芯机	ZK—150	台	2	
发电机	30kW	台	2	
电子涂层测厚仪	HCC—24	台	2	
水准仪	DS3	台	4	

续上表

设备名称	规格	单位	数量	备注
经纬仪	J6	台	2	
载货汽车	8t	台	2	
捷达轿车		台	1	施工管理

三、质量管理情况

1. 质量保证体系

质量是企业生存、发展之本,更是我公司全体员工始终坚守的信念,并在施工全过程中认真落实,确保了本合同工程的顺利完成。本合同段质量一次性验收优良,没有出现不合格工程。

本合同质量保证体系框图见图 4-10-2。

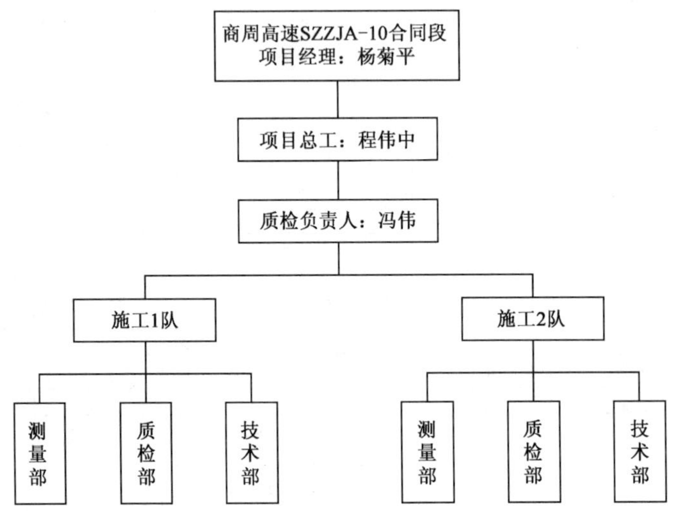

图 4-10-2　质量保证体系框图

2. 质量控制措施

(1)建立了严谨的自检体系,实行质量一票否决制。广泛开展“QC”小组活动,层层把关,使责、权、利相结合,确保施工的科学性、严肃性。

(2)严格执行监理工程师的指令,各个班组之间实行“三检”(自检、互检、交接检)制度,自觉、从严坚持“三个一样”:即有人检查和无人检查一个样;正常施工和突击施工一个样;领导在场与不在场一个样。

(3)严格按照规程和规范施工,对不符合标准、规范要求而进行施工的,坚决返工,发现实际情况与图纸不符时,及时写出变更报告,交业主或监理工程师批准。

(4)做好原始材料的试验鉴定、混凝土配合比的设计试配和施工现场混凝土的控制,同时各个分部在现场办公,对试验、检测情况进行跟踪检验。

(5)当工期和质量发生矛盾时,坚持以工期服从质量,采取加大人员、设备投入的办法,在确保工程质量的前提下,抢时间,保工期。

四、施工进度控制

(1)做好施工动员和人员选派工作。项目部组成了一支整体素质高、技术力量强、机械设备配套、人员稳定的施工队伍。

(2)抓好施工计划管理，编制出了严密的、切实可行的施工组织设计，各施工队和作业班组也制订了与总体计划相适应的分项计划。

(3)选配了良好的施工机械，发挥机械优势；加强材料的管理，保证了合格材料的供应，满足了施工需要。

(4)严格按照施工规范和监理工程师的批示施工，有效避免了因为质量问题造成的返工、窝工，没有出现延误工期的现象。

(5)做好了资金调度。由专门财务人员负责资金调度，有效避免了因资金流动不畅造成误工的现象。

(6)协调好与业主、监理、设计单位、其他在建单位、地方政府、当地群众之间的关系，减少了外界的干扰，使工程得以顺利进行。

五、施工安全与文明施工情况

1. 安全保证体系

项目部成立了安全领导小组，由专职安全员和若干安全工作人员组成，各施工队也建立了相应的安全生产小组，落实安全生产。

安全体系框图见图4-10-3。

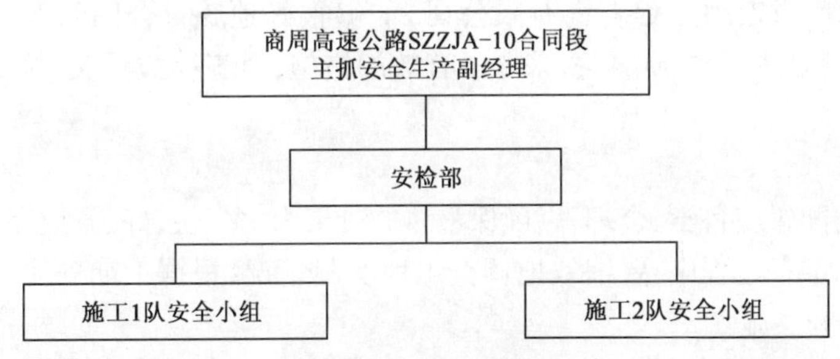

图4-10-3　安全体系框图

2. 安全、文明施工措施

(1)逐级签订安全保证责任书，自上而下形成了完整的安全生产体系。

对特种工作，严格持证上岗，对事故苗头加强防范，杜绝了事故的发生。

(2)做好现场安全标准化作业，做到了挂牌施工。实施生产全过程的安全文明管理。

(3)服从业主和监理工程师的指导和管理，并与当地政府、交通部门密切联系，做到了文明施工，实现了精神文明、物质文明双丰收。

六、环境保护措施与节约用地措施

1. 环境保护措施

本工程主要污染源有立柱前期处理除锈液体污染，生产安装现场及职工生产生活垃圾以及施工机械设备噪声，发电机废气污染等。

(1)对车间除锈液体进行挖专坑排放、深埋并远离居民饮水区。

(2)对从事电焊作业的职工配发了专用劳动保护用品。

(3)车辆运输、发电机、搅拌机运行等容易产生噪声污染的作业在条件允许的情况下，多放在夜间施工。

(4)在施工现场堆放的各种物资按标识堆放，对施工现场产生的生产、生活垃圾由专人负责，做好清洁清运工作。严格保持现场清洁，严禁污染路面；工程结束后，及时组织人员清场转移、拆除临时设施，及时复耕还田。

2. 节约用地措施

不论是施工现场，还是在驻地、料场，我们都严格按照俭省节约的原则进行施工，没有损坏耕地，杜绝了浪费现象。

七、施工中新技术、新材料、新工艺的应用情况

本工程护栏板、立柱、轮廓标、防眩板，均为传统产品，其制造和施工工艺亦为传统工艺。各项工程施工顺序按合同和技术规范的要求执行，即进行先试验段，后铺开进行的程序，按规定向监理工程师送交试验报告、施工方案、质量保证措施等，经监理工程师批准后，全面铺开施工。

八、对建设单位、设计单位、监理单位的评价

河南通衢高速公路有限公司能够严格执行基本建设程序、规章制度，按规定进行招标并选择设计、监理、施工单位，机构健全，责任明确，重视安全生产、环境保护、廉正建设等方面工作，保证了工程的顺利进行。

工程设计单位的设计方案合理，基本满足了施工要求的设计精度和深度，提供的设计文件没有严重的错漏现象，在项目实施过程中，信守合同，服务及时，办事严谨，为项目顺利实施提供了技术保障。

监理单位（河南省宏力工程咨询有限公司）能够很好地履行合同约定，有健全的管理制度，认真监理，坚持旁站，严把质量关，采取了有效的措施，对工程质量关、投资、进度进行了很好的控制和监督。

九、施工体会

（1）管理机构配置应科学、合理，以确保整体的凝聚力，多、快、好、省地完成工程项目。

（2）在前期的准备过程中，要细致地调查工地实际情况，根据工期安排，及时制订和调整措施，保证工程顺利实施。

（3）合理投入资金、设备，作好资金计划，只有这样才能取得质量、进度、效益的多赢局面。

江苏耀鑫交通设施有限公司

2007 年 10 月 16 日

第五部分　绿　化

1. 商丘至周口高速公路周口段绿化工程 SZZLH-01 合同段施工总结报告

目　　录

商丘至周口高速公路周口段绿化工程 SZZLH-01 合同段施工总结报告

一、工程概况

1. 合同段工程起止时间

商丘至周口高速公路周口段绿化工程 SZZLH-01 合同段起讫桩号为 K200+000~K213+540，全长 13.54km，包括 1 个四通镇互通式立交，4 个小区、1 个收费站。全合同段主线按双向 4 车道高速公路标准设计，按 6 车道布设。本工程于 2006 年 4 月 8 日进入施工场地，至 2006 年 11 月 5 日全部完成。

2. 主要工程内容

本合同段主要工程内容为：双向边坡植草、路肩苗木栽植、挡水埝外侧植草和栽植行道树，互通区、收费站及匝道苗木栽植和天桥涂饰工程。原合同总造价 274.81 万元。

二、机构组成

1. 主要管理人员（表 5-1-1）

主要管理人员 表 5-1-1

编号	姓名	职务	职称	备注
1	黄爱兵	项目经理	工程师	
2	黄素平	项目总工	工程师	
3	刘雪松	技术负责人	工程师	
4	王道明	质量员	工程师	
5	王晓燕	资料员	技术员	
6	陈永德	施工员	技术员	
7	高贤江	安全员	技术员	

2. 设备投入情况（表 5-1-2）

设备投入情况 表 5-1-2

序号	设备名称	规格型号	数量	进场日期	技术状况	使用何处	备注
1	洒水车	东风 1401，5t	2	2006.4.8	良好	全合同段	自有
2	抽水机	重庆本田	2	2006.4.8	良好	全合同段	自有
3	管理车辆	帕萨特	2	2006.4.8	良好	全合同段	自有
4	液压喷播机	美国 ESY—250	1	2006.4.25	良好	K200~K213+540	租赁
5	草坪碾滚	本田 4.0	1	2006.5.1	良好	K200~K213+540	自有
6	旋耕耙	福马 SJ—736	1	2006.5.1	良好	互通区	自有
7	机动打药机	本田 3WH—36	1	2006.5.10	良好	K200~K213+540	自有

三、质量管理情况

1. 质量控制措施

施工单位的工程质量是企业生存的基础，公司建立了完善的质量保证体系，确定项目经理是第一责任人，各施工班组配专职质检员，对原材料严格控制，杜绝不合格材料进入现场。在施工过程中，质检员、施工员跟班作业，发现质量问题及时处理，把质量事故消灭于萌芽状态。为了保质按期完工，我项目部制订了切实可行的施工方案，对工程实行目标管理。在每个项目施工前，组织有关施工人员进行技术交底，做到人人心中有数，把质量责任落实到人，做好层层把关，从而使工程质量有了可靠的保证。监理单位对本工程的监理工作认真负责，不管是寒冷的冬天、晴天雨天，还是白天昼夜，只要有乙方在施工，他们都监督在现场，并始终把工程质量控制放在监理工作的首位。

2. 施工中工程质量自检情况及工程质量问题的处理情况

对施工中每道工序实行严格的质量控制，对不符合质量标准的坚决制止，质量与进度发生矛盾时，以质量为主。在各工序施工过程中，从控制原材料质量开始，在施工单位自检的基础上经常性地抽检，发现问题立刻督促施工单位整改，同时，对各工序的施工进行技术交底，使每一个现场施工人员和管理人员明确设计意图的技术标准，加强参建人员的质量意识，使质量“二字”不是停在口头上，而是根植于每个人的心中。业主单位严格管理，经常到现场指导和督促施工，每周组织一次工程质量进度会议，针对施工中存在问题进行分析解决，并经常强调，对于工程质量必须有百分之百的把握，决不能心存侥幸，施工过程中还一再强调安全问题。在施工单位、监理单位控制的基础上，对工程的重点部位，采取经常性与突击性检查相结合的方法跟踪质量情况，施工中对原材料进行不定期检查，并根据现场情况当场确定方案，发现问题及时指出，在绿化工程中严格控制各种苗木的布置、形状、大小，以达到美化环境的效果。

3. 对完工质量的评价

本工程严格按照图纸施工，严把质量关，所栽植的苗木规格和数量全部达到设计规范要求，苗木成活率 100%，各项自检都能满足设计要求，自检评为合格工程。

四、施工进度控制

本工程于 2006 年 4 月 8 日进入施工场地，2006 年 5 月 1 日至 2006 年 10 月 5 日完成主路线草坪喷播工作。2006 年 9 月 10 日至 2006 年 11 月 5 日完成互通区和主路线苗木栽植工作。2006 年 11 月 8 日完成整个工程的清理工作。各项工作均采用流水操作，基本达到了无工作空闲，无施工机具闲置，无作业人员待工的要求。

五、施工安全与文明施工情况

1. 安全施工方案

成立安全施工领导小组，负责部署、指导本公司和本区域的安全施工。以领导小组组长为主，定期召开安全生产研讨会，落实各级领导的讲话精神和安全责任。强化安全生产意识，加强安全生产管理，在生活区和作业区多设安全牌、悬挂条幅等。和项目公司安全生产领导多联系，争取早动手、早安排。对驾驶员、机械操作员和施工员等专业技术员，多讲安全生产知识，做到人人心中有数，截至工程完工，本合同段没发生一例安全事故。

2. 文明施工情况

加强班组的文明施工制度，制订工地各班组的文明施工，落实检查考核制度。施工作业人员应做到工完场清、工完料尽，施工区清理时应防止粉尘飞扬。

六、环境保护措施与节约用地措施

对于施工周边环境,尽量做到不破坏环境,防止环境污染。施工过程中产生的余泥、渣土等固体废弃物,应集中处理,不随意弃置。力争当天清理当天运输,保持场内清洁,余泥、渣土严格按有关规定运至有关部门指定的地点。对于砂性土壤路段,施工期遇高温久旱天气,施工现场经常喷水和抑尘。加强扬尘的防治措施,每天至少洒水四次。在运输和储存施工材料时,必须采取可靠的遮盖措施防止漏失。

七、施工中新技术、新材料、新工艺的应用情况

我公司由项目经理全权负责,组织各项实施计划和施工方案,对本工程实行生产要素化配置,科学管理,积极推广新技术、新工艺、新材料的施工和应用。

八、对建设单位、设计单位、监理单位的评价

本工程在建设单位和监理代表处的监督领导下顺利完成。建设单位各部门分工明确、管理有力,狠抓质量、奖罚分明,对保证工程质量起到重要作用;设计单位设计方案满足工程需要,设计合理、图纸完整规范;监理单位管理制度健全,责任心强,各个环节落实到位,及时发现问题及时处理。

九、施工体会

我们潢川县顺利达花木盆景有限责任公司通过对商周高速公路绿化一合同段的施工,使我们体会到什么叫工期短、任务重,也使我公司做到综合平衡、配套施工,做到了安全文明施工,丰富了我公司在施工过程中的施工经验。

最后向关心和支持本工程建设的各位领导、各位专家以及和我们一起日夜操劳在工程第一线的业主、监理、质监、设计人员表示衷心的感谢!

潢川县顺利达花木盆景有限责任公司

2009 年 9 月 22 日

2. 商丘至周口高速公路周口段绿化工程SZZLH-02合同段施工总结报告

目　　录

商丘至周口高速公路周口段绿化工程 SZZLH-02 合同段施工总结报告

商周高速公路(周口段)是河南省规划的商丘—周口高速公路的重要组成部分,周口市鑫怡绿化工程有限公司荣幸地承包了绿化二标的施工,在施工中周口市鑫怡绿化工程有限公司工程项目部科学组织,精心施工,把人文景观与自然景观结合起来,把商周高速(周口段)建设成为一条亮丽的风景线。

一、工程概况

1. 合同段工程起止时间

周口市鑫怡绿化工程有限公司于2006年3月中标商周高速(周口段)绿化二标,于2006年4月1日进行驻地建设,2006年4月4日项目部进驻周口市淮阳县白楼村,2006年4月6日至2006年4月10日进行施工准备工作,开始施工,11月10日完成所有工程,总工期为7个月。

2. 工程内容

商周高速(周口段)绿化二标全长13.135km,绿化工程包括:主线路基边坡防护绿化工程,路侧拱形骨架栽植紫穗槐,淮阳服务区绿化工程,大中桥主线分离式立交桥、主线下穿式立交桥梁涂饰工程。

二、机构组成

1. 项目经理部主要人员

项目经理:袁卫东;项目总工:孙亚伟;质检科长(工程师):许伟;机电安全科长(工程师):李海栓;安全科长(工程师):王俊生;财务科长:王瑞;材料科长:汪少成。

2. 投入设备情况(表5-2-1)

投入设备情况　　表5-2-1

序号	设备名称	设备类型和技术指标	数量	性能
1	洒水车	12t	2辆	良好
2	喷播机	2万 m^2	1台	良好
3	旋耕机(租)	55马力	1台	良好
4	解放车(租)	50型	2台	良好
5	松花江	601540DIHI	1台	良好
6	发电机	5.5kW	1台	良好
7	抽水泵	24	2台	良好
8	管理车辆	轿车	2辆	良好
9	修剪机	AS51	2部	良好
10	喷药机	H2—540	2台	良好

三、质量管理情况

1. 质量控制措施

周口市鑫怡绿化工程有限公司严格按技术规范操作,确保施工质量,并制订以下质量控制措施:

(1)项目经理部制订"以人为本"的方针,充分调动职工的积极性,发挥他们的主导作用,增强质量观和责任感,牢牢树立"质量第一,安全第一"的思想,认真负责地做好本职工作,以优秀的工作质量来创造优质的园林绿化工程质量。

(2)在工程施工过程中,严格控制投入材料的质量,对投入的苗木、草种、外墙漆等工程材料的订货、采购、检查、验收、取样、检验均进行全面控制,从组织货源到进行使用,做到层层把关;对施工过程中所采用的施工方案也进行充分论证,做到施工方法先进,技术合理,安全文明施工,以提高工程质量。

(3)因绿化工程质量的好坏与苗木的成活率有很大关系,绿化工程中投入的苗木材料是有生命的绿化植物,不同的绿化苗木具有不同的生长规律,栽植季节和栽植时间也各有差别。所以绿化二标遵循植物生长规律,掌握不同苗木的最佳栽植时间,确保苗木成活,提高了工程质量。

(4)全面控制工程施工过程,并重点控制工序质量,对每一道工序质量都要求现场检验员严格检查,当上一道工序质量不符合要求时,决不允许进入下一道工序施工,使每一道工序质量都符合要求,以确保整个工程质量得到保证。

2. 工程质量自检情况及工程质量的处理情况

周口市鑫怡绿化工程有限公司在施工自检过程中,对所有进场材料都进行了严格的自检,并在施工中对每道施工工序进行检验,未发现违反操作程序、操作规程事件,所有进场苗木质量规格均达到设计要求,在施工过程中未发生重大质量事故。在 2006 年 11 月 2 日开始的工程清理阶段,对苗木自检时发现有未成活苗木 15 株,绿化二标于 2006 年 11 月 4 日及时调来苗木进行更换。

3. 完工质量评价

周口市鑫怡绿化工程有限公司在施工过程中,对工程质量采取以预防为主、防患于未然的措施,把质量问题消灭于萌芽状态,对影响质量因素的控制,对投入材料质量的控制,对每一个分项、分部工程质量的控制,基本都达到了预防控制工程质量不合格或工程质量事故的要求。现绿化二标所有工程施工已经结束,经过自检,所有施工项目达到设计要求。

四、施工进度控制

为了严格控制施工进度,按时、保质地完成工程施工,绿化二标项目经理部制订了以下工期保证措施:

(1)于 2006 年 4 月 10 日进场时就制订了的总体施工计划和时间表,对每个分部工程结合监理部的安排制订了详细的施工计划,严格按照计划施工,以保证按计划完工。

(2)项目部抽调公司技术骨干,组成多个施工队伍,项目部统一指挥协调各施工队伍,进行交叉施工,以保证按时完工。

(3)合理组织劳动力,在各施工区域配备强有力的施工队伍,达到平行施工的态势。对工作面较大、施工场地宽阔的施工点,通过增加劳动力,达到全方位施工以赢得进度。

(4)对工作面较小且难度又大的施工点,则合理增加弹性作业时间,加班加点,以保证施工计划落实。

(5)做好材料计划和资金计划，保证材料采购工作的有序进行，保证材料按期进场，保障采购资金的到位。

(6)责任明确到位，确保施工的各个环节都处于有效控制之中，以保证施工能顺利进行。

(7)对各施工作业队制订工期奖罚措施，运用经济手段，奖励先进，惩罚落后，保证工期，保证工程按期竣工。

五、施工安全与文明施工情况

为了确保绿化工程施工有秩序地顺利进行，周口市鑫怡绿化工程有限公司组建了商周高速(周口段)绿化工程项目经理部，建全了安全保卫组织，制订了文明施工条例，做到了文明施工，保证了施工质量。

1. 施工安全情况

(1)绿化二标项目经理部制订了"安全生产制度"与"安全生产应急处置预案"，并严格按照"安全生产制度"执行，严格遵守指挥部的安全规定，落实了安全第一的指导思想。

(2)绿化二标项目经理部建立、建全了安全保卫组织，以项目经理袁卫东为组长，项目总工为副组长，项目经理袁卫东为安全生产第一责任人，负责全面的安全施工作业工作。下设三个施工作业班组：一组为绿化组，负责人梁迪；二组为施工机械组，负责人王军强；三组为施工用电组，负责人李海栓。三个作业组长为各班组安全第一责任人。

(3)安全保卫组经常组织工人学习指挥部在高速公路施工中的安全规定，并购买了车辆施工安全标志。浇水车、运输车、工具车在高速公路施工中按规定停放。

(4)项目部在组织工程施工时，在保证技术方案可行的前提下注意对安全措施的审核，保证施工生产中的人员安全，并在审核新技术、新施工方法时必须考虑安全上出现的新问题，制订了相应的安全操作规程，使之符合安全生产的要求。

2. 文明施工情况

项目经理部制订了文明施工条例，在与兄弟合同段交错施工中能互相尊重，互相照顾，并主动与兄弟合同段联系，互相配合进行施工，保证了工程的顺利进行。

六、环境保护措施与节约用地措施

1. 环境保护

环境保护是一项基本国策，是社会持续发展的一个永恒不变的主题。环境保护措施是保护公路沿线环境和改善公路沿线环境的重要组成部分。商周高速公路绿化二标在施工过程中严格控制对环境的破坏，对施工材料废弃物进行回收清理，以保证不破坏当地环境。项目经理部还组织员工学习环境保护知识，增强环境保护意识。

公路建设本身是我们创造出的人文景观，绿化在其中起到了点缀、美化的作用，其中边坡植草不仅有美化环境的作用，还起到了生物护坡作用，但种植单一草种时间稍长便会被当地野草吞噬殆尽，使环境效果与护坡功能大大降低。在指挥部与绿化施工单位的研究下，认清植物群落的自然演替规律，遵循"适地适树(草)"、"生物多样性"的原则，避免采用单一的草种进行绿化，配比了几种适应当地种植的草种进行种植，使边坡草种的护坡功能与环境效果保持时间更长久。

2. 节约用地措施

周口市鑫怡绿化工程有限公司在施工过程中坚持用"最小的破坏，就是最大的保护"的环保理念进行设计施工，在对主线路肩进行地形整理时，有的区域缺土比较严重，需进行回填土，但商周高速公路(周口段)地处平原，回填土只能购买农民耕地，绿化二标根据指挥部的指示，对各区域因地制宜,购买种植土进行回填。

七、施工中新技术、新材料、新工艺的应用情况

周口市鑫怡绿化工程有限公司本着“绿色高速、科技高速、人文高速”的理念,认真落实国家交通运输部、省交通运输厅关于加强公路生态保护和绿化工作的有关精神,以改革和科技创新为动力,以创建精品工程为目标,因地制宜,科学规划,力创精品工程。

1. 新技术、新工艺

随着科学技术的发展,新技术及新工艺也在潜移默化地影响着公路景观绿化的发展趋势。周口市鑫怡绿化工程有限公司在施工过程中根据指挥部的要求,在边坡植草中采用了最新的液力喷播植草技术,使草种能均匀覆盖在边坡上,并在喷播后覆盖五纺布,使植草的出芽率、覆盖率大幅度提高。

2. 新材料

商周高速公路(周口段)绿化二标为了保证边坡植草的出芽率,在边坡喷播过程中增加三维网垫,加入保湿剂,保湿剂是新型的有机高分子化合物,能有效地形成保水膜及含水层,大幅度提高了草种的出芽率。

八、对建设单位、设计单位、监理单位的评价

1. 对建设单位的评价

商周高速公路(周口段)以河南通衢高速公路有限公司为建设单位,在通衢公司的带领下,周口市鑫怡绿化工程有限公司深刻体会到,通衢公司具有拼搏实干精神,在抓进度的同时,对质量、安全都进行了严格的管控,使商周高速公路(周口段)按时保质地顺利完工。

2. 对设计单位的评价

商周高速公路(周口段)绿化二标在施工过程中,认识并学习到设计单位的专业精神,设计是绿化工作的前提和先导,设计单位在路基边坡、服务区绿化和景观设计上,实现了乔、灌、草、花合理布局,景物相互配套、层次分明、内容丰富、景随路移、环境优美,是在科学规划基础上的高品位设计,并且在种植苗木的品种上做到因地制宜,使商周高速公路(周口段)修建为一条精品路线。

3. 对监理单位的评价

商周高速公路(周口段)绿化二标在河南省宏力工程咨询有限公司指导施工的过程中认识到,宏力监理公司是优秀的监理单位。在绿化工程施工中,监理人员在全部合同段驻地督查,从规划到施工,全过程坚持旁站。不合格的苗木不得进场,不标准的坑穴不得渗坑,不渗坑的坑穴不得栽植,使整个施工过程始终处于监理的有效控制之中。使绿化二标在监理公司带领下与驻地监理的指导下,顺利地完成了工程施工任务。

九、施工体会

周口市鑫怡绿化工程有限公司在完成了商周高速公路(周口段)绿化二标的工程后,项目经理部组织了施工总结会议,并有以下几点施工体会:

(1)需加强提升所有员工理念,高速公路绿化工程不仅是一条高速公路的亮点,而且高速公路景观绿化也是公路环境保护的重要内容,是国土绿化的重要组成部分。

(2)在施工过程中需继续完善施工安全措施与文明施工措施,加强公司的安全、文明建设。

(3)在施工中应加强把好质量关,并在施工计划中突出“因地制宜、适地适树”的原则,进行科学规划,合理布局,争时抢速,高质量、高速地完成施工任务。

(4)在施工技术上提高科技含量,大力开展科技攻关,使用新技术,提高苗木成活率。

我们将认真贯彻这次会议精神,自加压力,再接再励,进一步加强公司制度的制订,强化工作措施,引进新的工艺。以坚实的努力和卓有成效的工作,切实把我公司绿化施工工作推上新台阶。

周口市鑫怡绿化工程有限公司

2007 年 7 月 15 日

3. 商丘至周口高速公路周口段绿化工程 SZZLH-03 合同段施工总结报告

目　　录

商丘至周口高速公路周口段绿化工程 SZZLH-03 合同段施工总结报告

一、工程概况

商丘至周口高速公路周口段绿化工程 SZZLH-03 合同段起讫桩号为 K226 + 450 ~ K240 + 875,全长 14.17km,包括 1 个淮阳互通式立交,6 个小区。全合同段主线按双向 4 车道高速公路标准设计,按 6 车道布设。本工程于 2006 年 4 月 6 日进场施工,至 2006 年 11 月 6 日全部完成。

本合同段主要工程内容:双向边坡植草,路肩苗木栽植,挡水埝外侧植草和栽植行道树,互通区、周口北站苗圃绿化,收费站及匝道苗木栽植和天桥涂饰工程。

二、机构组成

1. 主要管理人员(表 5-3-1)

主 要 管 理 人 员 表 5-3-1

编　　号	姓　　名	职　　务	职　　称	备　　注
1	黄西春	项目经理	工程师	
2	高继成	会计	工程师	
3	张虎	技术负责人	工程师	
4	黄花	质量员	工程师	
5	姚志选	资料员	技术员	
6	苏鹏	施工员	技术员	
7	黄升	安全员	技术员	

2. 设备投入情况(表 5-3-2)

设 备 投 入 情 况 表 5-3-2

序号	设备名称	规格型号	数量	进场日期	技术状况	使用何处	备注
1	洒水车	东风 140,15t	2	2006.4.6	良好	全合同段	自有
2	抽水机	重庆本田	6	2006.4.6	良好	全合同段	自有
3	管理车辆	帕萨特	1	2006.4.6	良好	全合同段	自有
4	液压喷播机	美国 ESY—250	1	2006.4.15	良好	K226 + 450 ~ K240 + 875	自由
5	草坪碾滚	本田 4.0	1	2006.4.25	良好	K226 + 450 ~ K240 + 87	自有
6	旋耕耙	福马 SJ—736	1	2006.4.25	良好	互通区	自有
7	机动打药机	本田 3WH—36	1	2006.5.6	良好	K226 + 450 ~ K240 + 87	自有

3. 管理机构设置

管理机构设置见图 5-3-1。

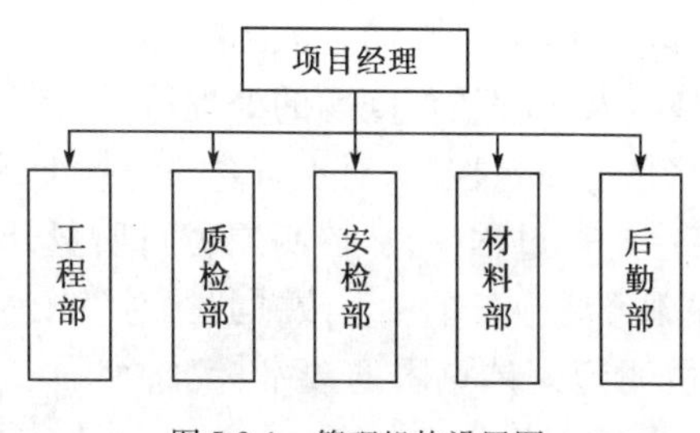

图 5-3-1　管理机构设置图

三、质量管理情况

1. 质量控制措施

施工单位的工程质量是企业生存的基础，公司建立了完善的质量保证体系，确定项目经理是第一责任人，各施工班组配专职质检员，对原材料严格控制，杜绝不合格材料进入现场。在施工过程中，质检员、施工员跟班作业，发现质量问题及时处理，把质量事故消灭于萌芽状态。为了保质按期完工，我项目部制订了切实可行的施工方案，对工程实行目标管理。在每个项目施工前，组织有关施工人员进行技术交底，做到人人心中有数，把质量责任落实到人，做好层层把关，从而使工程质量有了可靠的保证。监理单位对本工程的监理工作认真负责，不管是寒冷的冬天、晴天雨天，还是白天昼夜，只要有乙方在施工，他们都监督在现场，并始终把工程质量控制放在监理工作的首位。

确保工程质量的技术组织措施如下：

(1)选派施工管理经验丰富、组织能力强的项目经理、副经理和业务水平高、工作作风严谨的项目总工程师作为工程质量负责人。

(2)项目经理部安排有协调组织能力和专业技术水平的职员任科室负责人，并安排具有较强工作能力和工作实践经验，坚持原则，有较强事业心、工作责任感并具有较好的职业道德，热爱质量管理工作的工程师任质检工程师。

(3)教育职工牢固树立"百年大计，质量第一"、"质量就是市场，是生命线"的思想。

(4)选用一流设备进行本项目施工，保证机械设备有良好的出勤率和安全保障，配备足够的修理人员跟班作业，确保工程设备处于最佳运行状态。

(5)配备足量的、能满足本项目精度要求的测量、检测仪器。

(6)采购材料前，先对供货商进行调整，对质量标准进行验收，对不合格的材料坚决不予采购。

(7)对从外地购入的苗木、种子按要求进行检疫，并取得检疫证书。对种子必须检测其发芽率。

(8)各类绿化和植物必须经工程师验证其供应来源和检查合格后才能进行种植，除非在取得工程师的认可同意，一般不允许采用代替品种。所用植物运到工地后，应妥善放置，防止过冷或过热，并保持湿润。在开始种植到全部缺陷责任期中，应对种植进行管理和养护，保证成活率。其具体管理及养护措施如下：

①经常性浇水，高温气候下应加大浇水量和频率。

②每年施肥不应少于两次，各种肥料应按工程要求的方法施加，并必须经工程师批准认可。

③及时防治病虫害。

④经常清理及清除垃圾。

⑤在适宜的季节对枯坏及不发芽或死去的种植物均应更换。对不合格的坡面草地及时补种。

⑥必要时设置临时栅栏,以保护种植物,防止人为破坏。

2. 施工中工程质量自检情况及工程质量问题的处理情况

对施工中每道工序实行严格的质量控制,对不符合质量标准的坚决制止,质量与进度发生矛盾时,以质量为主。在各工序施工过程中,从控制原材料质量开始,在施工单位自检的基础上经常性地抽检,发现问题立刻督促施工单位整改,同时,对各工序的施工进行技术交底,使每一个现场施工人员和管理人员明确设计意图的技术标准,加强参建人员的质量意识,使质量"二字"不是停在口头上,而是根植于每个人的心中。业主单位严格管理,经常到现场指导和督促施工,每周组织一次工程质量进度会议,针对施工中存在问题进行分析解决,并经常强调,对于工程质量必须有百分之百的把握,决不能心存侥幸,施工过程中还一再强调安全问题。在施工单位、监理单位控制的基础上,对工程的重点部位,采取经常性与突击性检查相结合的方法跟踪质量情况,施工中对原材料进行不定期检查,并根据现场情况当场确定方案,发现问题及时指出,在绿化工程中严格控制各种苗木的布置、形状、大小,以达到美化环境的效果。

3. 对完工质量的评价

本工程严格按照图纸施工,严把质量关,所栽植的苗木规格和数量全部达到设计规范要求,苗木成活率100%,各项自检都能满足设计要求,自检评为合格工程。

四、施工进度控制

本工程于2006年4月6日进入施工场地,2006年5月1日至2006年10月5日完成主路线草坪喷播工作。2006年9月10日至2006年11月5日完成互通区和主路线苗木栽植工作。2006年11月8日完成整个工程的清理工作。各项工作均采用流水操作,基本达到了无工作空闲,无施工机具闲置,无作业人员待工的要求。

五、施工安全与文明施工情况

1. 安全施工方案

成立安全施工领导小组,负责部署、指导本公司和本区域的安全施工。以领导小组组长为主,定期召开安全生产研讨会,落实各级领导的讲话精神和安全责任。强化安全生产意识,加强安全生产管理,在生活区和作业区多设安全牌、悬挂条幅等。和项目公司安全生产领导多联系,争取早动手、早安排。对驾驶员、机械操作员和施工员等专业技术员,多讲安全生产知识,做到人人心中有数,截至工程完工,本合同段没发生一例安全事故。确保安全文明施工的安全施工措施如下。

(1)组织措施:建立安全施工责任制;配备专职安全员;贯彻安全技术管理;坚持安全教育和安全技术培训;组织安全检查;强化安全施工指标;进行事故处理。

(2)高度重视安全工作,提高职工安全工作意识,强化安全文明施工责任制。

(3)严格执行本工程绿化施工工程合同文件,认真履行合同规定的有关安全施工要求,加强安全文明施工宣传,禁止进行任何扰民的施工行为。经常检查施工工作,坚持"安全第一、预防为主"的方针和"管施工必须管安全"的原则,做到文明施工与安全工作同时计划、布置、检查总结和评比。在有较大危险因素的施工场地和有关设施、设备上设置明显的安全警示标志。

(4)充分关注和保障所有在现场的人员安全,采取有效措施,使现场和合同工程的实施有条不紊。

(5)特殊工种要经专业培训,并持有专业主管部门签发的合格上岗证。

(6)所有施工机械和设备要定期检查,并持有专业主管部门签发的合格上岗证。

(7)安全施工管理人员对在检查中发现的安全文明施工问题,应当时处理,不能处理的,应当及时报告本单位有关负责人,检查及处理情况应当记录在案。

2. 文明施工情况

制订组织措施,建立、健全文明施工、防止扰民的组织体系,配备专职安全检验员。

(1)在合同许可的范围内,实施和完成本合同工程及缺陷修复工程中的一切施工作业,应不影响附近建筑物、构造物的安全与正常使用,也不干扰群众的通行方便。

(2)为了现场附近和过往群众的安全与方便,在有必要的时候和地方,提供照明、警卫、护栅、警告标志等安全设施。

(3)施工人员应熟悉和遵守环境保护法,并切实执行技术规范和有关环境保护方面的要求和规定。

(4)注意对机械的经常性保养,尽量使噪声降到最低限度。为了保护施工现场附近居民的夜间休息,对居民区150m以内的施工现场,施工时间应加以限制。

(5)采取可靠措施保证原有交通的正常通行和维持居民用水、生活用电及通信管线的正常使用。

六、环境保护措施与节约用地措施

对于施工周边环境,尽量做到不破坏环境,防止环境污染,施工过程中产生的余泥、渣土等固体废弃物,应集中处理,不随意弃置。力争当天清理当天运输,保持场内清洁,余泥、渣土严格按有关规定运至有关部门指定的地点。对于砂性土壤路段,施工期遇高温久旱天气,施工现场经常喷水和抑尘。加强扬尘的防治措施,每天至少洒水四次。在运输和储存施工材料时,必须采取可靠的遮盖措施防止漏失。

七、施工中新技术、新材料、新工艺的应用情况

我公司由项目经理全权负责,组织各项实施计划和施工方案,对本工程实行生产要素化配置,科学管理,积极推广新技术、新工艺、新材料的施工和应用。

八、对建设单位、设计单位、监理单位的评价

本工程在建设单位和监理代表处的监督领导下顺利完成。建设单位各部门分工明确、管理有力,狠抓质量、奖罚分明,对保证工程质量起到重要作用;设计单位设计方案满足工程需要,设计合理、图纸完整规范;监理单位管理制度健全,责任心强,各个环节落实到位,及时发现问题及时处理。

九、施工体会

近几个月的施工时间,是我们奋战在一线的员工精诚团结、共铸辉煌的真实写照,体现了员工的高度责任感,同时我们也用政治头脑看待本次承接的商丘至周口高速公路绿化段第三合同段的建设工程,以及处理一些相关困难和问题。

在以后的工作中,将继续遵照施工宗旨,争创精品优良工程。

最后,向关心和支持本工程建设的各位领导、各位专家以及和我们一起日夜操劳在工程一线的业主、监理、质监、设计人员表示衷心的感谢!

河南省豫南园林绿化有限责任公司

2009年10月15日

4. 商丘至周口高速公路周口段绿化工程 SZZLH-04 合同段施工总结报告

目　　录

商丘至周口高速公路周口段绿化工程 SZZLH-04 合同段施工总结报告

一、工程概况

1. 工程起止时间

潢川县紫红花木草坪有限责任公司于2006年3月中标商周高速(周口段)绿化四标,于2006年4月1日开始进行驻地建设,2006年4月4日项目部进驻周口市川汇区下梁村,2006年4月6日至2006年4月10日进行施工准备工作,开始施工,11月10日完成所有工程,总工期为7个月。

2. 工程内容

商周高速(周口段)绿化四标全长11.65km,绿化工程包括:刘庄互通立交区、周口东互通式立交区土地整理工程,刘庄互通式立交区、周口东互通式立交区绿化工程,路基边坡防护绿化工程,路侧拱形骨架栽植紫穗槐,大中桥主线分离式立交桥、主线下穿式立交桥、互通区桥梁装饰工程。

二、机构组成

1. 项目经理部主要人员

项目经理:胡恩林;项目总工:李俊义;质检科长(工程师):陈更生;机电安全科长(工程师):闫彬;工程科长(工程师):夏启运;财务科长:肖友平;材料科长:秦丰雨。

2. 职能机构框图

职能机构框图见图5-4-1。

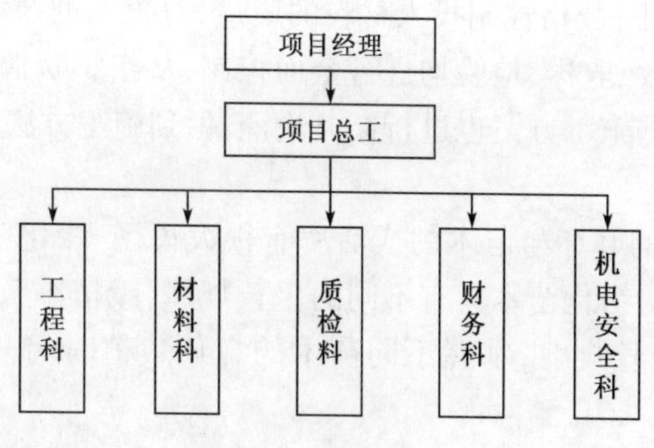

图5-4-1 职能机构框图

3. 职能范围

项目经理:负责该项目工程整体施工工作。

项目总工:总体负责该项目施工工程技术工作,确保工程质量。

工程技术科:在项目经理、总工的领导下,负责该项目施工中的工程技术工作。保证按施工技术规范、施工程序进行施工;保证月、旬、日施工计划得到完成,保证施工质量。

材料科:负责该项目绿化工程材料选购、调运工作。确保各种材料质量。

质检科:在项目经理、总工的领导下,负责该项目施工中的质量工作,对施工班、组质检员直接领导,确保按施工技术规范进行施工,对发生的质量事故进行调查、上报、处理。

财务科：负责该项目工程的财务管理工作，在公司及业主财务部门领导下保证严格执行国家财务纪律和纪检纪律，保证施工资金到位。

机电安全科：负责该项目施工中的安全和机电工作，确保在施工中不发生一起安全责任事故。

4. 投入设备情况（表5-4-1）

投入设备情况 表5-4-1

序号	设备名称	设备类型和技术指标	数量	性能
1	洒水车	12t	2辆	良好
2	喷播机	2万㎡	1台	良好
3	旋耕机（租）	55马力	1台	良好
4	铲车（租）	50型	2台	良好
5	挖掘机（租）	200型	2台	良好
6	发电机	5.5kW	1台	良好
7	抽水泵	24	7台	良好
8	管理车辆	轿车	2	良好

三、质量管理情况

1. 质量控制措施

潢川县紫红花木草坪有限责任公司严格按技术规范操作，确保施工质量，并制订以下质量控制措施：

（1）项目经理部制订“以人为本”的方针，充分调动职工的积极性，发挥他们的主导作用，增强质量观和责任感，牢牢树立“质量第一，安全第一”的思想，认真负责地做好本职工作，以优秀的工作质量来创造优质的园林绿化工程质量。

（2）在工程施工过程中，严格控制投入材料的质量，对投入的苗木、草种、外墙漆等工程材料的订货、采购、检查、验收、取样、检验均进行全面控制，从组织货源到进行使用，做到层层把关；对施工过程中所采用的施工方案也进行充分论证，做到施工方法先进，技术合理，安全文明施工，以提高工程质量。

（3）因绿化工程质量的好坏与苗木的成活率有很大关系，绿化工程中投入的苗木材料是有生命的绿化植物，不同的绿化苗木具有不同的生长规律，栽植季节和栽植时间也各有差别。所以绿化四标遵循植物生长规律，掌握不同苗木的最佳栽植时间，确保苗木成活，提高工程质量。

（4）全面控制工程施工过程，并重点控制工序质量，对每一道工序质量都要求现场检验员严格检查，当上一道工序质量不符合要求时，决不允许进入下一道工序施工，使每一道工序质量都符合要求，以确保整个工程质量得到保证。

2. 工程质量自检情况及工程质量的处理情况

潢川县紫红花木草坪有限责任公司在施工自检过程中，对所有进场材料都进行了严格的自检，并在施工中对每道施工工序进行检验，未发现违反操作程序、操作规程事件，所有进场苗木质量规格均达到设计要求，在施工过成中未发生重大质量事故。在2006年11月2日开始的工程清理阶段，对苗木自检时发现有未成活苗木56株，绿化四标于2006年11月4日及时调来苗木进行更换。

3. 完工质量评价

潢川县紫红花木草坪有限责任公司在施工过程中，对工程质量采取以预防为主、防患于未然的措施，把质量问题消灭于萌芽状态，对影响质量因素的控制，对投入材料质量的控制，对每一个分项、分部工程质量的控制，基本都达到了预防控制工程质量不合格或工程质量事故的要求。现绿化四标所有工程施工已经结束，经过自检，所有施工项目达到设计要求。

四、施工进度控制

为了严格控制施工进度，按时、保质地完成工程施工，绿化四标项目经理部制订了以下工期保证措施：

(1)于2006年4月10日进场施工时制订了总体施工计划，对每个分部工程结合监理部的安排制订了详细的施工计划，严格按照计划施工，以保证按计划完工。

(2)项目部抽调公司技术骨干，组成多个施工队伍，项目部统一指挥协调各施工队伍，进行交叉施工，以保证按时完工。

(3)合理组织劳动力，在各施工区域配备强有力的施工队伍，达到平行施工的态势。对工作面较大、施工场地宽阔的施工点，通过增加劳动力，达到全方位施工以赢得进度。

(4)对工作面较小且难度又大的施工点，则合理增加弹性作业时间，加班加点，以保证施工计划落实。

(5)做好材料计划和资金计划，保证材料采购工作的有序进行，保证材料按期进场，保障采购资金的到位。

(6)责任明确到位，确保施工的各个环节都处于有效控制之中，以保证施工能顺利进行。

(7)对各施工作业队制订工期奖罚措施，运用经济手段，奖励先进，惩罚落后，保证工期，保证工程按期竣工。

五、施工安全与文明施工情况

为了确保绿化工程施工有秩序地顺利进行，潢川县紫红花木草坪有限责任公司组建了商周高速(周口段)绿化工程项目经理部，建全了安全保卫组织，制订了文明施工条例，做到了文明施工，保证了施工质量。

1. 施工安全情况

(1)绿化四标项目经理部制订"安全生产制度"与"安全生产应急处置预案"，并严格按照"安全生产制度"执行，严格遵守指挥部的安全规定，落实了安全第一的指导思想。

(2)绿化四标项目经理部建立、建全了安全保卫组织，以项目经理胡恩林为组长，项目总工为副组长，项目经理胡恩林为安全生产第一责任人，负责全面的安全施工作业工作。下设三个施工作业班组：一组为绿化组，负责人丁德龙；二组为施工机械组，负责人胡家忠；三组为施工用电组，负责人闫彬。三个作业组组长为各班组安全第一责任人。

(3)安全保卫组经常组织工人学习指挥部在高速公路施工中的安全规定，并购买了车辆施工安全标志。浇水车、运输车、工具车在高速公路施工中按规定停放。

(4)项目部在组织工程施工时，在保证技术方案可行的前提下，注意对安全措施的审核，保证施工生产中的人员安全，并在审核新技术、新施工方法时必须考虑安全上出现的新问题，制订了相应的安全操作规程，使之符合安全生产的要求。

2. 文明施工情况

项目经理部制订了文明施工条例，在与兄弟合同段交错施工中能互相尊重，互相照顾，并主动与兄弟合同段联系，互相配合进行施工，保证了工程的顺利进行。

六、环境保护措施与节约用地措施

1. 环境保护

环境保护是一项基本国策，是社会持续发展的一个永恒不变的主题。环境保护措施是保护公路沿线环境和改善公路沿线环境的重要组成部分。商周高速公路绿化四标在施工过程中严格控制对环境的破坏，对施工材料废弃物进行回收清理，以保证不破坏当地环境。项目经理部还组织员工学习环境保护知识，增强环境保护意识。

公路建设本身是我们创造出的人文景观，绿化在其中起到了点缀、美化的作用，其中边坡植草不仅有美化环境的作用，还起到了生物护坡作用，但种植单一草种时间稍长便会被当地野草吞噬殆尽，使环境效果与护坡功能大大降低。在指挥部与绿化施工单位的研究下，认清植物群落的自然演替规律，遵循“适地适树（草）”、“生物多样性”的原则，避免采用单一的草种进行绿化，配比了几种适应当地种植的草种进行种植，使边坡草种的护坡功能与环境效果保持时间更长久。

2. 节约用地措施

潢川县紫红花木草坪有限公司在施工过程中坚持用“最小的破坏，就是最大的保护”的环保理念进行设计施工，在对互通立交区进行地形整理时，有的区域缺土比较严重，需进行回填土。但商周高速公路（周口段）地处平原，回填土只能购买农民耕地，绿化四标根据指挥部尽量节约损坏耕地的指示，对各区域因地制宜，对互通立交区各区域进行地势测量，对地势高区域内的土转移至地势低的区域，作区域内调整，以节约用土。

七、施工中新技术、新材料、新工艺的应用情况

潢川县紫红花木草坪有限责任公司本着“绿色高速、科技高速、人文高速”的理念，认真落实国家交通运输部、省交通运输厅关于加强公路生态保护和绿化工作的有关精神，以改革和科技创新为动力，以创建精品工程为目标，因地制宜，科学规划，力创精品工程。

1. 新技术、新工艺

随着科学技术的发展，新技术及新工艺也在潜移默化地影响着公路景观绿化的发展趋势。潢川县紫红花木草坪有限责任公司在施工过程中根据指挥部的要求，在边坡植草中采用了最新的液力喷播植草技术，使草种能均匀覆盖在边坡上，并在喷播后覆盖五纺布，使植草的出芽率、覆盖率大幅度提高。

2. 新材料

商周高速公路（周口段）绿化四标为了保证边坡植草的出芽率，在边坡喷播过程中加入保湿剂，保湿剂是新型的有机高分子化合物，能有效地形成保水膜及含水层，大幅度提高了草种的出芽率。

八、对建设单位、设计单位、监理单位的评价

1. 对建设单位的评价

商周高速公路（周口段）以河南通衢高速公路有限公司（简称“通衢公司”）为建设单位，在通衢公司的带领下，潢川县紫红花木草坪有限公司深刻体会到，通衢公司具有拼搏实干精神，在抓进度的同时，对质量、安全都进行了严格的管控，使商周高速公路（周口段）按时保质地顺利完工。

2. 对设计单位的评价

商周高速公路（周口段）绿化四标在施工过程中，认识并学习到设计单位的专业精神，设计是绿化工作的前提和先导，设计单位在立交区、路基边坡、管理区、收费站的绿化和景观设计上，实现了乔、灌、草、花合理布局，景物相互配套、层次分明、内容丰富、景随路移、环境优美，是在科学规划基础上的高品位设计，并且在种植苗木的品种上做到因地制宜，使商周高速公路（周口段）修建为一条精品路线。

3. 对监理单位的评价

商周高速公路（周口段）绿化四标在河南省宏力工程咨询有限公司指导施工的过程中认识到，宏力监理公司是优秀的监理单位，在绿化工程施工中，监理人员在全部合同段驻地督查，从规划到施工，全过程坚持旁站。不合格的苗木不得进场，不标准的坑穴不得渗坑，不渗坑的坑穴不得栽植，使整个施工过程始终处于监理的有效控制之中。使绿化四标在监理公司带领下与驻地监理的指导下，顺利地完成了工程施工任务。

九、施工体会

潢川县紫红花木草坪有限责任公司在完成了商周高速公路（周口段）绿化四标的工程后，项目经理部组织了施工总结会议，并有以下几点施工体会：

（1）需加强提升所有员工理念，高速公路绿化工程不仅是一条高速公路的亮点，而且高速公路景观绿化也是公路环境保护的重要内容，是国土绿化的重要组成部分。

（2）在施工过程中需继续完善施工安全措施与文明施工措施，突出公司的安全、文明建设。

（3）在施工中应加强把好质量关，并在施工计划中突出“因地制宜、适地适树”的原则，进行科学规划，合理布局，争时抢速，高质量、高速地完成施工。

（4）在施工技术上提高科技含量，大力开展科技攻关，使用新技术，提高苗木成活率。

我们将认真贯彻这次会议精神，自加压力，再接再励，进一步加强公司制度的制订，强化工作措施，引进新的工艺。以坚实的努力和卓有成效的工作，切实把我公司绿化施工工作推上新台阶。

潢川县紫红花木草坪有限责任公司

2009 年 7 月 16 日

5. 商丘至周口高速公路周口段绿化工程SZZLH-05合同段施工总结报告

目　　录

商丘至周口高速公路周口段绿化工程 SZZLH-05 合同段施工总结报告

一、工程概况

河南省商丘至周口高速公路周口段绿化工程 SZZLH-05 合同段工程东起周口西互通区(桩号 K252 +500),西至杨湖互通区(桩号 K268 +750),全长 16.25km,全段地形较为平坦,周口西互通段为砂性土质,杨湖互通段为黏性土质。

本合同段工程施工合同工期为 165d,合同开工日期为 2006 年 5 月 25 日,竣工日期为 2006 年 11 月 10 日。

本合同段地跨杨湖枢纽互通式立交、周口西互通式立交,工程内容包括周口西互通立交景观绿化、杨湖互通式立交景观绿化、周口西收费站区景观绿化、主线景观绿化、桥梁涂饰等,按照合同要求,所有工程内容现已全部完成。

二、机构组成

潢川县绿宇园林绿化工程有限责任公司为商周高速公路周口段 SZZLH-05 合同段的承包人,为保证施工任务的顺利实施和按时完成,公司成立了相应的组织机构,派出了具有丰富施工经验、技术过硬的技术人员,组织了相关施工设备的进场。

1. 具体机构组成成员

项目经理:李辉(园林工程师);总工程师:周剑(园林工程师);财务经理:孟秀丽(会计师);水电工程师:王义海(工程师);质检工程师:陈学俊(农艺师);合同计划工程师:王强(园林工程师)。

2. 设备配置(表 5-5-1)

设 备 配 置　　表 5-5-1

序　号	设 备 名 称	规 格 型 号	数　量
1	洒水车	BSP093	2
2	挖掘机	斗容量 1.25m^3	2
3	铲车	斗容量 7m^3	1
4	旋耕耙	DL1150	2
5	抽水机	15kW	5
6	机动打药机	6.0W	2
7	液压喷播机	KT127	1
8	发电机	本田 5000	2
9	运输车辆	一汽佳宝	1
10	管理车辆		2
11	草坪修剪机	H1011HSA	6
12	电脑		2

三、质量管理情况

1. 质量控制措施

(1)组织有关职能部门及主要施工技术人员熟悉并会审图纸,接受设计交底,了解设计目的和业主需要,掌握工程特点和采用的新材料、新工艺。

(2)根据招标文件的规定和工程特点,结合企业技术水平、管理能力及机械设备、周转材料装备条件,按保证、方便施工进行统筹考虑,确定施工方案,编制施工组织设计。

(3)由项目总工程师进行一级技术交底,组织编写二级技术交底文件。

2. 施工过程中质量控制措施

(1)材料及设备的采购。

对进场材料、构配件、设备、苗木、种子、肥料严格按照要求检查并按规定进行复验,规格及形态应符合设计要求。

(2)施工班组的选择。

选择有经验、有技术、敢于吃苦攻坚的施工班组作为一线的施工队伍,及时对他们进行技术和安全交底,并组织足够的后备力量,特殊工种人员一律实行持证上岗。

(3)种植土符合要求。

(4)种植树穴、槽的挖掘符合要求。

(5)苗木修剪剪口平滑,枝条短剪时应留外芽,剪口应距留芽位置以上1cm。

(6)树木、草坪种植应符合《城市绿化工程施工及验收规范》(CJJ/T 82—99)的规定。

(7)实施“工程质量否决权”制度,对于不按国家规范、规程、施工方案施工的及有损于工程质量的做法,质量监督人员有停止施工的权利,对工程质量好、劣有进行奖励和处罚的权利。

(8)施工中严格执行自检、互检、专检制度,全部符合要求后方可进行下道工序的施工。

(9)认真做好施工记录、隐蔽验收记录,及时办理各种验收签证手续。定期检查工程质量,保证资料的收集整理及时、规范、标准。做到与工程进度同步,能真实地反映工程情况。

3. 病虫害防治

绿化植物在生长发育过程中,时常遭受各种病、虫危害,轻者造成生长不良,失去观赏价值,重者植株死亡,损失惨重。因此,有效地保护观赏植物,使其减轻或免遭各种病、虫危害,是园林绿化工作者的重要任务之一。

(1)绿化植物病害及其防治

绿化植物病害可按其性质分为传染性病害和非传染性病害两大类。在传染性病害中,绝大多数是由真菌引起的,其次是由病毒和细菌引起的,而由其他病原引起的病害占少数。这类病害主要是借风、雨、流水、昆虫、种苗、土壤、病株残体以及人类活动等传播。

绿化植物病害的发生是在一不定期的环境条件下受病原物的浸染造成的。病原物传染植物使其发病的过程称为病程,病程可分为接触期、侵入期、潜育期和发病期四个时期。病害发展到最后一个时期,病原物就可以进行繁殖、传播和扩大蔓延。

(2)绿化植物害虫防治

绿化植物在生长发育过程中,根、茎、叶、花、果实、种子,都可能遭受害虫的危害,害虫发生严重时会使种苗及观赏植物资源受到巨大损失。人们根据害虫食性及危害部位,将绿化植物害虫分为五大类,即苗圃害虫、食叶害虫、蛀杆害虫及种实害虫。常见的苗圃害虫有地老虎、济粮、金针虫、种蝇、接站等,它们栖居于土壤中。危害蛀杆虫有天牛、吉了虫类和象甲类,其中以天牛危害最重,它可在植株的本质部、韧皮部钻蛀取食,严重阻碍养分和水分的输导引进,植株生长衰弱，甚至成片死亡。种子、果实害虫多属螟蛾、卷蛾、象甲、花蝇、小蜂类。害虫以种子、果实为食，严重时可导致植株、种子颗粒无收，对种苗影响最大。

害虫对绿化植物园的危害是相当惊人的，必须引起足够的重视，努力做好害虫的防治工作。

4. 工程质量评价

截至报告期，我合同段在任务重、工期紧的情况下，施工任务已全部完成，在整个施工过程中本着人文、生态、环保的设计理念，抢工期、抢时间，在业主管理人员和监理单位的指挥和帮助下，优质地完成了工程任务，工程质量自我评定合格。

四、施工进度控制

(1)我合同段工程包括杨湖互通区、周口西互通区、收费站、沿线绿化及构筑物涂饰工程，为保证多工种有序按期完成，编制了整个工期进度计划和每周、每日施工计划。按期总结工程完成情况，对滞后情况制订出措施，下期及时整改，加班加点，不惜投入，保证在第二个计划期内赶上。

(2)本工程主要施工段在夏季，整个工程任务重、时间紧，加上土建、道路、排水、交安等多种工序交叉施工，为种植工作带来较大困难，为保证工程进度，首先安排好夏季施工。

夏季高温干旱较严重，影响苗木的存活，为确保苗木的存活，采取如下施工措施：

①及时浇水。晴天每隔 3 ~ 5d 浇一次水。

②植苗作业时间，原则以宜早宜晚为主，即从上午 5:00 ~ 10:00、下午 5:00 ~ 9:00 为作业时间，避免高温。

③必要时用透光率为 10% 黑色遮阳网遮盖，此措施能有效防止水分蒸发。

(3)由于本项目工程施工工期短，土建、道路、排水、交安等多工序交叉施工，在保证其他工序的情况下，交叉进行施工。我合同段把前期施工重点放在互通区大面积苗木种植上，在交安、排水等工序完成后突击沿路种植，既保证了施工又减少重复种植。

五、施工安全与文明施工情况

1. 施工安全措施

(1)现场用电由电工专人负责接线，电线用电设备按规定规范挂设，各种接电装置安全可靠，并有防雨措施，不乱挂乱接线。严禁非电工乱接线。

(2)各类机械设备由专人专管和操作，不用时切断电源开关。

(3)大暴雨后，先检查现场各项设施的安全后才能继续使用。

(4)施工现场设安全检查员一名，负责日常安全检查，发现隐患及时报告，建立现场施工员、班组长检查安全工作日志。

2. 文明施工措施

为了做好现场文明施工，减少对周围居民噪声和环境污染，使周围的居民得以安静地生活，特制订如下措施：

(1)施工阶段对出入车辆要求装货不宜过满，车轮泥土清理干净方可出工地，以免污染道路。合理安排生产，一般夜晚休息时间不安排有噪声的工作，保证居民的正常休息及工作。

(2)加强对施工人员文明施工的教育，严禁野蛮操作。周转工具、材料等应轻拿轻放，减少噪声。

(3)定期向周围居民进行施工影响情况调查，听取居民对工程施工的意见和合理化建议，及时整改。

六、环境保护措施与节约用地措施

本着工程施工不求奢华，追求生态环保的理念，在施工中注重保护施工环境及沿途环境。

(1)对施工人员进行环保教育，要求在生活、生产、行为等方面不做损害环境的事，多做对环境有益的事。

(2)深刻领会科学保护、生态环保、经济节约、以人为本的设计理念，严格按设计施工，创建生态环保、人文美观的商周高速。

七、施工中新技术、新材料、新工艺的应用情况

在施工中，为保证商周高速人文、环境景观，施工中采用先进的苗木栽植方法技术和材料。如种植时采用高效、无污染的复合肥料，苗木选用优质品种；在种植工艺上，采用三维网固土、无纺布保护覆盖技术等，提高苗木成活率和生长状况。现在我合同段绿化工程已呈现树木高低成景、草坪生机勃勃、一区一景、一池一春的景观现象。绿色商周、人文商周、环保商周已经呈现中原大地。

八、对建设单位、设计单位、监理单位的评价

河南通衢高速公路有限公司作为项目法人，组织机构严密，人员技术高超，廉政团结，是一支高素质、高效率、敬业爱岗、具有创造精神的团队。

作为本工程设计单位，在工程施工过程中，多次深入施工现场，根据现场自然条件和人文景观条件，对设计构思及设计进行大胆创新，用新颖美观的设计，实现了整个工程人文、环保、美观、经济的景观效果。

河南省宏力工程咨询有限公司作为本公司的监理单位，是用他们吃苦耐劳、认真负责的态度和高水平的施工经验、管理经验工作的。在施工现场，无论施工条件多恶劣，是正常施工还是加班加点，都有监理人员在场。而且，在施工中，他们能用自己的经验、技术帮助克服施工中的困难，无论是总监处代表，还是现场监理人员，在本工程的施工中都给予了很大帮助。

九、施工体会

我们在施工中，依据甲方“既要达到园林景观的效果，自然和谐，又要尽可能节约成本”的要求，在甲方的监督指导配合下，寻找两者的最佳结合点，尽量少用高价格苗木，以精致求效果，以精心达完美，通过七个月的施工，现已通过本公司的自评工程合格，申请商周高速(周口段)SZZLH-05 合同段景观与绿化工程竣工验收。

本工程按时竣工并达到设计景观效果，与甲方、设计方的指导与密切配合，与监理单位的管理支持是密不可分的，在此表示诚挚的感谢！

最后，敬请各位领导、专家对本合同段工程进行验收、指导，对工程还存在的不足之处，我公司在尽可能短的时间内，依据验收结果进行进一步的整改、完善。

潢川县绿宇园林绿化工程有限责任公司

2009 年 7 月 28 日

第六部分　机电、供配电照明

1. 商丘至周口高速公路周口段机电工程 SZZJD-01 合同段施工总结报告

目　　录

商丘至周口高速公路周口段机电工程 SZZJD-01合同段施工总结报告

一、工程概况

河南商丘至周口高速公路周口段起点位于太康县张集乡东南，与商周高速公路商丘段顺接，路线终点位于周口市西郊与漯界高速公路的交叉处。路线全长68.75km。起点为K200+000，终点为K268+750。全线互通立交6座，分别是四通镇互通、淮阳互通、刘庄互通、周口东互通、周口西互通、杨湖互通。沿线设四通镇、淮阳、周口北、周口西4个收费站，除在4个收费站设置通信设备外，在淮阳服务区设置一套通信设备。本机电工程监控收费通信分中心与扶项路分中心合设在一起。

本工程建设总工期为5个月，自2006年8月15日开工至2006年12月15日完工。

1. 监控系统工程简介

本路段扶项监控分中心（已有），负责本路段全线的监控管理。

监控系统由三个子系统构成：交通控制子系统、闭路电视监视子系统、指令电话子系统。这三个子系统都为独立的子系统，而且各系统之间也相互联系，避免由于某子系统出故障而影响其他子系统的运行。

本路由扶项监控分中心统一管理，监控分中心可实施本路段的交通管理，并对路段交通进行协调控制，可进行交通参数检测、异常情况处理、闭路电视监视、交通信息发布以及系统日常运行操作，对路段的交通数据及其他各种参数进行汇总、统计、打印，并向上级中心传输数据。本路监控分中心计算机与扶项分中心监控系统合用，外场数据通过通信计算机接入扶项分中心监控系统计算机系统。监控分中心设备主要包括计算机系统（与扶项监控系统合用）、闭路电视监视设备、控制台等。

外场设备：外场设备提供交通信息，执行控制命令，设备有9套微波车辆检测器、3套大型可变信息标志、7套小型可变信息标志、12套F型信息发布屏、1套气象检测器、9套遥控摄像机等。

数据传输：外场设备包括车辆检测器、大型可变信息标志、小型可变信息标志、信息发布屏、气象检测器，采用光端机加光缆的连接方式直接传输到附近通信站，通过通信系统提供相应的传输通道，传至监控分中心。

图像传输：外场彩色遥控摄像机图像传输采用视频级联传输方式。沿线9台遥控摄像机图像分别通过2芯光纤与级联视频光端机上传至监控分中心。即外场遥控摄像机处接入外场级联节点光端机，以刘庄枢纽互通为界，两边的级联节点光端机分别通过1芯光缆连至监控分中心，在监控分中心由级联总光端机将图像解出输入视频切换控制矩阵。

收费系统上传12路图像至监控分中心，其图像由收费系统负责传输。

2. 收费系统工程简介

本收费系统设计采用封闭式收费系统和半自动收费方式。收费方式为“人工判型，人工收费，计算机管理，收费视音频监视，检测器校核”的半自动方式，按照车型和行驶里程收取通行费，并对货车实施计重征收通行费，对超限运输加重收费；通行卡采用非接触 IC 卡，在系统中封闭运行，重复、循环使用。

本路段设有 4 座收费站：四通镇匝道收费站、淮阳匝道收费站、周口东匝道收费站、周口西匝道收费站。本项目不设分中心，由扶项路周口分中心统一管理。

本工程纳入河南省全省联网收费范围，我方承诺，在技术方案设计、设备选型时，充分考虑全省联网收费的统一要求，包括设备兼容、接口、数据格式、传输协议、编码原则等，确保符合全省联网收费的功能要求。

河南商丘至周口高速公路收费系统的管理体制分为三级：即河南省收费结算中心→扶项收费分中心→收费站。

本项目采用集中管理模式，收费分中心接收 4 个收费站的数据并及时传输至省收费中心，下发接收到的参数至收费站；收费站是最基本的收费管理单位，实时处理各类情况，并将数据直接通过网络上传至收费分中心；收费车道可以处理各类收费操作，实时将收费数据传输到收费站，并在收费网络中断的情况下独立工作。

收费系统由车道收费控制子系统、计算机子系统、视音频监视子系统、内部对讲子系统、安全报警子系统、收费附属设施（收费亭、传输介质、电源、设备保护系统、配电箱、控制台等）构成。其中内部对讲系统由收费系统提出功能要求，由通信系统负责实施。

3. 通信系统工程简介

本项目通信系统共有五个无人通信站：四通镇、淮阳服务区、淮阳站、周口北、周口东通信站。各个无人通信站的用户接入部分采用中兴的 ZXA10 接入设备。由 SDH 光传输系统、数字程控交换机、接入设备组成的通信系统提供公务电话 BT、指令电话 CT 业务、传真业务 FAX，为收费系统、监控系统提供通信通道，同时提供通信专网与公用电话网的互联。

光传输网采用同步数字制式（SDH），传输网信号由基本模块 STM-4 信号组成。干线光传输系统采用深圳中兴公司的 ZXMP S380 设备组成二纤自愈保护环。支线光传输系统采用深圳中兴公司 ZXSM600V2 型 SDH 传输设备，设备按跳站相接的方式组成环形网络或 1 + 1 链型网络。

本工程通信电源系统采用中兴通信内置式的 ZXDU45—30A 高频开关电源为各站 ONU 设备（含内置传输设备）、中继设备提供电源供应。同时为防止市电线路的中断，在通信站各配置 1 组 100Ah 的蓄电池组，作为备用电力供应。

本工程在中央分隔带已敷设好的 12 孔硅管中选取 4 孔，敷设通信光缆。

二、机构组成

商周高速公路周口段机电工程项目经理部组成人员发挥我公司专业技术和高级技术人才密集的优势，集中技术人才和技术经验，由曾承担实施公路机电工程的多个专业工程师、计算机网络工程师等组成。

项目部投入不同的专业工作组，具体工作分工及人数见表 6-1-1。

为满足本工程的施工需要，我公司组建了“亿阳信通股份有限公司商周高速机电标项目经理部”，承担本工程的全部施工任务，实行一级管理，现场指挥，以确保全面、规范地履行合同。

项目部设项目经理一名徐扬江，总工程师一名潘岳文，实行项目经理负责制。根据现场实际情况，将整个工程范围划分给三个施工队，统一由项目部负责管理。所有上场人员均具有丰富公路四大系统（通信、监控、收费、供配电）施工的经验，如期、优质地完成本项目的全部工作。

本项目主要投入的大型施工设备：2 辆工程指挥车、1 辆施工人员运输车、4 辆货物运输车，1 台空气压缩机、1 台吹缆机、1 台光缆熔接机、1 台 OTDR、1 台路面切割机、4 台汽油发电机。

另外投入了大量的电动工程及各种仪器仪表，充分地满足了施工需要。

机构组成表 表 6-1-1

名 称	工作内容	人 数
材料设备采购小组 负责人：何广静	负责设备、材料采购合同的签订，工程设备的运送、收发、管理等	2 人
供电与照明小组 负责人：李永生	负责本合同段各系统的供电与照明的相关工作，如电力敷设、设备安装等	1 人
监控系统小组 负责人：张兴国	承担监控设备的安装与调试及机房电缆敷设等。对讲、报警设备的安装与调试及电缆敷设	2 人
通信系统小组 负责人：徐阳江	进行通信系统的通信线缆的敷设、接续，通信设备的安装、连接和调试等	1 人
收费系统小组 负责人：裴华	进行收费系统各种线缆的敷设、接续，收费设备的安装、连接和调试等	2 人
土建工程小组 负责人：徐杨永	承担监控外场设备基础、接地等工作	1 人
系统联合调试组 负责人：潘岳文	承担监控、通信、收费三大系统的硬件设备和软件的安装、联合调试工作	3 人

三、质量管理情况

1. 管理机制

以公路机电工程施工规范及验收标准进行施工，每个单项工程都要经过项目经理部和项目经理逐级检查。对于认为造成的质量问题要一查到底，查出责任人为止。并且对进入施工现场的施工材料和设备，要严格检查和核对，发现不合格材料要严肃处理，无合格证和材料质检部门手续的，不准进入施工现场。

同时制订相应的奖罚制度，尽力避免质量事故的发生。

2. 质量保证措施

组织项目经理部全体人员对招标文件、技术规范、初步设计与施工图设计图纸进行学习，做好详细记录。

(1)如果工程有重大更改或变动，应取得业主方、设计方、监理方三方书面签证。

(2)邀请业主、设计单位对施工图纸进行交底。

(3)严格贯彻执行项目部技术交底制度，做到每个施工人员都能明确自己所做工作的质量要求和施工工艺。

(4)根据图纸会审的意见进行各项施工前的准备工作。

3. 采购设备管理

(1)首先要了解产品生产厂家的产品性能、质量证书、价格等，向厂家明确技术要求，按照设计文件要求的规格、数量办理订购设备。

（2）设备进入施工现场后进行严格的检查，如产品合格证、使用维修说明书等，同时进行必要的测试，对产品的外观、技术指标进行检测，发现变形、损坏立刻通知供货方来人处理，并及时补发设备。

（3）施工前对施工人员进行技术交底和技术培训。工程中使用的仪器仪表保持良好的工作状态，在施工过程中做到设备、电缆按系统编号，名称准确、清晰。

（4）开工前进行现场勘察，办好有关安全施工、环境保护等手续。

（5）质量检查采用施工小组自检，质检工程师复检（每日检查，隐蔽工程、重点部位重点检查）。

（6）把施工质量落实到各施工小组、个人，做到层层落实、层层分解。

（7）工程施工要一次达标，一次合格，加强对各因素的控制，设定重点工序、关键环节的管理点，实施工程施工的动态管理。

（8）工程质量管理和施工质量控制，必须做到事事有章可循、事事有人负责、事事有人监督，只有这样才能使质量管理体系有效地运行，工程质量才有所保证。

四、施工进度控制

本项目自2006年8月15日开始施工到2006年12月15日完工通车，已经全部完成本项目全部机电设备的安装。

2006年8月份，进行项目部建设，进行人员机械动员、工程前期准备。

2006年9月份，主要进行联合设计及设备采购。

2006年10月份，主要进行外场设备基础制作、光缆敷设、设备采购。

2006年11月份，电力缆敷设，光缆敷设与熔接，收费系统设备安装。

2006年12月份，收费系统设备安装与调试，通信系统设备安装与调试，外场监控设备安装与调试。机电系统开通。

从开工到试通车的4个多月里，在业主卓有成效的协调和大力支持下，在监理工程师严格的监督和正确的指导下，在集团领导的全力支持和项目部领导的英明领导下，在项目部全体人员的积极努力下，克服了工程紧、任务重、施工界面滞后严重、交叉多、天气恶劣等多种不利条件，克服了一个又一个的技术难题，排除了众多的不利因素的影响，努力拼搏、积极进取、迎难而上、团结一致、任劳任怨，顺利完成商周高速公路周口段机电工程的全部工程施工任务。累计完成基础制作50余处，完成光缆敷设160余公里，完成电力电缆敷设30多公里，完成8套外场摄像机、9套微波车检器、3套大型情报板、7套小型情报板、12套信息发布屏设备的安装；完成4个收费站及广场设备的安装，完成5个通信站的设备安装，同时完成监控收费通信分中心设备的安装。

五、施工安全与文明施工情况

根据标书要求，我公司中标后，严格执行招标文件所规定的施工工地的安全措施。

1. 安全生产要求

承包人采取各种措施，保证本工程安全生产。

我公司长期以来不但从形式上提出“安全第一”的思想要求，在理论和实践上也有一套解决“安全第一”的思想方法和实现“安全第一”的运作手段。

我公司自创业之初便狠抓安全工作，自成立以来，在各个行业领域的施工工作中从未出现安全事故。

随着交通行业市场竞争日趋激烈，一旦发生事故，不但整个行业都知道，而且还给客户留下极坏的印象，对公司来讲，可以说是一个沉重的打击。所以，对我公司而言，为了生存，为了发展，都自觉地重视安全，严格按安全管理的规章制度办事。

"安全第一、预防为主"的思想意识深入人心。

2. 安全生产的措施

（1）建立、健全公司安全生产责任制

我公司内部建立"安全生产责任制"，建立层层岗位责任制，将安全工作落到实处。采取安全生产与经济效益挂钩的奖惩措施。

严格遵守国家相关的法律法规；明确公司法人是安全生产的第一责任人；以落实安全生产责任制为核心；落实"五有"：层层有安全目标，人人有安全职责，事事有安全标准，处处有安全标志，时时有安全检查；牢牢抓住"四个环节"：管理人员是重要环节，特种作业人员是关键环节，班组长是基本环节，新进人员是薄弱环节。

（2）建立、健全项目经理部的安全生产责任制

认真贯彻落实我公司的安全生产责任制，严格遵守国家相关的法律法规。

项目经理为本项目安全生产的第一责任人，对工程安全生产和工程质量负全面责任。

项目经理部设立安保部和安全员，对安全生产进行时时检查和监督工作。

安全管理包括各种标志牌的设置、各种安全保证措施和公司内部自上而下的安全管理体系的建立。

我公司项目经理部最具特色的是每天早上的安全早会制，利用工作前的半个小时，在会议室里，由技术负责人在黑板上写下当天要施工的项目，然后逐项内容由施工人员回答，如：这项内容可能存在的危险因素，以及自己应采取的措施。通过这种日复一日的问答方式，什么施工有什么样的危险以及自己应采取的措施，施工人员已牢牢地记在心上。

3. 文明施工目标

为适应发展的需要，我项目不断提高建设管理水平，提高文明施工标准，改善施工环境，使工程施工和施工管理逐步走向科学化、规范化。推动我集团施工向深层次发展，不断提高经济效益。

由于高速公路机电工程涵盖专业多、跨度大，因此，文明施工管理措施的编制和实施依据是交通部、建设部、电力部、信息产业部、劳动部等部门颁布的各种"文明施工管理规定"。

4. 文明施工管理措施

（1）开工准备阶段

①建立文明施工管理和组织机构，职责落实到安保部，并要正常开展工作。

②建立文明施工的规章制度和基本措施，得到相应领导机构的批准，并付诸实施。

③在施工组织设计中明确文明施工的规划、组织体系、职责。施工总平面规划布置要考虑文明施工的需要，一经确定必须严格按照施工组织设计的要求执行。

④材料、设备等堆放合理，各种物资标识清楚，排放有序，并要求符合安全防火标准。

⑤施工道路畅通，照明配置得当，安全员上岗执勤。

（2）施工阶段

①负责施工的各级领导，要把文明施工与安全施工放在同等重要的位置上来抓，认真贯穿于施工全过程，外包施工队伍的文明施工工作要纳入发包单位的文明施工管理范围。

②施工道路应保持畅通，设置明显的路标，不应在路边堆放设备、材料等物品，因工程需要切断道路前，必须经总承建单位施工主管部门批准，并采取相应措施后实施，以保证正常交通。

尤其要保证消防通道畅通无阻。

③工程项目的工序安排应合理,衔接紧密,各工程配合得当,做到均衡施工。

④安装工程应采取措施,尽量减少立体交叉作业。如必须进行立体交叉作业时应采取相应的隔离和防止高空落物、坠落的措施。

⑤严格把好设备运输、检查、存放、起吊、安装各道工序关。避免发生损坏、腐蚀及落入杂物等问题。

⑥施工作业区要配置足够的照明设施,并根据工程需要及时调整。配备维护人员保持正常使用。

⑦施工区范围内的沟道、地面无垃圾,每个作业面都做到“工完料尽场地清”。剩余材料要堆放整齐、可靠,废料及时清理干净。

⑧制订出切实可行的职工教育、培训计划,严格执行。不断提高职工队伍的素质。

(3)完工、调试阶段

①调试组织机构健全,各级机构的职责明确,人员配备齐全,并能开展正常工作。

②试运行大纲通过审查,各项试运行措施编制完毕,得到批准。试运行措施要对文明施工工作提出具体要求,并在启动调试过程中认真执行。

③设备、管道表面清洁,各系统分部试运行合格。各种设备全部挂牌、标识清楚。

④参加调试人员着装要符合要求,各类人员分别佩戴相应标志,各自坚守工作岗位。

⑤施工图纸、安装措施、施工记录、验收材料等各类资料齐全,技术资料归类明确,目录查阅方便,保管妥善,字迹工整。

⑥环境保护机构健全,环保工具完好,能正常开展工作。

六、环境保护措施与节约用地措施

(1)本项目严格按照合同约定、环境影响评估报告中的要求进行施工,未对环境保护和节约用地产生任何的影响。

(2)对保护环境方面的措施主要表现在:不使用对环境具有污染的材料和设备、不损坏绿地、不污染道路、不随意丢弃废弃物。本项目的施工也是严格按照这些要求来做的,因此,也未对环境产生任何影响。

(3)本项目不涉及占地的问题。

七、施工中新技术、新材料、新工艺的应用情况

在以往的项目中,从收费岛到收费站内的信号传输一般都采用电话缆传输的方式,而本项目采用了光缆传输的方式,通过光端机把信号通过光缆传输到收费站内,通过1年半的使用情况来看,这种方式还是具有非常显著的优点的。光传输可以避免电磁干扰、防雷击,同时传输的图像清晰,不会因为干扰而导致图像扭曲、变形、出现雪花点等情况。

八、对建设单位、设计单位、监理单位的评价

1. 对建设单位的评价

建设单位能够对施工进行有效的宏观管理,及时制订施工管理办法和作业指导书,并严格检查执行情况,定期组织召开生产例会,下达合理的施工计划,及时对施工管理进行部署,利用现场办公等方式进行施工管理监督,针对施工中的新情况组织进行设计变更,坚持以现场管理为重点,以规范施工为手段,优质、高效、安全、低耗地完成施工任务。

通过建设单位的卓有成效的协调,施工界面制约机电施工的情况在工程后期得到很好地解决,为机电工程的顺利完成奠定了基础。

2. 对设计单位的评价

设计单位具有很高的设计水平和技术力量，通过对设计图纸进行会审和在施工中执行设计情况，我们认为设计科学合理、设计意图清晰，本项目设计较好地利用了新技术、新材料和新工艺，并且能够针对施工中的实际问题，设计单位派专职设计代表及时进行变更设计。

3. 对监理单位的评价

监理人员具有很高素质，业务水平能够适应施工管理要求，监理人员的质量管理意识强，很好地履行了监理工程师的权利和义务。在进度、质量、造价、合同等方面对施工单位做到了有效的管理，在监理中能做到廉洁自律，严格进行监理，以数据为凭、坚持实事求是。

在监理工程师的严格要求和专业指导下，工程进展顺利，工程质量满足标书要求。

九、施工体会

通过本工程的施工，我单位积累了丰富的施工经验，虽然面临了许多新问题，但在建设单位、设计单位和监理单位等各方的共同努力下，出色地完成了施工任务，也积累了宝贵的施工经验。

施工前应制订科学的施工方案和周密的施工计划，在施工过程中，正确处理质量、进度和成本的关系，抓好生产要素的配备，坚持以现场管理为重点，把好材料关；以质量管理为中心，全面推进施工综合管理水平，为确保实现优质工程做出有利保证。

在本项目施工中，感受最深的是，业主和监理在前期进展严重滞后、工程界面极其不完善的情况下，做了大量的协调工作，为工程顺利完工奠定了坚实的基础。

总之，几个月来，在河南通衢高速公路有限公司领导的关怀下，在北京泰克华诚工程监理有限公司的各位监理老师的帮助下，在我公司领导的关心支持下，在我公司各部门全力配合下，我项目部全体同仁牢记“建一个工程，树一座丰碑”的信念，克服工期紧张、气候不适宜、外部环境相对不完善等艰苦条件，用辛勤的汗水换来了丰硕的成果，终于顺利完成全部工作！在此再次感谢指挥部各位领导与各位监理工程师！

亿阳信通股份有限公司

2009 年 5 月 15 日

2. 商丘至周口高速公路周口段供配电照明工程 SZZDM-01 合同段施工总结报告

目　录

商丘至周口高速公路周口段供配电照明工程 SZZDM-01 合同段施工总结报告

一、工程概况

商周高速公路是河南省高速公路网重点建设项目之一。商周高速公路周口段工程东起太康县张集乡东南,西至商水县杨湖村与漯界高速公路交汇处。我单位承建的 SZZDM-01 合同段供配电照明工程,从 2006 年 8 月 20 日开工,2006 年 12 月 5 日全部完工,历时 117d。

工程内容:电缆敷设、配电设备安装调试、高杆灯和广场灯安装调试。共完成安装 80kVA 的箱式变电站 1 座、柴油发电机组 3 台、高压配电柜 6 台、低压配电柜 17 台、干式变压器 3 台、30m 高杆灯 11 基、12m 广场灯 24 基、敷设各类电力电缆 12 000 多米。

二、机构组成

1. 主要管理人员

项目经理:余少华;技术负责人:李光;现场负责人:罗业亮;质检工程师:罗强;施工员:崔西同、吴金明;资料员:闵超。

2. 设备投入情况(表 6-2-1)

设 备 投 入 情 况　　表 6-2-1

序　　号	设 备 名 称	型　　号	数　　量	备　　注
1	挖掘机	JH70—8	1	
2	路灯检修升降车	9m	1	
3	混凝土搅拌罐车	$7m^3$	1	
4	打夯机		1	
5	切割机	3kW	1	
6	耐压机		2	
7	起重机	20t	1	
8	母线平弯机		2	
9	振动棒	ZN50	2	
10	接地电阻测试仪	ZC—8	2	
11	升流器		2	
12	兆欧表		3	

3. 管理机构设置

在公司领导下,组建专业项目经理部。项目部的机构设置为两级管理机构,即项目管理层与项目施工作业层,我公司派管理能力强、有丰富现场施工经验的干部担任项目经理和副经理。派具有丰富经验、技术水平高、工作能力强的工程师、技术员担任技术负责人并参加质量保证体系,确保工程质量。

三、质量管理情况

把质量作为企业生命,树立质量第一的意识。

1. 质量控制措施

(1)高杆灯、广场灯设备是照明工程的形象工程,路灯基础又是关键工程,基础施工我们选用土建专业施工队伍,并由土建工程师负责技术。基础所用混凝土全部采用商品混凝土。对钢筋的原材料、钢筋加工及安装、基础混凝土的浇筑每一道工序均严把质量关,每道工序的施工均由监理工程师验收合格后进行,保证了工程的质量和工程进度。

(2)在设备、材料的进场选购上,严格按合同要求进行,每一批进场材料都履行材料报验手续,未经监理工程师许可的材料决不进场。

(3)按合同要求,我们对隐蔽工程、施工工序和关键工程的施工工艺进行了拍照建档。积极配合监理工程师做好内业资料的提交和上报。在监理工程师的帮助下,认真做好测试表格的提交。

(4)为了工程的顺利进行,我们加强后勤保障工作,保证工程的设备、材料的供应。在生活上,保证施工人员吃好、休息好,以保证旺盛的战斗力。

(5)按规范要求,认真审核施工图,严格按图施工。

(6)对每一批设备的材料进场,实行自检、自测制度,对每一个灯具和光源,安装前进行了试亮工作,力争安装好的灯杆点亮率 100% 。

(7)施工前,要求施工人员熟悉施工图,进行技术交底工作,每道工序严格按技术规范要求进行,发现问题,及时解决。

(8)按合同要求,进行了工程报验、建材的复试送检工作。

(9)所有电缆、电线、灯具的接头,要求专业人员进行操作,操作时严格按规范进行,确保了工程质量。

(10)隐蔽工程都要请监理工程师检验认可后,才进行覆盖、隐蔽。

(11)高杆灯、广场灯基础开挖、基础配筋、混凝土浇筑严格按设计图纸和试验单位提供数据进行,确保了工程质量。

(12)每一根路灯、灯杆的垂直度都进行了认真校对,保证在规范要求之内。

(13)电缆沟槽开挖,按规范要求深度开挖,直埋电缆按要求进行 10cm 细砂或细土进行垫底,电缆上部进行 10cm 细砂或细土保护后盖砖,或穿镀锌钢管保护,然后回填夯实。

(14)按合同要求,认真对各配电设备的功能进行了调试工作,对灯具的安装工艺进行认真检查,保证了工程质量。

2. 质量自检情况及工程质量问题的处理情况

我单位在工程施工过程中,严格按照《建筑电气施工质量及验收规范》(GB 50303—2002)的要求,科学组织、精心文明施工,进场的原材料及电气设备均符合合同协议书及招标文件技术规范要求,并在监理工程师检验认可的基础上用于本工程。

每一分部工程的一个验收批施工完成后,由劳务作业队伍的班组长、施工员、兼职质检员进行验收,经验收合格后,再由项目施工员、技术员、专职质检员进行质量检查并组织评定,经项目验收人员验收合格后,再早报监理和业主进行该验收批验收,经监理和业主验收合格的工序方能进入下一工序的施工。

在施工过程中,业主和监理多次进行检查,并对工程施工中存在的问题提出了很多宝贵意见和建议,我项目部对提出的意见和建议进行了认真领会,分析问题出现的原因,制订了相应的整改措施,并逐条逐项落实责任人,认真进行整改,经整改,大部分问题得到了解决,个别不能根治的亦得到较大改进。

通过对我合同段各分项、分部工程的评定汇总,四通收费站供配电设备安装98分;淮阳收费站供配电设备安装97.5分;刘庄互通立交供配电设备安装97分。合同段工程质量自检评定得分97.5分,合同段工程质量等级为合格。

四、施工进度控制

按工地例会要求和施工现场实际情况,及时制订施工进度计划和施工进度报告、派工单,确保工期按期完工。

由于本工程工期紧、任务重,工地上老百姓的干扰很大,施工道路经常堵塞,交叉施工现象较为严重,严重制约工程进度。我们和监理工程师一起,采取积极的态度,不等、不靠,主动出击,根据施工现场的实际情况,认真研究施工方案,上报请示业主,在得到业主、设计单位和监理工程师的认可下,积极将工程向前推进。保证了12月3日高杆灯、广场灯的全部点亮。树立了企业的良好形象。

五、施工安全与文明施工情况

1.安全保证体系

安全保证体系由组织保证、工作保证、制度保证组成。

(1)组织保证

为实现安全目标、强化安全管理,特成立以项目负责人、现场负责人、技术负责人、安全工程师为主要成员的安全生产委员会,下设安全检查室。安检室配备安全检查工程师,施工队设立专职安全员,工班设立兼职安全员,形成自上而下的安全生产监督、保障体系,对施工生产过程实施安全监控。经理部负责安全设计,对班组负责实施。建立各级领导层层负责、包落实、群体安全的总体格局,为实现安全生产提供有力的组织保证。

(2)工作保证

夯实基础工作。树立"安全第一、预防为主"的思想,抓好安全教育,开展行之有效的预测预防活动,力争将事故隐患消灭于萌芽状态。加强职工岗前培训,实行持证上岗,提高全员的安全意识。

确定防范重点。将行车交通事故列为防范重点。针对具体情况,制订详细的安全技术措施或操作规程,并一一落实到各项工作中,以强有力的工作确保安全目标的实现。

(3)制度保证

为保证各项安全技术措施的落实,确保安全生产万无一失,制订了十二项安全生产制度,对施工生产过程进行安全督导。以制度规范每一个职工的行为,并逐渐转变成为一种自觉的行为,真正实现安全生产。

2.文明施工管理

(1)合理布置施工阶段,施工材料堆放要统筹安排。

(2)对材料堆放场地及场区施工道路进行硬化。

(3)不同规格与类型的材料应分开堆放,不得混杂。且应设置明显的标识。

(4)健全各种规章制度,设置宣传栏,使各种规范要求人人知晓。

(5)施工现场中的建筑品及生活垃圾及时清运。

六、环境保护措施与节约用地措施

(1)严格遵守国家和地方政府的环境保护法规,采取必要措施,保护工地周围的环境,尽量减少破坏工程范围以外的植被、砂土。

(2)除图纸规定或监理工程师反映批示外,不得破坏和拆除任何构造物及设施,不得随意清除植被和树木。

(3)工程用混凝土,采用搅拌机在料场内集中拌和,防止污染路面。

(4)认真做好施工机械的管理工作,防止油料溢漏后污染环境。

(5)工区和生活的废物及时处理,运到监理工程师或当地环保部门同意的指定地点弃置,污水要妥善处理,以免影响环境卫生和污染水源。

(6)完工后,按要求及时拆除所有工地围蔽和其他临时设施,及时将工地及周围环境清理整洁,做到工完、料清、场地净。

(7)运送材料及土方、建筑垃圾等的车辆,应采取有效措施,保证不污染道路和环境。

(8)在工程施工过程中,要尽量减少噪声、废气、废水及尘埃等的污染,以保障人民的健康,运转中尘埃过大时要及时洒水。遵守国家有关环境保护的法律规定。

主线征地已经完成,我们按照业主要求在征地范围内规范施工。

七、施工中新技术、新材料、新工艺的应用情况

本工程未采用新技术、新材料、新工艺。

八、对建设单位、设计单位、监理单位的评价

1. 对建设单位的评价

建设单位能够对施工进行有效的宏观管理,及时制订施工管理和作业指导书,并严格检查执行情况,定期组织召开生产例会,下达合理的施工计划,及时对施工管理进行部署,利用现场办公的方式进行施工管理监督,针对施工中的新情况组织进行设计变更,坚持以现场管理为重点,以规范施工为手段,优质、高效、安全地完成施工任务。

2. 对设计单位的评价

设计单位具有很高的设计水平和技术力量,通过对设计图纸进行会审和施工中执行设计情况,我们认为设计科学合理、设计意图清晰,并且能够针对施工中的实际问题,设计单位派专职设计代表及时进行变更设计。

3. 对监理单位的评价

监理人员都具有很高素质,业务水平能够适应施工管理要求,监理人员的质量管理意识强,很好地履行了监理工程师的权利和义务。在进度、质量、造价、合同等方面对施工单位做到了有效的管理,在监理中能够做到廉洁自律、严格监理、以数据为凭,坚持实事求是。

在监理工程师的严格要求和专业指导下,工程进展顺利,工程质量满足标书要求。

九、施工体会

由于本次工程时间紧、任务重,我单位全体员工加班加点,克服重重困难,齐心协力、团结一致,在业主及监理工程师规定的时间内,提前完成了工程,得到了业主及监理代表处的一致好评,并得到业主的奖励。当然,这一切成绩的取得,与业主及监理工程师的正确指导和精心监督是分不开的,在此衷心感谢一直给予我们帮助的业主及监理代表处的工程师们。

对于以上工作,我们还存在许多不足,希望各位领导及同行们多提宝贵意见,我们一定加以改正。对于工程中存在一些不足和不够完美的地方,我们正在努力进行整改,力争达到优良标准,为商丘至周口高速公路交上一份满意的答卷。

淄博海德实业有限公司

2006 年 12 月 15 日

3. 商丘至周口高速公路周口段供配电照明工程 SZZDM-02 合同段施工总结报告

目　　录

商丘至周口高速公路周口段供配电照明工程 SZZDM-02 合同段施工总结报告

我单位承担的商丘至周口高速公路(周口段)SZZDM-02 合同段供配电照明工程,前期工程从 2006 年 8 月 20 日开工,2006 年 12 月 5 日全部完工,主要负责周口东收费站及互通立交、周口西收费站及互通立交、杨湖互通立交的供配电照明工程。其中,在周口东收费站及互通立交安装完成 150kW 柴油发电机组 1 台、500kVA 干式变压器 1 台、高压成套配电柜 2 台、低压开关柜 6 台、配电箱 1 台、12m 中杆灯 8 基、30m 高杆灯 2 基;在周口西收费站及互通安装完成 120kW 柴油发电机组 1 台、250kVA 干式变压器 1 台、高压成套配电柜 2 台、低压开关柜 6 台、配电箱 1 台、12m 中杆灯 8 基、30m 高杆灯 3 基;在杨湖枢纽互通立交安装完成 80kVA 组合型成套箱式变电站 1 台、30m 高杆灯 4 套,并敷设了场区低压电缆及电缆保护管等。SZZDM-02 项目经理部针对本工程质量要求高、点多面广、工期紧等特点,科学合理地组织施工,顺利地按照合同完成了施工任务。三个多月的实践证明,在河南通衢高速公路有限公司的正确领导下,在总监办的认真指导下,通过各方有利协调,我们克服多重困难使得工程进度、质量、设备安全性能均达到了预期的目标。现就我方工作内容、施工过程中的经验与教训及工作感受作如下总结。

一、工程概况

1. 概述

建设项目及工程名称:商丘至周口高速公路周口段供配电照明工程。

建设单位:河南通衢高速公路有限公司。

施工单位:淄博海德实业有限公司供配电照明二标。

监理单位:北京泰克华诚技术信息咨询有限公司。

SZZDM-02 合同段于 2006 年 8 月 20 日开工,于 2006 年 12 月 5 日完成本合同段工程。

2. 主要工程内容

该工程包括基础施工、照明设备安装调试、场区管线敷设等工程。

二、机构组成

根据本工程的特点,我单位组建以康学成为项目经理、王铁柱为项目总工程师的项目经理部,项目部实行项目经理负责制,负责履行本工程合同的生产指挥、施工管理及协调联络工作。

项目部下设土建施工队、电气施工队、设备材料采购部、安全生产科等,配备了施工所需机械设备及检测仪器仪表。强有力的组织机构以及配备的合理设备保证了工程的顺利进行。

1. 主要管理人员(表 6-3-1)

主要管理人员　　表 6-3-1

编号	姓名	职务	职称	备注
1	康学成	项目经理	工程师	
2	李建华	项目总工	工程师	
3	王铁柱	质量员	工程师	

续上表

编　号	姓　名	职　务	职　称	备　注
4	王伟	资料员	技术员	
5	王金生	施工员	技术员	
6	陈建伟	安全员	技术员	

2. 设备投入情况(表6-3-2)

设备投入情况　表6-3-2

序　号	设备名称	规格型号	数量	进场日期	技术状况	备　注
1	挖掘机	JH70—8	1	2006.8	良好	
2	路灯检修升降车	9m	1	2006.11	良好	
3	混凝土搅拌罐车	$7m^3$	1	2006.9	良好	
4	打夯机		1	2006.9	良好	
5	切割机	3kW	2	2006.9	良好	
6	耐压机		2	2006.9	良好	
7	起重机	20t	1	2006.10	良好	
8	母线平弯机		1	2006.9	良好	
9	振动棒	ZN50	2	2006.9	良好	
10	接地电阻测试仪	ZC—8	2	2006.10	良好	
11	升流器		3	2006.10	良好	
12	兆欧表		3	2006.10	良好	

三、质量管理情况

首先,我们狠抓落实健全质量保证体系的工作,建立了以项目经理为组长,项目总工程师为副组长,项目部和业务部门负责人为组员的创优小组,主持和组织项目创优活动。形成总工程师质量总负责、质量检验工程师专职监察的内部质量监督和业主的质量监理控制相统一的组织保证机构,实行各单项工程和施工工序、工艺负责人和工程管理负责人质量责任制,使创优落实到人头和各项具体工作中,做到上道工序不优、下道工序不开工,分兵把关,层层负责。实行质量否决制,确保工序质量优良。

其次,运用TQC方法,切实抓好施工全过程质量控制。开工前即组织技术人员、施工员等有关的管理人员熟悉设计标准和相关施工规范,并进行经常性的全员质量教育,提高员工整体质量意识。在实施过程中制订施工细节和质量的检查与控制办法,确保工程一次合格,一次创优。同时加强因素控制,确定各特殊工序、关键环节的管理重点,实施工程施工的动态管理。

再次,我项目部成立以项目经理负责的创优领导小组和以项目总工程师负专责的技术管理体系,严格地制订了工期保证措施、质量保证措施、安全文明施工措施、环保措施、合理化建议及降低成本措施等一系列的工程保障措施,并取得了满意的效果。我们的经验是:

目标明确、组织完善是施工质量保证的基本措施。故此我公司建立了三级质量管理网络,各工序、施工工艺均有质量控制措施,实施标准化作业。

(1)建立质量"三检制"(自检、互检、专检)、隐蔽工程检查签证制、分项工程质量评定制、质量事故报告处理制等行之有效的质量管理制度,在具体实施过程中做到认真落实、相互监督、善始善终。

(2)施工全过程严把"三关"。一是严把图纸关,首先对图纸进行认真复核,彻底了解设计意图,并对施工难点进行重点解决;其次严格按图纸和验收标准要求组织实施,并层层组织技术交底。二是严把测量关,对各测点采取坐标与相对几何尺寸双向控制,并建立高程控制网,坚持测量复核制。三是严把试验关,对每批钢材、水泥、砂、石等材料,认真进行质量鉴定,精心选择配合比。无合格证及试验不符合要求者,坚决不予使用。

我单位按照《公路工程质量检验评定标准(土建工程)(JTG F80/1—2004)及相关规定的要求对工程质量进行了自检评定,在对每个单位工程、分部工程进行检查评定后,自检评定工程质量等级为合格。

四、施工进度控制

根据项目部要求,制订具体的进度控制措施如下。

1. 确保工期的计划安排

(1)项目部采取倒排施工计划法安排施工生产,根据业主、监理要求及各工序施工周期,形成各部分项工程在时间、空间上的充分利用与紧凑搭接。加强全体施工人员的紧迫感和责任心,确保各控制点目标按期实现。

(2)发挥计划管理的作用,采用施工进度总计划与月计划相结合的施工进度计划的控制与管理,并利用计算机技术进行动态管理。在施工生产中抓主导工序,找关键矛盾,认真组织好交叉作业。安排施工网络节点控制,通过控制点工期目标的实现来确保总工期控制进度计划的实现。

2. 建立生产例会制度

建立生产例会制度,每星期至少召开一次工程例会,每天夜晚项目部人员开一天总结会,检查计划执行情况,布置安排工作。对于拖进度计划要求的工作内容,找出原因,并及时采取有效措施保证计划完成。

3. 加强设备和材料的管理工作

加强设备和材料的管理工作,材料设备按计划采购,保证及时供应;机械设备要严格执行维修保养制度,保证机械性能良好,运转正常。

4. 施工阶段紧张有序、安排合理

由于后序合同段单位较多,交叉施工频繁,无疑增加了施工难度。为此,我们付出了艰辛的汗水。我们的经验是:一方面,在尽量不影响土建、机电和绿化施工的同时,争分夺秒地预埋电缆护套管并及时做好防护措施;另一方面,积极与监理沟通并取得甲方的大力支持与协助,提前与其他合同段施工方取得联系并达成一致意见,合理地安排交叉施工。通过上述各种措施,我们确保了整体工期的实现。

五、施工安全与文明施工情况

1. 施工安全情况

建立安全保证体系,建立和健全安全生产责任制,各级领导及项目部施工技术人员要确定自己的安全责任目标,健全安全保证体系,实行项目经理负责制。

(1)现场安全管理规章制度

①安全生产方针:安全第一,预防为主。

②安全生产的原则:

“管生产必须管安全,谁主管谁负责的原则”。

“生产必须安全,不安全不生产的原则”。

“发生事故,四不放过原则”。

(2)抓好安全生产教育

①在安全教育方面以正面经验介绍为主,对新工人要履行三级教育和职工全员教育,建立三级教育卡片,考核合格后才准上岗。转岗要进行转岗教育,加强民工经常性安全教育,不断提高职工的自我保护能力。

②在培训工作中,以特殊工种培训为主,坚持先培训、后持证上岗的原则,没有上岗证,不允许从事本岗位工作。

③做好安全技术措施交底。下达任务单时,必须写出安全注意事项,做到口头与书面相结合。

(3)加强安全检查

①加强安全检查是贯彻执行安全标准的重要环节。项目部坚持每周一次检查,内容包括:施工员、班组长、安全员、值班员日检查,法定节假日前检查以及施工用电、临时设施等专业检查等。

②整改反馈,检查出来的问题,要下达检查整改通知书,认真整改,做到"三落实"。专业项目由专业人员和施工管理人员及主管领导批准使用,各项整改情况要及时复查,对重大隐患应当立即处理,直至采取措施。

(4)安全防护措施

在线路对接设备安装施工时,严格按照电工安全操作规程进行,杜绝意外事故发生;在高杆灯基础施工时,及时对工程施工作业面、施工通道及人员活动的场所进行安全防护;在高杆灯安装时,实行统一指挥,专人负责,确保安全,万无一失。

2. 文明施工措施

(1)加强职工文明教育,重视施工队伍的全面建设,充分发挥党、政、工、团组织的作用,切实做好施工队伍的思想政治工作,使队伍团结稳定、作风过硬、个人素质不断提高,建设文明施工队伍。

(2)提高全员职业道德和文明施工意识。注重施工队伍精神风貌,举止文明,礼貌待人。

(3)强化标准化管理,严格进行日常行政管理工作,以施工生产为中心,确保优质、安全、快速、低耗地完成合同工程。

(4)施工驻地布局合理,环境清洁卫生。确保附近居民不受油烟、灰粉、砂尘、污水、机械噪声等的污染和损害。

(5)加强物资现场管理,各种物资堆放整齐、有序,标识清楚,防护措施得力。

(6)加强设备管理。每台设备实行定人员、包使用和包养修的措施。克服重用轻管、拼凑设备和蛮干现象。

(7)尊重建设、设计、监理单位的意见,认真领会建设单位关于工程管理的意图和精神。

(8)严格按设计和施工技术规范的要求,挂牌施工,开展树样板、创优质工程活动。

(9)尊重驻地老百姓的民风民俗,搞好与当地政府和民众的关系。

(10)正确处理施工中的协调与配合,密切与兄弟施工单位的关系,做到互谅互让,以礼待人。

在整个施工期间,没有发生一起安全事故,真正做到了安全文明施工。

六、环境保护措施与节约用地措施

结合工地实际情况制订切合实际的环保方案,在施工过程中注意扬尘、噪声对服务区的正常经营的影响。

七、施工中新技术、新材料、新工艺的应用情况

在施工中，我们注重采用先进的施工技术和管理方法，利用新材料，引进新工艺，提高人员素质和设备安装水平，来保证工期实现和工程质量达标。

八、对建设单位、设计单位、监理单位的评价

1. 对建设单位的评价

建设单位抽调专业人员深入我方施工工地进行现场指导，对发现的问题能及时提出并要求我们予以改正，切实做到不留有一个盲点、不埋下一丝隐患。与此同时，当工程遇到交叉作业时，能够亲临现场予以协调，从而保障了工程的如期进行。在生活上，也给予了很多考虑，从根本上杜绝了工人带病、带情绪施工的现象，有效地防止了安全事故的发生。

2. 对设计单位的评价

设计单位设计科学合理、设计意图清晰，设计较好地利用新技术、新材料和新工艺，并且能够针对施工中的实际问题及时进行变更设计。

3. 对监理单位的评价

工程监理工程师能够坚持巡视施工现场不脱岗，及时总结施工中出现的问题，同时召开会议研究解决方案，并发出监理通知，监督我方进行整改，时刻确保工程质量。对于施工过程中遇到的技术难题，监理工程师也能给予极大的技术支持，并要求我们及时申报相关资料，从而保证了工程的有序进行。

九、施工体会

在业主和监理办公室的正确领导和大力协调下，我项目部全体人员在施工过程中，从施工准备阶段开始，到工程施工与组织管理及交工验收阶段都是兢兢业业地按照业主和监理的程序、国家和有关部门的统一标准要求进行工作的。其间，我们又学习到不少先进的管理经验，也发现了自身的不足与缺陷。这对我们今后的工程施工是极其珍贵的一笔财富，在这里也感谢业主为我们提供了这样一个锻炼和提高的机会。

淄博海德实业有限公司

2006 年 12 月 9 日

第七部分　房　　建

1. 商丘至周口高速公路周口段房建工程 SZZFJ-01 合同段施工总结报告

目　　录

商丘至周口高速公路周口段房建工程 SZZFJ-01 合同段施工总结报告

一、工程概况

本工程为河南省商丘至周口高速公路周口段二期四通镇收费站工程。由中国公路咨询公司勘察、设计,河南新恒丰建设监理有限公司监理,林州市建筑工程九公司施工,河南通衢高速公路有限公司承建。

本工程建筑面积 1 324m^2,基础形式采用独立基础、带状基础等,设计使用年限 50 年,耐火级别为一级,抗震烈度为 7 度。合同开工日期为 2006 年 4 月 20 日,合同竣工日期为 2006 年 12 月 11 日,合同的主要内容为收费站所有的房建工程及室外院区附属建筑。工程具体情况见表 7-1-1、表 7-1-2。

建筑或构筑物面积 表 7-1-1

	建筑物名称	建筑面积(m^2)	层数	总用地面积(m^2)	总建筑面积(m^2)	道路广场面积(m^2)	绿化面积(m^2)
四通镇收费站	综合楼、食堂	1 107.6	2	3 806	1 347	844	870
	泵房	40.27	1				
	配电房	102.38	1				
	门卫	27.56	1				
	车库	68.89	1				

主要技术经济指标 表 7-1-2

总占地面积(m^2)	3 806
总建筑面积(m^2)	1 347
道路广场面积(m^2)	844
绿化面积(m^2)	870
绿化率	23%

二、机构组成

我方接到中标通知书后,选派精兵强将组建项目部。施工管理人员全部具有中级以上职称,各种工种齐全,管理规章制度、质量保证体系健全,并能按监理单位审批后的施工组织设计要求进行施工。

项目部主要人员及职责如表 7-1-3 所示,现场人员组织机构图见图 7-1-1,设备投入情况见表 7-1-4。

主要人员及职责 表 7-1-3

姓　名	职　务	性　别	年　龄	职　称
董建明	项目经理	男	43	一级项目经理
冯天然	总工程师	男	67	高工

续上表

姓　　名	职　　务	性　　别	年　　龄	职　　称
董浩立	安装工程师	男	27	工程师
李志刚	施工员	男	36	工程师
董林昌	材料员	男	56	工程师
董超峰	质检员	男	26	工程师
李瑞利	合同工程师	女	36	工程师
刘霞	会计员	女	27	造价工程师

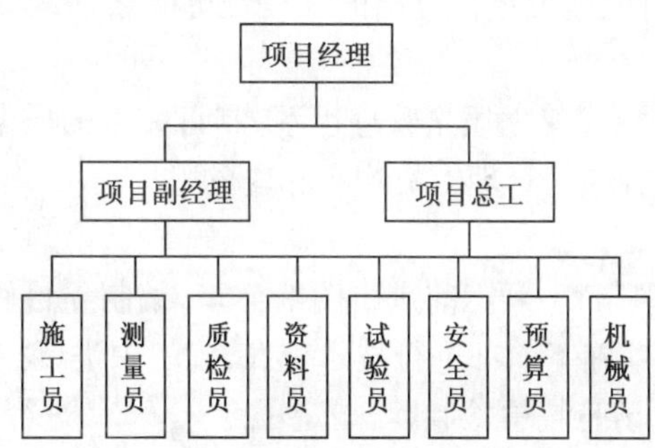

图 7-1-1　现场人员组织机构图

设 备 投 入 情 况　　表 7-1-4

序　　号	设 备 名 称	型　　号	数　　量
1	砂浆搅拌机	HSZ—25	1 台
2	电焊机	BX3500	3 台
3	闪光对焊机	VNI—150	2 台
4	钢筋弯曲机	GW40—2F	2 台
5	钢筋切断机	FGQ40—2F	2 台
6	高压水泵	Y160L—4	2 台
7	平板振动器	PZ—50	4 台
8	振动棒	HZ6X—30	8 台
9	反铲挖掘机	PC—200	1 台
10	自卸汽车	JC6	2 台
11	混凝土搅拌机	350 型	1 台
12	发电机	HTGC500—2	1 台
13	电锯		1 台

三、质量管理情况

1. 施工质量控制依据

《中华人民共和国建筑法》,《建筑工程质量管理条例》;

《建筑工程施工质量验收统一标准》(GB 503000—2001);

《地基基础工程施工质量验收规范》(GB 50202—2002);

《砌体工程质量验收规范》(GB 50203—2002);

《混凝土结构工程质量验收规范》(GB 50204—2002);

《建筑地面工程质量验收规范》(GB 50209—2002);

《建筑装饰装修工程质量验收规范》(GB 502010—2001);

《建筑电气工程质量验收规范》(GB 50303—2002);

《建筑给排水及采暖工程施工质量验收规范》(GB 50242—2002);

《钢结构工程施工质量验收规范》(GB 50205—2001);

《河南省公路工程竣工文件材料立卷归档整理细则》;

建设单位与施工单位签订的《建筑工程施工合同》;

施工图纸和设计指定的标准图集;

设计交底、设计变更文件、建设单位提出的工程变更文件。

2. 质量控制措施

(1)项目部按企业质量标准建立质量管理体系,制订完善的质量管理制度,项目部各岗位均配备了相应管理人员,所有施工管理人员均有相应的上岗证书,各分项主要操作工人均按规定持证上岗。

(2)建立、健全技术管理制度,开工前进行图纸会审,编制项目施工组织设计,对重要分项编制专门的施工方案,每一项施工前都进行技术交底,施工中进行技术复核。

(3)建立严格的材料进场验收检验制度,指定了专人负责,进行严格管理,确保建筑材料、半成品的质保书、检验报告等各项质量保证资料齐全。对进场材料及时规范取样,送检,在取得合格证后,交付工程使用。对混凝土和砂浆,在施工时按照检测室配合比进行投料,试块均在监理单位见证下随机抽样制作,样本数量符合规定。

(4)施工过程中严格进行过程控制,特别对关键过程和特殊过程,派施工员进行严格监控,确保施工过程中的施工质量。

(5)建立、健全质量检验制度,对各分项、分部工程的施工,能严把自检、互检关,并由专业质量监督员负责各项检查工作;隐蔽工程验收手续与施工进度同步,隐蔽验收资料齐全。

3. 施工中工程质量自检情况

施工过程中每道工序都经过自检、互检、交接检,最后由专业技术负责人报审到监理工程师,由监理工程师组织验收,合格后再进行下道工序施工。

4. 对工程质量的评价

(1)主要建筑材料

该工程基础与主体的钢筋,采用安阳钢铁股份有限公司钢材;基础与主体的水泥采用徐州水泥。结构混凝土用砂为舞阳砂,石子产自确山。

钢材、水泥按种类、批量进场时均有合格证,且在监理人员的监督指导下进行现场取样,复试结果均合格。

水暖、电气材料(各种管材、电线开关、插座等)均有合格证、准用证、检测报告等质量合格证明。

(2)地基验槽

基槽开挖完后,建设、勘察、设计、施工、监理的有关技术负责人进行了地基验槽,各方一致认为:基槽岩土与《岩土工程勘察报告》相符,土质均匀。

(3)基础工程

在施工过程中我们重点控制了搅拌混凝土各种用料的计量,经常进行砂、石料的外观(粒径、含砂量、级配情况)、混凝土的坍落度的检查,保证了混凝土强度。混凝土蜂窝、麻面、露筋等均在合格标准范围内。钢筋的种类、直径、间距、排距、绑扎等均符合设计及施工规范要求。

(4)主体结构部分

钢筋工程:对于钢筋焊接,严格检查各焊接接头外观质量,对外观质量有怀疑的,进行抽样,做物理性能试验检验。梁、柱节点部位的钢筋作为重点严格把关,对不符合设计施工图和抗震节点构造要求的部位,禁止进行下道工序施工。

为防止钢筋过大的位置偏差,在绑扎钢筋时,弹好墨线后按钢筋间距进行钢筋绑扎;采取有效手段严格控制了梁、柱钢筋的水平、竖直位置。钢筋绑扎符合施工规范的要求。

混凝土工程:对原材料质量控制严格把关,施工时对模板工程作为第一道关键工序来控制,保证模板位置准确、不漏浆。混凝土浇注中,施工人员严格按操作规程作业,根据结构特点,易发生质量问题的部位,进行了严格管理,保证了梁、板、柱的几何尺寸,混凝土没有超出施工规范规定的麻面面积。经检验,混凝土梁、柱观感质量较好。从混凝土试块试验报告看,强度均达到设计要求。

(5)工程技术资料核查情况

对该工程质量控制资料核查记录、安全和功能检验资料核查及主要功能抽查记录、观感质量检查记录的检查,均符合要求。

(6)环境质量评价

工程中使用的建筑材料经检测对所处环境没有污染。

(7)工程质量问题的处理评价

在基础工程施工中,对有极小变化的部分,及时邀请设计、监理、施工、业主共同到现场,依据实际情况进行了处理,确保工程质量。

(8)质量综合评价意见

该工程在施工中,在项目公司和监理公司的精心指导下,认真执行法律、法规和强制性标准的规定。地基与基础、主体结构及其他部位均达到了设计要求。工程质量控制资料、工程安全和功能检验资料及主要功能抽查资料真实、完整。环境没有受到污染。该单位工程质量等级达到了合格的标准。

四、施工进度控制

(1)本工程施工期间,我公司组织各种专业工程师现场指导施工,其中主要有:土建、安装、装饰、施工等专业。各专业施工队根据工程需要配置有专业技术及管理人员,完善各项施工规程、安全规程、技术要求,服从管理、精心施工。

(2)建立生产例会制度,每星期召开两次工程例会,检查上一次例会以来的计划执行情况,布置下一次例会前的计划安排,调整工作内容,及时采取有效措施保证计划完成。

(3)采用施工进度总计划与月、周计划相结合的三级网络进行工期进度计划的控制与管理,并利用计算机技术进行动态管理。在施工生产中抓主导工序,找关键矛盾,组织交叉作业,做好劳动力的组织和协调工作,通过施工网络节点控制目标的实际来保证各控制点工期目标的实现,从而进一步通过各控制点工期目标的实现来确保总工期控制进度计划的实现。

(4)根据工作需要,制订内部管理制度、规章规程,调整工作优势,实行合理的工期目标奖罚制度,确保工期。

(5)做好施工配合及前期准备工作,拟订施工准备工作计划,专人逐项落实,保证高质、高效地完成。加大周转材料的投入量,减少主体施工的周期,保证业主能按时进行设备安装。加大机械设备的投入量,减小劳动强度,提高劳动效率。

(6)秋收期间不放假、不停工，具体措施如下：

①调查工人的实际情况，根据不同地区的收获情况，分批放假，并且采取奖励制度，凡秋收期间在现场施工的人员均提供双工资。

②做好工人的思想工作，个人利益服从企业利益，信守“献身、实干、进取、守信”的企业精神。

(7)建立工期目标，确保2006年底顺利通车。

五、施工安全与文明施工情况

1. 安全施工情况

按照公司安全生产管理要求，本项目配备1名专职安全人员在项目经理、主抓安全的生产经理的领导下开展日常安全生产监督管理工作。施工过程中严格执行建设部批准的强制性行业标准《建筑施工安全检查标准》(JGJ 50—99)，加强施工现场管理。工程结束后无安全事故发生。

2. 文明施工情况

(1)做好现场管理，加强对施工人员文明施工的经常性教育，严禁野蛮操作。周转工具、材料等应轻拿轻放，以减少噪声。

(2)结合邻近居民，广纳本工程施工中的意见和合理化建议。

(3)施工现场按文明施工的有关规定，在明显的位置设置工程概况标牌、施工进度计划标牌、现场管理制度标牌、防火安全保卫标牌及施工总平面布置图。

(4)场容场貌实行分片包干制度，划分管理区域，规定职责范围，把施工现场的文明施工管理职责分解落实责任到人。

(5)保持施工现场场容场貌整洁、平整，施工道路畅通无阻，排水系统畅通无积水，施工材料及工程材料按施工总平面图的划分区域堆码整齐。

(6)加强施工现场的安全保卫工作，完善施工现场的出入管理制度，施工人员在施工现场佩戴附有相片、证明其身份的证卡，严禁非施工人员擅自进入施工现场。

(7)抓好文明施工的宣传和落实工作，并按《建设工程施工现场管理规定》执行。

(8)成立文明施工领导小组，每星期进行一次全面检查，发现问题及时整改。

六、环境保护措施与节约用地措施

施工现场是企业形象的窗口，是企业整体素质的缩影，是展示企业综合实力的舞台。因此，文明施工至关重要，必须切实做好现场文明施工管理工作。项目经理主抓现场文明施工工作，责成专人负责，实行奖罚制度。推行“施工现场企业形象”标准，加强场地容貌管理。严格按照施工现场标准化制度推行施工现场全员、全面、全过程的标准化活动，“事事有标准，处处按标准，人人讲标准”，切实做好现场管理工作，“整洁、文明、有序、高效”，促进工程质量、成本、工期、安全和场容多个目标的综合优化。

(1)遵照国家环境保护政策和本工程环境保护的要求，严格进行施工管理，开展文明施工活动，创标准化施工现场。

(2)做到施工现场安排布置合理，材料堆放定位，机具车辆进出有序、定位停放，尽量缩小施工场地，节约施工用地。临时排水系统齐全畅通，路平灯明，生活设施清洁文明。

(3)施工时采取措施，确保当地居民、河流及耕地等不受灰尘、机械噪声等的污染和损害。

(4)施工时会产生灰尘，为作业人员配备必要的劳保用品，对施工区定期洒水，减少灰尘污染。

七、施工中新技术、新材料、新工艺的应用情况

本工程未采用新技术、新材料、新工艺。

八、对建设单位、设计单位、监理单位的评价

1. 对建设单位的评价

建设单位在资金协调方面给予了大力支持，保证了按时通车计划目标的实现。建设单位还在工程施工过程中经常到施工现场检查、督促工程质量和进度，经常给工程施工提供方便，在工程施工过程中采取评优奖罚措施，在建设过程中严格遵守《建设工程质量管理条例》及现行的法律、法规，无违法、违规的情况发生。

2. 对设计单位评价

工程设计合理，结构多样化。该设计单位的设计人员多次深入现场，根据施工进度对地基与基础、主体工程各环节进行检查验收，对施工提出具体、科学、合理的建议，确保了工程施工的质量及工程进度，实地进行检查并及时发放设计变更，较好地完成了设计任务。

3. 对监理单位的评价

监理单位为河南新恒丰建设监理有限公司，在施工现场配备两名驻地监理工程师，在整个施工过程中，监理单位能够很好地履行合同，进行“三控制”、“三管理”、“一协调”，工作认真负责，在施工关键部位能够坚守现场旁站。正因为他们严谨细致的工作作风，使我们有信心奉献了又一个优良工程。

九、施工体会

在建设单位的大力支持下，在监理单位、设计单位的共同努力下，商周高速周口西收费大棚、周口北收费大棚于2006年底顺利完工，确保了商周高速全线通车。在施工过程中，我公司不仅顺利完成施工，更在施工中学习了建设单位管理的严谨高效和监理单位工作的认真负责，使我公司的管理水平和业务技能得到了显著提高。

林州市建筑工程九公司

2009年11月22日

2. 商丘至周口高速公路周口段房建工程 SZZFJ-02 合同段施工总结报告

目　　录

商丘至周口高速公路周口段房建工程SZZFJ-02合同段施工总结报告

一、工程概况

本项目合同开工日期2006年4月8日,合同竣工日期2006年8月31日。合同的主要内容为商周高速淮阳服务区所有工程。

本单位工程由中国公路工程咨询总公司设计院设计,河南新恒丰建设监理有限公司监理,河南省广厦建设工程有限公司施工。工程项目及面积见表7-2-1,主要经济技术指标见表7-2-2。

工程项目及面积表　　表7-2-1

序　号	名　称	面　积(m^2)
1	西南综合楼	3 297.69
2	东北综合楼	3 297.69
3	配电房	102.39
4	维修车间	204.57×2
5	泵房	68.89
6	宿舍楼	667.99
7	加油站	697.36×2
8	加油站大棚	1242.76×2

主要经济技术指标　　表7-2-2

总占地面积(m^2)	7 843.79
总建筑面积(m^2)	8 157.22
建筑基层底面积(m^2)	4 990
道路广场面积(m^2)	58 290
绿化面积(m^2)	16 760
绿化率(%)	20

二、机构组成

机构及人员组成见表7-2-3,设备投入情况见表7-2-4。

机构及人员组成　　表7-2-3

姓　名	性　别	年　龄	职　务
王志华	男	38	项目经理
王占伟	男	26	总工程师
孙明海	男	38	质检检测工程师
惠保财	男	44	专业工程师

续上表

姓　　名	性　　别	年　　龄	职　　务
田俊杰	男	38	专业工程师
李明建	男	41	供电照明工程师
朱平	男	42	合同工程师
刘红梅	女	36	财务负责人

设备投入情况　　表7-2-4

序　　号	设备名称	型　　号	数　　量
1	塔吊	QT80C	3
2	搅拌站	HSZ—25	1
3	电焊机	BX3500	6
4	闪光对焊机	VN1—150	2
5	钢筋弯曲机	GW40—1	2
6	钢筋切断机	FGQ40—2F	2
7	卷扬机	2t	2
8	高压水泵	Y160L—4	1
9	平板振动器	PZ—50	12
10	振动棒	HZ6X—30	20
11	反铲挖掘机	PC—200	2
12	自卸汽车	JC6	12
13	混凝土搅拌机	350 型	6
14	混凝土搅拌机	750 型	3
15	压路机	20t	4
16	铲车	ZL50	4
17	摊铺机		2
18	刮平机	132kW	2
19	振动台	9m	5
20	旋耕机	7.5kW	2
21	洒水车	8t	2
22	发电机	MODEL90—4	2

三、质量管理情况

1. 施工质量控制依据

《中华人民共和国建筑法》,《建筑工程质量管理条例》;

《建筑工程施工质量验收统一标准》(GB 503000—2001);

《地基基础工程施工质量验收规范》(GB 50202—2002);

《砌体工程质量验收规范》(GB 50203—2002);

《混凝土结构工程质量验收规范》(GB 50204—2002);

《建筑地面工程质量验收规范》(GB 50209—2002);

《建筑装饰装修工程质量验收规范》(GB 50210—2001);

《屋面工程质量验收规范》(GB 50207—2002);

《建筑电气工程质量验收规范》(GB 50303—2002);

《建筑给排水及采暖工程施工质量验收规范》(GB 50242—2002);

《钢结构工程施工质量验收规范》(GB 50205—2001);

《河南省公路工程竣工文件材料立卷归档整理细则》;

建设单位与施工单位签订的《建筑工程施工合同》;

施工图纸和设计指定的标准图集;

设计交底、设计变更文件、建设单位提出的工程变更文件。

2. 质量控制措施

(1)项目部按企业质量标准建立质量管理体系,制订完善的质量管理制度,项目部各岗位均配备了相应管理人员,所有施工管理人员均有相应的上岗证书,各分项主要操作工人均按规定持证上岗。

(2)建立、健全技术管理制度,开工前进行图纸会审,编制项目施工组织设计,对重要分项编制专门的施工方案,每一项施工前都进行技术交底,施工中进行技术复核。

(3)建立严格的材料验收检验制度,对于进场的建筑材料,指定了专人负责,进行严格管理,确保建筑材料、半成品的质保书、检验报告等各项质量保证资料齐全。对进场材料及时取样,送检测单位检验合格后方予使用。对混凝土和砂浆在施工时按照检测室出示配合比进行投料,试块均在监理单位见证下随机抽样制作,样本数量符合规定。

(4)施工过程中严格进行过程控制,特别对关键过程和特殊过程,派施工员进行严格监控,确保过程施工质量。

(5)建立、健全质量检验制度,对各分项、分部工程的施工,能严格把关,有自检、互检制度,专业质量监督员负责各项检查工作;隐蔽工程验收手续与施工进度同步,隐蔽验收资料齐全。

3. 施工中工程质量自检情况

施工过程中每道工序都经过自检、互检、交接检,最后由专业技术负责人报审到监理工程师,由监理工程师组织验收。合格后再进行下道工序施工。

4. 对工程质量评价

(1)主要建筑材料

该工程基础与主体的钢筋,使用安阳、济源钢铁公司的钢材;基础与主体的水泥全部为郑州顺宝水泥,结构混凝土用砂为舞阳砂。

钢材、水泥按种类、批量进场时均有合格证,且在监理人员的监督指导下进行现场取样,复试结果均合格。

水暖、电气材料(各种管材、电线开关、插座等)均有合格证、准用证、检测报告等质量合格证明。

(2)地基验槽

基槽开挖完后,建设、勘察、设计、施工、监理的有关技术负责人进行了地基验槽,各方一致认为:基槽岩土与《岩土工程勘察报告》相符,土质均匀。

(3)基础工程

在施工过程中我们和施工项目部重点控制了搅拌混凝土各种用料的计量,经常进行砂、石料的外观(粒径、含泥量、级配情况)混凝土的坍落度的检查,保证了混凝土强度。混凝土蜂窝、麻面、露筋等有程度不同的存在,但均在合格标准范围内。钢筋的种类、直径、间距、排距、绑扎等均符合设计及施工规范要求。

(4)主体结构部分

由于结构为框架,柱断面为矩形柱,几何尺寸相对较小,钢筋较密,特别是梁、柱节点处,易出现各种质量问题。

钢筋工程:施工中对于钢筋的焊接,严格检查各焊接接头的外观质量,对外观质量有怀疑的,进行抽样,做物理性能试验检验。对梁、柱节点部位的钢筋,作为重点严格把关,对不符合设计施工图和抗震节点构造要求的部位进行整改,符合要求后方可进行下道工序的施工。

为防止过大的钢筋位置偏差,在绑扎钢筋时,按钢筋间距,弹好墨线后进行钢筋绑扎,采取了有效手段严格控制了梁、柱钢筋的水平、竖直位置。钢筋绑扎符合施工规范的要求。

混凝土工程:对原材料质量控制严格把关。施工时对模板工程作为一道关键工序来控制,保证模板位置准确、不漏浆。混凝土浇注中,施工人员严格按操作规程作业,根据结构特点,易发生质量问题的部位,进行了严格管理,保证了梁、板、柱的几何尺寸,混凝土没有超出施工规范规定的麻面面积。总的来说,混凝土梁、板、柱观感质量较好。从混凝土试块试验报告看,强度均达到设计要求。

砌体工程:在施工中,为保证质量,砌筑前砌块适当浇水,防止砂浆失水过快影响砂浆强度。为保证砌体观感质量的要求,按批数杆进行砌筑,保证了灰缝厚度的均匀。经检查,砌体垂直度、平整度均符合规范要求。

(5)工程技术资料核查情况

通过对该工程质量控制资料核查记录、安全和功能检验资料核查及主要功能抽查记录、观感质量检查记录的检查,均符合要求。

(6)室内环境质量评价

工程中使用的建筑材料,经检测对室内环境没有污染。

(7)工程质量问题的处理情况

在基础工程施工中,砂石地基处理由于排水不及时,碾压过程中压实度偏低,设计、监理、施工、建设单位共同到现场,依据实际情况进行了处理,保证了工程质量。

(8)质量综合评价意见

该工程在施工的各环节中,在项目公司和监理公司的精心指导下,认真执行法律、法规和强制性标准的规定。地基与基础、主体结构、建筑屋面等其他部位达到了设计要求。工程质量控制资料、工程安全和功能检验资料及主要功能抽查资料真实、完整。室内环境没有受到污染。该单位工程质量等级达到了合格的标准。

四、施工进度控制

(1)本工程施工期间,我公司组织各种专业工程师现场指导施工,并组建土建、安装、装饰三个专业施工队伍。各专业施工队根据工程需要配置有关专业班组,在项目部的领导下有条不紊地组织施工。

(2)建立生产例会制度,每星期召开两次工程例会,检查上一次例会以来的计划执行情况,布置下一次例会前的计划安排,对于拖延进度要求的工作内容找出原因,并及时采取有效措施以保证计划完成。

(3)采用施工进度总计划与月、周计划相结合的三级网络进行施工,进度计划的控制与管理,采用计算机技术进行动态管理。在施工生产中抓主导工序,找关键矛盾,组织交叉作业,安排合理的施工程序,做好劳动力的组织和协调工作,通过施工网络节点控制目标的实现来保证各控制点工期目标的实现,从而进一步通过各控制点工期目标的实现来确保总工期控制进度计划的实现。

(4)根据业主的使用要求及各工序施工周期,科学合理地组织施工,形成各分部、分项工程在时间、空间上的充分利用与紧凑搭接,做好交叉作业工作,从而缩短工程的施工工期。

(5)根据工作需要,主要工序采取每日两班制度(即24h连续作业),实行合理的工期目标奖罚制度,以确保工期的实现。

(6)做好施工配合及前期准备工作,拟订施工准备工作计划,专人逐项落实,保证后勤保障的高质、高效。加大周转材料的投入量,减少主体施工的周期,保证业主能按时进行设备安装。加大机械设备的投入量,减小劳动强度,提高劳动效率。

(7)秋收期间不放假、不停工,具体措施如下:

①调查工人的实际情况,根据不同地区的收获情况,分批放假,并且采取奖励制度,凡秋收期间在现场施工的人员均提供双工资。

②做好工人的思想工作,个人利益服从企业利益,信守"献身、实干、进取、守信"的企业精神。

(8)建立工期目标,确保2006年底顺利通车。

五、施工安全与文明施工情况

1. 安全施工情况

按照公司安全生产管理要求,本项目配备1名专职安全人员在项目经理、主抓安全的生产经理的领导下开始日常安全生产监督管理工作。施工过程中严格执行建设部批准的强制性行业标准《建筑施工安全检查标准》(JGJ 59—99),加强施工现场管理。工程结束后无安全事故发生。

2. 文明施工情况

(1)加强对施工人员文明施工的经常性教育,严禁野蛮操作。周转工具、材料等应轻拿轻放,减少噪声。

(2)经常听取邻近居民对本工程施工的意见和合理化建议。

(3)施工现场按文明施工的有关规定,在明显的位置设置工程概况标牌、施工进度计划标牌、现场管理制度标牌、防火安全保卫标牌及施工总平面布置图。

(4)场容场貌实行分片包干制度,划分管理区域,规定职责范围,把施工现场的文明施工管理职责分解落实到责任人。

(5)保持施工现场场容场貌的整洁、平整,施工道路畅通无阻,排水系统畅通无积水,施工材料及工程材料按施工总平面图的划分区域堆码整齐。

(6)加强施工现场的安全保卫工作,完善施工现场的出入管理制度,施工人员在施工现场佩戴附有相片、证明其身份的证卡,严禁非施工人员擅自进入施工现场。

(7)抓好文明施工的宣传和落实工作,并按《建筑工程施工现场管理规定》执行。

(8)成立文明施工领导小组,每星期进行一次全面检查,发现问题及时整改。

六、环境保护措施与节约用地措施

(1)遵照国家环境保护政策和本工程环境保护的要求,严格进行施工管理,开展文明施工活动,创标准化施工现场。

(2)施工现场安排做到布局合理,材料堆放定位,机具车辆进出有序、定位停放,临时排水系统齐全畅通，路平灯明，生活设施清洁文明。

(3)施工时采取措施，确保当地居民、河流及耕地等不受灰尘、机械噪声等的污染和损害。

(4)施工时会产生灰尘，所以为作业人员配备必要的劳保用品，对施工区定期洒水，减少灰尘污染。

七、施工中新技术、新材料、新工艺的应用情况

本工程未使用新技术、新材料、新工艺。

八、对建设单位、设计单位、监理单位的评价

1. 对建设单位的评价

建设单位在资金协调方面给予大力支持，保证按时通车计划目标的实现。建设单位还在工程施工过程中经常到施工现场检查、督促工程质量和进度，经常给工程施工提供方便，在工程施工过程中采取评优奖罚、评快奖罚并且无明示或暗示施工单位使用不合格建筑材料、建筑构配件、设备的行为和违反操作规程施工的现象。

2. 对设计单位的评价

工程设计合理，结构多样化。该单位设计人员能够深入现场，根据施工进度对地基与基础、主体工程各环节进行检查验收，实地检查，及时发放设计变更，较好地完成了设计与服务任务。

3. 对监理单位的评价

监理单位为河南新恒丰建设监理有限公司，在整个施工过程中，监里单位能够很好地履行合同，进行“三控制”、“两管理”、“一协调”，工作认真负责，在施工关键部位能够坚守现场旁站，他们所提供的监理服务令我单位满意。

九、施工体会

在建设单位的大力支持下，以及监理单位、设计单位等的共同努力下，商周高速淮阳服务区于2006年底顺利完工，确保了商周高速的顺利通车。在工程施工过程中，我们学到很多经验教训。商周高速的建成对周口市乃至河南省的经济发展将起到很大的作用，在此我们对商周高速淮阳服务区的建设也感到无比的荣幸。

河南省广厦建设工程有限公司

2009年8月15日

3. 商丘至周口高速公路周口段房建工程 SZZFJ-03 合同段施工总结报告

目 录

商丘至周口高速公路周口段房建工程SZZFJ-03合同段施工总结报告

商周高速公路房建三标淮阳收费站兼养护管理所、附属工程，位于淮阳西环路与北环路交叉口。由河南通衢高速公路有限公司组建，河南新恒丰建设监理有限公司监督，中国公路工程咨询总公司设计，河南省对外建设有限公司进行施工。本工程在甲方、设计、勘察、监督部门的大力支持和帮助下，于2006年5月开工，2006年12月竣工。

一、工程概况

1. 建筑设计概况

本工程由综合楼、门卫、配电房、泵房、围墙、场区路面等组成，综合楼局部三层，门卫、配电房、泵房均为一层，内墙面均为混合砂浆抹灰，外刷内墙漆，外墙面均为外墙漆。综合楼、门卫为地板砖地面，配电房、泵房为水泥砂浆地面，大部分为木门、塑钢窗，卫生间等贴瓷片至顶。

2. 结构设计概况

本工程综合楼为框架结构，基础、梁、柱、板、楼梯均为C30。门卫、配电房、泵房为砖混结构，基础为C20，其他构件为C25。设置有地圈梁、圈梁。各大墙转角处，墙与墙连接处，设置有构造柱。

二、机构组成

我公司中标后将该工程列为本公司重点施工项目，实施项目法管理。按项目施工法及我公司质量体系文件要求组成项目经理部，建立以项目经理陈宁兴为首的管理层，全面履行合同，对工程施工进行组织指挥、管理、协调和控制。

我们深知该工程的重要性，对此极为重视，为了做好该项工程项目，使工程能够顺利建成，我公司经过慎重研究，决定派遣拥有丰富施工经验的项目经理来负责该工程的建设。该项目部人员由经验丰富、服务态度良好、勤奋实干的工程技术人员和管理干部组成。主要管理人员及职务见表7-3-1，工程投入的主要机械设备见表7-3-2。

主 要 人 员 配 置 表7-3-1

序　号	姓　名	职　称	职　务	备　注
1	陈宁兴	工程师	项目经理	
2	马福祥	工程师	总工、技术负责人	
3	潘永青	助工	技术员、施工员	
4	李宝明	助工	项目副经理	
5	杨凯	技术员	质量检查员	
6	谢行海	技术员	安全员	
7	张杰	技术员	资料员、送(取)样员	
8	陈宁兴	助工	材料员	

项目经理部主要管理人员由工程技术、预算、物资、设备、安全等专业人员组成。劳务作业

层由公司人事部门选配素质高、曾施工过类似工程的主体结构、装饰工程、水电安装等工程的人员进行施工作业。各专业工程分工明细，不同专业工程的作业人员包括：瓦工、架子工、机械工、钢筋工、电工、电焊工、抹灰工、水电工、防水工、木工等技术工人。

工程投入的主要施工机械设备 表7-3-2

序号	机械或设备名称	型号规格	功率	单位	数量
1	混凝土搅拌机	JDY—350型	45kW	台	2
2	砂浆搅拌机	250L	30kW	台	2
3	交流电焊机	DX330	32kVA	台	4
4	木工圆盘锯	400	15kW	台	2
5	砂轮切割机	400	3.5kW	台	2
6	混凝土振动棒	HZ—30	1.1kW	根	20
7	平板振动器		0.8kW	台	4
8	蛙式打夯机	HW20	20kW	台	10
9	物料提升机	QTZ125	76kW	部	3
10	钢筋切断机	Q40—1	10kW	台	1
11	钢筋弯钩机		10kW	台	1
12	钢筋调直机		10kW	台	1
13	经纬仪			台	1
14	水准仪			台	1
15	塔吊			台	1
16	钢筋加工设备			套	1

三、质量管理情况

为便于该工程质量控制，项目部建立了质量管理体系，做到有布置、有落实、有奖励、有罚款，分工合理，责任到人。对原材料层层把关，三无产品杜绝进入工地，且未经试验合格的材料不准使用；任何一个分部分项工程施工前做到各级技术交底，并做好验收。

对各楼层高程轴线，由施工技术人员放测，项目部采取测回法进行复核。

对砂浆、混凝土配合比，严格按照试验配合比计量投料。不定期抽检并留取试块，发现问题及时整改拆除。

对隐蔽工程做好三检工作，个个验收步步为营，将不合格地方及时整修，如整修不彻底不准进入下道工序施工，将差错和事故消灭在施工之前。

工程进度做到有月进度计划、有周进度计划，并与总进度计划相吻合。

在施工过程中，安全员认真负责，施工用电备有漏电保护器，线路架设符合要求，外墙架设有安全网，起重机构专人操作，且有上岗证，工人上班戴安全帽，工作期间严禁穿拖鞋。在施工过程中层层把关，责任到人，工人积极配合，在本单位工程建设中没有工伤事故发生。

四、施工进度控制

1.施工进度控制

(1)项目部采取倒排施工计划法安排施工生产，根据业主使用要求及各工序施工周期，使各分部分项工程在时间、空间上充分利用与紧凑搭接。加强全体施工人员的紧迫感和责任心，打好交叉作业仗，确保各控制点目标按期实现。

(2)发挥计划管理的龙头作用,采用施工进度总计划与月、周计划相结合的方法及网络计划进行施工进度计划的控制与管理,并利用计算机技术进行动态管理。在施工生产中,抓主导工序,找关键矛盾,组织交叉作业。安排好施工网络节点,通过控制节点工期目标的实现,来确保总工期控制进度计划的实现。

(3)建立生产例会制度,每星期至少召开两次工程例会,检查上一次例会以来的计划执行情况,布置下一次例会前的计划安排,对于拖延进度计划要求的工作内容找出原因,并及时采取有效措施保证计划的完成。

(4)加强设备和材料的管理工作,材料设备部要提前按计划准备好,及时供应;机械设备要严格执行维修保养制度,保证机械性能良好,运转正常。

(5)建立责任制度和请假制度。计划下达落实到人,使每个管理人员都能各负其责,认真工作。

(6)做好施工配合及前期准备工作,拟订施工准备计划。逐项落实,保证后勤保障的高质高效。

(7)本着"抢主体、保装修"的原则,在主体施工阶段按照有关规定,满负荷安排施工,以确保主体工程按计划进度顺利结顶。装饰装修阶段,主要采取合理安排工程面、增加施工力量等措施。

(8)主体施工与砌墙粉刷交叉施工,同时水、电、暖、通各专业施工队注意配合施工,避免返工现象。

(9)在施工中,要牢固树立以"质量求进度"的信念,避免返工、返修现象的出现。

(10)每周召集一次由监理、甲方、设计单位参加的协调会,以便解决施工中所遇到的问题。

(11)冬雨季施工,按公司《冬雨季施工措施》以及有关规范规定,做好冬雨季施工,并统筹安排,合理计划,避免季节性停工现象的发生。

2. 农忙季节期间正常施工保证措施

(1)在选择专业劳务队时就加以考虑农忙季节、我国传统节日(如春节)期间的出工率,优先考虑不受农忙季节及传统节日影响,且工人技术水平、操作技能又好的劳务队。

(2)到农忙及传统节日前,事先落实劳务队的最大出工率,当发现不能满足施工需要时,要及早预备劳务队,及时进行补充。

(3)对选择的专业劳务队在签订劳务合同时,对其不影响农忙、节假日出工率的承诺要用经济手段加以制约,或让其交一定数量的风险抵押金,兑现承诺时给予奖励,否则加倍处罚。

(4)对工期进度计划进行合理编排,在不影响总工期的情况下,把大量使用力工和一般作业的工序尽量不安排在收麦和收秋农忙季节及传统的节日期间。

(5)企业将对在农忙季节及节日施工期间贡献大的劳务队给予奖励,对在农忙及节假日坚守岗位的工人进行经济补助。

(6)发挥企业优势,确保农忙时照常供应主材料。本企业在工作中与各供货单位建立了深厚的友谊,建立了良好的信誉和合作基础。农忙季节将积极与材料供应单位签订供货合同,严格按照规范要求保证材料的数量和质量,储备一定的材料,确保农忙季节施工。

五、施工安全与文明施工情况

1. 确保安全施工的技术组织措施

认真贯彻国家安全生产的方针政策和法规,加强安全施工管理工作,保障人身和财产安全,预防伤亡事故的发生。没有安全就没有效益,做好安全管理,是一项不容忽视的工作。

(1)项目经理部建立安全生产保证体系,设置安全生产管理机构,配备专职安全监督管理人员,并赋予一定的管理权限。建立、健全安全生产责任制,严格执行安全生产的法律、法规、标准和企业安全规章制度,确保安全生产。

(2)施工现场建立安全管理小组,由主管生产负责人主持安全活动,实行专业检查,建立职工自检和安全值日巡回检查制度,发现隐患,立即整改。安全技术管理资料,应由专人管理,做到及时、准确、齐全。

(3)进行各级经济承包时,应明确经济承包中安全生产指标,对现场作业人员必须进行书面与口头相结合的安全技术交底,交底人和被交底人均应履行签字手续,未作安全技术交底的,生产班组和作业人员有权拒绝接受任务。

(4)建立、健全职工安全培训教育制度,特殊工程作业人员持证上岗,凡未经安全培训教育的施工人员不得上岗作业,管理人员不得从事管理活动。执行每周一次的安全例会制度和班前活动制度,对全体参与施工的管理及操作人员进行安全教育,学习安全文件精神,落实安全生产岗位责任制及现场安全规章制度,并定期对管理人员进行安全技术考核。

(5)项目经理部安全管理目标:

①杜绝死亡,控制重伤,减少轻伤,事故频率控制在0~1%(死亡0,重伤0,轻伤1%)。

②新工人(包括民工)及职工安全培训教育达到100%,专业安全管理工作人员和兼职安全员培训教育达到100%。

③特种作业人员培训教育达到100%,持证上岗人员达到100%。

2.确保文明施工的技术组织措施

(1)建立文明施工领导小组。

(2)对场区进行文明施工规划。

①结合现场平面,对场区进行合理布置:既能满足工程需要,又能便于管理、便于交通;生产与生活之间,各种功能区域明确。

②按企业"施工现场文明施工管理条例"对施工现场的文明施工、安全、质量等宣传标语统一方案、统一文字、统一色彩,全面体现企业主色调。

③按企业"施工现场文明施工管理条例"标准,设计、制作可拆卸的场区大门。

④对场区围墙刷成白底、绿框,用红字书写宣传标语。

⑤在场区门口选择一醒目位置,设计制作广告墙,布置、悬挂施工标牌,绘制建筑物特色宣传画、鸟瞰图等。

⑥合理规划临时建筑物,铺设道路及场区上、下水管道,保证施工期间场区无积水,场区规划建筑生产垃圾和生活垃圾池,使两种垃圾分开,做到日产日清,确保施工场区内整洁。

⑦职工食堂要求宽敞明亮,有排烟口(换气扇),入门有纱门,所有窗有纱窗;有冷藏设施,生熟分开,食物有纱罩覆盖,灶台、墙裙及案板墙要求贴瓷片。厨房里不能住人,同时要求保证无苍蝇、无鼠洞。

⑧在场区距宿舍一定范围内(距食堂不小于10m)建一个不少于20个蹲位的水冲式厕所,男厕所15个蹲位,小便池不小于10m,女厕所5个蹲位。厕所墙裙、隔墙、大小便池要求贴瓷片,厕所要求通风、照明良好,设专人对厕所进行卫生管理。保证厕所无积水,夏天无苍蝇,粪便垃圾及时得到清理。

⑨对职工宿舍设专人进行统一管理。保证宿舍中衣物、被子等叠放整齐,不乱扔杂物,不

乱倒剩饭,宿舍要干净卫生,无蚊蝇。

⑩在现场办公室、会议室设置各种岗位责任制,布置施工网络计划、施工平面图、文明施工责任区分布图;建立工程组织保证体系、质量保证体系、安全保证体系、文明施工保证体系;设置实际工作量逐日完成进度表,施工停水、停电记录表,工程施工天气晴雨表以及治保委员会、消防委员会和计划生育委员会图表。

⑪所有施工人员必须持证、挂牌上岗,安全帽也要分色配戴。项目经理配红色安全帽、红色胸卡;主要管理人员及质安员配戴黄色安全帽、黄色胸卡;一般管理人员要配戴蓝色安全帽、蓝色胸卡;劳务队统一配戴白色安全帽、白色胸卡。上班必须戴安全帽、出入必须凭胸卡。

⑫各种机具旁边要悬挂操作规程标牌,砂浆机、混凝土搅拌机等处还要挂配合比牌,各种原材料在搅拌前必须进行计量。

六、环境保护措施与节约用地措施

(1)对区域环境噪声污染防治的措施

本企业在该工程施工中,为了不影响居民的正常生活、工作,使工程能得以顺利建设,我们将认真贯彻《中华人民共和国环境噪声污染防治法》及郑州市有关环境保护的地方性法规、法律,切实做到符合法律、法规的具体要求,主要措施如下:

①因建筑工程的需要,出入建筑工程施工现场的各种机械、设备及时向当地人民政府环境保护行政主管部门申报,对噪声较大的机械设备尽量不同时开启或尽量避开夜间和午休时间,尽可能地将噪声污染控制在国家规定范围之内。

②尽量避免夜间施工,但对于本工程施工中必须连续作业的工序,及时到当地人民政府或有关主管部门开具证明,并公告附近居民。

(2)对烟尘污染的控制措施

根据《中华人民共和国大气污染防治法》和《中华人民共和国大气污染防治法实施细则》,在本工程施工中,积极防治烟尘污染,保护和改善大气环境,保护公民身体健康,烟尘污染防治必须完全达到市区有关规定,具体防治措施如下:

①工地工人食堂大灶、茶水炉等将采取相应的烟尘污染防治措施。

②各种炉、灶建设竣工后,报请审批该项目的环境保护行政主管部门检查验收,未经检查验收或验收不合格的不得使用。

③各类炉、灶排放的烟尘不得超过国家有关标准。

④工地内禁止焚烧塑料袋、木块等杂物。

(3)施工现场周边环境卫生保证措施

根据《中华人民共和国城乡建设环境保护部标准城市容貌标准》(GJ 16—86)的规定,要确保工地周围及场地内的环境卫生达到有关规定标准,其主要控制措施如下:

①施工场地周围按规定设置隔离护栏,场地机具、材料按平面规划摆放整齐。

②对工地需外运的建筑垃圾,应随产随清,并做到严密层盖、封闭,不得沿途飞扬、洒落载运物而污染环境,建筑垃圾按城管要求弃于指定地点。

③施工期间的废水,采用可行的排水设施排入现有的排水沟内。

(4)环保措施

加强施工工地扬尘污染管理。工地周边设置的围墙、土堆、料堆要采取遮盖式喷洒覆盖剂等措施,防止扬尘污染。施工道路要硬化,工地出口要设置除车轮泥土的设备,确保车辆不带泥土驶出工地;密闭运输,不得沿途撒漏,装卸渣土严禁凌空抛洒;要指定专人清扫工地,拆迁工地要随拆随洒水,拆迁后立即进行简易绿化。

七、施工中新技术、新材料、新工艺的应用情况

为贯彻住房和城乡建设部关于在建工程中推广应用新技术、新工艺、新材料的文件精神,我公司在本工程的施工过程中,将积极运用较为成熟的新技术措施和手段改进施工方法,采用新材料、新工艺,力争减少能源消耗,节约人力、物力和财力,并且保证工程施工质量的有效提高。在工程中,我们应用了以下几种新技术、新工艺。

(1)新型建筑防水材料的应用技术

本工程中,应用的新型的防水材料有 SBS 沥青复合胎柔性防水卷材。此新型防水材料的应用提高了建筑物的防水性能,确保防水工程质量。

(2)计算机应用和管理技术

本工程施工资料及工程计量(预、决算)是采用 PKPM 系统软件收集和编排的。

(3)财务管理

我公司采用速达 2000 财务管理系统,加强资金流动控制,抓好成本核算和日常开支管理,提高工作效率和应变速度,减轻财会人员的劳动强度。

八、对建设单位、设计单位、监理单位的评价

建设单位在工程建设过程中,遵守现行法律、法规,执行工程建设强制性标准,无违法、违规、违反标准的情况发生。

设计单位能够把所有图纸及设计变更准时送到建设单位,认真做好图纸会审,在施工中紧密配合、随时解决施工中的疑难问题并深入现场,根据施工进度对地基与基础、主体各环节进行检查验收。

监理单位能够严格执行国家有关规定,严格按有关技术规范和行业标准要求承建施工。在施工过程中,坚持工程例会制度和材料准用、复验制度,坚持工程事前控制为主,事中、事后控制为辅的控制原则,认真监督施工单位的质量三检程序和工序报验制度,能认真按设计变更和技术核定单进行施工,对隐蔽工程进行验收并形成记录、坚持特殊工种上岗证制度,在施工过程中坚持巡检、抽检、平行检查,发现问题及时下发整改报告,对施工单位形象进度报表进行审核,密切配合施工单位坚持关键部位的旁站监理和取样见证制度,较好地保证了工程建设任务。

九、施工体会

商周高速房建三标淮阳收费站兼养护管理所、附属工程建好以后,对周口的经济发展起到很大作用,在此我们感谢建设单位给我们这样一个机会。我们在施工中积累了很多教训和经验,以后我们会再接再厉,争取做出更好、更出色的工程。

河南省对外建设有限公司

2009 年 12 月 25 日

4. 商丘至周口高速公路周口段房建工程 SZZFJ-04 合同段施工总结报告

目　　录

商丘至周口高速公路周口段房建工程 SZZFJ-04 合同段施工总结报告

一、工程概况

(1)本项目为河南省商丘至周口高速公路(周口段)周口北收费站及管理监控分中心办公监控楼及其附属工程,由中国公路工程咨询总公司勘察设计,河南新恒丰建设监理有限公司监理,三门峡水利水电技术开发公司施工。

(2)本工程安全等级为二级,建筑设计年限为 50 年,抗震烈度为 6 度;办公监控楼主体四层、局部五层,建筑面积 4 452m^2,食堂、车库、配电房、泵房、门卫主体一层,建筑面积520m^2;办公监控楼、食堂、车库为框架结构,配电房、泵房、门卫为砖混结构;场区面积20 010m^2,其中绿化面积 6 496m^2,建筑占地面积 1 587m^2,道路、广场硬化面积 12 079m^2,买、运、回填土方 29 000 余方。

(3)本工程于 2006 年 4 月 6 日开工,2006 年 12 月 15 日竣工。

二、机构组成

1. 主要人员投入、管理机构设置情况

我公司在接到中标通知书后,深知该工程的重要性,选派精兵强将组建项目部,由富有多年同类工程施工经验的郝复瑞担任项目经理、龚坚担任项目总工。以项目经理为核心的项目部团结一致,克服困难,在业主、监理、设计院等单位的通力支持下,全力以赴投入到本项目的施工作业中。

项目经理部划分为质量安全部、工程技术部、材料采购部、后勤保障部等职能部门,各职能部门人员均由具有同类工程丰富施工经验的人员组成;作业层由公司劳务处选用素质高、曾施工过类似工程主体结构、装饰工程、水电安装等的专业队组成。

2. 主要设备投入情况

针对本工程工期紧、工程量大的特点,考虑到多作业面同时施工的特点,投入了 2 台塔吊、750 型混凝土搅拌机 2 台、混凝土输送泵 1 台、砂浆搅拌机 6 台、100kW 备用发电机 1 台、电渣压力焊机等各种设备。

三、质量管理情况

项目部在工程质量控制中,坚持以公司质量保证体系为主线,以施工规范和国家质量标准为准绳,用实际数据来说话,遵循以下几点原则:坚持质量第一;坚持以人为控制核心;坚持以预防为主。采取事前、事中、事后的质量控制手段。

1. 施工前控制

(1)抓好施工前图纸会审、技术交底工作。

(2)要求操作人员持证上岗。

(3)要求施工机械设备都处于完好可用状态等。

(4)抓好材料订货前的评审和定板。订货前的控制:掌握材料质量、价格、供货能力的信息,选择好供货厂家,获得质量好的材料资源,从而确保工程质量,降低工程造价。对主要装饰材料及建筑配件,在订货前要求厂家提供样本或看样订货,会同业主进行定板工作,保证材料质量符合设计要求。

(5)在开工前对施工测量控制网进行复测,检查测量设备的周期检定情况和可用状态,对无证和有问题的设备,规定不准在现场使用,保证工程测量和检测的准确。

(6)开工前抓好对质量通病的预防措施。项目部在工程开工前,专门针对质量通病制订了《质量通病防治计划》,要求每个分项工程开工前,施工班组要学习施工工艺及质量通病的防治措施。

2. 施工中控制

(1)实施现场监督与检查。在施工过程中,项目部管理人员加强对现场的监督与检查,对违章操作和不按设计及施工规范要求进行施工的,及时进行纠正和严格控制。

(2)对进场建筑材料先进行目测检查,并按批量送检,向监理人员提交材料合格证和化验单后才使用;检查混凝土配合比、材料计量、搅拌质量、坍落度,督促留取试块。

(3)加强工序的检查、工序交接检查及隐蔽工程检查。对隐蔽工程,我单位自检验收后再报监理,经过监理公司检查确认合格后才可以进行下道工序施工。

(4)项目部管理人员均按不同专业工种分工对口管理,施工过程中,各专业工种管理人员及时到位管理和指导工人操作,将返工减少到最低。

(5)项目部管理人员通过"工作联系单"与建设、监理单位积极沟通,及时解决遇到的技术和经济问题,使工程进度按计划进行。

(6)及时按规范做好工程技术资料整理工作。

(7)进入装饰工程施工阶段时,各专业工种的样板间经监理验收确认后,才全面铺开施工。

3. 施工后控制

项目部制订了成品防护措施,定专人检查和督促各施工现场做好成品保护工作。

4. 质量评定

在施工过程中,每道工序都要经过质检及监理人员验收,并符合施工图纸及国家验收规范后方可进行下道工序施工,工程质量为合格。

四、施工进度控制

在保证质量和安全的基础上,确保施工进度,施工中以总进度网络为依据,按不同施工阶段,施工方法和不同专业工种分解为不同的进度目标,以各项技术、管理措施为保证手段,进行施工全过程的动态控制。

(1)工程进度的规划

项目部根据实际情况,编制了以综合楼为施工主线、附属工程相继施工的总进度计划及月计划和周计划进行控制。

(2)工程进度的协调

在每周监理例会上通报工程进度情况及存在问题,部署赶工措施。

(3)组织措施

由项目经理亲自负责项目分解、进度协调;合同措施上实行工期奖罚制度;经济措施上做到工人工资款、材料款及时拨付,以确保工程进度顺利进行。

五、施工安全与文明施工情况

"安全第一,预防为主"的方针和"管生产必须管安全"的原则一直贯彻整个施工过程。加强安全生产的领导,强化管理,全面贯彻执行《建筑施工安全检查评分标准》是本工程实现无伤亡事故、无火灾、无中毒、无重大设备事故等六无安全目标的有效措施和方法。

本公司对施工现场进行围护、封闭施工,确保不对周边环境造成影响。明确施工现场、生活区的卫生负责人,将各项卫生制度落到实处,为作业人员营造一个舒适的工作、生活环境。

六、环境保护措施与节约用地措施

(1)遵照国家环境保护政策和本工程环境保护的要求,严格进行施工管理,创标准化施工现场。

(2)施工现场安排做到布局合理,材料堆放定位,机具车辆进出有序、定位停放,临时排水系统齐全畅通,路平灯明。

(3)施工时采取措施,确保当地居民、河流及耕地等不受灰尘、机械噪声等污染和损害。

(4)施工时为作业人员配备必要的劳保用品,对施工区定期洒水,减少灰尘污染。

(5)严格在工程用地征用的范围内施工。

七、施工中新技术、新材料、新工艺的应用情况

在主体工程施工中,采用了钢筋对焊及电渣压力焊,使用结果证明:焊点强度大于母材强度,降低了工程成本。模板全部采用竹胶合板,既提高了施工速度、缩短了工期,又保证了混凝土工程质量。

八、对建设单位、设计单位、监理单位的评价

1. 对建设单位的评价

在工程施工过程中,建设单位人员经常到施工现场检查、督促工程质量和进度,及时解决了施工中的困难,尤其在资金拨付方面给予大力支持,保证了工程的顺利实施。

2. 对设计单位的评价

设计人员深入现场,根据施工进度对地基与基础、主体工程主要环节及时进行检查验收和发放设计变更,为工程施工提供帮助。

3. 对监理单位的评价

监理单位在整个施工过程中,进行“三控制”、“两管理”、“一协调”,工作认真负责,在施工关键部位能够坚守现场旁站,他们所提供的监理服务令我单位满意。

九、施工体会

在本工程施工过程中,业主、设计、监理单位,都给予了大力的支持和帮助,及时解决了施工中一切困难,使得我公司在本项目中能顺利开展各项工作,实现了总体进度目标,完成了业主交付的任务。尤其是本工程在施工高峰期正赶上农作物秋收时期,我公司在业主、监理等各级部门的领导与指示下,切实做好各项工作,保持人员的稳定,按期完成总体施工任务。

三门峡水利水电技术开发公司

2009 年 10 月 20 日

5. 商丘至周口高速公路周口段房建工程 SZZFJ-05 合同段施工总结报告

目　录

商丘至周口高速公路周口段房建工程 SZZFJ-05 合同段施工总结报告

一、工程概况

本工程为河南商丘至周口高速公路房建设施，位于周口西段。工程内容包括：综合楼、配电房、泵房、车库、门卫、收费大棚。其中综合楼 1 242m^2、配电房 102m^2、泵房 43m^2。本工程总占地面积 4 002m^2，其中总建筑面积 1 477.5m^2，建筑基底面积 977m^2，道路广场面积 1 814m^2，绿化面积 1 184m^2。

商周高速公路房建工程五标由中建七局四公司承包，工程于 2006 年 4 月 6 日开工，2006 年 12 月 15 日竣工，圆满完成了合同中规定的所有工程量及增加的变更项目。

二、机构组成

公司中标后，把该项目列为公司重点施工项目，建立了一个合理、精干、高效的项目经理部，对工程质量、安全、工期、文明施工、环保、成本、服务全面负责。

1. 管理机构配备情况

项目经理部划分为质量安全部、工程技术部、物资设备部、后勤保障部等职能部门，人员由经验丰富、责任心强、勤奋实干的管理干部和工程技术人员组成。

作业层由公司劳务处选用素质高、曾施工过类似工程主体结构、装饰工程、水电安装等的专业队组成。现场组织机构见图 7-5-1。

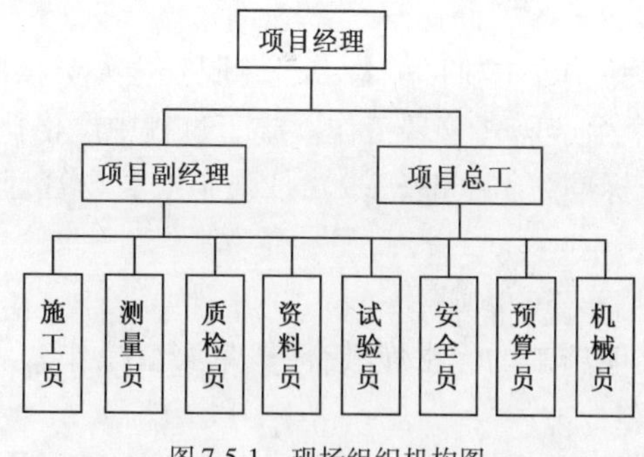

图 7-5-1　现场组织机构图

2. 材料、施工机具设备准备

(1)根据材料计划，组织主要材料来源，完成材料洽谈订货，安排材料进场。

(2)对周转料具等材料按计划组织进场。

(3)根据机械设备计划，组织机具设备进场安装。

(4)钢筋模板加工设备和混凝土搅拌运输设备由项目部自行组织安装就位，公司设备管理部门验收后方可使用。

三、质量管理情况

(1)技术管理人员、特殊作业人员、设备操作人员必须持证上岗，施工中严格按设计图纸、国家现行施工验收规范和施工操作规程、施工组织设计及单项工程施工作业指导书精心组织、科学施工。

测量控制做到轴线、高程控制准确,组织专业测量小组施测,严格控制,凡无施测的轴线高程者不得进行施工。安装的各类预埋管件,严格控制其水平高程,并要求位置准确、固定牢靠,一次性按图预埋准确。严格执行质量检查及验收制度,严格执行技术交底制度和三检制度,实行质量一票否决权,上道工序不合格,坚决不得进入下道工序的施工。做好工程验收工作。由施工员认真检查工程质量,专职质检员进行复检,复检合格后办理隐蔽工程验收记录并上报业主及监理人员检验合格后,才能进行下道工序施工,并认真做好资料整理归档工作。

(2)施工结束阶段的质量控制。对工程施工结果进行检查,及时进行质检信息的反馈,对存在的不足之处,及时制订改进措施,进行整改。

(3)质量评定。我单位按照施工质量验收规范及设计要求,对工程质量进行了自检评定,工程质量评定为合格。

四、施工进度控制

采取科学方法,编制施工计划,根据甲方的使用要求及各工序施工周期,形成各分部、分项在时间、空间上的充分利用与紧凑搭接。加强全体施工人员的紧迫感和责任心,合理安排交叉作业,确保各施工节点目标按期实现。

主体施工、砌体、装饰阶段,采用先进的施工方法和施工手段,充分发挥机械的高效率,保证工期顺利实现。

在土建施工阶段,安装施工必须同步进行,对预留、预埋件必须认真核对,确保安装施工顺利进行。

认真按质量管理模式及安全管理模式进行质量安全管理,严格按照检验标准及三检制度,要求一次成优,避免质量、安全问题影响总工期。

五、施工安全与文明施工情况

1. 安全施工情况

按照公司安全生产管理要求,本项目配备 1 名专职安全人员在项目经理、主抓安全的生产经理的领导下开始日常安全生产监督管理工作。施工过程中严格执行建设部批准的强制性行业标准《建筑施工安全检查标准》(JGJ 59—99),加强施工现场管理。工程结束后无安全事故发生。

2. 文明施工情况

(1)加强对施工人员文明施工的经常性教育,严禁野蛮操作。周转工具、材料等应轻拿轻放,减少噪声。

(2)经常听取邻近居民对本工程施工的意见和合理化建议。

(3)施工现场按文明施工的有关规定在明显的位置设置工程概况标牌、施工进度计划标牌、现场管理制度标牌、防火安全保卫标牌及施工总平面布置图。

(4)场容场貌实行分片包干制度,划分管理区域,规定职责范围,把施工现场的文明施工管理职责分解落实到责任人。

(5)保持施工现场场容场貌的整洁、平整、施工道路畅通无阻,排水系统畅通无积水,施工材料及工程材料按施工总平面图的划分区域堆码整齐。

(6)加强施工现场的安全保卫工作,完善施工现场的出入管理制度,施工人员在施工现场佩戴附有相片、证明其身份的证卡,严禁非施工人员擅自进入施工现场。

(7)抓好文明施工的宣传和落实工作,并按《建筑工程施工现场管理规定》执行。

(8)成立文明施工领导小组,每星期进行一次全面检查,发现问题及时整改。

六、环境保护措施与节约用地措施

(1)遵照国家环境保护政策和本工程环境保护的要求,严格进行施工管理,开展文明施工活动,创标准化施工现场。

(2)施工现场安排做到布局合理,材料堆放定位,机具车辆进出有序、定位停放,临时排水系统齐全畅通,路平灯明,生活设施清洁文明。

(3)施工时采取措施,确保当地居民、河流及耕地等不受灰尘、机械噪声等污染和损害。

(4)施工时会产生灰尘,所以为作业人员配备必要的劳保用品;对施工区定期洒水,减少灰尘污染。

(5)严格在工程用地征用的范围内施工。

七、施工中新技术、新材料、新工艺的应用情况

本工程未使用新技术、新材料、新工艺。

八、对建设单位、设计单位、监理单位的评价

1. 对建设单位的评价

建设单位在工程施工过程中经常到施工现场检查、督促工程质量和进度,经常给工程施工提供方便。建设单位在资金协调方面给予了大力支持,保证了按时通车计划目标的实现。

2. 对设计单位的评价

设计人员深入现场,根据施工进度对地基与基础、主体工程各环节进行检查验收,及时发放设计变更,较好地完成了设计与服务任务。

3. 对监理单位的评价

监理单位在整个施工过程中,能够很好地履行合同,进行"三控制"、"两管理"、"一协调",工作认真负责,在施工关键部位能够坚守现场旁站,他们所提供的监理服务令我单位满意。

九、施工体会

在建设单位的大力支持下,以及监理单位、设计单位等的共同努力下,商周高速公路周口西收费站于2006年底顺利完工,确保了商周高速公路的顺利通车。在工程施工过程中,我们学到很多经验教训。商周高速公路的建成对周口市乃至河南省的经济发展将起到很大的作用。

中建七局四公司

2009年11月2日

6. 商丘至周口高速公路周口段房建工程 SZZFJ-06 合同段施工总结报告

目　　录

商丘至周口高速公路周口段房建工程 SZZFJ-06 合同段施工总结报告

一、工程概况

(1)商周高速公路周口段建设单位为河南省通衢高速公路有限公司,设计单位为中国公路咨询总公司,其中房建工程 SZZFJ-06 合同段由焦作市海宇公路工程有限公司承建,河南省新恒丰监理咨询有限公司对施工全过程进行监理。

(2)本项目包括四通镇、淮阳收费站收费天棚,建筑结构类型为钢结构,基础为钢筋混凝土独立基础。基础垫层为 C10,基础混凝土为 C30,包括电气安装及装饰部分。本工程开工日期为 2006 年 6 月 20 日,竣工日期为 2006 年 12 月 10 日,按时完成了两个收费站大棚主体工程,得到业主部门的嘉奖,在具备施工条件后即刻完成收费天棚电器及其附属设施,保证了道路全面试运行。

(3)我单位是焦作市海宇公路工程有限公司,是具有建筑施工二级资质的企业。公司技术力量雄厚,曾参加过全国多条高速公路、一级公路和地方道路类似本工程的施工,积累了丰富的施工经验,并得到各地区业主和监理部门的肯定,为国家高速公路和地方道路的建设作出了应有的贡献。

二、机构组成

1. 投入人员情况(表 7-6-1)

投 入 人 员 情 况　　表 7-6-1

姓　名	职　务	人员分工
申金生	项目经理	负责本项工程全面工作
刘明生	项目总工	负责本项工程的技术工作
王彩霞	财务负责人	负责本项工程的财务工作
张小领	合同工程师	负责本项工程的计量工作
赵丽君	质量检验工程师	负责本项工程的质检工作
马大中	配电工程师	负责本项工程的配电工作

2. 设备投入情况(表 7-6-2)

设 备 投 入 情 况　　表 7-6-2

序　号	设备名称	规格型号	单　位	数　量	备　注
1	搅拌机	400L	台	2	
2	发电机	120kW	台	3	
3	振捣机	ZJ3.5kW	台	9	
4	起重升降机	20t、15t	台	2	
5	运输车	40t、20t	辆	4	

续上表

序　号	设备名称	规格型号	单　位	数　量	备　注
6	亚弧焊机	WS5—200A	台	2	
7	吊车	25t	台	4	
8	振动机	JT500/5000	台	5	
9	自动切割机	CGD2—2000	台	2	
10	水准仪	DS3	台	1	
11	经纬仪	J2	台	1	

三、质量管理情况

1. 施工质量控制依据

《中华人民共和国建筑法》;

《建筑工程质量管理条例》;

《建筑工程施工质量验收统一标准》(GB 503000—2001);

《地基基础工程施工质量验收规范》(GB 50202—2002);

《砌体工程质量验收规范》(GB 50203—2002);

《混凝土结构工程质量验收规范》(GB 50204—2002);

《建筑地面工程质量验收规范》(GB 50209—2002);

《建筑装饰装修工程质量验收规范》(GB 50210—2001);

《建筑电气工程质量验收规范》(GB 50303—2002);

《建筑给排水及采暖工程施工质量验收规范》(GB 50242—2002);

《河南省公路工程竣工文件材料立卷归档整理细则》;

建设单位与施工单位签订的《建筑工程施工合同》;

施工图纸和设计指定的标准图集;

设计交底、设计变更文件、建设单位提出的工程变更文件。

2. 质量控制措施

(1)项目部按企业质量标准建立质量管理体系,制订完善的质量管理制度,项目部各岗位均配备了相应的管理人员,所有施工管理人员均有相应的上岗证书,各分项主要操作工均按规定持证上岗。

(2)建立、健全技术管理制度,开工前进行图纸会审,编制了项目施工组织设计,对重要分项工程编制专门的施工方案,每一项工程施工前都进行技术交底,施工中进行技术复核。

(3)建立严格的材料进场验收检验制度,指定了专人负责,进行严格管理,确保建筑材料、半成品的质保书、检验报告等各项质量保证资料齐全;对进场材料及时规范取样、送检。在取得合格证后,交付工程使用。对混凝土和砂浆在施工时按照检测室内出示的配合比进行投料,试块均在监理单位见证下随机抽样制作,样本数量符合规定。

(4)施工过程中严格进行过程控制,特别对关键过程和特殊过程,派施工员进行严格监控,确保施工过程中的施工质量。

(5)建立、健全质量检验制度,对各分项、分部工程的施工能严格把关,制订自检、互检制度,专业质量监督员负责各项检查工作;隐蔽工程验收手续与施工进度同步,隐蔽验收资料齐全。

3. 施工中工程质量自检情况

施工过程中每工序都经过自检、互检、交接检，最后有专业技术负责人报审到监理工程师，由监理工程师组织验收。合格后再进行下道工序施工。建立完善的质量目标，对各分部、分项工程实行目标管理，做到组织落实，建立岗位责任制，以保证实现总的质量目标。

在施工中，按照 GB/T 19000—ISO 9000 系列标准建立了质量保证体系，符合 GB/T 19002—1991 ISO 9002《质量体系生产、安装服务的质量保证模式》的要求，使影响产品质量的因素始终处于受控状态下。

根据工程质量总体目标，我项目部针对整个工程制订了具体的质量目标，保证工程质量符合施工验收规范和质量检验评定标准的要求，争创分部、分项工程合格率达到 100%。

(1) 建立、健全以项目经理为首的项目部质量保证体系，在公司质量保证体系指导下开展工作，实行分级管理。项目部管理人员均由有多年经验的各类技术、管理人员组成。项目部实行质量责任制，项目经理为第一责任人，将质量目标层层分解落实到人，与每个人的经济利益挂钩，实行奖罚分明。

(2) 择优选择施工班组，保证施工技术操作质量。各施工班组在施工中应遵照有关施工规范、操作规范及验评标准和工艺要求进行操作，施工中加强自检、互检、交接检制度的执行，采取"挂牌制、责任制、样板制"，实行重奖重罚制度，制订质量制度，项目一日一查，质检员天天跟踪检查，达不到要求坚决返工。

(3) 在各分部、分项工程施工前做好技术交底，特别是对操作难点、疑点和质量通病，提出具体要求，明确针对措施，将质量隐患消灭掉。加强施工中的检查，做好分部工程、隐蔽工程、主要分项工程施工过程的预验及验收记录。采取雨季施工措施，防止出现质量事故。

(4) 要严把材料关，严格执行各种原材料和成品的质量检验认证制度。各种构件和主要材料必须要有生产准许证和质量合格证，杜绝不合格材料及构件入场。

(5) 认真落实计量检验制度，后台设专人负责管理，控制好混凝土及砂浆配合比、外加剂量、混凝土塌落度、砂浆稠度，经常进行检查。在基础、主体结构施工中，按规定做好试块取样、养护工作。

(6) 采取确保工程质量的措施，争创无质量通病工程，做好成品的保护工作，严禁被污染、磕碰和损坏。

(7) 工程资料的收集和整理与施工进度同步，及时准确反映工程施工结果。原材料复验和施工结果试验、检验的取样贯彻执行见证制度，各种表格填写整齐，并签字盖章。

本工程完工后，经过初检，工程合格率达到 100%。

四、施工进度控制

1. 施工进度管理措施

(1) 在施工进度计划指导下采用周、日计划来控制、指导工期。

(2) 合理安排施工进度，紧密衔接，交叉作业，以保证工期要求。

(3) 设专人负责材料采购工作，确保材料按计划供应。

(4) 选择性能好的施工机械，安排操作技能强又善于维修的职工操作，提高机械的利用率，加快工期。

2. 施工进度计划完成情况

为执行业主及监理进度的指示，我项目部在进场后马上加大财力、物力、人力、设备等工作的投入，形成紧张有序的大干局面，及时完成所有工作面的施工作业。本工程施工期为 2006

年6月20日~2006年12月10日,在业主及监理规定的日期内完工。

五、施工安全与文明施工情况

1.施工安全管理情况

安全为了生产,生产必须安全,为了防止出现安全事故,要求人们时刻要牢记"安全第一"的原则,制订一系列措施,以免给国家财产和施工人员生命财产造成损失。

(1)建立、健全安全岗位责任制,实行安全一票否决制,成立安全组织机构,项目经理为安全第一责任人。将安全指标层层分解,落实到每个施工管理人员和操作人员身上,明确其责、权、利,奖罚分明,并落实施工到过程中,每个操作人员必须严格执行安全操作规程,不得违章作业。

(2)工地设专职安全检查员,各操作班组亦设一名安全员,负责日常施工安全检查工作,并做好记录,实行每周安全例行检查制度,定期检查各种机械设备、设施和安全技术措施的执行情况,及时通报并提出表扬和批评。

(3)所有进场工人进行安全教育,建立教育档案。特别是对临时工和外用工,先培训教育,经考试合格后方可上岗。特殊工种必须持证上岗,杜绝无证操作。

(4)做好安全"三保、四口"的使用和防护工作。进入现场人员必须戴安全帽,高层作业系安全带。从事电气焊等作业人员要使用面罩或护目镜。

(5)工地用电按规定执行TN-S系统布线,实行三项五线制,设专人负责日常用电管理,各种机械、电器设备要专人专管,接地装置要安全可靠并有防护措施。

(6)施工机械由专人负责,持证上岗,机械旁有操作规程,明确责任人。

(7)垂直运输机械有超高限位装置、断绳保护装置、停层装置,机具安装完毕,专业队与项目部办理验收合格手续,并做好记录。

(8)脚用架、平台架等搭设符合要求,架板铺设平稳,先检查后使用,严禁高空抛物,严禁酒后作业。

(9)施工现场设好安全标志,要有消防装置,加强安全管理。

(10)禁止在大风、雷雨、浓雾天气从事高空作业。

在施工中项目部认真执行各项规章制度,未发生任何安全事故。

2.文明施工情况

项目经理全权代表公司在整个施工过程中负责工程一切事宜,在协调业主及监理工程师管理好工程质量及工程进度外,还积极组织人员协调与其他施工单位及当地居民的关系。在施工中项目部按照业主及主管部门的指示要求,同时认真听取驻地监理工程师意见,协调好各方关系,抓好文明施工,严格按公司及行业有关规章制度管理施工队伍。

六、环境保护措施与节约用地措施

施工前项目部对全体员工进行环保方面的教育和学习,增强环保意识,保护生态环境。本工程施工项目的主要污染源有职工生产、生活垃圾以及施工机械设备噪声,发电机废气污染等,针对上述污染源,制订以下措施:

(1)施工废水、生活用水等按规定进行处理,达标后排放,以防对周围水质造成污染。

(2)施工现场坚持工完料清,垃圾杂物要集中整齐堆放,及时处理,专人负责协调当地环保部门做好清洁清运工作。

(3)工程多放在白天施工,在条件允许的情况下,夜晚加班也不超过22:00,确保周围群众休息好,避免噪声污染。

七、施工中新技术、新材料、新工艺的应用情况

通过本次施工，我们掌握了很多既实用又简便的施工工艺，本次施工工期短、任务重，为了把工程做到最好，同时又不耽误工期，项目部组织技术人员积极研讨，大胆创新，制订了新的施工方案，使我们在施工中少走了很多弯路，节约了宝贵的时间，圆满完成了本项施工任务。通过本次施工，我们学到了很多新知识，增加了施工经验，弥补了许多以往施工中的不足，为以后的施工积累了更多的施工经验。

八、对建设单位、设计单位、监理单位的评价

本工程实施期间，建设单位坚持以工程质量为重心，严格按照基本建设程序为我部办理相关手续，并积极为我部协调水电设施。因有建设单位的大力配合，为我部创造了良好的施工环境，从而保证了本项目工程在工期紧、任务重的情况下如期圆满完工。

该项目由河南新恒丰监理咨询有限公司负责工程施工监理，在监理过程中，在工程质量、进度、计量支付及合同管理等方面工作认真、负责，各项工序均有专业监理工程师站场，检测合理，抽检及时。因有监理单位的严格监理、热忱服务，使本工程优质、按时完工。

该项目在建设、设计、监理单位的大力配合及我施工单位的紧张努力下，按期按质完成了本项目全部施工任务。

九、施工体会

整体工程工期要求比较紧、施工任务比较重，增加了一定的施工难度。回顾整个工程施工过程，主要有以下几个方面体会：

质量把握比较严格，各项工作质量控制严格，按照规范和设计图纸进行。在建设单位和监理单位的严格要求下，各项质量检查项目落实到位，质量检验程序完善。

在施工中，密切配合建设单位和监理单位工作，使工作目标明确。认真接受建设单位和监理单位的施工要求，将施工标准、施工程序规范化。

认真接受建设单位和监理单位的批评，对不足的地方制订整改措施，在施工中严格要求自己，加强自身管理，保障高质量完成施工目标任务。

正确看待建设单位和监理单位对我单位的物质奖励和精神奖励，戒骄戒躁，虚心学习，将目标定得更高、看得更远。

回顾工程建设，有很多感慨的地方，在此非常感谢建设单位、监理单位和设计单位在工程建设工作中对我单位工作的帮助、支持，我们将孜孜不倦地将后期工作做好，给建设单位、监理单位和关心商周高速公路建设的各界递交一份满意的答卷。

焦作市海宇公路工程有限公司

2009 年 10 月 28 日

7. 商丘至周口高速公路周口段房建工程 SZZFJ-07 合同段施工总结报告

目　　录

商丘至周口高速公路周口段房建工程 SZZFJ-07 合同段施工总结报告

一、工程概况

本工程为河南省商丘至周口高速公路周口段 SZZFJ-07 合同段项目，包括周口西收费大棚和周口东收费大棚。合同开工日期为 2006 年 6 月 10 日，合同竣工日期为 2006 年 11 月 28 日。合同造价为 1 035 597 元。

1. 周口西收费大棚

周口西收费大棚位于周口西收费站，建筑面积 445.79 ㎡，为双向 5 车道，主体为 4 柱网架结构，外包银灰铝塑板，整体造型简洁精致。

2. 周口东收费大棚

周口东收费大棚位于周口北收费站，建筑面积 863 ㎡，双向 6 车道，10 根柱子，钢结构幕墙，外观造型新颖美观。

二、机构组成

我公司根据施工需要，抽调具有相关施工经验的技术人员组建了河南省第七建筑工程公司商周高速公路周口段项目部，组织了施工所需的机械设备。项目部主要人员及职责见表 7-7-1，设备投入情况见表 7-7-2。

项目部主要人员及职责 表 7-7-1

姓　名	职　务	人员分工
苗红军	经济师	全面负责本项工程工作
余桂国	总工程师	负责本项工程的技术工作
鲍小霞	工程师	负责本工程的质量工作
张君齐	施工员	负责工程的施工组织
任明辉	安全员	负责本项工程的安全
袁文海	工程师	负责本工程的合同管理
张翠华	资料员	负责本项工程的资料管理
董道梅	会计员	负责本工程的财务工作

设备投入情况 表 7-7-2

序　号	设备名称	型　号	数　量
1	搅拌站	HSZ—25	2
2	电焊机	BX3500	3
3	闪光对焊机	VNI—150	2
4	钢筋弯曲机	GW40—2F	2
5	钢筋切断机	FGQ40—2F	2
6	高压水泵	Y160L—4	2

续上表

序号	设备名称	型号	数量
7	平板振动器	PZ—50	4
8	振动棒	HZ6X—30	8
9	反铲挖掘机	PC—200	1
10	自卸汽车	JC6	2
11	混凝土搅拌机	350 型	4
12	发电机	HTGC500—2	3

三、质量管理情况

1. 施工质量控制依据

《中华人民共和国建筑法》,《建筑工程质量管理条例》;

《建筑工程施工质量验收统一标准》(GB 503000—2001);

《地基基础工程施工质量验收规范》(GB 50202—2002);

《砌体工程质量验收规范》(GB 50203—2002);

《混凝土结构工程质量验收规范》(GB 50204—2002);

《建筑地面工程质量验收规范》(GB 50209—2002);

《建筑装饰装修工程质量验收规范》(GB 502010—2001);

《建筑电气工程质量验收规范》(GB 50303—2002);

《建筑给排水及采暖工程施工质量验收规范》(GB 50242—2002);

《钢结构工程施工质量验收规范》(GB 50205—2001);

《河南省公路工程竣工文件材料立卷归档整理细则》;

建设单位与施工单位签订的《建筑工程施工合同》;

施工图纸和设计指定的标准图集;

设计交底、设计变更文件、建设单位提出的工程变更文件。

2. 质量控制措施

(1)项目部按企业质量标准建立质量管理体系,制订完善的质量管理制度。项目部各岗位均配备了相应管理人员,所有施工管理人员均有相应的上岗证书,各分项主要操作工人均按规定持证上岗。

(2)建立、健全技术管理制度,开工前进行图纸会审,编制项目施工组织设计,对重要分项工程编制专门的施工方案,每一项工程施工前都进行技术交底,施工中进行技术复核。

(3)建立严格的材料进场验收检验制度,指定了专人负责,进行严格管理,确保建筑材料、半成品的质保书、检验报告等各项质量保证资料齐全,对进场材料及时规范取样、送检,在取得合格证后,交付工程使用。对混凝土和砂浆,在施工时按照试验室配合比进行投料,试块均在监理单位见证下随机抽样制作,样本数量符合规定。

(4)施工过程中严格进行过程控制,特别对关键过程和特殊过程,派施工员进行严格监控,确保施工规程中的施工质量。

(5)建立、健全质量检验制度,各分项、分部工程的施工严把自检、互检关,并由专业质量监督员负责各项检查工作;隐蔽工程验收手续与施工进度同步,隐蔽验收资料齐全。

3. 施工中工程质量自检情况

施工过程中每道工序都经过自检、互检、交接检，最后由专业技术负责人报审到监理工程师，由监理工程师组织验收，合格后再进行下道工序施工。

4. 对工程质量的评价

(1) 主要建筑材料

该工程基础与主体的钢筋，采用安阳钢铁股份有限公司钢材；基础与主体的水泥全部采用登电集团水泥。结构混凝土用砂为舞阳砂，石子产地为确山。

钢材、水泥按种类、批量进场时均有合格证，且在监理人员的监督指导下进行现场取样，复试结果均合格。

水暖、电气材料(各种管材、电线开关、插座等)均有合格证、准用证、检测报告等质量合格证明。

(2) 地基验槽

基槽开挖完后，建设、勘察、设计、施工、监理的有关技术负责人进行了地基验槽，各方一致认为：基槽岩土与《岩土工程勘察报告》相符，土质均匀。

(3) 基础工程

在施工过程中，重点控制了搅拌混凝土各种用料的计量，经常进行砂、石料的外观(粒径、含砂量、级配情况)、混凝土的坍落度的检查，保证了混凝土的强度。混凝土蜂窝、麻面、露筋等均在合格标准范围内。钢筋的种类、直径、间距、排距、绑扎等均符合设计及施工规范要求。

(4) 主体结构部分

钢筋工程：施工时对钢筋的焊接，严格检查各焊接接头外观质量，对外观质量有怀疑时进行抽样，做物理性能试验检验。对梁、柱节点部位的钢筋作为重点严格把关，对不符合设计施工图和抗震节点构造要求的部位不得进行下道工序施工。

为防止出现钢筋过大的位置偏差，在绑扎钢筋时，按钢筋间距弹好墨线后进行钢筋绑扎。采取了有效手段，严格控制了梁、柱钢筋的水平、竖直位置。钢筋绑扎符合施工规范的要求。

混凝土工程：对原材料质量控制严格把关，施工时对模板工程作为第一道关键工序来控制，保证模板位置准确，不漏浆。混凝土浇注中，施工人员严格按操作规程作业，根据结构特点，易发生质量问题的部位，进行了严格管理，保证了梁、板、柱的几何尺寸，混凝土没有超出施工规范规定的麻面面积。经检验，混凝土梁、柱观感质量较好。从混凝土试块试验报告看，强度达到设计要求。

(5) 工程技术资料核查情况

对该工程质量控制资料核查记录、安全和功能检验资料核查及主要功能抽查记录、观感质量检查记录的检查，均符合要求。

(6) 环境质量评价

工程中使用的建筑材料经检测，对所处环境没有污染。

(7) 工程质量问题的处理评价

在基础工程施工中，对有极小变化的部分，及时请示设计、监理、施工、业主共同到现场，依据实际情况进行了处理，确保工程质量。

(8) 质量综合评价

在项目公司和监理公司的精心指导下，该工程在施工中认真执行法律、法规和强制性标准的规定。地基与基础、主体结构及其他部位均达到了设计要求。工程质量控制资料，工程安全和功能检验资料及主要功能抽查资料真实、完整。环境没有污染。该单位工程质量等级达到了合格的标准。

四、施工进度控制

(1)在本工程施工期间,我公司组织各种专业工程师现场指导施工,其中主要有土建、安装、装饰、施工等专业。各专业施工队根据工程需要配置专业技术管理人员,完善各项施工规程、安全规程、技术要求,服从管理、精心施工。

(2)建立生产例会制度,每星期召开两次工程例会,检查上一次例会以来的计划执行情况,布置下一次例会前的计划安排,调整工作内容,及时采取有效措施保证计划完成。

(3)采用施工进度总计划与月、周计划相结合的三级网络进行工期进度计划的控制与管理,并利用计算机技术进行动态管理。在施工生产中抓主导工序,找关键矛盾,组织交叉作业,做好劳动力的组织和协调工作,通过施工网络节点控制目标的实现来保证各控制点工期目标的实现,从而进一步通过各控制点工期目标的实现来确保总工期控制进度计划的实现。

(4)根据工作需要,制订内部管理制度、规章规程,调整工作优势,实行合理的工期目标奖罚制度,确保工期。

(5)做好施工配合及前期准备工作,拟订施工准备工作计划,专人逐项落实,保证高质、高效地完成。加大周转材料的投入量,减少主体施工的周期,保证业主能按时进行设备安装。加大机械设备的投入量,减小劳动强度,提高劳动效率。

(6)秋收期间不放假、不停工,具体措施如下:

①调查工人的实际情况,根据不同地区的收获情况,分批放假,并且采取奖励制度,凡秋收期间在现场施工的人员,均提供双工资。

②做好工人的思想工作,个人利益服从企业利益,信守“献身、实干、进取、守信”的企业精神。

(7)建立工期目标,确保2006年底顺利通车。

五、施工安全与文明施工情况

1. 安全施工情况

按照公司安全生产管理的要求,本项目配备1名专职安全人员在项目经理、主抓安全的生产经理的领导下开展日常安全生产监督管理工作。施工过程中严格执行建设部批准的强制性行业标准《建筑施工安全检查标准》(JGJ 50—99),加强施工现场管理。工程结束后无安全事故发生。

2. 文明施工情况

(1)做好现场管理,加强对施工人员文明施工的经常性教育,严禁野蛮操作。周转工具、材料等应轻拿轻放,以减少噪声。

(2)结合邻近居民,广纳本工程施工中的意见和合理化建议。

(3)施工现场按文明施工的有关规定,在明显的位置设置工程概况标牌、施工进度计划标牌、现场管理制度标牌、防火安全保卫标牌及施工总平面布置图。

(4)场容场貌实行分片包干制度,划分管理区域,规定职责范围,把施工现场的文明施工管理职责分解落实责任到人。

(5)保持施工现场场容场貌整洁、平整,施工道路畅通无阻,排水系统畅通无积水,施工材料及工程材料按施工总平面图的划分区域堆码整齐。

(6)加强施工现场的安全保卫工作,完善施工现场的出入管理制度,施工人员在施工现场佩戴附有相片、证明其身份的证卡，严禁非施工人员擅自进入施工现场。

(7)抓好文明施工的宣传和落实工作，并按《建设工程施工现场管理规定》执行。

(8)成立文明施工领导小组，每星期一次全面检查，发现问题及时整改。

六、环境保护措施与节约用地措施

(1)遵照国家环境保护政策和本工程环境保护的要求，严格进行施工管理，开展文明施工活动，创标准化施工现场。

(2)施工现场安排做到布置合理，材料堆放定位，机具车辆进出有序、定位停放，尽量缩小施工场地，节约施工用地。临时排水系统齐全畅通，路平灯明，生活设施清洁文明。

(3)施工时采取措施，确保当地居民、河流及耕地等不受灰尘、机械噪声等的污染和损害。

(4)施工时会产生灰尘，所以为作业人员配备了必要的劳保用品，对施工区定期洒水，减少灰尘污染。

七、施工中新技术、新材料、新工艺的应用情况

施工中大胆使用新技术、新材料，探索使用新的工艺技术。项目部采用专业工厂加工主体网架，现场组装等技术，以及轻型钢桁架结构，使工程在实用美观上达到较高要求，同时也保证了施工工期和质量。

八、对建设单位、设计单位、监理单位的评价

1. 对建设单位的评价

建设单位在资金协调方面给予了大力支持，保证了按时通车计划目标的实现。建设单位还在工程施工过程中经常到施工现场检查、督促工程质量和进度，给工程施工提供方便，在工程施工过程中采取奖优罚后的有力措施。

2. 对设计单位的评价

工程设计合理，结构多样化。该单位设计人员多次深入现场，根据施工进度对地基与基础、主体工程各环节进行检查验收，实地检查，及时发放设计变更，较好地完成了设计任务。

3. 对监理单位的评价

监理单位为河南新恒丰建设监理有限公司，在整个施工过程中，监理单位能够很好地履行合同，进行"三控制"、"三管理"、"一协调"，工作认真负责，在施工关键部位能够坚守现场旁站，工作严谨细致。

九、施工体会

在建设单位的大力支持下，在监理单位、设计单位的共同努力下，商周高速公路周口西收费大棚、周口东收费大棚于2006年底顺利完工，确保了商周高速公路全线通车。在施工过程中，我公司不仅顺利完成施工任务，更在施工中学习了业主单位管理的严谨高效和监理单位工作的认真负责，使我公司的管理水平和业务技能得到了显著提高。

河南省第七建筑工程公司

2009年11月15日

商丘至周口高速公路(周口段)工程竣工验收

第二册　批复文件、交工验收、专项工程验收

何　玲　李国喜　师恒周　主编

人民交通出版社

内 容 提 要

本书收录了商丘至周口高速公路(周口段)工程立项、工程建设用地、工程设计、变更设计相关批复文件,工程交工验收及专项工程验收相关文件。

本书可供高速公路建设、设计、施工监理、质检等方面工程技术人员参考使用。

图书在版编目(CIP)数据

商丘至周口高速公路(周口段)工程竣工验收.第2册,批复文件、交工验收、专项工程验收/何玲,李国喜,师恒周主编.—北京:人民交通出版社,2012.12

ISBN 978-7-114-10109-0

I.①商… II.①何… ②李… ③师… III.①高速公路-道路工程-工程验收-河南省 IV.①U415.12

中国版本图书馆CIP数据核字(2012)第230581号

书　　名:商丘至周口高速公路(周口段)工程竣工验收(第二册)
著 作 者:何　玲　李国喜　师恒周
责任编辑:韩亚楠　黎小东　夏　迎
出版发行:人民交通出版社
地　　址:(100011)北京市朝阳区安定门外外馆斜街3号
网　　址:http://www.ccpress.com.cn
销售电话:(010)59757973
总 经 销:人民交通出版社发行部
经　　销:各地新华书店
印　　刷:北京市密东印刷有限公司
开　　本:787×1092　1/16
印　　张:18
字　　数:448千
版　　次:2012年12月　第1版
印　　次:2012年12月　第1次印刷
书　　号:ISBN 978-7-114-10109-0
全套定价:200.00元

商丘至周口高速公路(周口段)工程
竣工验收(第二册)
编　委　会

目　　录

第一部分　批复文件

一、工程立项

二、工程建设用地

三、工程设计

四、变更设计

第二部分　交工验收

第三部分　专项工程验收

第一部分　批复文件

一、工程立项

1. 关于呈报商丘至周口高速公路周口段项目建议书的请示

周计基础[2003]228 号

河南省计委、河南省交通厅:

商丘至周口高速公路是河南省高速公路网建设项目之一,是河南省重点经济干线的重要组成部分,是周口市境内通往邻市的一条重要运输大通道。该项目的建设对于充分发挥我省高等级公路网的整体效益,缓解国道主干线交通运输紧张状况,促进沿线地区经济发展,加快我市的城镇化进程具有十分重要的意义。

一、建设标准

全线按四车道高速公路标准建设,路基宽 28m,行车道宽 2×7.5m,硬路肩宽 2×3.5m,中央分隔带宽 3m,计算行车速度 120km/h,桥梁设计荷载:汽车—超 20 级,挂车—120。

二、建设规模及主要工程量

本项目建设里程 67.657km,其中特大桥 2 座。大桥 3 座,中桥 15 座,分离式立交 9 处,机耕天桥 25 座,人行天桥 8 座,通道 32 道。

三、投资估算及资金筹措

本项目投资估算总金额为 184707.4 万元,建设单位自筹 64647.4 万元(占总投资的 35%),银行贷款 120060 万元(占总投资的 65%)。

我们已将《商丘—周口高速公路周口段工程预可行性研究报告》、"商丘—周口高速公路周口段项目建议书"编制完成,现随文呈报。

此请示,请批复。

附件:1. 项目建议书(略)

2. 预可行性研究报告(略)

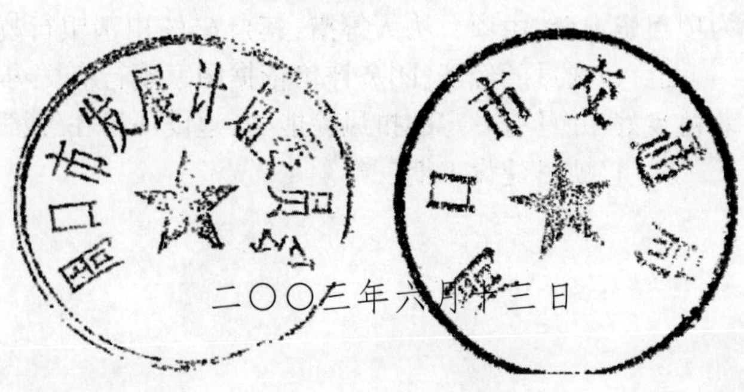

二〇〇三年六月十三日

2. 关于商丘至周口高速公路周口段项目建议书审查意见的函

豫交计[2003]470 号

省计委：

周口市发展计划委员会、交通局"关于呈报商丘至周口高速公路周口段项目建议书的请示"(周计基础[2003]228 号)收悉。根据河南省工程咨询公司"关于《商丘至周口高速公路周口境内段工程预可行性研究报告》的评估报告"(豫咨字 2003 第 92 号)，经审查，现将我厅意见函告如下：

一、为扩大豫东地区与安徽省及华东地区的交往，完善区域公路网布局，提高交通运输能力，促进沿线自然资源的开发和利用，带动沿线经济及旅游事业的发展，我厅同意新建周口至商丘高速公路。

二、同意推荐方案的路线走向。路线起自大康县张集乡东南，接商周高速商丘境内段路线终点，向西南行，在夏楼附近与 G311 线交叉设出入口型互通立交以连接国道 311 和四通镇；路线继续西南行，在淮阳县城北跨许郸地方铁路、国道 G106 线，并设出入口型互通立交能连接淮阳县；路线向西南跨新运河、清水河、在赵庄附近与拟建的阿深高速公路交叉，在周口东环与北环交叉处北约 6km 处通过，在邵火庙附近设出入口型互通立交以连接周口市；经过西华县东王营、大王庄南，在新老家附近与 S102 线交叉，并在此处设出入口型线通立交以连接西华县和周口市，路线左折向南，在李大庄西连续跨颖河、沙河，终点在周口市西南部与漯界高速公路相接，并设枢纽型互通立交。路线全长 68km。

全线共设第通式立交 5 处，分离式立交 9 座，通道 32 座，特大桥 2 座，大中桥 18 座，小桥 15 座，涵洞 169 道，管理中心 1 处，服务区 1 处，养护中心 1 处。连接线 3 条，其中新建周口市东环连接线和淮阳县连接线 6. 3km，西华县连接线利用老路 4. 3km。

三、根据项目在路网中的地位和作用，结合该项目交通量预测和沿线地形，同意该工程按四车道高速公路，计算行车速度 120km/h 标准设计，路基宽 28m。周口东环连接线采用一级公路技术标准，淮阳连接线采用二级公路技术标准。桥涵设计车辆荷载采用汽车—超 20 级，挂车—120。其他技术指标应符合交通部颁发的《公路工工程技术标准》(JTJ 001—97)中的规定。

四、建议本项目投资估算控制在 18. 2 亿元左右(包括贷款利息和连接线工程)，其中 35% 为项目资本金，由项目法人筹措，其余 65% 申请银行贷款解决。

五、该项目的经济、团务评价依据国家现行有关办法编制，方法正确，经评价，经济和财务效益良好，并具有一定的抗风险能力，建设项目在经济上是可行的。

六、该项目建设工期三年。

二〇〇三年七月十日

3. 关于商丘至周口高速公路周口段项目建议书的批复

豫计基础[2003]1231 号

周口市计委：

你市《关于呈报商丘至周口高速公路周口段项目建议书的请示》（周计基础[2003]228 号文）收悉。结合省交通厅的审查意见和咨询机构的评估报告，经研究，同意新建商丘至周口高速公路周口段。现批复如下：

一、路线走向及建设规模。

该项目路线起自太康县张集乡东南，接商周高速公路商丘段终点，向西南布设，在夏楼附近与国道 311 线交叉，在淮阳县城北跨许郸地方铁路、国道 106 线，路线继续向西南，跨新运河、清水河，在赵庄附近与拟建的阿深高速公路交叉，经周口市北郊，与 S102 线交叉，在李大庄西连续跨颍河、沙河，止于周口市西部与洛界高速公路交叉处。路线全长约 67.66km。

二、主要技术标准。

该项目按双向四车道高速公路标准设计，计算行车速度 120km/h，路基宽 28m。周口市东环连接线采用一级公路技术标准，淮阳连接线采用二级公路技术标准。桥涵设计荷载采用汽车—超 20 级、挂车—120。其他技术指标应符合交通部颁发的《公路工程技术标准》（JTJ 001—97）中的规定。

三、投资估算及资金来源。

该项目估算总投资约 18.18 亿元，其中，35% 为项目资本金，由项目法人负责筹措；65% 申请国内银行贷款。

四、项目法人组建方案随项目可行性研究报告报我委审批。

五、招标初步方案随项目可行性研究报告报我委核准。

请据此编制项目可行性研究报告。

二〇〇三年七月二十四日

4. 关于商丘至周口高速公路周口段土建设工程申请办理施工许可的请示

豫高司[2006]759号

河南省交通厅：

根据《中华人民共和国公路法》第二十五条及交通部《关于实施公路建设项目施工许可工作的通知》(交公路发[2005]258号)的要求,目前,商丘至周口高速公路周口段土建工程项目已满足以下条件：

1. 项目已列入2004年度建设计划；
2. 施工图设计文件已编制完成并经上级部门审批同意；
3. 建设资金已经落实；
4. 工程建设用地已经土地管理部门批准,拆迁工作已经完成,具备了开工条件；
5. 施工、监理单位已依法确定；
6. 已办理质量监督手续并落实了质量保证和安全措施。

经我公司初审,认为符合国家相关法规的要求,特申请办理该项目施工许可。

妥否,请批示。

附件：

1. 河南省交通厅《关于商丘至周口调整公路周口段工程施工图设计的批复》(豫交计[2004]203号)(略)
2. 审计报告(周兴会审字[2003]194号)(略)
3. 河南省国土资源厅《关于商丘至周口高速公路周口段工程建设用地的函》(豫国土资函[2006]407号)(略)
4. 土建各合同段承包商、监理单位,合同价情况表(略)
5. 施工及监理招标《资格预审评审报告》(略)
6. 施工及监理招标《评标报告》(略)
7. 商周调整周口段《公路工程质量监督通知书》(略)
8. 质量保证和安全措施。(略)

二〇〇六年八月三十日

5.河南省商丘至周口高速公路周口段施工许可申请书

<table>
<tr><td>申请人（项目法人）名称</td><td colspan="5">河南通衢高速公路有限公司</td></tr>
<tr><td>申请人（项目法人）地址及邮编地址</td><td colspan="5">周口太昊路中段　466000</td></tr>
<tr><td rowspan="5">法定代表人姓名及联系方式</td><td>姓名</td><td>李国喜</td><td rowspan="5">委托代理人姓名及联系方式</td><td>姓名</td><td>石杰</td></tr>
<tr><td>电话</td><td>0394-8304701</td><td>电话</td><td>0394-8304586</td></tr>
<tr><td>手机</td><td>13393929000</td><td>手机</td><td>13393921861</td></tr>
<tr><td>传真</td><td>0394-8304701</td><td>传真</td><td>0394-8304701</td></tr>
<tr><td>E-mail</td><td></td><td>E-mail</td><td></td></tr>
<tr><td>申请材料目录</td><td colspan="5">1. 关于商丘至周口高速公路（周口段）工程施工图设计的批复
2. 审计报告[周兴会审字(2003)194 号]
3. 关于商丘至周口高速公路（周口段）工程建设用地的批复
4. 土建各合同段承包商、监理单位，合同价情况表
5. 资格预审评审报告
6. 评标报告
7. 公路工程质量监督通知书
8. 质量和安全保证措施</td></tr>
<tr><td>申请日期</td><td>2006 年 8 月 10 日</td><td colspan="2">法定代表人（委托代理人）签字或盖章</td><td colspan="2"></td></tr>
</table>

注：1. 本申请书由交通行政许可的实施机关负责免费提供；

2. 申请人应当如实向实施机关提交有关材料和反映情况，并对申请材料实质内容的真实性负责。

<table>
<tr><td rowspan="3">项目基本情况</td><td>项目名称:商丘至周口高速公路周口段</td></tr>
<tr><td>路线起讫点:K200 + 000 ~ K268 + 750</td></tr>
<tr><td>建设规模及主要技术指标:
高速公路,长 68.75km,路基宽 28m,双向六车道,行车道宽 2 × (3 × 3.375) m,全线桥涵荷载采用公路Ⅰ级,桥面净宽采用 2 × 12.5m,洪水设计频率大中小桥 1/100</td></tr>
<tr><td rowspan="5">建设依据</td><td>工可报告批准机关:河南省发展计划委员会
文号:豫计基础[2003]1537 号　　日期:2003 年 9 月 2 日</td></tr>
<tr><td>项目审批报告核准机关:　　日期:</td></tr>
<tr><td>初步设计批准机关:河南发展计划委员会
文号:豫计设计[2003]1914 号　　日期:2003 年 12 月 22 日</td></tr>
<tr><td>施工图设计批准机关:河南省交通厅
文号:豫交计[2004]403 号　　日期:2004 年 12 月 3 日</td></tr>
<tr><td>批准总概算:209867.5 万元　　其中部投资:　　万元</td></tr>
<tr><td>土地征用办理情况</td><td>建设用地批准机关:国土资源部　　文号:国土资函[2004]293 号
日期:2004 年 9 月 10 日</td></tr>
<tr><td>交通主管部门对建设资金的审计意见</td><td>审计结果:这次审计资产总计 172588 万元,其中:货币资金 20947 万元,基建工程支出 53 万元,固定资产 151588 万元;实收资本 172588 万元
周口市交通局
签字:　　(章)
年　　月　　日</td></tr>
</table>

<table>
<tr><td rowspan="2">项目法人
基本情况</td><td>项目法人名称:河南通衢高速公路有限公司　法定代表人:李国喜</td></tr>
<tr><td>委托的项目建设管理单位:无</td></tr>
<tr><td colspan="2">质量监督单位:河南省交通厅质量监督站</td></tr>
<tr><td colspan="2">设计单位:中国公路工程监理咨询总公司　　资质等级:甲级</td></tr>
<tr><td colspan="2">申请开工日期:2003 年 12 月 25 日　计划竣工日期:2006 年 12 月 25 日
计划工期:36 个月</td></tr>
<tr><td colspan="2">该项目施工许可实施机关的下一级地方人民政府交通主管部门初审意见(如有):

签字:(章)
年　月　日</td></tr>
<tr><td colspan="2">该项目施工许可实施机关审批意见:

年　月　日</td></tr>
</table>

6. 关于呈报《河南省商丘至周口高速公路周口境内段工程可行性研究报行》的请示

周计基础[2003]300号

省计委、省交通厅：

根据河南省人民政府豫政[2003]10号文《关于深化交通建设管理体制改革的通知》中有关精神，依据省计委关于商周高速公路周口境内段预可研批复精神，周口市公路局委托中国公路工程咨询监理总公司编制完成了《河南省商丘至周口高速公路周口境内段工程可行性研究报告》，现随文呈报，请审批。

一、项目建设的必要性

本项目为区域高速路网的重要组成部分，是河南省规划的"十五"期间应建设完成的重点支线高速公路，在连接商丘与周口两个地级市的同时，随着规划路段的分段分期建设，未来年将与区域内的重睐主干线高速公路（东香、连霍、阿深、亳许等高速）相连，连成了区域内四通八达的高速路网，必定会大大改变周口市貌，改善其投资环境，进而促进其经济的发展。同时拟建的高速公路必将加强周口市作为市域中心的辐射作用，必将为周口市和河南省实现全面小康起着重要的推动作用。

二、路线走向与建设规模

路线起自太康县张集乡东南，接商周高速商丘境内段路线终点，西南行与国道G311线交叉，在淮阳县城北连续上跨许郸地方铁路和G106线，路线继续西南行，跨新运河、清水河，与拟建的阿深高速公路交叉后，过周口市北郊，与省道S102交叉，路线左折南行，在李大庄西连续跨颍河、沙河，止于周口市区西郊与洛界高速公路的交叉处，推荐线长约68km，连接线长约6km。沿线特大桥2座共长1068m，大桥3座共条687m，中桥15座共长760m，小桥19座共长240m，一般互通式立交4处，枢纽型互通式立交1处，分离式立交21处，机耕天桥36座，人行天桥45座，通道47道，涵洞150道。

三、技术标准

主线按四车道高速公路标准建设，路基宽28m，行车道宽2×7.5m，计算行车速度120km/h，桥梁设计荷载汽车—超20级，挂车—120。

连接线按二级公路结合城市道路标准建设，实际建设路基宽30m，规划红线宽60m。计算行车速度100km/h，桥梁设计荷载汽车—超20级，挂车—120。

四、估算投资

本项目推荐路线建设投资估算总金额为19.6亿元，平均每千米造价约为2890万元。

五、资金筹措方式

本项目推荐路线建设投资估算总金额为19.6亿元，计划由以下两种方式筹集资金：(1)业主单位自筹6.86亿元（占总投资的35%），(2)其余12.74亿由银行贷款（占总投资的65%）。公路建成后，以收取车辆通行费作为投资回报，逐年偿还贷款。

此表示，请批复。

二〇〇三年七月十日

7. 关于商丘至周口高速公路周口段工程可行性研究报告的批复

豫计基础[2003]1537 号

周口市计委:

你委《关于呈报河南省商丘至周口高速公路周口境内段工程可行性研究报告的请示》(周计基础[2003]300 号)收悉。结合咨询机构的评估报告和省交通厅的审查意见,经研究,现批复如下:

一、路线走向及建设规模

路线起自太康县张集乡东南,接商周高速公路商丘段终点,在夏楼附近与 G311 线交叉,向西南在 S206 西侧约 3km 处平行于 S206 布线,在淮阳县城北约 2.5km 处跨许郸地方铁路、G106。路线继续向西南,跨新运河、清水河,在东赵庄附近与拟建的阿深高速公路交叉,经周口市北郊,在周口市东环与北环交叉处以北约 6km 处通过,经西华县东王营乡南,在东刘寨附近跨贾鲁河,在新老家东南约 1km 处与 S102 线交叉,过鱼林台东南,在齐桥与李集之间跨颍河,在赵集西侧跨沙河,止于周口市西郊李寨西南与漯界高速公路交叉处。路线全长约 66.89km。

全线设互通式立交 6 处,分离式立交 16 处,特大桥 2 座,大、中桥 34 座,涵洞 135 道,通道 54 处,管理中心、服务区、养护中心各 1 处,连接线 13.3km。

二、主要技术标准

该项目采用双向四车道高速公路标准设计,计算行车速度 120km/h,路基宽 28m。行车道宽 2×2×3.75m,中央分隔带宽 3.0m,左侧路缘带宽 2×0.75m,硬路肩宽 2×3.50m,土路肩宽 2×0.75m。路面面层采用沥青混凝土结构。桥涵设计车辆荷载采用汽—超 20 级、挂—120。淮阳连接线、周口东连接线、周口西连接线采用二级公路技术标准。其他技术指标应符合《公路工程技术标准》(JTJ 001—97)中的规定。

三、投资估算及资金来源

该项目估算总投资约 21.6 亿元,其中,项目资本金 7.6 亿元,由项目法人负责筹措,申请国内银行贷款 14 亿元。

四、该项目法人为周口市恒达高速公路发展有限责任公司,由周口市公路管理局出资 98.1%、周口市公路桥梁总公司出资 1.9%,共同组建。经营期限为 30 年(含建设期),经营期满后,无偿移交周口市政府交通主管部门。

五、该项目按两阶段进行设计,初步设计报我委审批。

六、该项目建设工期为 36 个月,2003 年年底开工,2006 年年底建成。

七、同意项目法人按公开招标方式,自行组织项目勘察设计、施工、监理和重要设备、材料采购的招标。招标公告须在国家指定的媒介上发布。在确定中标人之日起 15 日内,向我委及有关行政监督部门提交招投标情况的书面报告。

请据此抓紧开展项目前期工作。

附件:项目招标方案核准意见

二○○三年九月二日

附件：

项目招标方案核准意见

建设项目名称：商丘至周口高速公路周口段

项目	招标范围		招标组织形式		招标方式		不采用招标方式
	全部招标	部分招标	自行招标	委托招标	公开招标	邀请招标	
勘察	核准		核准		核准		
设计	核准		核准		核准		
建筑工程	核准		核准		核准		
安装工程	核准		核准		核准		
监理	核准		核准		核准		
设备		不予核准	核准		核准		
重要材料		不予核准	核准		核准		
其他		不予核准	核准		核准		

审批部门核准意见说明：

根据《河南省实施〈招标投标法〉办法》规定，设备、重要材料、其他三项也应当全部招标。

2003年9月 日

8. 关于报送河南省商丘至周口高速公路周口境内段工程建设用地地质灾害危险性评估报告初步评审意见的函

豫国土资函[2003]373号

国土资源部环境司：

河南省地矿建设工程(集团)有限公司受周口市恒达高速公路发展有限责任公司的委托，向我厅提交了《河南省商丘至周口高速公路周口境内段工程建设用地地质灾害危险性评估报告》，已经厅组织专家初步评审。我厅同意专家组提出的初步评审意见，现报部审查认定。

附件：河南省商丘至周口高速公路周口境内段工程建设用地地质灾害危险性评估报告初步评审意见

二〇〇三年八月十五日

附件：

河南省商丘—周口高速公路周口境内段工程建设用地地质灾害危险性评估报告初步评审意见

受周口市恒达高速公路发展有限责任公司的委托，河南省地矿建设工程(集团)有限公司对河南省商丘至周口高速公路周口境内段工程建设用地地质灾害危险性进行了评估。评估工作自2003年7月9日开始，至2003年7月28日结束，完成调查区面积162.38km^2、调查路线长度106.8km、各类调查点84个、收集钻孔6个、总进尺325m，在此基础上提交了《河南省商丘至周口高速公路周口境内段工程建设用地地质灾害危险性评估报告》。

2003年8月6日，河南省国土资源厅在郑州邀请有关专家，对河南省地矿建设工程(集团)有限公司提交的该评估报告，进行了初步评审，形成评审意见如下：

一、评估工作是按照国土资源部《建设用地地质灾害危险性评估技术要求》(试行)和河南省国土资源厅《〈建设用地地质灾害危险性评估技术要求〉(试行)实施意见》的有关规定进行的，在收集分析已有资料的基础上，进行了野外调查，报告依据的资料满足评估要求。

二、拟建高速公路全长67.657km，设计路基宽度28.0m，特大桥5座，互通桥4座，征用土地6092亩，属重要建设项目；高速公路位于黄淮河冲积平原，地貌类型和地质构造简单，工程地质性质较好，地质环境条件复杂程度为简单。由此确定本次地质灾害危险性评估为一级评估正确。

三、评估工作结合已有资料分析和现场地质调查，对评估区地质环境条件和现状条件下的主要地质灾害类型及其危险性进行了阐述，并根据拟建工程类型、规模，分析论证了高速公路建设诱发、加剧地质灾害的可能性和工程建设本身可能遭受地质灾害的危险性。认为现状条件下评估区存有地面塌陷和地裂缝灾害，其危险性小；高速公路建设有加剧地面塌陷和高填方段有诱发路基坍塌的可能，高速公路本身可能遭受地面塌陷灾害的危险性中等，遭受地裂缝、路基坍塌灾害的危险性小。

四、经综合评估，将拟建高速公路受地质灾害危险程度分段划分为危险性中等和危险性小两个区，其中K27+500~K28+000路段为地质灾害危险性中等区，其余路段为地质灾害危险性小区，所征土地重点针对地面塌陷灾害采取预防措施后适宜工程建设。结论清楚。

五、评估报告提出的地质灾害防治措施和建议，可供工程建设部门参考使用。

六、报告对已发生地面塌陷的路段，应进一步分析其形成原因，并预测其他路段发生地面塌陷的可能性；评估中个别地方存有前后不一致现象，应修改一致。

综上所述，该评估报告任务明确，评估范围界定合理，评估级别确定正确，综合评估结论清楚，评估内容较全，符合国土资源部《建设用地地质灾害危险性评估技术要求》(试行)和河南省国土资源厅《〈建设用地地质灾害危险性评估技术要求〉(试行)实施意见》的有关规定。评估单位按专家组提出的意见修改、补充完善后，同意报国土资源部终审确认。

初步评审专家组

2003年8月6日

河南省商丘至周口高速公路周口境内段工程
建设用地地质灾害危险性评估报告
初步评审专家组名单

姓 名	单 位	职务/职称	签 名	备 注
吴国昌	河南省国土资源厅	总工、高工	吴国昌	组长
乔国超	河南省地质科学研究所	教授级高工	乔国超	主审
张德祯	河南省国土资源厅	教授级高工	[illegible]	成员
朱中道	河南省地质环境监测总站	副总、高工	朱中道	成员

审查结果表

专家组审查意见	2003年8月12日，国土资源部地质环境司在北京邀请有关专家(名单附后)对河南省地矿建设工程(集团)有限公司提交的《河南省商(丘)周(口)高速公路周口内境段工程建设用地地质灾害危险性评估报告》进行了审查，意见如下： 一、河南省商丘至周口高速公路周口境内段工程路线全长67.657km，征用土地6092亩，有大桥5座，互通桥4座。属重要建设项目。线路地处黄淮河冲积平原，地质构造简单、地貌类型单一，岩土体工程性质较好，地质灾害一般不发育，地质环境条件简单。确定其评估级别为一级是正确的。 二、评估工作收集地区已有资料3份，利用已有钻孔6个(325m)，完成综合地质调查面积162.38km²，调查线路长度106.8km，调查灾害点1处，地质地貌点43个，水文地质点40个。评估工作依据充分。 三、现状评估认为，评估区内已有地质灾害主要为地裂缝与地面塌陷。调查发现地面塌陷1处，直径1.2m，深0.8m，出现在2003年6月的一次暴雨之后。1991年和1997年雨季也在附近发生过规模较大的地面塌陷，现在已经填平。报告分析认为这3处地面塌陷是在原地裂缝的基础上形成的。现状条件下地面塌陷分布范围小，没有对建筑物造成危害，其危险性小。评估结果符合当地实际。 四、预测评估认为，公路建设可能遭受的地质灾害有：地裂缝与地面塌陷。其中，工程建设可能遭受地面塌陷灾害，危险性中等；可能遭受地裂缝灾害，危险性小。预测评估结果可信。 五、综合评估将评估区地质灾害危险性划分为危险性中等和小两个区。其中危险性中等区分布在拟建公路的K27+500~K28+000，累计长0.5km。其余路段地质灾害危险性小。上述危险性中等区，经采取地质灾害防治措施后土地适宜建设；地质灾害危险性小区，土地适宜建设。评估结论正确。 六、报告提出的地质灾害防治措施和建议针对性强，可供建设单位参考使用。 七、该评估报告仅作为审批建设用地适宜性的依据，对报告中划分为危险性中等地区存在的地质灾害隐患，应采取有效的防治措施。由于地质环境条件复杂，地质条件可能会发生相应的变化。同时由于该报告完成在可研论证阶段，在工程建设时，地质环境被破坏，有可能产生报告中尚未发现的问题，在今后工作中也可能出现，请建设单位注意。 综上所述，该评估报告依据充分，内容齐全，结论正确，符合国土资源部建设用地地质灾害危险性评估技术要求，予以通过，可上报国土资源主管部门认定
主审：周平根　　2003年8月12日 专家组组长：岑嘉法　　2003年8月12日	

程序认定表

主办人意见	评估单位具有地质灾害防治工程勘察甲级资质；省厅对河南省地矿建设工程（集团）有限公司提交的《河南省商丘至周口高速公路周口境内段工程建设用地地质灾害危险性评估报告》提出了初审意见；审查认定专家组的组成符合国土资源部的有关规定；评估、审查工作程序正确。 主办人：[签名]　　2003 年 8 月 14 日
地质灾害处意见	处负责人：[签名]　　2003 年 8 月 14 日
环境司意见	主管领导：[签名]　　（印章：国土资源部地质环境司）2003 年 8 月 14 日

河南省商丘至周口高速公路周口境内段工程建设用地地质灾害危险性评估报告审查专家组名单

专家组	姓　名	单　　位	职　称	签　　字
组长	岑嘉法	国土资源部老科协	教授	
组员	段永侯	中国地质环境监测院	教授	
	李文鹏	中国地质环境监测院	教授	
	文宝萍	中国地质环境监测院	教授	
	张家桂	中国地质环境监测院	教授	
	周平根	中国地质环境监测院	教授	

2003 年 8 月 12 日

9. 关于周口至商丘高速公路周口段压覆矿产资源的审查意见

豫国土资函[2003]387 号

周口恒达高速公路开发有限公司：

你单位《关于呈报〈周口至商丘高速公路周口段压覆矿产资源评估报告〉的请示》(周高发[2003]1 号)收悉。

拟建周口至商丘高速公路周口段北起太康县与周口至商丘高速公路商丘段相接,经淮阳、西华县,南至商水县与漯界高速公路交汇,全长 67.657km。经审查,周口至商丘高速公路周口段建设选线未压覆查明资源储量的矿床,因此同意该建设项目的路线方案。

二〇〇三年八月二十日

10. 关于商丘至周口高速公路周口段环境影响评价大纲的审查意见

豫环监函[2003]129号

周口市公路管理局:

你局报送的由交通部环境保护中心编制的《商丘至周口高速公路周口段环境影响评价大纲(报批稿)》收悉,经研究,提出如下审查意见:

一、原则同意专家组技术评审意见及大纲(报批稿)所确定的工作内容,请评价单位尽快组织编写报告书。

二、评价标准由周口市环保局根据辖区内环境功能区划和实际情况予以行文明确。

三、在报告书编制过程中应注意以下问题:

(一)结合项目沿线的城市总体发展规划、环境保护规划及环境功能区划开展评价工作。

(二)说明主要取弃土场、拌和站位置、取弃土方式及数量,提出污染防治和生态环境恢复措施。

(三)评价中应包括对连接线的评价内容。

(四)说明土地占用类型及数量,对农业生态环境进行评价;对利用电厂粉煤灰的经济、环境可行性进行分析。

(五)对施工期和运行期噪声对环境敏感点的影响进行分析,提出切实可行的噪声防治措施。

二〇〇三年九月十五日

11. 关于《商丘至周口高速公路周口段环境影响报告书》的审查意见

周环监[2004]12 号

河南省环保局：

由交通部环保中心编制的“商丘至周口高速公路周口段环境影响报告书”收悉，经研究，提出审查意见如下：

一、该报告书编制认真、内容全面、目的明确、重点突出，完成了环评大纲所规定的各项内容和要求，可以作为环保部门进行环境管理和初步设计中环境保护篇章的依据。原则同意该项目环境影响环境报告书。上报省局审批。

二、项目在建设过程中，要严格执行环保“三同时”制度，积极落实各项环保措施，使工程建成后，外排各项污染物都能达到国家规定的排放标准和环保要求。

二〇〇四年三月三日

12. 关于商丘至周口高速公路周口段环境影响报告书的批复

豫环监[2004]46 号

周口市公路管理局：

你局报送的由交通部环境保护中心编制的《商丘至周口高速公路周口段环境影响报告书(报批稿)》、周口市环保局周环监[2004]12 号文均收悉，经研究，提出如下批复意见：

一、同意周口市环保局的审查意见。该报告书内容全面、重点突出，可以作为工程设计和环境管理的依据。

二、建设单位要认真做好施工期、营运期的环境保护工作。施工期应合理选择物料拌和站、点位置，拌和设备必须采取除尘措施，避免扬尘、沥青烟对周围敏感点造成污染；加强对施工期“三废”排放和施工人员的管理，避免施工对水体造成污染和水土流失；合理安排施工时间，避免噪声扰民，居民集中区路段，禁止高噪声机械夜间施工；在小老村利民小学、淘河村小学、白楼人民中学、袁庄小学等路段，禁止上课时间高噪声机械施工，做好敬老院、王庄小学的拆迁工作。营运期，建设单位要加强对环保设施的管理和维护，确保正常发挥作用，并加强路政管理，设置禁鸣、限速标志，降低噪声敏感点的影响，同时做好部分房屋拆迁及功能调整工作。

三、加强对沙河、颍河的水质保护，大桥应设计防撞护栏和封闭完善的路面排水系统，桥面排水引入桥头设置的集水池，避免泄漏事故发生危险品进入水体造成污染。

四、公路建设永久占地和临时占地数量较大，建设单位要采取集中取土方式，严格控制取土深度，避免造成土壤盐渍化及积涝；认真做好取土场、临时占用地的生态恢复和还田复耕工作，并对高速公路沿线进行绿化。

五、营运期建设单位要对沿线噪声敏感点进行跟踪监测及时发现问题，采取相应的降噪措施，避免噪声超标。

六、建设单位要成立环保机构，安排专人负责环保工作，认真落实环评报告书中提出的施工期和营运期环保措施及监控方案；认真落实环保投资，保证环保设施达到“三同时”要求。项目建成，应向我局申请验收，经验收合格后，方可正式投入运营。

七、周口市环保局负责该建设项目的日常监督管理工作。

二○○四年三月二十二日

13. 关于同意安阳至林州等七条高速公路环评批复意见的复函

环办函[2004]478 号

河南省环境保护局:

你局《关于确认对安阳至林州等七条高速公路项目环评文件的请示》(豫环监[2004]108号)收悉。经研究,同意你局《关于河南省安阳至林州高速公路环境影响报告书的批复》(豫环监[2004]74 号)、《关于商丘至周口高速公路周口段环境影响报告书的批复》(豫环监[2004]46 号)、《关于商丘至周口高速公路商丘段工程环境影响报告书的批复》(豫环监[2004]47号)、《关于阿荣旗至深圳国家重点公路开封至周口高速公路扶沟(开封界)至西华段环境影响报告书的批复》(豫环监[2004]50 号)、《关于阿荣旗至深圳国家重点公路南乐至濮阳(市界)段高速公路环境影响报告书的批复》(豫环监[2004]51 号)、《关于日照至南阳国家重点公路兰考至尉氏段高速公路环境影响报告书的批复》(豫环监[2003]117 号)及《关于日照至南阳国家重点公路尉氏至许昌段高速公路环境影响报告书的批复》(豫环监[2003]116 号)。

河南省高速公路建设必须严格控制永久和临时占地,合理降低路基高度,充分利用电厂粉煤灰、钢铁厂矿渣等作为路基填料。尽量合并公路的服务区、养护工区、管理站等设施,最大限度减少对基本农田的占用和破坏。对沿线受交通噪声污染的学校、医院、居民,采取搬迁、建声屏障、隔声窗、绿化带等措施,确保声环境质量达标。对安阳至林州高速公路,进一步优化跨越南水北调总干渠方案,制订事故防范及应急处理预案,确保供水水质安全。请按照国家有关规定,依法办理土地征用手续。工程竣工后,建设单位必须按照规定程序申请环保验收。

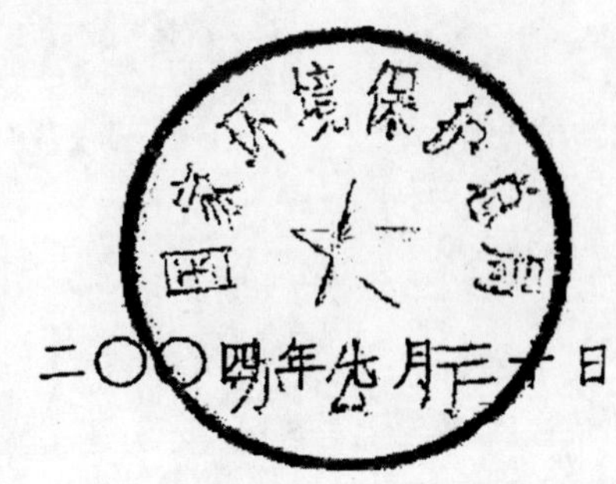

14. 关于商丘至周口高速公路(周口段)工程水土保持方案大纲审查的请示

周恒达高[2003]4号

河南省水利厅:

我公司即将修建商后至周口高速公路(周口段)工程。根据《中华人民共和国水土保持法》有关规定,委托由黄河水利科学研究院承担编制商丘至周口高速公路(周口段)水土保持方案,现大纲已经编制完成,上报贵厅,请审查批复。

当否,请批示

附件:《关于商丘至周口高速公路(周口段)水土保持方案大纲》(略)

二〇〇三年八月十二日

15. 关于《商丘至周口高速公路(周口段)工程水土保持方案编制大纲》的批复

豫水土函[2003]41 号

周口市恒达高速公路发展有限责任公司:

你公司《关于商丘至周口高速公路(周口段)工程水土保持方案大纲审查的请示》(周恒达高[2003]4 号)收悉,根据水利部《开发建设项目水土保持方案大纲编制规定》的要求,经审查,本水土保持方案大纲编制依据充分,内容全面,经补充完善后,可作为水土保持方案报告书的编制依据。请严格按照方案大纲并结合专家审查意见,在编制方案报告书时注意以下几个方面:

1. 水土保持方案报告书的编制深度应与主体工程一致,达到初步设计深度。
2. 应从水土保持角度对主体工程取土场设计方案进行比选,提出推荐意见。
3. 根据当地地形、地貌、地质特点,突出风沙区防治措施。
4. 根据工程特点,明确重点监测地段、监测点布设。

二〇〇三年八月二十一日

16. 关于呈报《河南省商周高速公路(周口段)水土保持方案报告书》的请示

周交[2003]368 号

河南省交通厅：

《河南省商丘—周口高速公路(周口段)水土保持方案报告书》委托黄河水利科学研究院编制,已完成,现随文上报,请预审后尽快报水利厅审批为盼。

附件:《河南省商丘—周口高速公路(周口段)水土保持方案报告书》(略)

二〇〇三年十二月二十二日

17. 关于商丘至周口高速公路周口段水土保持方案报告书审查意见的函

豫交计[2004]14 号

河南省水利厅：

商丘至周口高速公路周口段水土保持方案报告书已由黄河水利科学研究院编制完成，根据你厅豫水土函[2003]41 号文对商丘至周口高速公路周口段水土保持方案大纲的批复意见，现提出我厅审查意见，请审批。

一、按照水土保持方案大纲及其批复的要求，水土保持方案报告书(报批稿)编制依据充分，内容全面，防治目标明确，预防措施和治理措施体系基本可行，可作为水土保持工程设计及管理的依据。

二、主体工程从路线的走向、公路边坡的防护、取、弃土场的选址及取土方式等都进行了优化设计，并采取积极防护措施，最大限度地减少水土流失对生态环境的破坏。

三、严格执行水土保持设施与主体工程"三同时"制度，认真落实各项水土保持措施，成立专门机构，加强监督管理，以保证水土保持方案的顺利实施。

四、同意报告书对商丘至周口高速公路周口段水土保持方案的进一步完善，新增水土保持方案工程费用 164 万元，其中：工程措施费 105 万元；植物措施费 12 万元；其他工程费 25 万元；预备费 4 万元；水土保持设施补偿费 18 万元。

五、增加费用列入工程总概算，并从项目工程预备费中调剂解决。

附件：商丘至周口高速公路周口段水土保持工程概算一览表

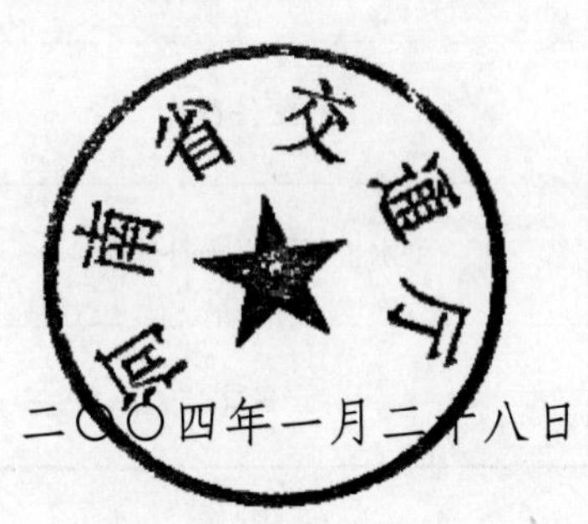

二〇〇四年一月二十八日

附件：

商丘至周口高速公路周口段水土保持工程概算一览表

序号	工程名称	路线全长（km）	原报概算（万元）	核定概算（万元）	审核结果（万元）	备注
	主体工程已投资的水保工程费	68.75	2145			
	新增水保工程费用		202.39	164.34	-38.05	
一	建筑工程费用		117.35	117.49	0.14	
1	工程措施		104.86	105.00	0.14	
2	植物措施		12.49	12.49	0.00	
3	临时工程		0.00	0.00	0.00	
二	其他工程费用		24.59	24.59	0.00	
1	建设单位管理费、工程监理费		2.93	2.93	0	(一)×(2.5+2.0)%
2	工程质量监督费、定额编制、设计文件审查		0.3	0.3	0	(一)×0.15%
3	科研勘察设计费		20.00	20.00	0.00	项目公司合同
4	水土流失监测费		1.36	1.36	0.00	
三	预备费		6.83	4.26	-2.57	(一+二)×3%
四	水土保持设施补偿费		53.62	18.00	-35.62	
五	合计		202.39	164.34	-38.05	

18. 关于《河南省商丘至周口高速公路(周口段)水土保持方案报告书》的函

豫水土[2004]4号

河南省交通厅:

你厅《关于商丘至周口高速公路周口段水土保持方案报告书审查意见的函》(豫交计[2004]14号)收悉。依据水土保持法规及技术规范的有关规定,我厅审批意见如下:

一、河南省商丘至周口高速公路(周口段)工程,总长68.75km,途经太康县、淮阳县、周口市川汇区、西华县、商水县,工程概算总投资19.62亿元。全线设大桥8座,中桥2926座,涵洞81道,互通式立交6处,分离式立交65处,通道47处,服务区1处,管理中心1处,养护工区1处。计划于2006年初年建成通车。项目区地处平原风沙微丘区,土壤侵蚀类型主要有水蚀、风蚀,位于省水土流失重点预防保护区内。土壤主要有亚砂土和亚黏土等,植被主要是人工农作物及林草。建设单位在项目前期阶段依法编报水土保持方案,对于防治水土流失,改善生态环境,保障主体工程安全运行有着十分重要的意义。

二、基本同意你厅的预审意见,报告书编制依据充分,内容全面,防治目标明确,结论基本可信,内容深度达到了初步设计的要求。可作为下阶段水土保持工作的依据。

三、基本同意方案界定的项目建设防治责任范围558.952hm^2,水土保持方案新增投资165.34万元。水土流失防治分区基本合理,采取工程措施与植物措施相结合的防治方案基本可行。本项目水保方案实施期为2003年10月至2006年5月。

四、对公路沿线设置的27个取土场等重点区域,严把工程质量,尽量少占耕地,加强临时防护措施,合理安排施工,特别要加强汛期水土流失监测工作,防止人为水土流失的发生。

五、项目单位应执行"三同时"制度,严格按照方案组织水保防护措施施工,遵循水土保持监理制度的有关规定,做好水土保持资料管理。项目竣工后,水保方案审批部门组织验收水土保持设施。

六、项目单位应自觉接受所在地水行政主管部门的监督检查。施工中水土保持设计需要变更的,应报原审批部门核准。

七、依照有关文件规定,结合该项目情况,核准缴纳水土保持补偿费19万元。

二○○四年二月二十日

19. 河南省文物管理局关于做好商周高速公路周口段文物保护工作的函

周口恒达高速公路发展有限责任公司：

你单位进行的商周高速公路周口段工程业已开工，我局已委托省文物考古研究所负责该项目建设中的文物保护工作。根据该所和周口市文化局的初步调查，该项目涉及多处文物点，根据《中华人民共和国文物保护法》第二十九条和《河南省〈文物保护法〉实施办法》第二十三条之规定，该项目动工前必须开展文物勘探和考古发掘工作。望接到此函件后即刻携带规划线路图等有关资料与河南省文物考古研究所商谈有关文物保护事宜，并在开展文物勘探和考古发掘工作后方可施工。

特此函告。

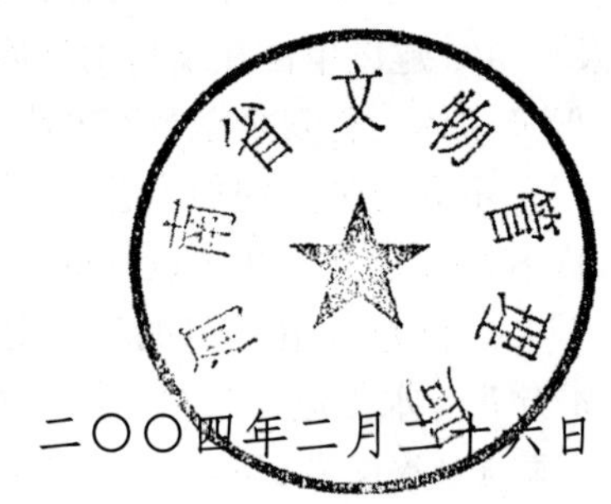

二〇〇四年二月二十六日

20. 河南省文物考古研究所关于商周高速公路周口段进行考古发掘和所需经费函

周口恒达高速公路发展有限责任公司：

按照《商周高速公路周口段文物勘探工作合同书》规定的内容，我所委托周口市文物管理所对沿线进行了文物勘探，已发现汉代等中小型墓葬23座、古文化遗迹2处、水井1眼。按照《中华人民共和国文物保护法》的有关规定和国家文物局(90)文物字第248号文的考古发掘预算标准，贵公司需提供考古发掘经费48万元人民币(附经费预算报告)。在已探明的古代墓葬及遗址处实行局部停工，贵公司需待考古工作结束后方可施工。

特此函告

附件：《商周高速公路周口段文物勘探成果简报》

2004年5月12日

附件:

商周高速公路文物勘探成果简报

2004年4月下旬,周口市文物考古管理所在省文物研究所的具体指导下,抽调全市精干力量,组织勘探队伍近百人,冒着严热酷暑,面对紧张施工环境,分标段、有重点地对重要文物区域进行了文物勘探。截止到5月9日,发现了一批重要的文物遗迹,简介如下:

第1标段:K201+500—K202+200区域,位于太康县张集乡阎庄—夏楼之间,有丰富的汉代文化层,发现汉代墓葬6座,为小砖券墓,属小型墓葬。距现地表1.7m左右。

第3标段:即K213+800m以南,位于淮阳县临蔡镇大李庄北侧,共发现汉墓13座,其中3座土坑墓,10座小砖券墓。皆为中小型墓葬,长宽1~2m,距现地表深1.2~2.5m不等。

第12标段:即K256—K255区域。位于商水县邓城镇河湾村北侧,发现了3座明清时期土坑墓,春秋时期古井一眼,汉代砖室墓一座。古遗址两处。一处面积600m^{2}左右,时代从汉延续到宋,距现地表深1.34m,厚0.6m左右,包含物不丰富。一处面积不详,高速公路仅占其一角,面积有400m^{2}左右,其余向高速公路东侧延伸,范围未探,距地表1.5m~2.5m不等,厚薄不均,时代从大汶口文化延续到汉,包含物较丰富。

周口市文物考古管理所

二OO四年五月九日

二、工程建设用地

21. 关于商丘至周口高速公路周口段项目用地预审的请示

恒达高字[2003]001号

河南省国土资源厅：

商丘—周口高速公路，是河南省规划的商丘—周口—驻马店区域间高速公路的重要组成部分，在周口境内至东北而西南连接亳(州)许(昌)、阿(荣旗)深(圳)、洛(阳)界(首)等高速公路，同时，连接了区域内的国道与省道，随着该项目延伸段的实施，项目还将与连(云港)霍(尔果斯)，京珠等国家主干线高速公路相接，从而构成区域内四通八达，联南贯北的高速公路网体系，该段高速公路必将发挥巨大作用，有力地带动区域经济的快速发展。

为使商周高速公路早日建成通车，周口市恒达高速公路发展有限责任公司中标商丘—周口高速公路周口段的建设任务后，迅速组建了项目公司，目前，该项目的预可报告已批复，工可报告已由中国公路工程监理咨询总公司编制完毕，并上报省计委，开工前的其他各项准备工作也正在紧张有序的进行之中。该项目路线总长68km，连接线长6.941km，用地面积约10000亩左右，由于项目建设需要永久性占用国有土地，故此，特请贵厅针对本项目用地进行预审。

此请示，请批复。

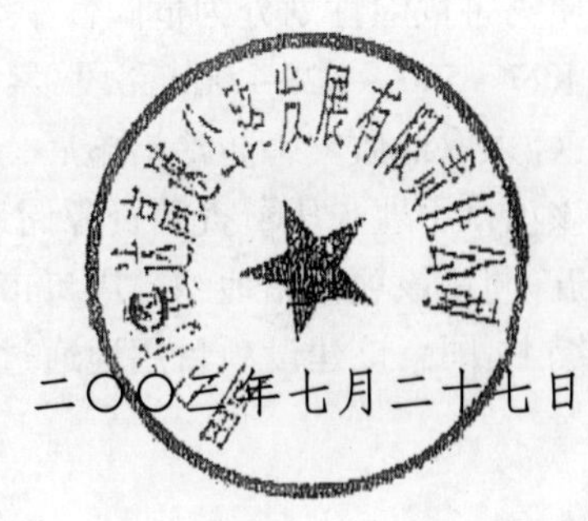

二〇〇三年七月二十七日

22. 河南省国土资源厅关于商丘至周口高速公路周口段建设项目用地的预审意见

豫国土资函[2003]457 号

周口市恒达高速公路发展有限责任公司：

你公司《关于商丘至周口高速公路周口段项目用地预审的请示》(恒达高字[2003]001号)收悉。根据《建设项目用地预审管理办法》(国土资源部第7号令)的规定，我厅对报送预审的有关材料进行了审查，现提出如下预审意见：

一、商丘至周口高速公路周口段项目是经河南省发展计划委员会以豫计基础[2003]1231号文批准的建设项目，符合国家土地供应政策。

二、该建设项目用地选址位于周口市商水县、西华县、川汇区、淮阳县、太康县5县、区的16个乡、镇境内。拟占地总面积709.0025公顷，其中耕地663.87759公顷，基本农田531.50195公顷。该项目用地不符合上述5县、区的土地利用总体规划，但根据《土地管理法》第26条的规定，可以对规划进行调整，报批用地时，规划调整方案随用地报批材料一同报批。规划调整的结果要落实到相关的土地利用规划图上，调整后的有关图件和调整说明要及时报省国土资源厅备案。

三、按照建设占用耕地“占补平衡”原则的要求，该项目已将补充耕地所需费用列入项目总投资估算，报批用地时须按国家有关规定及标准缴纳耕地开垦费。

四、该项目已由河南省地矿建设工程(集团)公司进行了地质灾害评估。综合评估将评估区地质灾害危险性划分为危险性中等和小两个区。其中地质灾害危险性中等区分布在拟建公路的K27+500~K28+000路段，累计长0.5km；其余路段地质灾害危险性小。上述危险性中等区，经采取地质灾害防治措施后，土地适宜工程建设；地质灾害危险性小区，土地适宜工程建设。该项目用地未压覆查明资源储量的矿床。

五、同意该项目用地纳入周口市2003年土地利用计划。

综上，同意该建设项目用地通过预审。

二〇〇三年九月十六日

23. 河南省国土资源厅关于商丘至周口高速公路周口段工程建设用地的函

豫国土资函[2006]407号

周口市人民政府：

商丘至周口高速公路周口段工程建设用地已经省政府上报国务院批准，国土资源部以国土资函[2004]293号文件下达批复，同意周口市、太康县、淮阳县、西华县、商水县人民政府转用并征收农村集体农用地480.1545公顷（其中耕地443.3705公顷），征收集体建设用地9.0457公顷、未利用地2.3158公顷，转用国有农用地2.4128公顷，使用国有建设用地0.0809公顷，共计批准建设用地494.0097公顷（详见附件），其中服务设施用地（4公顷）范围内的经营性用地由当地人民政府以有偿使用方式提供；其余建设用地划拨给周口市恒达高速公路发展有限责任公司，作为商丘至周口高速公路周口段工程建设用地。

望接函后，周口市和太康县、淮阳县、西华县、商水县人民政府及有关部门按照国土资源部的要求，认真抓好补充耕地方案和征地补偿安置工作的落实，并将落实结果报省国土资源厅。土地征收实施情况，列入2006年全省跟踪检查内容。

附件：1. 关于商丘至周口高速公路周口段工程建设用地的批复（国土资函[2004]293号）（略）

2. 商丘至周口高速公路周口段工程建设用地明细表

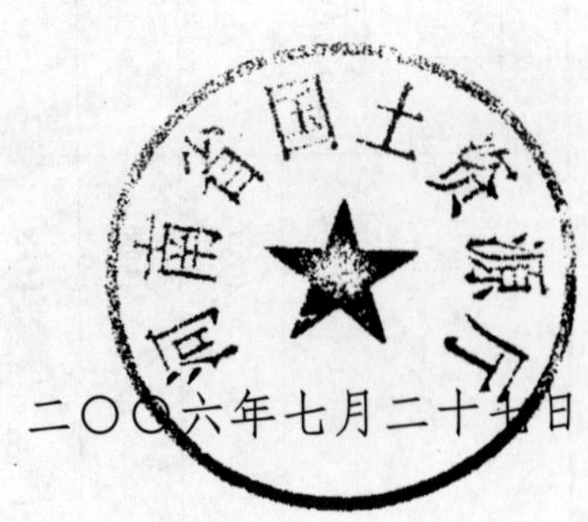

二〇〇六年七月二十七日

附件：

商丘至周口高速公路周口段工程建设用地明细表

单位：公顷

名称		合计	农用地				建设用地			未利用地
			耕地	园地	林地	其他农用地	居民点及独立工矿用地	交通运输用地	水利设施用地	河流水面
周口市总计		494.0097	443.3705	10.4715	13.4452	15.2801	4.7269	4.3217	0.0780	2.3158
国有土地	周口市共计	2.4937			2.4128		0.0809			
	西华县合计	2.4128			2.4128					
	安营林场	2.4128			2.4128					
	川汇区合计	0.0809					0.0809			
	周口市天沅旭日实业有限公司	0.0809					0.0809			
集体土地	周口市共计	491.5160	443.3705	10.4715	11.0324	15.2801	4.6460	4.3217	0.0780	2.3158
	太康县合计	51.0378	49.0935	0.8489	0.1746	0.9208				
	张集乡小计	33.6393	32.0407	0.8489	0.1199	0.6298				
	冯庄村	2.2680	2.2680							
	冉庄村	0.0232	0.0232							
	田谷堆村	6.5082	6.3172		0.1199	0.0711				
	三所楼村	2.5946	2.5567			0.0379				
	李庄村	0.5686	0.5686							

续上表

名称		合计	农用地				建设用地			未利用地
			耕地	园地	林地	其他农用地	居民点及独立工矿用地	交通运输用地	水利设施用地	河流水面
集体土地	夏楼村	12.4770	12.335			0.1420				
	夏刘庄村	0.6232	0.5106			0.1126				
	张楼村	8.5765	7.4614	0.8489		0.2662				
	符草楼乡小计	17.3985	17.0528		0.0547	0.291				
	小吴楼村	13.5233	13.2027		0.0296	0.2910				
	岳集村	3.8752	3.8501		0.0251					
	淮阳县合计	288.3017	265.2170	2.0822	5.0449	7.0232	3.4753	3.0653	0.0780	2.3158
	四通镇小计	27.8933	24.799	1.67	0.5034	0.083		0.3708		0.4671
	叶老家村	11.6658	11.0349		0.1899	0.0141		0.1158		0.3111
	陈老将村	7.3063	7.0513					0.255		
	大张村	8.9212	6.7128	1.6700	0.3135	0.0689				0.1560
	临蔡镇小计	44.4335	40.4891		1.7934	0.8179	0.3735	0.7322		0.2274
	韩营村	5.5079	5.5079							
	大李村	3.2773	3.1697		0.0371	0.0705				
	许桥村	4.607	4.0691			0.3563		0.1816		
	付营村	1.806	1.8060							
	常楼村	7.47	7.3025			0.0240		0.1435		
	常庄村	5.7431	4.3157		0.8770	0.1769	0.3735			
	小孔楼村	10.9467	10.1488		0.3422	0.0486		0.4071		
	冷庄村	26.3607	23.5200	0.0887	0.3138	0.0980	2.0963	0.2439		
	盐场村	4.4826	4.2458			0.2133		0.0235		
	搬口乡小计	43.1865	40.6326	0.1746	0.9788	1.0869			0.078	0.2356
	邵火庙村	28.9288	27.5533		0.1928	0.9471				0.2356

续上表

名称		合计	农用地				建设用地			未利用地
			耕地	园地	林地	其他农用地	居民点及独立工矿用地	交通运输用地	水利设施用地	河流水面
集体土地	葛湾村	3.9716	3.9716							
	西赵村	2.1903	1.5971		0.5932					
	邵寨村	2.0024	1.8707	0.1166		0.0151				
	文庄村	6.0934	5.6399	0.058	0.1928	0.1247			0.078	
	西华县合计	66.5477	57.4217	6.4362	0.9372	0.6551	0.7929	0.3046		
	东王营乡小计	8.6570	7.4035	1.2535						
	朱营村	6.2361	5.9675	0.2686						
	李方口村	2.4209	1.4360	0.9849						
	大王庄乡小计	32.3943	27.2411	4.3388	0.2714	0.4094		0.1336		
	马岔村	16.999	16.5896			0.4094				
	牌坊村	3.2788	3.1052		0.1736					
	贾庄村	4.1257	4.0279		0.0978					
	霍坡村	7.9908	3.5184	4.3388				0.1336		
	李大庄乡小计	25.4964	22.7771	0.8439	0.6658	0.2457	0.7929	0.1710		
	乡林场	0.1362		0.1362						
	杨庄村	5.0755	4.1694		0.5371	0.1416				0.2274
	白楼乡小计	86.6885	80.6342	0.0604	0.1973	3.0938	0.8687	1.3369		0.4972
	陶河村	13.8466	12.4591			0.8093		0.2068		0.3714
	劳楼村	10.4524	10.3157					0.1367		
	于庄村	12.0195	9.9970		0.1973	0.5986	0.8687	0.2969		0.0610
	卢关村	15.4515	14.5031			0.1871		0.6965		0.0648
	大郑村	3.4146	3.3680			0.0466				

续上表

名称		合计	农用地				建设用地			未利用地
			耕地	园地	林地	其他农用地	居民点及独立工矿用地	交通运输用地	水利设施用地	河流水面
集体土地	大李村	22.7296	21.5884	0.0604		1.0808				
	大郝村	8.7743	8.4029			0.3714				
	郑集乡小计	50.5176	46.1573	0.0885	1.2582	1.6303	0.1368	0.358		0.8885
	梅庙村	2.8088	2.5395			0.2693				
	万老村	8.3018	7.9386		0.1499	0.2133				
	后王庄村	7.8311	7.2104		0.3535	0.1154	0.1368	0.015		
	郑集村	8.9936	7.6887		0.4514	0.0983		0.343		0.4122
	殷胡同村	10.5869	9.4105		0.3034	0.3967				0.4763
	贺庄村	2.8210	2.7842			0.0368				
	赵刘村	9.1744	8.5854	0.0885		0.5005				
	曹河乡小计	35.5823	32.5048	0.0887	0.3138	0.3113	2.0963	0.2674		
	党路口村	4.7390	4.7390							
	李大庄村	2.7233	2.7233							
	王营村	5.9354	4.2384	0.7077	0.1964		0.7929			
	李集村	7.0126	6.1693		0.4266	0.2457		0.171		
	唐坡村	4.5376	4.5376							
	袁庄村	5.1513	5.1085		0.0428					
	川汇区合计	33.4573	30.5963	1.1042	0.3596	0.9084	0.3242	0.1646		
	北郊乡小计	33.4573	30.5963	1.1042	0.3596	0.9084	0.3242	0.1646		
	西张楼村	2.3488	2.2496			0.0992				

续上表

名称		合计	农用地				建设用地			未利用地
			耕地	园地	林地	其他农用地	居民点及独立工矿用地	交通运输用地	水利设施用地	河流水面
集体土地	大朱楼村	1.756	1.5349			0.2211				
	徐营村	10.988	10.5387			0.2847		0.1646		
	下炉村	3.6358	2.8201	0.4561	0.3596					
	下口村	5.3502	4.8152	0.5350						
	郭庄村	4.4467	4.4467							
	马庄村	4.9318	4.1911	0.1131		0.3034	0.3242			
	商水县合计	52.1715	41.0420		4.5161	5.7726	0.0536	0.7872		
	邓城镇小计	15.6191	15.2405		0.2431	0.1355				
	张庄村	7.7980	7.5549		0.2431					
	牛堂村	7.8211	7.6856			0.1355				
	张庄乡小计	36.5524	25.8015		4.2730	5.6371	0.0536	0.7872		
	李寨村	1.5964	1.5320			0.0644				
	刘村	0.7233	0.7233							
	小河湾村	12.3355	11.9224			0.0667	0.0536	0.2928		
	杨湖村	20.5285	10.2551		4.2730	5.5060		0.4944		
	杨庄村	0.9432	0.9432							
	唐庄村	0.4255	0.4255							

24. 关于商丘至周口高速公路周口段工程建设用地的批复

国土资函[2004]293 号

河南省人民政府：

你省《关于商丘至周口高速公路周口段工程建设用地的请示》(豫政文[2004]78 号)业经国务院批准,现批复如下：

一、该项目是深入开展土地市场治理整顿期间的重点急需建设项目,同意周口市太康县、淮阳县、川汇区、西华县、商水县将农村集体农用地 480.1545 公顷(其中耕地 443.3705 公顷)转为建设用地并办理征地手续,另征用农村集体建设用地 9.0457 公顷、未利用地 2.3158 公顷;同意将国有农用地 2.4128 公顷转为建设用地,同时使用国有建设用地 0.0809 公顷。

以上共计批准建设用地 494.0097 公顷,其中服务设施用地(4 公顷)用地范围内的经营性用地,由当地人民政府以有偿使用方式提供;其余建设用地划拨给周口市恒达高速公路发展有限责任公司,作为商丘至周口高速公路周口段工程建设用地。

二、你省国土资源管理部门要督促兰考县人民政府认真组织落实补充耕地方案,在 2005 年 5 月底前完成补充 443.4 公顷耕地的任务并保证质量;要对补充耕地的落实情况进行监督检查并组织验收,验收结果报国土资源部备查。

三、当地人民政府要严格依法履行征地批后实施程序,按照征用土地方案及时兑现补偿费用,落实安置措施,切实安排好被征地单位群众的生产和生活,保证原有生活水平不降低,维护社会稳定。

四、你省国土资源管理部门要对征用土地方案的实施情况进行跟踪检查,督促地方政府和有关部门、单位做好相关工作。征地批后实施情况,按照反馈制度的要求报国土资源部。

二〇〇四年九月十日

25. 周口市人民政府关于高速公路建设征地及拆迁补偿等有关问题的通知

周政[2003]89号

各县、市、区人民政府,市政府有关部门:

根据《中华人民共和国土地管理法》、《河南省〈土地管理法〉实施办法》和《河南省人民政府关于加快全省公路建设的意见》(豫政[2001]16号)的要求,按照依法办事,兼顾国家、集体和个人利益的原则,现将高速公路建设征用土地补偿、地面附着物补偿、拆迁补偿及被征地单位安置问题通知如下:

一、土地补偿费、安置补助费和青苗补偿费的综合补偿标准为11000元/亩,由土地所在地的县(市、区)政府包干使用。城镇及人均耕地较少的地区,可据实提高标准。县(市、区)政府可以此标准为依据,制定不同的补偿标准及征地补偿方案。

二、地面附着物补偿费标准为2000元/亩,由土地所在县(市、区)政府包干使用。宗地结算时据实清点,按豫政[1989]113号文件规定标准上浮一定幅度进行计算。涉及的线外相关附着物需要补偿的以及临时用地附着物的补偿,均按此标准执行。

三、临时用地补偿,属耕地或菜地的由用地单位逐年给被用地单位按年产值给予补偿,年产值标准为1426元/亩,考虑到被临时使用土地破坏严重,恢复周期长,需多支付一年的补偿费。用地单位负责复耕或支付相应的复耕费,同时,用地需支付0.5元/m^2复垦保证金,由县(市)国土部门保管,待复耕验收合格全额返还。

四、取土用地的青苗补偿费为500元/亩,取土的土方单位价为1.80元/m^2(其中支付农民1.50元/m^2),复耕保证金为0.5元/m^2,由县(市)国土部门保管,待复耕验收合格后返还给施工单位,集中取土用地按征地规定办理。涉及的农村道路改移、按征地标准补偿,并按村镇集体建设用地办理用地手续。

五、征地管理费按征地拆迁总费用的3%计取。

六、不可预见费按征地拆迁总拆迁费的3%计取,其中2%用于安置征地中不可预见的特殊情况,1%由市高速公路建设指挥部用于征地拆迁和节、改、造土地工作的奖励。

七、市、县(市、区)指挥部用于征地、协调工作的经费按征地拆迁总费用的5%计取,由高速公路指挥部用于征地拆迁和工程建设工作的奖励。

八、妥善安置被征地单位、群众的生产和生活。县(市、区)政府要高度重视被征地后农民的安置工作,特别是对互通立交征地集中、房屋拆迁需要异地安置和因征用而少地无地的农民,补偿政策要予以倾斜,采取多种形式给予安置,确实不能保证正常生活水平的,可以适当提高补偿标准,特殊情况特殊处理。

九、高速公路建设工程征地拆迁工作由市、县(市、区)政府组织实施。征地拆迁费及土地补偿费、安置补助费、青苗补偿费、地上附着物补偿费由国土资源局、监察局、审计局负责监督兑付,必须确保及时足额到位。凡是农民应得到的各种费用,必须张榜公布,采取发放存款折形式给群众兑付,任何单位和个人不得以任何理由挪用、截留、私分、克扣。否则,要依法追究直接领导和当事人的责任。

十、自本通知发布之日起，高速公路征地界内及取土区内新增地上附着物一律不予承认。

举报电话：0394-8273643

附件：周口高速公路建设征地附着物及建筑物构筑物拆迁补偿标准

二○○三年十一月二十四日

附件：

周口高速公路建设征地附着物及建筑物构筑物拆迁补偿标准

建筑物构筑物	现状结构	单位	补偿标准(元)	备注
平房	土木结构	m^2	152	土坯或夯土墙、瓦顶
	砖木结构	m^2	210	全砖墙、瓦顶
	砖混结构	m^2	228	砖墙、预制或现浇混凝土板顶
砖瓦窑	轮窑 20 门	座	95000	每增减 1 门增减 5700 元
	老式窑容量 3 万块	座	9500	容量每增减 1 万块增减 1900 元
二层以上楼房	砖木结构	m^2	228	
	砖混结构	m^2	248	
简易房	石棉瓦、油毡顶	m^2	76	土坯墙、草顶可参照此标准
	铁皮房	m^2	76	
砖围墙	二四墙	m^2	19.5	墙高 2m，基础高度不算
土围墙		m^2	9	墙高 2m，基础高度不算
厕所	砖墙、瓦顶	个	360	
	简易	个	180	
沼气池	砖石砌、水泥抹面	m^3	114	
门楼	砖混结构	个	1000	
	其他	个	350	
猪圈		m^2	120	砖木结构
380V 地埋线	单根断面直径 1cm	m	9	深 1～1.5m

附着物名称	规格	单位	补偿标准(元)	备注
鱼塘		m^2	16	
水井	机井深 40m 混凝土井筒	眼	5700	深度每增加 1m 增 228 元
	井深 10m 砖砌井筒	眼	2850	深度每增加 1m 增 285 元
	压水井(含机井)	眼	285	没有压机的，每眼 185 元
	对口抽(ϕ10～12cm)	眼	565	ϕ6～8cm 的每眼 347 元
灌溉	塑料管	m	27	
地埋管	水泥管	m	32.5	
蔬菜温室	钢混凝土骨架玻璃顶	m^2	57	
	钢混凝土骨架塑料薄膜顶	m^2	38	
	简易塑料薄膜棚	m^2	15	
坟墓	一墓一棺	座	300	每增加一棺增加 120 元
水渠(砖石结构)	横断面 1m 以上	m	38	
	横断面 0.5m 以上	m	28.5	
	横断面 0.5m 以下	m	19	

续上表

附着物名称	规　　格	单位	补偿标准（元）	备　　注
居民自设共用供电通信线杆	水泥杆高度11m以上	根	228	包括线路拆迁
	水泥杆高度11m以下	根	190	包括线路拆迁
	木杆	根	76	包括线路拆迁
预制厂场地	水泥地坪厚10~15cm	m^2	33	
多年生药材	板兰根、黄洋、留兰香	亩	1000	芦笋、白芍等

植物名称	规格		补偿标准（元/株）	备　　注
	胸径(cm)	主干高(m)		
乔木	5以下	1.5以上	2	
	6~10	2.5以上	8	
	11~15	3.5以上	11	
	16~20	4.5以上	28	
	21~25	5.5以上	38	
	26~30	6.5以上	47.5	
	31以上	7.5以上	76	
灌木类	白腊条(墩)		6	每墩出条数按10~20根(包括柳、桑、荆杨等灌木丝)
	紫穗槐(墩)		6	
	花椒(株)		95	
零星果树	1年以下幼树		6	包括苹果、梨、杏、石榴、核桃、柿、桃,其他果树按实际结果量酌情补偿
	2~3年未结果树		19	
	4~7年初果树		95	
	8~18年盛果树		285	
葡萄	一年以上幼苗(株)		2	
	2~3年未结果(墩)		19	
	4年以上胜果期(墩)		54	
苗圃	苗圃每m^2		19.5	一般乔木苗圃如杨、槐、楝等根据苗木大小、密度酌情增加
	果树苗圃每m^2		27	

26. 关于高速公路建设征地及拆迁补偿等有关问题的通知

太政文[2003]55 号

各乡镇人民政府,县政府有关部门:

根据《中华人民共和国土地管理法》、《河南省〈土地管理法〉实施办法》和《河南省人民政府关于加快全省公路建设的意见》(豫政[2001]16 号以及周政[2003]89 号的规定,按照依法办事,兼顾国家、集体和个人利益的原则,结合太康县实际,现将高速公路建设征用土地补偿、地面附着物补偿、拆迁补偿及被征地单位安置问题通知如下:

一、土地补费、安置补助费和青苗补偿费的综合补偿标准为 11000 元/亩。即土寺补偿为 5000 元/亩,安置补助费 5500 元/亩,青苗补偿 500 元/亩。

二、地面附着物据实清点,按豫政[1989]113 号文件规定标准上浮一定幅度进行计算。涉及的线外相关附着物需要补偿的以及临时用地附着物的补偿,均按此标准执行。

三、临时用地补偿,属耕地或菜地的由用地单位逐年给被用地单位按年产值给予补偿,年产值标准为 1426 元/亩,考虑到被临时使用土地破坏严重,恢复周期长,需多支付一年的补偿费。用地单位负责复耕或支付相应的复耕费,同时,用地需支付 0.5 元/m^2 复垦保证金,由县国土资源局保管,待复耕验收合格后全额返还。

四、取土用地的青苗补偿费为 500 元/亩,取土的土方单位价为 1.5 元/m^3,支付给农民复耕保证金为 0.5 元/m^2,由县国土资源局保管,待复耕验收后返还给施工单位。验收不合格的不予返还,集中取土干脆利落地按征地规定办理。涉及的农村道路改移,按征地标准补偿,并按村镇集体建设用地办理用地手续。

五、妥善安置被征单位群众的生和生活。乡镇政府要高度重视被征地后农民的安置工作。如村民组同意调整地土的,要积极组织好地土调整工作。

六、高速公路建设工程征地拆迁工作由县、乡镇政府组织实施。征地拆迁费及土地补偿费、安置补助费、青苗补偿费、地上附着物补偿费由国土资源局、监察局、审计局负责监督兑付,必须确保及时足额到位。凡是农民应得到的各种费用,必须张榜公布,采取发放存款折形式给群众兑付,任何单位和个人不得以任何理由挪用、截留、私分、克扣。否则,要依法追究直接领导和当事人的责任。

七、高速公路征地范围内建筑物、构筑物补偿标准按周政[2003]89 号文规定的标准进行补偿,其他附着物补偿标准见附表。

八、自高速公路附着物清点之日起,征地界内及取土区内新增地上附着物一律不予承认和补偿。

九、本通知所规定的补偿标准只适应于周商高速公路、阿深高速公路的征地补偿。

太康县人民政府

二〇〇三年十二月十一日

附件:太康县高速公路建设征地附着物补偿标准

附件：

太康县高速公路建设征地附着物补偿标准

附着物名称	规　　格	单位	补偿标准（元）	备　　注
水井	机井深 40m 混凝土井筒	眼	5700	深度每增加 1m 增 228 元
	机井深 40m 以下混凝土井筒	m	120	
	压水井(含机井)	眼	285	没有压机的，每眼 185 元
	对口抽(φ10～12cm)	眼	565	φ6～8cm 的每眼 347 元
地埋管	水泥管	m	32.5	
蔬菜温室	钢混凝土内架玻璃顶	m^2	57	
	钢混凝土骨架塑料薄膜顶	m^2	38	
	简易塑料料薄膜棚	m^2	15	
坟墓	一墓一棺	座	300	每增加一棺增加 120 元
水渠（砖石结构）	横断面 1m 以上	m	38	
	横断面 0.5m 以上	m	28.5	
	横断面 0.5m 以下	19		
居民自设共用供电通信线杆	水泥杆高度 11m 以上	根	228	包括线路拆迁
	水泥杆高度 11m 以下	根	190	包括线路拆迁
	木杆高度 8m 以上	根	76	包括线路拆迁
预制厂场地	水泥地坪厚 10～15cm	m^3	33	
多年生药材	根兰根、黄洋、留兰香	亩	1000	芦笋、白芍等

植物名称	规　　格		补偿标准（元/株）	备　　注
	胸径(cm)	主干高(m)		
乔木	5 以下	1.5 以上	3	
	6～15	3.5 以上	11	
	16～30	5.5 以上	38	
	31 以上	7.5 以上	76	
灌木类	白腊条(墩)		6	每墩出条数按 10～20 根(包括柳桑、荆杨等灌木丝)
	紫穗条(墩)		6	
零星果树	1 年以下幼树		6	包括苹果、梨、杏、石榴、核桃、柿、桃，其他果树按实际结果量酌情补偿
	2～3 年未结果树		19	
	4～7 初果树		95	
	8～18 年盛果树		285	
苗圃	苗圃每平方米		19.5	一般乔木苗圃如杨、槐、楝等
	果树苗圃每平方米		27	根据苗木大小、密度酌情增减

27. 关于解决阿深商周高速公路周口段工程项目建设用地勘测定界及附着物清点工作有关问题协调会会议纪要

周政[2003]44 号

9 月 19 日下午,市政府副市长孟超主持召开角决阿深、商周高速公路周口段工程项目建设用地勘测定界及附着物清点工作有关问题协调会。市政府常务副秘书长郭卫,市国土资源管理局局长李延文、副局长杨安生,市交通局副局长赵和平,河南扶项高速公路有限公司(以下简称扶项公司)副总经理华中宽、周口市恒达高速公路发展有限责任公司(以下简称恒达公司)总经理孙德栋,西华、商水、太康、淮阳、川汇区、项城等县市区主管交通工作的副县市区长参加了会议,省土地规划勘测设计院副院长高树青等应邀出席会议。

会议听取了项目筹备工作进度的汇报,省土地规划勘测设计院介绍了勘测定界工作实施方案,市国土资源管理局对附着物清点工作提出了建议,各县市区代表先后发了言。根据会方要求,9 月 22 日下午,市政府常务副秘书长郭卫组织商水、淮阳、西华、太康、川汇区 5 县区主管交通的副县区长、高速公路建设指挥部办公室主任以及市国土资源局副 局长杨安生、恒达公司总经理孙德栋,就商周高速公路周口段建设用地拆迁补偿的具体问题再次进行了研究。

会议认为,阿深、商周两条高速公路周口段工程项目在市委、市政府及有关部门的大力支持下,有关各方积极努力,密切配合,取得了较快进展。目前工作的重点是抓紧做好土地勘测定界及附着物清点等工作。

会议决定:

1. 商周高速公路周口段工程项目土地勘测定界及附着物清点工作务于 10 月 10 日前完成;阿深高速公路周口段工程项目瞬息地勘测定界及附着物清点工作务于 10 月 5 日至 10 月 30 日完成。

2. 土地勘测定界及附着物清点等各项工作要在认真执行政策、严格履行程序的同时,交叉作业,提高效率,确保项目按计划尽快开工。

3. 关于商周高速公路周口段拆迁补偿经费问题,由恒达公司按每亩 2600 元的标准包干到县,并与有关县区签订协议书。

会议要求:

1. 各有关县市区要立即成立土地勘界、附着物清点工作领导小组和办公室,各级政府要摘好协调,交通、公路、土地、林业、水利、公安、电力、电信等部门共同参与,密切配全。

2. 要委善处理好项目建设和群众利益的关系,在确保群众利益不受损失的前提下,加快工作进度。同时,沿线各县市区要做好群众工作,严防私搭乱建、突击栽种、打井、索取额处补偿等行为的发生。

3. 市高速公路建设指挥部办公室要编发简报,对工程实施过程中好的做法和经验进行推广,对工作力度大、效果好的予以表扬。

4. 扶项公司即日与省土地规划勘测设计院签定工程建设用地勘测定界委托书及合同。

二〇〇三年九月二十九日

28. 周口市人民政府关于全市高速公路建设工作会议纪要

周政文[2004]15 号

3 月 6 日下午,全市高速公路建设工作会议在周口召开。阿深、周商高速公路沿线各县、区主管高速公路建设的副县、区长、高速公路建设指挥部办公室主任、土地局长、各乡镇党委书记、副书记或副乡长,阿深、商周高速公路业主单位和各施工标段的负责同志以及市国土资源局、市交通局的主要领导参加了会议。会议由市政府常务副秘书长、市高速公路建设指挥部办公室主任离卫主持,副市长范明出席会议并作了重要讲话。

会议传达了李新民副省长关于高速公路质量问题的批示,听取了周商、阿深高速公路征地拆迁工作进展情况的介绍,并就加快高速公路征地拆迁工作和用地报批工作进度作了具体部署。现纪要如下:

会议认为,高速公路建设是我市构筑大交通网络,打造经济和社会发展平台,实现全面建设小康社会宏传目标的重大战略举措。去年 12 月 27 日全市高速公路建设动员会后,各级党委、政府和有关部门高度重视,迅速行动,抽调了精兵强将,建立组织,结合实际,认真规划,精心组织,积极行动,迅速掀起了高速公路征地拆迁高潮。截止目前,阿深高速公路已拨付到县征地款 8900 万元,占征地拆迁补偿款 1.34 亿元的 85.8%;地上附司物拆迁完成工作量的 90%以上;路基清表已完成 10%,施工便道已打通总量的 10%;扶沟、淮阳县青苗补偿款已兑付完毕。周商高速公路已拨付到县征地款 8373 万元,占征地拆迁补偿款 1 亿元的 87%;地上附属物除电杆、光缆外已拆迁完毕;路基清表工作已完成 60cm,占总里程的 90%;施工便道贯通 60cm,占总量的 90%;大康县、川汇区青苗补偿款基础兑付完毕。存在的突出问题:一是认识问题。个别县、乡对高速公路建设的重要意义认识不到位,措施不力,行动迟缓;二是政策理解问题。有些县、乡对市政府 89 号文件精神理解出现偏差,在具体操作过程中不能妥善处理一些新情况、新问题,影响了工作进度;三是施工环境问题。部分县乡对环境问题重视不够,协调不力,甚至出现乱收费现象,致使征地拆迁工作进展受阻;四是个别金融单位未能将征地拆迁款及时拨付。这些问题严重影响和制约了高速公路片地拆迁工作的顺利进行,必须采取有力措施,切实加快阿深、周商高速公路征地拆迁工作以及高速公路用地报批工作进度,确保工程建设顺利进行。

会议决定:

1. 关于临时用地问题。临时用地补偿,属耕地或菜地的由用地单位逐年给被用地单位按年产值给予补偿,年产值标准为 1426 元/亩。考虑到被临时使用土地破坏严重,恢复周期长,需多支付一年的补偿费。同时,用地需支付 0.3 元/平方米复垦保证金,由县、区土地部门保管,待复耕验收合格后全额返还。在临时用地问题上,有关乡镇要做好规划,规定范围,办好手续,创造良好的环境。

2. 关于临时取土问题。施工单位要做好用土计划,报县、乡政府。县乡政府要抓紧时间,结合实际,本着少占用耕地的原则,科学规划临时取土场。总的原则是以大面积取土为主。其前提一是确保复耕;二是施工单位在取土前必须剥离 30cm 的熟土层,妥善堆放,取土后将熟土填,覆盖操平;三是确保排水系统畅通。补偿标准是:临时取土用地的青苗补偿为每亩每季 500 元,附属物据实请点,按标准补偿。取土费用为每自然方 1.8 元(其中支付农民 1.5 元 /m^2)。考虑到取土后 3 年内农作物生产难以达到原耕地的生产水平,取土区域划定后,由施工单位一次性支付给群众 3 年的生产损失补助费 1.5 元/m^2。为便于群众生产和施工单位施工,以每年 5 月 15 日和 9 月 15 日为换季日。在群众自愿、乡镇指导、施工单位认可的情况下,在地势低洼处或在高速公路两侧,可以深挖取土,开发水产业、形成莲藕生产带。补偿标准是每库 8000 元,不再支付其他费用。

3. 关于高速公路用地报批问题。鉴于 2004 年 7 月 1 日起国家将对高速公路建设用地政策作重大调整,为确保阿深、周商和许亳高速公路建设和地报批工作顺利进行,市高速公路建设指挥部要抽出 2 名以上工作人员,专职负责,全面协调,督促进度。阿深、周商和许亳高速公路的项目公司要分别明确专人,专职负责高速公路公路用地报批工作,并于 3 月 7 日将人员名单报市高速公路指挥部。

4. 根据国家重点项目征地工作有关精神,要确保在 5 月 1 日前把阿深、周商高速公路地上附司物、临时用地、临时取土干脆利落地、青苗补偿款、土地补偿款、安置补偿款足额发放到群众手中。同时,按照省里要求,务于 5 月底以前将阿深、周商和许亳高速公路所有用地项目资料报省国土资源厅。

5. 高速公路用地报批工作由郭卫同志具体负责协调、高速公路项目公司要全力配合,确保完成任务。市国土资源局要把高速公路建设用地项目报批所需全部资料及报批程序整归类,报市主管领导和市高速公路建设指挥部。高速公路用地报批工作所需经费由市高速公路建设指挥部负责协调解决。市高速公路建设指挥部要将用地报批工作进度、存在问题及时报告市委、市政府。如因工作不力,贻误战机,哪个环节出了问题,要严肃追究有关单位和责任人的责任。

会议要求:

1. 确保补偿费足额到位。高速公路建设工程征地、拆迁工作由市、县(市、区)政府组织实施。征地、拆迁费及土地补偿费、安置补助费、青苗补偿费、地上附着物补偿费要由国土资源局、监察局、审计局负责临督兑付,必须保证衣时足额到位。各县、乡必须在 3 月 9 日前把主线范围内青苗补偿款兑付到群众手里。市高速公路指挥部务于 3 月 10 日起对各县、乡进行检查,对进展较快的予以通报表扬,对措施不力、行动迟缓的,要通报批评。在实施拆迁中要严格按照市委、市政府及市高速公路建设指挥部的要求、严肃财经纪律,专款专用,合理支出,账目晚确,凡是农民应得到的各种费用,必须张榜公布,公开透明,采取发放存款折形式给群众兑付。任何单位和个人不得以任何理由挪用、截留、私分、克扣。否则,要依法追究有关领导和当事人的责任。

2. 互相理解,顾全大局。高速公路是国家和省里的重点工程,是我市的重点项目,不仅对我市经济具有强大的带动作用,而且作为一个载体,给参与建设的各方带来了利益机会。各级政府、各有关部门要进一步提高认识,全力配合高速公路建设。要调动一切积极因素,协调好各方面的关系,互相理解,密切配合,确保工程建设顺利进行,如期竣工。

3. 统筹考虑,兼顾各方。在高速公路建设过程中,各级政府、各有关部门和施工单位都要站在大局的高度,统筹考虑,兼顾各方利益。要最大限度地考虑农民的利益,做好用地规划,尽最大可能减少对土地的占用,妥善安置被征地单位、群众的生产和生活,切实保证农民利益。

这不仅是一个经济问题,更是严肃的政治问题。同时,也要充分考虑项目公司的利益,为工程建设创造良好的环境。

4. 坚持原则、强化操作。市政府89号文件是高速公路征地拆迁工作的重要政策依据,对高速公路征地拆迁及补偿标准作了明确的规定,各县、区必须认真贯彻执行。各县、区不得出台与89号文件相抵触的政策,已经出台的,要立即纠正,确保政令畅通。89号文件中确需进一步完善的部分,由市政府统一明确。各县、乡要充分发挥积极性,在政策范围内妥善处理好各方利益关系,从实际出发,实事求是,因地制宜,把解决好问题作为最终的出发点和归宿点。

5. 加强高速公路建设过程中群众参与装卸的组织管理。群众参与装卸要在当地党委、政府的统一组织下有序进行。同时,项目公司要尽可能地多安排一些群众可以参与的装卸工作,以增加农收收入,市指挥部要尽快制订统一的装卸收费标准。

6. 加强领导,创造良好的环境。各级政府、各有关部门要把解决高速公路建设环境问题列入重要议事日程、切实加强领导。主管副县市区长是第一责任人,市委、市政府将把高速公路的施工环境问题作为年度考核的重要内容。各乡镇要成立由书记或乡镇长任组长的环境协调小组,抽调3~5名工作能力强、政治素质高的同志,与原工作脱离,专职负责环境协调。要建立严格的工作责任制,任务和责任落实到人。市高速公路指挥部要尽快出台奖惩办法,一年一总结,一年一兑现。公安、交通、金融等有关部门要密切配合,通力协作,优化服务,创造良好的施工环境,全力支持高速公路建设。项目公司要配合当地党委、政府做好群众工作。倡议施工企业和群众开展共建文明标段活动。建立信息报告制度,各县、区高速公路建设指挥部要定期将工程进展情况上报市高速公路建设指挥部,市高速公路建设指挥部汇总后立即向四大班子领导通报情况。

7. 加强工程质量管理。高速公路建设工程是百年大计,政府重视,人民关注,各施工单位必须保证工程质量。监理单位要切实负起责任,做到一处不符合施工规程、一项达不到质量标准都不放过,坚持原则,铁面无私。对玩忽职守偷工减料,粗枝大叶,造成质量后果的,要坚决追究责任。

29. 关于高速公路建设现场办公室会议纪要

周高速[2005]9号

11月12日,市委书记董光峰,市委常委、政法委书记周树群、市政府副市长孟超、范明,带领市直有关部门,阿深、周商、许亳高速公路周口段项目业主单位和沿线8个县市区及乡镇党委、政府的主要负责同志,深入到阿深、周商、许亳高速公路建设工地现场办公。与会人员实地察看了高速公路建设情况,并于当天下午在太康县召开了会议。会议认真听取了阿深、商周、许亳高速公路周口段项目公司负责人及8个县市区主要负责同志关于工程建设有关情况的汇报,市领导董光峰、周树群、孟超、范明分别作了重要讲话。会议就高速公路建设中存在的问题进行了认真分析,研究了切实可行的措施。现将有关事项纪要如下:

会议认为,阿深、商周、许亳高速公路周口段建设工程是我市构建大交通格局的重要组成部分,对于拉动经济增长,改善投资环境,提升区位优势,振兴我市经济,实现周口崛起,都具有十分重要的意义。目前,三条高速公路建设进展顺利。但与省政府关于阿深、商周高速公路周口段要于2006年建成通车、许亳高速公路周口段要于2007年建成通车的要求还有一定差距。因此,三条高速公路沿线各级党委、政府,市直有关部门必须牢固树立和落实科学发展观,坚持以人为本,妥善处理好重点项目建设与人民群众利益之间的关系,认真解决工程建设中存在的矛盾和问题,为三条高速公路建设创造良好的施工环境;三条高速公路项目公司要科学规划、精心组织、倒排工期,加大工程建设力度,加快工程进度,确保按计划建成通车。

会议决定:

1. 关于施工环境问题。高速公路建设环境的优劣,事关高速公路建设能否顺利进行,三条高速公路沿线各级党委、政府,市直有关部门要牢固树立大局意识,服务意识,切实转变工作作风,认真排查影响高速公路建设的突出问题,进一步加大协调力度,努力创造良好的施工环境,全力支持建设单位搞好施工。

2. 关于科学组织,合理调度,加快进度问题。各高速公路建设单位要按照省交通厅和市政府要求,根据工程计划,科学组织,统筹安排,倒排工期,交叉作业,千方百计克服困难,加快工程进度,确保如期建成通车。目前三条在建高速公路中,阿深、商周进展情况较好。鉴于许亳高速公路开工较晚,加之国家土地政策调整等客观因素,工程建设进展缓慢,尚未掀起施工高潮。为加快工程建设进度,该项目由董光峰书记亲自负责,孟超副市长具体负责、协调解决有关总是;恒大高速公路有限公司要认真查找技术管理、施工组织等方面的原因,切实加以改进,尽快掀起施工高潮。

3. 关于浅层取土后造成的积水问题。鉴于阿深、商周高速公路建设过程中对农田排水系统造成影响的实际情况,由沿线县、乡两极政府调查统计,澄清底数,结合当地农田水利基本建设,科学规划,合理安排,修建合理、顺畅的排水系统,确保农民群众正常耕种。修建排水系统所需费用由阿深、商周高速公路和项目公司承担。因积水已经给农民群众造成的损失,由阿深、商周高速公路项目公司给予适当补偿。

4. 关于深挖取土场问题。鉴于我市人多地少的实际,阿深、商周、许亳高速公路沿线的县、乡政府要牢固树立科学发展观,在规划临时取土用地时尽最大可能减少对耕地的占用,原则上采取深挖取土,并结合农业结构调整,积极引导农民开发水产种植、养殖,以解决失地农民的再生产问题。

5. 关于许亳高速公路征地补偿款问题。许亳高速公路项目公司务于年底前将征地补偿款全部拨付,由县、乡、村按程序兑现给群众。在兑付过程中要做到张榜公布,公开透明,阳光作业。对滞留、挪用征地补偿款的单位和个人,要严肃追究责任。坚决杜绝因征地补偿款不到位而影响工程建设的情况发生。

6. 关于施工造成居民房屋震裂问题。由有关县市区纪委牵头,召集乡镇、行政村与项目单位组成联合调查组,核实情况,澄清底子后,由项目公司给予补偿。

7. 三条高速公路沿线县市区要抽出专人,成立高速公路建设治安巡罗队,维持施工秩序,保证高速公路正常施工;严厉打击强装强卸、偷盗建设物资的物为;严肃查处“四乱”行为,对无理取闹、强行阻工、不听劝阻者,坚决予以打击,创造良好的施工环境,确保高速公路建设的顺利进行。

8. 关于电力通信设施迁改问题。由孟超副市长负责协调,召集电力、通信部门与项目公司协商解决。高速公路项目公司要加强与电力、通信部门的沟通,争取其理解和支持;电力、通信部门要顾全大局,发扬风格,支持高速公路项目建设。

9. 关于311国道上跨阿深高速公路问题、由孟超副市长与省交通厅协调,拿出方案,急取尽快实施;涵洞积水问题,由项目公司在改路改渠工程中一并解决。

10. 鉴于三条高速公路建设中,运送建筑材料的重车通行造成农村公路损坏的实际,由沿线县乡政府做好统计,三条高速公路项目公司核查无误后,给予修复或一次性赔偿。

11. 进一步完善高速公路建设情况定期报告制度。三条高速公路项目公司要定期将工程建设进展情况、存在问题上报当地县高速公路建设指挥部。各县市区高速公路建设指挥部要及时研究、解决存在问题,确保工程建设顺利进行。

12. 为加快许亳高速公路建设进度,扶沟、太康、鹿邑三县主要负责同志每月要主持召开一次协调会,解决存在问题,并将有关情况及时上报市季、市政府。市高速公路建设指挥部每2个月召开一次许亳高速公路建设专题协调会,听取高速公路公司的汇报,协调解决有关问题。

二〇〇五年十一月十六日

30. 关于解决高速公路建设有关问题的协调会议纪要

周高速[2004]2 号

3 月 17 日上午,副市长范明在淮阳县详瑞宾馆三楼会议室主持召开解决高速公路建设有关问题的协调会议。市政府常务副秘书长、市高速公路建设指挥部办公室主任郭卫、市国土资源局副局长杨安生、淮阳县政府县长贾书君、副县长任哲,河南扶项高速公路有限公司董事长、总经理赵平均,周口市恒达高速公路发展有限责任公司协调部经理朱效威及淮阳县高速公路建设指挥部的有关同志参加了会议。会议听取了阿深、周商高速公路建设有关情况的汇报,就高速公路建设中存在的问题进行了认真研究,议定了切实可行的解决办法。现纪要如下:

会议认为,3 月 6 日全市高速公路建设工作会议以后,有关县区、乡镇的领导高度重视,行动迅速、建立健全组织,进一步强化措施,加大工作力度,确保了两条高速公路永久性占地青苗补偿款及时足额发放到群众手中,高速公路征地、拆迁工作取得了明显成效。但随着高速公路征地拆迁工作的深入开展,出现了一些新情况、新问题,必须认真研究,尽快加以解决。

会议决定:

1. 关于深层取土和浅层取土的界定问题。凡取土深度超过 1.5m(不含 30cm 的熟土层)的为深层取土,取土深度不足 1.5m 的为浅层取土,各县乡要以此为标准严格执行。同时,市国土资源局要抓紧时间将此标准上报省国土资源厅。

2. 关于临时取土场的规划问题。鉴于我市实际,临时取土首先要规划在一般农田,确实没有一般农田的,也可规划在基本农田取土,但必须按照市政府《关于全市高速公路建设工作会议纪要》(2004 年第 15 期)的要求,确保复耕各县区在规划高速公路临时取土场时,要教育引导农民在高速公路两侧深层取土,开发水产业,这对于调整农业产业结构,改善我市生态环境,增加农民收入具有重要作用。高速公路项目公司和施工单位要做好配合。同时,各县乡要结合各自特点,创造性地开展工作,不断探索新的经验。

3. 关于临时用地的补偿标准问题。市政府《关于全市高速公路建设工作会议纪要》(2004 年第 15 期)对高速公路临时用地补偿标准作了十分明确的规定,但个别县的土地部门不能严格按要求执行,擅自收取临时用地 500 元/亩的青苗补偿款,并加收 100 元/亩勘察定界费,这是极其错误的。今后各县乡和土地部门要认真执行《会议纪要》,不得收取规定以外的任何费用。已经收取的,要坚决纠正,确保政令畅通。

4. 关于河道、桥梁施工的地界认定问题。凡是在河道行洪断面以内的临时用地、永久性用地一律不得征用,施工单位在施工和使用期必须保证行洪安全,水利部门要加强指导,不得收取任何费用;凡是在河道行洪断面以外的土地,根据用地性质,分别按永久性占地和临时用地的补偿标准执行 。

会议要求:

1. 各县区务于 3 月 25 日前,在科学规划的基础上,划定临时取土场,确保四线落地。市高速公路建设指挥部对此荐工作要做好督查落实。

2. 市高速公路建设指挥部要协调金融部门,务必于 3 月 19 日前将拆迁补偿款拨付到各县区,确保拆迁补偿经费的落实和拆迁工作的进度。

3. 各县乡党委、政府、高速公睡建设指挥部要加大环境协调力度,切实解决好实际问题。施工便道、通道问题由各县区政府责成高速公路所经乡镇党委、政府,明确专人负责协调解决,确保畅通。

4. 高速公路项目公司和施工单位要加强与县乡党委、政认的沟通、衔接、磋商。对施工过程中发生的环境问题,要逐级向乡、县、市高速公路建设指挥部及时反映,各级高速公路建设指挥部对项目公司的施工单位反映的问题,要尽快解决。如确实无力解决,要及时上报。对施延时间、影响工作进度的,要严肃追究责任。

二○○四年三月十八日

31. 关于解决阿深和周商高速公路建设有关问题的协调会议纪要

周政文[2005]1 号

1 月 6 日上午,受副市长孟超委托,市政府常务副秘书长郭卫在市政府五楼会议室主持召开解决阿深和周商高速公路建设有关问题的协调会议。市阿深高速公路建设协调办公室主任赵和平,商水县正县长级干部葛玉珍、淮阳县副县长胡恩勇、太康县副县长周心亮,扶项高速公路公司总经理张锋、副总经理华中宽、总经理助理李民,市林业局、恒达高速公路公司及淮阳、商水、太康县交通局、电业局、林业局和有关乡镇的负责同志参加了会议。会议就可深和周商高速公路建设有关问题进行了认真研究,达成了一致意见,现纪要如下:

一、关于河南金佰利高效农业发展股份有限公司苗圃拆迁的补偿问题。根据《周口市人民政府关于高速公路建设征地拆迁补偿有关问题的通知》(周政[2003]89 号)规定,由商水县调高速公路指挥部按 2000 元/亩的标准,据实补偿;鉴于河南金佰利高效农业发展股份有限公司苗圃的苗木属于从国外引进的珍贵品种,价格昂贵的实际,另由扶项高速公路公司一次性补偿其 50 万元;苗木迁移的用地问题由商水县政府协调解决;苗木适移用地 500 元/亩的青苗补偿款由扶项高速公路协调办公室据实补偿;河南金佰利高效农业发展股份有限公司的苗圃拆迁务于 1 月 30 日前结束。

二、关于阿深、周商高速公路互通区拆迁户用电和阿深高速公路建设涉及的改路、改渠问题。会议认为,阿深、周商高速公路互通区拆迁户用电和改路、改渠问题事关人民群众的切身利益,必须尽快妥善解决。会议决定,由扶项高速公路公司和恒达高速公路公司各出资 20 万元对该互通区拆迁户的用电设施建设进行补偿,不足部分,由淮阳县政府从 2000 元/亩的地上附属物补偿款中解决;电力建设单位要抓紧施工,确保春节前阿深、周商高速公路互通区群众的生活和生产用电。阿深高速公路建设涉及的改路、改渠问题由扶项高速公路公司尽快进行现场勘察后解决。

三、关于太康县常营镇前赵村孟庄分离立交桥施工方案问题。会议决定,将前赵行政村孟庄分离立交桥平移到约 K15 +750 与该村所规划的 9 米宽的街道相接;在 K15 +610 即该村主街道处增设一座 6 ×3.5 通道,保留 K15 +540 通道;因改路需拆迁民房的测量补偿工作,待设计院出图后,由市县指挥部统一组织,及时丈量,足额补偿;被拆迁户新宅基地的问题由县、乡政府负责调整解决。

二〇〇五年一月十日

32. 周商高速公路建设征地拆迁补偿协议书

（太康县境）

甲方：太康县高速公路指挥部

乙方：周口市恒达高速公路发展有限责任公司

为了加快周商高速公路建设步伐，全面促进周口经济发展，经甲乙双方共同协商，现就周商高速公路项目建设永久性征地的地面附着物补偿问题，达成如下协议：

一、土地征用价格由周口市人民政府统一制定。

二、甲方负责永久性征用土地的地面附属物清点及补偿工作。

三、乙方负责周商高速公路建设项目永久性征地内的地面附着物补偿款的统一支付。支付对象为县级高速公路建设协调办公室。

四、地面附着物（不含建筑物：房屋、围墙，构筑物：桥涵）补偿标准按每亩贰仟陆佰元包干使用。本协议地面附着物补偿款支付对象包括：地上种植物（林木、果木、蔬菜、农作物及其青苗）、养植物及其他附着物（各种鱼塘、水井、水井用房、灌溉地埋管、沼气池、温室、坟墓、水渠、塑料或其他材质大棚、380V 及以下供电和地埋线、通信线路、光缆、预制厂场地、药材等）以及清点（包括对建筑物及构筑物的清点）工作中发生的所有费用。

五、建筑物、构筑物的拆迁补偿款标准按有关文件规定执行，由乙方另行支付给甲方。

六、在清点工作开始时，乙方先向甲方预付<u>　伍　</u>万元，以便更好地开展工作，其余付款待清点完成后根据最终结果据实结算，由甲方平衡使用。

七、甲方必须得保证在 10 月 20 日前将清点及补偿工作圆满完成。

保证施工队伍顺利进场工作。以后因征地、拆迁补偿问题发生的矛盾由甲方负责尽快解决。

八、未达事宜，待双方商议解决。

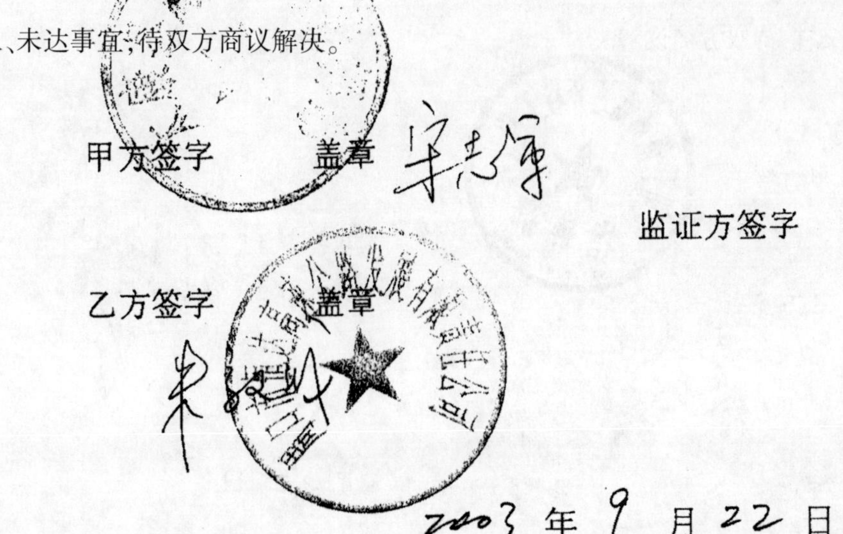

甲方签字　　　盖章

监证方签字

乙方签字　　　盖章

2003 年 9 月 22 日

33. 周商高速公路建设征地拆迁补偿协议书

（淮阳县境）

甲方：淮阳县周商高速公路工程建设指挥部

乙方：周口市恒达高速公路发展有限责任公司

为了加快周商高速公路建设步伐，全面促进周口经济发展，经甲乙双方共同协商，现就周商高速公路项目建设永久性征地的地面附着物补偿问题，达成如下协议：

一、土地征用价格由周口市人民政府统一制定。

二、甲方负责永久性征用土地的地面附属物清点及补偿工作。

三、乙方负责周商高速公路建设项目永久性征地内的地面附着物补偿款的统一支付。支付对象为县级高速公路建设协调办公室。

四、地面附着物（不含建筑物：房屋、围墙，构筑物：桥涵）补偿标准按每亩贰仟陆佰元包干使用。本协议地面附着物补偿款支付对象包括：地上种植物（林木、果木、蔬菜、农作物及其青苗）、养植物及其他附着物（各种鱼塘、水井、水井用房、灌溉地埋管、沼气池、温室、坟墓、水渠、塑料或其他材质大棚、380V 及以下供电和地埋线、通信线路、光缆、预制厂场地、药材等）以及清点（包括对建筑物及构筑物的清点）工作中发生的所有费用。

五、建筑物、构筑物的拆迁补偿款标准按有关文件规定执行，由乙方另行支付给甲方。

六、在清点工作开始时，乙方先向甲方预付＿拾＿万元，以便更好开展工作，其余付款待清点完成后根据最终结果据实结算，由甲方平衡使用。

七、甲方必须得保证在 10 月 20 日前将清点及补偿工作圆满完成。

保证施工队伍顺利进场工作。以后因征地、拆迁补偿问题发生的矛盾由甲方负责尽快解决。

八、未达事宜，待双方商议解决。

甲方签字　　盖章

淮阳县周商高速公路工程建设指挥部

监证方签字

乙方签字　　盖章

2003 年 9 月 22 日

34. 周商高速公路建设征地拆迁补偿协议书

（周口市川江区境）

甲方：周口市川江区周商高速公路建设指挥部

乙方：周口市恒达高速公路发展有限责任公司

为了加快周商高速公路建设步伐，全面促进周口经济发展，经甲乙双方共同协商，现就周商高速公路项目建设永久性征地的地面附着物补偿问题，达成如下协议：

一、土地征用价格由周口市人民政府统一制定。

二、甲方负责永久性征用土地的地面附属物清点及补偿工作。

三、乙方负责周商高速公路建设项目永久性征地内的地面附着物补偿款的统一支付。支付对象为县级高速公路建设协调办公室。

四、地面附着物（不含建筑物：房屋、围墙，构筑物：桥涵）补偿标准按每亩贰仟陆佰元包干使用。本协议地面附着物补偿款支付对象包括：地上种植物（林木、果木、蔬菜、农作物及其青苗）、养植物及其他附着物（各种鱼塘、水井、水井用房、灌溉地埋管、沼气池、温室、坟墓、水渠、塑料或其他材质大棚、380V 及以下供电和地埋线、通信线路、光缆、预制厂场地、药材等）以及清点（包括对建筑物及构筑物的清点）工作中发生的所有费用。

五、建筑物、构筑物的拆迁补偿款标准按有关文件规定执行，由乙方另行支付给甲方。

六、在清点工作开始时，乙方先向甲方预付 伍 万元，以便更好地开展工作，其余付款待清点完成后根据最终结果据实结算，由甲方平衡使用。

七、甲方必须得保证在 10 月 20 日前将清点及补偿工作圆满完成。

保证施工队伍顺利进场工作。以后因征地、拆迁补偿问题发生的矛盾由甲方负责尽快解决。

八、未达事宜，待双方商议解决。

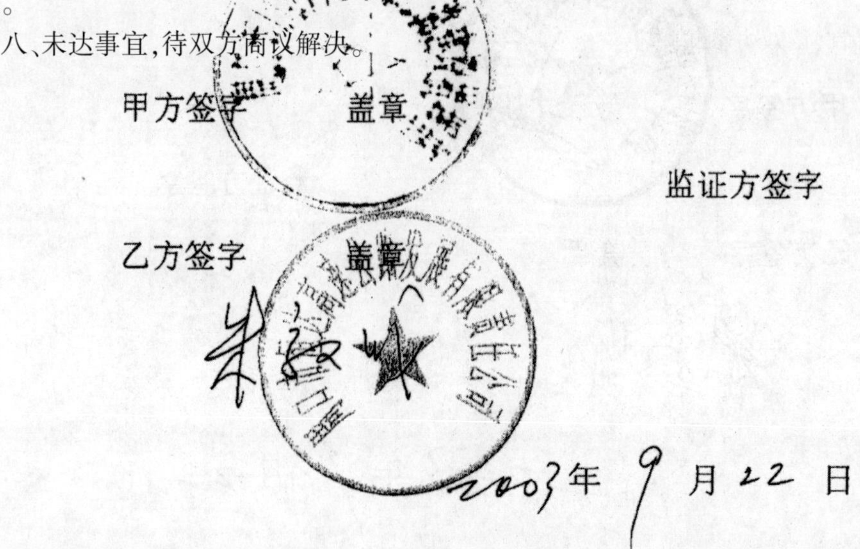

甲方签字　　　盖章

监证方签字

乙方签字　　　盖章

2003 年 9 月 22 日

35. 周商高速公路建设征地拆迁补偿协议书

（西华县境）

甲方：西华县周商高速公路建设指挥部

乙方：周口市恒达高速公路发展有限责任公司

为了加快周商高速公路建设步伐，全面促进周口经济发展，经甲乙双方共同协商，现就周商高速公路项目建设永久性征地的地面附着物补偿问题，达成如下协议：

一、土地征用价格由周口市人民政府统一制定。

二、甲方负责永久性征用土地的地面附属物清点及补偿工作。

三、乙方负责周商高速公路建设项目永久性征地内的地面附着物补偿款的统一支付。支付对象为县级高速公路建设协调办公室。

四、地面附着物（不含建筑物：房屋、围墙，构筑物：桥涵）补偿标准按每亩贰仟陆佰元包干使用。本协议地面附着物补偿款支付对象包括：地上种植物（林木、果木、蔬菜、农作物及其青苗）、养植物及其他附着物（各种鱼塘、水井、水井用房、灌溉地埋管、沼气池、温室、坟墓、水渠、塑料或其他材质大棚、380V 及以下供电和地埋线、通信线路、光缆、预制厂场地、药材等）以及清点（包括对建筑物及构筑物的清点）工作中发生的所有费用。

五、建筑物、构筑物的拆迁补偿款标准按有关文件规定执行，由乙方另行支付给甲方。

六、在清点工作开始时，乙方先向甲方预付 伍 万元，以便更好地开展工作，其余付款待清点完成后根据最终结果据实结算，由甲方平衡使用。

七、甲方必须得保证在 10 月 20 日前将清点及补偿工作圆满完成。

保证施工队伍顺利进场工作。以后因征地、拆迁补偿问题发生的矛盾由甲方负责尽快解决。

八、未达事宜，待双方商议解决。

甲方签字　　盖章

监证方签字

乙方签字　　盖章

2003 年 9 月 22 日

36. 周商高速公路建设征地拆迁补偿协议书

（商水县境）

甲方：商水县高速公路协调指挥部

乙方：周口市恒达高速公路发展有限责任公司

为了加快周商高速公路建设步伐，全面促进周口经济发展，经甲乙双方共同协商，现就周商高速公路项目建设永久性征地的地面附着物补偿问题，达成如下协议：

一、土地征用价格由周口市人民政府统一制定。

二、甲方负责永久性征用土地的地面附属物清点及补偿工作。

三、乙方负责周商高速公路建设项目永久性征地内的地面附着物补偿款的统一支付。支付对象为县级高速公路建设协调办公室。

四、地面附着物（不含建筑物：房屋、围墙，构筑物：桥涵）补偿标准按每亩贰仟陆佰元包干使用。本协议地面附着物补偿款支付对象包括：地上种植物（林木、果木、蔬菜、农作物及其青苗）、养植物及其他附着物（各种鱼塘、水井、水井用房、灌溉地埋管、沼气池、温室、坟墓、水渠、塑料或其他材质大棚、380V 及以下供电和地埋线、通信线路、光缆、预制厂场地、药材等）以及清点（包括对建筑物及构筑物的清点）工作中发生的所有费用。

五、建筑物、构筑物的拆迁补偿款标准按有关文件规定执行，由乙方另行支付给甲方。

六、在清点工作开始时，乙方先向甲方预付 伍 万元，以便更好地开展工作，其余付款待清点完成后根据最终结果据实结算，由甲方平衡使用。

七、甲方必须得保证在 10 月 20 日前将清点及补偿工作圆满完成。

保证施工队伍顺利进场工作，以后因征地、拆迁补偿问题发生的矛盾由甲方负责尽快解决。

八、未达事宜，待双方商议解决。

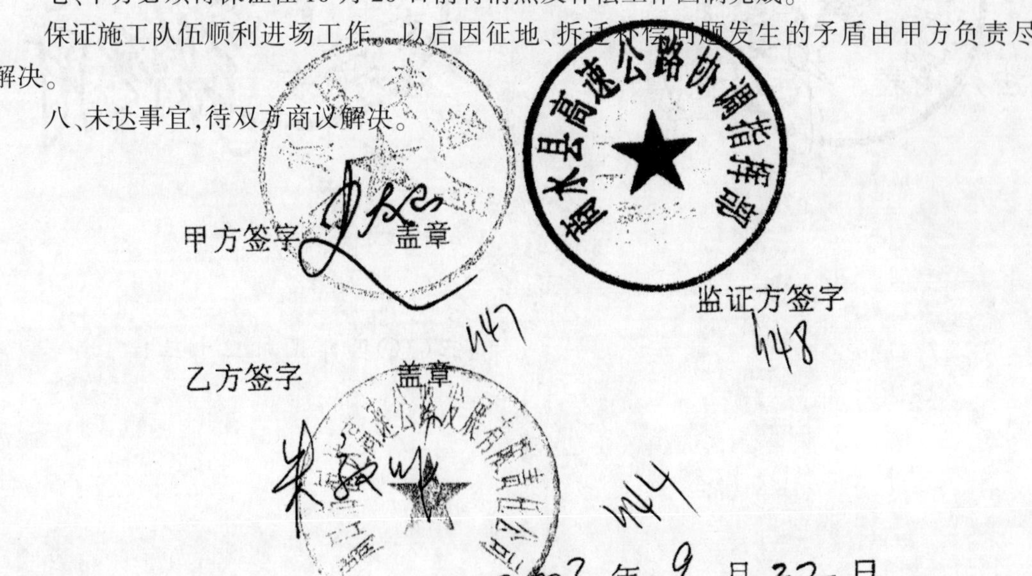

37. 委托易地补充耕地协议

甲方:周口市恒达高速公路发展有限公司

乙方:兰考县国土资源局

商丘至周口高速公路项目建设已经河南省发展计划委员会豫计基础[2003]1537号文件批复,需农用地转用周口市境内482.5673公顷耕地,因周口市耕地后备资源缺乏,申请易地补充耕地。根据《中华人民共和国土地管理法》有关规定,占用耕地实行"占一补一"的制度。

经甲、乙双方共同协商,就商丘至周口高速公路项目建设用地耕地占补平衡达成如下协议:

一、甲方委托乙方易地补充耕地443.3705公顷,补划基本农田397.3896公顷。

二、甲方按照国家、省规定的耕地开垦费标准足额上缴省国土资源厅。

三、乙方在商丘至周口高速公路耕地开垦费按照标准拨付到位后,实施补充耕地任务。

四、乙方根据本县实际情况,兰考县计划从2004年5月至2005年5月实现建设用地占补平衡,并保证补充耕地的数量和质量与被占用的耕地水平相当。

五、本协议书一式八份,甲、乙双方各四份。

六、本协议书自签订之日起生效。

甲方:(盖章)

法人代表:

乙方:(盖章)

法人代表:

二〇〇四年四月二十二日

38. 使用林地审核同意书

豫周林地审字[2004]023号

周口市恒达高速公路发展有限责任公司：

根据《森林法》和《森林法实施条例》的规定，经审核，同意商丘至周口高速公路周口段建设项目，占用国有西华林场林地2.4128公顷，征用集体林地13.7284公顷，(其中西华县0.9374公顷，川汇区0.3596公顷，淮阳县5.6875公顷，商水县6.4150公顷、太康县0.3289公顷)。合计征占用16.1412公顷。

你单位要按照有关规定办理建设用地审批手续，依法缴纳有关占用征用林地的补偿费用。建设用地批准后，需要采伐林木的，要依法办理林木采伐许可手续。

二〇〇四年四月九日

39. 商丘至周口高速公路周口段土地使用证一览表

土地使用证编号	土地使用权人	座落	地类(用途)	使用权类型	使用权面积(m^2)
	河南高速公路发展有限责任公司	太康县小计	高速公路	划拨	510378
太国用(2008)第00014号		商周高速太康段			336393
太国用(2008)第00015号		商周高谏太康段			173985
		淮阳县小计	公路用地	划拨	2839100
淮国用(2008)第007号		商周高速公路淮阳县段(白楼养护中心)			26663
淮国用(2008)第008号		商周高速公路淮阳县段(四通镇李贯河至临蔡黑河)			430920
淮国用(2008)第009号		商周高速公路淮阳县段(临蔡黑河至白楼国道)			583052
淮国用(2008)第010号		商周高速公路淮阳县段(白楼国道至郑集新运河)			1014712
淮国用(2008)第011号		商周高速公路淮阳县段(郑集新运河至曹河清水河)			79128
淮国用(2008)第012号		商周高速公路淮阳县段			298605
淮国用(2008)第013号		商周高速公路淮阳县段(曹河引路至搬口分界)			406020
		西华县小计	交通用地	划拨	689605
西国用(2007)第25号		商周高速公路西华段(安营林场)			24128
西国用(2007)第26号		商周高速公路西华段(大王庄段)			323943
西国用(2007)第27号		商周高速公路西华段(东王营段)			86570
西国用(2007)第28号		商周高速公路西华段(李大庄段)			254964
		商水县小计	交通	划拨	521715
商国用(2008)第03690号		商水县(商周高速公路商水段)			365524
商国用(2008)第03691号		商水县(商周高速公路商水段)			156191
合计					4560789

三、工程设计

40. 关于呈报《河南省商丘至周口高速公路周口境内段工程两阶段初步设计》的请示

周恒达高字[2003]14 号

周口市计委、市交通局：

根据豫计基础[2003]1537 号文《关于河南省商丘至周口高速公路周口境内段工程可行性研究报告的批复》中有关精神，周口市恒达高速公路发展有限责任公司通过公开招标，选择了中国公路工程咨询监理总公司为该项目的设计单位，现设计单位已将《河南省商丘至周口高速公路周口境内段工程两阶段初步设计》制作完成，将随文呈报，请审批。

一、项目建设的必要性

本项目为区域高速公路网的重要组成部分，是河南省规划的“十五”期间应建设完成的重点支线高速公路，在连接商丘与周口两个地级市的同时，随着规划路段的分段分期建设，未来几年将与区域内的重点主干线高速公路（东香、连霍、阿深、亳许等高速公路）相连，构成了区域内四通八达的高速公路网，必定会大大改变周口市面貌，改善其投资环境，进而促进其经济的发展。同时拟建的高速公路必将加强周口市作为市域中心的辐射作用，必将为周口市和河南省实现全面小康起着重要的推动作用。

二、路线走向与建设规模

路线起自太康县张集乡东南，接商周高速公路商丘段终点，在夏楼附近与 G311 线交叉。在淮阳县城北约 2.5km 处跨越许郸地方铁路和 G106 线，路线继续西南行，跨新运河、清水河，在东赵庄附近与拟建的阿深高速公路交叉，经周口市北郊，在周口市东环与北环交叉处以北约 6 公里处通过，经西华东王营乡南，在下炉村附近跨贾鲁河，在马岔村与 S102 线交叉，过鱼林台东南，在齐桥与李集之间跨颍河，在杨岗南跨沙河，在周口市西郊大姜楼北，大王庄西与漯河高速公路交叉，止于商水县杨湖村西。路线全长 68.75km，连接线长 12.5km，沿线设大桥 2207.88m/8 座，中桥 1345.04m/26 座，涵洞 103 道，通道 47 道，互通式立交 6 处，分离式立交 4776.68m/65 座。

三、技术标准

主线按四车道高速公路标准建设，路基宽 28m，行车道宽 4 × 3.75m，计算行车速度 120km/h，桥梁设计荷载汽车—超 20 级，挂车—120。

连接线按二级公路技术标准建设，路基宽 17m，行车道宽 4 ×3.75m，计算行车速度 80km/h，桥梁设计荷载汽车—超 20 级，挂车—120。

路面结构形式自上而下为：中粒式沥青混凝土上面层厚 5cm，密级配粗粒式沥青混凝土中面层厚 6cm，开级配粗粒式沥青混凝土下面层厚 7cm，水泥稳定碎石基层厚 36cm，水泥石灰综合稳定土垫层厚 20cm。

四、概算投资

该项目概算总投资 21.45 亿元,平均每千米造价约 3120 万元。

五、资金筹措方式

本项目建设概算总金额 21.45 亿元,计划由以下两种方式筹集资金:(1)业主单位自筹 7.15亿元(占总投资的 35%);(2)其余 13.94 亿元由银行贷款(占总投资的 65%)。公路建成后,以收取车辆通行费作为投资回报,逐年偿还贷款。

此请示,请批复。

二〇〇三年九月二十二日

41. 关于呈报《河南省商丘至周口高速公路周口段两阶段初步设计》的请示

周计设审[2003]526 号

省计委、省交通厅：

根据豫计基础[2003]1537 号批复要求，周口市恒达高速公路发展有限责任公司通过公开招标选择中国公路工程咨询监理总公司为设计单位，现已完成《河南省商丘—周口高速公路周口段两阶段初步设计》，现随文呈报。

一、项目建设的必要性

商丘—周口高速公路为区域高速公路网的重要组成部分，是河南省规划“十五”期间应建设完成的重点支线高速公路，在连接商丘与周口两个地级市的同时，随着规划路段的分段分期建设，未来几年将与区域内的重点主干线高速公路(东香、阿深、亳许等高速公路)相连，构成了区域内四通八达的高速公路网。项目的建成实施将大大改善周口投资环境，促进其经济发展，加强周口市作为市域中心的辐射作用，为周口市和河南省实现全面小康起着积极的推动作用。

二、路线走向与建设规模

路线起自太康县张集乡东南，接商周高速公路商丘段终点，在夏楼附近与 G311 线交叉。在淮阳县城北约 2.5km 处跨越许郸地方铁路和 G106 线。路线继续向西南行，跨新运河、清水河，在东赵庄附近与拟建的阿深高速公路交叉，经周口市北郊，在周口市东环与北环交叉处以北约 6 公路处通过，经西华县东王营乡南，在下炉村附近跨贾鲁河，在马岔村与 S102 线交叉，过鱼林台东南，在齐桥与李集之间跨颖河，在扬岗南跨沙河，在周口市西郊大姜楼北，大王庄西与漯界高速公路交叉，止于商水县杨湖村西。路线全长 68.75km，连接线长 12.5km，沿线设大桥 2207.88m/8 座，中桥 1345.04/26 座，涵洞 121 道，通道 49 道，互通式立交 6 处，分离式立交 4776.68m/61 座。

三、技术标准

主要按四车道高速公路标准建设，路基宽 28m，行车道宽 4 × 3.75m，计算行车速度 120km/h，桥梁设计荷载汽车—超 20 级，挂车—120。

连接线按二级公路技术标准建设，路基宽 17m，行车道宽 4 × 3.75m，计算行车速度 80km/h，桥梁设计荷载汽车—超 20 级，挂车—120。

路面结构形式自上而下为：中粒式沥青混凝土上面层厚 5cm，密级配粗粒式沥青混凝土中面层厚 6cm，开级配粗粒式沥青混凝土下面层厚 7cm，水泥稳定碎石基层厚 36cm，水泥石灰综合稳定土底基层厚 18cm，石灰稳定土垫层 18cm。

四、人工、主要材料用量和概算投资

本项目共需人工 6458706 工日，木材 6954m^3，水泥 371687t，钢材 38330t，钢绞线 2072t，石油沥青 53489t，概算总投资 217422.441 万元。

五、资金筹措方式

本项目建设概算总投资 217422.441 万元,其中业主单位自筹 76097.854 万元(占总投资的 35%),申请银行贷款 141324.587 万元(占总投资的 65%)。

此请示,请批复。

附:《河南省商丘至周口高速公路周口段两阶段初步设计》。

联系人:秦玉层　　0394－8223640

李　志　　0394－8267561

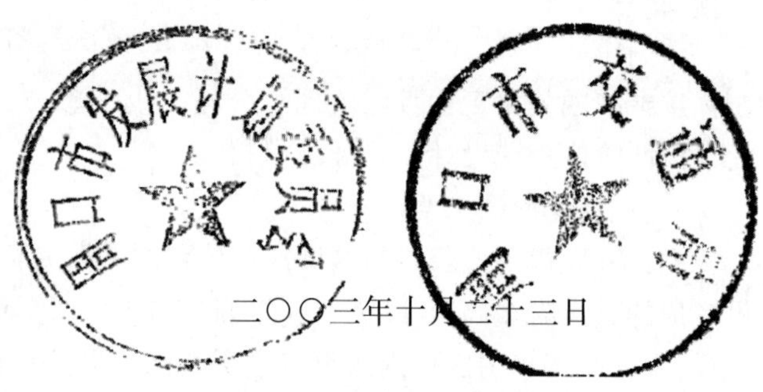

二〇〇三年十月二十三日

42. 关于商周高速公路周口段初步设计审查意见的函

豫交计[2003]974号

省计委：

周口市发展计划委员会和周口市交通局周计设审[2003]526号"关于呈报《河南省商丘至周口高速公路周口段两阶段初步设计》的请示"收悉，依据豫计基础[2003]1537号"关于商丘至周口高速公路周口段工程可行性研究报告的批复"，中国公路工程咨询监理总公司编制完成了该项目初步设计，现将审查意见函告如下：

一、路线走向及建设规模

路线起点位于周口市太康县张集乡附近，西南行于夏刘庄和张楼之间穿过，与G311线交叉，设夏楼互通式立交；经刘庄南跨越大黑河，穿张菜园和冯桥、岳楼和张京庄之间跨李贯河，经张会庙、新庄村西、韩营村东、大李村西，在赵庄西南跨越小黑河，经小吴庄和大吴庄、小劳庄和小孔楼、何老庄西、拐河东和侯庄西，于大郝西上跨许（昌）郸（城）地方铁路；在白楼乡东南上跨G106线，经黄庄西，于李堂村西与S329交叉，设李堂互通式立交；经大菜园西、红山庙东、万庄东、小王庄西、大王庄南、郑集西，在魏桥西南和党路口之间跨新运河，在范庄和冷庄之间跨清水河，经吴庄南、刘庄北，与拟建阿深高速公路相交，设枢纽立交；继续西南行设周口东互通式立交；跨越农场沟、流沙河，在张楼东和邵火庙西穿过，经徐营南、冯店西，于下楼西南和下口东北跨越贾鲁河，在马岔庄北与S102线交叉，设周口西互通式立交；经史菜园北、王菜园和新庄之间、鱼林台南，在齐桥南、王公庄东北跨颍河，经黄庄西、唐坡和袁庄之间跨越沙河；经牛堂东、赵棚西，在小河湾南下穿S238线，经杨湖西与漯周界高速公路交叉，设枢纽互通式立交，过漯周界高速公路即到达本项目终点，路线设计长度68.75km。

连接线共两段：周口东连接线5.75km，周口西连接线6.75km。

二、沿线地形、地貌

项目区地貌均属堆积地形，大致以颍河为界划分为两个区：东北部属黄河冲积平原，西南部属淮河冲积平原。黄河冲积平原，地形平坦，高程40～60m，自西北向东南微倾斜；沙颍河泛流冲积平原，高程50m左右，相对高差1～2m，沿河一带地形较高，堤内高出堤外2～3m。

三、工程地质及水文

沿线可分为三个工程地质单元，亚砂土：褐—褐黄色，土质均匀，稍湿—湿，稍密，夹亚砂土薄层。层厚4～6m，厚度变化稳定，多与亚黏土互层，近地表有薄层耕植土；亚黏土：灰色—黄褐色，土质均匀，湿—很湿，大部分可塑，少部分为软塑，夹薄层亚砂土，含有机质具腥臭味，层厚4.5～10.8m，厚度变化大；亚砂土：土黄色—灰黄色，土质均匀，很湿，稍密—中密，夹薄层亚黏土和粉砂层。含有机质及少量钙质结核。层厚3～8m，沿路线分布稳定。局部地段亚砂土、砂层及粉砂的含量较高，在震动荷载作用下可能产生液化现象。

本区地下水属于松散岩类孔隙水和黏土裂隙水。浅层地下水位一般为2～4m，局部1～2m，含水层平均厚度为10～20m。区域内地表主要河流有：沙河、颖河、贾鲁河、大黑河、小黑河、蔡河等，多为季节性河流。

四、地震基本烈度

根据《中国地震动参数区划图》（GB18306—2001）及《建筑抗震设计规范》（GB50011—2001），路线区域抗震设防烈度为Ⅵ度。

五、主要工程技术标准

本项目采用平原微丘区高速公路标准，计算行车速度120km/h，双向四车道，路基宽度28m，其中：行车道宽2×2×3.75m；中央分隔带宽3.00m；左侧路缘带2×0.75m；硬路肩宽2×3.50m（含右侧路缘带宽2×0.5m）；土路肩宽2×0.75m。路面结构采用5cm中粒式沥青混凝土（AC—16Ⅰ）+6cm密级配粗粒式沥青混凝土（AC—25Ⅰ）+7cm开级配粗粒式沥青混凝土（AC—30Ⅱ）+36cm水泥稳定碎石+18cm水泥石灰稳定土+18cm石灰稳定土。

桥涵设计荷载：汽车—超20级，挂车—120；大中桥设计洪水频率：1/100；桥面净宽2×12.0m；涵洞、通道与路基同宽。连接线采用平原微丘区二级公路标准，计算行车速度80 km/h，路基宽度17m，路面采用4cm中粒式沥青混凝土+5cm粗粒式沥青混凝土+20cm水泥稳定碎石+36cm石灰稳定土。桥涵设计荷载：汽车—20级，挂车—100；桥面净宽17m。

六、主要工程数量

1.高速公路

主线土方475.1万立方米、大桥2062.76m/7座、中桥1231.92m/23座、涵洞2734.16m/77道、互通式立交6处、分离式交叉4196.12m/47座（含跨许郸铁路立交）、通道1314.92m/43道。全线设4处匝道收费站、1个管理中心，1处服务区，1处养护工区。

永久占地应控制在7889亩以内。

2.连接线

主线土方23.9万立方米、中桥118.08m/2座、平面交叉12处、通道1314.92m/43道。

永久占地491亩。

七、主要审查意见

1. JD6、JD7和JD8平曲线相连为S形曲线，指标运用不够协调，应适当调整。
2. 采用低路基方案，应注意上跨主线被交道的纵坡不宜过大，以方便群众生产生活。
3. 为保证路基、路面的稳定，宜适当提高部分路基高度。
4. 应适当控制天桥或上跨分离式立交数量，特别是在互通式立交附近，以免对高速公路景观和行车视觉造成影响。
5. 大尺寸梯形边沟的排水系统设计应进一步调查研究并优化设计。
6. 沿线地下水位较浅，设计取土深度3m偏深。
7. 沥青混凝土面层级配粒料偏粗，易造成面层不均匀或透水，应进行科学研究并优化。
8. 紧急电话系统应采用光纤传输方案，不宜采用公用无线紧急电话方案。

八、工程概算

根据交通部颁布的《公路基本建设工程概算预算编制办法》及河南省有关文件的规

定，经审查该项目的工程概算控制在209867万元以内较为合适（详见工程概算审核对比表），其中连接线工程概算7095万元，请鉴核批复。

二〇〇三年十二月五日

43. 关于商丘至周口高速公路周口段工程初步设计的批复

豫计设计[2003]1914 号

周口市计委:

你委上报的《关于呈报河南省商丘至周口高速公路周口段两阶段初步设计的请示》(周计设审[2003]526 号文)及省交通厅《关于商周高速公路周口段初步设计审查意见的函》(豫交计[2003]974 号文)均收悉。经组织专家和有关部门审查,现批复如下:

一、依据我委豫计基础[2003]1537 号文批复精神,原则同意中国公路工程咨询监理总公司编制的初步设计和依据专家组审查意见编制的补充说明。

二、路线走向及建设规模:原则同意设计中的推荐线路,该工程的起点位于周口市太康县张集乡东南,接商周高速公路商丘段终点。在夏楼附近与 G311 线交叉,平行于 S206 线向西南前行,在淮阳县城北约 2.5km 处跨越许(昌)—郸(城)地方铁路、国道 106 线。继续向西南跨新运河、清水河,在东赵庄附近与拟建的阿(荣旗)—深(圳)高速公路交叉,经周口市北郊,在周口市东环与北环交叉处以北约 6km 处通过,经西华县东王营乡南,在下炉村附近跨越贾鲁河,在马岔村与 S102 线交叉,过鱼林台东南,在齐桥与李集之间跨颍河,在小张庄北跨沙河。在周口市西郊李寨西南与漯界高速公路交叉,止于商水县杨湖村西。路线全长核定为 67.601km。

连接线共两段:周口东连接线 5.75km,周口西连接线 6.75km。

三、主要工程技术标准:工程全线采用平原微丘区高速公路标准,计算行车速度 120km/h,双向四车道,路基宽度 28m,其中:行车道宽 2×2×3.75m;中央分隔带宽3.00m;左侧路缘带 2×0.75m;硬路肩宽 2×3.50m(含右侧路缘带 2×0.5m);土路肩宽 2×0.75m。路面结构为:5cm 中粒式沥青混凝土(AC—16Ⅰ)+6cm 密级配粗粒式沥青混凝土(AC—25Ⅰ)+7cm 开级配粗粒式沥青混凝土(AC—30Ⅱ)+36cm 水泥稳定碎石 +18cm水泥石灰稳定土 +18cm 石灰稳定土。全线桥涵设计荷载:汽车—超 20 级,挂车—120;大中桥设计洪水频率:1/100;桥面净宽 2×12.0m;涵洞、通道与路基同宽。

连接线采用平原微丘区二级公路标准,计算行车速度 80km/h,路基宽度 17m。新建或加宽路面采用 4cm 中粒式沥青混凝土 +5cm 粗粒式沥青混凝土 +20cm 水泥稳定碎石 +36cm 石灰稳定土。桥涵设计荷载:汽车—20 级,挂车—100 级,桥面净宽 17m。

四、主要工程数量:主线土方 499 万立方米,大桥 2062.76m/7 座、中桥 1350m/25 座,涵洞 85 道;通道 1314.92m/43 道;互通式立交 6 处,分离式立交 4196.12m/57 处。全线设 4 处匝道收费站、1 处管理中心、1 处服务区,1 处养护工区。永久建设用地应控制在 8380 亩以内。

五、原则同意初步设计采用的路基横断面形式、组成、设计参数和一般路基设计原则。

六、施工图设计时,应依据专家组审查意见和《公路工程技术标准》(JTJ001—97)进一步完善平面、纵断面指标。

七、施工图设计时,上跨主线被交道的纵坡设计应进一步优化,充分考虑沿线群众的生产、生活需要和方便。

八、原则同意初步设计中推荐的桥型方案。施工图设计时，应结合专家审查意见、水文资料和水利部门的意见合理确定桥高、桥长及布孔方案并优化结构设计，确保桥梁结构设计安全、经济。

九、原则同意初步设计中有关安全设施、服务设施、管理设施、通信系统、收费系统和监控系统的设计方案。施工图设计时，应根据专家审查意见和节约用地原则对各系统和服务设施的方案设计进行优化、调整。

十、沿线汽车通道和生产通道的净高应满足规定要求，并考虑通道地面的排水问题。

十一、施工图设计阶段，应结合专家审查意见进一步完善沥青混凝土面层级配粒料设计，并对大边沟排水做进一步优化。

十二、跨许郸铁路立交设计方案，应依据地方铁路部门的意见进一步修改、完善。

十三、总概算核定为209867.5万元(含建设期贷款利息10838.1万元)，其中：建筑安装工程156790.1万元；设备及工具、器具购置费3863.8万元；工程建设其他费用39567.7万元；预备费及其他9645.9万元。

附件：河南商丘至周口高速周口段初步设计调整概算对比表

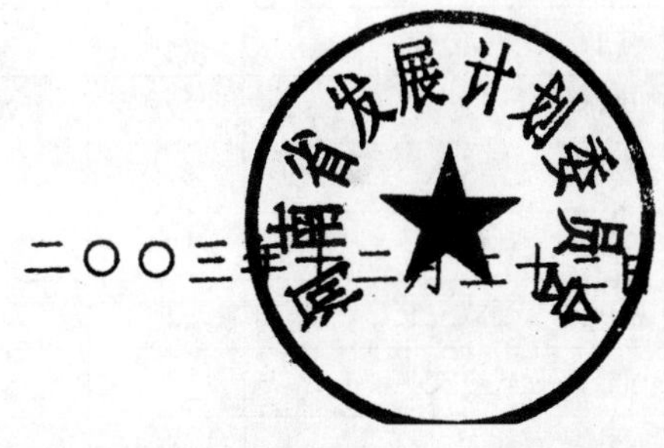

二〇〇三年十二月二十一日

附件：

河南商丘至周口高速周口段初步设计调整概算对比表

项次	工程或费用名称	单位	总工程数量	原概算金额	调整概算金额	增减对比	备注
	第一部分　建筑安装工程	公路公里	80.101	1651830843	1567900771	-83930072	
一	路基工程	公路公里	80.101	228192258	230641821	2449563	
1	土方	m^3	4990358.00	14407185	14749911	342726	
2	填方压实	m^3	4568013.00	24848143	25618746	770603	
3	汽车运土	m^3	3614648.00	29196880	30971609	1774729	
4	纵向排水工程	公路公里	67.601	72421211	71941476	-479735	
5	防护工程	公路公里	80.101	57892952	57463765	-429187	
6	特殊路基处理	km	32.31	29425887	29896314	470427	
二	路面工程	公路公里	80.101	345088776	340997821	-4090955	
1	沥青混凝土路面	m^2	1412390.00	344690256	340606662	-4083594	
2	中央分隔带开口路面	m^2	2030.00	398520	391159	-7361	
三	桥梁、涵洞工程	公路公里	80.101	215456788	213656646	-1800142	
1	涵洞	m/道	2853.48/85	20551896	20489061	-62835	
2	中桥	m/座	1350/25	63.289803	62948605	-341198	
3	大桥	m/座	2062.76/7	131615089	130218980	-1396109	
四	交叉工程	公路公里	80.101	590170577	530573606	-59596971	
1	互通式立体交叉	处	6.00	433861154	374114139	-59747015	
(1)	四通镇互通式立交	处	1.00	36073725	31139330	-4934395	
(2)	淮阳互通式立交	处	1.00	43309839	38245449	-5064390	
(3)	周口东互通式立交	处	1.00	33129791	27690784	-5439007	
(4)	周口西互通式立交	处	1.00	40326727	35354710	-4972017	
(5)	杨湖枢纽互通式立交(一期)	处	1.00	184351442	157239532	-27111910	
(6)	刘庄枢纽互通式立交	处	1.00	96669630	84444334	-12225296	
2	分离式立体交叉	处	57.00	135602023	135823054	221031	
3	平面交叉道	处	12.00	5623490	5598165	-25325	
4	管线交叉	处	3.00	526809	525346	-1.463	
5	通道	m/道	1314.92/43	14557101	14512902	-44199	
五	其他工程及沿线设施	公路公里	80.101	144240793	135861536	-8379257	
1	耕地填前夯实	公路公里	74.50	7120610	7324337	203727	
2	拆除建筑物、构筑物	公路公里	388.41	47312	47280	-32	
3	线外改沟改渠	km	4.24	5118146	371729	-4746417	
4	线外涵洞	m/道	97.7/7	677826	676049	-1.777	
5	边沟涵	m/道	345.52/70	3496713	3487568	-9145	
6	交通工程	公路公里	67.601	116600746	112566.698	-4034048	

续上表

项次	工程或费用名称	单位	总工程数量	原概算金额	调整概算金额	增减对比	备注
7	环境保护工程	处	13.50	11160495	11160495	0	
8	公路交工前养护费	公路公里	12.50	18945	227340	208395	
六	临时工程	公路公里	80.101	1811213	1814042	2829	
1	便道	km	8.55	1002122	1004985	2863	
2	临时电力线路	km	34.20	689107	689077	-30	
3	临时电信线路	km	32.40	119.984	119.980	-4	
七	施工技术装备费	公路公里	80.101	32599679	29070917	-3528762	
八	计划利润	公路公里	80.101	43466226	38761210	-4705016	
九	税金	公路公里	80.101	50804533	46523172	-4281361	
	第二部分　设备及工具、器具购置费	公路公里	80.101	41153088	38638286	-2514802	
一	设备购置费	公路公里	80.101	40200433	37685631	-2514802	
二	办公及生活用家具购置	公路公里	80.101	952655	952655	0	
	第三部分　工程建设其他费用	公路公里	80.101	382016577	395676650	13660073	
一	土地、青苗等补偿和安置补助费	公路公里	80.101	176108665	230039778	53931113	
1	土地、青苗等补偿	公路公里	80.101	164250259	218181372	53931113	
2	安置补助费	公路公里	80.101	11858406	11858406	0	
二	建设单位管理费	公路公里	80.101	31779197	29923155	-1856042	
1	建设单位管理费	公路公里	80.101	6362882	6096553	-266329	
2	工程质量监督费	公路公里	80.101	1938128	1817070	-121058	
3	工程监理费	公路公里	80.101	20635598	19344497	-1291101	
4	定额编制管理费	公路公里	80.101	2196546	2.059345	-137201	
5	设计文件审查费	公路公里	80.101	646043	605690	-40353	
三	勘察设计费	公路公里	80.101	48264050	27332390	-20931660	
四	建设期贷款利息	公路公里	80.101	125864665	108381327	-17483338	
	第一、二、三部分费用合计	公路公里	80.101	2075000508	2002215706	-72784802	
	预留费用	元	0.00	97473900	94708768	-2765132	
2	预备费	元	0.00	97473900	94708768	-2765132	
	新增加费用项目(不作预备费基数)	公路公里	67.601	1750000	1750000	0	
1	水土保持、地震灾害评估费	项	1.00	1400000	1400000	0	
2	文物勘测费	项	1.00	350000	350000	0	
	概算总金额	元	0.00	2174224408	2098674474	-75549934	
	公路每公里基本造价	公路公里	80.101	27143536	26200353	-943183	

44. 周口市水务局关于商周高速公路沙河、颍河、贾鲁河等三座大桥建设工程的请示

周水管[2004]7号

省水利厅：

商丘—周口高速公路是河南省规划高速公路网的重要组成部分，工程已经省计委以豫计[2003]1914号批复。该工程跨越沙河、颍河、贾鲁河时共建大桥三座，根据有关规定，周口市恒达高速公路发展有限责任公司报来《关于商周高速公路(周口段)沙河、颍河和贾鲁河大桥建设的函》(周恒达高字[2004]4号)和设计资料，现将我局初审意见报上，请审批。

一、商周高速公路是我市重点建设工程，与多条高速、国道、省道相连，建成后不仅会有效改善我市交通现况，更会有力促进我市经济建设和社会发展，为配合工程顺利建设，同意兴建沙河、颍河、贾鲁河大桥。

二、三座大桥基本情况如下：

1. 沙河大桥仅位于商水县小张庄附近，南堤桩号69+850处，桥梁设计荷载汽车超20级，挂车—120，洪水设计频率百年一遇，通航标准为V(3)级，孔径11×40m，桥梁总长448.88m，桥墩顺水流方向平行布置，与路线交角120°，桥梁上部结构为预应力混凝土箱梁，下部结构为桩柱式墩身、肋板式台身、钻孔灌注桩基础。该处20年一遇防洪水位52.83m，南堤堤顶高程54.83m，梁底高程56.33m，梁底超防洪水位3.5m，桥面高程58.83m。

2. 颍河大桥位于西华县李大庄上游约1km处，桥梁设计荷载汽车超20级，挂车—120，桥梁设计洪水频率百年一遇，通航标准为V(3)级，孔径11×40m，桥梁总长448.88m，桥墩顺水流方向平行布置，与路线交角80°，桥梁上部结构为预应力混凝土箱梁，下部结构为桩柱式墩身、肋板式台身、钻孔灌注桩基础。该处20年一遇防洪水位51.85m，堤顶高程53.58m，梁底高程58.77m，梁底超防洪水位7.19m，桥面高程61.27m。

3. 贾鲁河大桥位于西华县李方口附近，桥梁设计荷载汽车超20级，挂车—120，桥梁设计洪水频率百年一遇，孔径21×20，桥梁总长425.20m，桥墩顺水流方向平行布置，与路线交角75°，桥梁上部结构为预应力混凝土空心板，下部结构为桩柱式墩身、肋板式台身，钻孔灌注桩基础。该处20年一遇防洪水位51.46m，堤顶高程53.46m，梁底高程56.46m，梁底超防洪水位5.0m，桥面高程57.83m。

三、高速公路为全线封闭运行，桥梁建设为不影响沙河、颍河、贾鲁河堤顶防汛抢险车辆通行，三座桥梁均采取堤顶道路改道绕行立交方式，以确保防汛抢险车辆通行。

四、沙河大桥桥墩正建于堤防中，桥梁建设单位应对该段堤防采取加固措施。

五、该桥建设涉及第三者利益的，由建设单位负责解决。

附件:1. 周口市恒达高速公路发展有限责任公司关于商周高速公路(周口段)沙河、颍河和贾鲁河大桥建设的函(略)

2. 商周高速公路沙河、颍河、贾鲁河大桥建设工程设计图(略)

二〇〇四年二月二十五日

45. 关于商周高速公路沙河、颍河、贾鲁河三座大桥建设方案的批复

豫水管[2004]18 号

周口市水务局：

你局《关于商周高速公路沙河、颍河、贾鲁河等三座大桥建设工程的请示》(周水管[2004]7 号)收悉。经研究,批复如下：

一、原则同意修建商周高速公路跨越沙河、颍河、贾鲁河 3 座大桥。

二、基本同意所报的桥梁设计方案。3 座桥梁设计荷载均为汽—超 20 级、挂—120,结构型式同为上部预应力空心板,下部桩柱式桥墩、肋板式台身、钻孔灌注桩基础。

1. 沙河大桥:桥址位于商水县小张庄附近,沙河南堤桩号 69 + 850 处。桥梁孔径11 × 40m,总长 448.88m,路河交角为 120°。设计梁底高程,左、右岸过堤处均为 56.33m,分别超现堤顶高程 2m、1.5m,超 50 年一遇防洪水位(53.44m)2.89m,满足防洪规划要求。

2. 颍河大桥:桥址位于西华县李大庄上游约 1km 处。桥梁孔径 11 ×40m,总长 448.88m,路河交角为 80°。设计梁底高程,过堤处为 58.77m,超 20 年一遇防洪水位(51.56m)7.21m,满足防洪规划要求。

3. 贾鲁河大桥:桥址位于西华县李方口村附近。桥梁孔径 21 ×20m,总长 425.20m,路河交角为 75°。设计梁底高程,过堤处均为 56.46m,超 20 年一遇防洪水位(51.38m)5.08m,满足防洪规划要求。

三、3 座桥梁穿越两岸堤防时,均有桥墩布设在堤坡或堤脚处。为保证堤防安全,桥墩布置应尽量避开河堤堤身,并对其桩基进行必要的加固处理。同时,应对上下游两岸堤防迎水坡进行适当防护。其具体设计由建设单位报你局审批,并报厅备案。

四、由于桥梁的修建,将阻断防汛抢险和工程管理车辆在堤顶的通行,应在堤防背水坡下修建上下堤便道,路面按照三级公路标准设计,路面高程高于自然地面 0.5m 以上,且路面与梁底之间净空高度不应小于 4m。具体设计由建设单位报你局审批,并报水利厅备案。

五、桥梁若跨汛期施工,施工单位应制定安全度汛措施,报你局批准同意并接受你局监督。

六、你局要采取措施,保证桥梁竣工后及时、彻底清理施工场地,恢复河道原貌。目前,由于沙河、颍河大桥因河槽桥基造孔筑岛修筑的施工围堰已阻断了主河槽的行洪通道,为保证河道行洪通畅和防洪安全,应督促建设单位务于今年 4 月底前彻底清除施工围堰及河内建筑废弃料物。同时,建设单位应负责桥梁上下游各 200m 长河段的防汛抢险任务。

七、你局要加强监督检查,保证按批复要求施工。工程完成后,须经你局验收合格方可启用。

二〇〇四年四月六日

46. 关于商周高速公路沙河、颍河、贾鲁河三座大桥建设项目的批复

周水管[2004]26 号

恒达高速公路发展有限责任公司：

现将《河南省水利厅关于商周高速公路沙河、颍河、贾鲁河三座大桥建设方案的批复》(豫水管[2004]18 号)批转你公司,并提出如下要求,请一并落实。

一、商周高速公路沙河、颍河、贾鲁河三座大桥建设导致堤顶防汛抢险车辆无法顺利通行,须在堤防背水坡修建堤顶绕行道路,你公司应补报绕行道路具体设计方案由我局审核,并在架设桥梁前建成。

二、因桥墩布设在堤坡或堤脚处,为确保堤防防洪安全,须对桥梁跨堤段堤防采取加宽堤身断面、迎水坡护砌等加固措施,具体方案由你公司报我局审核后实施。

三、桥梁建设工程须补办《河南省河道管理范围内建设项目施工许可证》;工程由沙管处、贾管处、西华县水务局、商水县水利局、川汇区水务局分别监督实施。

附件:河南省水利厅关于商周高速公路沙河、颍河、贾鲁河三座大桥建设方案的批复(略)

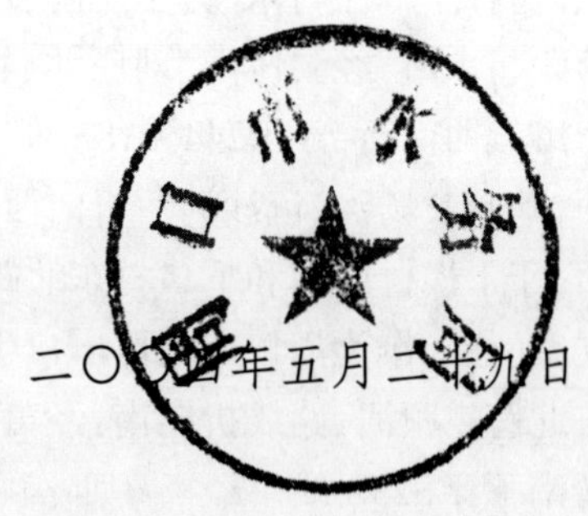

二〇〇四年五月二十九日

47. 关于呈报河南省商丘至周口高速公路周口段两阶段施工图设计的请示

周交[2004]106 号

河南省交通厅：

根据豫计设计[2003]1914 号文《关于商丘至周口高速公路周口段两阶段初步设计的批复》精神，中国公路工程咨询监理总公司受周口恒达高速公路发展有限责任公司委托，编制完成了《河南省商丘至周口高速公路周口段两阶段施工图设计》，现随文呈报，请审批。

一、路线走向及主要建设规模

路线起点于示周口市太康县张集乡东南（接商周高速公路商丘段终点），西南行在夏刘庄与张楼之间下穿 G311 线，设夏楼互通式立交一处，作为太康和四通镇的出入口。路线继续西南行，在刘庄南跨越黑河，从张菜园和冯桥之间穿过，在岳楼和张京庄之间跨越李贯河；继续向西南，经张会庙、新庄村西、韩营村东、大李村西，在赵庄西南跨小黑河；尔后在小吴庄和大吴庄之间通过，在小劳庄南和小孔楼西西折；继续西南行，经何老庄西，在大郝村西 K223 +931 处上跨许（昌）郸（城）地方铁路，在白楼乡中学东南 K224 +299 处上跨 G106 线；继续西南行，经黄庄西，于李堂村西上跨 S329 线，设李堂互通式立交一处，作为淮阳县的出入口；继续西南经大菜园村西、万庄村东、大王庄南、郑集西，在魏桥和党路口之间跨越新运河，在范庄和冷庄之间跨距清水河，经吴庄南、刘庄北，在 K241 +978.881 处与阿深高速公路相交，设枢纽立交一处。继续西南行，于 K244 +185 处设周口东互通式立交一处，作为周口市的东出口。路线折向西，跨越农场沟、流沙河后折向西南，在张楼东和邵火庙西穿过，向西南经徐营南、冯店西折向西，于下楼村西南和下口村东北跨贾鲁河，继续西行在马岔庄北下穿 S102 线，设周口西互通式立交一处，作为周口市的西出口中。尔后折向西南，经史菜园北、鱼林台南，在齐桥南、王公庄东北跨越颍河；路线折向南，经黄庄西、唐坡和袁庄之间跨越沙河，经后牛堂东、赵棚西，在小河湾南下穿 S238 线。经杨湖西、单庄东南，于 K267 +238 处与漯周界高速公路交叉，设枢纽互通式立交一处，继续南行至本项目终点 K268 + 750 处。路线全长 68.75km，沿线大桥 2148.56m/8座，中桥 1583.2m/30 座，涵洞 2006.76m/75 道，互通式立体交叉 6 处，分离式立体交叉（主线上跨）836.16m/16 座，天桥 2181.88m/28 座，通道 2133.33m/73 道。

连接线共两段：周口东连接线 5.75km，周口西连接线 6.75km。

二、主要工程技术标准

工程全线采用平原微丘区高速公路标准，计算行车速度 120km/h，双向四车道，路基宽度 28m，其中：行车道宽 2 ×2 ×3.75m；中央分隔带宽 3.00m；左侧路缘带 2 ×0.75；硬路肩宽 2 × 3.50m（含右侧路缘带 2 ×0.5m）；土路肩宽 2 ×0.75m。路面结构为：4cm 中粒式沥青混凝土（AC –16I） +5cm 密级配粗粒式沥青混凝土（AC –25I） +7cm 开级配粗粒式沥青混凝土（AC –30II） +16cm 水泥稳定碎石 +16cm 二灰稳定碎石 +16mc 二灰稳定土 +16cm 石灰稳定土。全线桥涵设计荷载：汽车—超 20 级，挂车—120；大中桥设计洪水频率：1/100；桥面净宽 2 ×12.0m；涵洞、通道与路基同宽。

三、施工图预算

本项目施工图预算总金额 195687.8 万元(含交通工程费,不含连接线费用),平均每公里造价 2846.4 万元。

此请示,请批复。

附件:《河南省商丘至周口高速公路周口段两阶段施工图设计》(略)

二○○四年五月三十日

48. 关于商丘至周口高速公路周口段工程施工图设计的批复

豫交计[2004]403 号

周口市交通局：

根据省计委豫计设计[2003]1914 号文"关于商丘至周口高速公路周口段初步设计的批复"精神，中国公路工程咨询监理总公司编制完成了该项目的施工图设计，经审查批复如下：

一、路线走向及建设规模

项目起点位于太康县张集乡东南，接商周高速公路商丘段终点，西南行在夏楼庄附近与G311 线相交，设四通镇互通式立交；在刘庄南跨大黑河，经张菜园、岳楼跨李贯河，经张会庙、韩营、大李，在赵庄跨小黑河，经小吴庄、小老庄、小孔楼、何老庄、拐河、侯庄，在大郝西上跨许郸铁路，在白楼乡中学东南上跨 G106 线，经黄庄西，于李堂村西上跨 S329 线，设淮阳互通式立交；经大菜园、红山庙、万庄、郑集，在魏桥西南跨新运河，在范庄附近跨越清水河，经吴庄、刘庄，在 K241 +978.881 处与阿深高速公路相交，设刘庄枢纽互通式立交；于 K244 +185 处设周口东互通式立交；经张楼、徐营、冯店、周口市川汇区，于下楼西南跨贾鲁河，在马贫庄北，下穿S102 线，设周口西互通式立交；经史菜园、王菜园、鱼林台，在齐桥南跨颍河，经黄庄、唐坡，跨沙河、后牛堂东、赵棚西，于小河湾南上跨 S238 线，经杨湖西，与漯周高速公路相交，设杨湖枢纽互通式立交；南行至 K268 +750 处到达本项目终点。路线全长 68.75km。

二、沿线地形、地貌

本项目区地貌成因均属堆积地形，根据成因类型及形态特征大致以颍河为界划分为两个区：东北部属黄河冲积平原，西南部属淮河冲积平原。黄河冲积平原地形平坦，高程 40 ~50m，相对高差 0.5 ~1m，自西北向东南微倾斜。淮河冲积平原，高程 50m 左右，相对高差 1 ~2m。

三、工程地质及水文地质

本项目处于冲积平原上。项目区地表岩性以黄灰色、浅黄、褐黄色亚砂土、亚黏土为主。

所跨越主要河流有沙河、颍河、贾鲁河、大黑河、小黑河、蔡河等。

地下水类型属于松散岩类孔隙水和黏土裂隙水。

四、地震基本烈度

根据中国地震动参数区划图(GB18306—2001)，地震加速度值为 0.05g，按Ⅵ度设防。

五、主要工程技术标准

全段按四车道高速公路标准设计，设计速度 120km/h，28m 路基上布设六车道，其中：行车道宽 2 ×(3 ×3.75)m，中间带宽 3.50m(其中中央分隔带 2.00m，两侧路缘带 2 ×0.75m)，硬路肩 2 ×0.5m，土路肩 2 ×0.5m。路基两侧设置港湾式紧急停车带，间距 1000m。

路面结构自上而下依次为：4cm 中粒式沥青混凝土(AC-16Ⅰ)(掺入 TF 聚酯纤维) +5cm 粗粒式沥青混凝土(AC-25Ⅰ) +7cm 粗粒式沥青混凝土(AC-30Ⅱ) +16cm 水泥稳定碎石 +16cm 石灰、粉煤灰稳定碎石 +16cm 石灰、粉煤灰稳定土 +16cm 石灰稳定土。全线桥涵设计荷载采用公路—Ⅰ级，桥面净宽：2 ×12.5m，设计洪水频率：大中小桥 1/100。

六、主要工程数量

主线土方 557.84 万立方米，共设大桥 2148.56m/8 座，中桥 1141.84m/21 座；涵洞 54 道，互通式立交 6 处，主线下穿式分离式立交（天桥）28 座，主线上跨式分离式立交 15 座，通道 61 道。

七、工程预算

根据交通部颁发的《公路基本建设工程概算预算编制办法》及河南省有关文件规定，核定该项目主体工程预算为 185579 万元。

房建工程、机电工程和绿化工程应根据有关规定完善程序，施工图及工程预算另行报批；连接线工程施工图设计另行报批。

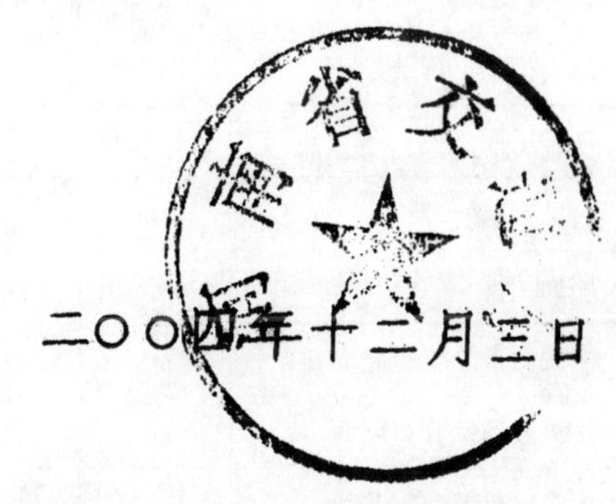

二○○四年十二月三日

总预算审核对比表

建设项目名称:商丘至周口高速公路周口段施工图设计

项次	工程或费用名称	单位	总数量	原报预算金额(元)	核定预算金额(元)	增减对比(元)
	第一部分　建筑安装工程	公路公里	68.75	1441331252	1394719942	-46611310
一	路基工程	公路公里	68.75	189061668	184906707	-4154961
1	土方	m^3	6022114.00	16143977	17729105	1585128
(1)	机械土方	m^3	6022154.00	16143977	17729105	1585128
2	填方压实	m^3	5657841.00	28697143	31640192	2943049
3	汽车运土	m^3	4904205.00	40228161	39298462	-1929699
4	纵向排水工程	公路公里	68.75	50663266	43600369	-7062897
5	防护工程	公路公里	68.75	21790074	20562932	-1227142
6	特殊路基处理	km	10.51	31539047	33075647	1536600
二	路面工程	公路公里	68.75	292231139	307596320	15365181
1	主线沥青混凝土路面	m^2	1188990.00	291632676	302164811	10532135
2	中央分隔带开口路面	m^2	3200.00	598463	322267	-276196
3	紧急停车带(岛)路面	m^2	23400.00	0	5109242	5109242
三	桥梁、涵洞工程	公路公里	68.75	222174984	218786203	-3388781
1	涵洞	m/道	2462.69/185	20973811	21406588	432777
2	中桥	m/座	1141.84/21	67333836	68453315	1119479
3	大桥	m/座	2148.56/8	133867337	128926300	-4941037
四	交叉工程	处	109.00	493594340	489929785	-3664555
1	互通式立体交叉	处	6.00	342862365	334845647	-8016718
2	分离式立体交叉	处	42.00	120725433	122328245	1602812
(1)	分离式立体交叉(主线上跨)	处	15.00	51955636	53774104	1818468
(2)	分离式立体交叉(主线下穿)	处	27.00	68769797	68554141	-215656
3	通道	处	61.00	30006542	32755893	2749351
六	其他工程及沿线设施	公路公里	68.75	122405490	71565795	-50839695
1	清除场地	公路公里	68.75	2479618	2477375	-2243
2	交通工程	公路公里	68.75	112566714	63581987	-48984727
3	环境保护工程	处	12.00	3326184	1500000	-1826184
4	线外工程	km	10.50	3803467	3776926	-26541
5	公路交工前养护费	km	68.75	229507	229507	0

续上表

项次	工程或费用名称	单位	总数量	原报预算金额(元)	核定预算金额(元)	增减对比(元)
七	临时工程	公路公里	68.75	3272293	2792453	-479840
八	管理、养护及服务房屋	公路公里	68.75	16750951	16742039	-8912
1	淮阳服务区	处	1.00	16750951	16742039	-8912
九	施工技术装备费	公路公里	68.75	25338585	25488519	149934
十	计划利润	公路公里	68.75	33784853	33984711	199858
十一	税金	公路公里	68.75	42716949	42927410	210461
	第二部分　设备及工具、器具购置费	公路公里	68.75	38613782	928125	-37685657
二	设备、工具、器具购置	公路公里	68.75	37685657	0	-37685657
三	办公及生活用家具购置	公路公里	68.75	928125	928125	0
	第三部分　工程建设其他费用	公路公里	68.75	421346664	407326098	-14020566
一	土地、青苗等补偿和安置补助费	公路公里	68.75	239352267	233303531	-6048736
1	土地、青苗等补偿	公路公里	68.75	230653725	224604989	-6048736
2	安置补助费	公路公里	68.75	8698542	8698542	0
二	建设单位管理费	公路公里	68.75	33784915	32125350	-1659565
1	建设单位管理费	公路公里	68.75	5620309	5463275	-157034
2	工程质量监督费	公路公里	68.75	6811864	6279278	-532586
3	工程监理费	公路公里	68.75	18711641	17918943	-852698
4	定额编制管理费	公路公里	68.75	1994488	1903888	-90600
5	设计文件审查费	公路公里	68.75	586613	559966	-26647
四	勘察设计费	公路公里	68.75	37391200	37391200	0
九	建设期贷款利息	公路公里	68.75	110818282	104506017	-6312265
	第一、二、三部分费用合计	公路公里	68.75	1901281986	1802965171	-98316815
	预留费用	元	0.00	53845744	51079129	-2766615
1	预备费	元	0.00	53845744	51079129	-2766615
	新增加费用项目(不作预备费基数)	公路公里	68.75	1750005	1750005	0
1	水土保持、地震灾害评估费	项	1.00	1399999	1399999	0
2	文物勘测费	项	1.00	350006	350006	0
	预算总金额	元	68.75	1956877735	1855794305	-101083430
	每公里预算金额	元		28463676	26993372	-1470304

49. 关于《商周高速公路(周口段)房建工程概念设计报告》报批的请示

周恒达高字[2005]12号

周口市交通局:

商丘至周口高速公路(周口段)房建工程,共有匝道收费站四处,管理中心一处,服务区一处,养护中心一处。四处匝道收费站分别是:四通镇收费站EK0+302、淮阳收费站EK0+080、周口东收费站EK0+215、周口西收费站EK0+075、监控通信中心即商周高速公路(周口段)管理中心,设在示周口东互通EK0+100处。服务区即淮阳服务区,设在K222+600处,养护中心设在淮阳互通被交道北侧。房建工程概念设计报告以由中国公路咨询监理总公司编制完成。现随文上报,请予批准。

妥否,请批示。

附件:商丘至周口高速公路(周口段)房屋建设工程概念设计报告(略)

二〇〇五年五月八日

50. 关于呈报商丘至周口(周口段)高速公路房建工程概念设计报告的请示

周交[2005]79号

河南省交通厅:

商丘至周口(周口段)高速公路房建工程,共有匝道收费站四处,管理中心一处,服务区一处,养护中心一处。四处匝道收费站分别设在:四通镇收费EK0+302、淮阳收费EK0+080、周口东收费站EK0+215、周口西收费站EK0+075;管理中心即监控通信中心设在周口东互通EK0+100处;服务区即淮阳服务区设在K222+600处;养护中心设在淮阳互通被交道北。现商丘至周口(周口段)高速公路匝道收费站、管理中心、服务区、养护中心房建工程概念设计报告已由中国公路咨询监理总公司编制完成,随文呈报,请审批。

此请示,请批复。

附件:商丘至周口(周口段)高速公路房屋建筑工程概念设计报告(略)

二〇〇五年五月十一日

51. 关于商丘至周口高速公路周口段房屋建筑工程概念设计的批复

豫交计[2005]138 号

周口市交通局：

你市周交[2005]79 号文商丘至周口高速公路周口段房屋建筑工程概念设计的请示收悉。根据省计委豫计设计[2003]1914 号文批复该段高速公路初步设计精神，结合《河南省高速公路设计指导性原则和技术要求》，经审核批复如下：

一、商周高速公路周口段全长 68.75km，同意全线设置匝道收费站 4 处，养护管理所 1 处，服务区 1 处，管理监控分中心 1 处。

二、各基地建设规模

1. 周口东匝道收费站与管理监控分中心合建，收费站为 6 车道。总占地面积 30 亩，基地总建筑 4860m^2，其中：综合办公楼建筑面积 4600m^2，配电房、泵房、门卫房等附属设施建筑面积 260m^2。

2. 周口西匝道收费站为 5 车道。总占地面积 6 亩，基地总建筑面积 1400m^2，其中：综合办公楼建筑面积 1200m^2，配电房、泵房、门卫房等附属设施建筑面积 200m^2。

3. 四通镇匝道收费站为 4 车道。总占地面积 5 亩，基地总建筑面积 1270m^2，其中：综合办公楼建筑面积 1070m^2，配电房、泵房、门卫房等附属设施建筑面积 200m^2。

4. 淮阳匝道收费站与养护管理所合建，收费站为 5 车道。总占地面积 10 亩，基地总建筑面积 1400m^2，其中：综合办公楼建筑面积 1260m^2，配电房、泵房、门卫房等附属设施建筑面积 140m^2。

5. 淮阳服务区采用主线两侧港湾式不对称布置。总占地面积 120 亩，基地总建筑面积 6250m^2；其中：综合办公楼、服务中心建筑面积 4900m^2，加油站房、配电房、泵房、维修车库等附属设施建筑面积 1350m^2。

三、商丘至周口高速公路周口段沿线房屋设施总建筑面积为 14170m^2，工程总投资估算为 4853 万元。其中：主体房屋工程估算 2075 万元；附属设施估算 2189 万元(含收费天棚 356 万元)；水、暖、电及污水处理设备费估算 589 万元。

四、以上工程费用按概预算编制办法的相关规定，分别从批复概算的第一部分第六项，第二部分第一项设备购置费等项费用中列支。

五、请你单位严格执行批准的建设规模。并抓紧组织房屋建筑方案的比选。施工图设计报厅审批。

二〇〇五年六月十六日

各区、站投资估算汇总表

项目名称:商丘至周口高速公路(周口段)房屋建筑工程　　附表1

序号	站、区名称	1	2	3	4	5	6
		征地	建筑面积	房屋投资估算	附属设施	水暖电污设备	3~5小计
		(亩)	(m^2)	(万元)	(万元)	(万元)	(万元)
1	四通镇收费站	5	1270	171.40	213.97	102.7	488.07
2	淮阳服务区	120	6250	834.50	990.84	238.00	2063.34
3	淮阳收费站及养护管理所	10	1320	191.80	230.77	76.00	498.57
4	周口东收费站及管理监控分中心	30	4060	686.40	541.65	99.40	1327.45
5	周口西收费	6	1270	190.80	211.51	73.3	475.61
合计		171	14170	2074.90	2188.74	589.4	4853.04

收费及管养房屋设施一览表

项目名称:商丘至周口高速公路(周口段)房屋建筑工程　　附表2

序号	工程名称	四通镇收费站 (5亩) (4车道)			总计		备注
		建筑面积	投资估算	单方造价	建筑面积	投资估算	
		(m^2)	(万元)	元/m^2	(m^2)	(万元)	
1	综合楼	1070	149.80	1400	1070	149.80	1.水电设备 深水泵2×2=4万元、变频式供水设备15万元、净水设备10万元、消防设备8万元、污水泵2万元,500kVA变电器及配电柜30万元,合计69万元。 2.水井、水池、设备基础: 水井15万元、污水调节池及设备基础10万元,合计25万元。 3.收费亭数量及费用另列入交通工程投资
2	配电房	80	8.80	1100	80	8.80	
3	车库	60	6.00	1000	60	6.00	
4	泵房	40	4.40	1100	40	4.40	
5	门卫	20	2.40	1200	20	2.40	
	小计	1270	171.40		1270	171.40	
6	收费大棚	695	97.3	1400	695	97.30	
7	围墙(m)	240	7.2	300	240	7.20	
8	道路、停车场	1700	22.10	130	1700	22.10	
9	电动大门(座)	1	9.00	90000	1	9	
10	边沟涵	2	8	40000	2	8	
11	场区填土(m^3)	5336	11.74	22	5336	11.74	
12	水井、水池、设备基础		25			25	
13	外水暖电管网		33.63			33.63	
	小计		213.97			213.97	
14	冷暖式空调器	29	8.7	3000	29	8.70	
15	水电设备		69			69.00	
16	污水处理设备(套)	1	25		1	25.00	
	小计		102.70			102.70	
	总计		488.07			488.07	

服务房屋设施一览表

项目名称：商丘至周口高速公路(周口段)房屋建筑工程　　　　附表3

序号	工程名称	淮阳服务区(双侧)(120亩)			总计		备注
		建筑面积	投资估算	单方造价	建筑面积	投资估算	
		(m^2)	(万元)	元/m^2	(m^2)	(万元)	
1	综合楼	4900	686.00	1400	4900	686.00	1. 水电设备 深水泵2×2=4万元、变频式供水设备15万元、净水设备15万元、消防设备12万元、污水泵2×2=4万元，合计50万元。 2. 水井、水池、设备基础： 水井18万元、污水调节池及设备基础12万元、150m^3消防水池12万元，合计42万元。 3. 服务区加油站设备15×2=30万元，管道及土建费用15×2=30万元，合计60万元。 4. 服务区场区填土含在主线工程内。 5. 综合楼为双侧楼总面积，加油站为双侧分车型加油。 6. 两台燃煤锅炉及设备56万元
2	配电房	120	13.2	1100	120	13.2	
3	泵房	70	7.7	1100	70	7.7	
4	锅炉房	80	8.8	1100	80	8.8	
5	维修车间	200×2	44	1100	400	44	
6	公厕	240×2	52.8	1100	480	52.8	
7	加油站	100×2	22	1100	200	22	
8	加油站大棚	(700×2)	140	1000	(1400)	140	
小计		6250	834.50		6250	834.50	
9	围墙(m)	1500	45	300	1500	45	
10	道路、停车场	56000	728.00	130	56000	728.00	
11	水井、水池、设备基础		42			42	
12	外水暖电管网		175.84			175.84	
小计			990.84			990.84	
13	冷式空调器	100	25	2500	100	25	
14	加油站设备及安装		60			60	
15	水电设备		50			50	
16	燃煤锅炉及设备	2	56	280000	2	56	
17	污水处理设备(套)	2	47		2	47	
小计			238.00			238.00	
总计			2063.34			2063.34	

收费及管养房屋设施一览表

项目名称:商丘至周口高速公路(周口段)房屋建筑工程 附表4

序号	工程名称	淮阳收费站及养护管理所（10亩）（5车道）			总计		备注
		建筑面积	投资估算	单方造价	建筑面积	投资估算	
		（m^2）	（万元）	元/m^2	（m^2）	（万元）	
1	综合楼	1260	176	1400	1260	176	1.水电设备 深水泵2×2=4万元、变频式供水设备15万元、净水设备10万元、消防设备9万元、污水泵2×2=4万元,合计42万元。 2.水井、水池、设备基础: 水井15万元、污水调节池及设备基础10万元,合计25万元。 3.收费亭数量及费用另列入交通工程投资
2	配电房	80	8.8	1100	80	8.8	
3	泵房	40	4.4	1100	40	4.4	
4	门卫	20	2.2	1100	20	2.2	
	小计	1400	191.80		1400	191.80	
5	收费大棚	510	71.40	1400	510	71.40	
6	围墙(m)	380	11.4	300	380	11.40	
7	电动大门	1	9	90000	1	9	
8	道路、停车场	3200	41.60	130	3200	41.60	
9	边沟涵	1	4	40000	1	4	
10	场区填土(m^3)	10672	23.48	22	10672	23.48	
11	水井、水池、设备基础		25			25	
12	外水暖电管网		44.89			44.89	
	小计		230.77			230.77	
13	冷暖式空调器	30	9	3000	28	9.00	
14	水电设备		42			42	
15	污水处理设备(套)	1	25		1	25	
	小计		76.00			76.00	
	总计		498.57			498.57	

收费站及监控收费通信分中心房屋设施一览表

项目名称:商丘至周口高速公路(周口段)房屋建筑工程　　　　附表5

序号	工程名称	周口东收费站及管理监控分中心（30亩）（6车道）			总计		备注
		建筑面积	投资估算	单方造价	建筑面积	投资估算	
		(m^2)	(万元)	元/m^2	(m^2)	(万元)	
1	综合楼(含食堂、宿舍等)	4600	657.80	1430	4600	657.80	1.水电设备 深水泵2×2=4万元、变频式供水设备15万元、净水设备12万元、消防设备12万元、污水泵2万元,合计45万元。 2.水井、水池、设备基础: 水井17万元、污水调节池及设备基础10万元、150m^3消防水池12万元,合计39万元。 3.收费亭数量及费用列入交通工程投资
2	配电房	80	8.80	1100	80	8.80	
3	泵房	60	6.60	1100	60	6.60	
4	车库	80	8.80	1100	80	8.80	
5	门卫	40	4.40	1100	40	4.40	
小计		4860	686.40		4860	686.40	
6	收费大棚	690	96.60	1400	690	96.60	
7	围墙(m)	560	16.8	300	560	16.8	
8	电动大门(座)	2	18	90000	2	18	
9	道路、停车场	15840	205.92	130	15840	205.92	
10	场区填土(m^3)	32016	70.44	22	30216	70.44	
11	水井、水池、设备基础		39			39	
12	外水暖电管网		94.89			94.89	
小计			541.65			541.65	
13	冷暖式空调器	98	29.4	3000	98	29.4	
14	水电设备		45			45	
15	污水处理设备(套)	1	25		1	25	
小计			99.40			99.40	
总计			1327.45			1327.45	

收费及管养房屋设施一览表

项目名称:商丘至周口高速公路(周口段)房屋建筑工程　　　　附表6

序号	工程名称	周口西收费站（6亩）（5车道）			总　计		备　注
		建筑面积（m^2）	投资估算（万元）	单方造价 元/m^2	建筑面积（m^2）	投资估算（万元）	
1	综合楼	1200	168.0	1400	1200	168.0	1. 水电设备 深水泵2×2=4万元、变频式供水设备15万元、净水设备10万元、消防设备8万元、污水泵2万元,合计39万元。 2. 水井、水池、设备基础: 水井15万元、污水调节池及设备基础10万元,合计25万元。 3. 收费亭数量及费用另列入交通工程投资
2	配电房	80	9.6	1200	80	9.6	
3	车库	60	6.6	1100	60	6.6	
4	泵房	40	4.4	1100	40	4.4	
5	门卫	20	2.2	1100	20	2.2	
	小计	1400	190.80		1400	190.80	
6	收费大棚	650	91	1400	650	91	
7	围墙(m)	265	7.95	300	265	7.95	
8	道路、停车场	2100	27.3	130	2100	27.3	
9	电动大门(座)	1	9	90000	1	9	
10	边沟涵	1	4	40000	1	4	
11	场区填土(m^3)	6403.2	14.09	22	6403.2	14.09	
12	水井、水池、设备基础		25			25	
13	外水暖电管网		33.17			33.17	
	小计		211.51			211.51	
14	冷暖式空调器	31	9.3	3000	31	9.3	
15	水电设备		39			39	
16	污水处理设备(套)	1	25		1	25	
	小计		73.30			73.30	
	总计		475.61			475.61	

场区外管网工程量估算表

项目名称:商丘至周口高速公路(周口段)房屋建筑工程

附表 7

序号	站、区名称	电缆			电缆井			给排水管道			庭院灯			草坪灯			合价
		数量	单价	合价	数量	单价	合价	数量	单价	合价	数量	单价	合价	数量	单价	合价	
		(米)	(元/米)	(万元)	(个)	(元/个)	(万元)	(米)	(元/米)	(万元)	(个)	(元/个)	(万元)	(个)	(元/个)	(万元)	(万元)
1	四通镇收费站	1000	190	19	10	4000	4	400	230	9.2	10	1200	1.2	10	230	0.23	33.63
2	淮阳服务区	5500	190	104.5	30	4000	12	2300	230	52.9	45	1200	5.4	45	230	1.04	175.84
3	淮阳收费站及养护管理所	1200	190	22.8	15	4000	6	600	230	13.8	16	1200	1.92	16	230	0.37	44.89
4	周口东收费站及监控通信分中心	3000	190	57	25	4000	10	1000	230	23	35	1200	4.2	30	230	0.69	94.89
5	周口西收费	1000	190	19	10	4000	4	380	230	8.74	10	1200	1.2	10	230	0.23	33.17
总计		11700		222.3	90		36	4680		107.64	116		13.92	111		2.55	382.41

52. 关于商丘至周口高速公路周口段房建工程施工图设计及预算的批复

豫交计[2006]86 号

河南高速公路发展有限责任公司：

你公司豫高司[2006]282 号文关于商周高速公路周口段房建工程施工图设计及预算收悉。根据省计委豫计设计[2003]1914 号文对该项目初步设计的批复精神，结合厅豫交计[2005]138 号文对该项目房建工程概念设计的批复，经组织专家审查，现批复如下：

一、基本同意中国公路工程咨询总公司编制完成的该项目房建工程施工图设计。

二、全线设置 4 处匝道收费站、1 处监控通信管理分中心、1 处养护管理所、1 处服务区。总建筑面积核定为 17039m^2，其中：四通镇收费站 1270m^2，周口西收费站 1400m^2，淮阳收费站及养护管理所 1400m^2，周口东收费站及管理监控分中心 4860m^2，淮阳服务区 6250m^2。

三、应注意的问题

1. 按照专家审核意见，对该项目房建工程施工图设计不符合有关设计规范以及错漏部分修改调整，补充完善。

2. 各站区综合楼房卫生间、淋浴间四周楼板的构造设计应符合民用建筑设计通则的规定。服务区综合楼客卫生间管道井检修门应选用丙级防火门。周口东收费站、管理监控分中心综合楼和淮阳服务区综合楼的室内消火栓布设要满足建筑设计防火规范的规定。周口西收费站综合楼和淮阳服务区综合楼疏散楼梯的活荷载设计应满足消防疏散要求。

3. 服务区公厕入口要明显，并朝向停车场；服务区公厕、各站区综合楼内的卫生间男女入口要独立分开设置，不要共用前室，并避免视线干扰。服务区加油站要考虑大小车分开加油。

4. 对该项目房建工程施工图预算错套定额、重复计算、个别材料单价等进行调整。

四、核定该项目房建工程预算 5571 万元(详见该项目房建工程预算审核表)。其中：建筑安装工程费 4801 万元(含收费天棚 251 万元)，设备购置费 608 万元，不可预见费 162 万元。

二〇〇六年五月十日

商周高速公路周口段房建工程预算审查表

序号	工程或费用名称	站区占地（亩）	原报建筑面积（m^2）	原报预算（元）	核定建筑面积（m^2）	核定预算（元）	增减额（元）	备注
第一部分 建筑安装工程费		171.0855	17038.65	61389951.15	17038.55	48004789.47	13385151.68	
1	四通镇收费站	5.0026	1359.55	4813620.09	1359.55	3455660.02	-1353960.07	不包括收费天棚面积172.50m^2
2	淮阳服务区	120.060	7586.06	33901635.00	7586.06	26.44786.73	-7756848.27	不包括加油站棚面积545.40m^2
3	淮阳收费站、养护管理所	10.005	1683.37	5476764.80	1883.37	4145975.26	-1329789.54	不包括收费天棚面积206.40m^2
4	周口东收费站及管理监控分中心	50.015	4953.78	11981246.73	4993.78	13459872.24	-1521374.49	不包括收费天棚面积304.30m^2
5	周口西收费站	6.003	1455.89	5217684.53	1455.89	3798495.22	-1419189.31	不包括收费天棚面积258.40m^2
第二部分 设备及工器具购置费				0.00		6083000.00	6083000.00	扣变配电设备等，增加油站设备、分体空调等
1	四通镇收费站			0.00		674000.00	674000.00	
2	淮阳服务区			0.00		2786000.00	2786000.00	
3	淮阳收费站、养护管理所			0.00		719000.00	719000.00	
4	周口东收费站及管理监控分中心			0.00		1218000.00	1218000.00	
5	周口西收费站			0.00		686000.00	686000.00	
第一、二部分费用合计				61389951.15		54087789.47	7302161.68	
预备费				0.00		1622533.68	1622633.68	第一、二部分费用43%
合计				51389951.15		88710423.15	-5679528.00	

53. 关于呈报《商周高速公路(周口段)绿化工程施工图设计》的请示

周恒达高字[2006]43号

河南高速公路发展有限责任公司:

商周高速公路(周口段)全长68.75km,共有收费站4处,管理中心1处,服务区1处,互通立交2处,绿化工程设计方案已经省交通厅批准。周口市恒达高速公路发展有限责任公司委托中国公路工程咨询监理总公司依据批准的绿化设计方案进行的施工图设计已编制完成,随文呈报。

请批示

附件:《商周高速公路(周口段)绿化工程施工图设计文件》(略)

二〇〇六年四月十八日

54. 关于商丘至周口高速公路周口段绿化工程施工图设计的批复

豫交计[2008]399 号

河南高速公路发展有限责任公司：

你公司豫高司[2008]150 号文"关于上报商周高速(周口段)绿化工程施工图设计及预算的请示"和由中国公路工程咨询集团有限公司编制完成的相关施工图设计文件均收悉,经审查,批复如下：

一、绿化工程规模

绿化区主线全长 68.75km,互通区绿化 6 处(其中枢纽互通 2 处),收费站绿化 4 处,服务区绿化 1 处。

二、应以适地适树原则进行绿化,所采用树种应结合高速公路沿线的实际情况,严格控制相关树种规格,尽量降低造价：

(1)桂花、白玉兰生长缓慢、价格昂贵、不易成活,不适宜在互通区内种植,全部予以核减。

(2)各收费站、服务区内种植的桂花、白玉兰部分予以核减,各站区保留不超过 20 株。

三、填方路基护坡道处种植的黄杨球、大叶黄杨及红叶碧桃等灌木或小乔木不易养护管理,应取消。

四、要按照乔、灌、草、常绿与落叶树种合理搭配原则进行绿化,乔木、灌木栽植间距要按照其习性和生长规律合理布置。

五、苗圃不在本工程项目范围内,予以核减。

六、应根据高速公路特点做好养护管理工作,保证栽种植物的成活率及生长效果。

七、该项目绿化工程费用应控制在该高速公路项目总体工程概算内。

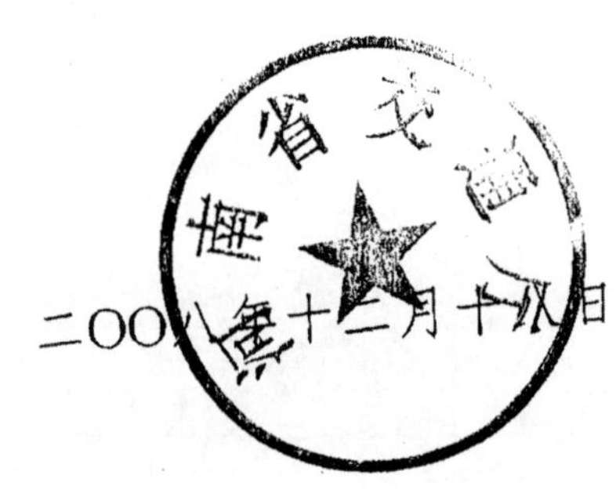

二〇〇八年十二月十八日

55. 关于报送商丘至周口高速公路周口段机电工程联合设计文件的请示

通衢高合[2006]136 号

河南高速公路发展有限责任公司：

商丘至周口高速公路周口段机电工程施工单位（亿阳信通）项目部于 8 月 10 日进场，近期建设单位、监理单位、施工单位分别对原机电工程设计文件进行理解熟悉，8 月 15 日以来进行过三次联合研讨，并将研讨结果发生至设计单位征求意见。同时由于周口段机电系统运营归属扶项分中心管理，三大系统数据、信号统一上传扶项分中心，之间数据与信号传输必须与扶项公司标准统一，因而与扶项公司、监理单位、施工单位也进行过三次交流与沟通，落实具体方案与设备，并获得一致意见。为确保年底通车，现就机电工程联合设计文件予以呈报。请尽快批复为盼。

二〇〇六年八月二十八日

56. 关于商周高速公路(周口段)交通机电工程联合设计文件的批复

豫高司工[2006]897 号

河南通衢高速公路有限公司:

你公司《关于报送商丘至周口高速公路周口段机电工程联合设计文件的请示》(通衢高合[2006]136 号)收悉。由齐邓林副总工程师牵头,检察院、审计部、工程管理部、运维中心、财务部组成审查小组,并有监理、施工单位(包括扶项公司监理和施工单位)参加,对你公司上报的联合设计变更文件进行认真审查。审查组在充分审阅联合设计文件、招、投标文件及原设计单位意见基础上,经充分讨论、集体研究,形成如下意见:

一、监控系统

(一)考虑到安装方便,同时和扶项分中心摄像机品牌统一,同意将组合式摄像机变更为 Pelco 快速一体化枪机。

(二)视频级联光端机。因原设计把一条链路,矿工程量清单为两套设备,所以价格不予变更。

(三)因扶项分中心矩阵输出口无法扩容,如果增加输出口需要增加一个机筐,造价较高。考虑到现有矩阵可满足两条高速公路图像使用要求,只需要增加串行通讯卡(数据板)等附属设备便可满足要求,所以,对现有矩阵的扩容完善由本项目负责完成。

(四)监控分中心需要上传 21 路图像,同意根据图像多少调整监控器、硬盘录像机、视频分配器的数量。

(五)在工程量清单中 207 车辆检测,其中有“完成本系统需要的辅助设备、材料和工作”1 项,已经包含车辆检测器的立柱,所以不需要变更。

(六)外场设备的位置应根据设计和工程惯便进行设置,不能为减少供电线缆长度而缩小与就近变电站的距离。情报板和车辆检测器可靠近设置,利于光端机的复用。外场设备供电,应根据外场设备的负荷、供电距离等现场情况进行优化设计。工作量应据实支付。

二、收费系统

(一)车辆检测器、计重费额显示器、通行信号灯、黄色闪光报警器、雾灯、手动栏杆、自动栏杆、雨棚信号灯,原投标产品如满足招标文件要求,品牌不予变更。

(二)同意每个收费亭增加一台冷暖空调。

(三)计重设备基础由土建施工单位负责完成。

(四)因扶项分中心三层以太网交换机已由 24 口扩展为 48 口,同意取消本路段的三层以太网交换机。

(五)收费视、音频监视系统。每个收费站图像由原全部上传改为 3 路上传,同意调整收费站光端机视频、数据路数。

同意在每个收费监控室增加一台摄像机,虽然招标工程量清单中遗漏,但在文字说明中已经包含,故不应增加 4 台摄像机的费用,摄像机技术指标同票务室摄像机。

因分中心集中监控改为站级分散监控,所以同意增加监视器墙、监视器、收费站矩阵、站级对进和报警系统。

三、通信系统

(一)根据工程实施划分原则,同意在扶项分中心 ADM 上加一块 STM-4 光线路板(L-4.1,双收双发)。

(二)光缆工程:

1. 刘庄互通至杨湖互通之间不是干线网,没有主干传输,所以周口西站至杨湖互通之间的通信光缆予以取消,周口西站至刘庄互通之间的通信光缆芯数应减少 20 芯。

2. 同意在刘庄立交至分中心之间增加一根 40 芯光缆。

3. 与光纤传输有关的光纤单元体、光熔配单元价格应包含在光接头盒及安装材料中,费用不予变更。

(三)会议电视系统。为了满足目前和今后扩容的需要,同意在扶项分中心增加一台多点控制单元(12 个会场),在各收费站设置会议终端,把扶项公司的中心会场带内置的 MCU 改为不含 MCU 会议终端。

四、其他

为与扶项分中心监控系统应用软件设暂定金 50 万,费用偏高,应根据工程量进行合理定价。

五、核定工程变更费用 358466 元(详见附件)。

二〇〇六年十月　日

商周高速公路(周口段)机电工程联合设计变更费用明细表

序号	项目名称	单位	报批情况					审批情况					差价	备注
			数量	品牌	型号	单位	合价	数量	品牌	型号	单价	合价		
200 章	监控系统													
206	闭路电视系统													
1	遥控摄像机	套	9	PELCO/美国	ES31CBW24－5N－X	25000	225000	9	PELCO/美国	ES31CBW24－5N－X	25000	225000	0	
4	21"彩色监视器	台	21	深圳三立	STCM2180	3800	79800	24	深圳三立	STCM2180	3200	76800	－3000	
5	视频分配器	台	3	赛格麦柯	MC708	596	1788	3	赛格麦柯	MC708	596	1788	0	一分二
6	视频级联光端机	套	0	武汉微创	WTOS－02H	48006	0	2	武汉微创	WTOS－02H	48006	96012	96012	
6.1	中心节点视频光端机	套	2	武汉微创	WTOS－02H	9900	19800	0	武汉微创	WTOS－02H	9900	0	－19800	分中心
6.2	远端切点初步光端机	套	9	武汉微创	WTOS－02H	13400	120600	0	武汉微创	WTOS－02H	13400	0	－120600	外场含光保护
7	视频控制矩阵切器扩容(包括输出、输入)	套	1	PELCO	21 入 9 出	32764	32764	1	PELCO	增加串行通讯卡等附件	32764	32764	0	
8	16路数字硬盘录像机	台	2	浙江大学	DH－DVR1604LB	8578	17156	2	浙江大学	DH－DVR1604LB	8578	17156	0	MPEG－4
12	矩阵联网控制器	台	1	PELCO	CM9700－CC1	37800	37800	0	PELCO	CM9700－CC1	37800	0	－37800	
13	站级视频矩阵切换控制器	台	4	PELCO	CM6800E－488－X	30659	122637	4	PELCO	CM6800E－48＊8－X	30659	122637	0	48 入 8 出
14	控制键盘	台	4	PELCO	KBD300A	5400	21600	4	PELCO	KBD300A	5400	21600	0	
207	车辆检测器							0					0	0
3	立柱	套	9	定制		4700	42300	0	定制		4700	0	－42300	
	小计						721245					593757	－127488	
300 章收费系统														
303 304	计重设备、车道设备													
6	车辆检测器	套	20	遵信达		834	16680	20	优创	VLD2A	834	16680	0	含两个环形线圈
8	通行信号灯	套	20	遵信达	CD－2－250	1191	23820	20	天津协力	TX－Ⅲ－T	191	23820	0	
9	黄色闪光报警器	套	20	JB220AC	179	3580	20	天津协力	TX－Ⅲ－B	179	3580	0		
10	雾灯	套	20	遵信达	WD－2－250	953	19060	20	天津协力	TX－Ⅲ－W	953	19060	0	
11	手动栏杆	套	20	遵信达	SDC－2	1072	21440	20	保定通盛	TS－SL－Ⅰ	1072	21440		
12	自动栏杆	套	20	MDC－1－20	5957	119140	20	优创	Q150	5957	119140	0		
13	雨棚信号灯	套	20	遵信达	TP－600RC	3098	61960	20	天津协力	TX－Ⅲ－XS	3098	61960	0	600＊600
19	单向收费亭	个	12	遵信达	单向亭	20254	243048	12	南京德兴	ND2515DCKF	20254	243048	0	
20	双向收费亭	个	4	遵信达	双向亭	27402	109608	4	南京德兴	ND4415SCKF	27402	109608	0	

续上表

序号	项目名称	单位	报批情况					审批情况					差价	备注
			数量	品牌	型号	单位	合价	数量	品牌	型号	单价	合价		
22	单向收费亭	台	12	格力	KFR26GW	2500	30000	12	格力	KFR26GW	2500	30000	0	1P 冷暖
23	双向收费亭内空调	台	格力	KFR32GW	3000	12000	4	格力	KFR32GW	3000	12000	0	1.5P 冷暖	
23	计重设备基础	处	12	现场制作	25000	300000	0	现场制作		25000	0	-300000	土建施工单位完成	
305	计算机系统												0	
7	收费分中心三层以太网交换机扩展	项	0		按实际需求扩展	31212	0	0		按实际需求扩展	31212	0	0	
306	收费视、音频监视系统												0	
6	补光灯	套	20	遵信达	BCD-1	596	11920	20	遵信达	BCD-1	596	11920	0	
10	16 路视频数字非压缩光端机	对	0	Infinova	N3790TB/RB-16	20016	0	0	Infinova	N3790TB/RB-16	20016	0	0	16 路视频
10.1	路视频数字非压缩光端机	对	1	Infinova	N3754	10800	1	Infinova	N3754	10800	10800	0	4V+2D 50≤KM	
10.2	路视频数字非压缩光端机	对	3	Infinova	N3754	11800	35400	3	Infinova	N3754	11800	35400	0	4V+2D 50KM≤70KM
14	彩色监视器	台	56	深圳三立	STCM2180	3800	212800	52	深圳 Myway	MP21-100	3800	197600	-15200	每站增加一台主监视器
16	监督器墙	套	0	定制		17871	0	0	定制		17871	0	0	分中心
16.1	2*6 监视器墙	套	1	定制		13403	13403	1	定制		13403	13403	0	2*6,四通站
16.2	2*7 监视器墙	套	2	定制		15637	31274	2	定制		15637	31274	0	2*7,淮阳、周口站
16.2	2*8 监视器墙	套	1	定制		17871	17871	1	定制		17871	17871	0	2*8,周口东站
18	监控室摄像机	套	4	深圳丽泽	DV-DC412 Computar TC3Z3510FCS YAAN YA4609	1019	4076	0	深圳丽泽	DV-DC412 Computar TC3Z3510FCS YAAN YA4609	1019	0	-44076	
19	对讲电话主机	部	4	Aiphone	NEM-10/C	4200	16800	4	Aiphone	NEM-10/C	4200	16800	0	
20	对进电话分机	部	20	Aiphone	NA-A	460	9200	20	Aiphone	NA-A	260	5200	-4000	
308	安全报警主系统												0	
1	安全报警主机	台	0				0	0				0	0	
3	安全报警远端模块	个	4	PELCO	CM9760-ALM	7050	28200	4	PELCO	CM9760-ALM	7050	28200	0	每站一个
5	声光报警器	套	4	遵信达	JB220AC	179	716	4	遵信达	JB220AC	179	716	0	
	小计							1352796					1029520	-323276

续上表

序号	项目名称	单位	报批情况					审批情况					差价	备注
			数量	品牌	型号	单位	合价	数量	品牌	型号	单价	合价		
400 章通信系统														
402	光纤系统传输系统													
9	STM－4 光线路板(1－4.1)	块	1	中兴	OL4×2(L－4.1)	119070	119070	1	中兴	OL4×2(L－4.1)	90000	90000	－29070	周口分中心
403							0					0	0	
2	双音多频话机	部	170	TCL	HCD868(37)TSDL	87	14790	170	TCL	HCD868(37)TSDL	87	14790	0	各相关业务部门
405	光缆工程						0					0	0	
5	GYTA 型 40 芯单模光缆	km	60	永鼎	GYTA－40B1	8318	499080	58	永鼎	GYTA－40B1	8318	482444	－16636	包含余量
6	光接头盒及安装材料	个	137	定购		139	19043	137	定购		139	19043	0	
7	光终端盒及安装材料	个	5	定购		58	290	5	定购		58		290	0
8	光纤单元体	个	1	中兴	GPX311－DY2A－48	1600	1600	0	中兴	GPX311－DY2A－48	1600	0	－1600	满配 48 芯
9	光熔配单元	个	4	中兴	12 芯	1500	6000	0	中兴	12 芯	1500	0	－6000	12 芯/单元
10	光端接用尾纤	条	40	定购	FC	31	1240	40	定购	FC	31	1240	0	
406	电缆工程						0					0	0	
408	会议电视系统						0					0	0	
1	多点控制单元	套	1	以色列 RADVISION	INVISION12	227200	227200	1	以色列 RADVISION	INVISION12	217200	217200	－10000	周口分中心,12 点
2	会议电视终端	套	4	挪威 TANDBERG	TANDBERG800NPP(可以免费升级为 T990NPP)	83950	335800	4	挪威 TANDBERG	550PP	55000	220000	－115800	每站一套
3	线缆及其他辅助材料	项	1		市场采购	12000	12000	1		市场采购	1000	1000	－2000	
	小计						1236113					1055007	－181106	
其他														
205	监控软件	套	1			500000	500000	1			80000	80000	－420000	
303	自动车牌识别设备	套	20	利普视觉	GRE100	10127	202540	4	利普视觉	GRE100	10127	40508	－162032	
405	光缆工程						0					0	0	
4	GYTA 型 36 芯单模光缆	km	32	永鼎	GYTA－36B1	7415	237280	4	永鼎	GYTA－36B1	7415	29660	－207620	包含余量
8	GYTA 型 20 芯单模光缆	km	0	永鼎	GYTA－20B1		0	15	永鼎	GYTA－20B1	5251	78765	78765	
	小计						939820					228933	－710887	
	总计						4249974					2907217	－1342757	

57. 关于商周高速公路周口段机电工程等施工图设计报批的请示

周恒达高字[2006]17号

河南高速公路发展有限责任公司：

商周高速公路周口公段机电工程等施工图设计由河南高速公路发展有限责任公司2006年3月14日邀请有关专家对商周高速公路周口段机电工程、外配电、通信管线，高低压配电及照明施工设计图进行了研究讨论，并形成了专家意见（附后）。现就根据专家意见进行修改后的施工图及预算进行上报，请批示。

附件：1. 专家评审意见。（略）

2. 机电工程修正后的施工图及预算。（略）

3. 外配电修正后的施工图及预算。（略）

4. 通信管线修正后的施工图及预算。（略）

5. 高低压配电及照明修正后的施工图及预算。（略）

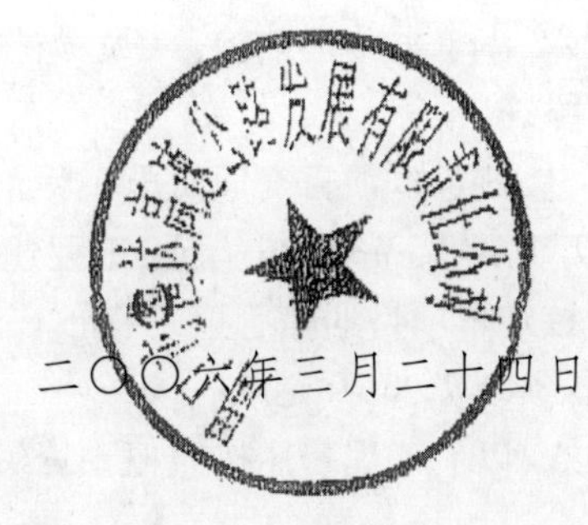

二○○六年三月二十四日

58. 关于商丘至周口高速公路周口段交通机电工程详细设计　通信管道施工图设计的批复

豫交计[2006]165 号

河南高速公路发展有限责任公司：

你公司豫高司[2006]377 号文报送的“关于商丘至周口高速公路(周口段)交通机电工程施工图设计及预算的请示”已收悉,结合该路段实际情况,审核批复如下：

一、原则同意中国公路工程咨询总公司设计完成的《商丘至周口高速公路周口段交通机电工程详细设计》、《商丘至周口高速公路周口段通信管道施工图设计》。

二、本路段机电工程实施过程中应充分考虑相邻路段的互联、搭接。

三、本路段不单独设置监控、通信、收费分中心,与扶项高速公路分中心合建。

四、由于本路段采用集中式运营管理模式,机电工程的实施应在保证全省联网收费基本操作程序、资金拆分、IC 卡管理模式不变的基础上,确保系统设置和功能与管理模式相适应,保证运营工作正常进行。

五、为保证联网收费系统稳定运营,及通行费应征不漏、减少舞弊现象发生,本工程中收费车道自动发卡系统的实施应与收费系统协调、统一考虑,不能改变现有收费模式,并保证通行卡中包含正确的车型及车牌信息。

六、由于本路段监控分中心与扶项高速公路合建,取消原设计中大屏幕投影系统的设计内容,并核减预算。

七、核定本项目交通机电工程预算 2595 万元(详见工程预算审核表),其中:安装工程费 699 万元;设备费 1696 万元;工程建设其他费 125 万元;预备费 75 万元。

核定本项目通信管道工程预算 819 万元(详见工程预算审核表),其中:安装工程费 795 万元;预备费 24 万元。

八、以上工程费用按照概预算编制办法的规定,从批复概算中调剂解决。

二OO六年七月十日

商丘至周口高速公路周口段机电工程详细设计预算审核表

序号	工程或费用名称	(1) 原报预算(万元)	(2) 核定预算(万元)	(2)-(1) 审核结果(万元)
一	建筑安装工程	961.72	698.58	-263.14
1	收费系统设施安装	340.53	230.55	-109.98
(1)	收费系统设备安装	199.13	129.42	-69.71
(2)	收费系统线缆安装	27.20	19.31	-7.89
(3)	收费系统设备基础	114.20	81.82	-32.38
2	通信系统设施安装	280.33	207.14	-73.19
(1)	通信系统设备安装	25.87	19.46	-6.41
(2)	通信系统线缆工程	254.46	187.68	-66.78
3	监控系统设施安装	340.86	260.89	-79.97
(1)	监控系统设备安装	66.92	48.16	-18.76
(2)	监控系统线缆工程	209.14	162.22	-46.92
(3)	监控系统外场设备基础	64.80	50.51	-14.29
二	设备及工器具购置费	2125.69	1696.25	-429.44
	设备购置费	2125.69	1696.25	-429.44
三	工程建设其他费	207.40	124.75	-82.65
1	建设单位管理费	38.47	28.74	-9.73
2	工程质量监督费	1.44	1.05	-0.39
3	工程监理费	17.55	35.92	18.37
4	工程定额测定费	1.15	0.84	-0.31
5	设计文件审查费	0.96	0.70	-0.26
6	勘察设计费	147.83	57.50	-90.33
(1)	工程设计收费	121.17	57.50	-63.67
(2)	招标文件编制费	26.66	0	-26.66
四	预备费	164.74	75.59	-89.15
	总计	3459.55	2595.16	-864.39

商丘至周口高速公路周口段通信管道施工图设计预算审核表

序号	工程或费用名称	(1) 原报预算(万元)	(2) 核定预算(万元)	(2)-(1) 审核结果(万元)
一	建筑安装工程	1163.89	795.14	-368.75
1	通信管道工程	1047.15	724.83	-322.32
(1)	钢筋混凝土人孔(现浇)	71.65	50.41	-21.24
(2)	钢筋混凝土手孔(现浇)	7.61	5.25	-2.36
(3)	铺设12孔 $\phi40/33$ 硅芯管	599.81	445.85	-153.96
(4)	ET平台	58.81	0	-58.81
(5)	玻璃钢管箱	48.70	36.24	-12.46
(6)	管箱托架	32.21	24.32	-7.89
(7)	铺设 $\phi114\times4$mm 钢管	32.31	23.68	-8.63
(8)	铺设 $\phi89\times4$mm 钢管	29.93	22.45	-7.48
(9)	C15混凝土包封	12.68	10.02	-2.66
(10)	挖填土(砂)石方	153.44	106.61	-46.83
2	施工技术装备费	34.06	20.30	-13.76
3	计划利润	45.42	27.54	-17.88
4	税金	37.26	22.47	-14.79
二	预备费	34.92	23.85	-11.07
	总计	1198.81	818.99	-379.82

59. 关于转发《商丘至周口高速公路周口段交通机电工程详细设计、通信管道施工图设计的批复》的通知

豫高司工[2006]596 号

河南通衢高速公路有限公司：

你公司《关于商周高速公路周口段机电工程等施工图设计报批的请示》(周恒达高字[2006]17 号)收悉。现把交通厅豫交计[2006]165 号批复文件转发给你们。望你公司严格按照交通厅批准的建设规模进行施工。

附件：关于商丘至周口高速公路周口段交通机电工程详细设计　通信管道施工图设计的批复(豫交计[2006]165 号)(略)

二〇〇六年七月二十五日

60. 关于商周高速公路(周口段)供电照明、外配电工程施工图设计报批的请示

周恒达高字[2006]34号

河南高速公路发展有限责任公司：

商周高速公路(周口段)高低压配电及照明、外配电工程施工图设计由河南高速公路发展有限责任公司于2006年3月14日邀请有关专家对施工图进行了研讨，并形成了专家意见(附后)，现就根据专家意见进行修改后的施工图及预算书进行上报，其中外配电预算为4906050元，高低压供电及照明预算为14056645元。请批示。

附件：1. 专家评审意见(略)
2. 外配电修改后的施工图及预算(略)
3. 高低压供电及照明修改后的施工图及预算(略)

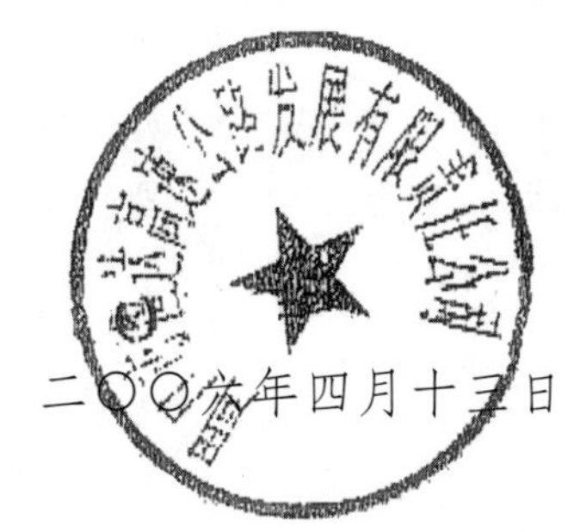

二〇〇六年四月十三日

61. 关于商周高速公路周口段 10kV 供电线路工程配电照明工程施工图设计的批复

豫交计[2006]193 号

河南高速公路发展有限责任公司：

你公司豫高司[2006]326 号文报送的“关于报送商周高速公路(周口段)10kV 供电线路、配电照明工程施工图设计及预算的请示”已收悉。结合该路段实际情况，现审核批复如下：

一、原则同意周口市电业局电力设计院、中国公路工程咨询总公司编制完成的该路段 10kV 线路专板专线架设工程、供配电照明工程施工图设计。

二、考虑高速公路用电的发展和导线的机械强度，周口东收费站、淮阳收费站、淮阳服务区 10kV 线路宜选用 $70mm^2$ 导线。

三、供配电照明工程中高杆灯设置数量过多，宜根据所需照度及面积进行设置，即：枢纽立交 4 基、互通立交 2－3 基、服务区每侧 2－3 基，并选用 30m 高杆灯。

四、预算

核定本项目 10kV 线路工程预算 481 万元(详见工程预算审核表)，其中：线路本体工程费 295 万元；工程建设其他费 172 万元；预备费 14 万元。

核定本项目室外配电及场地照明工程预算 989 万元(详见工程预算审核表)，其中：安装工程费 714 万元；设备购置费 199 万元；工程建设其他费 48 万元；预备费 28 万元。

五、以上工程费用按概预算编制办法的规定，从批复概算中调剂解决。

二〇〇六年八月十五日

商丘至周口高速公路周口段 10kV 线路工程预算审核表

序号	名　　称	线路长度(km)	原报预算(万元)	核定预算(万元)	增减额(万元)	备　　注
一	线路本体工程费	35.80	297.09	294.35	-2.74	
1	周口西收费站	5.30	41.36	39.65	-1.71	
2	周口东收费站	9.10	69.22	71.25	2.03	
3	淮阳收费站	9.60	73.82	76.05	2.23	
4	淮阳服务区	4.30	36.63	38.55	1.92	
5	四通镇收费站	5.50	41.95	39.45	-2.50	
6	杨湖互通立交	1.00	9.66	8.95	-0.71	
7	刘庄互通立交	1.00	24.45	20.45	4.00	
二	工程建设其他费		177.46	172.15	-5.31	
1	土地、青苗补偿费		59.36	47.49	-11.87	
2	建设单位管理费		2.17	4.42	2.25	
3	备品备件购置费		0.74	0.70	-0.04	
4	工程质量监督检测费		0.30	0.44	0.14	
5	工程监理费		8.92	14.72	5.80	
6	前期工程费		4.09	5.89	1.80	
7	勘察设计费		37.14	28.50	-8.64	
8	调试费		10.04	9.00	-1.04	
9	施工安全措施补助费		1.43	1.00	-0.43	
10	线路出线间隔		53.27	60.00	7	
三	预备费		8.43	13.99	5.56	
四	定额人工费调增		7.63	0	-7.63	
	合计		490.61	480.49	-10.12	

商丘至周口(周口段)高速公路室外配电及场地照明施工图设计预算审核表

序号	工程或费用名称	(1) 原报预算(元)	(2) 核定预算(元)	(2)-(1) 审核结果(元)
一	安装工程费	9921314.65	7143346.55	-2777968.10
二	设备购置费	2889000.00	1993410.00	-895590.00
三	工程建设其他费	836913.33	481776.65	-355136.68
1	建设单位管理费	345261.75	142866.93	-202394.82
2	工程监理费	198426.29	137051.35	-61374.94
3	设计费	295264.20	184000.00	-111264.20
4	设计文件审查费	9921.31	7143.35	-2777.96
5	工程质量监督费	14881.97	10715.02	-4166.95
四	预备费	409416.84	274102.70	-135314.14
五	合计	14056644.82	9892635.89	-4164008.93

62. 关于转发《关于商周高速公路周口段10kV供电线路工程配电照明工程施工图设计的批复》的通知

豫高司工[2006]750号

河南通衢高速公路有限公司：

你公司《关于商周高速公路(周口段)供电照明、外配电工程施工图设计报批的请示》(周恒达高字[2006]34号)、《关于商周高速公路周口段收费站、服务区等架设10kV专板专线费用的请示》(通衢高工[2006]57号)收悉。现把交通厅豫交计[2006]193号批复文件转发给你们,望你们严格按照交通厅批准的建设规模进行施工。

附件:关于商周高速公路周口段10kV供电线路工程配电照明工程施工图设计的批复(豫交计[2006]193号)(略)

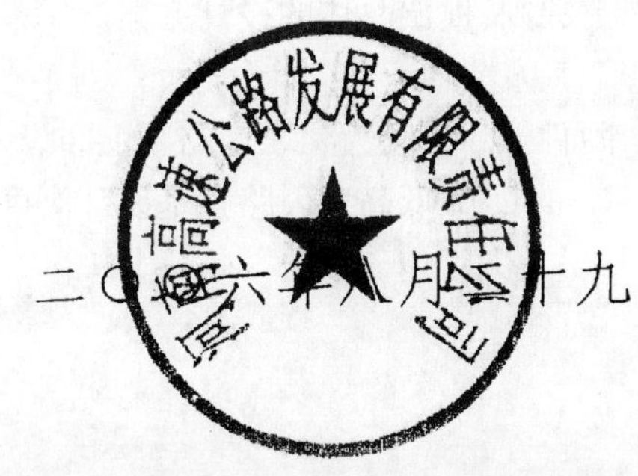

二〇〇六年八月二十九

四、变更设计

63. 关于印发"高速公路28米路基上布设六车道的设计指导原则"和"降低高速公路路基设计高度设计指导原则"的通知

豫交计[2004]194号

各省辖市交通局、厅直有关单位:

根据省政府召开的全省高速公路建设商丘现场会议关于积极探索28m宽路基布置六车道,降低路基设计高度的精神,现将"高速公路28m路基上布设六车道的设计指导原则"和"降低高速公路路基设计高度设计指导原则"印发给你们。请各高速公路项目根据实际情况,参照以上原则,提出具体的设计方案。

附件:1. 高速公路28米路基上布设六车道的设计指导原则

2. 降低高速公路路基设计高度的设计指导原则

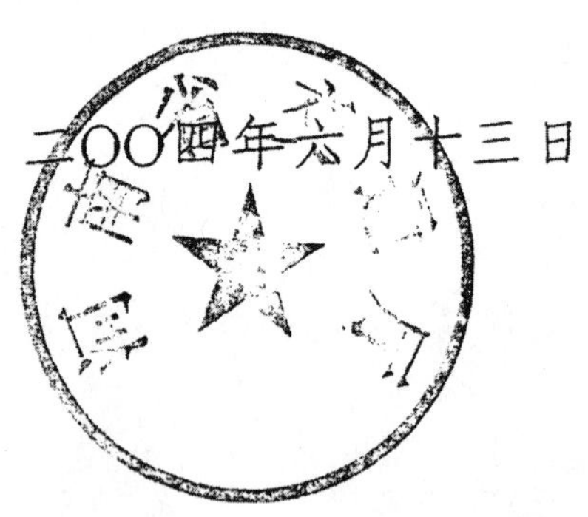

二〇〇四年六月十三日

附件 1：

高速公路 28 米路基上布设六车道的设计指导原则

一、中央分隔带

1. 国家规划的重点公路、或设计预测第 20 年年平均日交通量达到 35000 辆的高速公路项目，路基宽度采用 28m 设计时，横断面按六车道进行布置，中央分隔带宽度应采用 2m，并应采用绿化防眩设计。

2. 特殊设计路段，按六车道布设，中央分隔带宽度小于 2m 时，可采用改进型钢筋混凝土防撞护栏或波形钢板防撞护栏。如采用波形钢板防撞护栏设计时则应提高抗冲击等级。

3. 中央分隔带内布置通信管道比较困难时，通信管道可埋置于土路肩下。

二、右侧行车道宽度

右侧行车道宽度原则上应采用 3.75m。

三、左、右侧路缘带

左侧路缘带应不小于 0.75m；右侧路缘带应尽量采用 0.75m，最小不得小于 0.50m。

四、路侧防撞护栏

对于路基高度小于 2m 的路段，如无特殊要求，一般不设置防撞护栏。不设置防撞护栏路段，其边沟应采用宽浅形式。

五、紧急停车带

原则上必须设置港湾式紧急停车带且与路基同期实施，其间距近期可按 1km 设置，根据发展情况再增加数量至间距 500m。港湾式紧急停车带宽度应在右侧路缘带外边缘以外不小于 3.50m，有效长度不得小于 30m。

如港湾式紧急停车带不能同期实施，则右侧行车道仍应标示为紧急停车带，待港湾式紧急停车带等设施完善后再改变为行车道。

六、标志标线

对于右侧行车道，应设置明显的标志引导慢车、重车行驶；对于出入口附近，应适当增加提示性标志数量。

附件2：

降低高速公路路基设计高度的设计指导原则

一、路基高度必须满足由地下水位确定的路基最小高度的要求和设计洪水位的控制要求。在路基设计洪水位和地下水位较高路段，可采取必要的工程防护措施，以降低路基高度。

路基平均填土设计高度以不大于2.8m为设计目标。

二、在条件许可的情况下，充分考虑高速公路扩建或地方道路加宽等因素，合理设置上跨天桥。天桥的间距不宜小于500m，桥型要重点考虑美化设计。

被交道路的纵坡应控制在3%以内，一般以2.5%为宜。

三、应统筹规划当地乡村道路，在“满足功能、适当归并、调整布局、适量设置”的原则下设置通道。合并地方道路时，应考虑单侧绕行长度一般不宜超过200m。

应加强通道排水设计，通道内可设置人行避水平台，减少通道积水。人行通道可兼顾排水，排水涵洞可兼顾行人。

四、路线区位地势较高且易排水的路段，可适当下挖被交叉道路。

五、桥梁设计应分析论证有关水文资料，精确计算设计流量和预留净空高度；桥梁上部尽量采用建筑高度低、轻巧的结构形式。

六、加强与沿线各级政府的沟通，做好当地群众的工作，使其理解设计意图，取得群众的理解与支持。

七、在设计审批阶段，将对路基高度进行专项审查，凡不符合上述原则的，应重新设计。

64. 关于印发《河南省高速公路设计指导性原则和技术要求》补充条文(试行)的通知

豫交计[2004]413号

各省辖市交通局,巩义、固始、邓州、永城、项城五县(市)交通局,厅直有关单位:

根据省政府2004年11月26日在郑州召开的"河南省高速公路设计研讨会"的有关精神,为贯彻"科学发展观和以人为本"的设计理念,指导我省高速公路设计工作,现将《河南省高速公路设计指导性原则和技术要求》补充条文印发,请参照执行。

1. 对于已建高速公路通道存在积水问题的,必须于2005年6月底前完成改造工作。

2. 新建项目标志牌(包括交通标志尚未实施的在建项目),必须按本指导性意见进行设计或修改设计;已通车项目应在2004年12月30日前整改完毕。

3. 对已投入使用的服务区要进行运营情况调研,以"长远规划、分步实施、持续发展"的原则,尽快改变目前服务区不能高效服务的状况。逐步将原有过大的绿化面积改为停车场,改变绿化方式,并考虑新征土地对服务区进行扩大改造。

4. 要对已通车高速公路互通立交区绿化进行整改,2004年年底前要做好规划设计和树种选择工作,2004年适种的树要种植完,2005年2月底之前要整改完成。

5. 2005年6月底以前要完成省界站、服务区、收费站、省辖市附近的互通立交及郑州机场路、新乡至郑州高速公路、连霍高速郑州至洛阳段的全程监控工作,争取京珠、连霍其他路段2005年年底完成。

6. 在高速公路的建设工程中,对取土坑、施工临时占地等要及时复耕,对于施工车辆轧坏的地方道路必须及时予以修复。

7. 此前印发的有关文件中与本文不一致之处,以本文为准。

8. 在执行中如有意见和建议请及时向厅计划处反馈,咨询电话:0371—7166626。

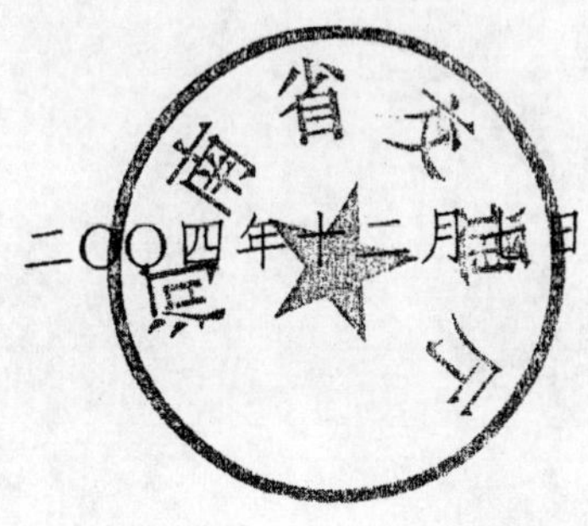

二〇〇四年十二月十日

65. 关于印发《河南省高速公路设计技术要求》的通知

豫交计[2005]191 号

各省辖市交通局，厅直有关单位，各高速公路项目公司：

根据省政府 2005 年 7 月 8 日在郑州召开的"河南省高速公路设计、建设、管理研讨会"的会议精神，为全面提升我省高速公路设计理念，确保高速公路建设质量，争创全国一流水平，省厅组织专家在 2003 年 10 月和 2004 年 11 月下发的《河南省高速公路设计指导性原则和技术要求》（试行）及补充条文的基础上进行了全面、系统的补充、修订和完善，形成了《河南省高速公路设计技术要求》（以下简称《技术要求》），现印发你们，请参照执行。

执行中的几个具体问题及要求：

一、此前印发的有关文件中的内容与本《技术要求》不一致之处，以本《技术要求》为准。

二、今后新通车高速公路项目交通标志牌，必须按本《技术要求》进行设置；已通车高速公路项目应在 2005 年 12 月 30 日前整改完毕。

三、本《技术要求》由省交通厅负责解释。

66. 关于商周高速公路周口段路面结构设计变更的请示

豫高司[2006]273 号

河南省交通厅：

商周高速公路已被省政府确定为 2006 年年底建成通车项目。为确保完成任务,同时结合河南省交通厅文件豫交计[2005]220 号文件和河南省地方标准 DB41/419—2005 高速公路设计技术要求,经我公司研究：现拟对商周高速公路周口段部分工程进行变更设计：

1. 路面结构变更：原设计为 4cm 中粒式改性沥青混凝土(AC-16 Ⅰ)(掺入 TF 聚脂纤维) + 5cm 粗粒式改性沥青混凝土(AC-25 Ⅰ) + 7cm 粗粒式沥青混凝土(AC-30 Ⅱ) + 沥青封层 + 16cm 水泥稳定碎石(5.5∶94.5)基层 + 16cm 二灰(石灰、粉煤灰)稳定碎石(6∶12∶82) + 16cm 二灰(石灰、粉煤灰)稳定土(12∶30∶58) + 16cm 石灰稳定土(10∶80)。

拟变更为：4cm 细粒式改性沥青混凝土(AC-13Ⅰ) + 6cm 中粒式改性沥青混凝土(AC-20Ⅰ) + 8cm 粗粒式沥青混凝土(AC-25 Ⅱ) + 改性沥青封层 + (16 + 16) cm 水泥稳定碎石(6∶94) + 16cm 水泥稳定碎石(4∶96)。

根据现场粉煤灰备料情况,拟同时对一个整标段的路面基层变更为(16 + 16) cm 二灰稳定碎石(6∶12∶82) + 16cm 二灰稳定碎石(6∶16∶78)作为试验路段。

2. 台背回填材料变更：原设计为桥台、涵洞通道背后填料采用低剂量石灰土,因工期紧张,拟变更为粒料填筑。

3. 中央分割带：取消原中央分隔带波形梁护栏、路缘石、绿化及中央分隔带排水设施。拟变更为：新泽西钢筋混凝土护栏,并在其上加设防眩板。

4. 鉴于目前剩余土方量较大(160 万 m^3),且大部分剩余土方都集中在局部高填方地段,沿线地下水位较高,自然土含水率较大(25% 以上),为确保工程质量,加快施工进度,拟将剩余路基回填土加 6% 的石灰处理。

5. 上述四项变更共计约需增加费用 4.17 亿元。

妥否,请批示。

附件：1. 变更设计图纸(略)

2. 变更设计预算(略)

3. 专家研讨会意见(略)

4. 路面、台背填料、中央分割带对照表(略)

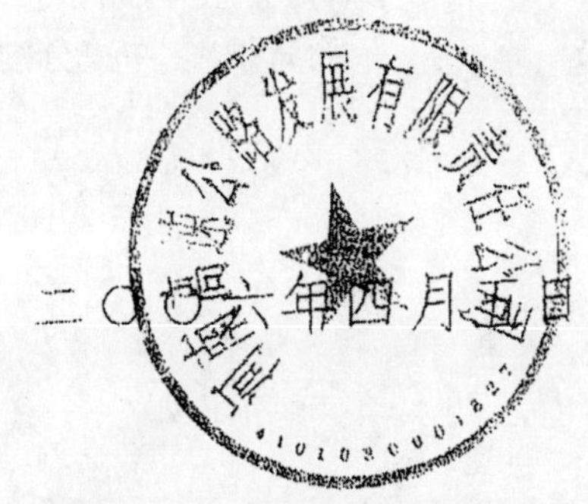

二〇〇六年四月二十日

67. 关于商周高速公路(周口段)路面结构等设计变更的报批请示

周恒达高字[2006]18 号

河南高速公路发展有限责任公司:

商周高速公路周口段工程整体进度较计划严重滞后,为保证 2006 年通车要求,同时结合河南省交通厅文件豫交计[2005]200 号文件和河南省地方标准 DB41/T419—2005 高速公路设计技术要求,就路面结构、台背回填、素土加灰处理路基、中央分割带等提出变更设计。2006 年 3 月 19 日组织召开了专家研讨论证会,并形成专家意见(附后),现分述如下:

一、商周高速公路周口段路面结构原设计为:16cm 石灰稳定土(10∶80) + 16cm 二灰(石灰、粉煤灰)稳定土(12∶30∶58) + 16cm 二灰(石灰、粉煤灰)稳定碎石(6∶12∶82) + 16cm 水泥稳定碎石(5.5∶94.5) + 沥青封层 + 7cm 粗粒式沥青混凝土(AC-30Ⅱ) + 5cm 粗粒式沥青混凝土(AC—25Ⅰ) + 4cm 中粒式沥青混凝土(AC—16Ⅰ)(掺入 TF 聚脂纤维)。变更为:

1. 将原设计的路面基层变更为(16 + 16)cm 水泥稳定碎石(6∶9 4) + 16cm 水泥稳定碎石(4∶96)。

2. 根据现场粉煤灰备料情况,建议按整标段控制,将原设计的路面基层变更为(16 + 16)cm 二灰稳定碎石(6∶12∶82) + 16cm 二灰稳定碎石(6∶16∶78)作为试验路段。

3. 面层变更为 4cm 细粒式改性沥青混凝土(AC—13Ⅰ) + 6cm 中粒式改性沥青混凝土(AC—20Ⅰ) + 8cm 粗粒式沥青混凝土(AC—25Ⅱ) + 改性沥青封层。

二、桥台、涵洞、通道背后填料原设计采用低剂量石灰土,因工期紧张,为减少天气影响,变更为粒料填筑。

三、鉴于目前剩余土方量较大(170 万 m^3),且大部分都集中在局部高填方地段,沿线地下水位较高,自然土含水量较大(25% 以上),为确保工程质量、加快施工进度,剩余路基土方的回填土添加 6% 的生石灰处理。

四、结合“四改六”设计原则,将中央分割带波形钢护栏变更为“新泽西”式混凝土护栏。

妥否,请批示。

附件:1. 变更设计图纸(略)
2. 变更设计预算(略)
3. 专家研讨会意见(略)
4. 路面、台背填料、中央分割带对照表(略)

二○○六年三月二十二日

68. 关于呈报《商丘至周口高速公路(周口段)中央分隔带变更设计、绿化景观设计》的请示

周恒达高字[2005]29 号

周口市交通局:

根据河南省交通厅豫交计[2005]220 号文件的要求,我公司委托中国公路工程咨询监理总公司对中央分隔带。防护及通讯管道等工程进行变更设计,现方案设计已编制完成。同时《河南省商丘至周口高速公路(周口段)绿化景观设计》亦编制完成,一并随文上报,请予批复。

妥否,请批示。

附件:1.《商丘至周口高速公路(周口段)中央分隔带、防护、通讯管道变更方案设计》(略)

2.《商丘至周口高速公路(周口段)绿化景观设计》(略)

二〇〇五年十月十日

69. 关于高速公路变更中央分隔带形式的通知

豫交计[2005]220 号

各省辖市交通局,厅直有关单位,各高速公路项目公司:

根据省政府2005年7月8日“全省高速公路设计建设管理研讨会议”精神,为减少水对路面、路基的损坏、提高通行能力及节约后期绿化养护费用,省厅决定2006年通车的高速公路项目中央分隔带形式变更为钢筋混凝土防撞护栏,具体事宜通知如下:

一、28m宽路基路段,中央分隔带护栏变更为钢筋混凝土护栏,并在其上加设防眩板,具体形式可参照推荐方案(见附件)。

二、上跨桥梁立柱附近应设置过渡段,前后长度原则上大于20m;路基与桥梁连接处应根据桥幅间距离合理确定过渡段长度。

三、通信管道可设置在土路肩内或路中央。

四、各相关高速公路项目公司接到本通知后,应立即进行中央分隔带变更设计,报厅批准后实施。

二〇〇五年九月六日

附件:

钢筋混凝土护栏过渡段平面示意图
A—A
B1—B1
B2—B2
C—C
D—D
附注:
1.本图尺寸以厘米计
2.过渡段长度应大于20米

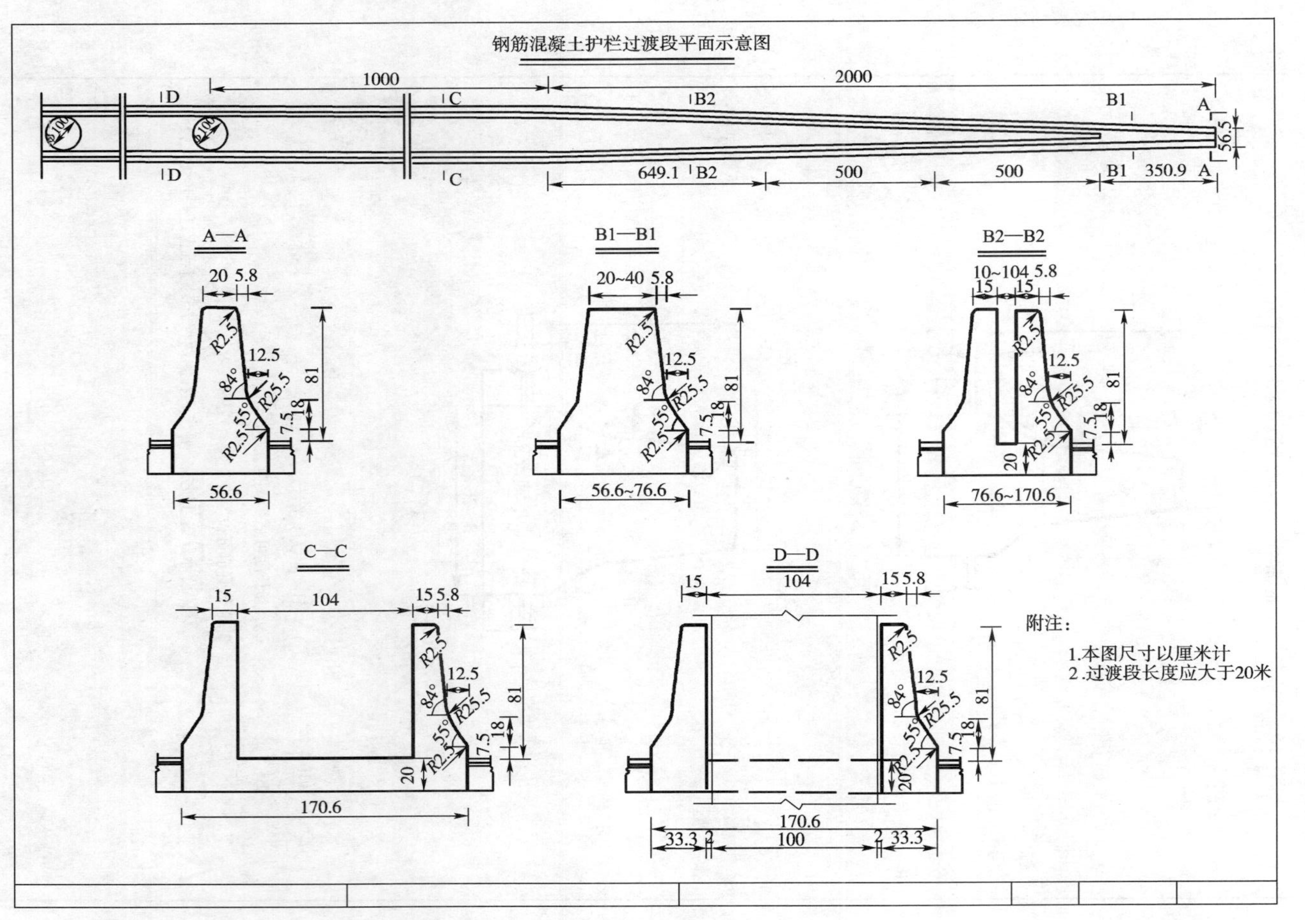

钢筋混凝土防撞护栏设计方案示意图

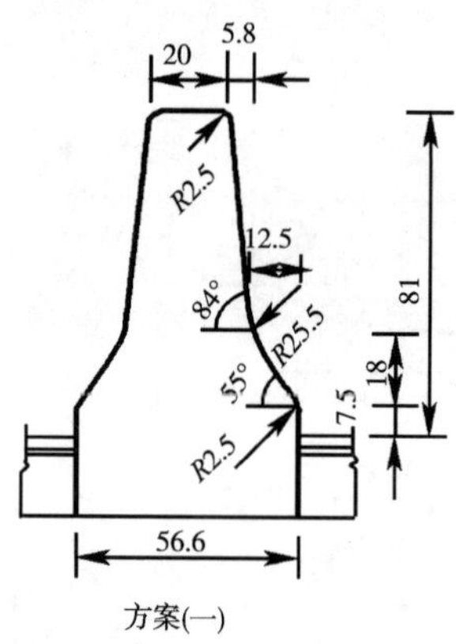

方案(一)

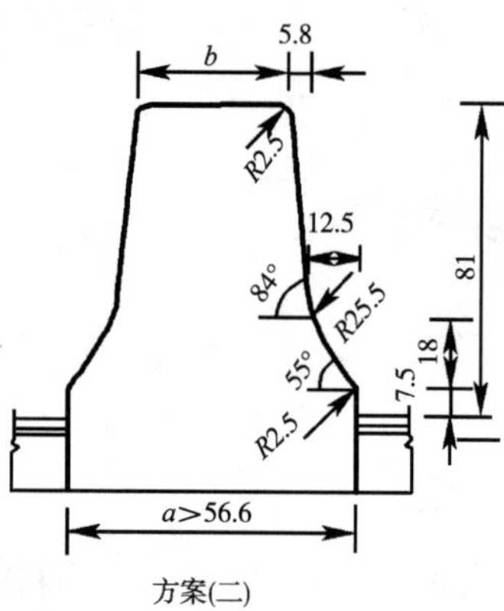

方案(二)

附注:

1.本图尺寸以厘米计。

2.a、b长度可适当调整。

3.通信管道可设置在土路肩或路中央。

4.具体设计方案可按规定要求，在此两种方案基础上进一步优化设计。

70.关于商丘至周口高速公路周口段周口东、淮阳收费站变更初步设计方案的请示

通衢高合[2006]141号

河南高速公路发展有限责任公司：

商丘至周口高速公路(周口段)房建工程施工图设计已经河南省交通厅批复。本项目原业主受资金影响,四个收费天棚设计方案过于简单和单一,与周口、淮阳地区悠久的文化背景和人文环境不太协调。为突出文化底蕴景观效果,使周口东、淮阳收费站收费天棚更加美观,提升商周高速公路周口段的整体形象,我公司根据《河南省高速公路设计技术要求》中"收费天棚的设计宜采用现代风格,造型要简洁大方、新颖别致"的要求,组织技术人员并委托厦门创路桥梁景观艺术有限公司对其重新进行了设计、评审。

新的初步设计方案借鉴其历史渊源,更加注重自然环境与人文环境的有机结合,旨在突出其独特的艺术文化气息和造型特点。方案设计时考虑到本项目工期较紧的特点,仍采用钢网架结构,安装速度快,能够满足本项目年底通车的特点。其工程估算费用约为380万元,初步设计方案及技术经济比较详见附件。

此请示,请尽快给予批复。

附件：

1.周口东、淮阳收费站收费天棚初步设计说明及技术经济比较(略)

2.周口东、淮阳收费站收费天棚初步设计效果图(略)

3.原设计效果图(略)

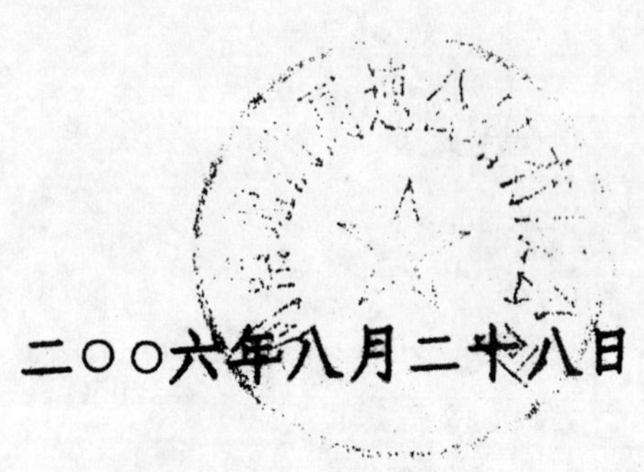

二〇〇六年八月二十八日

71. 关于商丘至周口高速公路周口段周口北、淮阳收费站景观设计方案的批复

豫高司工[2006]834 号

通衢公司：

你公司《关于商丘至周口高速公路周口段周口北、淮阳收费站变更初步设计方案的请示》(通衢高合[2006]141 号)收悉。为突出周口、淮阳地区历史悠久的文化底蕴，使收费站的景观设计与当地文化相协调，提升商周高速公路的整体形象，经研究同意周口北收费站按“商周高速公路周口段工程周口北收费站效果图(收费大棚方案一)”、淮阳收费站按“商周高速公路周口段工程淮阳收费站效果图(一)”进行景观设计和建设。工程变更增加的费用，按建设程序另行报批。

此复。

附件：1. 商周高速公路周口段工程周口北收费站效果图(收费大棚方案一)

2. 商周高速公路周口段工程淮阳收费站效果图(一)

二〇〇六年九月十九日

附件1：

商周高速公路周口段工程周口北收费站效果图(收费大棚方案一)

附件 2：

商周高速公路周口段工程淮阳收费站效果图（一）

72. 关于呈报《商周高速(周口段)房建装饰工程施工图设计及预算》及淮阳服务区坑塘变更处理方案的请示

通衢高工[2008]4号

河南高速公路发展有限责任公司:

商周高速公路(周口段)全长68.75km,共有收费站4处,服务区1处,房建工程设计方案已经河南省交通厅批准。因装饰工程未包含在原设计及批复预算中,经我公司董事会研究决定,委托北京市雅天立装饰工程有限公司进行设计,编制的施工图设计及预算已完成。另,因淮阳服务区北区场区内地开与原设计不符,存在一处坑塘,坑内积水、淤泥严重,需进行变更处理。现将房建工程装饰施工图设计及预算和淮阳服务区坑塘变更处理方案随文呈报。

妥否,请批示。

附件:1. 商周高速公路(周口段)房建装饰工程施工图设计及预算(略)

2. 设计变更申报表(略)

二○○八年五月六日

73. 关于商周高速公路周口段路面结构设计变更的请示

豫高司[2006]273号

河南省交通厅：

商周高速公路已经被省政府确定为2006年底建成通车项目。为确保完成任务，同时结合河南省交通厅文件豫交计[2005]220号文件和河南省地方标准DB41/419—2005高速公路设计技术要求，经我公司研究：现拟对商周高速公路周口段部分工程进行变更设计：

1. 路面结构变更：原设计为4cm中粒式改性沥青混凝土(AC－16I)(掺入TF聚脂纤维)＋5cm粗粒式改性沥青混凝土(AC－25I)＋7cm粗粒式沥青混凝土(AC－30II)＋沥青封层＋16cm水泥稳定碎石(5.5∶94.5)基层＋16cm二灰(石灰、粉煤灰)稳定碎石(6∶12∶82)＋16cm二灰(石灰、粉煤灰)稳定土(12∶30∶58)＋16cm石灰稳定土(10∶80)。

根据现场粉煤灰备料情况，拟同时对一个整标段的路面基层变更为(16＋16)cm二灰稳定碎石(6∶12∶82)＋16cm二灰稳定碎石(6∶16∶78)作为试验路段。

2. 台背回填材料变更为：原设计为桥台、涵洞通道背后填料采用低剂量石灰土，因工期紧张，拟变更为粒料填筑。

3. 中央分割带：取消原中央分隔带波形梁护栏、路缘石、绿化及中央分隔带排水设施。拟变更为：新泽为西钢筋混凝土护栏，并在其上加设防眩板。

4. 鉴于目前剩余土方量较大(160万m^3)，且大部分剩余土方都集中在局部高填方地段，沿线地下水位较高，自然土含水量较大(25%以上)，为确保工程质量，加快施工进度，拟将剩余路基回填土 加6%石灰处理。

5. 上述四项变更共计约需增加费用4.17亿元。

妥否，请批示。

附件：1. 变更设计图纸(略)

2. 变更设计预算(略)

3. 专家研讨会意见(略)

4. 路面、台背填料、中央分割带对照表(略)

二〇〇六年四月五日

74. 关于商周高速公路周口段路面结构等四项变更、房建装饰工程变更、淮阳服务区坑塘处理等工程变更的请示

豫高司[2009]363 号

河南省交通运输厅：

商丘至周口高速公路周口段项目被省政府确定为2006年底建成通车项目。经省政府、省交通厅批准，河南高速公路发展有限责任公司于2006年3月9日接收了正在建设中的商周高速公路示周口段建设项目。鉴于接手后工程整体进度较计划严重滞后，为保证2006年底通车要求，同时遵照河南省交通厅文件豫交计[2005]200号文件和河南省地方标准DB41/T—2005高速公路设计要求，针对路面结构、台背回填、素土加灰处理路基、中央分隔带变更方案，于2006年3月19日组织召开了专家研究讨论会，并形成专家意见，进行变更设计；对房建装饰工程及淮阳服务区坑塘处理等进行了变更设计，现分述如下：

一、路面结构、台背回填、素土加灰处理路基、中央分隔带四项变更

(一)路面结构的变更

变更原因：路面结构原设计为：4cm中粒式沥青混凝土(AC－16I)(掺入TF聚酯纤维)+5cm粗粒式沥青混凝土(AC－25I)+7cm粗粒式沥青混凝土(AC－30II)+沥青封层+16cm水泥稳定碎石(5.5∶94.5)+16cm二灰(石灰、粉煤灰)稳定碎石(6∶12∶82)+16cm二灰(石灰、粉煤灰)稳定土(12∶30∶58)+16cm石灰土(10∶90)。因2006年内通车工期较紧，且剩余工程量较大，原设计石灰煤灰稳定碎石及二灰稳定土早期强度低，严重制约工程进度。

变更措施：为加快工程进度，提高早期强度，确保工程质量，经专家研讨会认真研究，并经技术论证及详细计算，对路面结构层进行变更。采取提高结构层强度、由普通沥青混凝土(掺入TF聚酯纤维)变更为改性沥青混凝土来提高路面的抗裂和抗冻性能的措施，改善路面结构综合稳定性。

变更后方案：

1.将原设计的路面基层变更为(16+16)cm水泥稳定碎石(6∶94)+16cm水泥稳定碎石(4∶96)+16cm12%石灰土加铺层。

2.根据现场粉煤灰备料情况，建议按整标段控制，将原设计的路面基层变更为(16+16)cm二灰稳定碎石(5∶9∶86)+16cm二灰稳定碎石(4∶10∶86)作为试验路段。

3.面层变更为4cm细粒式改性沥青混凝土(AC－13)+6cm中粒式改性沥青混凝土(AC－20)+8cm粗粒式沥青混凝土(AC－25)+改性沥青封层。

路面工程原施工预算批复建安费为41891万元，变更后建安费为66708.2万元，变更增加费用24817.2万元。

(二)台背回填材料的变更

变更原因：桥台、涵洞、通道背后填料原设计采用低剂量石灰土，2006年3月9日更换业主后，因年内通车工期紧张，且地下水位偏高，为减少天气影响，进行变更。

变更措施：为确保2006年内通车，提高工程质量，依据河南省地方标准DB41－7.9桥函台背设计要求及“商周高速公路周口段变更设计研讨会专家意见”及河南省交通厅豫交工[2004]25号《关于在施工过程中严格控制高速公路桥头跳车的指导意见》，台背填料变更为粒料填筑。

原施工图结构物台背填料预算批复建安费为1132.4万元，变更后建安费为3948.6万元，变更增加费用2816.2万元。

（三）中央分隔带变更

变更原因：根据省厅豫交计[2005]91号文件“关于印发《河南省高速公路设计技术要求》的通知”精神，按照“四改六”设计要求，及《技术要求》“路基宽28m按六车道布置，中央分带不大于2m，并宜采用钢筋混凝土防撞护栏”的原则，同时考虑本项目年内通车工期紧张因素，经专家研讨会认真研究，对中央分隔带进行变更。

变更换措施：将原设计波形梁护栏中央分隔带变更为新泽西护栏，并安装防眩板，变更后可减少路基受到雨水和绿化带用水的侵蚀。

中央分隔带原施工图预算批复建安费为2135.4万元，变更后建安费为3946.7万元，变更增加费用1811.3万元。

（四）2006年3月9日后剩余路基土方处治的变更

变更原因：周口地区处于黄泛区冲积平原，沿线地下水位较高，土质较杂，且路基填筑用土又为深挖取土，自然土含水量较大（25%以上）。2006年3月9日更换业主后，由于年内通车工期紧张，当时剩余土方量较大（160万m^3），大部分剩余土方都集中在局部高填方路段。

变更措施：为确保工程质量，加快工程进度，将剩余路基回填土掺加6%生石灰处理。

剩余路基土方原施工图预算批复建安费为3342.4万元，变更后建安费为8274.2万元，变更增加费用4931.8万元。

以上路基结构等四项变更原施工图预算批复建安费为48501.2万元，变更后建安费为82877.7万元，变更增加建安费用34376.5万元；原批复预算总费用（含第二、三部分费用）为56152万元，变更后预算总费用为97926.8万元，变更增加41774.8万元。

二、房建装饰工程变更

变更原因：河南高速公路发展有限责任公司于2006年3月9日接收正在建设中的商周高速公路周口段建设项目前，房建工程施工图设计已完成并报批，为压缩使用建设资金，原业主周口市恒达高速公路发展有限责任公司对装饰工程设计要求较低，原各站区站房、收费大棚装饰工程设计较为单一，仅对地砖、墙面、门板等进行设计，且原设计图预算装饰材料单价过低，近此单价装饰材料质量不能保证长期耐用，且不具备环保功能。为使各站区站房、收费大棚美观大方、长久耐用，对其进行变更。

变更措施：将地板砖、墙漆、门窗等装饰材料提高等级，对会议室、多功能厅、个别站区外墙面等提高装修标准。

各收费站、服务区、收费大棚原施工图预算批复建安费为1352.5万元，变更后建安费为2655.7万元，变更增加建安费用1303.2万元。

三、淮阳服务区坑塘处理的变更

变更原因：我公司接手该项目后发现淮阳服务区东北区施工现场场区存在一坑塘，面积约28159.28m^2，平均深度为4.244m。原设计无此坑塘，现场与设计不符，需变更处理。

变更措施：为保证工期要求，采取抛石挤淤、回填石灰土等进行处理。

原设计无此项内容,变更增加建安费为 1420.8 万元。

四、商周高速与许亳高速互通枢纽立交费用分摊

商丘至周口高速公路与许昌至亳州高速公路相交于周口市太康县赵集乡冉庄村 K200 + 900 处,根据省厅豫交计[2005]91 号文"关于印发《河南省高速公路设计技术要求》的通知"下发的《河南省高速公路设计技术要求》规定:"新建高速公路项目与原有建设中,路基已基本形成的在建高速公路相交,互通式立交的建设费用由新建方承担 2/3,在建方承担 1/3",本项目属在建方,原批复的工程概预算中未包括此项费用。按批复的概算指标计算该项费用为 3590 万元。

五、周口北收费站增设苗圃

周口北收费站原征地约 300 亩,计划修建监控中心及养护工区,与扶项公司合二为一,后因扶项公司单独成立,致使原计划不能实施,仅利用 150 亩左右建成管理中心,空闲 150 亩征地,征地费用已支付,为避免周口市政府因地皮闲置过久而收回征地,经项目公司研究,利用此空地修建一苗圃,以便在养护过程中发现死亡苗木及时进行补栽,并节约养护资金。该项工程费用为 329.2 万元。

六、收费岛土建工程

商周高速公路四通镇收费站、淮阳收费站、周口北收费站及周口西收费站收费岛土建工程原工程概预算中未包含此项工程费用,现予以申报,该项工程建安费用为 317.6 万元。

七、变更增加费用综述

综合以上路面结构等四项变更及房建装饰工程变更、淮阳服务区坑塘处理、商周高速与许亳高速互通枢纽立交费用分摊、周口北收费站增设苗圃、收费岛土建的变更、共增加建安费用 41337.3 万元(预算总费用(含第二、三部分费用)合计为 48735.6 万元)。

现予以呈报,请审批。

二〇〇九年十二月三十一日

75. 关于商丘至周口高速公路周口段路面结构、桥涵台背填料、原路基布设六车道、路基土方处治等设计变更的批复

豫交建管[2010]33 号

河南高速公路发展有限责任公司：

你公司《关于商周高速公路周口段路面结构等四项变更、房建装饰工程变更、淮阳服务区坑塘处理等工程变更的请示》(豫高司[2009]363 号)收悉。商周高速公路周口段全长 68.75km,于 2004 年 2 月开工建设,2006 年 12 月建成通车。该项目在建设过程中,未及时上报部分设计变更;建成通车后,项目公司对部分已发生设计变更进行了整理上报。根据《河南省高速公路设计变更管理办法》和《厅属高速公路建设项目工程造价管理规定》,经组织专家审查,现同意实施以下设计变更方案：

一、路面结构变更

为提高路面结构的抗裂性和抗冻性,改善综合稳定性,同意实施路面结构变更：

1. 将原设计路面结构:4cmAC－16II 中粒式沥青混凝土＋5cmAC－25II 粗粒式沥青混凝土＋7cm－30II 粗粒式沥青混凝土＋沥青封层＋16cm 水泥稳定碎石(5.5:94.5)＋16cm 二灰(石灰、粉煤灰)稳定碎石(6:12:82)＋16cm 二灰稳定土(12:30:58)＋16cm 石灰土(10:90),变更为:4cmAC－13 细粒式改性沥青混凝土＋6cmAC－20 中粒式改性沥青混凝土＋8cmAC－25 粗粒式沥青混凝土＋改性沥青封层＋(16＋16)cm 水泥稳定碎石(6:94)＋16cm 水泥稳定碎石(4:96)＋16cm 石灰土加铺层(12:88)。

2. 将土建 7 标作为试验段,将该标段基层结构变更为:(16＋16)cm 二灰稳定碎石(5:9:86)＋16cm 二灰稳定碎石(4:10:86)＋16cm 石灰土加铺层(12:88)。

二、桥涵台背填料变更

为加快施工进度,减轻桥头跳车,同意按照《河南省高速公路设计技术要求》(DB41/T419—2005)、《关于在施工过程中严格控制高速公路桥头跳车的指导意见》(豫交工[2004]25 号)的有关要求,将桥梁、通道、涵洞的台背填土由原设计的 8% 石灰土,变更为粗料填筑。

三、原路基布设六车道变更

同意按照《河南省高速公路设计技术要求》(DB41/T419—2005)的有关规定。在 28m 宽路基上布设 6 个车道,中央分隔带宽度由 3m 改为 2m,在中央分隔带设置新泽西护栏,并安装防眩板,路基两侧设置紧急停车岛,以及由此引起的土方、路基路面宽度增加、结构物、标志标线等变更。

四、路基土方处治变更

为提高工程质量,加快施工进度,同意河南省衢高速公路有限公司在 2006 年 3 月 9 日接手该项目后,对继续施工填筑的路基土方掺加 6% ~8% 生石灰处理。

五、房建装饰工程变更

为提高使用耐久性,同意提高收费站、服务区地板砖、墙漆、门窗等装饰材料的等级,提高

会议室、多功能厅及站区外墙面等装修标准。

六、淮阳服务区坑塘处理变更

为提高地基承载力,同意对淮阳服务区东北区约 2.7 万 m^2 坑塘进行抛石挤淤、回填石灰土等处理。

请你公司今后严格按照《河南省高速公路设计变更管理办法》等有关规定,对所属在建项目加强设计变更管理,做到先审批后实施;同时督促河南通衢高速公路有限公司认直履行项目法人职责,做好造价控制和竣工验收各项准备工作。

二〇一〇年四月十二日

第二部分　交工验收

1. 商丘至周口高速公路周口段

交工验收报告

河南通衢高速公路有限公司

二〇〇六年十二月十日

商丘至周口高速公路周口段交工验收报告

一、交工验收工作组织情况

根据交通部《公路工程竣(交)工验收办法》的要求,设计、监理、施工等单位已编制完成竣工文件;河南省交通基本建设质量检测监督站已完成对该项目的质量检测,并编制完成了工程质量检测报告;设计、监理、施工等单位已完成总结材料,本项目已按施工合同和设计文件要求建成,已具备交工验收和通车试运营条件。经报备省交通厅、省高发公司同意,2006 年 12 月 9 ~ 10 日,由河南通衢高速公路有限公司组织进行了商周高速公路周口段工程交工验收工作。交工验收组由工程建设、设计、监理、施工、管理养护、省交通质量检测监督站等单位的代表组成,交工验收工作邀请主管部门河南省交通厅相关处室、河南高速公路发展有限责任公司有关部门代表参加(详见交工验收组成员名单)。

交工验收组下设六个工作组,分别为巡视组、路基路面组、桥涵组、房建组、交通安全设施与交通机电组、内业组。

交工验收组认真听取了以下报告:

(一)建设单位关于工程项目执行情况的报告;

(二)设计单位关于工程设计情况的报告;

(三)施工单位关于工程施工情况的报告;

(四)监理单位关于工程监理(含设计变更)情况的报告;

(五)质量监督部门关于工程质量检测情况的报告。

交工验收组在听取报告、审查资料和实地察看的基础上,审议和确认了河南省交通基本建设质量检测监督站对该项目的工程质量检测报告;审查通过了该项目工程关于工程项目执行情况的报告。

二、工程概况

商丘至周口高速公路周口段工程,是我省重点建设项目之一。该项目起自周口市太康县张集乡东南,经符草楼乡、淮阳四通镇、临蔡镇、白楼乡、郑集乡、曹河乡、川汇区搬口乡、北郊乡、西华县东王营乡、大王庄乡、李大庄乡、至商水县邓城镇张庄乡杨湖村西,与已经运营的南洛高速公路相连,沿线经 4 县、1 区、14 个乡镇,全长 68.75km,总投资 20.9868 亿元。该项目于 2004 年 2 月 28 日开工,2006 年 12 月份建成。

该项目资金来源由河南高速公路发展有限责任公司自筹资金、河南高速公路发展有限责任公司发行企业债券、开行贷款等几部分组成。其中:65% 申请国内银行贷款,35% 为项目资本金。

(一)建设工期:36 个月。

(二)建设单位:河南通衢高速公路有限公司。

(三)设计单位:中国公路工程咨询监理总公司。

(四)监理单位:

1. 河南省豫通公路工程监理事务所(一期土建 A 监理代表处)。

2. 北京华路捷公路工程技术咨询有限公司(一期土建 B 监理代表处)。

3. 河南省宏力工程咨询有限公司(二期路面、绿化、交安、防护)。

4. 河南省新恒丰建设监理有限责任公司(房建监理代表处)。

5. 北京泰克华诚技术信息咨询有限公司(机电工程监理)。

(五)质量监督单位:河南省交通基本建设质量检测监督站。

(六)施工单位:

1. 土建工程

序号	标段	起 讫 桩 号	长度(km)	施 工 单 位
1	SZZ1	K200 +000—K206 +700	6.700	河南路桥发展建设总公司
2	SZZ2	K206 +700—K213 +000	6.300	中铁十四局集团有限公司
3	SZZ3	K213 +000—K219 +200	6.200	湖南环达公路桥梁建设总公司
4	SZZ4	K219 +200—K226 +600	7.400	中铁二十二局集团第四工程有限公司
5	SZZ5	K226 +600—K231 +500	4.900	温州交通集团建设有限公司
6	SZZ6	K231 +500—K239 +450	7.950	连云港华祥国际工程有限公司
7	SZZ7	K239 +450—K243 +500	4.050	中铁二十局集团有限公司
8	SZZ8	K243 +500—K247 +473	3.973	郑州市公路工程公司
9	SZZ9	K247 +473—K252 +600	5.127	中铁十一局集团有限公司
10	SZZ10	K252 +600—K259 +500	6.900	中国有色金属工业第六冶金建设公司
11	SZZ11	K259 +500—K262 +900	3.400	中铁一局集团第二工程有限公司
12	SZZ12	K262 +900—K268 +750	5.850	路桥二公司第三工程有限公司

2. 沥青路面工程

序号	标段	起 讫 桩 号	长度(km)	施 工 单 位
1	SZZLM1	K200 +000—K214 +000	14.000	驻马店市公路工程开发公司
2	SZZLM2	K214 +000—K228 +800	14.800	河南中州路桥建设有限公司
3	SZZLM3	K228 +800—K243 +500	14.700	河南中州路桥建设有限公司
4	SZZLM4	K243 +500—K254 +500	11.000	二公局(洛阳)第四工程处
5	SZZLM5	K254 +500—K268 +750	14.250	河南省中原路桥建设集团公司

3. 交通安全设施

(1)防撞护栏、防眩板、轮廓标等

序号	标段	起 讫 桩 号	长度(km)	施 工 单 位
1	SZZJA1	K200 +000—K216 +500	16.500	北京华凯交通科技有限公司
2	SZZJA2	K216 +500—K233 +000	16.500	杭州京安交通工程设施有限公司
3	SZZJA3	K233 +000—K249 +500	16.500	潍坊东方交通设施工程有限公司
4	SZZJA4	K249 +500—K268 +750	19.250	江苏国强镀锌实业有限公司

(2)标线、反光道钉等

序号	标段	起 讫 桩 号	长度(km)	施 工 单 位
1	SZZJA5	K200 +000—K232 +000	32.000	武安市交通安全设备有限责任公司
2	SZZJA6	K232 +000—K268 +750	36.750	河南富昌道路设施有限公司

(3)标志、里程碑、界碑等

序号	标段	起 迄 桩 号	长度(km)	施 工 单 位
1	SZZJA7	K200 +000—K268 +750	68.750	周口市公路交通设施有限公司

(4)隔离栅

序号	标段	起 迄 桩 号	长度(km)	施 工 单 位
1	SZZJA8	K200 +000—K222 +000	22.000	河南路桥建设集团有限公司
2	SZZJA9	K222 +000—K246 +000	24.000	河南路桥建设集团有限公司
3	SZZJA10	K246 +000—K268 +750	22.750	江苏耀鑫交通设施有限公司

4. 房建

序号	标段	位 置	施 工 单 位
1	SZZFJ1	四通镇收费站站房	林州市建筑工程公司
2	SZZFJ2	淮阳服务区站房	河南省广夏建设工程有限公司
3	SZZFJ3	周口西收费站站房	河南省对外建设有限公司
4	SZZFJ4	周口东收费站站房	三门峡水利水电技术开发公司
5	SZZFJ5	周口西收费站站房	中国建筑第七工程局第四建筑公司
6	SZZFJ6	四通镇、淮阳收费棚	焦作市海宁公路工程有限公司
7	SZZFJ7	周口东收费棚、周口西收费棚	河南省第七建筑工程公司

5. 绿化

序号	标段	起 迄 桩 号	长度(km)	施 工 单 位
1	SZZLH1	K200 +000—K213 +540	13.540	潢川县顺利达花木盆景有限责任公司
2	SZZLH2	K213 +540—K226 +675	13.135	周口市鑫怡绿化工程有限公司
3	SZZLH3	K226 +675—K240 +845	14.170	河南省豫南园林绿化有限公司
4	SZZLH4	K240 +845—K252 +500	11.655	潢川县紫红花木草坪有限责任公司
5	SZZLH5	K252 +500—K268 +750	16.250	潢川县绿宇园林绿化工程有限责任公司

6. 机电工程:监控、收费、通信设施

序号	标段	起 迄 桩 号	长度(km)	施 工 单 位
1	SZZJD1	K200 +000—K268 +750	68.750	亿阳信通股份有限公司

7. 供电照明

序号	标段	内 容	施 工 单 位
1	SZZDM1	四通镇、淮阳收费站服务区、刘庄互通供电照明	淄博海德实业有限公司
2	SZZDM2	周口东、周口西收费站杨湖互通供电照明	淄博海德实业有限公司

(七)建设依据

1. 河南省发展计划委员会 2003 年 9 月 2 日豫计基础[2003]1537 号文《关于商丘至周口高速公路周口段工程可行性研究报告的批复》;

2. 河南省发展计划委员会 2003 年 12 月 22 日豫计设计[2003]1914 号文《关于商丘至周口高速公路周口段工程初步设计的批复》。

（八）主要技术标准

商周高速公路周口段高速公路为全封闭、全立交、双向四车道。

设计行车速度：120km/h；

路基宽度：28m；

桥梁净度：净 2×12.5m；

桥涵设计荷载标准：汽车—超 20 级，挂车—120；

路面设计标准轴载：BZZ—100kN；

设计洪水频率：特大桥为 1/300，大、中、小桥、涵洞、路基均为 1/100；

路面：除收费站广场采用水泥混凝土路面外，其余均采用沥青混凝土；

路面结构：主线为 4cm 细粒式改性沥青混凝土（AC-13C），6cm 中粒式改性沥青混凝土（SUP-20），8cm 粗粒式沥青混凝土（AC-25C），改性沥青封层，基层为 32cm 厚 6% 的水泥稳定碎石，底基层为 16cm 厚 4% 水泥稳定碎石；

设计使用年限：沥青混凝土路面 15 年，水泥混凝土路面 30 年。

（九）主要工程数量

本项目主要工程量：土方共计 848.99 万 m^3；大桥 2138.46m/8 座；中桥 1560.16m/32 座；天桥 16 处；互通立交 4 处，枢纽 2 处；分离式立交桥 2047.96m/43 座；通道 2105.29m/76 道；涵洞 1792.61m/60 道；收费站 4 处，服务区 1 处，管理中心 1 处。16cm 厚水泥稳定碎石底基层 161.1 万平方米，16cm 厚水泥稳定碎石下基层 159.1 万 m^2，16cm 厚水泥稳定碎石上基层 153.0万 m^2。8cmAC-25 普通沥青混凝土下面层 174 万 m^2，6cm 厚 SUP-20 改性沥青混凝土 194 万m^2，4cm 厚 AC-13 改性沥青混凝土 194 万 m^2。

三、交工验收检测情况评议

交工验收组在听取建设、设计、监理、施工单位的报告，查阅相关工程资料，察看工程现场，对该工程质量情况如下评议：

（一）该工程设计基本合理，线形、路面结构、主要结构物及沿线设施工程符合设计规范要求。

（二）桥梁工程各部位混凝土强度符合要求，几何尺寸基本准确，外观质量良好，涵洞洞身顺直，水流基本畅通；大部分路基边坡平顺稳定；排水系统基本畅通；防护工程牢固；路面强度、压实度、平整度、抗滑等指标均符合设计和规范要求；互通式立交工程线形流畅，上下标志清晰，使用性能良好。

（三）该项目工程数量与批准的设计文件相符，与工程计量数量一致。

（四）承包商及监理单位对工程质量评定客观、真实、准确地反映本项目工程质量的真实情况。

（五）内业资料中施工文件部分，材料检验、材料配比、试验数据、检测数据、施工记录、施工自检资料等基本齐全。

（六）监理工程师能够按照《公路工程施工监理规范》的要求对工程实施全方位的监理，认真履行合同赋予的职责，监理日记记录认真，抽检资料、试验数据基本齐全。对工程质量、工期、投资的控制和合同的管理起到了应有的作用。

项目公司在承包商对工程质量自检，监理工程师对工程质量评定的基础上，结合建设中所掌握的情况，按照交通部颁发《公路工程竣（交）工的验收办法》第十三条，计算得出本项目高速公路工程质量评分值为 96.4 分，单位工程优良率达 95% 以上，整体工程质量等级被评为合格。

四、工程存在质量及缺陷的处理意见

(一)个别桥梁锥坡表面杂物未清理,要求通车前清理完成;

(二)个别防撞护栏与梁板外侧交界处外观较差;要求通车前修复、清理完成;

(三)个别桥梁梁板勾缝外观较差或未勾缝,要求通车前清理、修整和施工完成;

(四)沥青路面接缝个别处理不好,有跳车现象,要求通车前局部修整处理完成;

(五)沥青砂拦水带个别地方外观差,要求通车前返工处理;

(六)个别路段路基亏坡,存在阻水、水毁现象,要求通车前处理、修补完成;

(七)防眩板安装个别板块偏差大,要求通车前返工处理;

(八)部分路段防撞护栏顺直度较差,要求通车前调整完成;

(九)个别标志牌净空间距误差大,要求通车前返工处理完成。

对质量检测报告中所提出的上述问题,由建设单位和监理部门负责督促相关施工单位逐项落实、整改和完善。

五、结论

(一)交工验收组一致认为建设单位、设计单位、施工单位、监理单位在工程建设中能够遵守有关基本建设法规,履行合同,相互配合,圆满完成了建设任务,工程质量合格,同意交付使用。

(二)建设单位在交工验收后,向管养单位提供工程资料档案,以便养护管理使用。

(三)凡属缺陷责任期内出现的质量问题,由原施工单位负责处理,运营中非工程质量原因出现的问题由管养单位负责解决。各施工单位和管理养护部门要密切配合,做好商周高速公路周口段高速公路的缺陷修复和养护管理工作。

(四)交工验收组建议有关单位尽快编制工程竣工决算,并做好竣工决算的审计和档案资料的归档整理等工作,为竣工验收做好准备。

附件:

1. 各标段提交的交工验收报告
2. 质量监督部门对工程质量的检测资料
3. 商周高速公路周口段交工验收报告
4. 商周高速公路周口段交工验收质量评定报告

河南通衢高速公路有限公司

二〇〇六年十二月十日

河南省商丘至周口高速公路周口段高速公路交工验收报告

一	工程名称	河南省商丘至周口高速公路周口段
二	工程地点及主要控制点	商周高速公路周口段起点在太康县张集乡东和商周高速公路商丘段相接，终止于商水县张庄乡杨湖村西与已运营的漯周界高速公路相连。沿线控制点有：四通镇互通、大黑河大桥、李河大桥、小黑河大桥、淮阳互通、周口东互通、沙河大桥、杨湖枢纽互通
三	建设依据	河南省发展计划委员会2003年9月2日豫计基础[2003]1537号文《关于商丘至周口高速公路周口段工程可行性研究报告的批复》； 河南省发展计划委员会2003年12月22日豫计设计[2003]1914号文《关于商丘至周口高速公路周口段工程初步设计的批复》
四	技术标准与主要指标	商周高速公路周口段高速公路为全封闭、全立交、双向四车道。1. 设计行车速度：120km/h；2. 路基宽度：28m；3. 桥梁净宽：净2×12.5m；4. 桥涵设计荷载标准：汽车—超20级，挂车—120；5. 路面设计标准轴载：BZZ—100kN；6. 设计洪水频率：特大桥为1/300，大、中、小桥、涵洞、路基均为1/100；7. 路面：除收费站广场采用水泥混凝土路面外，其余均采用沥青混凝土；8. 路面结构：主线为4cm细粒式改性沥青混凝土(AC-13C)，6cm中粒式改性沥青混凝土(SUP-20)，8cm粗粒式沥青混凝土(AC-25C)，基层为32cm厚的水泥稳定碎石，底基层为16cm厚水泥稳定碎石；9. 设计使用年限：沥青混凝土路面15年，水泥混凝土路面30年
五	建设规模及性质	全封闭、双向四车道高速公路，全长为68.750km
六	开工日期	2004年2月28日
	交工日期	2006年12月9日至10日
七	批准概算	20.9868亿元人民币
八	工程建设主要内容	路基工程、路面工程、桥涵工程、交通安全设施、房建工程、交通机电(收费、通信、监控三大系统)工程、环境保护工程
九	实际征用土地数(亩)	7751.592亩
十	工程质量验收结论	合格
十一	存在问题处理措施	存在问题：1. 个别桥梁锥坡表面杂物未清理；2. 个别防撞护栏与梁板外侧交界处外观较差；3. 个别桥梁梁板勾缝外观较差或未勾缝；4. 沥青路面接缝个别处理不好，有跳车现象；5. 沥青砂拦水带个别地方外观差；6. 个别路段路基亏坡
十二	附件	商周高速公路周口段高速公路交工验收质量评定报告
十三	呈报单位	河南通衢高速公路有限公司

商周高速公路周口段交工验收质量评定报告

根据交通部令(2004 年第 3 号)《公路工程竣(交)工验收办法》、交公路发[2004]第 446 号文件的要求,项目公司组织监理、承包商对商周高速公路周口段分项工程、分部工程、单位工程进行了质量评定。

本次质量评定严格按照《公路工程质量检验评定标准》JTG F80/1—2004 及《公路工程竣(交)工验收办法》的规定,采取实测实量,并查阅施工和监理资料,从分项工程到单位工程逐级进行评定,最终对整个建设项目进行打分。

本项目经监理单位评定,项目公司汇总,整个建设项目得分为 96.4 分,评定为合格工程。

评定结果见附件《交工验收各标段工程质量评分一览表》

河南通衢高速公路有限公司

二〇〇六年十二月十日

交工验收合同段工程质量评分一览表

项目名称:商丘至周口高速公路周口段

合 同 段	实 得 分	备 注
土建一标	95.9	
土建二标	96.4	
土建三标	95.9	
土建四标	97.2	
土建五标	97.4	
土建六标	97.7	
土建七标	95.1	
土建八标	97.0	
土建九标	98.5	
土建十标	96.9	
土建十一标	97.7	
土建十二标	97.8	
二期路面一标	96.1	
二期路面二标	94.6	
二期路面三标	95.7	
二期路面四标	94.2	
二期路面五标	95.0	
鉴定得分	96.4	

2. 商丘至周口高速公路周口段

检 测 报 告

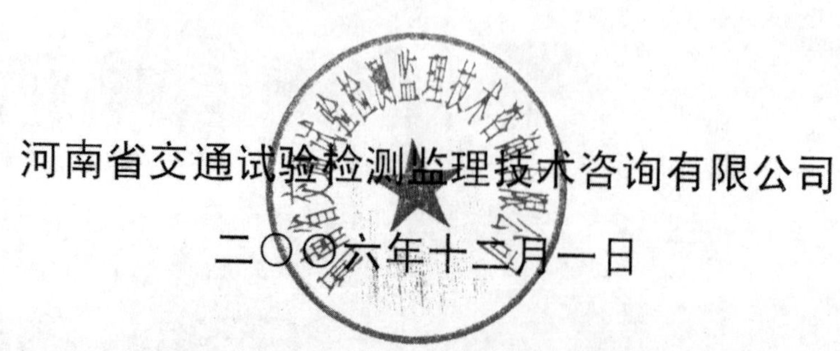

河南省交通试验检测监理技术咨询有限公司

二〇〇六年十二月一日

注 意 事 项

1. 本报告加盖河南省交通试验检测监理技术咨询有限公司公章后有效。

2. 复制报告未加盖河南省交通试验检测监理技术咨询有限公司公章无效。

3. 报告涂改无效。

4. 委托单位对测试报告有异议,应在收到报告之日起三十日内向本公司提出。对于不可重复的试验或检测,本公司不接受异议申请。

5. 委托试验仅对来样负责。

公司地址:南阳市北京路中段

邮政编码:473000　电话:0377－63561770

传真:0377－63561825

目　　录

一、检测分组情况

受河南省交通基本建设质量检测监督站委托,河南省交通试验检测监理技术咨询有限公司于2006年11月25日~2006年11月29日对商丘至周口调整公路周口段进行工程交工质量检测。我公司按照《公路工程竣(交)工验收办法》和《公路工程质量检验评定标准》(JTG F80/1—2004)要求和能够检测的项目,将本次交工质量检测分为路面组、桥梁组、测量组、路基涵洞防排组、交通安全调施组。检测人员分组情况如下:

检测负责人:赵小彦、侯群柱

路面组:吴冬、宋泉林、刘业、李小军、吴娅君

桥梁组:曹禹田、石磊、赵铁

路基涵洞防排组:辛飞、张要发、朱广德

交通安全设施组:贾存正、范传敬

测量组:张昭

二、检测依据及检测质量保证措施

本公司严格按照《公路工程竣(交)工验收办法》和《公路工程质量检验评定标准》(JTG F80/1—2004)规定及该项目的技术要求开展检测工作。本次检测抽查项目均采用交通部部颁检测、试验方法进行,其中混凝土强度检测采用数显回弹仪,路面平整度采用激光平整度测试车,路面厚度采用雷达测厚仪、路面弯沉采用FWD落锤式弯沉仪、路面抗滑采用摩擦系数测试车,均为目前国内外较先进的自动化检测设备,人为因素影响很小,可及时提供科学、客观、准确的检测数据。我公司参与本项目的检测人员均持有交通系统颁发的公路工程试验检测人员资格证书,并具有类似项目检测工作经历和良好的工作业绩。为了确保检测数据的准确性,我公司所有检测设备均经计量监督部门鉴定合格,并且我公司技术人员还定期对检测设备进行校准,以确保我公司对所有检测数据的科学性、准确性、公正性。

三、主要检测项目及设备一览表

序号	检测项目	仪器设备名称	规格型号	单位	数量	产地	备注
1	弯沉	落锤式弯沉仪	PRI 2100 FWD	台	1	丹麦	
2	路面抗滑性能	摩擦系数仪	Griptester MK2D	台	1	英国	
3	路面平整度	平整度测试车	Iaserprof 21asers	台	1	丹麦	
4	路面厚度	路面雷达测试仪	IRIS-L	台	1	美国	
5	结构物检测	桥梁检测车	WDATHCAA96L087132	台	1	德国	
6	高程、横坡	水准仪	天津2200	台	2	天津	
7	混凝土强度	回弹仪	Digischmidt2000ND	台	2	瑞士	
8	结构物尺寸	测距仪	DISTO classic^5	个	2	瑞士	
9	路面厚度、压实度	取芯机	HGZ-200B	台	2	郑州	
10		静水天平	WT51001S	台	1	常州	
11	桥面平整度	三米直尺	—	个	1	北京	
12	竖直度	两米靠尺	—	个	3	北京	
13	压实度	灌砂筒	150mm	套	3	北京	
14	交通安全设施尺寸	螺旋测微计	—	个	2	杭州	
15		游标卡尺	—	个	2	上海	
16		数字式覆层测厚仪	TT 220	个	1	北京	

四、检测结果汇总表

商丘至周口高速公路周口段检测结果汇总表

单位工程	分部工程类别	检 测 项 目	检 测 点 数	不合格点数	合格率(%)
路基工程	路基土石方	压实度	394	16	95.9
		弯沉	4653	1	99.98
		边坡*	330	32	90.3
	排水工程	断面尺寸	564	186	67.0
		铺砌厚度	40	15	62.5
	小桥	混凝土强度	40	0	100.0
		主要结构尺寸	72	11	84.7
	涵洞	结构尺寸	161	22	86.3
		流水面高程	46	11	76.1
	支挡工程	混凝土强度	—	—	—
		断面尺寸	55	20	63.6
		表面平整度	468	42	91.0
路面工程	路面面层	沥青路面压实度	201	2	99.0
		沥青路面弯沉*	652	0	100.0
		沥青路面车辙*	—	—	—
		混凝土路面强度	—	—	—
		混凝土路面相邻高差*	—	—	—
		平整度*	1346	38	97.2
		抗滑*	全线连续		99.5
		取芯	67	0	100.0
		雷达测厚	1210	34	97.2
		宽度	107	6	94.4
		横坡	132	9	93.2
桥梁(不含小桥)	下部	墩台混凝土强度	1047	0	100.0
		主要结构尺寸	601	10	98.3
		墩台竖直度	672	17	97.5
	上部	混凝土强度	473	0	100.0
		主要结构尺寸	—	—	—
		伸缩缝与桥面高差*	485	97	80.0
		桥面铺装平整度	—	—	—
		桥面宽度	271	63	76.8
		桥面长度	78	0	100.0
		横坡	242	1	99.6
		桥面抗滑*	全线连续		合格
		混凝土护栏强度	390	2	99.5
		混凝土护栏断面尺寸	586	79	86.5

续上表

单位工程	分部工程类别	检 测 项 目	检 测 点 数	不合格点数	合格率(%)
交通安全设施	标志	立柱竖直度	40	8	80.0
		标志板净空	19	7	63.2
		标志板尺寸	38	2	94.7
		标志板厚度	38	0	100.0
	混凝土护栏	回弹强度	270	1	99.6
		顶宽	270	18	93.3
		底宽	270	10	96.3
		高度	540	8	98.5
	波形梁护栏	波形板厚度	920	110	88.0
		立柱壁厚度	900	99	89.0
		横梁中心高度	900	95	89.4

(一)一期工程(路基、桥涵工程)

№1 河南路桥发展建设总公司

单位工程	分部工程类别	检 测 项 目	检 测 点 数	不合格点数	合格率(%)
路基工程	路基土石方	压实度	40	4	90.0
		弯沉	544	0	100.0
		边坡*	36	3	91.7
	排水工程	断面尺寸	64	21	67.2
		铺砌厚度	5	1	80.0
	小桥	混凝土强度	—	—	—
		主要结构尺寸	—	—	—
	涵洞	结构尺寸	14	0	100.0
		流水面高程	4	1	75.0
	支挡工程	混凝土强度	—	—	—
		断面尺寸	5	1	80.0
		表面平整度	36	1	97.2
桥梁(不含小桥)	下部	墩台混凝土强度	80	0	100.0
		主要结构尺寸	39	1	97.4
		墩台竖直度	40	2	95.0
	上部	混凝土强度	42	0	100.0
		主要结构尺寸	—	—	—
		伸缩缝与桥面高差*	36	8	77.8
		桥面铺装平整度	—	—	—
		桥面宽度	20	5	75.0
		桥面长度	6	0	100.0
		横坡	20	0	100.0
		桥面抗滑*	全线连续		合格
		混凝土护栏强度	30	0	100.0
		混凝土护栏断面尺寸	40	6	85.0

№2　中铁十四局集团有限公司

单位工程	分部工程类别	检 测 项 目	检 测 点 数	不合格点数	合格率(%)
路基工程	路基土石方	压实度	26	0	100.0
		弯沉	400	0	100.0
		边坡*	14	1	92.9
	排水工程	断面尺寸	56	21	62.5
		铺砌厚度	5	2	60.0
	小桥	混凝土强度	—	—	—
		主要结构尺寸	—	—	—
	涵洞	结构尺寸	14	2	85.7
		流水面高程	4	1	75.0
	支挡工程	混凝土强度	—	—	—
		断面尺寸	4	1	75.0
		表面平整度	36	3	91.7
桥梁(不含小桥)	下部	墩台混凝土强度	76	0	100.0
		主要结构尺寸	38	1	97.4
		墩台竖直度	44	0	100.0
	上部	混凝土强度	52	0	100.0
		主要结构尺寸	—	—	—
		伸缩缝与桥面高差*	48	9	81.3
		桥面铺装平整度	—	—	—
		桥面宽度	22	7	68.2
		桥面长度	8	0	100.0
		横坡	22	0	100.0
		桥面抗滑*	全线连续		合格
		混凝土护栏强度	40	0	100.0
		混凝土护栏断面尺寸	50	6	88.0

№3　湖南环达公路桥梁建设总公司

单位工程	分部工程类别	检 测 项 目	检 测 点 数	不合格点数	合格率(%)
路基工程	路基土石方	压实度	38	0	100.0
		弯沉	444	0	100.0
		边坡*	32	3	90.6
	排水工程	断面尺寸	40	14	65.0
		铺砌厚度	5	2	60.0
	小桥	混凝土强度	10	0	100.0
		主要结构尺寸	18	3	83.3
	涵洞	结构尺寸	14	3	78.6
		流水面高程	4	0	100.0

续上表

单位工程	分部工程类别	检测项目	检测点数	不合格点数	合格率(%)
路基工程	支挡工程	混凝土强度	—	—	—
		断面尺寸	5	1	80.0
		表面平整度	60	1	98.3
桥梁(不含小桥)	下部	墩台混凝土强度	44	0	100.0
		主要结构尺寸	16	1	93.8
		墩台竖直度	20	1	95.0
	上部	混凝土强度	26	0	100.0
		主要结构尺寸	—	—	—
		伸缩缝与桥面高差*	18	5	72.2
		桥面铺装平整度	—	—	—
		桥面宽度	14	4	71.4
		桥面长度	4	0	100.0
		横坡	12	0	100.0
		桥面抗滑*	全线连续		合格
		混凝土护栏强度	20	0	100.0
		混凝土护栏断面尺寸	36	2	94.4

№4　中铁二十二局集团第四工程有限公司

单位工程	分部工程类别	检测项目	检测点数	不合格点数	合格率(%)
路基工程	路基土石方	压实度	36	1	97.2
		弯沉	472	1	99.8
		边坡*	28	5	82.1
	排水工程	断面尺寸	52	14	73.1
		铺砌厚度	—	—	—
	小桥	混凝土强度	—	—	—
		主要结构尺寸	—	—	—
	涵洞	结构尺寸	14	3	78.6
		流水面高程	4	1	75.0
	支挡工程	混凝土强度	—	—	—
		断面尺寸	4	2	50.0
		表面平整度	42	7	83.3

续上表

单位工程	分部工程类别	检 测 项 目	检 测 点 数	不合格点数	合格率(%)
桥梁(不含小桥)	下部	墩台混凝土强度	72	0	100.0
		主要结构尺寸	42	1	97.6
		墩台竖直度	42	2	95.2
	上部	混凝土强度	48	0	100.0
		主要结构尺寸	—	—	—
		伸缩缝与桥面高差*	48	12	75.0
		桥面铺装平整度	—	—	—
		桥面宽度	18	4	77.8
		桥面长度	8	0	100.0
		横坡	14	0	100.0
		桥面抗滑*	全线连续		合格
		混凝土护栏强度	40	0	100.0
		混凝土护栏断面尺寸	40	5	87.5

№5　温州交通建设集团有限公司

单位工程	分部工程类别	检 测 项 目	检 测 点 数	不合格点数	合格率(%)
路基工程	路基土石方	压实度	33	1	97.0
		弯沉	426	0	100.0
		边坡*	36	5	86.1
	排水工程	断面尺寸	52	19	63.5
		铺砌厚度	5	2	60.0
	小桥	混凝土强度	10	0	100.0
		主要结构尺寸	18	2	88.9
	涵洞	结构尺寸	14	3	78.6
		流水面高程	4	1	75.0
	支挡工程	混凝土强度	—	—	—
		断面尺寸	4	1	75.0
		表面平整度	42	7	83.3
桥梁(不含小桥)	下部	墩台混凝土强度	48	0	100.0
		主要结构尺寸	24	0	100.0
		墩台竖直度	26	1	96.2
	上部	混凝土强度	36	0	100.0
		主要结构尺寸	—	—	—
		伸缩缝与桥面高差*	36	8	77.8
		桥面铺装平整度	—	—	—
		桥面宽度	12	3	75.0
		桥面长度	6	0	100.0
		横坡	12	0	100.0
		桥面抗滑*	全线连续		合格
		混凝土护栏强度	30	0	100.0
		混凝土护栏断面尺寸	30	4	86.7

№6　连云港华祥国际工程有限公司

单位工程	分部工程类别	检 测 项 目	检 测 点 数	不合格点数	合格率(%)
路基工程	路基土石方	压实度	39	0	100.0
		弯沉	438	0	100.0
		边坡*	36	3	91.7
	排水工程	断面尺寸	72	27	62.5
		铺砌厚度	—	—	—
	小桥	混凝土强度	10	0	100.0
		主要结构尺寸	18	3	83.3
	涵洞	结构尺寸	14	0	100.0
		流水面高程	4	2	50.0
	支挡工程	混凝土强度	—	—	—
		断面尺寸	4	2	50.0
		表面平整度	36	2	94.4
桥梁(不含小桥)	下部	墩台混凝土强度	88	0	100.0
		主要结构尺寸	44	1	97.7
		墩台竖直度	44	3	93.2
	上部	混凝土强度	52	0	100.0
		主要结构尺寸	—	—	—
		伸缩缝与桥面高差*	48	11	77.1
		桥面铺装平整度	—	—	—
		桥面宽度	22	5	77.3
		桥面长度	8	0	100.0
		横坡	20	0	100.0
		桥面抗滑*	全线连续		合格
		混凝土护栏强度	40	0	100.0
		混凝土护栏断面尺寸	50	7	86.0

№7　中铁二十局集团有限公司

单位工程	分部工程类别	检 测 项 目	检 测 点 数	不合格点数	合格率(%)
路基工程	路基土石方	压实度	35	0	100.0
		弯沉	272	0	100.0
		边坡*	24	1	95.8
	排水工程	断面尺寸	36	12	66.7
		铺砌厚度	5	2	60.0
	小桥	混凝土强度	—	—	—
		主要结构尺寸	—	—	—
	涵洞	结构尺寸	14	2	85.7
		流水面高程	4	1	75.0
	支挡工程	混凝土强度	—	—	—
		断面尺寸	4	2	50.0
		表面平整度	36	5	86.1

续上表

单位工程	分部工程类别	检 测 项 目	检 测 点 数	不合格点数	合格率(%)
桥梁(不含小桥)	下部	墩台混凝土强度	88	0	100.0
		主要结构尺寸	51	0	100.0
		墩台竖直度	68	1	98.5
	上部	混凝土强度	32	0	100.0
		主要结构尺寸	—	—	—
		伸缩缝与桥面高差*	26	5	80.8
		桥面铺装平整度	—	—	—
		桥面宽度	31	5	83.9
		桥面长度	6	0	100.0
		横坡	18	0	100.0
		桥面抗滑*	全线连续		合格
		混凝土护栏强度	30	0	100.0
		混凝土护栏断面尺寸	60	8	86.7

№8　郑州市公路工程公司

单位工程	分部工程类别	检 测 项 目	检 测 点 数	不合格点数	合格率(%)
路基工程	路基土石方	压实度	31	2	93.5
		弯沉	328	0	100.0
		边坡*	28	1	96.4
	排水工程	断面尺寸	32	10	68.8
		铺砌厚度	5	2	60.0
	小桥	混凝土强度	—	—	—
		主要结构尺寸	—	—	—
	涵洞	结构尺寸	14	2	85.7
		流水面高程	4	1	75.0
	支挡工程	混凝土强度	—	—	—
		断面尺寸	4	2	50.0
		表面平整度	24	1	95.8
桥梁(不含小桥)	下部	墩台混凝土强度	37	0	100.0
		主要结构尺寸	17	1	94.1
		墩台竖直度	20	0	100.0
	上部	混凝土强度	20	0	100.0
		主要结构尺寸	—	—	—
		伸缩缝与桥面高差*	21	7	66.7
		桥面铺装平整度	—	—	—
		桥面宽度	10	2	80.0
		桥面长度	4	0	100.0
		横坡	10	0	100.0
		桥面抗滑*	全线连续		合格
		混凝土护栏强度	20	0	100.0
		混凝土护栏断面尺寸	30	9	70.0

№9　中铁十一局集团有限公司

单位工程	分部工程类别	检测项目	检测点数	不合格点数	合格率(%)
路基工程	路基土石方	压实度	25	1	96.0
		弯沉	344	0	100.0
		边坡*	24	3	87.5
	排水工程	断面尺寸	48	18	62.5
		铺砌厚度	—	—	—
	小桥	混凝土强度	—	—	—
		主要结构尺寸	—	—	—
	涵洞	结构尺寸	14	3	78.6
		流水面高程	4	0	100.0
	支挡工程	混凝土强度	—	—	—
		断面尺寸	6	2	66.7
		表面平整度	24	2	91.7
桥梁(不含小桥)	下部	墩台混凝土强度	122	0	100.0
		主要结构尺寸	84	2	97.6
		墩台竖直度	96	2	97.9
	上部	混凝土强度	36	0	100.0
		主要结构尺寸	—	—	—
		伸缩缝与桥面高差*	48	8	83.3
		桥面铺装平整度	—	—	—
		桥面宽度	36	8	77.8
		桥面长度	6	0	100.0
		横坡	30	0	100.0
		桥面抗滑*	全线连续		合格
		混凝土护栏强度	30	0	100.0
		混凝土护栏断面尺寸	60	3	95.0

№10　中国有色金属工业第六冶金建设总公司

单位工程	分部工程类别	检测项目	检测点数	不合格点数	合格率(%)
路基工程	路基土石方	压实度	47	2	95.7
		弯沉	415	0	100.0
		边坡*	40	2	95.0
	排水工程	断面尺寸	68	17	75.0
		铺砌厚度	5	2	60.0
	小桥	混凝土强度	—	—	—
		主要结构尺寸	—	—	—
	涵洞	结构尺寸	14	2	85.7
		流水面高程	4	2	50.0
	支挡工程	混凝土强度	—	—	—
		断面尺寸	6	2	66.7
		表面平整度	36	3	91.7

续上表

单位工程	分部工程类别	检 测 项 目	检 测 点 数	不合格点数	合格率(%)
桥梁(不含小桥)	下部	墩台混凝土强度	62	0	100.0
		主要结构尺寸	29	0	100.0
		墩台竖直度	32	1	96.9
	上部	混凝土强度	32	0	100.0
		主要结构尺寸	—	—	—
		伸缩缝与桥面高差*	36	4	88.9
		桥面铺装平整度	—	—	—
		桥面宽度	12	3	75.0
		桥面长度	6	0	100.0
		横坡	8	0	100.0
		桥面抗滑*	全线连续		合格
		混凝土护栏强度	30	0	100.0
		混凝土护栏断面尺寸	30	4	86.7

№11 中铁一局集团第二工程有限公司

单位工程	分部工程类别	检 测 项 目	检 测 点 数	不合格点数	合格率(%)
路基工程	路基土石方	压实度	10	3	70.0
		弯沉	184	0	100.0
		边坡*	8	0	100.0
	排水工程	断面尺寸	8	3	62.5
		铺砌厚度	—	—	—
	小桥	混凝土强度	—	—	—
		主要结构尺寸	—	—	—
	涵洞	结构尺寸	7	0	100.0
		流水面高程	2	1	50.0
	支挡工程	混凝土强度	—	—	—
		断面尺寸	4	2	50.0
		表面平整度	24	2	91.7
桥梁(不含小桥)	下部	墩台混凝土强度	150	0	100.0
		主要结构尺寸	92	1	98.9
		墩台竖直度	104	2	98.1
	上部	混凝土强度	51	0	100.0
		主要结构尺寸	—	—	—
		伸缩缝与桥面高差*	60	12	80.0
		桥面铺装平整度	—	—	—
		桥面宽度	64	14	78.1
		桥面长度	8	0	100.0
		横坡	36	0	100.0
		桥面抗滑*	全线连续		合格
		混凝土护栏强度	40	2	95.0
		混凝土护栏断面尺寸	80	7	91.3

№12　路桥集团第二公路工程局第三工程有限公司

单位工程	分部工程类别	检 测 项 目	检 测 点 数	不合格点数	合格率(%)
路基工程	路基土石方	压实度	34	2	94.1
		弯沉	386	0	100.0
		边坡*	24	5	79.2
	排水工程	断面尺寸	36	10	72.2
		铺砌厚度	5	2	60.0
	小桥	混凝土强度	10	0	100.0
		主要结构尺寸	18	3	83.3
	涵洞	结构尺寸	14	2	85.7
		流水面高程	4	0	100.0
	支挡工程	混凝土强度	—	—	—
		断面尺寸	5	2	60.0
		表面平整度	72	8	88.9
桥梁(不含小桥)	下部	墩台混凝土强度	180	0	100.0
		主要结构尺寸	125	1	99.2
		墩台竖直度	136	2	98.5
	上部	混凝土强度	46	0	100.0
		主要结构尺寸	—	—	—
		伸缩缝与桥面高差*	60	8	86.7
		桥面铺装平整度	—	—	—
		桥面宽度	10	3	70.0
		桥面长度	8	0	100.0
		横坡	40	1	97.5
		桥面抗滑*	全线连续		合格
		混凝土护栏强度	40	0	100.0
		混凝土护栏断面尺寸	80	18	77.5

(二)二期工程(路面工程)

№1　驻马店市公路工程开发公司

单位工程	分部工程类别	检 测 项 目	检 测 点 数	不合格点数	合格率(%)
路面工程	路面面层	沥青路面压实度	42	0	100.0
		沥青路面弯沉*	139	0	100.0
		沥青路面车辙*	—	—	—
		混凝土路面强度	—	—	—
		混凝土路面相邻高差*	—	—	—
		平整度*	280	11	96.1
		抗滑*	全线连续		100.0
		取芯	14	0	100.0
		雷达测厚	242	8	96.7
		宽度	27	2	92.6
		横坡	26	3	88.5

№2　河南中州路桥建设有限公司

单位工程	分部工程类别	检 测 项 目	检 测 点 数	不合格点数	合格率(%)
路面工程	路面面层	沥青路面压实度	45	1	97.8
		沥青路面弯沉*	143	0	100.0
		沥青路面车辙*	—	—	—
		混凝土路面强度	—	—	—
		混凝土路面相邻高差*	—	—	—
		平整度*	296	4	98.6
		抗滑*	全线连续		99.3
		取芯	15	0	100.0
		雷达测厚	273	8	97.1
		宽度	24	3	87.5
		横坡	28	2	92.9

№3　河南中州路桥建设有限公司

单位工程	分部工程类别	检 测 项 目	检 测 点 数	不合格点数	合格率(%)
路面工程	路面面层	沥青路面压实度	42	1	97.6
		沥青路面弯沉*	145	0	100.0
		沥青路面车辙*	—	—	—
		混凝土路面强度	—	—	—
		混凝土路面相邻高差*	—	—	—
		平整度*	294	5	98.3
		抗滑*	全线连续		99.7
		取芯	14	0	100.0
		雷达测厚	279	9	96.8
		宽度	19	1	94.7
		横坡	28	2	92.9

№4　洛阳二公局四公司

单位工程	分部工程类别	检 测 项 目	检 测 点 数	不合格点数	合格率(%)
路面工程	路面面层	沥青路面压实度	33	0	100.0
		沥青路面弯沉*	108	0	100.0
		沥青路面车辙*	—	—	—
		混凝土路面强度	—	—	—
		混凝土路面相邻高差*	—	—	—
		平整度*	220	16	92.7
		抗滑*	全线连续		99.1
		取芯	11	0	100.0
		雷达测厚	197	6	97.0
		宽度	18	0	100.0
		横坡	22	2	90.9

№5　河南省中原路桥建设集团公司

单位工程	分部工程类别	检测项目	检测点数	不合格点数	合格率(%)
路面工程	路面面层	沥青路面压实度	39	0	100.0
		沥青路面弯沉*	117	0	100.0
		沥青路面车辙*	—	—	—
		混凝土路面强度	—	—	—
		混凝土路面相邻高差*	—	—	—
		平整度*	256	2	99.2
		抗滑*	全线连续		99.6
		取芯	13	0	100.0
		雷达测厚	219	3	98.6
		宽度	19	0	100.0
		横坡	28	0	100.0

(三)三期工程(交通安全设施)

№1　北京华凯交通科技有限公司

单位工程	分部工程类别	检测项目	检测点数	不合格点数	合格率(%)
交通安全设施	波形梁护栏	波形板厚度	220	29	86.8
		立柱壁厚度	220	20	90.9
		横梁中心高度	220	66	70.0

№2　杭州京安交通工程设施有限公司

单位工程	分部工程类别	检测项目	检测点数	不合格点数	合格率(%)
交通安全设施	波形梁护栏	波形板厚度	220	25	88.6
		立柱壁厚度	220	30	86.4
		横梁中心高度	240	5	97.9

№3　潍坊东方交通设施工程有限公司

单位工程	分部工程类别	检测项目	检测点数	不合格点数	合格率(%)
交通安全设施	波形梁护栏	波形板厚度	260	31	88.1
		立柱壁厚度	240	24	90.0
		横梁中心高度	220	11	95.0

№4　江苏国强镀锌实业有限公司

单位工程	分部工程类别	检测项目	检测点数	不合格点数	合格率(%)
交通安全设施	波形梁护栏	波形板厚度	220	25	88.6
		立柱壁厚度	220	25	88.6
		横梁中心高度	220	13	94.1

№5　周口市公路交通实业有限公司

单位工程	分部工程类别	检测项目	检测点数	不合格点数	合格率(%)
交通安全设施	标志	立柱竖直度	40	8	80.0
		标志板净空	19	7	63.2
		标志板尺寸	38	2	94.7
		标志板厚度	38	0	100.0

油面№1　驻马店市公路工程开发公司

单位工程	分部工程类别	检测项目	检测点数	不合格点数	合格率(%)
交通安全设施	混凝土护栏	回弹强度	55	0	100.0
		顶宽	55	4	92.7
		底宽	55	3	94.5
		高度	110	3	97.3

油面№2　河南中州路桥建设有限公司

单位工程	分部工程类别	检测项目	检测点数	不合格点数	合格率(%)
交通安全设施	混凝土护栏	回弹强度	55	0	100.0
		顶宽	55	2	96.4
		底宽	55	3	94.5
		高度	110	1	99.1

油面№3　河南中州路桥建设有限公司

单位工程	分部工程类别	检测项目	检测点数	不合格点数	合格率(%)
交通安全设施	混凝土护栏	回弹强度	60	0	100.0
		顶宽	60	6	90.0
		底宽	60	0	100.0
		高度	120	1	99.2

油面№4　洛阳二公局四公司

单位工程	分部工程类别	检测项目	检测点数	不合格点数	合格率(%)
交通安全设施	混凝土护栏	回弹强度	50	1	98.0
		顶宽	50	3	94.0
		底宽	50	1	98.0
		高度	100	2	98.0

油面№5　河南省中原路桥建设集团公司

单位工程	分部工程类别	检测项目	检测点数	不合格点数	合格率(%)
交通安全设施	混凝土护栏	回弹强度	50	0	100.0
		顶宽	50	3	94.0
		底宽	50	3	94.0
		高度	100	1	99.0

报告编制人:赵小彦　侯群柱

吴　冬　曹禹田　辛　飞　贾存正　张　昭　宋全林　刘　业

河南省交通试验检测监理技术咨询有限公司

二〇〇六年十二月一日

3. 商丘至周口高速公路周口段收费站、服务区工程

交工验收检测报告

河南省交通基本建设质量检测监督站

二〇〇七年六月三十日

一、工程概况

商丘至周口高速公路周口段是河南省高速公路网重点建设项目之一，全长68.75km，初步设计概算批复20.98亿元。全线设置4处匝道收费站、一处监控通信管理中心、一处养护管理所、一处服务区。总建筑面积核定为17039m²，其中：四通镇收费站1360m²，周口西收费站1456m²，淮阳收费站及养护管理所1683m²，周口东收费站及管理监控分中心4954m²，淮阳服务区7586m²。核定房建工程预算为5571万元。其中：建筑安装工程费4801万元（含收费天棚251万元），设置购置费608万元，不可预见费162万元。承建单位如下：

SZZFJ-01 四通收费站：林州市第九建筑工程有限公司；

SZZFJ-02 淮阳服务区：河南广厦建设工程有限公司；

SZZFJ-03 淮阳收费站及养护管理所：河南省对外建设有限公司；

SZZFJ-04 周口北收费站及管理监控分中心：三门峡水利水电技术开发公司；

SZZFJ-05 周口西收费站：中国建筑第七工程局第四建筑公司；

SZZFJ-06 四通镇、淮阳收费站收费天棚：焦作市海宇公路工程有限公司；

SZZFJ-07 周口北、周口西收费站收费天棚：河南省第七建筑工程公司。

二、检测依据及分组情况

依据交通部《公路工程竣（交）工验收办法》，河南省通衢公路发展有限公司的交工检测申请，按照《建筑工程质量检验评定标准》，河南省交通基本建设质量检测监督站派出了由4人组成的交工质量验收组，质量验收组室内、室外、门窗和水电4个检测组。于2007年5月24日至5月25日对收费站、服务区的门窗工程、装饰工程、建筑采暖卫生与煤气工程、地面与楼面工程、屋面工程和室外工程进行检测。

三、检测结果

商丘至周口高速公路周口段房建检测结果汇总表

单位工程	分部工程类别	检测项目	检测点数	合格点数	合格率（%）
收费站房、服务区	门窗工程	木门窗安装	102	98	96.1
		栏杆、扶手	24	24	100
	装饰工程	墙面抹灰工程	202	187	92.6
		饰面板工程	149	146	98.0
	建筑电器安装工程	电气开关、插座安装	53	42	79.2
		配电箱盘安装	—	—	—
	地面与楼面工程	板块楼地面层	64	62	96.9
		楼梯踏步（台阶）	118	117	99.2
	屋面工程	室外大角工程	272	265	97.4
		散水、台阶、明沟	208	208	100
		架空板隔热层	—	—	—
	场区取芯	厚度	2	2	100
		平整度	60	46	76.7

四通收费站检测结果

单位工程	分部工程类别	检 测 项 目	检 测 点 数	合 格 点 数	合格率(%)
收费站房、服务区	门窗工程	木门窗安装	18	16	88.9
		栏杆、扶手	6	6	100
	装饰工程	墙面抹灰工程	40	36	90
		饰面板工程	30	30	100
	建筑电器安装工程	电气开关、插座安装	10	8	80
		配电箱盘安装	—	—	—
	地面与楼面工程	板块楼地面层	—	—	—
		楼梯踏步(台阶)	20	20	100
	屋面工程	室外大角工程	16	15	93.7
		散水、台阶、明沟	32	32	100
		架空板隔热层	—	—	—
	场区取芯	厚度	—	—	—
		平整度	10	8	80

淮阳服务区检测结果

单位工程	分部工程类别	检 测 项 目	检 测 点 数	合 格 点 数	合格率(%)
收费站房、服务区	门窗工程	木门窗安装	25	24	96
		栏杆、扶手	6	6	100
	装饰工程	墙面抹灰工程	45	43	95.6
		饰面板工程	26	25	91.6
	建筑电器安装工程	电气开关、插座安装	12	9	75
		配电箱盘安装	—	—	—
	地面与楼面工程	板块楼地面层	15	15	100
		楼梯踏步(台阶)	30	30	100
	屋面工程	室外大角工程	96	92	95.8
		散水、台阶、明沟	48	48	100
		架空板隔热层	—	—	—
	场区取芯	厚度	—	—	—
		平整度	20	14	70

淮阳收费站及养护管理所检测结果

单位工程	分部工程类别	检测项目	检测点数	合格点数	合格率(%)
收费站房、服务区	门窗工程	木门窗安装	18	18	100
		栏杆、扶手	3	3	100
	装饰工程	墙面抹灰工程	42	38	90.5
		饰面板工程	30	30	100
	建筑电器安装工程	电气开关、插座安装	10	7	70
		配电箱盘安装	—	—	—
	地面与楼面工程	板块楼地面层	10	10	100
		楼梯踏步(台阶)	20	19	95
	屋面工程	室外大角工程	16	15	93.7
		散水、台阶、明沟	48	48	100
		架空板隔热层	—	—	—
	场区取芯	厚度	—	—	—
		平整度	10	7	70

周口北收费站及管理监控分中心检测结果

单位工程	分部工程类别	检测项目	检测点数	合格点数	合格率(%)
收费站房、服务区	门窗工程	木门窗安装	21	20	95.2
		栏杆、扶手	5	5	100
	装饰工程	墙面抹灰工程	45	43	95.6
		饰面板工程	39	39	100
	建筑电器安装工程	电气开关、插座安装	8	7	87.5
		配电箱盘安装	—	—	—
	地面与楼面工程	板块楼地面层	28	27	96.4
		楼梯踏步(台阶)	28	28	100
	屋面工程	室外大角工程	96	96	100
		散水、台阶、明沟	48	48	100
		架空板隔热层	—	—	—
	场区取芯	厚度	2	2	100
		平整度	10	8	80

周口西收费站检测结果

单位工程	分部工程类别	检测项目	检测点数	合格点数	合格率(%)
收费站房、服务区	门窗工程	木门窗安装	20	20	100
		栏杆、扶手	4	4	100
	装饰工程	墙面抹灰工程	30	27	90
		饰面板工程	24	22	91.7
	建筑电器安装工程	电气开关、插座安装	13	11	84.6
		配电箱盘安装	—	—	—
	地面与楼面工程	板块楼地面层	11	10	90.9
		楼梯踏步(台阶)	20	20	100
	屋面工程	室外大角工程	48	47	97.9
		散水、台阶、明沟	32	32	100
		架空板隔热层	—	—	—
	场区取芯	厚度	—	—	—
		平整度	10	9	90

四、存在问题

周口北收费站

1. 室内配电柜内电缆敷设不平直、整齐,个别电缆接头处包扎不严密,电缆出入地沟应做封闭保护;

2. 各回路应增加标示牌,配电柜应做封闭处理,做好防潮防腐处理;

3. 走廊罩面板顶棚局部较明显变形。

周口西收费站

1. 个别开关插座与墙体结合不紧密,二楼女卫生间内开关柜与墙体结合不严密,应做好防潮处理;

2. 部分铸铁管和铸铁开关已锈蚀,应及时更换;

3. 配电柜内电缆色标不准确,电缆弯曲半径不符合规范要求,出入地沟未封闭保护;

4. 部分地板砖铺砌不密实。

四通收费站

1. 个别开关插座与墙体结合不紧密,部分插座松动;

2. 配电柜内电缆色标不准确,电缆弯曲半径不符合规范要求,出入地沟未封闭保护。

淮阳服务区

1. 多处卫生间吊顶扣板不严密,二楼一处卫生间吊顶有渗漏,应检查原因进行处理;

2. 卫生间插座无防护罩,个别地漏安装不符合规范要求;

3. 室内配电柜内电缆弯曲半径不符合规范要求,电缆出入地沟应做封闭保护;

4. 各回路应增加标示牌,配电柜应做封闭处理,做好防潮防腐处理;

5. 多处墙体有横向裂缝,应检查原因进行处理。

淮阳收费站

1. 个别开关插座与墙体结合不紧密,空隙较大;
2. 配电柜内电缆色标不准确,线路敷设不平直、整齐,出入地沟未封闭保护;
3. 卫生器具与墙体结合处应做防水处理,卫生器具托架锈蚀;
4. 一楼阅览室有一处纵向裂缝,站长室有一横向裂缝,应检查原因进行处理。

河南省交通基本建设质量检测监督站

二〇〇七年六月三十日

编号:2007-HNZKJ-017

4. 交通部通信交通管理工程质量监督站

检 测 报 告

委托(受检)单位：河南通衢高速公路有限公司

产品(工程)名称：河南省商丘至周口高速公路(周口段)机电工程

检 测 类 别：交工验收检测

批 准 日 期：2007 年 10 月 9 日

交通部通信交通管理工程质量监督站 检测专用章

交通部通信交通管理工程质量监督站检测报告
主要检测仪器清单

报告编号:2007-HNZKJ-017

序号	仪 器 名 称	品牌型号规格	产地
1	声级计	Lutron SL-4001	中国台湾
2	LCR 表	MIC 4070D	中国台湾
3	数字温湿度计	TES-1360	中国台湾
4	绝缘电阻测试仪	MODEL-3007	日本
5	光功率计	YCT-YC 2100	中国台湾
6	可调光衰减器	Agilent TOP-400	美国
7	数字万用表	FLUKE F187	美国
8	误码测试仪	Agilent Pro BER2 E7580A	英国
9	光时域反射计	Agilent E6000 Series	德国
10	接地电阻测试仪	MODEL-4105A	日本
11	秒表	JIN QUE E7-2	上海
12	照度计	TES 1330	中国台湾
13	网络测试仪	Agilent FrameScope 350	新加坡
14	涂层测厚仪	Fischer MPOR	德国
15	瞄点式亮度计	EVERFINE L-2188	杭州
16	视频信号发生器	HS5366	重庆
17	视频信号分析仪	KL5330B	重庆
18	杂音测试器	FZY-120	中国台湾茂迪
19	风速器	衡欣 AZ-8901	中国台湾
20	雷达测速仪	北京超前 LD-98-2	北京

交通部通信交通管理工程质量监督站检测报告

报告编号:2007-HNZKJ-017　　　　共39页　第03页

分部工程名称	监控系统工程	工程地点	河南省商丘至周口(周口段)高速公路(68.75km)
合同编号	CTTZJZ2007HNZKJ010	施工时间	2006.08~2006.12
工程名称	河南省商丘至周口高速公路周口段机电工程		
建设单位	河南通衢高速公路有限公司		
施工单位	亿阳信通股份有限公司		
监理单位	北京泰克华诚技术信息咨询有限公司		
设计单位	中国公路工程咨询总公司		
工程概况	主要工程数量:9套微波车辆检测器、3套大型可变信息标志、7套小型可变信息标志、12套F型信息发布屏、1套气象检测器、闭路电视监视系统。		
检测时间	2007年7月16日~7月18日		
检测环境	温度:33℃~35℃　　湿度:54% R.H~75% R.H		
检测依据	1.《公路工程质量检验评定标准　第二册:机电工程》(JTG F80/2—2004); 2.河南省商丘至周口高速公路周口段机电工程项目招投标文件、合同文件及设计文件。		
检测结论	亿阳信通股份有限公司承包施工的河南省商丘至周口高速公路周口段机电工程项目监控系统工程,经我站检测,各分项工程整体技术指标符合检测依据的标准、规范要求,系统功能满足要求,该分部工程质量合格。 检测单位公章 批准日期:2007年10月9日		

检测:张继超　　校核:秦　律　　审核:秦　律　　批准:胡　波

交通部通信交通管理工程质量监督站
检测数据报表

报告编号:2007-HNZKJ-017 共 39 页 第 04 页

分项工程名称:车辆检测器(微波)			所属分部工程名称:监控系统工程	
项次	检查项目	技术要求	实测值或实测偏差值	单项检测结论
			K113 +500	
1	基本要求	设备及配件数量、型号符合要求;基础位置正确、立柱安装牢固;机箱门锁开闭灵活;电源、线路连接符合规范;所有设备处于正常工作状态	符合	合格
2	外观及安装工艺	设备及附件安装牢固、端正;部件表面完好、无锈蚀;基础表面应刮平、设备及附件防腐措施良好;接地连接可靠	符合	合格
3	强电端子对机壳绝缘电阻(MΩ)	≥50MΩ	零:59 火:62	合格
4	安全接地电阻(Ω)	≤4Ω	1.4	合格
5	镀锌层厚度(μm)	≥85μm	118	合格
6	自检功能	能自动检测设备工作状态	符合	合格
7	复原功能	加电后硬件恢复和重新设置时,原存储数据保持不变	符合	合格
8	控制功能	具有设计文件要求的控制功能	符合	合格
9	逻辑识别线路功能	符合设计要求	符合	合格
分项工程检测结论		合格		

检测:张继超 校核:秦 律 审核:秦 律

交通部通信交通管理工程质量监督站
检测数据报表

报告编号:2007-HNZKJ-017　　　　共 39 页　第 05 页

分项工程名称:气象检测器			所属分部工程名称:监控系统工程	
项次	检 测 项 目	技 术 要 求	实测值或实测偏差值 K113 +500	单项检测结论
1	基本要求	气象检测器安装位置正确,机箱外部完整,门锁开闭灵活;探头安装方位、尺寸符合设计要求;电源、通信线路按规范要求连接到位,气象检测器处于正常工作状态	符合	合格
2	外观及安装工艺	安装牢固、端正;接地焊接牢固,焊缝饱满并做防腐处理;接地连接可靠,接地极引出线无锈蚀;箱体内无积水、尘土、霉变;机箱内电力线、信号线、元器件等布线平直、整齐、固定可靠,标识正确、清楚、插头牢固	符合	合格
3	强电端子对机壳绝缘电阻(MΩ)	≥50MΩ	零:71　火:74	合格
4	安全接地电阻(Ω)	≤4Ω	1.4	合格
5	防雷接地电阻(Ω)	≤10Ω	1.4	合格
	以下空白			
分项工程检测结论			合格	

检测:张继超　　　　校核:秦　律　　　　审核:秦　律

交通部通信交通管理工程质量监督站
检测数据报表

报告编号:2007-HNZKJ-017　　　　共 39 页　第 06 页

分项工程名称:闭路电视监视系统(视频传输通道指标)			所属分部工程名称:监控系统工程		
项次	检查项目	技术要求	实测值或实测偏差值		单项检测结论
			K110+000	K122+200	
1	视频电平(mV)	700mV ±30mV	694	679	合格
2	同步脉冲幅度(mV)	300mV ±20mV	300	293	合格
3	回波 E(%)	<7% KF	1.0	2.1	合格
4	亮度非线性(%)	≤5%	4.0	3.8	合格
5	色度/亮度增益差(%)	±5%	-3.8	已整改	合格
6	色度/亮度延时差(ns)	≤100ns	49	47	合格
7	微分增益(%)	≤10%	1.2	—	合格
8	微分相位(°)	≤10°	0.3	—	合格
9	幅频特性(dB)	5.8MHz 带宽内 ±2dB	-0.8	-1.0	合格
10	视频信杂比(dB)	≥56dB(加权)	57	已整改	合格

检测:张继超　　　　校核:秦　律　　　　审核:秦　律

交通部通信交通管理工程质量监督站检测数据报表

报告编号:2007-HNZKJ-017

分项工程名称:闭路电视监视系统			所属分部工程名称:监控系统工程		
项次	检查项目	技术要求	实测值或实测偏差值		单项检测结论
			K110+000	K122+200	
1	基本要求	设备及配件数量、型号符合要求;基础位置正确、立柱安装牢固;机箱门锁开闭灵活;电源、线路连接符合规范;所有设备处于正常工作状态	符合	符合	合格
2	外观及安装工艺	设备及附件安装牢固、端正;部件表面完好、无锈蚀;基础表面应刮平、设备及附件防腐措施良好;接地连接可靠	符合	符合	合格
3	立柱镀锌层厚度(μm)	≥85μm	97	108	合格
4	强电端子对机壳绝缘电阻(MΩ)	≥50MΩ	零:59　火:71	零:68　火:72	合格
5	安全接地电阻(Ω)	≤4Ω	1.0	3.1	合格
6	防雷接地电阻(Ω)	≤10Ω	1.0	3.1	合格
	以下空白				

检测:张继超　　校核:秦　律　　审核:秦　律

交通部通信交通管理工程质量监督站检测数据报表

报告编号:2007-HNZKJ-017

分项工程名称:闭路电视监视系统(续)			所属分部工程名称:监控系统工程	
项次	检查项目	技术要求	实测值或实测偏差值	单项检测结论
			监控分中心	
7	图像质量	无明显雪花干扰、网纹、黑白滚道及跳动	符合	合格
8	云台水平转动角	0°～350°	符合	合格
9	云台垂直转动角	上仰:≥15°,下俯≥90°	符合	合格
10	监视范围	符合设计要求	符合	合格
11	外场摄像机安装稳定性	受大风影响或接受变焦、转动等控制时,动作平滑、无抖动	符合	合格
12	自动光圈调节	自动调节	符合	合格
13	调焦功能	快速自动聚焦	符合	合格
14	变倍功能	可变倍	符合	合格
15	雨刷功能	工作正常	符合	合格
16	切换功能	监控中心可切换任意摄像机	符合	合格
17	录像功能	可录像,且录像回放清晰	符合	合格
18	硬拷贝功能	拷贝图像清楚	符合	合格
19	报警功能	监控中心可检测外场摄像机的工作状态并在故障时报警	符合	合格
分项工程检测结论		合格		

检测:张继超　　　　校核:秦　律　　　　审核:秦　律

交通部通信交通管理工程质量监督站检测数据报表

报告编号:2007-HNZKJ-017

分项工程名称:可变标志			所属分部工程名称:监控系统工程			
项次	检测项目	技术要求	实测值或实测偏差值			单项检测结论
			K108+800	K97+600	K108+500	
1	基本要求	立柱安装牢固;防雷安装符合规范;标志板安装符合设计要求;机箱门锁开闭灵活;电源、线路连接符合规范,显示屏发光单元处于受控状态	符合	符合	符合	合格
2	外观及安装工艺	设备及附件安装牢固、端正;部件表面、无锈蚀;基础表面完好,无损坏;设备及附件防腐措施良好;接地连接可靠;机箱密封良好;线缆标识正确清楚	符合	符合	符合	合格
3	立柱镀锌层厚度(μm)	≥85μm	114	148	133	合格
4	强电端子对机壳绝缘电阻(MΩ)	≥50MΩ	零:∞,火:∞	零:∞,火:∞	零:∞,火:∞	合格
5	安全接地电阻(Ω)	≤4Ω	2.4	0.4	0.3	合格
6	防雷接地电阻(Ω)	≤10Ω	2.4	0.4	0.3	合格
7	静态视认距离	≥250m	符合	符合	符合	合格
8	显示屏整屏平均亮度(cd/m^2)	≥8000cd/m^2	9852	9042	9513	合格
9	盲点数	≤1‰	符合	符合	符合	合格
10	自检功能	能够向中心计算机提供显示内容的确认信息及本机工作状态自检信息	符合	符合	符合	合格
11	显示内容	及时、正确地显示中心计算机发送的内容	符合	符合	符合	合格
12	亮度调节功能	能自动根据环境照度自动调节显示屏的亮度	符合	符合	符合	合格
分项工程检测结论			—			

检测:张继超　　校核:秦　律　　审核:秦　律

交通部通信交通管理工程质量监督站检测数据报表

报告编号:2007-HNZKJ-017　　　　共39页　第10页

分项工程名称:可变标志(信息发布屏)			所属分部工程名称:监控系统工程		
项次	检测项目	技术要求	实测值或实测偏差值		单项检测结论
			淮阳外广场	K108+500	
1	基本要求	立柱安装牢固;防雷安装符合规范;标志板安装符合设计要求;机箱门锁开闭灵活;电源、线路连接符合规范,显示屏发光单元处于受控状态	符合	符合	合格
2	外观及安装工艺	设备及附件安装牢固、端正;部件表面、无锈蚀;基础表面完好,无损坏;设备及附件防腐措施良好;接地连接可靠;机箱密封良好;线缆标识正确清楚	符合	符合	合格
3	立柱镀锌层厚度(μm)	≥85μm	186	204	合格
4	强电端子对机壳绝缘电阻(MΩ)	≥50MΩ	零:∞,火:∞	零:∞,火:∞	合格
5	安全接地电阻(Ω)	≤4Ω	1.8	2.2	合格
6	防雷接地电阻(Ω)	≤10Ω	1.8	2.2	合格
7	静态视认距离	≥250m	符合	符合	合格
8	显示屏整屏平均亮度(cd/m^2)	≥8000cd/m^2	11430	11300	合格
9	盲点数	≤1‰	符合	符合	合格
10	自检功能	能够向中心计算机提供显示内容的确认信息及本机工作状态自检信息	符合	符合	合格
11	显示内容	及时、正确地显示中心计算机发送的内容	符合	符合	合格
12	亮度调节功能	能自动根据环境照度自动调节显示屏的亮度	符合	符合	合格
分项工程检测结论			合格		

检测:张继超　　　　校核:秦　律　　　　审核:秦　律

交通部通信交通管理工程质量监督站检测报告

报告编号:2007-HNZKJ-017　　　　　　　　　　　　　　　　　　　　共39页　第11页

分部工程名称	通信系统工程	工程地点	河南省商丘至周口(周口段)高速公路(68.75km)
合同编号	CTTZJZ2007HNZKJ010	施工时间	2006.08~2006.12
工程名称	河南省商丘至周口高速公路周口段机电工程		
建设单位	河南通衢高速公路有限公司		
施工单位	亿阳信通股份有限公司		
监理单位	北京泰克华诚技术信息咨询有限公司		
设计单位	中国公路工程咨询总公司		
工程概况	主要工程数量:光传输系统(包括5个站点)、数字程控交换系统、通信光电缆线路、电源系统		
检测时间	2007年7月16日~7月18日		
检测环境	温度:33℃~35℃　　湿度:54%R.H~75%R.H		
检测依据	1.《公路工程质量检验评定标准　第二册:机电工程》(JTG F80/2—2004); 2.河南省商丘至周口高速公路周口段机电工程项目招投标文件、合同文件及设计文件		
检测结论	亿阳信通股份有限公司承包施工的河南省商丘至周口高速公路周口段机电工程项目通信系统工程,经我站检测,各分项工程整体技术指标符合检测依据的标准、规范要求,系统功能满足要求,该分部工程质量合格。 检测单位公章 批准日期:2007年10月9日		

检测:张继超　　　　校核:秦　律　　　　审核:秦　律　　　　批准:胡波

交通部通信交通管理工程质量监督站
检测数据报表

报告编号:2007-HNZKJ-017　　　　共 39 页　第 12 页

分项工程名称:光缆线路工程				所属分部工程名称:通信系统工程								
项次	检查项目	技术要求	实测值或实测偏差值									单项检测结论
			范围	5#	10#	13#	15#	19#	20#	—	—	
1	单模光纤接接头平均损耗	≤0.1dB	周口北～周口西(12.17km)	已整改	已整改	已整改	已整改	已整改	已整改	—	—	合格
2	中继段单模光纤衰减平均值(dB)	(1310nm)≤0.40dB		0.390	已整改	已整改	已整改	0.351	已整改	—	—	合格
		(1550nm)≤0.25dB		已整改	已整改	已整改	已整改	已整改	已整改	—	—	合格
项次	检查项目	技术要求	实测值或实测偏差值									单项检测结论
			范围	10#	13#	28#	29#	31#	34#	36#	39#	
1	单模光纤接接头平均损耗	≤0.1dB	周口北～扶项分中心(17.895km)	符合	已整改	已整改	已整改	已整改	已整改	已整改	已整改	合格
2	中继段单模光纤衰减平均值(dB)	(1310nm)≤0.40dB		0.361	已整改	已整改	已整改	已整改	0.380	已整改	已整改	合格
		(1550nm)≤0.25dB		0.217	已整改	已整改	已整改	已整改	已整改	已整改	已整改	合格

检测:张继超　　　　校核:秦　律　　　　审核:秦　律

交通部通信交通管理工程质量监督站

检测数据报表

报告编号:2007-HNZKJ-017

分项工程名称:光缆线路工程			所属分部工程名称:通信系统工程									
项次	检查项目	技术要求	实测值或实测偏差值									单项检测结论
			范围	12#	13#	16#	18#	19#	20#	22#	30#	
1	单模光纤接接头平均损耗	≤0.1dB	淮阳站~扶项分中心(29.02km)	已整改	已整改	已整改	已整改	已整改	已整改	已整改	已整改	合格
2	中继段单模光纤衰减平均值(dB)	(1310nm)≤0.40dB		已整改	已整改	已整改	已整改	已整改	已整改	已整改	已整改	合格
		(1550nm)≤0.25dB		已整改	已整改	已整改	已整改	已整改	已整改	已整改	已整改	合格
项次	检查项目	技术要求	实测值或实测偏差值									单项检测结论
			范围	12#	14#	16#	18#	21#	24#	29#	32#	
1	单模光纤接接头平均损耗	≤0.1dB	淮阳站~服务区(6.68km)	符合	符合	符合	符合	符合	符合	符合	符合	合格
2	中继段单模光纤衰减平均值(dB)	(1310nm)≤0.40dB		0.310	0.351	0.377	0.344	0.365	0.355	0.360	0.346	合格
		(1550nm)≤0.25dB		0.204	0.226	0.244	0.217	0.244	0.230	0.231	0.226	合格
分项工程检测结论				合格								

检测:张继超　　校核:秦　律　　审核:秦　律

交通部通信交通管理工程质量监督站
检测数据报表

报告编号:2007-HNZKJ-017　　　　共 39 页　第 14 页

分项工程名称:光纤数字传输系统			所属分部工程名称:通信系统工程					
项次	检查项目	技术要求	实测值或实测偏差值					单项检测结论
			扶项分中心～			周口北站～		
			周口北站(L4.1)	四通镇(L4.1)	淮阳服务区(S4.1)	周口西(L4.1)	淮阳服务区(S4.1)	
1	基本要求	通信机房整洁、通风、照明良好;机房铺助设施安装调试完毕并通过相关专业的验收;所有设备安装调试完毕,系统运转正常	符合			符合		合格
2	外观及安装工艺	设备布局合理、安装稳固;拼装螺丝紧固、余留长度一致;设备表面光泽、无划伤、无锈蚀;部件标识正确、清楚	符合			符合		合格
3	系统设备安装连接的可靠性	系统设备安装连接应可靠	符合			符合		合格
4	接地连接的可靠性	工作地、安全地、防雷地按规范要求分别连接到汇流排上	符合			符合		合格
5	系统接收光功率(dBm)	≥光接收灵敏度+光缆富余度+设备富余度	-9.2	-7	-14.9	-9.1	-13.1	合格
6	平均发送光功率(dBm)	S4.1:-15dB～-8dB;L4.1:-3dB～+2dB	1.5	1.8	-9.3	1.1	1.7	合格
7	光接收灵敏度(dBm)	S4.1、L4.1 最差-28dB	-36.0	-34.7	-43.9	-37.1	-37.3	合格
8	误码指标(2M 电口)(24h)	BER $<1\times10^{-11}$;ESR $<1.1\times10^{-5}$;SESR $<5.5\times10^{-7}$;BBER $<5.5\times10^{-8}$	0					合格
分项工程检测结论			合格					

检测:张继超　　　　校核:秦　律　　　　审核:秦　律

交通部通信交通管理工程质量监督站
检测数据报表

报告编号:2007-HNZKJ-017　　　　共 39 页　第 15 页

分项工程名称:通信电源				所属分部工程名称:通信系统工程		
项次	检查项目		技术要求	实测值或实测偏差值		单项检测结论
				周口北站	淮阳站	
1	基本要求		设备数量、型号符合要求,部件完整;设备安装到位、工作正常;接地可靠、防腐处理得当	符合	符合	合格
2	外观及安装工艺		设备布局合理、安装稳固;设备表面光泽、无划伤、无锈蚀;部件标识正确、清楚;电源输出配线路由和位置正确;设备内布线整齐、焊(压)结牢固、预留长度适当	符合	符合	合格
3	UPS电源	输入电压(V)	220V ±20%	217	219	合格
		输出电压(V)	220V ±2%	219/220	220/220	合格
		不间断供电功能	断开主供电线路时,UPS 能正常启动,系统不掉电,不影响系统的工作	符合	符合	合格
4	通信电源	开关电源的主输出电压(V)	-40V ~ -57V	-53.5	-53.5	合格
		电话衡重杂音(mV)	≤2mV	0	0	合格
		电池组供电特性	放电、浮冲及免维护等符合要求	符合	符合	合格
		电源系统报警功能	机房内可视、可听报警显示不正常状态	符合	符合	合格
		通信电源系统防雷	符合 YD 5078—98	符合	符合	合格
		接地电阻(Ω)	≤1Ω	0.1	0.1	合格
分项工程检测结论				合格		

检测:张继超　　　　校核:秦　律　　　　审核:秦　律

交通部通信交通管理工程质量监督站检测报告

报告编号:2007-HNZKJ-017　　　　　　　　　　　　　　

分部工程名称	收费系统工程	工程地点	河南省商丘至周口(周口段)高速公路(68.75km)
合同编号	CTTZJZ2007HNZKJ010	施工时间	2006.08~2006.12
工程名称	河南省商丘至周口高速公路周口段机电工程		
建设单位	河南通衢高速公路有限公司		
施工单位	亿阳信通股份有限公司		
监理单位	北京泰克华诚技术信息咨询有限公司		
设计单位	中国公路工程咨询总公司		
工程概况	主要工程数量:出/入口车道20套、收费站设备及软件4套、闭路电视监视系统、内部有线对讲及紧急报警系统、收费系统计算机网络		
检测时间	2007年7月16日~7月18日		
检测环境	温度:33℃~35℃　　湿度:54%R.H~75%R.H		
检测依据	1.《公路工程质量检验评定标准　第二册:机电工程》(JTG F80/2—2004); 2.河南省商丘至周口高速公路周口段机电工程项目招投标文件、合同文件及设计文件; 3.《环行线圈车辆检测器》(JT/T 455—2001)		
检测结论	亿阳信通股份有限公司承包施工的河南省商丘至周口高速公路周口段机电工程项目收费系统工程,经我站检测,各分项工程整体技术指标符合检测依据的标准、规范要求,系统功能满足要求,该分部工程质量合格。 检测单位公章 批准日期:2007年10月8日		

检测:张继超　　校核:秦　律　　审核:秦　律　　批准:胡波

交通部通信交通管理工程质量监督站
检测数据报表

报告编号:2007-HNZKJ-017　　　　共39页　第17页

<table>
<tr><td colspan="4">分项工程名称:入口车道设备</td><td colspan="3">所属分部工程名称:收费系统工程</td></tr>
<tr><td rowspan="2">项次</td><td rowspan="2" colspan="2">检测项目</td><td rowspan="2">技术要求</td><td colspan="2">实测值或实测偏差值</td><td rowspan="2">单项检测结论</td></tr>
<tr><td>周口北入口002</td><td>淮阳入口001</td></tr>
<tr><td>1</td><td colspan="2">基本要求</td><td>设备型号符合设计要求,部件及配件完整;亭内设备安装符合要求;设备接地符合规范要求;安装方位和位置正确;裸露线缆须进行保护处理;所有设备处于正常工作状态</td><td>符合</td><td>符合</td><td>合格</td></tr>
<tr><td>2</td><td colspan="2">外观及安装工艺</td><td>亭外设备安装稳固、端正;亭内设备整齐、标志清楚、牢固;所有设备外观完好;亭内布线整齐美观、标识清楚;线缆保护措施良好,并留有余量;设备间连线部件可靠;固定螺丝等紧固,无松动</td><td>基本符合</td><td>基本符合</td><td>合格</td></tr>
<tr><td>3</td><td colspan="2">栏杆机强电端子对机壳绝缘电阻(Ω)</td><td>≥50MΩ</td><td>∞</td><td>65</td><td>合格</td></tr>
<tr><td>4</td><td colspan="2">收费车道接地电阻(Ω)</td><td>≤1Ω</td><td>0.4</td><td>0.3</td><td>合格</td></tr>
<tr><td rowspan="2">5</td><td rowspan="2">收费车道通行灯亮度(cd/m²)</td><td>红</td><td rowspan="2">≥4000cd/m²</td><td>6391</td><td>4653</td><td>合格</td></tr>
<tr><td>绿</td><td>4663</td><td>5487</td><td>合格</td></tr>
<tr><td>6</td><td colspan="2">雾灯亮度(cd/m²)</td><td>≥4000cd/m²</td><td>6773</td><td>6736</td><td>合格</td></tr>
<tr><td rowspan="4">7</td><td rowspan="4">环形线圈</td><td>电感量(μH) 落杆</td><td rowspan="2">45μH~1000μH</td><td>120</td><td>117</td><td>合格</td></tr>
<tr><td>电感量(μH) 抓拍</td><td>115</td><td>120</td><td>合格</td></tr>
<tr><td>绝缘(MΩ) 落杆</td><td rowspan="2">≥10MΩ</td><td>∞</td><td>68</td><td>合格</td></tr>
<tr><td>绝缘(MΩ) 抓拍</td><td>∞</td><td>67</td><td>合格</td></tr>
<tr><td>8</td><td colspan="2">电动栏杆起落总时间(s)</td><td>≤4s</td><td>3.8</td><td>3.2</td><td>合格</td></tr>
</table>

检测:张继超　　　　校核:秦　律　　　　审核:秦　律

交通部通信交通管理工程质量监督站
检测数据报表

报告编号:2007-HNZKJ-017　　　　共39页　第18页

分项工程名称:入口车道设备(续)			所属分部工程名称:收费系统工程		
项次	检测项目	技术要求	实测值或实测偏差值		单项检测结论
			周口北入口002	淮阳入口001	
9	车道信号灯动作	按规定的触发状态正常工作	符合	符合	合格
10	电动栏杆动作响应	按规定操作流程动作,具有防砸车和水平回转功能	符合	符合	合格
11	读写卡设备响应及对异常卡的处理	符合设计要求	符合	符合	合格
12	闪光报警器	按规定的触发状态正常工作	符合	符合	合格
13	专用键盘	标记清楚,键位划分合理,操作灵活,响应准确	符合	符合	合格
14	初始状态动作	车道控制标志显示车道关闭,车道栏杆处于水平关闭状态,收费员显示器显示内容齐全正确	符合	符合	合格
15	车道打开动作	按“交班”键,识别操作员身份,登录成功后,可打开车道,处于正常工作状态,并具有防止恶意登录功能	符合	符合	合格
16	入口正常处理流程	符合规定的操作流程	符合	符合	合格
17	公务车处理流程	符合规定的操作流程	符合	符合	合格
18	军车处理流程	符合规定的操作流程	符合	符合	合格
19	车队处理流程	符合规定的操作流程	符合	符合	合格
20	其他紧急车处理流程	符合规定的操作流程	符合	符合	合格
21	违章车报警流程	符合规定的操作流程	符合	符合	合格

检测:张继超　　　　校核:秦　律　　　　审核:秦　律

交通部通信交通管理工程质量监督站
检测数据报表

报告编号:2007-HNZKJ-017

分项工程名称:入口车道设备(续)			所属分部工程名称:收费系统工程		
项次	检测项目	技术要求	实测值或实测偏差值		单项检测结论
			周口北入口 002	淮阳入口 001	
22	修改功能流程	有车型判别错误时,可按规定的流程修改	符合	符合	合格
23	车道维修和复位操作流程	维护菜单允许维护员进行车道维护和复位操作等	符合	符合	合格
24	车道关闭操作流程	按“交班”键,识别操作员身份,可关闭车道,处于关闭状态	符合	符合	合格
25	对车道控制设备状态监测功能	运行过程中,车道控制器(车道计算机)可对车道设备进行监测,故障时应给出报警信号,提醒收费员和站内监控人员	符合	符合	合格
26	断电数据完整性测试	任意流程时关闭车道控制器(车道计算机)电源,车道工作状态正常,加电后数据无丢失	符合	符合	合格
27	断网测试	断开车道控制器(车道计算机)与收费站的通信链路,车道工作状态正常、加电后数据无丢失	符合	符合	合格
28	图像抓拍	车道关闭时,抓拍检测器处于启动状态,车辆进入入口车道时,图像抓拍检测器侦获“来车”信号,触发图像抓拍,抓拍信息符合要求,能按规定格式存储转发	符合	符合	合格
	以下空白				
分项工程检测结论		合格			

检测:张继超　　校核:秦　律　　审核:秦　律

交通部通信交通管理工程质量监督站
检测数据报表

报告编号:2007-HNZKJ-017　　　　共39页　第20页

分项工程名称:出口车道设备					所属分部工程名称:收费系统工程		
项次	检测项目			技术要求	实测值或实测偏差值		单项检测结论
					周口北出口 103	淮阳出口 103	
1	基本要求			设备型号符合设计要求,部件及配件完整;亭内设备安装符合要求;设备接地符合规范要求;安装方位和位置正确;裸露线缆须进行保护处理;所有设备处于正常工作状态	符合	符合	合格
2	外观及安装工艺			亭外设备安装稳固、端正;亭内设备整齐、标志清楚、牢固;所有设备外观完好;亭内布线整齐美观、标识清楚;线缆保护措施良好,并留有余量;设备间连线部件可靠;固定螺丝等紧固,无松动	基本符合	基本符合	合格
3	栏杆机强电端子对机壳绝缘电阻(Ω)			≥50MΩ	129	83	合格
4	收费车道接地电阻(Ω)			≤1Ω	0.4	0.3	合格
5	收费车道通行灯亮度(cd/m^2)		红	≥4000cd/m^2	5440	已整改	合格
			绿		4524	已整改	合格
6	雾灯亮度(cd/m^2)			≥4000cd/m^2	6510	7232	合格
7	环形线圈	电感量(μH)	落杆	45μH～1000μH	116	118	合格
			抓拍		114	115	合格
		绝缘(MΩ)	落杆	≥10MΩ	105	79	合格
			抓拍		113	54	合格
8	电动栏杆起落总时间(s)			≤4s	3.2	3.8	合格

检测:张继超　　　　校核:秦　律　　　　审核:秦　律

交通部通信交通管理工程质量监督站
检测数据报表

报告编号:2007-HNZKJ-017　　　　共39页　第21页

分项工程名称:出口车道设备(续)			所属分部工程名称:收费系统工程		
项次	检测项目	技术要求	实测值或实测偏差值		单项检测结论
			周口北出口103	淮阳出口103	
9	车道信号灯动作响应	按规定的触发状态正常工作	符合	符合	合格
10	电动栏杆动作响应	按规定操作流程动作,具有防砸车和水平回转功能	符合	符合	合格
11	专用键盘	标记清楚,键位划分合理,操作灵活,响应准确	符合	符合	合格
12	费额显示器	通行卡处理后,通行费显示于费额显示器	符合	符合	合格
13	收据打印机	迅速正确打印收据	符合	符合	合格
14	脚踏报警	工作正常	符合	符合	合格
15	闪光报警器	按规定的触发状态正常工作	符合	符合	合格
16	车道初始状态	车道信号灯显示车道关闭,车道栏杆处于水平关闭状态,收费员显示器显示内容齐全正确,并具有防止恶意登录功能	符合	符合	合格
17	车道打开状态	按“交班”键,识别操作员身份,登录成功后,可打开车道,处于正常工作状态	符合	符合	合格
18	出口正常处理流程	符合出口基本作业流程	符合	符合	合格
19	换卡车处理流程	符合中途换卡车处理规定	符合	符合	合格
20	入出口车型不符处理流程	自动报警,站处理	符合	符合	合格
21	无支付或不足支付处理流程	符合出口“未付车”监督处理流程	符合	符合	合格
22	丢卡、坏卡处理流程	符合卡丢失、卡故障处理流程	符合	符合	合格

检测:张继超　　　　校核:秦　律　　　　审核:秦　律

交通部通信交通管理工程质量监督站
检测数据报表

报告编号:2007-HNZKJ-017　　　　共 39 页　第 22 页

分项工程名称:出口车道设备(续)			所属分部工程名称:收费系统工程		
项次	检测项目	技术要求	实测值或实测偏差值		单项检测结论
			周口北出口 103	淮阳出口 103	
23	军警车处理流程	记录特殊事件	符合	符合	合格
24	公务车处理流程	符合公务车处理流程	符合	符合	合格
25	车队处理流程	符合出口“车队”处理流程	符合	符合	合格
26	“拖车”处理流程	符合“拖车”处理流程	符合	符合	合格
27	闯关车处理流程	符合“闯关车”处理流程	符合	符合	合格
28	车道维修和复位操作处理流程	维护菜单允许授权维护员进行车道维护和复位操作	符合	符合	合格
29	车道关闭操作处理流程	按“交班”键,识别操作员身份,可关闭车道,处于关闭状态	符合	符合	合格
30	车道控制设备状态检测	运行过程中,车道控制器(车道计算机)可对车道设备进行监测,故障时给出报警信号	符合	符合	合格
31	断电数据完整性测试	任意流程时关闭车道控制器(车道计算机)电源,车道工作状态正常,加电后数据无丢失	符合	符合	合格
32	断网测试	断开车道控制器与光纤的连接,车道工作状态正常、数据无丢失	符合	符合	合格
33	图像抓拍	车道关闭时,抓拍检测器处于启动状态,车辆进入入口车道时,图像抓拍检测器侦获“来车”信号,触发图像抓拍,抓拍信息符合要求,按规定格式存储转发	符合	符合	合格
分项工程检测结论			合格		

检测:张继超　　　　校核:秦　律　　　　审核:秦　律

交通部通信交通管理工程质量监督站
检测数据报表

报告编号:2007 - HNZKJ - 017　　　　共 39 页　第 23 页

分项工程名称:收费站设备及软件			所属分部工程名称:收费系统工程		
项次	检测项目	技术要求	实测值或实测偏差值		单项检测结论
			周口北站	淮阳站	
1	基本要求	站内设备数量、型号符合要求,部件完整;设备处于正常工作状态,并进行了严格测试和联调	符合	符合	合格
2	外观及安装工艺	站内设备安装稳固;设备整齐,标志清楚、牢固;所有设备外观完好;设备及室内布线整齐美观;线缆关键部位保护良好,并留有余量;设备间连线部件可靠;配电箱内线缆及其接插头要明显区分,有永久性接线图	符合	符合	合格
3	收费站联合接地电阻(Ω)	≤1Ω	0.1	0.1	合格
4	对车道的实时监控功能	收费站管理计算机可查看车道最后一辆车处理信息及车道状态、操作员信息,监视计算机可监视、显示车道设备及操作情况	符合	符合	合格
5	查原始数据功能	通过专用服务器和收费管理计算机可查询、统计原始数据	符合	符合	合格
6	图像稽查功能	可稽查所有出入口车道"有问题"车辆图像	符合	符合	合格
7	打印报表功能	值班员可以通过收费站管理计算机打印各种报表	符合	符合	合格
8	查看费率表功能	可通过收费管理计算机查看费率表	符合	符合	合格
9	与车道数据通信功能	专用服务器在不同模式下可和车道控制机交换规定的信息,数据传输准确	符合	符合	合格

检测:张继超　　　　校核:秦　律　　　　审核:秦　律

交通部通信交通管理工程质量监督站
检测数据报表

报告编号:2007 - HNZKJ - 017　　　　共 39 页　第 24 页

分项工程名称:收费站设备及软件(续)			所属分部工程名称:收费系统工程		
项次	检测项目	技术要求	实测值或实测偏差值		单项检测结论
			周口北站	淮阳站	
10	数据备份功能	车道控制器、收费站专用服务器、管理计算机数据保护安全、可靠	符合	符合	合格
11	字符叠加功能	在监视器上可观察到信息	符合	符合	合格
12	与收费中心的通信功能	可以和收费中心交换规定的数据,数据传输准确	符合	符合	合格
13	查断网试验的数据上传	与收费中心计算机通信故障时,数据可存贮在移动存储器上并可在收费中心计算机上恢复	符合	符合	合格
14	报警录像功能	用于报警时显示报警图像的显示器具有报警显示功能,值班员通过键盘控制切换控制器切换该路报警视频信号进行录像	符合	符合	合格
15	主监视器切换显示各车道及收费亭摄像机功能	监视计算机可切换显示各车道及收费亭录像机	符合	符合	合格
16	查看事件报表打印功能	可查看入口、出口车道特殊处理明细表并打印	符合	符合	合格
17	数据完整性测试	系统崩溃或电源故障,重新启动时,系统能自动引导至正常工作状态,不丢失任何历史数据	符合	符合	合格
分项工程检测结论		合格			

检测:张继超　　　　校核:秦　律　　　　审核:秦　律

交通部通信交通管理工程质量监督站
检测数据报表

报告编号:2007 - HNZKJ - 017

分项工程名称:内部有线对讲及紧急报警系统			所属分部工程名称:收费系统工程		
项次	检测项目	技术要求	实测值或实测偏差值		单项检测结论
			周口北站	淮阳站	
1	主机全呼分机	按下主控台全呼键,站值班员可向所有车道收费员广播	符合	符合	合格
2	主机单呼某个分机	主机可呼叫某个分机	符合	符合	合格
3	分机呼叫主机	分机可呼叫主机	符合	符合	合格
4	分机之间的串音	分机之间不能相互通信	符合	符合	合格
5	扬声器音量调节	可调	符合	符合	合格
6	话音质量	话音清晰,音量适中,无噪声,无断字等缺陷	符合	符合	合格
7	按钮状态指示灯	主机上有可视信号显示呼叫的分机号	符合	符合	合格
8	手动/脚踏报警功能	按报警开关可驱动报警	符合	符合	合格
9	报警器故障检测功能	信号电缆出现断路故障时报警	符合	符合	合格
10	报警器向 CCTV 系统提供报警输出信号	报警器可向闭路电视系统提供报警输出信号	符合	符合	合格
11	报警器自检功能	报警器具有自检功能	符合	符合	合格
分项工程检测结论			合格		

检测:张继超　　校核:秦　律　　审核:秦　律

交通部通信交通管理工程质量监督站
检测数据报表

报告编号:2007 - HNZKJ - 017　　　　共 39 页　第 26 页

分项工程名称:闭路电视监视系统(视频传输通道指标)			所属分部工程名称:收费系统工程			
项次	检查项目	技术要求	实测值或实测偏差值			单项检测结论
			周口北外广场	周口北 103 车道	周口北 001 亭内	
1	视频电平(mV)	700mV ±30mV	696	701	已整改	合格
2	同步脉冲幅度(mV)	300mV ±20mV	已整改	300	296	合格
3	回波 E(% kF)	<7% kF	0.8	0.9	1.2	合格
4	亮度非线性(%)	≤5%	已整改	2.3	3.3	合格
5	色度/亮度增益差(%)	±5%	已整改	3.6	已整改	合格
6	色度/亮度时延差(ns)	≤100ns	44	30	34.4	合格
7	微分增益(%)	≤10%	1.4	0.7	0.7	合格
8	微分相位(°)	≤10°	-0.6	-0.9	-0.9	合格
9	幅频特性(dB)	5.8MHz 带宽内 ±2dB	0.7	-0.6	0.7	合格
10	视频信杂比(dB)	≥56dB(加权)	63	59	65	合格

检测:张继超　　　　校核:秦　律　　　　审核:秦　律

交通部通信交通管理工程质量监督站
检测数据报表

报告编号:2007 - HNZKJ - 017　　　　共 39 页　第 27 页

分项工程名称:闭路电视监视系统			所属分部工程名称:收费系统工程			
项次	检查项目	技术要求	实测值或实测偏差值			单项检测结论
			周口北外广场	周口北 103 车道	周口北 001 亭内	
1	基本要求	设备及配件数量、型号符合要求;基础位置正确、立柱安装牢固;机箱门锁开闭灵活;电源、线路连接符合规范;所有设备处于正常工作状态	符合	符合	符合	合格
2	外观及安装工艺	设备及附件安装牢固、端正;部件表面完好、无锈蚀;基础表面应刮平、设备及附件防腐措施良好;接地连接可靠	符合	符合	符合	合格
3	立柱镀锌层厚度(μm)	≥85μm	112	—	—	合格
4	强电端子对机壳绝缘电阻(MΩ)	≥50MΩ	2.0	—	—	合格
5	安全接地电阻(Ω)	≤4Ω	2.0	—	—	合格
6	防雷接地电阻(Ω)	≤10Ω	零:114,火:103	—	—	合格
7	图像质量	无明显雪花干扰、网纹、黑白滚道及跳动	符合	符合	符合	合格
8	云台水平转动角	0°~360°	符合	符合	符合	合格

检测:张继超　　　　校核:秦　律　　　　审核:秦　律

交通部通信交通管理工程质量监督站
检测数据报表

报告编号:2007 - HNZKJ - 017　　　　共 39 页　第 28 页

分项工程名称:闭路电视监视系统(续)			所属分部工程名称:收费系统工程			
项次	检查项目	技术要求	实测值或实测偏差值			单项检测结论
			周口北外广场	周口北 103 车道	周口北 001 亭内	
9	云台垂直转动角	0° ~90°	符合	—	—	合格
10	监视范围	符合设计要求	符合	符合	符合	合格
11	外场摄像机安装稳定性	受大风影响或接受变焦、转动等控制时,动作平滑、无抖动	符合	—	—	合格
12	自动光圈调节	自动调节	符合	—	—	合格
13	调焦功能	快速自动聚焦	符合	—	—	合格
14	变倍功能	可变倍	符合	—	—	合格
15	雨刷功能	工作正常	—	—	—	合格
16	切换功能	监控中心可切换任意摄像机	符合	符合	符合	合格
17	录像功能	可录像,且录像回放清晰	符合	符合	符合	合格
18	硬拷贝功能	拷贝图像清楚	符合	符合	符合	合格
19	报警功能	监控中心可检测外场摄像机的工作状态并在故障时报警	符合	符合	符合	合格
分项工程检测结论		—				

检测:张继超　　　　校核:秦　律　　　　审核:秦　律

交通部通信交通管理工程质量监督站
检测数据报表

报告编号:2007 - HNZKJ - 017　　　　共 39 页　第 29 页

分项工程名称:闭路电视监视系统(视频传输通道指标)			所属分部工程名称:收费系统工程			
项次	检查项目	技术要求	实测值或实测偏差值			单项检测结论
			淮阳内广场	淮阳站 101 车道	淮阳站 101 亭内	
1	视频电平(mV)	700mV ± 30mV	已整改	693	676	合格
2	同步脉冲幅度(mV)	300mV ± 20mV	已整改	292	286	合格
3	回波 E(% kF)	< 7% kF	1.1	1.7	3.3	合格
4	亮度非线性(%)	≤5%	已整改	3.5	1.0	合格
5	色度/亮度增益差(%)	±5%	已整改	-1.0	已整改	合格
6	色度/亮度时延差(ns)	≤100ns	33	36	46	合格
7	微分增益(%)	≤10%	0.9	0.4	0.7	合格
8	微分相位(°)	≤10°	-0.8	-0.9	-0.7	合格
9	幅频特性(dB)	5.8MHz 带宽内 ± 2dB	已整改	-0.9	已整改	合格
10	视频信杂比(dB)	≥56dB(加权)	57	58	已整改	合格

检测:张继超　　　　校核:秦　律　　　　审核:秦　律

交通部通信交通管理工程质量监督站
检测数据报表

报告编号:2007 - HNZKJ - 017　　　　共 39 页　第 30 页

分项工程名称:闭路电视监视系统			所属分部工程名称:收费系统工程			
项次	检查项目	技术要求	实测值或实测偏差值			单项检测结论
			淮阳内广场	淮阳站 101 车道	淮阳站 101 亭内	
1	基本要求	设备及配件数量、型号符合要求;基础位置正确、立柱安装牢固;机箱门锁开闭灵活;电源、线路连接符合规范;所有设备处于正常工作状态	符合	符合	符合	合格
2	外观及安装工艺	设备及附件安装牢固、端正;部件表面完好、无锈蚀;基础表面应刮平、设备及附件防腐措施良好;接地连接可靠	符合	符合	符合	合格
3	立柱镀锌层厚度(μm)	≥85μm	119	—	—	合格
4	强电端子对机壳绝缘电阻(MΩ)	≥50MΩ	0.2	—	—	合格
5	安全接地电阻(Ω)	≤4Ω	0.2	—	—	合格
6	防雷接地电阻(Ω)	≤10Ω	零:83　火:89	—	—	合格
7	图像质量	无明显雪花干扰、网纹、黑白滚道及跳动	符合	符合	符合	合格
8	云台水平转动角	0°～360°	符合	—	—	合格

检测:张继超　　　　校核:秦　律　　　　审核:秦　律

交通部通信交通管理工程质量监督站
检测数据报表

报告编号:2007 - HNZKJ - 017

分项工程名称:闭路电视监视系统(续)			所属分部工程名称:收费系统工程			
项次	检查项目	技术要求	实测值或实测偏差值			单项检测结论
			淮阳内广场	淮阳站 101 车道	淮阳站 101 亭内	
9	云台垂直转动角	0°~90°	符合	—	—	合格
10	监视范围	符合设计要求	符合	符合	符合	合格
11	外场摄像机安装稳定性	受大风影响或接受变焦、转动等控制时,动作平滑、无抖动	符合	—	—	合格
12	自动光圈调节	自动调节	符合	—	—	合格
13	调焦功能	快速自动聚焦	符合	—	—	合格
14	变倍功能	可变倍	符合	—	—	合格
15	雨刷功能	工作正常	符合	—	—	合格
16	切换功能	监控中心可切换任意摄像机	符合	符合	符合	合格
17	录像功能	可录像,且录像回放清晰	符合	符合	符合	合格
18	硬拷贝功能	拷贝图像清楚	符合	符合	符合	合格
19	报警功能	监控中心可检测外场摄像机的工作状态并在故障时报警	符合	符合	符合	合格
分项工程检测结论			合格			

检测:张继超　　校核:秦　律　　审核:秦　律

交通部通信交通管理工程质量监督站
检测数据报表

报告编号:2007－HNZKJ－017　　　　共39页　第32页

分项工程名称:收费系统计算机网络				所属分部工程名称:收费系统工程				
项次	检查项目		技术要求	实测值或实测偏差值				单项检测结论
				周口北硬盘录像机		淮阳硬盘录像机		
				近端(WS)	远端(DR)	近端(WS)	远端(DR)	
1	基本要求		双绞线接头的压接形式符合EIA/TIA 568A或568B的要求;且在一个系统中只能选用一种,不得混用;网络系统处于正常工作状态	符合		符合		合格
2	外观及安装工艺		网线布放整齐美观,标识清楚;线缆路由正确,绑扎牢固,弯曲半径和预留长度符合规范	符合		符合		合格
3	网络接线图		符合EIA/TIA 568的要求	符合		符合		合格
4	缆线长度(m)		符合设计要求	10		10		合格
5	衰减(dB)	1(4,5)	符合EIA/TIA 568的要求	3.4		3.0		合格
		3(3,5)		1.7		1.7		
		2(1,2)		1.7		1.7		
		4(7,8)		3.5		3.6		
6	近端串扰衰耗(NEXT/FNEXT)(dB)	1,3	符合EIA/TIA 568的要求	42.3	40.7	33.0	33.3	合格
		1,2		45.4	38.7	32.0	39.4	
		1,4		46.4	63.3	53.6	47.2	
		3,2		40.6	40.8	37.1	39.0	
		3,4		29.2	33.3	45.0	70.3	
		2,4		78.5	47.4	39.8	44.4	

检测:张继超　　　　校核:秦　律　　　　审核:秦　律

交通部通信交通管理工程质量监督站
检测数据报表

报告编号:2007－HNZKJ－017　　　　共39页　第33页

分项工程名称:收费系统计算机网络(续)				所属分部工程名称:收费系统工程				
项次	检查项目		技术要求	实测值或实测偏差值				单项检测结论
				周口北硬盘录像机		淮阳硬盘录像机		
				近端(WS)	远端(DR)	近端(WS)	远端(DR)	
7	环路阻抗(Ω)	1(4,5)	符合 EIA/TIA 568 的要求	符合		符合		合格
		3(3,6)		符合		符合		
		2(1,2)		符合		符合		
		4(7,8)		符合		符合		
8	串扰与衰减比(ACR)(dB)	1,3	符合 EIA/TIA 568 的要求	39.3	35.3	30.3	29.4	合格
		1,2		41.1	35.4	29.2	30.7	
		1,4		42.9	48.4	44.6	43.7	
		3,2		39.0	39.1	35.9	37.7	
		3,4		25.7	29.8	36.3	41.4	
		2,4		46.3	43.9	41.6	40.3	
9	回波损耗(RL)(dB)	1(4,5)	符合 EIA/TIA 568 的要求	17.0	18.3	17.3	18.5	合格
		3(3,5)		16.5	18.4	18.0	21.2	
		2(1,2)		20.9	19.5	17.5	19.4	
		4(7,8)		15.7	17.6	15.7	17.3	
10	传输时延(ns)	1(4,5)	符合 EIA/TIA 568 的要求	47		46		合格
		3(3,5)		48		47		
		2(1,2)		48		47		
		4(7,8)		47		46		
11	线对间传输时延差(ns)		符合 EIA/TIA 568 的要求	1		1		合格
12	网络性能等级(级)		4级以上	5		5		合格
分项工程检测结论				合格				

检测:张继超　　　　校核:秦　律　　　　审核:秦　律

交通部通信交通管理工程质量监督站
检测数据报表

报告编号:2007 - HNZKJ - 017　　　　共39页　第34页

分项工程名称:计重收费系统				所属分部工程名称:收费系统工程		
项次	检查项目		技术要求	实测值或实测偏差值		单项检测结论
				周口西出口103	周口北出口102	
1	自检功能		设备可进行手动、自动自检	符合	符合	合格
2	系统功能		实现正常计重收费	符合	符合	合格
3	数据一致性		计重系统与车道软件数据的一致性	符合	符合	合格
4	设置功能		系统在调试、校准状态的功能设置	符合	符合	合格
5	安全接地电阻(Ω)		≤4Ω	1.3	2.0	合格
6	红外光栅分车器的有效作用尺寸		符合设计要求	符合	符合	合格
7	红外光栅分车器的最小分辨尺寸		符合设计要求	符合	符合	合格
8	倒车流程	进入后退出再进入	符合设计要求	符合	符合	合格
		不完全退出后进入		符合	符合	合格
		不完全进入后退		符合	符合	合格
		不完全倒车后进入		符合	符合	合格

检测:张继超　　　　校核:秦　律　　　　审核:秦　律

交通部通信交通管理工程质量监督站
检测报告

报告编号:2007 - HNZKJ - 017　　共 39 页　第 35 页

分部工程名称	低压配电、照明系统工程	工程地点	河南省商丘至周口(周口段)高速公路(68.75km)
合同编号	CTTZJ2007HNZKJ010	施工时间	2006.08 ~ 2006.12
工程名称	河南省商丘至周口高速公路周口段机电工程		
建设单位	河南通衢高速公路有限公司		
施工单位	淄博海德实业有限公司		
监理单位	北京泰克华诚技术信息咨询有限公司		
设计单位	中国公路工程咨询总公司		
工程概况	主要工程数量:高杆灯 24 基、中杆灯 32 基、柴油发电机组 6 台、低压配电设备、电力电缆线路。		
检测时间	2007 年 7 月 16 日 ~ 7 月 18 日		
检测环境	温度:33℃ ~ 35℃　　湿度:54% R.H ~ 75% R.H		
检测依据	1.《公路工程质量检验评定标准 第二册:机电工程》(JTG F80/2—2004); 2. 河南省商丘至周口高速公路周口段机电工程项目招投标文件、合同文件及设计文件。		
检测结论	淄博海德实业有限公司承包施工的河南省商丘至周口高速公路周口段机电工程项目低压配电、照明系统工程,经我站检测,各分项工程整体技术指标符合检测依据的标准、规范要求,系统功能满足要求,该分部工程质量合格。 检测单位公章 批准日期:2007 年 10 月 8 日		

检测:张继超　　校核:秦　律　　审核:秦　律　　批准:胡　波

交通部通信交通管理工程质量监督站
检测数据报表

报告编号:2007 - HNZKJ - 017　　　　共39页　第36页

分项工程名称:低压供配电			所属分部工程名称:低压配电系统工程		
项次	检查项目	技术要求	实测值或实测偏差值		单项检测结论
			周口北站	周口西站	
1	基本要求	设备部件完整,安装稳固,工作正常,设备排列整齐,标志清楚牢固,防腐措施得当;工作状态正常	符合	符合	合格
2	外观及安装工艺	设备安装稳牢固、端正,各部件完好,接地可靠,布线整齐,标识正确清楚	符合	符合	合格
3	联合接地电阻	≤1Ω	0.1	0.1	合格
4	发电机组启动及启动时间	符合设计要求	符合	符合	合格
5	发电机组输出电压稳定性	符合设计要求	符合	符合	合格
6	自动发电机组自启动转换功能测试	市电掉电后,机组能自动启动,稳定后送入规定的线路上,可手动优先切换	—	—	—
7	机组供电切换对机电系统的影响	机电系统所有设备不因受到机组电源切换,而工作出现异常	符合	符合	合格
8	电源室接地装置施工质量检查	接地体的材质和尺寸、安装位置及埋深;接地体引入线与接地体的连接以及防腐处理符合设计要求	符合	符合	合格
分项工程检测结论		合格			

检测:张继超　　　　校核:秦　律　　　　审核:秦　律

交通部通信交通管理工程质量监督站
检测数据报表

报告编号:2007 – HNZKJ – 017　　　　共 39 页　第 37 页

分项工程名称:照明系统			所属分部工程名称:照明系统工程		
项次	检查项目	技术要求	实测值或实测偏差值		单项检测结论
			周口北外广场	周口西外广场	
1	基本要求	设备安装到位,线缆布设符合要求,照明设施完整,协调	符合	符合	合格
2	外观及安装工艺	设备安装牢固、端正,各部件完好,防腐措施得当,裸露金属无锈蚀,接地可靠,机箱密封良好,布线整齐,标识正确清楚	基本符合	基本符合	合格
3	灯杆接地电阻(Ω)	≤10Ω	3.9	5.1	合格
4	灯杆镀锌层厚度(μm)	≥85μm	—	—	—
5	高杆灯灯盘升降功能测试	符合设计要求	—	—	—
6	自动、手动两种方式控制全部或部分照明器的开闭	符合设计要求	符合	符合	合格
7	定时控制功能	符合设计要求	符合	符合	合格
8	平均照度	符合设计要求	64	98	合格
	以下空白				
分项工程检测结论		—			

检测:张继超　　　　校核:秦　律　　　　审核:秦　律

交通部通信交通管理工程质量监督站
检测数据报表

报告编号:2007 – HNZKJ – 017　　　　

分项工程名称:照明系统			所属分部工程名称:照明系统工程		
项次	检查项目	技术要求	实测值或实测偏差值		单项检测结论
			刘庄互通 3#	周口西互通 1#	
1	基本要求	设备安装到位,线缆布设符合要求,照明设施完整,协调	符合	符合	合格
2	外观及安装工艺	设备安装牢固、端正,各部件完好,防腐措施得当,裸露金属无锈蚀,接地可靠,机箱密封良好,布线整齐,标识正确清楚	基本符合	基本符合	合格
3	灯杆接地电阻(Ω)	≤10Ω	1.5	5.3	合格
4	灯杆镀锌层厚度(μm)	≥85μm	—	—	—
5	高杆灯灯盘升降功能测试	符合设计要求	符合	符合	合格
6	自动、手动两种方式控制全部或部分照明器的开闭	符合设计要求	符合	符合	合格
7	定时控制功能	符合设计要求	符合	符合	合格
8	平均照度	符合设计要求	35	32	合格
	以下空白				
分项工程检测结论		合格			

检测:张继超　　　　校核:秦　律　　　　审核:秦　律

检 测 说 明

1. 本次检测是在河南省商丘至周口高速公路周口段沿线进行。

2. 本次检测采取随机抽样的方法抽取被测样本。

3. 本部分检测抽样频率依据交通行业标准《公路工程质量检验评定标准 第二册 机电工程》及检测合同要求(JTG F80/2—2004)。

4. 本报告“不合格”项分为三级:

A级:有严重缺陷,短时间内不能修复;

B级:有缺陷,但短时间内可修复,修复后不影响使用功能,性能下降不大;

C级:有轻微缺陷,不影响使用功能。

5. 在检测过程中发现:部分设备故障;车道通行灯红色亮度、光纤平均衰减及接头损耗、视频传输通道部分指标等不符合 JTG F80/2—2004 标准要求;部分设备布线、标识不规范;计重收费系统无收尾线圈等问题。在检测工作结束后,施工单位对以上工程缺陷进行了整改,并提交了整改报告,整改完成后达到规范要求。

6. 本检测报告是在施工单位2007年9月8日提交整改报告后出具的。

5. 商丘至周口高速公路周口段绿化工程

交工验收检测意见

河南省交通基本建设质量检测监督站

二〇〇八年七月二十日

一、工程概况

商丘至周口高速公路周口段是河南省规划的商丘—驻马店高速公路的重要组成部分,起自商丘市境内连霍国道主干线,终点向南延伸后将在驻马店附近与国道主干线京珠高速公路相连。商周高速公路周口境内工程,起自周口市太康县张集乡东南,接商周高速公路商丘段终点,止于商水县杨湖村西,路线全长68.75km。

沿线属暖温带半湿润大陆性季风气候区,气候温和,雨量充沛,四季分明。春季干旱多风,夏季炎热多雨,秋季寒暖适中,冬季寒冷少雪,多年年平均气温14.6℃,多年年平均降水量760mm。年内降水量分配不均,多集中在7、8、9三个月,占年降水量的50%以上。

本项目处于广阔的黄淮冲击平原中,沿线土壤多为亚砂土、亚黏土。本区地下水类型属于松散岩类空隙水和黏土裂隙水。

2008年7月17日省站组织了绿化工程验收小组,成员:李玮、刘英嫦,配合单位有河南通衢高速公路有限公司、河南省宏力工程监理咨询公司及各施工单位。本次验收的绿化工程为商周高速公路周口段绿化工程,本工程项目共划分为六个绿化施工标段和一个监理代表处。全线合同段、施工单位及监理单位的划分及安排如下表。

全线合同段、施工单位、监理单位一览表

工程项目	合同段	起讫桩号	施工单位	监理单位
绿化工程	SZZLH-1	K200+000—K213+540	潢川县顺利达花木盆景有限责任公司	河南省宏力工程监理咨询公司
	SZZLH-2	K213+540—K226+675	周口市鑫怡绿化工程有限公司	
	SZZLH-3	K226+675—K240+845	河南省豫南园林绿化有限责任公司	
	SZZLH-4	K240+845—K252+500	潢川紫红花木有限责任公司	
	SZZLH-5	K252+500—K268+750	潢川绿宇园林有限公司	
	SZZ6	K231+500—K239+450	连云港华祥国际工程有限公司	河南省豫通公路监理事务所

二、检测依据及组织情况

1. 检测依据

(1)交通部《公路环境保护设计规范》(JTJ 006—98);

(2)交通部《交通建设项目环境保护管理办法》;

(3)国发[2000]31号《国务院关于进一步推进我国绿色通道建设的通知》;

(4)《公路路基设计规范》(JTG D30—2004);

(5)《城市道路绿化规划与设计规范》(CJJ 75—97);

(6)《城市绿化工程施工及验收规范》(CJJ/T 83—99);

(7)河南省地方标准《高速公路设计技术要求》(DB 41);

(8)商丘至周口高速公路周口段施工图设计文件。

2. 外业检测组织情况

根据河南省通衢高速公路发展有限公司的申请,河南省交通基本建设质量检测监督站于2008年7月17—18日对商丘—周口高速公路(周口段)绿化项目进行交工质量检测。本次交工质量检测包括互通立交区绿化、路侧边坡、收费站区绿化、养护管理区和服务区绿化。

各外业检测人员对本项目外观检测以目测和钢尺量验的方法进行检测。

三、抽查项目、检测方法及检测频率

按照竣交工验收办法的要求，交工验收检测主要集中在工程树木成活率、花卉成活率、草坪覆盖率和内业资料审查四个方面。

(一)抽查项目

1. 苗木规格与数量

2. 草坪覆盖率

3. 苗木成活率

(二)检测方法

1. 目测

2. 钢尺量验

(三)检测频率

1. 互通立交区绿化检测频率：苗木规格与数量检测全部；苗木成活率检测全部；草坪覆盖率检测全部。

2. 路侧绿化检测频率：苗木规格与数量每1km检测50m，苗木成活率每1km检测200m，草坪覆盖率每1km检测200m。

3. 服务区与养护管理区绿化检测频率：苗木规格与数量检测全部；苗木成活率全部检测；草坪覆盖率检测全部，绿化附属设施检测全部。

4. 收费站区绿化检测频率：苗木规格与数量检测全部；苗木成活率全部检测；草坪覆盖率检测全部，绿化附属设施检测全部。

四、检查结果(合格率)

各标段抽检项目及合格率见下表。

商丘至周口高速公路周口段建设绿化工程项目检查结果汇总表

标段号	检测项目及合格率						备 注
	收费站区	互通立交区		路 侧		服务区	
		成活率	覆盖率	成活率	覆盖率		
SZZLH-1	97.0	98.0	98	93.3	91	—	
SZZLH-2	—	—	—	92.2	91	97.1	
SZZLH-3	98.7	96.8	98	93.1	88	—	
SZZLH-4	97.5	97.3	96	90.6	87	—	
SZZLH-5	96.9	97.4	96	87.6	87	—	
SZZ-6	—	—	—	87.0	87	—	

五、工程存在问题及建议

1. 互通立交、路侧绿化新更换苗木规格较杂；

2. 路侧绿化成活率及覆盖率较低；

3. 新更换苗木应加强养护。

六、结论性意见

商周高速公路周口段绿化建设项目设计合理，质量控制体系完备、有效；施工质量控制良好。经全面检测和质量状况分析,未发现影响交工验收的质量问题,验收合格,同意交工。

河南省交通基本建设质量检测监督站

二○○八年七月二十日

第三部分　专项工程验收

1. 商丘至周口高速公路周口段工程

环境保护执行报告

河南通衢高速公路有限公司

二〇〇九年三月

商丘至周口高速公路周口段工程环境保护执行报告

一、项目概况

商丘至周口高速公路(简称商周高速)位于河南境内,全长137.24km,东与连霍高速公路相接,西与南洛高速公路相连,汇入京珠高速公路。商周高速公路的建成通车,有效提高了区域内部及对外运输的效率和能力,优化和改善了河南省高速公路路网结构,对于促进地区间的资源共享、产业互补和经济共荣,都具有十分重要的意义。

商周高速周口段工程,始于周口市太康县张集乡东南,止于周口市商水县杨湖村,与已建成的南洛高速相连。项目为双向四车道高速公路,设计行车速度为120km/h,设有大桥8座、中小桥30座、互通立交6处、立交桥36座、通道78道、涵洞67道、天桥16座,服务区1处、匝道收费站4处,全长68.75km。概算总投资为20.987亿元,概算环保投资为1492.6万元,实际环保投资为6684.4万元。

河南省发展计划委员会以豫计基础[2003]1537号、豫计设计[2003]1914号文批准了该项目的可行性研究报告和初步设计。本工程于2004年2月开工建设,2006年12月交工验收后通车试运营。

二、环境保护工作情况介绍

环境保护是我国的一项基本国策,根据《建设项目环境保护管理条例》和《交通建设项目环境保护管理办法》,委托交通部环境保护中心编制完成环境影响报告书,河南省环境保护局以豫环监[2004]46号文对环境影响报告书进行批复,后国家环境保护局办公厅以环办函[2004]478号文对项目环评进行复核。

三、项目设计、施工及试营运阶段采取的环保措施

环境保护工作是我国的一项基本国策。本工程从立项开始,就对环境保护工作提出了严格的要求,结合该工程的特点,采取了切实可行的措施,尽量做好公路建设项目的环境保护和绿化工作,优化设计方案,减小施工、营运等活动对环境的不利影响,保护环境,保护人身健康,促进交通运输业与经济、社会及环境的协调发展。

(一)思想重视,机构健全,为环保工作打下坚实基础

为了把商周高速周口段高速公路建设成一条"绿色路、景观路、生态路"的高速通道,在工程开始,我们就对环境保护方面非常重视,成立专门部门,专人负责环保工作,统一指挥、协调、管理,落实各项环保措施,将环保工作与项目实施同部署、同检查、同落实。采取有效措施,对项目实施过程中产生的废水、废气、废渣加以治理。开展文明施工,杜绝施工扰民。尽最大可能避免影响项目建设周边环境,取得了较好的成效。

(二)优化设计,加大环保力度

为更好的落实环境保护,我们将环境保护的思想贯穿于设计阶段,使公路线形、桥涵、互通立交和沿线设施与自然景观相协调。主要修改和完善以下几方面的工程设计:

(1)平原地区村镇密布,高速公路线位布设充分征求地方政府、相关部门及沿线群众的意见和建议。在条件许可时,尽可能照顾地方和群众的利益,不破坏或少破坏沿线基础设施,不

穿越大的村镇,避免了大规模的拆迁。

(2)桥址的选择,结合考虑接线设计,注意了与水源保护地及城镇饮用水集中取水井间保持足够的距离。如沙河大桥,因下游设有周口市二水厂取水口,我们在设计阶段,将原设计距取水口约10km的线位继续优化为距取水口距离约12.5km,线位偏移2.5km左右,切实保障了周口市用水安全。

(3)在路基防护工程设计中,采用植草防护和工程防护相结合的生态防护措施,减少水土流失的破坏。同时注意防洪、排涝等环境问题,增加建设中、小桥6座。尽量维持既有的水利设计、理顺因工程建设而改变的排灌系统,确保水系畅通。

(4) 在路基路面排水设计中,坚持高速公路自成排水系统的原则,使公路排水不影响沿线耕地、果园等。

(三)强化管理,切实落实环境保护措施

商周高速周口段工程自项目立项开始,就对环保工作非常重视,制订了工作计划表,围绕环境保护这个中心,按照省、市各级领导的要求和指示,将商周高速建成一条"绿色路、景观路、生态路",我们主要采取了以下具体措施:

(1)合理安排,控制噪声污染

公路施工期的噪声主要来自施工机械和运输车辆。为减小此类噪声对沿线居民的影响,我们采用较先进的施工机械,并注意对机械的保养和正确的操作,尽量使机械噪声维持在最低水平,同时选择较为合理的运输路线,减少运输车辆对沿线居民的噪声影响。对于施工人员的保护方面,通过合理安排人员轮流操作,减少接触高噪声的时间,或穿插安排高噪声和低噪声的工作。对于距声源较近的施工人员,除采取佩戴防护耳塞措施外,还适当缩短其工作时间。

为更有效降低营运后的交通噪声对沿线居民的影响,使公路沿线两侧居民、文教区有一个较为安静的工作、学习、生活环境,我们根据环评时预测超标较高的3处敏感点和1所距离较近的学校,建设4处声屏障,共计600m。同时采用出资购买树种后交于沿线种植,在沿线建设约15m宽的绿化林带,对降低噪声影响也起到一定效果。

(2)加强管理,减少空气污染

公路施工过程中,对环境空气产生污染,主要是施工场所产生的扬尘。为此,我们努力做到以下几点:

1.对各搅拌站、拌和场以及进出便道进行了硬化;

2.在施工期注意洒水,包括搅拌站、拌和场、便道和路基施工现场,要求施工单位洒水碾压,防止起尘;

3.对仓库和料场,制作棚架遮挡或加以覆盖;

4.对运输松散材料的车辆加以覆盖,以减少散落;

5.搅拌站、拌和场均设置在距下风向居民300m外,同时定期检查设备密封情况,保持良好的密封状态。

以上措施使施工期空气中的粉尘含量得到了有效的控制。

在营运期间,空气污染物主要来自汽车尾气。为此我们在公路两侧种植的绿化林带,有效地减轻了大气污染。

(3)综合治理,防治水土流失、美化景观

公路的绿化是保持路基稳定,防止水土流失的重要措施。项目委托中国公路工程咨询监理总公司进行专项绿化景观设计,为公路建成后创造了优美景观和驾乘的舒适感。根据不同边坡高度，采用种植灌木结合植草防护，拱形骨架播种草籽等多种边坡防护方式；并在隔离栅内侧种植爬山虎；在互通立交范围内，按照不同设计要求，种植各种常绿及落叶乔木或灌木。设计施工时考虑了绿化与美化工作相结合，根据环境和地质的条件，以及在全线中的位置来选择绿化栽植形式和植物品种选择好管养、易存活的乡土树种，并且考虑“点、线、面”的有机结合，使全线绿化风格形成有机整体。

在对取土场设置问题中，要求建设单位与地方协商并达成书面协议，取土场基本能够按照地方要求设置，并能将对待复耕的取土场表土进行剥离保存，并采取相应的保护措施，确保取土完毕后的回填复耕工作。

边坡防护采用植物防护和工程防护相结合的防护措施，在植物措施设计中，做到了“适地适树”的原则，达到了防风固沙、保持水土、改善生态环境的作用，做到了水土保持。

根据《中华人民共和国水土保持法》及有关法律法规规定，开发建设项目水土保持设施必须与主体工程“同时设计、同时施工、同时投产使用”。按照水利部令第16号《开发建设项目水土保持设施验收管理办法》的规定，项目公司经过与实地对照，进行自查初验，认为水土保持设施总体达到了竣工验收的条件和要求。

(4)设备完善，保护水环境质量

施工期水环境污染主要来自施工场地。施工时，首先，要求施工单位借助原有的化粪池，将生活用水集中处理，做到达标排放；其次，严禁施工机械向水域排放含油污水，要求大型机械的停放点，加油、检修点，均远离河流，并将高速路上排出的污水由拦水带收集，经排水沟、边沟引至合理排放点排放；再次，要求工程废料、弃渣在规定地方合理堆放，要求施工人员生活垃圾集中处理，合理处置，严禁向河道丢弃。拌和场所需的砂石材料都堆放在固定场所，远离水体。桥梁建设时设置围堰，避免泥浆水污染水体。

项目路线途经沙河、颍河，其中沙河下游12.5km处为周口二水厂取水口，虽然周口二水厂取水现已改为地下取水，但项目公司为保证周口市用水安全，对沿线敏感河流沙河、颍河设置桥面径流收集系统。并根据《中华人民共和国道路运输条例》、《危险化学品安全管理条例》和交通部《道路危险货物运输管理规定》等有关法律法规，公路管理单位制定《商周高速公路危险化学品运输管理制度》和《商周高速公路危险品车辆事故处置预案》。

污水处理方面，在沿线1个服务区设置2套、4个匝道收费站各设置1套污水处理装置。排放的污水经处理后，方能排放。

(5)以人为本，加强环境保护工作

河南文物丰富，为防治文物损失，建设单位按国家《文物保护法》等相关规定，委托周口市文物考察研究所开展了开工前考古挖掘工作，并实施了应急保护，有效地保护了文物。

通道积水是高速公路老问题，为解决积水问题，项目为沿线通道设置挡雨棚，在通道口设置小土坡阻挡地面径流进入通道内，有效缓解了沿线通道积水的问题。

四、经验和体会

环保工作对于我们来说，是一个全新的课题，自建设初我们就得到各级部门的悉心指导和大力支持，全体建设者在环保方面做了大量的工作，采取了一系列切实可行的措施，使整个项目的环保工作取得了较好的成绩。

按照环境影响报告书的要求，我公司严格执行了报告书和国家环保总局的批复意见。设计阶段，对路线的选定进行了多种方案比选，采纳环保专家的意见，对边坡、挡墙、绿化等工程做了详细的环保设计；施工过程中，严格执行环保设计方案加强环保监督管理，采取具体治理措施，认真执行环评报告书，本着实事求是的态度，对设计不足之处进行优化，对发现的环保问题及时处理，并加大环保投入；运营阶段质量缺陷期内，对环保设施进行定期检查修复，使之能有效的投入使用。

但由于我们缺乏经验，可能还存在一些不足，在今后的运营管理工作中，我们将进一步加以改善和提高，使商周高速周口段成为一条绿色、景观、生态路。

最后，衷心感谢各级部门领导一直以来对高速公路建设的关心和支持。

河南通衢高速公路有限公司

2009年3月

2. 商丘至周口高速公路周口段工程建设项目竣工环境保护验收申请报告

(生态影响为主项目)

项目名称 商丘至周口高速公路周口段工程

建设单位 河南通豫高速公路有限公司 (盖章)

建设地点 河南省周口市

项目负责人 李国喜

联系电话 0371-68256519

邮政编码 450000

环保部门填写	收到验收报告日期	
	编号	

国家环境保护总局制

说　　明

1. 此验收申请报告根据《建设项目竣工环境保护验收管理办法》制定。

2. 本报告为建设单位申请建设项目竣工环境保护验收的必备材料之一,需在正式申请验收前按要求由建设单位填写。

3. 表格中填不下或仍需另加说明的内容可以另加附页补充说明。

4. 封面页建设单位需加盖公章。

5. 本报告属国家级审批须一式 6 份,属省级审批须一式 5 份,属地市审批须一式 4 份。

6. 本报告主送负责建设项目竣工环保验收的环境保护行政主管部门,在正式审批后分送有关部门存档。

表一

建设项目名称	商丘至周口高速公路周口段工程		
行业主管部门	交通部	行业类别	交通运输
建设项目性质(新建、改扩建、技改、迁建)		新建	
环境影响报告书审批机关及批准文号	河南省环境保护局,豫环监【2004】46号 国家环境保护总局办公厅,环办函【2004】478号		
初步设计审批机关及批准文号、时间	河南省发展计划委员会,豫计设计【2003】1914号		
投资总概算	217400 万元	其中环保投资	1492.6 万元
实际总投资	209870 万元	其中环保投资	6684.4 万元
废水处理投资 275.5 万元 噪声处理投资 276.3 万元 生态、绿化投资 5389 万元		废气处理投资 万元 固废处置投资 万元 其他处理投资 743.6 万元	
环境影响报告书编制单位	交通部环境保护中心		
环保设施设计单位	中国公路工程咨询集团有限公司		
环保设施施工单位	周口市公路交通设施有限公司		
环保验收调查单位	上海船舶运输科学研究所		
建设项目开工日期	2004年2月		
建设项目投入试运行日期	2006年12月		

项目概况及生态影响特性表

表二

永久占地面积	494(hm^2)	淹没区面积	——(hm^2)
临时占地面积	187(hm^2)	临时占地恢复面积	34.3(hm^2)
永久占用耕地面积	443(hm^2)	恢复耕地面积	——(hm^2)
永久占用林地面积	13.4(hm^2)	恢复林地面积	——(hm^2)
永久占用草地面积	——(hm^2)	恢复草地面积	——(hm^2)
永久占用其他面积	37.6(hm^2)	恢复其他面积	——(hm^2)
工程区绿化面积	202(hm^2)	工程区绿化投资	5389(万元)
治理水土流失面积	——(hm^2)	水土保持投资	492.6(万元)
迁移人口	860(人)	移民环保投资	281 5(万元)
取土石方量	750(万 m^3)	弃土石方量	0(万 m^3)

项目概况(项目主要组成内容、规模或能力及主要特性):

项目路线呈东北至西南走向,始于商丘市柘城县铁关乡花庄村与周口市太康县张集乡冯庄村交界处附近,途经周口市太康县、淮阳县、川汇区、西华县、商水县,止于周口市商水县杨湖村,全长68.75km,设1条连接线,周口北连接线长5.75km。项目为四车道高速公路,设计行车速度120km/h,目前折合每日车流量约6400pcu

涉及的环境敏感目标及影响:

环境要素	目前实际环境敏感目标	影响时段	主要影响行为
生态环境	沿线耕地、地表植被	施工期	工程施工
			工程占地(主线、取土场、临时工程等)
声环境	主线沿线42个村庄、5所学校; 连接线1条共5个村庄,1所学校	施工期	施工机械作业、筑路材料运输
		营运期	交通噪声
水环境	黑河、贾鲁河、颍河、沙河	施工期	桥梁施工、建筑材料运输
		营运期	危险品运输环境风险
大气环境	主线沿线42个村庄、5所学校; 连接线1条共5个村庄,1所学校	施工期	施工作业、筑路材料运输
		营运期	汽车尾气排放
社会环境	征地拆迁户	施工期	征地拆迁
	文物古迹		公路建设
	沿线居民	营运期	封闭路线的阻隔影响

生态影响防护与恢复措施(设施)一览表

表三

生态影响防护与恢复措施(设施)	投资(万元)	落实情况及实施效果
①公路建设永久占地和临时占地数量较大,建设单位要采取集中取土方式,严格控制取土深度,避免造成土壤盐渍化及积涝;认真做好取土场、临时占地的生态恢复和还田复耕工作,并对高速公路沿线进行绿化。	5389	①对工程占地的环保措施基本落实,取土场多数按地方要求恢复为鱼塘,并在全线出资实施绿化带进行绿化补偿。
②高速公路建设必须严格控制永久和临时占地,合理降低路基高度。充分利用电厂粉煤灰、钢铁厂矿渣等作为路基填料。		②为减少占地,项目对路基设计不断优化,降低了路线平均高度。由于粉煤灰、矿渣等材料近年来被广泛使用,用量较难保证,故未使用粉煤灰、矿渣等作为路基填料。
③对高速公路进行全面绿化,做好绿化补偿,防止水土流失,建议委托专业单位进行公路绿化和景观设计,合理选用树种。		③公路对中央隔离、边坡均进行绿化,并在公路沿线建有15m隔声林,服务区、收费站、互通区等都进行绿化设计,基本满足沿线的绿化补偿,有效防治水土流失

注:生态影响防护与恢复措施(设施)主要是指物种多样性和珍稀、濒危物种的保护;植被的保护与恢复;资源保护和合理利用(包括土地、水资源);减少水土流失;土壤质量保护;控制污染的生态影响;生态监测等,应包括措施名称、保护对象、保护目标及措施内容等。

污染处理设施及排放口一览表

表四

设施名称及排放口	处理规模与方法	投资(万元)	监测结果				执行标准	排放去向	备注
			污染物名称	处理前	处理后	处理效率			
服务区1处收费站3站	地埋式生物膜法处理,设计处理能力3t/h	125	pH	8.11~7.92	8.06~7.88	——	6~9	服务区边沟	
			COD_{Cr}	232~162	64.5~48.6	73.6%~66.9%	150		
			BOD_5	110~76.2	29.1~22	77.3%~68.2%	30		
			SS	412~42	45~31.2	90.8%~34.6%	150		
			动植物油	26.5~11.2	6.6~4.2	75.1%~58.0%	15		
			氨氮	29.2~19.7	15.2~11.2	54.8%~33.0%	25		
			石油类	11.2~10.4	3.1~2.9	74.1%~70.8%	10		

表五

环保管理措施执行情况：

1. 声环境

沿线共为4处敏感点实施声屏障降噪措施，总长共计600m，并在沿线实施约15m隔声林带。为预测达车流量后声环境超标敏感点实施跟踪监测措施，并预留资金，及时采取补救措施。

2. 生态环境

项目永久占地7410亩，临时占地3320亩。共设83处取土场，现场踏勘情况表明9处复耕，2处进行养殖（鸭），1处恢复为互通绿化，71处恢复为鱼塘、蒲草塘、藕塘或水塘。12处临时工程占地，14处临时工程占地，11处临时工程占地复耕，1处利用服务区用地，已建成服务区，2处为地方利用。

3. 环境空气

公路两侧建设有15m左右绿化带，基木落实了环评及其批复提出建设绿化带减缓交通废气影响的措施。

4. 地表水环境

据调查，项目路基、路面排水体系完整，各辅助设施均设置有污水处理系统，监测结果显示，上述污水处理设施效果良好，服务区及收费站污水经处理后均能达标排放。为防止桥面发生危险品事故造成水源污染，在沙河、颍河大桥实施桥面径流收集系统。

5. 环境风险核查

建设单位针对危险品车辆交通事故编制有《商周高速公路危险品车辆事故处置预案》，项目通车至今未发生过危险品车辆事故

环境监测措施执行情况：

项目施工期未实施环境监测

环保监理措施执行情况：

调查主要结论：

1. 生态环境影响调查

(1)项目永久占地7410亩,临时占地3320亩,其中取土占地2805亩,施工临时占地515亩。项目取土方式采用集中取土为主,结合部分广取浅挖的方式,从现场情况看,广取浅挖方式的取土场均已复耕,恢复情况良好,集中取土的取土坑按地方要求恢复为鱼塘。施工临时用地多数复耕,恢复情况良好。

(2)项目共设83处取土场,现场踏勘情况表明9处复耕,48处恢复为鱼塘,6处恢复为蒲草塘或藕塘,2处进行养殖(鸭),1处恢复为瓦通绿化,17处恢复为水塘。

(3)项目沿线共设14处临时工程占地,11处临时工程占地复耕,1处利用服务区用地,已建成服务区,2处为地方利用。

(4)据调查,工程通过桥梁、涵洞的建设,基本保证了通行及灌溉的需求。

(5)从现场情况看,公路具备有较为完善的防护、排水系统,绿化情况良好,在达到水土保持的同时,起到了美化周围景观的作用。

2. 声环境影响调查结论

(1)主线沿线47个敏感点,其中包括42处村庄,5所学校。连接线6处敏感点,5处村庄,1所学校。

(2)经调查,项目按环评要求,采用补贴绿化费用的方式,在项目沿线建设了15m的绿化带,以缓解交通噪声及废气的污染,并为环评预测近期超标量大于3dB的3处村庄和1处距离较近的学校安装声屏障的降噪措施。

(3)根据监测数据分析,主线沿线47个敏感点中,4处学校达标,1处学校夜间超1类标准,30处村庄昼夜达标,12处村庄1类区夜间有轻微超标,连接线6处敏感点均达标。采用新颁布的《声环境质量标准》(GB3096—2008)校核后,全部敏感点均可达标4a类、2类标准。

综上所述,项目完成环评提出降噪措施,并按实际情况进行整改,符合验收要求。

3. 水环境影响调查结论

(1)经调查,项目路基、路面排水体系完整,并通过原有沟、渠与区域排水系统相联通,路面排水对沿线水环境基本无影响。

(2)项目距沙河饮用水源保护区最近距离约10km,并在沙河、颍河大桥实施桥面径流收集系统,可有效防止桥面发生危险品事故造成水源污染。

(3)监测结果表明,项目服务区、收费站污水经处理后水质可达到《污水综合排放标准》中的相应排放标准。现场勘察,污水经处理达标后排至地方沟渠,符合环评提出的要求。

综合上述,正常路况条件下,项目对沿线水环境基本无影响,各收费站污水处理设备满足处理达标要求,符合验收要求。

4. 大气环境影响调查结论

本工程沿线均为空旷的农村地区,加上地方在公路两侧建设的绿化林带的缓解作用,汽车废气对沿线大气环境质量基本没有影响。

5. 固体废弃物调查结论

建议将服务区、收费站所产生的固体废弃物集中存放、定期清运,交于环卫部门处理。

6. 社会环境影响调查

(1)本项目在河南省干线公路网中具有十分重要的地位,将对带动豫东经济的持续发展起到至关重要的作用。

(2)通过合理设置过路设施有效地减少了高速公路的阻隔效应。

项目建设对社会环境影响很小,符合环评提出的要求。

7. 公众意见调查结论

从公众意见调查结果来看,公众普遍对本公路的建设表示支持,通行车辆的司乘人员对公路的质量给予了较高的评价。调查结果显示,公众对声屏障降噪效果表示满意,对项目环保工作予以肯定

表七

目前存在的主要环境问题及需进一步采取的措施：
建议： (1)建议建设单位认真做好跟踪监测,若超标量有所增加,及时采取有效的降噪措施。 (2)建议加强对桥面径流收集系统的保养和维护工作,保证设备有效正常运行

验收组(委员会)验收意见:

商丘至周口高速公路周口段工程竣工环境

保护验收组验收意见

受环保部委托,2009年4月4日,河南省环境保护厅会同省交通运输厅、省高发公司组织周口市环保局及商水、淮阳、太康、川汇区环保局,对商丘至周口高速公路周口段工程竣工环境保护情况进行了检查验收(验收组名单附后),参加验收的还有验收调查单位上海船舶运输科学研究所、验收监测单位商丘市环境监测站、建设单位河南通衢高速公路有限公司等单位代表共计26人。验收组及代表听取了建设单位关于该项目的环境保护执行报告及调查单位关于该项目的竣工环境保护验收调查报告的汇报,到现场进行了环境保护检查,审阅并核实了有关资料,经认真讨论,形成验收组验收意见如下:

一、工程基本情况

商丘至周口高速公路周口段工程呈东北西南走向,起于周口市太康县张集乡东南,途经周口市太康县、淮阳县、川汇区、西华县、商水县,止于周口市商水县杨湖村,与已建成的南洛高速相连,路线全长68.75km。全线按双向四车道高速公路建设,设计车速120 km/h,路基宽28m;设互通立交6处、分离式立交43处、匝道收费站4处、服务区1处、养护工区1处;大桥8座、中小桥32座、天桥16座;涵洞、通道136道。工程总投资21亿元,其中环保投资6684.4万元,占总投资的3.2%。工程于2004年2月开工建设,2006年12月主体工程建成并通车试运营,目前本工程日平均车流量达到设计近期车流量。

二、环境保护执行情况

该工程在建设中执行了环境影响评价和环境保护“三同时”管理制度,落实了环评报告书及其批复中提出的污染防治和生态恢复措施。施工期间采取了降噪、防尘、减少水土流失等环境保护措施,合理安排施工时间,避免夜间施工扰民。取、弃土场和临时用地在施工完毕后基本得到了平整和恢复利用。对沿线4个声环境重点敏感点设置了声屏障。公路建设和运营部门环境保护管理机构健全,环境保护管理制度较完善。

三、调查结果

1. 生态环境

工程永久占地7410亩,施工结束后对施工营地及取土场等临时占地采取了平整复耕、植草绿化、改造为鱼塘等恢复措施。路基边坡根据路基填土高度分别采取工程防护和植被防护等防护措施,有效地减轻了水土流失。公路两侧路界和互通式立交区等处进行了绿化,公路全线种植草坪绿化202万m^2,景观效果良好。

2. 声环境

监测表明,在目前车流量情况下,红线外50m内首排执行4类标准的敏感点昼夜间噪声均达标;红线外50m以外首排执行1类标准的敏感点,昼夜间噪声达标;周口北连接线两侧敏感点昼夜间噪声达标。

3. 水环境

验收监测表明,收费站、服务区污水处理设施出水水质满足《污水综合排放标准》(GB 8978—1996)中二级标准要求,污水处理设施运行正常,废水排入公路沿线边沟或农灌沟渠,对环境影响较小。沙河、颍河大桥设置了桥面雨水收集池,满足事故废水收集要求,未对水体造成污染。

4. 环境空气和固体废物

工程沿线的收费站、服务区均使用空调采暖或电锅炉,服务区和收费站厨房或食堂均使用液化石油气,并配有油烟净化装置,工程营运对环境空气的影响较小。

沿线服务设施都设有垃圾桶,由当地的环卫部门定期清运,不会对沿线环境产生大的影响。

5. 公众意见调查

公众参与共发放调查表90份,回收了81份,被调查对象中由91.4%的公众对本项目环保工作表示满意。同时公众表示高速公路对原有道路造成阻隔,影响出行;少量被调查者对沿线绿化占用耕地表示不满。

四、验收结论

商丘至周口高速公路周口段工程环保手续齐全,基本落实了环评报告书及批复的要求,在设计、施工和试运营阶段均采取了有效措施,控制对环境的影响,项目建设符合环境保护验收条件,同意该工程通过环境保护验收。

五、建议和要求

1. 加强工程营运期声环境的跟踪监测,发现公路沿线敏感点声环境质量超标,应立即采取有效的噪声污染防治措施,降低公路交通噪声对沿线敏感点的影响

续上表

2. 目前车流量较小，需加强对服务区废水处理设施运行管理和外排废水的跟踪监测，及时采取有效措施，确保废水达标排放。及时对服务区周围公路边沟的清理，保证废水排放通畅，减少废水积存对周围环境的影响。 3. 加强路政管理，高速公路入口处安装提示运输有毒、有害物品车辆谨慎慢行警告牌；沿线跨越河流路段安装提示运输易燃、易爆物品车辆慢行警告牌。 4. 加强各项环保设施的日常管理维护工作，保证其正常运行。对事故应急预案定期进行演练，杜绝发生事故造成污染。 验收组 二〇〇九年四月四日

商丘至周口高速公路周口段工程竣工环境保护验收组名单 表九

专家组	姓 名	单 位	职务/职称	签 名
组长	郜国玉	省环保厅	调研员	郜国玉
成员	李学敏	省环保厅	副调研员	李学敏
	刘 勇	省环保厅	副调研员	刘勇
	崔洪涛	省交通运输厅	主任科员	崔洪涛
	韩 冰	省高发公司	教 高	韩冰
	熊和平	周口市环保局	副局长	熊和平
	杨国建	周口市环保局	科长	杨国建
	刘平	周口市环保局	副科长	刘平
	董桂荣	川汇区环保分局	副局长	董桂荣
	夏国民	商水县环保局	股长	夏国民
	张 娜	淮阳县环保局	股长	张娜
	杜 旻	太康县环保局	股长	杜旻

行业主管部门验收意见： 同意通过验收。 经办人(签字)：崔洪涛　　 章 2009年　月16日
所在地环境保护行政主管部门验收意见： （公章） 经办人(签字)：　　年　月　日

所在地环境保护行政主管部门验收意见：

豫环保验[2009]26号

关于商丘至周口高速公路周口段工程的竣工环境保护验收意见

一、商丘至周口高速公路周口段工程环评审批手续齐全,环保设施、措施按要求落实,各项污染物的排放达到国家相应标准;生态恢复措施按要求落实,同意通过验收。

二、建设单位应按照验收组意见完善环保措施。对工程沿线噪声敏感点进行跟踪监测,适时采取降噪措施,确保敏感点噪声达标;对服务区外排污水进行定期监测,并加强污水处理设施的运行管理,确保服务区污水达标排放;严格落实环境风险防范措施,定期进行演练,提高风险应急能力,杜绝发生污染事故。

三、加强各项环保设施的管理和维护,确保污染物稳定达标排放。

二〇〇九年[illegible]七日

经办人:刘勇

交通运输行政主管部门意见：

我部委托河南省交通运输厅参加了商丘至周口高速公路竣工环境保护现场验收。该项目位于河南省周口市境内，起于商丘市柘城县铁关乡花庄村附近，止于周口市商水县杨湖村，路线全长68.75km，采用双向四车道高速公路标准建设，设计车速120km/h，路基宽度28m；周口北连接线长5.75km，采用二级公路标准建设，设计行车速度80km/h，路基宽度17m。全线建设桥梁40座，互通式立交6处，分离式立交43处，天桥16座，涵洞60道，通道76道，收费站4处，服务区1处，养护工区1处。

该项目执行了环境影响评价和环境保护"三同时"制度。建设单位重视环境保护工作，工程取弃土场、施工营地等临时用地进行了清理和生态恢复，辅助设施设置了污水处理系统，在沙河、颍河大桥实施桥面径流收集系统，对噪声超标的环境敏感点进行了防治，其中4处设置了隔声屏障，根据监测结果，各项污染物均符合相应的控制标准。该项目符合竣工环境保护验收条件，同意通过环境保护验收。

请公路运营单位继续加强环保管理，做好运营期噪声、污水等环境监测工作和各项环保设施的日常维护和管理。

年 月 日

经办人：

表十一

负责验收的环境行政主管部门意见 环验[　　]______号   （公章） 经办人(签字)：　　　　　　　　　　年　　月　　日

3. 中华人民共和国环境保护部关于商丘至周口高速公路周口段工程竣工环境保护验收意见的函

环验[2009]138号

河南通衢高速公路有限公司：

你公司《商丘至周口高速公路周口段工程竣工环境保护验收申请报告》(编号2009—135)及相关验收材料收悉。受我部委托，河南省环境保护厅组织相关单位，于2009年4月4日对该工程进行了竣工环境保护验收现场检查。经研究，现函复如下：

一、工程呈东北西南走向，起于周口市太康县，途经淮阳县、川汇区、西华县，止于周口市商水县，与已建成的南洛高速相连，路线全长68.75km。全线按双向四车道高速公路建设，设计车速120km/h，路基宽28m；设互通立交6处、分离式立交43处、匝道收费站4处、服务区1处、养护工区1处；大桥8座、中小桥32座、天桥16座；涵洞、通道136道。工程总投资21亿元，其中环保投资6684万元，占总投资的3.2%。工程于2004年2月开工建设，2006年12月建成投入试运营。目前工程日平均车流量达到设计近期车流量。

二、上海船舶运输科学研究所提供的《商丘至周口高速公路周口段工程竣工环境保护验收调查报告》表明：

(一)工程施工结束后对施工营地、取土场等临时占地采取了平整复耕、植草绿化等恢复措施。路基边坡采取工程防护和植被防护，有效减轻了水土流失。公路两侧路界和互通式立交区等处进行了绿化。公路全线种植草坪绿化202万m^2，景观效果良好。

(二)对沿线4个声环境重点敏感点设置了声屏障。在目前车流量情况下，沿线学校噪声值均符合《声环境质量标准》(GB3096—2008)2类区标准；位于4类区和2类区的村庄噪声值均符合《声环境质量标准》(GB3096—2008)。

(三)收费站、服务区污水处理设施出水水质满足《污水综合排放标准》(GB8978—1996)二级标准。沙河、颍河大桥设置了桥面雨水收集系统。

(四)制定了《商周高速公路危险化学品运输管理制度》和《商周高速公路危险品车辆事故处置预案》。

(五)95.1%的被调查者对工程环境保护工作表示满意和基本满意。

三、工程环境保护手续齐全，落实了环评报告书及其批复中提出的主要环保措施和要求，工程竣工环境保护验收合格。

四、工程投运后应做好以下工作：对工程沿线噪声敏感点跟踪监测，适时采取进一步降噪措施；进一步完善环境风险应急措施，开展环境风险应急演练；加强植被养护和各项环保设施的日常维护和管理。

五、我部委托河南省环境保护厅和周口市环境保护局负责该工程运营期的环境监管。

六、你公司应在20日内将审批的验收申请报告及验收调查报告送地方各级环境保护行政主管部门。

二〇〇九年五月二十一日

4. 商丘至周口高速公路周口段工程

竣工档案专项验收申报资料

河南通衢高速公路有限公司

二〇〇九年七月

关于商丘至周口高速公路(周口段)进行档案验收的请示

通衢高质[2009]6号

河南高速公路发展有限责任公司：

在省交通厅、省高发公司的领导下，商周高速周口段项目于2006年12月15日胜利建成通车，已经过两年的试运营期，各项指标达到设计能力。后期工作组工程资料整理工作已基本结束，经厅档案部门多次指导，基本具备档案专项验收的条件。根据交通部2004年第3号令《公路工程竣(交)工验收办法》的指示精神，现申请进行档案验收。

妥否　　请批示

附件：1. 河南通衢高速公路有限公司商丘至周口高速公路(周口段)档案验收申请报告(略)

2. 河南省公路工程建设项目档案专项验收申请表(略)

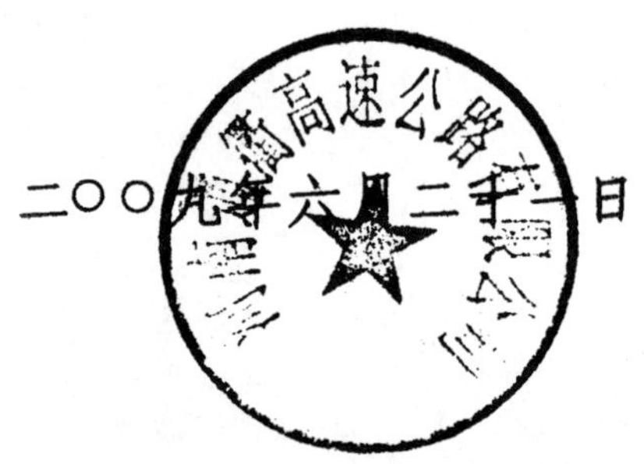

二〇〇九年六月二十一日

5. 商丘至周口高速公路周口段工程竣工档案执行报告

一、工程概况及编制依据

1. 工程概况

商丘至周口高速公路周口段，是我省重点建设项目之一，该项目起自周口市太康县张集乡东南，经符草楼乡、淮阳县四通镇、临蔡镇、白楼乡、郑集乡、曹河乡、川汇区搬口乡、北郊乡、西华县东王营乡、大王庄乡、李大庄乡、至商水县邓城镇、张庄乡杨湖村西，与已经营的漯周界高速公路相连，沿线经4县、1区、14个乡镇，全长68.75km，批复概算总投资20.98亿元。

主要工程量

全线共有路基土方822.77万m^3，大桥8座，中小桥30座，天桥16处，互通立交4处，枢组2处，分离式立交36座，通道78道，涵洞67道。全线设收费站4处，服务区1处。

商丘至周口高速公路周口段于2004年2月28日正式开工，于2006年12月15日通车试运营。

2. 编制依据

商丘至周口高速公路周口段竣工文件资料编制过程中主要依据交通部《公路工程质量检验标准》（JTGF80/1—2004）、《关于印发（公路工程竣工文件材料立卷归档整理办法）的通知》、《公路工程交竣工验收办法》（交通部令2004年3号）、河南省交通厅《河南省公路工程竣工文件立卷归档整理细则》的规定及河南通衢高速公路有限公司有关文件要求，结合工程建设实际编制而成。

二、档案工作概况及保证项目档案完整、准确所采取的措施

1. 建立项目工作管理机构、健全档案管理制度

我公司在项目建设期间就十分重视竣工档案的整理工作，按照《河南省公路工程建设项目档案专项验收暂行办法》以及《河南省公路工程竣工文件立卷归档整理细则》的要求成立了项目竣工档案整理工作小组，安排专职人员负责交竣工资料的整理工作。施工单位以项目经理亲自挂帅，合同部、技术部、质检部各抽一名技术人员，同时设一名专职档案资料整理员组成工作小组。

为了确保商丘至周口高速公路周口段公路工程建设项目竣工档案的完整、准确与系统，建立健全建设项目的所有档案，做到公路工程建设项目档案的验收与工程验收的初步验收和竣工验收同步进行的要求，公司先后下发了一系列文件，如：

通衢高司[2006]142号《关于加强项目档案管理领导工作的通知》

通衢高司[2006]143号《关于商周高速公路交（竣）工资料整理要求的通知》

通衢高司[2006]144号《关于下发商周高速周口段交（竣）工资料整理归档有关档号中各标号编制规定的通知》

通衢高司[2006]190号《关于成立竣（交）工领导小组的通知》

通衢高司[2008]12号《关于加快竣工资料整理归档的通知》

通衢高司[2009]1号《关于限期完成归档工作的通知》

以上文件对商丘至周口高速公路周口段高速公路竣工资料的收集、分类、组卷、档号的编制、案卷质量等都做了详细的规定和要求，并对整理过程中发现的问题及时进行纠正和完善。河南通衢高速公路有限公司先后多次邀请交通厅档案管理部门的有关专家对全线各参建单位档案整理人员进行培训和指导，并聘请了有经验丰富的档案整理咨询公司进行全过程指导。

为了使商丘至周口高速公路周口段的竣工档案顺利通过验收并更好地利用和保管好档案，河南通衢高速公路有限公司成立了专门的机构，配备了专职档案人员负责竣工档案的整理工作，并制定了一系列的管理制度，如：

《档案保密制度》、《档案借阅制度》、《档案管理人员工作职责制度》、《档案库房管理制度》

这些制度的建立与执行确保了档案管理工作地规范化，为以后向管理公司正式移交奠定了良好的基础。

2. 完善档案保管条件，确保档案资料的正常管理和安全性

(1)为了确保商丘至周口高速公路周口段档案管理工作的正常开展和长期保存的安全性，按照《河南省公路建设项目档案专项验收暂行办法》的规定，河南通衢高速公路有限公司现有档案库房面积 120m^2，办公室 15m^2，实现了档案库房、阅览、办公分设的要求，并采取了防火、防盗、防光、防潮、防湿、防蛀、防尘等措施。

(2)使用了档案管理专业软件《DARMS2000 档案综合管理软件》，建立了完整的档案和案卷信息数据库，拥有计算机、激光打印机、复印机、空调、档案库房专用除湿机、档案库房专用加湿机、空气消毒净化机、温度计、灭火器、防霉驱杀虫药、档案室防光窗帘等必要的档案保护设施。

(3)库房配备的档案密集柜数量、质量均能满足使用要求，案卷、卷盒等装具牢固、美观，卷盒脊背的档号、题名准确、粘贴牢固，符合有关要求。

3. 文件材料

文件材料的载体和书写材料符合耐久性要求，案卷目录、卷内目录、案卷封皮、卷盒脊背的内容使用《DARMS2000 档案综合管理软件》激光打印机制作生成。

4. 档案资料归档

由商丘至周口高速公路周口段档案管理领导小组负责全线各参建单位的档案资料的移交、汇总及整理工作。

三、竣工档案资料成卷情况及项目档案案卷索引的整理、制作、移交情况

商丘至周口高速公路周口段归档案卷共计 11331 卷，其中建设单位归档 936 卷，设计单位归档 109 卷，监理单位归档 3718 卷，施工单位归档 6568 卷。具体如下：

第一类文件：可行性研究　　11 卷

第二类文件：设计基础资料　　4 卷

第三类文件：设计文件　　105 卷

第四类文件：工程管理文件　　925 卷

第五类文件：施工文件　　6568 卷

商丘至周口高速公路周口段需上交竣工资料的参建单位共计 54 家(业主单位 1 家，设计单位 1 家，监理单位 5 家，施工单位 47 家，全部采用《DARMS2000 档案综合管理软件》进行档案文件的录入工作，并由该软件制作卷盒脊背、案卷封面、案卷级和卷内级文件目录，各单位竣工文件经验收合格后连同编制说明、案卷索引及电子目录刻录成光盘一式两份一并移交给项

目公司。项目公司将这些电子文档汇总成总目录，建立商周高速公路周口段档案查询系统，通过计算机能够快速、准确的调阅建设期的任何资料，使今后在高速公路使用、养护工作中发挥应有的作用。

四、档案在项目建设、管理、试运行中的作用

由于河南通衢高速公路有限公司在建设期间就十分重视竣工档案的整理工作，多次下发文件对档案的收集、整理作出详细的要求，并明确专人负责档案的收集及整理工作，在建设期间的每一阶段完成后及时将相关的文件归档，并建立了档案索引信息数据库，因此，在建设后期的清算工作、竣工决算审计工作中，为这些工作提供了大量的资料查阅工作，为他们提供了真实数据。在建设后期及运营管理工作中发挥了应有的作用。

五、档案验收情况

在商丘至周口高速公路周口段交工验收后，河南通衢高速公路有限公司立即组织各参建单位进行竣工档案的整理与移交工作，并多次邀请交通厅、河南高速公路发展有限责任公司有关专家进行检查与指导，并聘请有经验的档案咨询公司进行指导，及时对整理资料过程中出现的问题提出了宝贵的意见，使这些问题得到及时的整改，从而保证了档案整理工作有序地、正确地进行。

目前，商丘至周口高速公路周口段竣工资料已经按照有关要求整理归档完毕，档案资料规范、完整、有序，经自检达到验收标准。

六、存在问题

2006 年 3 月 9 日，根据省政府、省厅的指示精神，河南高速公路发展有限责任公司接手商周高速公路周口段项目，成立河南通衢高速公路有限公司负责项目的承建工作。2006 年 12 月 15 日，商周高速公路周口段胜利建成通车。但由于我项目属接手项目，新老业主交接过程中遗失部分资料，加之中间停工时间过长，致使在后期的工作中原始资料收集困难，费时长。目前，商丘至周口高速公路周口段工程决算、社会审计已完成，政府审计即将开始。因此，还有部分竣工验收相关的文件没有归档，会计档案需配合政府审计，这些文件都需要归档。全部竣工验收文件归档须待竣工验收进行完毕后才能完成。

七、档案工作体会

竣工文件是反映整个项目实施过程的重要资料，它系统地、完整地记录了高速公路建设的历史过程，为今后的养护、改扩建和全线管理提供了真实的、详细的文字、图表、声像资料，是长期保存的重要技术档案。在工程交工验收后，竣工验收前，按照一定的程序和要求做好竣工资料的整理是一项细致的、艰巨的工作，对此必须要有足够的认识，才能保证编制工作的正常进行，才能不致影响竣工验收。

1. 各级领导的重视与支持是完成档案整理工作的前提

档案整理工作是一项重要且复杂的系统工程，领导必须高度重视与支持。在档案整理期间，公司领导始终高度重视档案整理工作，定期听取档案整理工作汇报，及时解决工作中遇到的问题。交通厅档案科领导多次现场检查指导工作，提出了许多很好的建议，有力的保证了档案整理工作的质量和进度。

2. 统一要求、统筹安排、工作程序化是做好档案整理工作的依据

档案整理工作是一个系统工程，从收集、整理、编号、装订等每一步都有严格的要求，高速公路参建单位多，必须统一规定、严格要求，才能使档案整理工作有条不紊的进行，不走弯路。根据工程档案特性，把工程档案资料用 DARMS2000 软件录入，并分解为：收集完善基础资料、

评定、分卷及编写页码、统一复印、装订与粘贴5个步骤。每个步骤进行完毕，要经档案咨询指导人员验收合格后方可进行下一个步骤。

3. 跟踪检查，全过程控制是档案整理工作顺利进行的保证

高速公路建设项目参建单位多，档案整理人员水平不一，在档案整理过程中必然会出现因理解不同而产生的差错，在档案整理过程中要跟踪检查，及时发现问题，及时解决。

为此，项目公司专门聘请了有经验的档案咨询公司进行跟踪指导与答疑，并定期听取档案咨询公司的工作汇报。必要时项目公司按施工单位工程类别（土建、路面、房建、交安、机电、绿化等）分别组织召开工作汇报与交流会议，从而避免了返工，提高了工作效率，保证了档案整理进度。

八、结束语

商丘至周口高速公路周口段档案整理工作经过各参建单位的共同努力已经整理完毕，经项目公司检查认为已经基本符合《河南省公路工程建设项目档案专项验收暂行办法》的有关要求，当然我们也清醒地认识到在工程资料档案整理的某些方面与上级档案部门的有关标准规范还存在一定的差距，我们将在今后的工作中进一步完善提高，使之更加科学化、系统化、规范化，为高速公路的运营管理作出应有贡献。敬请档案验收组的各位专家给予审查指正。

河南通衢高速公路有限公司

二〇〇九年七月

商丘至周口高速公路周口段
竣工档案立卷归档编制说明

按照《河南省公路工程竣工文件材料立卷归档整理细则》要求,公路工程竣工文件共分为8类,分别由建设单位、设计单位、施工单位、监理单位负责编制,其中一、四、七、八部分资料由建设单位编制。设计单位、监理单位、施工单位分别编制第二、三、五、六部分,最终由建设单位将全部档案资料收集齐全后统一编制总目录及大流水号。现将编制情况说明如下:

一、编制依据

商丘至周口高速公路周口段竣工文件资料编制过程中主要依据交通部《公路工程质量检验标准》(JTGF80/1—2004)、《关于印发(公路工程竣工文件材料立卷归档整理办法)的通知》、《公路工程交竣工验收办法》(交通部令2004年3号)、河南省交通厅《河南省公路工程竣工文件立卷归档整理细则》的规定及河南通衢高速公路有限公司有关文件要求,结合工程建设实际编制而成。

二、工程概况

商丘至周口高速公路周口段,是我省重点建设项目之一,该项目起自周口市太康县张集乡东南,经符草楼乡、淮阳县四通镇、临蔡镇、白楼乡、郑集乡、曹河乡、川汇区搬口乡、北郊乡、西华县东王营乡、大王庄乡、李大庄乡、至商水县邓城镇、张庄乡杨湖村西,与已经营的漯周界高速公路相连,沿线经4县、1区、14个乡镇,全长68.75km,批复概算总投资20.98亿元。

主要工程量

全线共有路基土方822.77万m^3,大桥8座,中小桥30座,天桥16处,互通立交4处,枢纽2处,分离式立交36座,通道78道,涵洞67道。全线设收费站4处,服务区1处。

商丘至周口高速公路周口段于2004年2月28日正式开工,于2006年12月15日通车试运营。

三、竣工文件的划分与档号的编制

按照《河南省公路工程竣工文件立卷归档整理细则》的要求,第一部分可行性研究,主要是工程前期立项审批、环境影响评估、水土保持方案以及项目开工报告;第四部分工程管理,主要是施工过程中征用土地批准文件、征地拆迁、施工招投标、工程管理、计量支付、交工验收等文件;第七部分为竣工文件,包括各参建单位总结、专项验收、财务决算、审计文件、竣工图表、竣工图等文件。其档号编制均按照《河南省公路工程竣工文件立卷归档整理细则》的要求编制,具体如下:

(一)第一部分:可行性研究

GL5.1.SZZ/1-001 省计委、交通厅关于商丘至周口高速公路周口段项目建议书的请示与批复

GL5.1.SZZ/1-002　商丘至周口高速公路周口段预可性研究报告

GL5.1.SZZ/1-003　商丘至周口高速公路周口段可行性研究报告的评估报告

GL5.1.SZZ/1-004　商丘至周口高速公路周口段工程可行性报告及补充报告

GL5.1.SZZ/1-005　商丘至周口高速公路周口段工程可行性研究报告(附图、附表)

GL5.1.SZZ/1-006　省国土资源厅、省工程咨询公司有关工程压覆矿产资源、地质灾害、洪水影响的核查情况及评估报告

GL5.1.SZZ/1-007　国家环保总局关于商丘至周口高速公路周口段环境影响后报告书的请示与批复

GL5.1.SZZZ/1-008　省水利厅、交通厅等关于工程水土保持方案报告书的请示与批复

GL5.1.SZZ/1-009　黄河水利研究院、周口恒达公司工程水土保持方案附图及技术服务合同书

GL5.1.SZZ/1-010　省文物管理局关于商丘至周口高速公路周口段文物保护工作的相关文件及文物勘察报告

GL5.1.SZZ/1-011　省交通厅关于商丘至周口高速公路周口段工程开工报告及批复

（二）第四部分：工程管理文件

GL5.1.SZZ/4-001-018　征用土地批准文件、征地范围、拆迁建筑物、征地协议、电力电讯、土地证

GL5.1.SZZ/4-019-173　工程施工招投标文件

GL5.1.SZZ/4-174-916　工程计量支付文件

GL5.1.SZZ/4-917-925　设计、监理、各施工单位工作总结

（三）第七部分：竣工文件（暂缺）

四、商丘至周口高速公路周口段竣工文件归档情况

项目归档案卷总计11331卷（正本），其中建设单位归档936卷，设计单位归档109卷，监理单位3718卷，施工单位归档6568卷。

其中：

土建工程	5514	卷
路面工程	642	卷
房建工程	190	卷
绿化工程	93	卷
交安工程	93	卷
机电工程	36	卷
竣工文件	（暂缺）	
科研文件	（暂缺）	
共计：	11331	卷

附件：1.商丘至周口高速公路周口段竣工档案立卷归档详细情况

2.商丘至周口高速公路周口段归档竣工文件详细情况

附件 1

商丘至周口高速公路周口段竣工档案立卷归档详细情况

一、土建工程

竣工文件资料名称		标段	
		土建一标	土建二标
综合资料		112 卷	122 卷
路基工程	土石方工程	GL5.1.SZZ(TJ-B01)/5.1.1-001~063	GL5.1.SZZ(TJ-B02)/5.1.1-001~057
	排水工程	GL5.1.SZZ(TJ-B01)/5.1.2-064~065	GL5.1.SZZ(TJ-B02)/5.1.2-058~061
	小桥工程	无	无
	涵洞、通道工程	GL5.1.SZZ(TJ-B01)/5.1.4(01)-066~5.1.4(13)-095	GL5.1.SZZ(TJ-B02)/5.1.4(01)-062~5.1.4-103
	防护工程	GL5.1.SZZ(TJ-B01)/5.1.5-096	GL5.1.SZZ(TJ-B02)/5.1.5-104~105
路面工程		GL5.1.SZZ(TJ-B01)/5.2-001~012	GL5.1.SZZ(TJ-B02)/5.2-001~013
桥梁工程		GL5.1.SZZ(TJ-B01)/5.3(1).1-001~5.3(6).1-096	GL5.1.SZZ(TJ-B02)/5.3(1).1-001~5.3(8).6-177
互通立交工程	桥梁工程	GL5.1.SZZ(TJ-B01)/5.4.1(1).1-001~5.4.1(6).5-089	无
	主线路基路面工程	GL5.1.SZZ(TJ-B01)/5.4.2-090~126	无
	匝道工程	GL5.1.SZZ(TJ-B01)/5.4.3-127~150	无
环保工程		GL5.1.SZZ(TJ-B01)/5.6.1-001	无
机电工程		GL5.1.SZZ(TJ-B01)/5.8.2-001	GL5.1.SZZ(TJ-B02)/5.8.2-001
竣工图		GL5.1.SZZ(TJ-B01)/7-001~004	GL5.1.SZZ(TJ-B02)/7-001~002
合计		472	420

续上表

竣工文件资料名称		标段	
		土建三标	土建四标
综合资料		115 卷	59 卷
路基工程	土石方工程	GL5.1.SZZ(TJ-B03)/5.1.1-001~064	GL5.1.SZZ(TJ-B04)/5.1.1-001~106
	排水工程	GL5.1.SZZ(TJ-B03)/5.1.2-065~068	GL5.1.SZZ(TJ-B04)/5.1.2-107~116
	小桥工程	无	无
	涵洞、通道工程	GL5.1.SZZ(TJ-B03)/5.1.4(01)-069~5.1.4(14)-131	GL5.1.SZZ(TJ-B04)/5.1.4(01)-117~5.1.4(01)-173
	防护工程	GL5.1.SZZ(TJ-B03)/5.1.5-132~133	GL5.1.SZZ(TJ-B02)/5.1.5-174~177
路面工程		GL5.1.SZZ(TJ-B03)/5.2-001~035	GL5.1.SZZ(TJ-B04)/5.2-001~024
桥梁工程		GL5.1.SZZ(TJ-B03)/5.3(1).1-001~5.3(5).5-139	GL5.1.SZZ(TJ-B04)/5.3(01).1-001~5.3(10).5-201
互通立交工程	桥梁工程	无	无
	主线路基路面工程	无	无
	匝道工程	无	GL5.1.SZZ(TJ-B04)/5.4.3-001~008
环保工程		无	无
机电工程		GL5.1.SZZ(TJ-B03)/5.8.2-001~002	GL5.1.SZZ(TJ-B04)/5.8.2-001
竣工图		GL5.1.SZZ(TJ-B03)/7-001	GL5.1.SZZ(TJ-B04)/7-001~002
合计		425	472

续上表

竣工文件资料名称		标段	
		土建五标	土建六标
综合资料		132 卷	102 卷
路基工程	土石方工程	GL5.1.SZZ(TJ-B05)/5.1.1-001～053	GL5.1.SZZ(TJ-B06)/5.1.1-001～063
	排水工程	GL5.1.SZZ(TJ-B05)/5.1.2-054～055	GL5.1.SZZ(TJ-B06)/5.1.2-064～067
	小桥工程	GL5.1.SZZ(TJ-B05)/5.1.3-056～072	GL5.1.SZZ(TJ-B05)/5.1.3-068～074
	涵洞、通道工程	GL5.1.SZZ(TJ-B05)/5.1.4(01)-073～5.1.4(5)-114	GL5.1.SZZ(TJ-B06)/5.1.4(01)-075～5.1.4-145
	防护工程	GL5.1.SZZ(TJ-B05)/5.1.5-115	GL5.1.SZZ(TJ-B06)/5.1.5-146～157
路面工程		GL5.1.SZZ(TJ-B05)/5.2-001～017	GL5.1.SZZ(TJ-B06)/5.2-001～017
桥梁工程		GL5.1.SZZ(TJ-B05)/5.3(1).1-001～5.3(4).5-095	GL5.1.SZZ(TJ-B06)/5.3(1).1-001～5.3(8).4-163
互通立交工程	桥梁工程	GL5.1.SZZ(TJ-B05)/5.4.1(1).1-001～5.4.1(4).5-114	无
	主线路基路面工程	GL5.1.SZZ(TJ-B05)/5.4.2-115～149	无
	匝道工程	GL5.1.SZZ(TJ-B05)/5.4.3-150～190	无
环保工程		GL5.1.SZZ(TJ-B05)/5.6.1-001	GL5.1.SZZ(TJ-B06)/5.6.2-001
机电工程		无	GL5.1.SZZ(TJ-B06)/5.8.2-001～002
竣工图		GL5.1.SZZ(TJ-B05)/7-001～002	GL5.1.SZZ(TJ-B06)/7-001～002
合计		553	444

续上表

竣工文件资料名称		标段	
		土建七标	土建八标
综合资料		64 卷	77 卷
路基工程	土石方工程	GL5. 1. SZZ(TJ-B07)/5. 1. 1-001 ~ 014	GL5. 1. SZZ(TJ-B08)/5. 1. 1-001 ~ 026
	排水工程	GL5. 1. SZZ(TJ-B07)/5. 1. 2-015	GL5. 1. SZZ(TJ-B08)/5. 1. 2-027 ~ 031
	小桥工程	无	无
	涵洞、通道工程	GL5. 1. SZZ(TJ-B07)/5. 1. 4(1)-016 ~ 5. 1. 4(3)-022	GL5. 1. SZZ(TJ-B08)/5. 1. 4(1)-032 ~ 5. 1. 4(5)-051
	防护工程	GL5. 1. SZZ(TJ-B07)/5. 1. 5-023 ~ 024	GL5. 1. SZZ(TJ-B08)/5. 1. 5-052 ~ 055
路面工程		GL5. 1. SZZ(TJ-B07)/5. 2-001 ~ 006	GL5. 1. SZZ(TJ-B08)/5. 2-001 ~ 016
桥梁工程		GL5. 1. SZZ(TJ-B07)/5. 3(1). 1-001 ~ 5. 3(1). 5-043	GL5. 1. SZZ(TJ-B08)/5. 3(1). 1-001 ~ 5. 3(3). 5-082
互通立交工程	桥梁工程	GL5. 1. SZZ(TJ-B07)/5. 4. 1(01). 1-001 ~ 5. 4. 1(04). 5-123	GL5. 1. SZZ(TJ-B08)/5. 4. 1(1). 1-001 ~ 5. 4. 1(2). 5-039
	主线路基路面工程	GL5. 1. SZZ(TJ-B07)/5. 4. 2-124 ~ 177	GL5. 1. SZZ(TJ-B08)/5. 4. 2-040 ~ 073
	匝道工程	GL5. 1. SZZ(TJ-B07)/5. 4. 3-178 ~ 194	GL5. 1. SZZ(TJ-B08)/5. 4. 3-074 ~ 114
环保工程		无	无
机电工程		GL5. 1. SZZ(TJ-B07)/5. 8. 2-001 ~ 002	GL5. 1. SZZ(TJ-B08)/5. 8. 2-001 ~ 002
竣工图		GL5. 1. SZZ(TJ-B07)/7-001 ~ 002	GL5. 1. SZZ(TJ-B08)/7-001 ~ 003
合计		335	349

续上表

<table>
<tr><td colspan="2" rowspan="2">竣工文件资料名称</td><td colspan="2">标　段</td></tr>
<tr><td>土建九标</td><td>土建十标</td></tr>
<tr><td colspan="2">综合资料</td><td>103 卷</td><td>089 卷</td></tr>
<tr><td rowspan="5">路基工程</td><td>土石方工程</td><td>GL5.1.SZZ(TJ-B09)/5.1.1-001~046</td><td>GL5.1.SZZ(TJ-B10)/5.1.1-001~053</td></tr>
<tr><td>排水工程</td><td>GL5.1.SZZ(TJ-B09)/5.1.2-047~051</td><td>GL5.1.SZZ(TJ-B10)/5.1.2-054~065</td></tr>
<tr><td>小桥工程</td><td>无</td><td>无</td></tr>
<tr><td>涵洞、通道工程</td><td>GL5.1.SZZ(TJ-B09)/5.1.4(01)-052~5.1.4(11)-105</td><td>GL5.1.SZZ(TJ-B10)/5.1.4(01)-066~5.1.4(13)-098</td></tr>
<tr><td>防护工程</td><td>GL5.1.SZZ(TJ-B09)/5.1.5-106~107</td><td>GL5.1.SZZ(TJ-B10)/5.1.5-099~105</td></tr>
<tr><td colspan="2">路面工程</td><td>GL5.1.SZZ(TJ-B09)/5.2-001~018</td><td>GL5.1.SZZ(TJ-B10)/5.2-001~017</td></tr>
<tr><td colspan="2">桥梁工程</td><td>GL5.1.SZZ(TJ-B09)/5.3(1).1-001~5.3(7).5-270</td><td>GL5.1.SZZ(TJ-B10)/5.3(1).1-001~5.3(7).5-159</td></tr>
<tr><td rowspan="3">互通立交工程</td><td>桥梁工程</td><td>无</td><td>GL5.1.SZZ(TJ-B10)/5.4.1(1).1-001~5.4.1(2).2-058</td></tr>
<tr><td>主线路基路面工程</td><td>无</td><td>GL5.1.SZZ(TJ-B10)/5.4.2-059~085</td></tr>
<tr><td>匝道工程</td><td>无</td><td>GL5.1.SZZ(TJ-B10)/5.4.3-086~113</td></tr>
<tr><td colspan="2">环保工程</td><td>无</td><td>无</td></tr>
<tr><td colspan="2">机电工程</td><td>GL5.1.SZZ(TJ-B09)/5.8.2-001</td><td>GL5.1.SZZ(TJ-B10)/5.8.2-001</td></tr>
<tr><td colspan="2">竣工图</td><td>GL5.1.SZZ(TJ-B09)/7-001~003</td><td>GL5.1.SZZ(TJ-B10)/7-001~004</td></tr>
<tr><td colspan="2">合计</td><td>502</td><td>488</td></tr>
</table>

续上表

<table>
<tr><th colspan="2" rowspan="2">竣工文件资料名称</th><th colspan="2">标　段</th></tr>
<tr><th>土建十一标</th><th>土建十二标</th></tr>
<tr><td colspan="2">综合资料</td><td>69 卷</td><td>163 卷</td></tr>
<tr><td rowspan="5">路基工程</td><td>土石方工程</td><td>GL5.1.SZZ(TJ-B11)/5.1.1-001～064</td><td>GL5.1.SZZ(TJ-B12)/5.1.1-001～035</td></tr>
<tr><td>排水工程</td><td>GL5.1.SZZ(TJ-B11)/5.1.2-065～066</td><td>GL5.1.SZZ(TJ-B12)/5.1.2-036～038</td></tr>
<tr><td>小桥工程</td><td>无</td><td>GL5.1.SZZ(TJ-B12)/5.1.3-039～049</td></tr>
<tr><td>涵洞、通道工程</td><td>GL5.1.SZZ(TJ-B11)/5.1.4(01)-067～5.1.4(02)-073</td><td>GL5.1.SZZ(TJ-B12)/5.1.4(1)-050～5.1.4(6)-078</td></tr>
<tr><td>防护工程</td><td>GL5.1.SZZ(TJ-B11)/5.1.5-074～075</td><td>GL5.1.SZZ(TJ-B12)/5.1.5-079～085</td></tr>
<tr><td colspan="2">路面工程</td><td>GL5.1.SZZ(TJ-B11)/5.2-001～009</td><td>GL5.1.SZZ(TJ-B12)/5.2-001～009</td></tr>
<tr><td colspan="2">桥梁工程</td><td>GL5.1.SZZ(TJ-B11)/5.3(1).1-001～5.3(6).5-197</td><td>GL5.1.SZZ(TJ-B12)/5.3.1-001～5.3.5-021</td></tr>
<tr><td rowspan="3">互通立交工程</td><td>桥梁工程</td><td>无</td><td>GL5.1.SZZ(TJ-B12)/5.4.1(1).1-001～5.4.1(6).5-130</td></tr>
<tr><td>主线路基路面工程</td><td>无</td><td>GL5.1.SZZ(TJ-B12)/5.4.2-131～169</td></tr>
<tr><td>匝道工程</td><td>无</td><td>GL5.1.SZZ(TJ-B12)/5.4.3-170～298</td></tr>
<tr><td colspan="2">环保工程</td><td>GL5.1.SZZ(TJ-B11)/5.6.1-001</td><td>无</td></tr>
<tr><td colspan="2">机电工程</td><td>GL5.1.SZZ(TJ-B11)/5.8.2-001</td><td>GL5.1.SZZ(TJ-B12)/5.8.2-001～002</td></tr>
<tr><td colspan="2">竣工图</td><td>GL5.1.SZZ(TJ-B11)/7-001</td><td>GL5.1.SZZ(TJ-B12)/7-001～005</td></tr>
<tr><td colspan="2">合计</td><td>355</td><td>583</td></tr>
</table>

续上表

<table>
<tr><td colspan="2" rowspan="2">竣工文件资料名称</td><td>标　段</td></tr>
<tr><td>周口东连接线</td></tr>
<tr><td colspan="2">综合资料</td><td>29卷</td></tr>
<tr><td rowspan="5">路基工程</td><td>土石方工程</td><td>GL5.1.SZZ(TJ-LJX)/5.1.1-001～010</td></tr>
<tr><td>排水工程</td><td>无</td></tr>
<tr><td>小桥工程</td><td>无</td></tr>
<tr><td>涵洞、通道工程</td><td>GL5.1.SZZ(TJ-LJX)/5.1.4(1)-011～5.1.4(8)-018</td></tr>
<tr><td>防护工程</td><td>GL5.1.SZZ(TJ-LJX)/5.1.5-019</td></tr>
<tr><td colspan="2">路面工程</td><td>GL5.1.SZZ(TJ-LJX)/5.2-001～010</td></tr>
<tr><td colspan="2">桥梁工程</td><td>GL5.1.SZZ(TJ-LJX)/5.3(1).1-001～5.3(3).6-055</td></tr>
<tr><td rowspan="3">互通立交工程</td><td>桥梁工程</td><td>无</td></tr>
<tr><td>主线路基路面工程</td><td>无</td></tr>
<tr><td>匝道工程</td><td>GL5.1.SZZ(TJ-LJX)/5.4.3-001～002</td></tr>
<tr><td colspan="2">环保工程</td><td>无</td></tr>
<tr><td colspan="2">机电工程</td><td>无</td></tr>
<tr><td colspan="2">竣工图</td><td>GL5.1.SZZ(TJ-LJX)/7-001</td></tr>
<tr><td colspan="2">合计</td><td>116</td></tr>
</table>

附件 2

商丘至周口高速公路周口段归档竣工文件详细情况

二、路面、绿化、交安、机电、房建、监理等

竣工文件标段	资料名称			
	综合资料	施工资料	竣工图	合计
路面一标	GL5.1.SZZ(LM-B01)/5-001~030	GL5.1.SZZ(LM-B01)/5.2-001~038、5.4.2-001~003、5.4.3-001~005、5.7.3-001~011	1	88
路面二标	GL5.1.SZZ(LM-B02)/5-001~050	GL5.1.SZZ(LM-B02)/5.2-001~059、5.4.2-001~5.4.3-018、5.7.3-001~021	1	149
路面三标	GL5.1.SZZ(LM-B03)/5-001~046	GL5.1.SZZ(LM-B03)/5.2-001~051、5.4.2-001~5.4.3-022、5.7.3-001~016	1	136
路面四标	GL5.1.SZZ(LM-B04)/5-001~049	GL5.1.SZZ(LM-B04)/5.2-001~069、5.3.4-001~002、5.4.2-001~017、5.4.3-001~013、5.7.3-001~026	1	177
路面五标	GL5.1.SZZ(LM-B05)/5-001~028	GL5.1.SZZ(LM-B05)/5.2-001~033、5.3.4-001、5.4.2-001~5.4.3-014、5.7.3-001~015	1	92
绿化一标	GL5.1.SZZ(LH-B01)/5-001~005	GL5.1.SZZ(LH-B01)/5.6.2-001~009	1	15
绿化二标	GL5.1.SZZ(LH-B02)/5-001~004	GL5.1.SZZ(LH-B02)/5.6.2-001~003	1	8
绿化三标	GL5.1.SZZ(LH-B03)/5-001~005	GL5.1.SZZ(LH-B03)/5.6.2-001~016	1	22
绿化四标	GL5.1.SZZ(LH-B04)/5-001~005	GL5.1.SZZ(LH-B04)/5.6.2-001~017	1	23
绿化五标	GL5.1.SZZ(LH-B05)/5-001~005	GL5.1.SZZ(LH-B05)/5.6.2-001~019	1	25
交安一标	GL5.1.SZZ(HL-B01)/5-001~005	GL5.1.SZZ(HL-B01)/5.7.3-001~5.7.4-004	1	10
交安二标	GL5.1.SZZ(HL-B02)/5-001~006	GL5.1.SZZ(HL-B02)/5.7.3-001~5.7.4-002	1	9
交安三标	GL5.1.SZZ(HL-B03)/5-001~004	GL5.1.SZZ(HL-B03)/5.7.3-001~5.7.4-004	1	9
交安四标	GL5.1.SZZ(HL-B04)/5-001~004	GL5.1.SZZ(HL-B04)/5.7.3-001~5.7.4-003	1	8

续上表

竣工文件标段	资料名称			
	综合资料	施工资料	竣工图	合计
交安五标	GL5.1.SZZ(BX-B05)/5-001～004	GL5.1.SZZ(BX-B05)/5.7.2-001～002	1	7
交安六标	GL5.1.SZZ(BX－B06)/5－001～003	GL5.1.SZZ(BX－B06)/5.7.2－001～002	1	6
交安七标	GL5.1.SZZ(BX－B07)/5－001～009	GL5.1.SZZ(BX－B07)/5.7.1－001～010	1	20
交安八标	GL5.1.SZZ(GLS－B08)/5－001～004	GL5.1.SZZ(GLS－B08)/5.7.5.001	1	6
交安九标	GL5.1.SZZ(GLS－B09)/5－001～004	GL5.1.SZZ(GLS－B09)/5.7.5－001	1	6
交安十标	GL5.I.SZZ(GLS－B10)/5－001～006	GL5.1.SZZ(GLS－B10)/5.7.5－001～005	1	12
机电标	GL5.1.SZZ(JD－01)/5－001～011	GL5.1.SZZ(JD－1)/5.8.1－001～5.8.3－004	1	16
照明一标	GL5.1.SZZ(DM－1)/5－001～007	GL5.1.SZZ(DM－1)/5.8.4－001～5.8.5－002	1	10
照明二标	GL5.1.SZZ(DM－2)/5－001～007	GL5.1.SZZ(DM－2)/5.8.4－001～5.8.5－002	1	10
房建一标	GL5.1.SZZ(FJ－B01)/3－001～013	GL5.1.SZZ(FJ－B01)/3.1－001～3.3－017	3	33
房建二标	GL5.1.SZZ(FJ－B02)/3－001～032	GL5.1.SZZ(FJ－B02)/3.1－001～3.3－015	3	50
房建三标	GL5.1.SZZ(FJ－B03)/3－001～006	GL5.1.SZZ(FJ－B03)/3.1－001～3.3－015	3	24
房建四标	GL5.1.SZZ(FJ－B04)/3－001～011	GL5.1.SZZ(FJ－B04)/3.1－011～3.3－019	3	33
房建五标	GL5.1.SZZ(FJ－B05)/3－001～010	GL5.1.SZZ(FJ－B05)/3.1－001～3.3－017	3	30
房建六标	GL5.1.SZZ(FJ－B06)/3－001～005	GL5.1.SZZ(FJ－B06)/3.1－001～3.2－004	3	12
房建七标	GL5.1.SZZ(FJ－B07)/3－001～005	GL5.1.SZZ(FJ－B07)/3.1－001～3.2－002	1	8
A代监理	GL5.1.SZZ(Ja)/6－001～542	GL5.1.SZZ(Ja)/6－N1(001－1277)	无	1819
B代监理	GL5.1.SZZ(JL－B)/6－001～027	GL5.1.SZZ(JL－B)/6－N1(001－1353)	无	1380
二期监理	GL5.1.SZZ(J2)/6－001～061	GL5.1.SZZ(J2)/6－N1(001－249)	无	310
机电监理	GL5.1.SZZ(J－JD)/6－001～009	GL5.1.SZZ(J－JD)/6.8－N1(001－003)	无	12
房建监理	GL5.1.SZZ(FJ－JL)/2－001～020	GL5.1.SZZ(FJ－JL)/2－N1(001－108)	无	128
连接线监理	GL5.1.SZZ(J－LJX)/6－001～021	GL5.1.SZZ(J－LJX)/6－N1(001－048)	无	69

商丘至周口高速公路周口段竣工资料数量汇总表

标　　段	数量(卷)	标　　段	数量(卷)
土建一标	472	绿化二标	8
土建二标	420	绿化三标	22
土建三标	425	绿化四标	23
土建四标	472	绿化五标	25
土建五标	553	交安一标	10
土建六标	444	交安二标	9
土建七标	335	交安三标	9
土建八标	349	交安四标	8
土建九标	502	交安五标	7
土建十标	488	交安六标	6
土建十一标	355	交安七标	20
土建十二标	583	交安八标	6
连接线标	116	交安九标	6
路面一标	88	交安十标	12
路面二标	149	机电标	16
路面三标	136	照明配电一标	10
路面四标	177	照明配电二标	10
路面五标	92	房建一标	33
绿化一标	15	房建二标	50

续上表

标　段	数量(卷)	标　段	数量(卷)
房建三标	24	房建监理	128
房建四标	33	连接线监理	69
房建五标	30	可行性研究	11
房建六标	12	设计基础材料、设计文件	109
房建七标	8	工程管理文件	925
A 代监理	1819	竣工文件	暂缺
B 代监理	1380	科研文件	暂缺
二期监理	310	合计	11331
机电监理	12		

河南省公路工程建设项目档案专项验收申请表

<table>
<tr><td>项目名称</td><td>商丘至周口高速公路周口段</td><td>公路等级标准</td><td>高速公路　行车速度 100km/h</td></tr>
<tr><td>投资规模</td><td>20.98 亿元人民币</td><td>建设时间</td><td>2003 年 2 月—2006 年 12 月</td></tr>
<tr><td>项目法人单位</td><td>河南通衢高速公路发展有限公司</td><td>设计单位</td><td>中国公路工程咨询监理总公司</td></tr>
<tr><td>监理单位</td><td>河南省豫通公路工程监理事务所
北京华路捷公路工程技术咨询有限公司
河南省宏力工程监理咨询公司
河南省新恒丰建设监理有限责任公司
北京泰克华诚技术信息咨询有限公司</td><td>施工单位</td><td>河南路桥发展建设总公司等
43 家施工单位</td></tr>
<tr><td>申请验收单位</td><td colspan="3">河南通衢高速公路发展有限公司</td></tr>
<tr><td>申请验收日期</td><td>2009 年 7 月 10 日</td><td>项目竣工验收日期</td><td></td></tr>
<tr><td>联系人</td><td>牛建军　金锦</td><td>电话</td><td>0371－68256519
13608697900　　15993619991</td></tr>
<tr><td>详细地址及邮编</td><td colspan="3">河南省周口市周口北收费站　　　邮编:466000</td></tr>
<tr><td>申请验收单位自检意见</td><td colspan="3">通过自检,验收合格,申请档案专项验收。
（单位盖章）
2009年 6 月 29 日</td></tr>
<tr><td>上级主管部门或有关部门审查意见</td><td colspan="3">同意申请验收
（单位盖章）
2009 年 6 月 [illegible]日</td></tr>
<tr><td>组织验收单位意见</td><td colspan="3">经验收组对该项目工程档案实地查验，认为基本符合国家及交通部《重大建设项目档案验收办法》的各项规定、要求，同意通过。
附件：1.商丘至周口高速公路周口段档案验收结论
2.档案验收组名单
（单位盖章）
2009 年 7 月 10 日</td></tr>
</table>

河南省公路工程建设项目档案专项验收申请表

项目名称	商丘至周口高速公路周口段	公路等级 标　　准	高速公路　行车速度 100km/h
投资规模	20.98 亿元人民币	建设时间	2003 年 2 月—2006 年 12 月
项目法人单位	河南通衢高速公路发展有限公司	设计单位	中国公路工程咨询监理总公司
监理单位	河南省豫通公路工程监理事务所 北京华路捷公路工程技术咨询有限公司 河南省宏力工程监理咨询公司 河南省新恒丰建设监理有限责任公司 北京泰克华诚技术信息咨询有限公司	施工单位	河南路桥发展建设总公司等 43 家施工单位
申请验收单位	河南通衢高速公路发展有限公司		
申请验收日期	2009 年 7 月 10 日	项目竣工验收日期	
联系人	牛建军　金锦	电话	0371－68256519 13608697900　　15993619991
详细地址及邮编	河南省周口北收费站　　　邮编:466000		
申请验收单位自检意见	通过自检,验收合格,申请档案专项验收。 （单位盖章） 2009年 6 月 29 日		
上级主管部门或有关部门审查意见	（单位盖章） 2009 年 6 月 [illegible] 日		
组织验收单位意见	经验收组对该项目工程档案实地查验，认为基本符合国家及交通行业《重点建设项目档案验收办法》的各项规定、要求，同意通过。 附件：1.商丘至周口高速公路周口段档案验收意见 2.档案验收组名单 （单位盖章） 2009 年 7 月 10 日		

6. 商丘至周口高速公路周口段工程档案验收意见

商丘至周口高速公路周口段是河南省重点建设项目，项目路线全长 68.758km，2003 年河南省发改委批准立项，于 2004 年 2 月 28 日开工建设，2006 年 12 月 15 日开通运行。该项目由河南省高速公路发展有限公司负责建设、管理。该项目共整理归档工程档案 12630 卷册。

根据河南省高速公路发展有限公司的申请，依据国家档案局、国家发展和改革委员会《重大建设项目档案验收办法》的有关规定，河南省档案局、河南省交通厅组成验收组，于 2009 年 7 月 10 日对该项目工程档案进行了专项验收。

验收组认真听取了该项目关于竣工档案编制情况的汇报，实地进行了查看，抽查了部分竣工档案，认为公司十分重视项目档案管理工作，成立了档案工作领导小组，布置了相关档案工作任务，在抓好工程建设的同时，也注重项目档案管理，配置了档案室，配备了专职档案员，建立了一套完整的项目档案管理网络，建立健全了项目档案管理制度和规范，加强了培训和检查，较好地协调了项目设计、施工、监理部门共同开展档案工作，保证了项目竣工资料的收集、整理和归档与工程建设同步进行。经检查该项目竣工文件基本齐全、完整和准确，竣工图签署手续完备，竣工文件的编制符合国家规范要求，能反映该工程竣工时的基本面貌。案卷分类科学，组卷规范，保持了竣工文件内容的有机联系，装订整齐美观，符合国家有关项目档案整理标准和规范。使用了档案管理专业软件，实现了案卷级、卷内文件级条目计算机著录和检索，建立了工程档案条目信息数据库，能够满足利用的需要。档案室实现了办公、阅览、库房管理三分开，配置了先进的档案管理设备，档案“八防”措施落实到位，档案保管条件良好。

验收组经实地查看、综合评议，认为该项目工程档案质量合格，基本符合国家及交通行业档案验收标准，一致同意通过档案专项验收。

验收组建议项目建设单位应进一步完善工程档案的系统化和规范化整理工作，注重加强有关一期工程档案原件的收集，做好工程竣工验收阶段文件材料收集和归档工作，保证建设项目档案的齐全性、完整性和系统性。

商丘至周口高速公路周口段工程档案验收组

2009 年 7 月 10 日

商丘至周口高速公路(周口段)档案专项验收组成员名单

2009 年 7 月 10 日

序号	姓　名	工 作 单 位	职务/职称	签　　字
1	吕刚	河南省档案局	副处长	
2	祁丽娜	河南省交通运输厅	档案科科长/副研究馆员	
3	黄惠敏	河南省交通运输厅	档案馆员	
4	王贞	河南省交通运输厅	主任科员	
5	杨瑞	河南省交通运输厅高管局	高级工程师	
6	贾渝新	河南交通质监站	总工/教授级高工	
7	翟彦伟	河南交通质监站	处长/教授级高工	
8	李德勇	开封市档案局	科长/档案馆员	
9	韩冰	河南高速公路发展有限责任公司	助理调研员/教授级高工	
10	黎瑛	河南高速公路发展有限责任公司	档案馆员	

7. 商周高速公路周口段项目通道积水治理工程专项验收请示

通衢高司[2012]1 号

河南高速公路发展有限责任公司：

根据河南省交通运输厅豫交建管[2010]93 号“关于开展高速公路通道积水专项排查治理工作的通知”文件要求，我公司于 2011 年 9 月组织对商周高速公路周口段全线通道积水情况进行逐一排查并拍摄照片。全线共排查 81 道通道，采取更换损坏的雨棚阳光板、在通道内设置人行台阶、在洞口设置反坡以及疏通排水系统等措施，共治理 33 道通道，已完成通道积水治理工作，经我公司及监理单位自检验收工程合格，现请示进行通道积水治理工程专项验收。

妥否，请批示。

二〇一二年一月九日

8. 商丘至周口高速公路周口段工程

通道积水专项排查治理工程验收报告

商丘至周口高速公路周口段
通道积水专项排查治理工程验收委员会
二〇一二年二月二十四日

商丘至周口高速公路周口段项目通道积水专项排查治理工程验收报告

一、通道积水专项排查治理工程验收工作组织情况

2012 年 2 月 13 日至 14 日,河南通衢高速公路有限公司在周口市组织有关单位代表和专家,成立验收委员会(名单附后),对商丘至周口高速公路周口段通道积水专项排查治理工程进行了验收。

通道积水专项排查治理工程验收委员会在分别听取建设单位关于工程项目执行情况的报告、监理单位关于工程监理情况的报告、施工单位关于工程施工情况的报告、审查资料和实地察看的基础上,形成商丘至周口高速公路周口段通道积水专项排查治理工程验收报告。

二、工程概况

商丘至周口高速公路周口段,是我省重点建设项目之一,该项目起自周口市太康县张集乡东南,经付草楼乡、淮阳县四通镇、临蔡镇、白楼乡、郑集乡、曹河乡、川汇区搬口乡、北郊乡、西华县东王营乡、大王庄乡、李大庄乡、至商水县邓城镇、张庄乡杨湖村西,与已经运营的漯周界高速公路相连,沿线经 4 县、1 区、14 个乡镇,全长 68.75 公里。

商周高速公路周口段为全封闭、全立交、双向四车道高速公路。1. 设计行车速度:120km/h;2. 路基宽度:28m:主要工程量为土方共计 812.83 万立方米;大桥 2148.56/8 座;中小桥 1520.2/30 座;天桥 16 处;互通立交 4 处,枢纽立交 3 处;分离式立交 36 座;通道 81 道;涵洞 67 道。全线设收费站 4 处,服务区 1 处。

项目于 2004 年 2 月 28 日正式开工。于 2006 年 12 月 1 5 日建成通车并投入试运营。

按照河南省交通运输厅《关于开展高速公路通道积水专项排查治理工作的通知》(豫交建管[2010]93 号)和河南高速公路发展有限责任公司《关于开展高速公路通道积水专项排查治理活动的通知》的要求,项目公司开展了对通道治理的专项排查。排查结果如下:全线共计 81 道通道,其中 48 道正常,26 道轻微积水,4 道积水严重,3 道积水特别严重。

(一)治理工期:40 天

(二)建设单位:河南通衢高速公路有限公司

(三)监理单位:河南省豫通公路工程监理事务所

北京华路捷公路工程咨询有限公司

(四)施工单位:

土建三标:湖南环达公路桥梁建设总公司

土建十二标:路桥二公局第三工程有限公司

(五)治理方案

1. 由于通道轻微积水,通道内部分有淤泥的,清除淤泥和通道内建筑垃圾;

2. 两侧边沟道路与涵洞底基本持平的通道,对两侧道路进行修整,并疏通排水沟或设置截水沟;

3. 对通道底标高低于边沟底较多的通道,修复、更换雨棚阳光板,增设人行步道,恢复挡水捻及反坡设置,将水引入高速公路边均。

三、通道积水专项排查治理工程验收依据

按照交通部《公路工程竣(交)工验牧办法》、河南省交通运输厅《关于开展高速公路通道积水专项排查治理工作的通知》(豫交建管[2010]93 号)和《河南省高速公路通道积水处理技术方案》(豫交工[2005]61 号)及河南高速公路发展有限责任公司《关于开展高速公路通道积水专项排查治理活动的通知》文件。

四、通道积水治理标准

(一)通道内路面平顺,无跳车现象,基础稳定,墙身无开裂现象;帽石、八字墙或一字墙平顺,无开裂或翘曲现象;无明显开裂或破损。

(二)通道进出口与路外道路连接顺适,平整。

(三)过水通道,洞内人行便道进出口外接两侧原乡道满足通行要求,洞内便道平整、顺直且高度足以确保大雨时路面无水。

五、主要工程数量

通道共治理 33 道。

六、工程验收评议

通道积水专项排查治理工程验收委员会在听取建设单位、设计单位、施工单位、监理单位报告,查阅档案资料和察看工地现场后,对工程质量情况进行了评议。

(一)通道进出口与路外道路连接顺适,平整;通道两侧排水系统完善畅通,无阻水、积水现象。

(二)内业资料中施工文件部分,材料检验、材料配比、试验数据、检测数据、施工记录、施工目裣资料等基本齐全。

(三)监理工程师能够按照《公路工程施工监理规范》的要求对工程实施全方位的监理,认真履行合同赋予的责任,监理抽检资料、试验数据齐全。

商周高速公路周口段通道积水专项排查治理工程验收委员会在施工单位对工程自检、监理工程师对工程验收评定的基础上,结合建设中掌握的情况,按照交通部颁发的《公路工程竣(交)工验收办法》,整体工程质量等级评为合格。

七、存在问题及建议

1. 个别通道口有淤泥、杂物,应及时清理。

2. 部分雨棚阳光板损坏,应及时修缮。

八、结论及意见

(一)通道积水专项排查治理工程验收委员会经现场查看,内业资料检查,认为建设单位、设计单位、监理单位、施工单位在工程建设中能够遵守有关基本建设法规,履行合同,相互配合,圆满完成了建设任务,工程质量合格,同意通过专项验收。

(二)建设单位应在通道积水专项排查治理工程验收后,向管养单位提供工程资料档案,以便养护管理使用。

(三)凡属缺陷责任期内出现的质量问题,由原施工单位负责处理,运营中非工程质量原因出现的问题由管养单位负责解决。各施工单位和管养单位要密切配合,做好商周高速公路周口段通道积水治理的缺陷修复和养护管理工作。

(四)建议有关单位尽快完善档案资料归档整理移交。

附件：

1. 商周高速公路周口段通道积水专项排查治理工程验收报告表
2. 商周高速公路周口段通道积水专项排查治理工程验收现场察看小组意见(略)
3. 商周高速公路周口段通道积水专项排查治理工程验收质量评定报告(略)
4. 商周高速公路周口段通道积水专项排查治理工程验收委员会名单

商周高速公路周口段通道积水专项排查治理工程验收委员会

二〇一二年二月二十四日

附件一

商周高速公路周口段通道积水专项排查治理工程验收报告表

一	工 程 名 称	商周高速公路周口段通道积水专项排查治理工程
二	工程地点及 主要控制点	商周高速公路周口段东北起周口市太康县张集乡东南，向西南经淮阳县、川汇区、西华县，止于商水县张庄乡杨湖村西，主要控制点为：四通互通立交、刘庄互通立交、杨湖互通立交
三	建设依据	1. 河南省发展计划委员会《关于商丘至周口高速公路周口段工程可行性研究报告的批复》(豫计基础[2003]537 号)； 2. 河南省发展和改革委员会《关于商丘至周口高速公路周口段工程初步设计的批复》(豫发改办[2003]1914 速号)； 3. 河南省交通厅《关于商丘至周口高速公路周口段段工程施工图设计的批复》(豫交计[2004]403 号) 4. 河南省交通运输厅《关于开展高速公路通道积水水专项排查治理工作的通知》(豫交建管[2010]93 号)
四	技术标准与主要指标	双向四车道，计算行车速度 120km/h，路基宽度 28m
五	建设规模及性质	新建双向四车道，全长 68.75km
六	通道治理开工日期	2011 年 11 月 10 日
	专项验收日期	2012 年 2 月 13 日 –2012 年 2 月 14 日
七	主要工程内容	全线通道积水治理 33 道
八	建设项目工程 质量认定结论	参照交通部颁发的《公路工程竣(交)工验收办法》的规定以及河南省交通运输厅《关于开展高速公路通道积水专项排查治理工作的通知》(豫交建管[2010]93 号)，项目公司组织对商周高速公路周口段项目通道积水治理进行 7 自查自检，认为工程质量合格。 专项验收委员会在听取建没、设计、施工、监理单位报告，查阅档案资料和察看工地现场后，对工程质量情况进行了评议。验收委员会评定通道积水专项排查治理工程合格
九	对建设、设计、 施工、监理单 位的综合评价	项目建设单位管理机构健全，制度完善，责任明确，能够执行基本建设程序，严格质量管理，认真履行合同. 保证了工程顺利实施，按期建成使用。 设计单位的设计方案基本合理，满足技术规范要求，在项目实施过程中，及时派驻设计代表，为项目顺利实施提供了设计保障。 监理单位能够履行合同，建立健全监理制度，严把质量关，严格监理，对工程质量、进度进行了有效控制。施工单位能够按照设计和规范施工，质量保障体系基本健全，注重文明施工，按期完成了建设任务，履约情况较好
十	有关问题和建议	1. 同意该项目通过专项验收。 2. 进一步加强养护管理，保护好路产路权，最大限度呆证沿线村民生活生产的方便

附件四

商周高速公路周口段通道积水专项排查治理工程验收委员会名单

姓名		单位	职务/职称	签名
主任	韩　冰	河南高速公路发展有限责任公司	助调/教高	
副主任	孙建波	河南高速公路发展责任公司	工程部副部长/高工	
委员	张延明	河南德郑高速公路有限公司	副总经理/教高	
	周　斌	河南高速公路发展有限责任公司禹登分公司	副经理/高工	
	韩　利	河南高速公路发展有限责任公司周口分公司	书记/高工	
	马飞刚	河南高速公路发展有限责任公司潢川分公司	书记/高工	
	付立军	河南高速公路监理咨询有限公司	副总经理/高工	
	牛建军	河南卢阳高速公路有限公司	质检处长/高工	
	刘　飞	河南高速公路发展有限责任公司工程部	工程师	

9. 商丘至周口高速公路周口段竣工验收质量鉴定报告

河南省交通基本建设质量检测监督站

二〇一二年十一月

一、项目概述

(一)基本情况

1. 项目简介

商丘至周口高速公路周口段,是我省重点建设项目之一,该项目起自周口市太康县张集乡东南,经付草楼乡、淮阳县四通镇、临蔡镇、白楼乡、郑集乡、曹河乡、川汇区搬口乡、北郊乡、西华县东王营乡、大王庄乡、李大庄乡、至商水县邓城镇、张庄乡杨湖村西,与已经运营的漯周界高速公路相连,沿线经4县、1区、14个乡镇。该项目全长68.75公里,实际建设67.37公里,起止桩号为:K200+000-K267+370,全线主要工程量为:路基土方803.56万立方米;路面204万平方米;大桥2148.56/8座;中小桥1520.2/30座;天桥16处;互通立交4处,枢纽2.5处;分离式立交36座;通道81道;涵洞67道;收费站4处;服务区1处;有完善的供电、照明及交通机电系统。2004年2月28日正式开工,历时34个月,于2006年12月15日正式建成并投入试运营。

2. 主要技术指标

计算行车速度	120公里/小时
路基宽度	28米
最小平曲线半径	3000米
最大纵坡,最小纵坡	2%;0‰
凸型竖曲线一般最小半径	20000米
凹型竖曲线一般最小半径	16000米
停车视距	210米
桥梁设计荷载	汽车-超20级,挂车-120
路面设计标准轴载	BZZ-100
路面结构	沥青砼
桥梁净宽	净-2×12米
涵洞通道的长度	满足路基宽度设计要求
设计洪水频率	1/100
地震基本烈度	6度

(二)项目组织

该项目建设单位为河南通衢高速公路有限公司,设计单位为中国公路工程咨询监理总公司。工程项目划分:一期土建工程,共划分为12个施工标段和A、B监理代表处。二期路面工程共划分为5个标段;房建工程共划分为7个标段;交通安全设施工程共划分为10个标段;绿化工程共划分为5个标段;配电照明工程2个标段;机电1个标段,沥青供应3个标段。二期工程设1个路面监理代表处、1个房建监理代表处和1个机电监理代表处,连接线设有1个标段和1个监理代表处。全线合同段、施工单位及监理单位的划分如表1。

全线合同段、施工单位、监理单位一览表 表1

项目	标段	单位名称	起讫桩号
监理	土建监理A	河南省豫通公路工程监理事务所	K200+000~K239+450
	土建监理B	北京华路捷公路工程咨询有限公司	K239+450~K268+750
	连接线监理	周口宏达监理公司	周口东连接线
	路面监理	河南省宏力工程监理咨询公司	K200+000-K268+750
	房建监理	河南省新恒丰建设监理有限责任公司	K200+000-K268+750
	机电监理	北京泰克华诚技术信息咨询有限公司	K200+000-K268+750

续上表

项目	标段	单位名称	起讫桩号
土建工程	SZZ1	河南路桥发展建设总公司	K200 + 000 ~ K206 + 700
	SZZ2	中铁十四局集团有限公司	K206 + 700 ~ K213 + 000
	SZZ3	湖南环达公路桥梁建设总公司	K213 + 000 ~ K219 + 200
	SZZ4	中铁二十二局集团第四公司	K219 + 200 ~ K226 + 600
	SZZ5	温州交通建设集团有限公司	K226 + 600 ~ K231 + 500
土建工程	SZZ6	连云港华祥国际工程有限公司	K231 + 500 ~ K239 + 450
	SZZ7	中铁二十局集团有限公司	K239 + 450 ~ K243 + 500
	SZZ8	郑州市公路工程公司	K243 + 500 ~ K247 + 473
	SZZ9	中铁十一局集团有限公司	K247 + 473 ~ K252 + 600
	SZZ10	中国有色金属工业第六冶金建设公司	K252 + 600 ~ K259 + 500
	SZZ11	中铁一局集团第二工程有限公司	K259 + 500 ~ K262 + 900
	SZZ12	路桥二公局第三工程有限公司	K262 + 900 ~ K268 + 750
	SZZYX	河南周口源达公路建设有限公司	周口东连接线
路面工程	SZZLM - 01	驻马店市公路工程开发公司	K200 + 000 - K214 + 000
	SZZLM - 02	河南中州路桥建设有限公司	K214 + 000 - K228 + 800
	SZZLM - 03	河南中州路桥建设有限公司	K228 + 800 - K243 + 500
	SZZLM - 04	二公局(洛阳)四公司	K243 + 500 - K254 + 500
	SZZLM - 05	河南省中原路桥建设集团公司	K254 + 500 - K268 + 750
房建工程	SZZFJ - 01	林州市建筑工程九公司	四通镇收费站站房
	SZZFJ - 02	河南省广厦建设工程有限公司	淮阳服务区站房
	SZZFJ - 03	河南省对外建设有限公司	淮阳收费站站房
	SZZFJ - 04	三门峡水利水电技术开发公司	周口东收费站站房
	SZZFJ - 05	中国建筑第七工程局第四建筑公司	周口西收费站站房
	SZZFJ - 06	焦作市海宇公路工程有限公司	四通镇、淮阳收费棚
	SZZFJ - 07	河南省第七建筑工程公司	周口东收费棚、周口西收费大棚
绿化工程	SZZLH - 01	潢川县顺利达花木盆景有限责任公司	K200 + 000 - K213 + 540
	SZZLH - 02	周口市鑫怡绿化工程有限公司	K213 + 540 - K226 + 675
	SZZLH - 03	河南省豫南园林绿化有限公司	K226 + 675 - K240 + 845
	SZZLH - 04	潢川县紫红花木草坪有限责任公司	K240 + 845 - K252 + 500
	SZZLH - 05	潢川县绿宇园林绿化工程有限责任公司	K252 + 500 - K268 + 750
交通安全设施	SZZJA - 01	北京华凯交通科技有限公司	K200 + 000 - K216 + 500
	SZZJA - 02	杭州京安交通工程设施有限公司	K216 + 500 - K233 + 000
	SZZJA - 03	潍坊东方交通设施工程有限公司	K233 + 000 - K249 + 500
	SZZJA - 04	江苏国强镀锌实业有限公司	K249 + 500 - K268 + 750
	SZZJA - 05	武安市交通安全设备有限责任公司	K200 + 000 - K232 + 000
	SZZJA - 06	河南富昌道路设施有限公司	K232 + 000 - K268 + 750
	SZZJA - 07	周口市公路交通设施有限公司	K200 + 000 - K268 + 750
	SZZJA - 8	河南路桥建设集团有限公司	K200 + 000 - K222 + 000
	SZZJA - 9	河南路桥建设集团有限公司	K222 + 000 - K246 + 000
	SZZJA - 10	江苏耀鑫交通设施有限公司	K246 + 000 - K268 + 750

续上表

项目	标段	单位名称	起讫桩号
沥青供应	SZZcl－01	华联公路工程材料有限公司	供应路面2、3标段
	SZZcl－02	河南现代交通道路科技有限责任公司	供应路面1、5标段
	SZZcl－03	青岛路法沥青有限公司	供应路面4标段
机电工程	SZZJD－01	亿阳信通股份有限公司	监控、收费、通信设施
供电照明	SZZDM－1	淄博海德实业有限公司	供电照明
	SZZDM－2	淄博海德实业有限公司	供电照明
	10KV外供电	周口龙润电力集团有限公司	全线外供电

二、鉴定工作依据及组织情况

（一）鉴定依据

1.《公路工程竣（交）工验收办法》（交通部令2004年第3号）

2.《关于贯彻执行公路工程竣交工验收办法有关事宜的通知》（交公路发［2004］446号）

3.《公路工程竣工质量鉴定工作规定》（试行）

（二）鉴定工作组织情况

1.2008年12月河南省交通基本建设质量检测监督站对商周高速公路周口段进行竣工验收质量鉴定工作。本次竣工质量鉴定工作包括工程实体复测、外观检查和内业资料审查。

2.工程实体部分委托河南省交通试验检测监理技术咨询有限公司进行检测，主要包括路基、路面、桥梁工程的实体复测，其中包含检测项目包括路面弯沉、车辙、平整度、摩擦系数及构造深度、桥梁伸缩缝与桥面高差、路基边坡。

3.本次鉴定对交工验收遗留问题的处理情况及效果、试运营期工程质量出现明显变异的工程实体及处理情况进行了逐一检查。

4.对项目质量监督机构的质量鉴定资料及与之相关的施工、监理单位质量评定资料、内业资料分合同段进行了抽查。

三、复测指标，外观质量检查、内业资料审查结果

（一）复测指标

1.复测指标的确定

复测指标按照《公路工程竣（交）工验收办法》的要求确定，包括路面弯沉、车辙、平整度、摩擦系数及构造深度，桥梁伸缩缝与桥面高差，路基边坡。

2.复测结果

复测指标结果对比表

序号	抽测项目		规定值或允许偏差	交工验收		竣工验收	
				平均值	合格率（%）	平均值	合格率（%）
1	路基边坡		1:1.5	—	90.3	—	90.2
2	沥青路面弯沉（0.01mm）		≤19.5	—	100	2.9	100
3	沥青路面车辙（mm）		≤10		—	5.1	94.1
4	路面平整度	σ（mm）	≤1.2		97.2		
		IRI（m/km）	≤2			1.27	96.1

续上表

序号	抽测项目		规定值或允许偏差	交工验收		竣工验收	
				平均值	合格率(%)	平均值	合格率(%)
5	路面抗滑	BPN	≥45		99.5		
		SFC	≥54			61	98.2
6	伸缩缝与桥面高差(mm)		≤2			1.8	76
7	桥面铺装平整度	σ(mm)	≤1.5				
		IRI(m/km)	≤2.5			1.32	97.5
8	桥面抗滑	BPN	≥45		100		96.5
		SFC	≥54				
9	标志立柱竖直度		±3		80		100

3. 简要评述

通过现场复测,公路目前状况如下:

(1)全线路基边坡稳定,多处边坡植被茂盛,边坡合格率为90.3%,同交工验收时的90.2%相近。

(2)路面弯沉、抗滑性能、平整度、车辙等指标在试运营期间存在不同程度衰减,总体质量较好。路面弯沉代表值交竣工验收合格率均为100%;交工验收时路面摩擦系数BPN合格率为98.5%,竣工验收时路面横向力系数SFC平均值为61,合格率为98.2%,与交工验收时基本相当;交工验收时平整度合格率为97.2%,竣工验收时国际平整度指数IRI平均值为1.27,合格率为96.1%,较交工验收值下降了1.1%;全线尚未出现明显车辙现象。

(3)桥梁伸缩缝与桥面高差竣工验收时合格率为76%;桥面铺装平整度竣工验收时合格率为97.5%。

(4)标志立柱竖直度交工验收合格率为80%,调校后,竣工验收复测合格率为100.0%。

(二)外观质量检查情况

1. 工作过程

本次竣工检测质量鉴定外业质量检查共分路基、路面、桥梁和交通安全设施四个专业组进行,重点检查了交工检测遗留的问题,并按照《公路工程竣(交)工验收办法》的规定对需要复测的指标进行复测与对比分析。

2. 简要评述

序号	检查项目	外观描述	存在问题
1	路基工程	路基无沉陷,路基边坡坡面平顺、稳定,曲线圆滑,无亏坡现象; 小桥内外线形清晰圆滑,混凝土构件表面平整密实,无大的蜂窝麻面,砌体砂浆饱满,坚实牢固,桥头无跳车现象; 涵洞的孔径、长度、结构尺寸等控制较好,涵洞处无跳车现象; 排水沟断面尺寸、铺砌厚度符合设计要求,排水沟内侧及沟底应平顺,外侧无脱空; 砌体表面平整度控制较好,砌体砌石分层错位,砂浆饱满,勾缝整齐,砌体坚实牢固,泄水孔排水畅通,沉降缝整齐垂直,上下贯通,整体质量控制较好。	个别路段路基亏坡,存在阻水、水毁现象。

续上表

序号	检查项目	外观描述	存在问题
2	路面工程	沥青路面表面平整、密实、均匀,未发现松散、裂缝现象,搭接处紧密、平顺,面层与路缘石及其他构筑物衔接不平顺。	个别梁板外侧与防撞护栏交界处外观较差。
3	桥梁工程	桥梁外形顺滑,内外轮廓线顺滑清晰,桥面平整,伸缩缝安装质量较好,受力构件制作规范,尺寸控制较好,混凝土表面平整、密实。锥护坡嵌缝饱满密实、砌体坚实牢固,无变形、沉陷现象。泄水孔不阻水、排水良好。栏杆、护栏牢固,桥头无跳车现象。	个别桥梁锥坡表面杂物未清理
4	交通安全设施	交通安全设施齐全,标志易于辨认,标线清晰、唯一,防护栏线形顺适、美观。标志板几何尺寸、字体大小、平整牢固度、颜色、夜间反光符合设计要求;波形梁护栏立柱顶部无明显塌边、变形、开裂等现象。	个别地方防撞护栏顺直度较差

通过对合同段工程外观质量进行的检查,认为各合同段施工质量总体上较好,未发现有影响公路运营安全的外观缺陷,对于各合同段外观存在的问题,项目法人能够及时、认真地修复、完善。

(三)内业资料审查情况

资料审查采用抽查的方式进行,抽查对象涉及到项目业主、施工、监理单位。本次审查的重点是项目竣工资料的完整性、系统性、规范性,同时对交工验收资料审查时的问题进行了复查,其内容包括工序自检资料、试验资料、原材料、半成品的检验资料、评定资料以及项目往来文件等资料。

经过对合同段的施工质量保证资料的审查,内业资料已按要求分类编排,装订整齐,各类质量保证资料基本齐全、真实;所有原材料、半成品和成品质量检验结果资料齐全;各类重要原材、混凝土配合比、沥青混凝土配合比试验资料齐全;施工单位、监理单位的抽检频率能满足相关规范要求;内业资料字迹清晰、工整,表格内容填写基本完整,签字齐全 。

四、交工遗留问题及处理情况

(一)交工验收时存在的主要问题

1. 个别路段路基亏坡,存在阻水、水毁现象;
2. 沥青路面个别接缝有跳车现象;
3. 沥青砂拦水带个别地方外观差;
4. 个别梁板外侧与防撞护栏交界处外观较差;
5. 个别桥梁锥坡表面杂物未清理;
6. 个别桥梁梁板勾缝外观较差或未勾缝。
7. 防眩板安装个别板块偏差大;
8. 部分路段防撞护栏顺直度较差;
9. 个别标志牌净空间距误差大。

(二)处理情况

1. 已修整部分边坡;
2. 沥青路面个别接缝已处理;
3. 沥青砂拦水带部分路段已处理;

4. 桥梁锥坡表面杂物已清理；

5. 防眩板已调校；

6. 标志牌净空间距已调整。

五、试运营期出现的问题及处理情况

1. 桥头护坡个别位置塌陷较严重、锥坡水泥勾缝砂浆脱落。

2. 个别桥梁护栏钢管锈蚀油漆剥落，未及时进行防锈处理。

六、鉴定评分及质量等级结论

（一）评分方法

按照《公路工程竣交工验收办法》要求，对工程实体的部分指标进行复测、外观检查以及资料审查，根据本次检测结果对工程质量鉴定得分进行调整，得出最终的工程质量鉴定得分，并由此确定工程质量等级。

（二）合同段评分

建设项目质量检验评分表

项目名称：商周高速公路周口段

起讫桩号：K200 + 000 – K268 + 750　　完成日期：2006 年 12 月

合同段	施工单位	实得分	投资额（万元）	实得分×投资额	质量等级
土建 SZZ1	河南路桥发展建设总公司	91.0	9791.0	891010.4	优良
土建 SZZ2	中铁十四局集团有限公司	90.9	9019.9	819789.0	优良
土建 SZZ3	湖南环达公路桥梁建设总公司	91.3	7236.3	660710.4	优良
土建 SZZ4	中铁二十二局集团第四公司	91.6	11742.4	1076055.3	优良
土建 SZZ5	温州交通建设集团有限公司	91.1	8113.6	739126.2	优良
土建 SZZ6	连云港华祥国际工程有限公司	91.5	10067.2	921637.4	优良
土建 SZZ7	中铁二十局集团有限公司	91.6	9432.8	863824.9	优良
土建 SZZ8	郑州市公路工程公司	91.1	5708.0	520207.4	优良
土建 SZZ9	中铁十一局集团有限公司	90.9	8274.7	752067.3	优良
土建 SZZ10	中国有色金属工业第六冶金建设公司	90.6	11211.9	1015716.4	优良
土建 SZZ11	中铁一局集团第二工程有限公司	91.0	12851.1	1169631.7	优良
土建 SZZ12	路桥二公局第三工程有限公司	91.6	14425.0	1320713.7	优良
路面 LM – 01	驻马店市公路工程开发公司	92.9	9262.8	860518.6	优良
路面 LM – 02	河南中州路桥建设有限公司	92.6	9689.6	897259.4	优良
路面 LM – 03	河南中州路桥建设有限公司	92.9	9848.7	914948.3	优良
路面 LM – 04	二公局（洛阳）四公司	92.1	9845.6	906780.9	优良
路面 LM – 05	河南省中原路桥建设集团公司	93.9	8338.0	782939.3	优良
交安 No.1	北京华凯交通科技有限公司	90.4	853.1	77122.9	优良
交安 No.2	杭州京安交通工程设施有限公司	91.0	713.3	64911.0	优良
交安 No.3	潍坊东方交通设施工程有限公司	90.5	872.9	78999.9	优良
交安 No.4	江苏国强镀锌实业有限公司	90.4	1198.7	108363.9	优良
交安 No.7	周口市公路交通设施有限公司	90.3	1625.1	146744.8	优良
机电标	亿阳信通股份有限公司	96.0	1557.2	149491.7	优良
合计			171679.0	15738570.7	
鉴定得分			91.7	质量等级	优良

经检测，商周高速公路周口段建设项目工程质量鉴定得分为91.7分，工程质量鉴定等级为优良。

七、主要问题及建议

1. 个别路段路面出现横向裂缝，建议对路面横向裂缝部位进行灌缝处理。

2. 个别路段护坡有亏坡现象，建议对亏坡部位进行处理。

3. 个别路段隔离栅缺失，建议对缺失部位重新安装。

八、结论性意见

该项目道路线形顺畅，平、纵曲线配合得当，视线良好，行车舒适，外形美观。路基边坡坡体稳定，坡面平顺，曲线圆滑；排水工程砌筑坚实，勾缝牢固，排水沟内侧及沟底平顺，无阻水现象，外侧无脱空；小桥混凝土强度满足设计要求，表面平整，模板接缝处平顺，无漏浆现象；重要支挡工程无严重变形、高填方无严重沉陷变形、高边坡无失稳等现象。桥梁内外轮廓线条顺滑清晰，栏杆、护栏牢固、直顺、美观；伸缩缝安装质量较好，无阻塞、变形、开裂现象；桩基的无破损检测、预应力构件的张拉应力均符合设计要求，桥梁主要受力部位无超过规范要求的裂缝；受力构件制作规范，尺寸控制较好；支座安装位置准确，未见脱空、不均匀变形现象。路面表面平整密实，无泛油、松散、粗料细料明显离析等现象；面层与路缘石及其他构筑物应衔接平顺，无积水现象；原材料质量得到了较好控制；施工配合比符合规范；路面强度控制良好，满足设计及规范要求；路面厚度均匀，厚度满足设计要求；路面抗滑性能符合要求；路面横坡及宽度控制较好。交通安全设施施工质量控制较好，波形梁线形顺适，色泽一致，立柱顶部无明显塌边、变形、开裂等现象，标志板面无划痕、较大气泡和颜色不均匀等表面缺陷，但是护坡出现亏坡现象；锥坡勾缝水泥砂浆脱落、塌陷；护栏底部及中央分隔带路缘处混凝土出现蜕皮现象；隔离栅缺失。

经对检测结果综合分析后认为：商周高速公路周口段工程质量总体较好；按照《公路工程竣（交）工验收办法》有关规定，该建设项目工程质量鉴定得分91.7分，该项目参与评定的23个合同段中，23个质量鉴定等级为优良，商周高速公路周口段工程质量鉴定等级为优良。

河南省交通基本建设质量检测监督站

二〇一二年十一月